Physik

Rainer Dohlus

Physik

Basiswissen für Studierende technischer Fachrichtungen

2. Auflage

 Springer Vieweg

Rainer Dohlus
Fakultät Angewandte Naturwissenschaften
Hochschule für angewandte Wissenschaften Coburg
Coburg, Deutschland

ISBN 978-3-658-22778-4   ISBN 978-3-658-22779-1 (eBook)
https://doi.org/10.1007/978-3-658-22779-1

Die Deutsche Nationalbibliothek verzeichnet diese Publikation in der Deutschen Nationalbibliografie; detaillierte bibliografische Daten sind im Internet über http://dnb.d-nb.de abrufbar.

Springer Vieweg
© Springer Fachmedien Wiesbaden GmbH, ein Teil von Springer Nature 2018

Gedruckt auf säurefreiem und chlorfrei gebleichtem Papier

Springer Vieweg ist ein Imprint der eingetragenen Gesellschaft Springer Fachmedien Wiesbaden GmbH und ist ein Teil von Springer Nature.
Die Anschrift der Gesellschaft ist: Abraham-Lincoln-Str. 46, 65189 Wiesbaden, Germany

Für Brigitte

Vorwort

Physik interessiert Sie zwar sehr, doch nun wächst sie sich zum Krisenfach aus?

Die Prüfung ist nah und das Verständnis fern oder Sie haben gar schon eine Prüfung versiebt?

Und dass man für die Physik soviel Mathematik braucht, hätten Sie auch nicht gedacht ...

Von der amerikanischen Kiloware Physik fühlen Sie sich erschlagen?

Und in dünneren Physikbüchern, die eher Formelsammlungen gleichen, finden Sie nur einfache Einsetzaufgaben weit unterhalb des Prüfungsniveaus?

Dann versuchen Sie es doch mal mit diesem Lehrbuch.

Es beschäftigt sich ausschließlich mit den mathematiklastigen Kernthemen der klassischen Physik, die praktisch in jedem Physik-Kurs der ersten Studiensemester anwendungsbezogener Studiengänge mit Physik im Haupt- oder Nebenfach behandelt werden. Es folgt dem Grundsatz: Verständnistiefe hat Vorrang vor thematischer Breite. Reines Lernwissen wird gar nicht behandelt.

Da in den ersten Studiensemestern oft das mathematische Rüstzeug für die Physik fehlt, sind an schwierigen Passagen mathematische Hilfestellungen über QR-Codes abrufbar. Hier wird ohne lange Beweise oder Herleitungen Nothilfe geleistet. Letztere sind für ein tieferes Verständnis der Mathematik zwar unverzichtbar, für ein Fortkommen in der Physik können aber vorerst Kochrezepte weiterhelfen.

Dem Buch liegt die Idee zugrunde, dass ausgehend von den Axiomen der Physik nur eine mit einer Herleitung unterlegte Formel wirklich verstanden wird. Nur durch ein Denken in Zusammenhängen wird die in Physikprüfungen häufig beobachtete falsche Anwendung von Formeln bzw. die Benutzung falscher Formeln vermieden. Viele durchgerechnete Beispiele veranschaulichen den Stoff, 124 Übungsaufgaben mit Lösungen dienen der weiteren Stoffvertiefung.

Dieses Buch eignet sich nicht als schnelles Nachschlagewerk und schon gar nicht als Formelsammlung. Es eignet sich auch nicht für die Strategie „Bestehen mit Minimalaufwand". Sie werden von dem Buch dann profitieren, wenn Sie es von vorne bis hinten oder doch in längeren, zusammenhängenden Passagen durcharbeiten – ja, „arbeiten" – darum werden Sie nicht herumkommen.

Also gleich an die Arbeit ... Ich wünsche Ihnen viel Erfolg!

Mein Dank gilt dem Lektorat Maschinenbau, insbesondere Frau Imke Zander für die gute Zusammenarbeit sowie meinem Lektor Herrn Thomas Zipsner für viele Tipps und Anregungen im Rahmen der Ausgestaltung des Buches sowie für die aufmerksame Durchsicht der Text- und Bilddateien.

Schottenstein, Herbst 2018   Rainer Dohlus

Inhaltsverzeichnis

Mechanik 1

Spricht man von Mechanik, so denkt man unweigerlich an Maschinen, Motoren, Getriebe und Roboter. In der Physik wird der Begriff etwas weiter gefasst. Hier gibt es auch eine Mechanik der deformierbaren Medien, also z. B. der Flüssigkeiten. Hierzu später mehr. Vorläufig wollen wir uns zum Einstieg in die Physik auf die **Mechanik starrer Körper** konzentrieren. In Abb. 1.1 werden Pakete auf ein Förderband gelegt, werden durch ei-

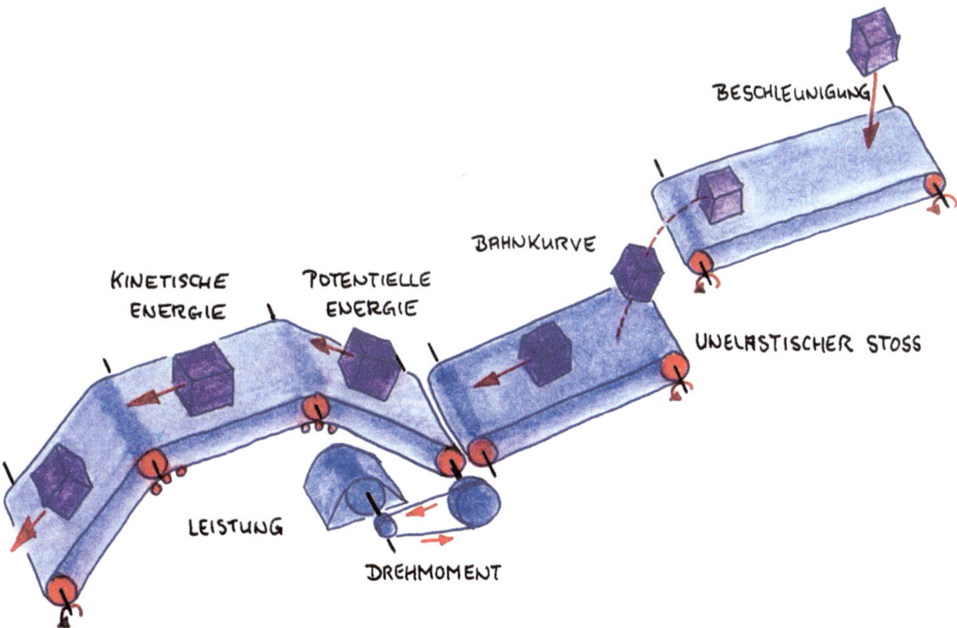

Abb. 1.1 Um die Bewegung der Pakete auf dem Fließband zu beschreiben, führt die Physik Größen wie Geschwindigkeit, Beschleunigung, Kraft, Energie, Impuls, Drehimpuls, Drehmoment etc. ein

© Springer Fachmedien Wiesbaden GmbH, ein Teil von Springer Nature 2018
R. Dohlus, *Physik*, https://doi.org/10.1007/978-3-658-22779-1_1

ne **Kraftwirkung** in Bewegung gesetzt, erfahren also eine **Beschleunigung**, setzen ihre Bewegung mit konstanter **Geschwindigkeit** fort und fallen schließlich – einer bestimmten **Bahnkurve** folgend – auf ein zweites Band. Hier findet ein **unelastischer Stoß** statt. Werden die Pakete bergauf transportiert, gewinnen sie **potentielle Energie**. Der Motor, der das Band antreibt, leistet **Arbeit** und erbringt auf die Zeit bezogen eine **Leistung**. Beim Antrieb der Rollen wirken **Drehmomente**, die Rollen selbst haben ein **Massenträgheitsmoment** etc. All diese Größen werden wir im Kapitel Mechanik einführen.

Animation 1

1.1 Wie es sich bewegt – egal warum

Wir werden zunächst nur nach dem Verlauf einer Bewegung fragen, nicht nach ihrer Ursache. Die Physik nennt diese Lehre von der Bewegung ohne Ursachenforschung **Kinematik**. Dabei können wir es natürlich langfristig nicht bewenden lassen. Wir werden sehr bald die Ursachen ergründen müssen. Vorläufig jedoch beobachten und beschreiben wir nur. Dazu benötigen wir einen Raum, in dem die Bewegung stattfindet. Wir müssen Entfernungen messen, die zurückgelegt werden und wir müssen Zeiten stoppen, in denen Ortsveränderungen stattfinden.

1.1.1 Zwei unmittelbar im Alltag erlebbare Größen: Entfernung und Zeit

Zu den elementarsten, im Alltag direkt fühlbaren physikalischen Größen zählen wohl der **Raum**, in dem wir leben und die **Zeit**. Die Messung des Rauminhalts oder Volumens kann dabei ebenso wie die Messung von Flächeninhalten stets auf die Messung von **Längen** zurückgeführt werden. Am einfachsten gelingt dies bei Quadern oder Rechtecken. Hier muss man einfach nur Länge, Breite und Höhe bzw. nur Länge und Breite miteinander multiplizieren. Die Bestimmung des Volumens bzw. der Fläche kann also auf drei bzw. zwei Längenmessungen zurückgeführt werden.

Den **Rauminhalt** eines unregelmäßig geformten räumlichen Körpers kann man auf die gleiche Art, nämlich durch Einpassen von Quadern bekannten Volumens, bestimmen. Wählt man die Quader sehr klein, lässt sich damit die Kontur des Körpers beliebig gut annähern und das Volumen sehr genau bestimmen. Der physikalischen Größe der Länge kommt also eine elementare Bedeutung zu. Nach DIN 1304, in der **Formelzeichen physikalischer Größen** standardisiert werden, bekommt die **Länge** das **Formelzeichen** s.

Im Systeme International d'Unités, dem **SI-Einheitensystem**, hat die Länge die **Einheit Meter**:

$$[s] = 1\,\text{Meter} = 1\,\text{m}\,.$$

Die Längeneinheit Meter ist eine von **sieben Basiseinheiten**, die nötig sind, um alle im Formelgebäude der Physik auftretenden Größen darzustellen. Natürlich gibt es mehr als sieben physikalische Größen; die über die sieben **Basisgrößen** hinausgehenden so genannten **abgeleiteten Größen** können durch Multiplikation oder Division aus den Basisgrößen gebildet werden.

Im einfachsten Fall kann man eine physikalische Einheit einfach durch eine materielle Maßverkörperung darstellen. Bei der Längeneinheit war das lange Zeit der Fall; es gab ein Urmeter, das als Längenstandard diente. Das ist aber leichtsinnig, denn geht der Eichkörper verloren, ist auch die Einheit nicht mehr definiert. Man ist daher bemüht, die Basiseinheiten von universellen Größen abzuleiten. Beim Meter wird hierzu die **Vakuumlichtgeschwindigkeit** bemüht.

▶ **Definition der Basiseinheit Meter:** Das Meter ist die Länge der Strecke, die Licht im Vakuum während der Dauer von $1/299.792.458$ Sekunden durchläuft.

Somit sind wir bereits bei der zweiten Basiseinheit, nämlich der **Sekunde** angelangt. Die **Zeit** ist die zweite Basisgröße im SI-Einheitensystem; ihr **Formelzeichen** ist t. Die Einheit Meter hängt also von der Einheit Sekunde ab: das Licht legt in einer Sekunde den Weg von $299.792.458\,\text{m}$ zurück.

▶ **Die Sekunde ist als Basiseinheit wie folgt definiert:** Die Sekunde ist das $9.192.631.770$-fache der Periodendauer der dem Übergang zwischen den beiden Hyperfeinstrukturniveaus des Grundzustandes von Atomen des Nuklids ^{133}Cs entsprechenden Strahlung.

Hierzu ist zu sagen, dass ein Atom die Energiedifferenz zwischen zwei Zuständen in Form von elektromagnetischer Strahlung abgeben kann. Diese Strahlung hat eine bestimmte Frequenz und damit auch eine Periodendauer. Sie wird hier zur Festlegung der Zeiteinheit verwendet.

1.1.2   Wenn es nur geradeaus geht …

Mit den zwei Größen Länge und Zeit sind wir in der Lage, die einfache, geradlinige und gleichförmige Bewegung eines Pakets auf dem Förderband zu beschreiben. Der Quotient aus dem zurückgelegten Weg und der dafür aufgewendeten Zeit wird **Geschwindigkeit v** genannt:

$$v = \frac{s}{t}\,. \tag{1.1}$$

Die Geschwindigkeit hat also die **Einheit m/s**. Es wird hier davon ausgegangen, dass die Geschwindigkeit während der Zeitdauer t konstant ist.

Beispiel

Bewegt sich ein Paket auf dem Förderband eine Strecke von 5 m und braucht dafür 2 s, dann errechnen wir die Geschwindigkeit

$$v = \frac{5\,\text{m}}{2} = 2{,}5\,\frac{\text{m}}{\text{s}} = 2{,}5 \cdot \frac{0{,}001\,\text{km}}{(1/3600)\,\text{h}} = 2{,}5 \cdot 3{,}6\,\frac{\text{km}}{\text{h}} = 9\,\frac{\text{km}}{\text{h}}. \qquad (1.2)$$

Die Einheit [km/h] ist zwar weit verbreitet, ist aber keine SI-Einheit.

Gl. 1.2 gibt den Betrag der Geschwindigkeit an. Für eine exakte physikalische Beschreibung des Vorgangs ist aber auch die **Richtung der Bewegung** von Bedeutung. Nun wird man im Falle des Förderbandes einwenden, dass die Richtung durch das Band selbst vorgegeben ist. Das ist richtig, trotzdem möchte man – unter anderem auch wegen weiterer auftretender Fragestellungen wie z. B. der Addition von Geschwindigkeiten – die Bewegung in einem frei gewählten Bezugssystem angeben. Das lässt sich durch die aus der Mathematik bekannten **Vektoren** bewerkstelligen. Als Bezugssystem verwendet man in der Physik üblicherweise ein **kartesisches Koordinatensystem**, das im Falle des Förderbandes durch die Schnittkanten der Wand- und Bodenflächen der Halle gebildet werden könnte, in der das Band steht (Abb. 1.2).

Natürlich ist die Wahl des Koordinatensystems willkürlich und wird der Zweckmäßigkeit unterworfen. So könnten wir natürlich die x-Achse des Systems längs des Förderbandes legen. In diesem Fall wäre die Bewegung eindimensional und man bräuchte eigentlich

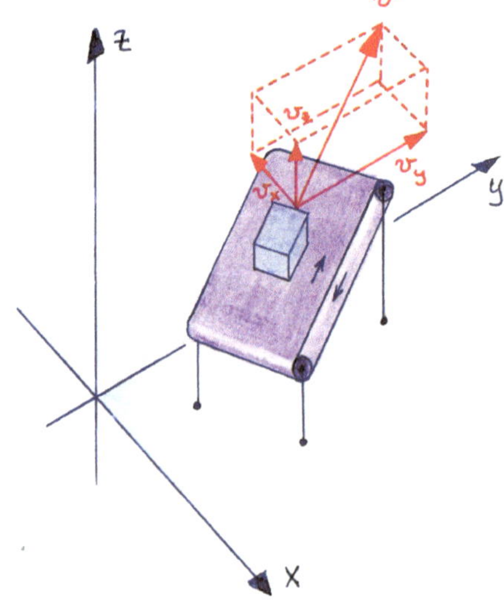

Abb. 1.2 Ein Paket bewegt sich auf einem Förderband mit der Geschwindigkeit v durch den Raum. Die Bewegung kann durch den Vektor $\vec{v}$ dargestellt werden. Ein mögliches Koordinatensystem wird durch die Kanten des Raumes gebildet, in dem sich das Band befindet

gar kein Koordinatensystem. So sind wir oben verfahren. Man könnte auch das Zweiteinfachste tun: man legt das Koordinatensystem so, dass die Bewegung des Paketes in der xy-Ebene stattfindet. Es genügen dann zwei Koordinaten. Im allgemeinsten Fall wird die Bewegung im Dreidimensionalen beschrieben (Abb. 1.2). Man benötigt dann drei Koordinaten. Man sieht also, von der Wahl des Koordinatensystems hängt es ab, ob ein Problem einfach oder kompliziert beschrieben wird. Natürlich darf das Endergebnis nicht von der Wahl des Koordinatensystems abhängen.

Haben wir also ein Koordinatensystem festgelegt, kann die Geschwindigkeit unseres Paketes im Raum durch einen Vektor bestehend aus drei Komponenten beschrieben werden:

$$\vec{v} = \begin{pmatrix} v_x \\ v_y \\ v_z \end{pmatrix}. \tag{1.3}$$

Da die Komponenten v_x, v_y und v_z senkrecht aufeinander stehen, gilt der Satz des Pythagoras in drei Dimensionen:

$$v^2 = v_x^2 + v_y^2 + v_z^2,$$

so dass wir für den **Betrag des Vektors** erhalten:

$$v = \sqrt{v_x^2 + v_y^2 + v_z^2}. \tag{1.4}$$

Im Fall des Förderbandes könnte beispielsweise $v_x = -1{,}5\,\text{m/s}$, $v_y = 3\,\text{m/s}$ und $v_z = 1\,\text{m/s}$ sein, der Betrag wäre dann $v = 3{,}5\,\text{m/s}$.

1.1.3 Geschwindigkeiten können addiert werden

Geschwindigkeiten können addiert werden. Bei der gleichförmig geradlinigen Bewegung ist das besonders einfach und über eine **Vektoraddition** realisierbar.

Beispiel

Eine Fähre überquert (Abb. 1.3) eine Meerenge, in der eine Meeresströmung herrscht. Angenommen, die Fähre hätte eine relative Geschwindigkeit $\vec{v}_\mathrm{F}$ zum Wasser und das Wasser wiederum hätte eine Geschwindigkeit $\vec{v}_\mathrm{W}$ relativ zum Ufer:

$$\vec{v}_\mathrm{F} = \begin{pmatrix} -0{,}5 \\ 0{,}3 \end{pmatrix} \frac{\text{m}}{\text{s}}, \qquad \vec{v}_\mathrm{W} = \begin{pmatrix} 0{,}1 \\ 0 \end{pmatrix} \frac{\text{m}}{\text{s}}.$$

Will man die Geschwindigkeit der Fähre bezüglich des Ufers (also bezüglich des ortsfesten Koordinatensystems) wissen, muss man die beiden Geschwindigkeiten addieren:

$$\vec{v} = \vec{v}_\mathrm{F} + \vec{v}_\mathrm{W} = \begin{pmatrix} -0{,}5 \\ 0{,}3 \end{pmatrix} \frac{\text{m}}{\text{s}} + \begin{pmatrix} 0{,}1 \\ 0 \end{pmatrix} \frac{\text{m}}{\text{s}} = \begin{pmatrix} -0{,}4 \\ 0{,}3 \end{pmatrix} \frac{\text{m}}{\text{s}}.$$

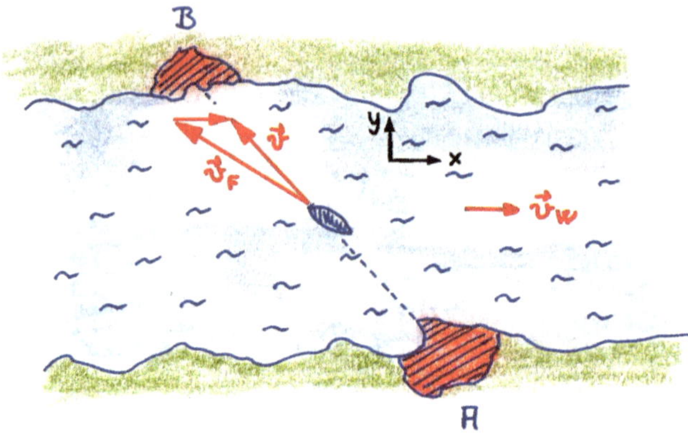

Abb. 1.3 Die resultierende Geschwindigkeit des Schiffes $\vec{v}$ errechnen wir durch vektorielle Addition der Geschwindigkeiten $\vec{v}_\mathrm{F}$ und $\vec{v}_\mathrm{W}$

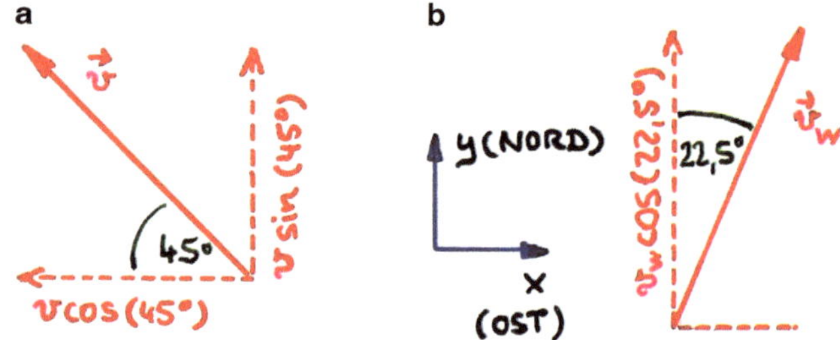

Abb. 1.4 **a** Flugzeuggeschwindigkeit $\vec{v}$ bezogen auf Grund, Richtung „nordwest", **b** Windgeschwindigkeit $\vec{v}_\mathrm{w}$ aus „südsüdwest"

Beispiel

Ein Flugzeug fliegt von München nach Köln und damit ziemlich exakt in nordwestliche Richtung. Welche Geschwindigkeit $\vec{v}_\mathrm{L}$ nach Betrag und Richtung gegenüber Luft muss das Flugzeug haben, damit es die Strecke von ca. 460 km bei einer Windgeschwindigkeit von $v_\mathrm{W} = 85$ km/h aus südsüdwestlicher Richtung in 0,8 h zurücklegt?

Lösung: Das Flugzeug muss relativ zum Boden mit einer Geschwindigkeit von $v = 460\,\text{km}/0{,}8\,\text{h} = 575\,\text{km/h} = 159{,}7\,\text{m/s}$ fliegen. Die Richtung ergibt sich nach Abb. 1.4 a aus der Himmelsrichtung.

Trigonometrische Funktionen

Wegen $v \sin(45°) = 112{,}9\,\mathrm{m/s}$ und $v \cos(45°) = 112{,}9\,\mathrm{m/s}$ erhält man für den Vektor $\vec{v}$:

$$\vec{v} = \begin{pmatrix} -112{,}9 \\ 112{,}9 \end{pmatrix} \frac{\mathrm{m}}{\mathrm{s}}.$$

Für die Windgeschwindigkeit $v_\mathrm{W} = 85\,\mathrm{km/h} = 23{,}6\,\mathrm{m/s}$ erhält man nach Abb. 1.4 b mit $v_\mathrm{W} \sin(22{,}5°) = 9{,}0\,\mathrm{m/s}$ und $v_\mathrm{W} \cos(22{,}5°) = 21{,}8\,\mathrm{m/s}$ den Vektor:

$$\vec{v}_\mathrm{W} = \begin{pmatrix} 9{,}0 \\ 21{,}8 \end{pmatrix} \frac{\mathrm{m}}{\mathrm{s}}.$$

Für die Geschwindigkeiten gilt die Vektorgleichung

$$\vec{v}_\mathrm{L} + \vec{v}_\mathrm{W} = \vec{v}$$

und damit:

$$\vec{v}_\mathrm{L} = \vec{v} - \vec{v}_\mathrm{W} = \begin{pmatrix} -112{,}9 \\ 112{,}9 \end{pmatrix} \frac{\mathrm{m}}{\mathrm{s}} - \begin{pmatrix} 9{,}0 \\ 21{,}8 \end{pmatrix} \frac{\mathrm{m}}{\mathrm{s}} = \begin{pmatrix} -121{,}9 \\ 91{,}1 \end{pmatrix} \frac{\mathrm{m}}{\mathrm{s}}.$$

Der Betrag von $\vec{v}_\mathrm{L}$ ist $152{,}2\,\mathrm{m/s}$.

1.1.4 Eine geradlinige Bewegung – aber ungleichförmig …

Bisher wurde eine konstante Geschwindigkeit angenommen. Dies ist natürlich in den seltensten Fällen so. Meist ändert sich die Geschwindigkeit mit der Zeit. Bei unserem Förderband müssen die Pakete aus der Ruhe heraus beschleunigt werden. Am besten lässt sich dies in einem Diagramm darstellen. In Abb. 1.5 sind zunächst Bewegungen mit konstanter Geschwindigkeit dargestellt. Wegen Gl. 1.1 gilt:

$$s = vt. \tag{1.5}$$

s ist somit proportional zu t. Die Funktion $s(t)$ stellt also eine Gerade mit der **Steigung** v dar. Je größer die Steigung der Funktion ist, desto höher ist die Geschwindigkeit: es gilt $v_1 > v_2 > v_3$. In der Zeit t' wird bei der höchsten Geschwindigkeit v_1 der längste Weg s_1 zurückgelegt, bei der niedrigsten Geschwindigkeit v_3 der kürzeste Weg s_3.

Bei den im Alltag auftretenden Bewegungen wird sehr selten die Geschwindigkeit konstant sein. Abb. 1.6 zeigt einen realistischen Bewegungsablauf. Z. B. könnte ein Radfahrer am Ort s_a zur Zeit t_a gestartet sein; er fährt langsam los, die Kurve wird langsam steiler, er legt immer mehr Weg pro Zeiteinheit zurück. An einer Ampel bremst er, die Kurve wird wieder flacher und verläuft – während der Radfahrer an der Ampel wartet – parallel zur t-Achse. Er fährt abermals los, die Kurve wird steiler und flacher, je nach Geschwindigkeit.

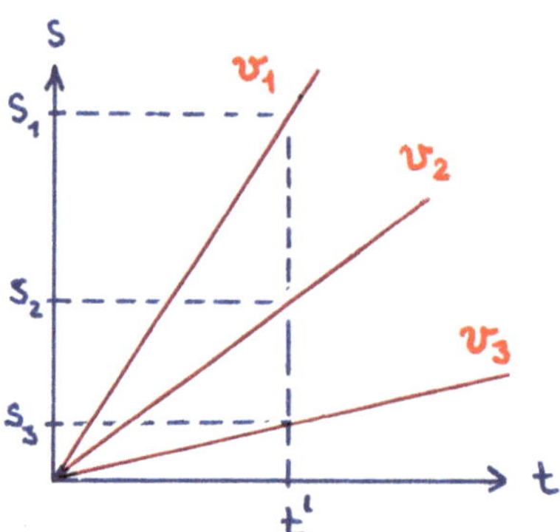

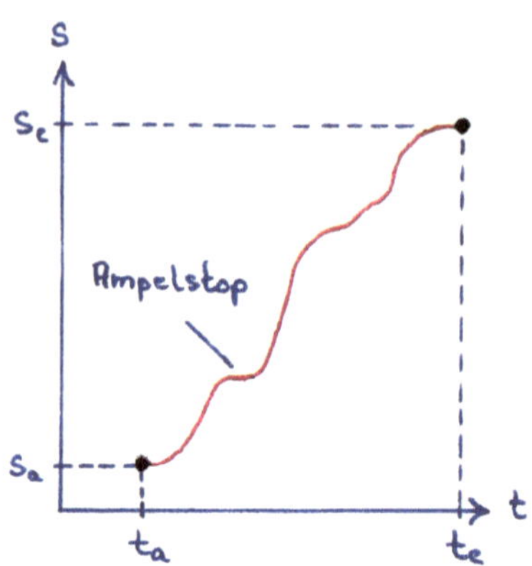

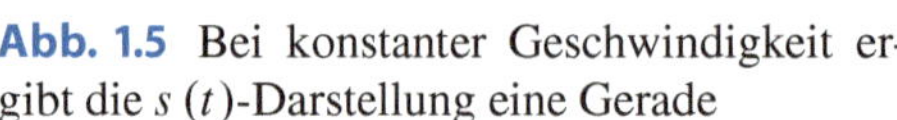

Abb. 1.5 Bei konstanter Geschwindigkeit ergibt die $s\,(t)$-Darstellung eine Gerade

Abb. 1.6 Darstellung einer Bewegung mit nicht konstanter Geschwindigkeit im $s(t)$-Diagramm

Schließlich kommt er zum Zeitpunkt t_e am Ort s_e – seinem Ziel – an. Würde man nun die Geschwindigkeit nach der altbekannten Formel „Weg durch Zeit"

$$v = \frac{s_\mathrm{e} - s_\mathrm{a}}{t_\mathrm{e} - t_\mathrm{a}}$$

bilden, so würde man die **Durchschnittsgeschwindigkeit** des Radfahrers erhalten. In diese geht auch der Ampelstopp mit ein. Doch wie könnte man aus Abb. 1.6 die **Momentangeschwindigkeit** erhalten? Das ist die Geschwindigkeit, die ein Tachometer zu dem gegebenen Zeitpunkt anzeigen würde. Man müsste dazu die Steigung der Funktion zu jeder Zeit t kennen. Mathematisch würde das bedeuten, $s\,(t)$ nach t abzuleiten.

Differentiation

Wie die Mathematik lehrt, lässt sich die Steigung am Punkt P der Funktion $s(t)$ näherungsweise durch die Sekantensteigung (Abb. 1.7) abschätzen:

$$m \approx \frac{s\,(t + \Delta t) - s\,(t)}{\Delta t}$$

Für $\Delta t \to 0$ geht dieser Differenzenquotient durch Grenzwertbildung in den Differentialquotienten und damit in die Momentangeschwindigkeit über:

$$v\,(t) = \lim_{\Delta t \to 0} \frac{s\,(t + \Delta t) - s\,(t)}{\Delta t} = \frac{\mathrm{d}s}{\mathrm{d}t}\,. \tag{1.6}$$

Abb. 1.7 Lässt man Δt gegen Null gehen, wird die Sekante zur Tangente

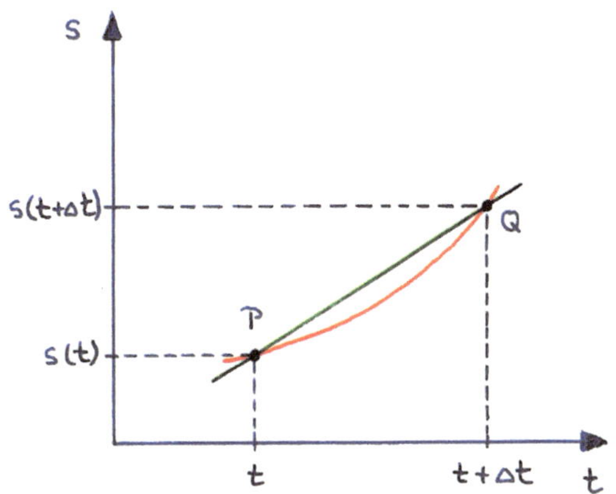

Die Geschwindigkeit $v(t)$ ist in der Regel wieder eine Funktion der Zeit. Irritation ruft oft der Gedanke hervor, nach einer veränderlichen physikalischen Größe, die einheitenbehaftet ist, zu differenzieren, d. h. eine in der Mathematik einheitenfrei nur mit Zahlen ausgeführte Operation in der Physik anzuwenden. Die Ableitung in Gl. 1.6 ist durch einen Differenzenquotienten entstanden. Man dividiert den Weg durch die Zeit, die Einheit ist also zwangsläufig m/s.

Beispiel

Ein Gegenstand legt den Weg $s(t) = ct^2 + s_0$ als Funktion der Zeit zurück. Wie groß ist seine Geschwindigkeit $v(t)$ als Funktion der Zeit? Wie groß ist die Momentangeschwindigkeit zum Zeitpunkt $t = 12{,}3\,\text{s}$? $\left(c = 1{,}8\,\text{m/s}^2\right)$.

Lösung: Man bildet die erste Ableitung von $s(t)$ nach t:

$$v(t) = \frac{\mathrm{d}s}{\mathrm{d}t} = 2ct\,.$$

Die Geschwindigkeit zur Zeit $t = 12{,}3\,\text{s}$ ist $v = 44{,}3\,\text{m/s}$.

Die umgekehrte Fragestellung zu diesem Beispiel, nämlich die Frage nach dem zurückgelegten Weg bei bekannter Geschwindigkeit und Zeitdauer, führt zu einer weiteren elementaren Problemstellung in der Mathematik. Im einfachen Fall einer konstanten Geschwindigkeit führt Gl. 1.5 sofort zum Ergebnis: man multipliziert einfach die Geschwindigkeit v mit der Zeit t und erhält den zurückgelegten Weg s. Trägt man die Geschwindigkeit als Funktion der Zeit auf, erhält man eine zur t-Achse parallele Linie und der zurückgelegte Weg entspricht der Fläche des Rechtecks mit der Breite t und Höhe v. Was aber, wenn die Geschwindigkeit eine Funktion von t und damit der Graph von $v(t)$ keine Gerade, sondern eine gekrümmte Linie darstellt? Im Grundsatz wird der zurückgelegte Weg wiederum als Fläche zwischen Kurve und t-Achse ermittelt. Diese kann

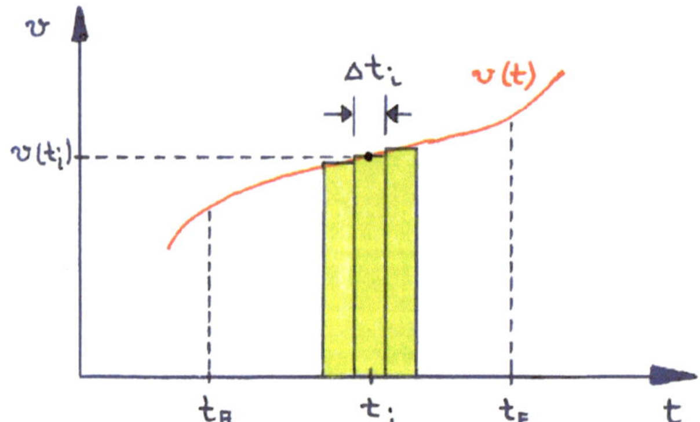

Abb. 1.8 Näherungsweise Flächenberechnung durch Zerlegen der Fläche unter dem Graphen der Funktion $v(t)$ in schmale, rechteckige Streifen und Addition der Streifenflächen

näherungsweise berechnet werden, indem man das Intervall $[t_A; t_E]$ in lauter schmale, zur y-Achse parallele, rechteckige Streifen der Breite Δt_i zerlegt (Abb. 1.8) und deren Flächen $v(t_i)\Delta t_i$ addiert:

$$s = \sum_{i=1}^{n} v(t_i)\Delta t_i$$

Die tatsächliche Fläche wird umso genauer wiedergegeben, je feiner die Unterteilung gewählt wird, d.,h. je kleiner die Δt_i sind. Für $\Delta t_i \to 0$ geht die Summe in das bestimmte Integral

$$s = \int_{t_A}^{t_E} v(t)\,dt$$

über. Die physikalische Einheit des Ergebnisses erhalten wir als Produkt aus den Einheiten der Geschwindigkeit und der Zeit, im SI-Einheitensystem also Meter.

Integration über eine Variable

Beispiel

Man kann das obige Beispiel „rückwärts rechnen", also ausgehend von der Geschwindigkeit $v(t) = 2ct$ nach dem zurückgelegten Weg fragen; man erhält ihn mittels Integration:

$$s(t) = \int 2ct\,dt = ct^2 + C\,.$$

Da bei der Ableitung von $s(t)$ nach t der konstante Summand verloren gegangen ist, bei der Integration aber eine Integrationskonstante C entstanden ist, gelangt man wegen

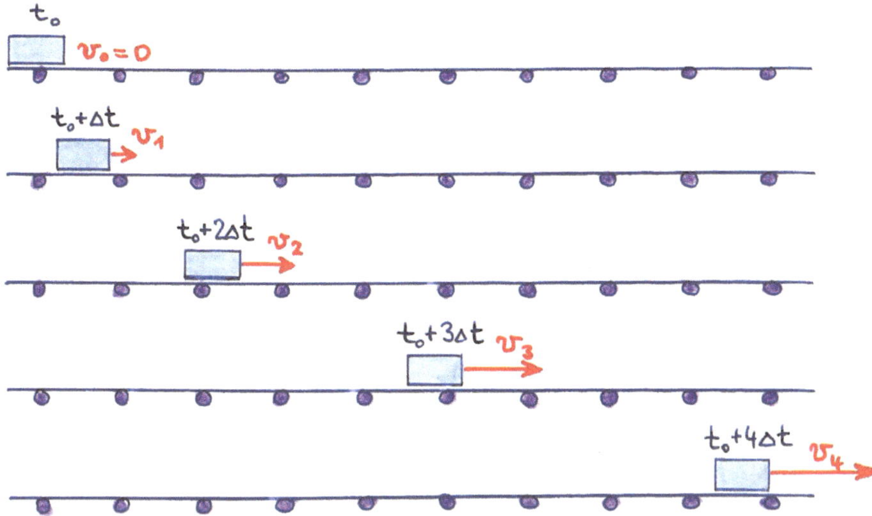

Abb. 1.9 Bei einer positiv beschleunigten Bewegung wird in gleichen Zeitintervallen Δt ein immer größer werdender Weg zurückgelegt

der Anfangsbedingung $s(0) = s_0$ unmittelbar zu $C = s_0$, woraus sich $s(t) = ct^2 + s_0$ wie oben ergibt.

1.1.5   Nicht immer, aber häufig der Fall: Die geradlinige Bewegung mit konstanter Beschleunigung

Ohne dass wir es eigens erwähnt haben, handelte es sich beim letzten Beispiel schon um eine **beschleunigte Bewegung**. Man erhält sie stets, wenn das Ergebnis der Differentiation des Weges nach der Zeit, also die Geschwindigkeit, eine **zeitabhängige Funktion** darstellt. Dann verändert sich die Geschwindigkeit mit der Zeit. Man kann dafür ein Maß angeben: die **Beschleunigung**. Bei unserem Förderband (Abb. 1.9) würde das heißen, dass bei einer positiven Beschleunigung ausgehend von einem Zeitpunkt t_0 in gleichen Zeitabschnitten Δt immer größere Wege zurückgelegt werden. Die Geschwindigkeit steigt an ($v_4 > v_3 > v_2 > v_1 > 0$). Man kann hierzu eine ähnliche Betrachtung anstellen wie bei Abb. 1.7, indem man die Momentangeschwindigkeit $v(t)$ als Funktion von t aufträgt. Die Beschleunigung kann dann analog zu Gl. 1.6 wie folgt definiert werden:

$$a(t) = \lim_{\Delta t \to 0} \frac{v(t + \Delta t) - v(t)}{\Delta t} = \frac{\mathrm{d}v}{\mathrm{d}t} \, .$$

Die Beschleunigung ist also der Differentialquotient der Momentangeschwindigkeit nach der Zeit. Sie hat die Einheit m/s^2 und kann selbst wieder von der Zeit abhängen.

Animation 2

Es gibt eine ganze Reihe von Situationen, in denen die Beschleunigung a **konstant** ist. Die Momentangeschwindigkeit kann dann einfach durch Integration gewonnen werden:

$$v(t) = \int a\,\mathrm{d}t = at + C\,. \tag{1.7}$$

Die Integrationskonstante erhalten wir wieder aus der Anfangsgeschwindigkeit $v_0 = v(t_0)$ der Bewegung zum Zeitpunkt $t = t_0$:

$$v_0 = v(t_0) = at_0 + C \quad \text{bzw.} \quad C = v_0 - at_0\,.$$

Eingesetzt in Gl. 1.7 gilt also:

$$\boxed{v(t) = a(t - t_0) + v_0}\,. \tag{1.8}$$

Bei konstanter Beschleunigung nimmt also die Geschwindigkeit linear mit der Zeit zu. Der zurückgelegte Weg lässt sich durch eine weitere Integration gewinnen:

$$s(t) = \int (at - at_0 + v_0)\,\mathrm{d}t = a\frac{t^2}{2} - at_0 t + v_0 t + C\,. \tag{1.9}$$

Auch hier kann die Integrationskonstante aus der Anfangsposition $s_0 = s(t_0)$ bestimmt werden:

$$s_0 = s(t_0) = a\frac{t_0^2}{2} - at_0^2 + v_0 t_0 + C \quad \text{bzw.} \quad C = s_0 + a\frac{t_0^2}{2} - v_0 t_0\,.$$

Aus Gl. 1.9 lässt sich durch Einsetzen dieses Ergebnisses die folgende Gleichung ableiten:

$$\boxed{s(t) = \frac{a}{2}(t - t_0)^2 + v_0(t - t_0) + s_0}\,. \tag{1.10}$$

Sie beschreibt die Position s eines Körpers als Funktion der Zeit t, wenn er einer **konstanten Beschleunigung** unterliegt.

Das wohl bekannteste Beispiel einer konstanten Beschleunigung ist der **freie Fall**. Ihm liegt eine **Schwerebeschleunigung** g zugrunde, die als konstant angenommen werden kann, solange die Fallstrecke relativ kurz ist. g hängt von der geographischen Lage auf

Abb. 1.10 Freier Fall. Das Bezugssystem ist so gewählt, dass die Fallrichtung positiv ist

der Erdkugel und vom Abstand zum Erdmittelpunkt ab. In Deutschland kann man – sofern man keine große Genauigkeit fordert – vom Wert $g = 9{,}81\ \text{m/s}^2$ ausgehen.

Beispiel

Ein Körper durchfällt die Höhe von $h = 4\ \text{m}$ (Abb. 1.10). Mit welcher Geschwindigkeit v_E kommt er unten an? Wie lange dauert der Fall?

Lösung: Man legt als erstes die **Koordinatenrichtung** fest. Am einfachsten ist es, die Bewegungsrichtung nach unten als positiv festzulegen. Die Beschleunigung wäre dann $a = g = +9{,}81\ \text{m/s}^2$. Den Nullpunkt legt man zweckmäßigerweise an den Startpunkt des freien Falls, so dass $s_0 = 0$ ist. Da die Bewegung aus der Ruhe heraus beginnt, gilt $v_0 = 0$. Startet man die Stoppuhr beim Beginn des freien Falls, kann man schließlich $t_0 = 0$ setzen, wodurch sich die Gl. 1.8 und 1.10 wie folgt vereinfachen:

$$v(t) = gt \quad \text{und} \quad s(t) = \frac{g}{2}t^2 . \tag{1.11}$$

Löst man die zweite Gleichung nach t auf und setzt das Ergebnis in die erste Gleichung ein, erhält man einen Zusammenhang zwischen dem zurückgelegten Weg und der Geschwindigkeit:

$$\boxed{v(s) = \sqrt{2sg}} . \tag{1.12}$$

Die gesuchte **Aufprallgeschwindigkeit** erhält man aus:

$$v(h) = \sqrt{2hg} = 8{,}86\ \frac{\text{m}}{\text{s}} .$$

Den **Zeitpunkt t_A des Aufpralls** (da $t_0 = 0$ gesetzt wurde, entspricht t_A der **Fallzeit**) erhält man aus der zweiten der Gl. 1.11, indem man $s = h$ setzt:

$$\boxed{s(t_A) = h = \frac{g}{2}t_A^2 \quad \text{bzw.} \quad t_A = \sqrt{\frac{2h}{g}}} .$$

Die gesuchte Zeit ist also $t_A = 0{,}9\ \text{s}$.

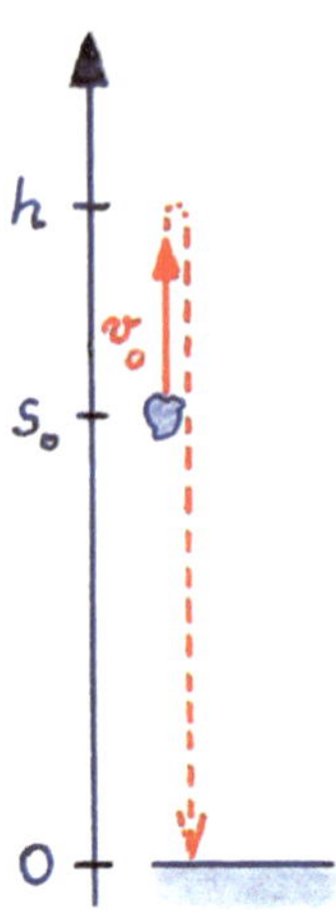

Abb. 1.11 Senkrechter Wurf nach oben. Das Bezugssystem liegt so, dass die Anfangsgeschwindigkeit positiv ist

Beispiel

Ein Körper wird in einer Höhe von 1,5 m über dem Fußboden mit einer Anfangsgeschwindigkeit von $v_0 = 4{,}5$ m/s nach oben geworfen (Abb. 1.11). Berechnen Sie

a) die Zeit t_M, bei der die Maximalhöhe erreicht wird,
b) die maximal erreichte Höhe h bezüglich Fußboden,
c) den Zeitpunkt t_A, bei dem der Körper auf dem Boden aufschlägt und
d) die Geschwindigkeit v_A, mit der er unten aufkommt.

Lösung: Hier soll die Abwurfrichtung als positive Koordinatenrichtung definiert werden (Abb. 1.11). Die Bewegung soll wieder zur Zeit $t_0 = 0$ beginnen. Es gelten somit die folgenden Gleichungen:

$$v\,(t) = -gt + v_0 \quad \text{und} \quad s\,(t) = -\frac{g}{2}t^2 + v_0 t + s_0\,. \qquad (1.13)$$

a) Die Maximalhöhe wird erreicht, wenn die Geschwindigkeit $v\,(t)$ der Masse das Vorzeichen wechselt, also wenn $v = v\,(t_M) = 0$ gilt. Es folgt:

$$t_M = \frac{v_0}{g} = 0{,}46\,\text{s}\,.$$

b) Mit $s\,(t_M) = h$ folgt durch Einsetzen in die zweite der Gl. 1.13

$$h = -\frac{g}{2}\left(\frac{v_0}{g}\right)^2 + v_0\left(\frac{v_0}{g}\right) + s_0 \quad \text{bzw.} \quad h = \frac{v_0^2}{2g} + s_0\,.$$

Es wird also die Höhe $h = 2{,}53$ m bezogen auf den Boden erreicht.

c) Zum Zeitpunkt des Aufschlagens ist $s(t_A) = 0$, es gilt also:

$$-\frac{g}{2}t_A^2 + v_0 t_A + s_0 = 0.$$

Das ist eine quadratische Gleichung mit t_A als Unbekannter.

Quadratische Gleichung

Ihre Lösung lautet:

$$t_{A1,2} = \frac{-v_0 \pm \sqrt{v_0^2 + 2g s_0}}{-g}.$$

Hieraus ermittelt man die beiden Zeiten $t_{A1} = -0{,}26\,\text{s}$ und $t_{A2} = 1{,}18\,\text{s}$. Die „richtige" Zeit ist wohl die zweite, denn sie ist wie erwartet positiv. Jedoch hat auch die erste, negative Zeit einen physikalischen Sinn: wäre der Körper nicht von der Höhe 1,5 m aus geworfen worden, sondern vom Fußboden aus, so hätte man ihn zur Zeit $t_{A1} = -0{,}26\,\text{s}$ vom Fußboden aus loswerfen müssen, damit er zur Zeit $t_0 = 0$ die Höhe 1,5 m erreicht.

d) Für die Aufprallgeschwindigkeit v_A auf dem Fußboden folgt durch Einsetzen des (nicht zielführenden) Wertes t_{A1} in die erste der beiden Gl. 1.13 der Wert $v_{A1} = +7{,}05\,\text{m/s}$. Der Wert t_{A2} liefert mit Gl. 1.13 den Wert $v_{A2} = -7{,}05\,\text{m/s}$. Der Körper kommt also betragsmäßig mit der gleichen Geschwindigkeit unten an, mit der er (fiktiv) vom Boden aus gestartet ist.

1.1.6 Wenn eine Masse auf Kurvenfahrt geht

Betrachtet man das Förderband in Abb. 1.1, so stellt man fest, dass an einer Stelle die Pakete aus einer gewissen Höhe herabfallen und auf einem zweiten Band landen. Die eingezeichnete Bahnkurve entspricht etwa der Alltagserfahrung. Doch wie kann man sie errechnen?

Animation 3

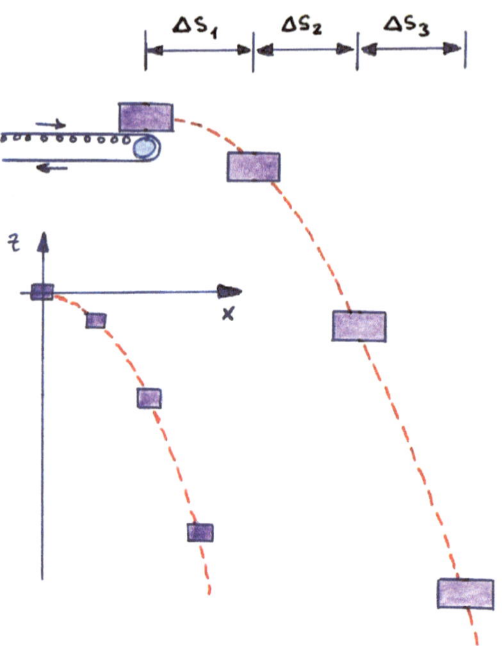

Abb. 1.12 Bei krummlinigen Bahnkurven kann die Bewegung in x-, y- und z-Richtung getrennt beschrieben werden

Geschwindigkeiten können addiert werden, davon wurde bereits in Abschn. 1.1.3 Gebrauch gemacht. Es gilt das **Superpositionsprinzip**: eine Bewegung in Richtung einer Koordinatenachse ist unabhängig von der Bewegung in Richtung einer anderen Koordinatenachse. Für die herabfallenden Pakete des Förderbandes heißt das (Abb. 1.12), dass nach Verlassen des Bandes die horizontale Bewegung weiterhin mit konstanter Geschwindigkeit erfolgt: in gleichen Zeitabschnitten legt das Paket gleiche Wegstrecken Δs_x zurück. Unabhängig davon erfolgt der freie Fall. Für jede dieser Bewegungen würden die Gl. 1.8 und 1.10 unabhängig voneinander gelten. Die Bahnkurve, die sich aus einem Zusammenwirken von drei Bewegungsrichtungen ergibt, wird durch die **Vektorgleichung**

$$\vec{s}\,(t) = \frac{1}{2}\vec{a} \cdot (t - t_0)^2 + \vec{v}_0 \cdot (t - t_0) + \vec{s}_0 \qquad (1.14)$$

beschrieben. Bei dem in Abb. 1.12 eingeführten Koordinatensystem würden die Vektoren in der Gl. 1.14 lauten:

$$\vec{a} = \begin{pmatrix} 0 \\ 0 \\ -g \end{pmatrix}, \qquad \vec{v}_0 = \begin{pmatrix} v_{x0} \\ 0 \\ 0 \end{pmatrix}, \qquad \vec{s}_0 = \begin{pmatrix} 0 \\ 0 \\ 0 \end{pmatrix}.$$

Die x- und z-Komponenten erhalten wir also durch:

$$s_x(t) = v_{x0}(t - t_0)\,, \qquad s_y(t) = 0\,, \qquad s_z(t) = -\frac{g}{2}(t - t_0)^2\,.$$

Man erkennt die Superposition einer gleichförmig geradlinigen Bewegung mit einem freien Fall. Allgemein sind die drei Komponenten in Gl. 1.14 von der Zeit t abhängig. Eine solche Darstellungsform nennt man **Parameterdarstellung**. Sie kommt in der Physik häufig vor, oft ist der Parameter die Zeit t, aber nicht immer.

Parameterdarstellung einer Funktion

Neben dem Ort $\vec{s}(t)$ kann auch die Geschwindigkeit als Vektor dargestellt werden:

$$\boxed{\vec{v}(t) = \vec{a}(t - t_0) + \vec{v}_0}\,.$$

Beispiel

Eine Kugel rollt auf einem waagrechten Tisch mit konstanter Geschwindigkeit $\vec{v}_0$ bis zur Tischkante (Abb. 1.13). Dann fällt die Kugel infolge der Schwerkraft zu Boden. Welche Form hat die Bahnkurve?

Lösung: Die Bewegung soll zur Zeit $t_0 = 0$ am Ort $\vec{s}_0 = \vec{s}(0) = \vec{0}$, also im Ursprung beginnen. Die Kugel hat dann vektoriell die Geschwindigkeit

$$\vec{v}_0 = \begin{pmatrix} v_0 \\ 0 \\ 0 \end{pmatrix}\,.$$

Die Beschleunigung $\vec{a}$ ist nach unten gerichtet, also in negative z-Richtung:

$$\vec{a} = \begin{pmatrix} 0 \\ 0 \\ -g \end{pmatrix} \quad \text{mit } g = 9{,}81\,\frac{\text{m}}{\text{s}^2}\,.$$

Damit lässt sich der Ort der Kugel zu jedem Zeitpunkt angeben:

$$\vec{s}(t) = \frac{1}{2}\begin{pmatrix} 0 \\ 0 \\ -g \end{pmatrix} \cdot t^2 + \begin{pmatrix} v_0 \\ 0 \\ 0 \end{pmatrix} \cdot t\,.$$

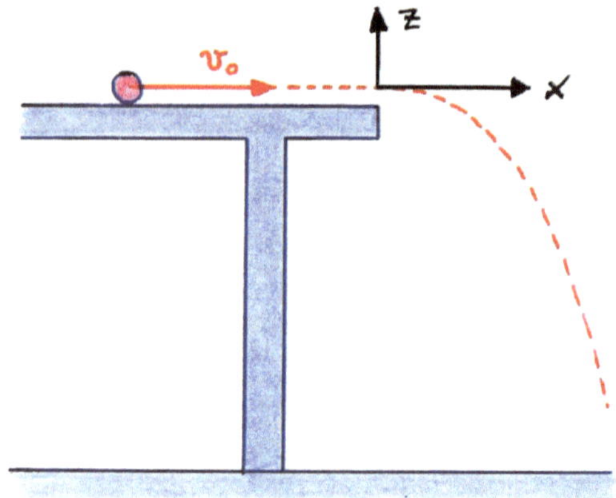

Abb. 1.13 Ein Kugel rollt von der Tischkante. Welche Gleichung hat die Bahnkurve?

Die drei Komponenten von $\vec{s}\,(t)$ beschreiben die Bewegung in x-, y- und z-Richtung für $t \geq 0$:

$$s_x\,(t) = v_0 t\,, \qquad s_y\,(t) = 0\,, \qquad s_z\,(t) = -\frac{1}{2} g t^2\,. \tag{1.15}$$

Die Bewegung spielt sich in der xz-Ebene ab. Es kommt zur Überlagerung der Horizontalbewegung mit konstanter Geschwindigkeit und dem freien Fall in vertikale Richtung. Zur Bestimmung der Bahnkurve kann $s_x\,(t)$ nach t aufgelöst und in $s_z\,(t)$ eingesetzt werden:

$$\boxed{s_z\,(s_x) = -\frac{1}{2}\frac{g}{v_0^2} s_x^2}\,.$$

Man erkennt die Form einer nach unten geöffneten Parabel, der so genannten **Wurfparabel**. Wie erwartet ist $s_z = 0$ für $s_x = 0$, d. h. die Parabel geht durch den Ursprung. Da der Wurf erst im Ursprung beginnt, muss der Gültigkeitsbereich der Funktion auf $s_x \geq 0$ eingeschränkt werden.

Beispiel

Ein schwerer Gummiball wird mit einer Geschwindigkeit von $v_0 = 23\,\text{m/s}$ unter einem Winkel von $\alpha = 20°$ gegen die Horizontale abgeschlagen. In welcher Entfernung trifft er auf dem Boden auf?

Lösung: Es geht hier um die Bestimmung der **Wurfweite** s_W. Ausgangspunkt ist wieder die Gl. 1.14, die hier die Form

$$\vec{s}\,(t) = \frac{1}{2}\begin{pmatrix} 0 \\ 0 \\ -g \end{pmatrix} \cdot t^2 + \begin{pmatrix} v_0 \cos\alpha \\ 0 \\ v_0 \sin\alpha \end{pmatrix} \cdot t$$

annimmt. Es wurde wieder $t_0 = 0$ gesetzt und der Startpunkt wurde auf den Ursprung gelegt. Die Bewegung spielt sich wie oben ausschließlich in der xz-Ebene ab. Die Komponenten von $\vec{s}\,(t)$ lauten:

$$s_x\,(t) = v_0 t \cos\alpha\,, \qquad s_y\,(t) = 0\,, \qquad s_z\,(t) = -\frac{1}{2}gt^2 + v_0 t \sin\alpha\,. \qquad (1.16)$$

Auch hier kann man wieder s_x nach t auflösen und in die dritte Gleichung einsetzen, so dass gilt:

$$s_z\,(s_x) = -\frac{1}{2}\frac{g s_x^2}{v_0^2 \cos^2\alpha} + \frac{\sin\alpha}{\cos\alpha} s_x = -\frac{1}{2}\frac{g s_x^2}{v_0^2 \cos^2\alpha} + s_x \tan\alpha\,.$$

Man erkennt wieder die durch den Nullpunkt verlaufende Wurfparabel. Die Wurfweite s_W erhalten wir als Nullstelle der Funktion, also über $s_z\,(s_\mathrm{W}) = 0$:

$$-\frac{1}{2}\frac{g s_\mathrm{W}^2}{v_0^2 \cos^2\alpha} + s_\mathrm{W} \tan\alpha = 0 \quad \text{bzw.} \quad -\frac{1}{2}\frac{g s_\mathrm{W}}{v_0^2 \cos^2\alpha} + \tan\alpha = 0\,.$$

Nach der **Wurfweite** s_W aufgelöst, bekommen wir:

$$\boxed{\, s_\mathrm{W} = \frac{2v_0^2 \cos^2\alpha \cdot \tan\alpha}{g} = \frac{2v_0^2 \sin\alpha \cdot \cos\alpha}{g}\,} \qquad (1.17)$$

Für die oben angegebenen Werte beträgt die Wurfweite also $s_\mathrm{W} = 34{,}7\,\text{m}$. Man beachte, dass hier keinerlei Windeinflüsse berücksichtigt wurden. Auch würde bei dieser Geschwindigkeit der Luftwiderstand den Ball abbremsen.

Eine interessante Besonderheit ergibt sich bei Gl. 1.17, die man mit $\sin\alpha = \cos(90° - \alpha)$ und $\cos\alpha = \sin(90° - \alpha)$ wie folgt umschreiben könnte:

$$s_\mathrm{W} = \frac{2v_0^2}{g} \cos(90° - \alpha) \sin(90° - \alpha)\,.$$

Führt man die neue Abkürzung $\beta = 90° - \alpha$ ein, nimmt diese Gleichung die Form

$$s_\mathrm{W} = \frac{2v_0^2}{g} \cos\beta \sin\beta$$

an. Um bei dem Beispiel zu bleiben: es ist also egal, ob man $\alpha = 20°$ oder $\beta = 70°$ als Abwurfwinkel einsetzt, die Wurfweite bleibt gleich. Es gibt also (bis auf den Winkel 45°) stets zwei Abwurfwinkel α und β mit $\beta = 90° - \alpha$, die die gleiche Wurfweite s_W zur Folge haben. Die zum kleineren Winkel gehörige Bahnkurve wird **Flachschuss** genannt, die zum größeren Winkel gehörige **Steilschuss** (Abb. 1.14).

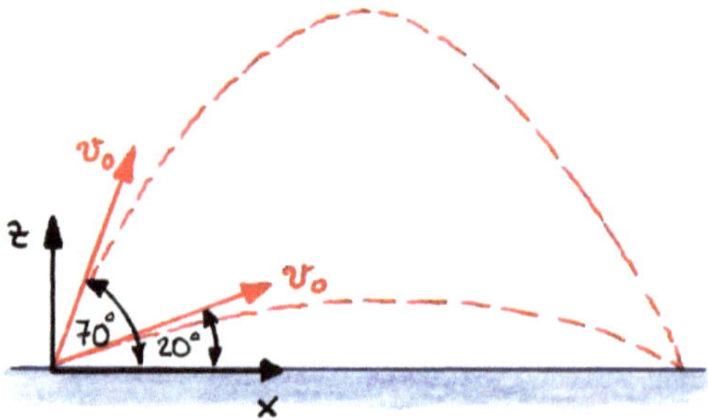

Abb. 1.14 Wurfparabel mit Flach- und Steilschuss

Man könnte sich jetzt noch fragen, ob durch Variation des Abwurfwinkels bei gleich bleibender Abwurfgeschwindigkeit v_0 die Wurfweite noch zu optimieren wäre. Man kann dies tun, indem man Gl. 1.17 mit der Beziehung $\sin\alpha \cdot \cos\alpha = \frac{1}{2}\sin(2\alpha)$ in die Form

$$s_\mathrm{W} = \frac{v_0^2}{g}\sin(2\alpha)$$

bringt. Die Sinusfunktion hat bei 90° ihr Maximum, so dass die maximale Wurfweite bei einem Abwurfwinkel von $\alpha = 45°$ erreicht wird. Hier ist also auch nicht zwischen **Flach-** und **Steilschuss** zu unterscheiden.

Zum Abschluss soll noch die **Wurfdauer** t_D sowie die erreichte **Scheitelhöhe** s_H der Flugbahn berechnet werden. Hierzu differenziert man die Gl. 1.16 nach der Zeit:

$$v_x(t) = v_0 \cdot \cos\alpha, \qquad v_y(t) = 0, \qquad v_z(t) = -gt + v_0\sin\alpha.$$

Die **Scheitelhöhe** wird erreicht, wenn die v_z-Komponente der Geschwindigkeit Null wird, was zur Zeit t_S der Fall ist:

$$\boxed{-gt_\mathrm{S} + v_0\sin\alpha = 0} \quad \text{bzw.} \quad \boxed{t_\mathrm{S} = \frac{v_0}{g}\sin\alpha}.$$

Da die Flugbahn bezüglich des Scheitels symmetrisch ist, ergibt sich die **Flugdauer** t_D mit $t_\mathrm{D} = 2t_\mathrm{S}$:

$$\boxed{t_\mathrm{D} = \frac{2v_0}{g}\sin\alpha}.$$

Setzt man t_S in die Gleichung für s_z (Gl. 1.16) ein, erhält man **die Scheitelhöhe s_H**:

$$\boxed{s_\mathrm{H} = s_z(t_\mathrm{S}) = \frac{v_0^2}{2g}\sin^2\alpha}.$$

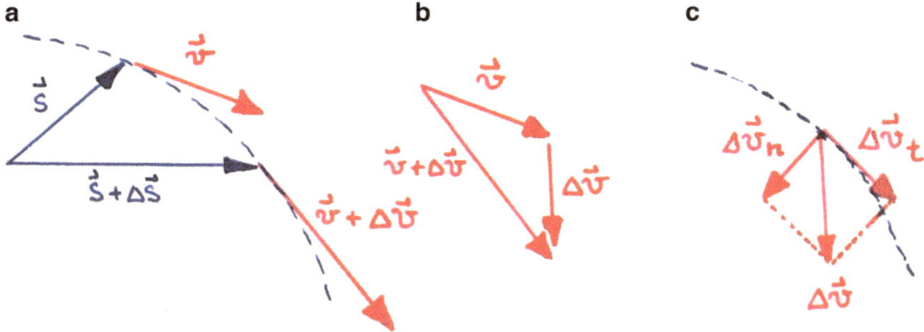

Abb. 1.15 Ein Massenpunkt, der sich längs der *gestrichelten Linie* bewegt, erfährt sowohl eine Tangentialbeschleunigung als auch eine Normalbeschleunigung

1.1.7 Beschleunigung ohne Geschwindigkeitsänderung – gibt es sowas?

Zur Beantwortung dieser Frage stellen wir uns vor, ein Gegenstand bewegt sich auf einer beliebigen krummlinigen Bahnkurve. Seine Position zum Zeitpunkt t wird in einem kartesischen Koordinatensystem durch den Vektor $\vec{s}(t)$ beschrieben (Abb. 1.15a). Nach einer Zeit Δt befindet sich der Gegenstand am Ort $\vec{s}\,(t + \Delta t) = \vec{s}(t) + \Delta\vec{s}$. Seine Position hat sich also um die Wegstrecke $\Delta\vec{s}$ verändert. Die Geschwindigkeit zur Zeit t beträgt $\vec{v}$, zur Zeit $t + \Delta t$ ist sie $\vec{v} + \Delta\vec{v}$. Die Geschwindigkeitsvektoren zeigen zu jedem Zeitpunkt in Bewegungsrichtung. $\Delta\vec{v}$ ist die Geschwindigkeitsänderung. Damit ist nach

$$\vec{a} = \lim_{\Delta t \to 0} \frac{\Delta\vec{v}}{\Delta t} = \frac{\mathrm{d}\vec{v}}{\mathrm{d}t} = \dot{\vec{v}} \tag{1.18}$$

eine Beschleunigung verbunden. Verschiebt man die Vektoren $\vec{v}$ bzw. $\vec{v} + \Delta\vec{v}$ an einen gemeinsamen Ausgangspunkt (Abb. 1.15b), erkennt man, dass $\Delta\vec{v}$ und damit die Beschleunigung $\vec{a}$ nicht notwendigerweise in Richtung der Bahnkurve zeigt. Zerlegt man $\Delta\vec{v}$ in einen Anteil $\Delta\vec{v}_t$ tangential zur Bahnkurve und einen Anteil $\Delta\vec{v}_n$ senkrecht zur Bahnkurve (Abb. 1.15c), lässt sich Gl. 1.18 schreiben als:

$$\vec{a}_t = \lim_{\Delta t \to 0} \frac{\Delta\vec{v}_t}{\Delta t} = \frac{\mathrm{d}\vec{v}_t}{\mathrm{d}t} = \dot{\vec{v}}_t \qquad \vec{a}_n = \lim_{\Delta t \to 0} \frac{\Delta\vec{v}_n}{\Delta t} = \frac{\mathrm{d}\vec{v}_n}{\mathrm{d}t} = \dot{\vec{v}}_n \tag{1.19}$$

$\vec{a}_t$ ist eine Beschleunigung, die in Richtung der Bahnkurve wirkt. Sie wird **Tangentialbeschleunigung** genannt und gibt an, um welchen Wert $\Delta\vec{v}_t$ sich die **Bahngeschwindigkeit** während der Zeit Δt verändert. Die Bahngeschwindigkeit ist die Geschwindigkeit, die der Tachometer eines Fahrzeugs anzeigt, wenn man längs der Bahn fahren würde. Im Falle einer Richtungsänderung existiert noch eine **Normalbeschleunigung** $\vec{a}_n$. Sie beschreibt die Geschwindigkeitsänderung $\Delta\vec{v}_n$ senkrecht zur Bahnkurve während der Zeit Δt. Sie ist also ein Maß für die Richtungsänderung des Gegenstandes und damit auch für die Krümmung der Bahn.

Aus Abb. 1.15c folgt, dass infolge $\Delta\vec{v}_t \perp \Delta\vec{v}_n$ auch $\vec{a}_t \perp \vec{a}_n$ gilt. Es ist also:

$$\vec{a} = \vec{a}_t + \vec{a}_n$$

und somit auch:

$$a^2 = \sqrt{a_t^2 + a_n^2}$$

Verschwindet bei einer Bewegung die Normalbeschleunigung $\vec{a}_n$, wird der Gegenstand während der Bewegung nicht seitlich abgelenkt. Er behält also seine Richtung bei, kann aber beschleunigt oder abgebremst werden. Man spricht von einer **geradlinigen Bewegung**. Umgekehrt kann es natürlich auch sein, dass die Tangentialbeschleunigung $\vec{a}_t$ verschwindet. In diesem Fall kommt es lediglich zu einer **Richtungsänderung**, aber nicht zu einer Bahnbeschleunigung. Hier würde bei einer Kurvenfahrt eines Autos längs der Bahnkurve der Tachometer immer die gleiche Geschwindigkeit anzeigen. Damit ist auch die eingangs gestellte Frage beantwortet: ein Gegenstand kann auf einer gekrümmten Bahn sehr wohl beschleunigt werden, ohne dass sich seine Bahngeschwindigkeit **dem Betrage nach** ändert. Es ändert sich aber die **Richtung** des Geschwindigkeitsvektors. Die Antwort auf obige Frage ist also Ja und Nein. Ja, wenn man nur den Betrag der Bahngeschwindigkeit betrachtet. Nein, wenn man den gesamten Geschwindigkeitsvektor anschaut.

Ein Spezialfall ist die Bewegung auf einer **Kreisbahn**. Hier ist die Normalbeschleunigung dem Betrag nach konstant und zeigt stets in Richtung Kreismittelpunkt. Hinzu kann dann noch eine Bahnbeschleunigung kommen. Der Gegenstand wird dann auf seiner Kreisbahn langsamer oder schneller. In diesem Fall zeigt der Vektor $\vec{a}$ der Gesamtbeschleunigung nicht zum Kreismittelpunkt.

1.1.8 Aufgaben (* = leicht; ** = mittel; *** = schwer)

1. * Ein Tourist lässt seine Kamera von einem $h = 22{,}1$ m hohen Aussichtsturm fallen.
   a) Mit welcher Geschwindigkeit schlägt sie unten auf?
   b) Nach welcher Zeit hört er das schmerzliche Aufprallgeräusch? (Schallgeschwindigkeit $c = 343$ m/s)
2. * Ein Auto startet aus dem Stand an einer Startlinie mit konstanter Beschleunigung $a = 4{,}63$ m/s². Gleichzeitig überfährt ein zweites Auto die Startlinie mit konstanter Geschwindigkeit von $v_2 = 120$ km/h.
   a) Zu welchem Zeitpunkt t hat das erste Fahrzeug das zweite eingeholt?
   b) Welchen Weg haben sie zu diesem Zeitpunkt zurückgelegt?
   c) Welche Geschwindigkeit hat das erste Fahrzeug dann?
3. * Asterix kommt in die Nähe eines Römerlagers. Seine primitive Wurfmaschine kann Steine nur mit einer Geschwindigkeit von 90 km/h und nur im Winkel 45° zur Horizontalen wegschleudern. Wie nahe muss er mindestens ans Lager herankommen, um es zu treffen?

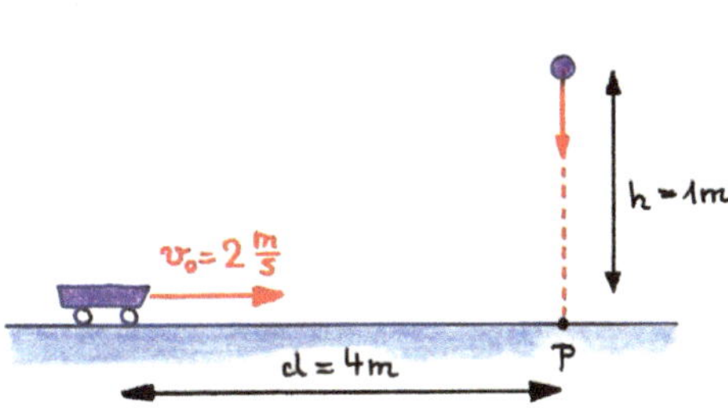

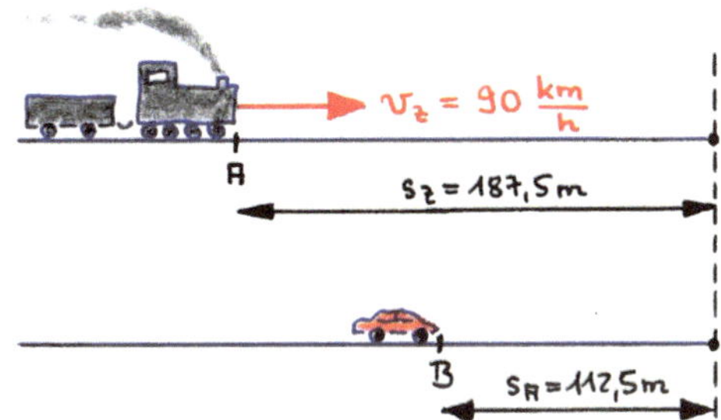

Abb. 1.16 Eine herabfallende Kugel soll einen vorüberfahrenden Wagen treffen

Abb. 1.17 Ein Eisenbahnzug und ein Sportwagen fahren um die Wette

4. * Ein Wagen bewegt sich wie in Abb. 1.16 skizziert mit konstanter Geschwindigkeit $v_0 = 2\,\text{m/s}$. Zum Zeitpunkt $t = 0\,\text{s}$ ist der Wagen $d = 4\,\text{m}$ vom Punkt P entfernt. Zu welchem Zeitpunkt t_K muss eine Kugel aus der Höhe $h = 1\,\text{m}$ fallen gelassen werden, damit sie im Wagen landet?

5. ** Ein Eisenbahnzug befindet sich wie skizziert (Abb. 1.17) am Punkt A und fährt mit der konstanten Geschwindigkeit $v_z = 90\,\text{km/h}$. Am Punkt B steht ein Sportwagen.

    a) Welche konstante Beschleunigung müsste der Wagen entwickeln, damit er zum gleichen Zeitpunkt bei der Ziellinie eintrifft wie der Zug?

    b) Wie schnell ist der Sportwagen im Ziel?

6. ** Zwei Schiffe (Abb. 1.18) starten in den Häfen mit den Koordinaten $H_1(0;\,40\,\text{km})$ und $H_2(120\,\text{km};\,0)$ mit den Geschwindigkeiten $\vec{v}_1 = (20\,\text{km/h};\,10\,\text{km/h})$ und $\vec{v}_2 = (10\,\text{km/h};\,30\,\text{km/h})$.

    a) Mit welchem Zeitvorsprung müsste das erste Schiff starten, damit die Schiffe zeitgleich bei P eintreffen?

    b) Berechnen Sie die Koordinaten des Begegnungspunktes P.

7. ** Ein Fluss hat eine Breite von $a = 300\,\text{m}$ und eine Strömungsgeschwindigkeit von $v_F = 0{,}5\,\text{m/s}$ (Abb. 1.19). Ein Fährmann startet am Ort A, um einen $b = 80\,\text{m}$ stromaufwärts liegenden Anlegeplatz B in $10\,\text{min}\,10\,\text{s}$ zu erreichen. Welche Geschwindigkeit (vektoriell!) bezüglich des strömenden Wassers muss die Fähre einhalten, damit das gelingt?

8. ** Zwei Kugeln werden zum Zeitpunkt $t = 0\,\text{s}$ bzw. $t = 0{,}362\,\text{s}$ am Punkt P aus der Ruhe heraus fallen lassen (Abb. 1.20). Zu welchem Zeitpunkt t haben die fallenden Kugeln den Abstand $\Delta s = 10\,\text{m}$ voneinander?

9. ** Zwei Massen werden gegen die Wirkung der Schwerkraft mit der Anfangsgeschwindigkeit v_0 in zeitlichem Abstand Δt senkrecht nach oben geworfen (Abb. 1.21). Nach welcher Zeit t_K und in welcher Höhe h kollidieren sie?

10. *** Ein Vogel fliegt mit konstanter Geschwindigkeit von $v = 5\,\text{m/s}$ geradlinig von einem Strommast zu einem Turm hinauf (Abb. 1.22). Seine Flugrichtung bildet zur Horizontalen einen Winkel von $\beta = 38°$. Auf den Vogel fällt Sonnenlicht (paralleles

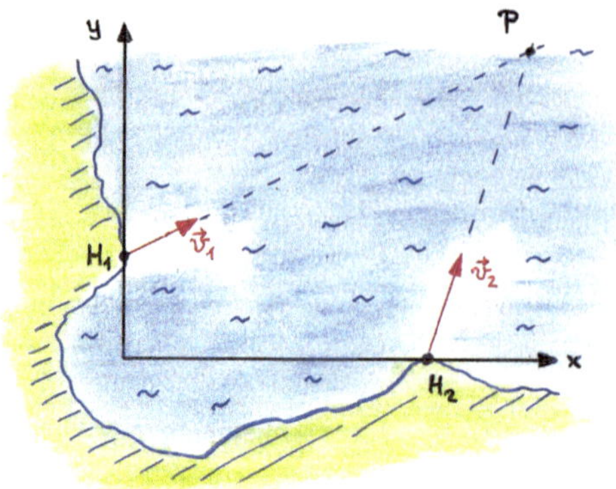

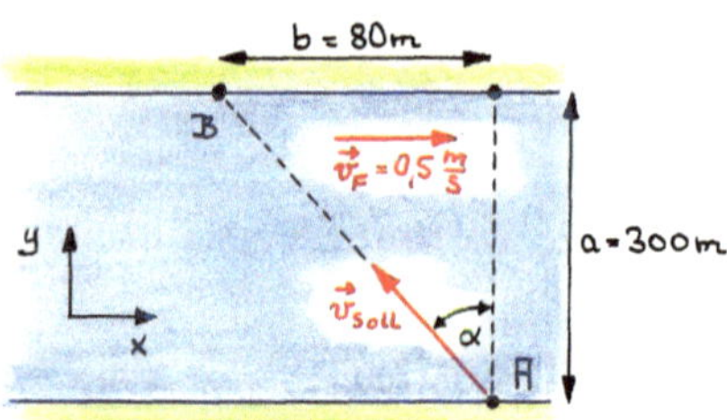

Abb. 1.18 Mit welchem Zeitversatz müssen die Schiffe starten, damit sie gleichzeitig in P eintreffen?

Abb. 1.19 Um die Entfernung $\overline{AB}$ in der geforderten Zeit zurückzulegen, muss die Fähre wegen der Strömung eine deutlich höhere Geschwindigkeit vorlegen als bei einem ruhenden Gewässer

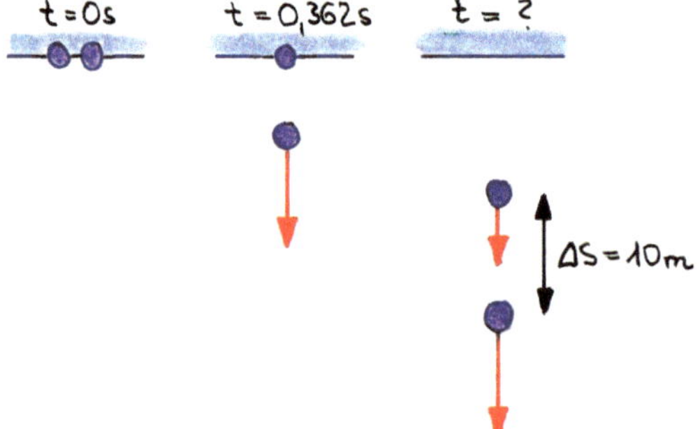

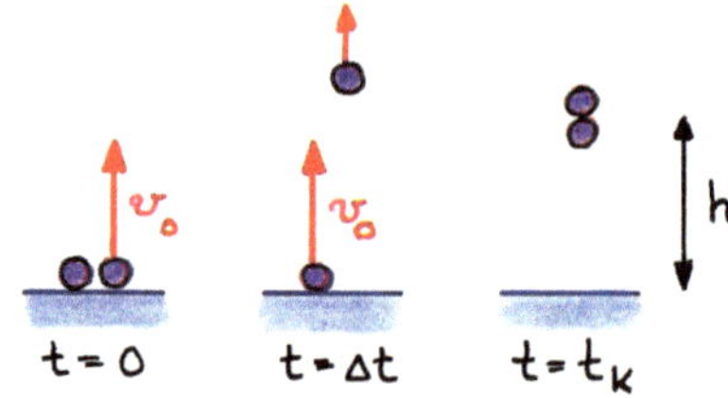

Abb. 1.20 Der räumliche Abstand zweier Kugeln, die nacheinander fallen gelassen werden, vergrößert sich mit der Zeit

Abb. 1.21 Gesucht ist Ort und Zeit des Aufeinandertreffens nacheinander geworfener Kugeln

Lichtbündel) unter einem Winkel $\gamma = 61°$ zur Senkrechten. Wie schnell bewegt sich der Schatten des Vogels auf einer Straße, die unter der Flugrichtung des Vogels verläuft und zur Horizontalen einen Winkel von $\alpha = 12°$ bildet? Die Flugrichtung des Vogels, die Straße sowie die Richtung des Lichtes liegen in einer Ebene (der Zeichenebene).

11. *** Zum Zeitpunkt $t = 0\,\mathrm{s}$ wird eine Kugel aus der Ruhe heraus wie in Abb. 1.23 skizziert aus der Höhe $s_{01} = 10\,\mathrm{m}$ fallen lassen. Zeitgleich wird am Boden eine zweite Kugel mit der Anfangsgeschwindigkeit v_0 senkrecht nach oben geworfen. Die Kugeln sollen genau dann aufeinanderprallen, wenn die untere Kugel ihre größte Höhe erreicht hat. Berechnen Sie für diesen Fall die nötige Anfangsgeschwindigkeit v_{02},

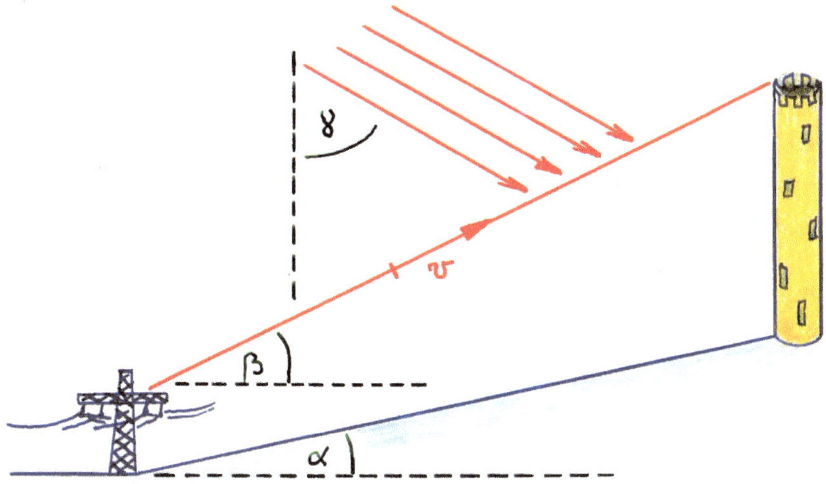

Abb. 1.22 Wie schnell bewegt sich der Schatten des fliegenden Vogels auf der darunterliegenden Straße?

Abb. 1.23 Aufeinandertreffen zweier Kugeln zum Zeitpunkt t_S

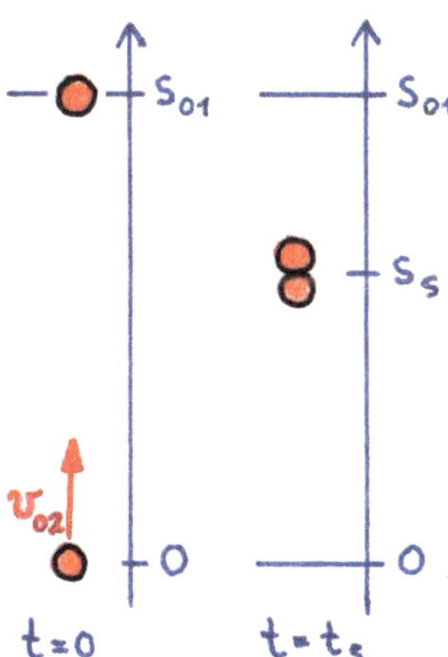

die Höhe s_S und den Zeitpunkt t_S des Zusammenpralls sowie die Geschwindigkeit v_{S1} der oberen Kugel beim Stoß.

12. ******* Ein Indianer versucht, mit Pfeil und Bogen einen 45 m entfernt sitzenden Hasen zu schießen. Es herrscht Seitenwind senkrecht zur Schussrichtung mit einer Windgeschwindigkeit von 50 km/h (von rechts). Der Indianer schießt seinen Pfeil mit einer Geschwindigkeit von $v_0 = 120$ km/h ab. Berechnen Sie die Komponenten des Vektors $\vec{v}_0$ so, dass er den Hasen trifft!

1.2 Warum es sich bewegt …

1.2.1 Ohne Kraft keine Beschleunigung

In der Kinematik haben wir Bewegungen zwar quantitativ beschrieben, aber nicht nach ihren Ursachen gefragt. Wir haben eine Beschleunigung angenommen und die daraus resultierende Bewegung errechnet. Eine äußere Einwirkung, die diese Beschleunigung bewirkt, wird **Kraft** genannt. Wenn also unser Förderband wie in Abb. 1.24 gezeigt, ein Paket in Bewegung setzt, wirkt eine Kraft. Eine Kraft wirkt übrigens auch, wenn ein Paket wie in Abb. 1.1 aufs Förderband fällt und sein freier Fall jäh abgebremst wird. Auch diese Bremsbeschleunigung wird durch eine Kraft verursacht. Zwischen **Kraft** und **Beschleunigung** gilt die Proportionalität

$$\vec{F} \propto \vec{a} \,. \tag{1.20}$$

Je größer die wirkende Kraft, desto größer die Beschleunigung des Paketes. Die Beschleunigung a erfolgt in Richtung der Kraft F, so dass die Proportionalität auch für die Vektoren gilt. Die Proportionalitätskonstante trägt der Tatsache Rechnung, dass eine gegebene Kraft nicht bei jedem Körper die gleiche Beschleunigung bewirkt: es gibt Körper, die sich nur schwer beschleunigen lassen und insofern eine hohe **Trägheit** besitzen. Andere wiederum lassen sich leicht beschleunigen und besitzen somit eine geringe Trägheit. Die Proportionalitätskonstante nennt man **träge Masse m_t**. Sie ist ein Maß dafür, welche Beschleunigung man mit einer gegebenen Kraft an einem Körper bewirken kann. Eine geringe träge Masse bedeutet eine geringe Trägheit und damit eine große Beschleunigung a:

$$\boxed{\vec{F} = m_\mathrm{t}\vec{a}} \,. \tag{1.21}$$

Diese Gleichung wird **zweites Newtonsches Axiom** genannt. Das erste wird im Zusammenhang mit den Reibungskräften behandelt. Die Einheit der Masse ist das Kilogramm (1 kg) und ist eine **SI-Basiseinheit**, die Einheit der Kraft ist das Newton ($1\,\mathrm{N} = 1\,\mathrm{kg\,m/s^2}$). Das Kilogramm ist die einzige SI-Basiseinheit mit einer materiellen Maßverkörperung.

▶ **Definition**   Die Masseneinheit **1 Kilogramm** wird durch die Masse eines internationalen Kilogrammprototyps definiert.

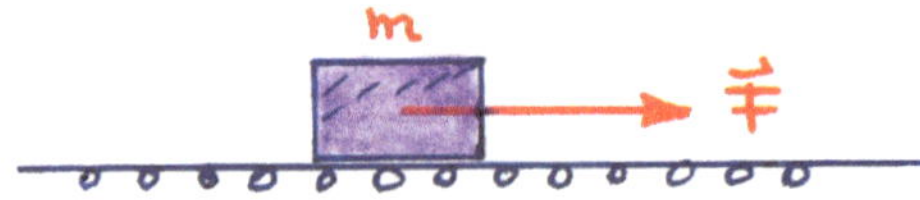

Abb. 1.24 Kraft auf ein Paket. Über den Angriffspunkt des Kraftvektors werden wir uns weiter unten noch Gedanken machen müssen

Beispiel

Ein Wagen der Masse $m_t = 101{,}25\,\mathrm{kg}$ fährt mit der Geschwindigkeit von $60\,\mathrm{km/h}$. Er werde $5\,\mathrm{s}$ lang mit der Kraft von $216\,\mathrm{N}$ abgebremst.

a) Welche Geschwindigkeit hat der Wagen nach dem Abbremsen?
b) Wie lang ist der Bremsweg?

Lösung:

a) Nach Gl. 1.21 folgt für den Betrag der Beschleunigung $a = -F/m_t = -2{,}13\,\mathrm{m/s^2}$. Es handelt sich um eine Bremsbeschleunigung, also ist a negativ. Die Geschwindigkeit erhalten wir gemäß $v(t) = at + v_0$ mit $t = 5\,\mathrm{s}$ zu $6{,}0\,\mathrm{m/s}$.
b) Aus $s(t) = \frac{at^2}{2} + v_0 t + s_0$ erhalten wir mit $t = 5\,\mathrm{s}$ und $s_0 = 0$ den Bremsweg $s = 56{,}7\,\mathrm{m}$.

Es sei hier schon vorweggenommen, dass es neben der Trägheit eine zweite Eigenschaft von Materie gibt, die mit der Trägheit eng verbunden ist, nämlich ihre **Schwere**. Das bedeutet, dass sich Materie gegenseitig anzieht. Entscheidend ist dabei die **schwere Masse m_s**. Genau genommen würde man dafür eine eigene physikalische Einheit benötigen. Da jedoch die schwere Masse und die träge Masse stets proportional zueinander sind (eine Masse mit großer Trägheit ist auch im Sinne der Schwerkraft „schwer"), hat man auf die Einführung einer speziellen Einheit für die schwere Masse verzichtet und den Proportionalitätsfaktor kurzerhand Eins gesetzt. Dadurch gibt es nur noch eine Masse: $m_s = m_t = m$. Probleme sind damit keine verbunden, so dass man auch nichts falsch macht, wenn man es vergisst und einfach Masse Masse sein lässt.

Eine physikalische Größe, die die Masse eines Körpers und dessen Volumen in Beziehung setzt, ist die **Dichte ρ**. Sie ist der Quotient aus Masse und Volumen:

$$\boxed{\rho = \frac{m}{V}}.$$

Die Einheit ist $1\,\mathrm{kg/m^3}$. Um „handlichere" Zahlen zu bekommen, verwendet man aber häufig auch $1\,\mathrm{kg/dm^3}$ ($1\,\mathrm{dm^3} = 0{,}001\,\mathrm{m^3}$). Wasser hat eine Dichte von ca. $1\,\mathrm{kg/dm^3}$. 1 Liter Wasser hat die Masse $1\,\mathrm{kg}$. Blei hat mit $11{,}3\,\mathrm{kg/dm^3}$ bei weitem nicht die höchste Dichte, wie man vielleicht vermuten könnte. Gold mit $19{,}3\,\mathrm{kg/dm^3}$ und Platin mit $21{,}5\,\mathrm{kg/dm^3}$ liegen deutlich darüber.

Nun müssen wir uns noch einige Gedanken zum **Angriffspunkt** der Kraft machen. Wie wirkt die Kraft im Falle des Förderbandes auf das Paket? Wie kompliziert dies sein kann, zeigt Abb. 1.25. Links liegt eine Kugel auf dem ruhenden Band. Fährt es an, bleibt die Kugel etwa an ihrem Ort liegen, beginnt aber zu rollen, weil sich das Band unter ihr in Bewegung setzt. Rechts steht ein Karton senkrecht auf dem Band. Fährt das Band an, fällt der Karton ganz sicher um. Die beiden Probleme zeigen, dass es sehr auf den Angriffspunkt

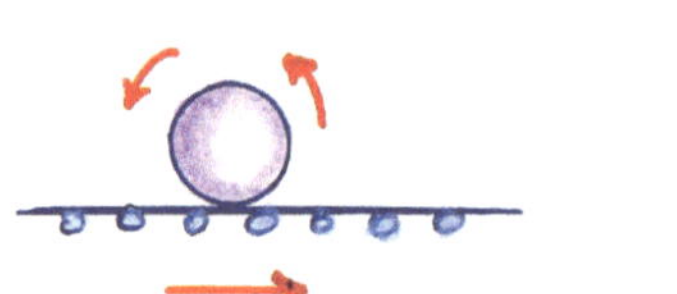 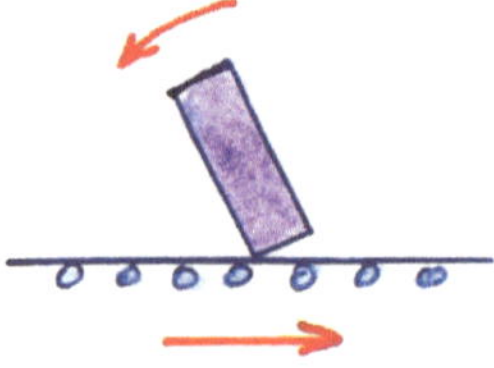

Abb. 1.25 Bei Beschleunigung des Bandes muss ein Körper nicht unbedingt der Bandbewegung folgen. Ja nach Geometrie des Körpers kann die resultierende Bewegung sehr kompliziert sein

der Kraft ankommt. In den beiden Fällen kommt es durch die Kraft zu **Drehbewegungen**. Da dies ein spezielles, schwieriges Thema ist, wollen wir es noch eine Zeit lang aufschieben und nur diejenigen Fälle betrachten, bei denen Kräfte keine Drehungen verursachen, sondern nur Beschleunigungen nach Gl. 1.21. Beim Förderband würde es dabei genügen, wenn das Paket flach auf dem Band liegt. Allgemein ist es aber so, dass die Kraft an einem bestimmten Punkt angreift, dem so genannten **Schwerpunkt**. Eine quantitative Berechnung der Lage des Schwerpunktes wird in einem späteren Kapitel durchgeführt. Fürs Erste halten wir fest, dass jeder beliebig geformte Körper genau einen Schwerpunkt besitzt. Würde man den Körper genau in diesem Schwerpunkt aufhängen (was natürlich nur im Gedankenexperiment gelingt), dann könnte man ihn an dieser Aufhängung beliebig verdrehen, er würde stets in der neuen Position bleiben und niemals zurückschwingen. Wir nehmen nun im Folgenden an, **dass alle Kräfte stets im Schwerpunkt des Körpers angreifen**.

Kräfte werden durch Vektoren beschrieben und es gilt natürlich auch die **Additivität**. Ebenso können Kraftvektoren zerlegt werden, insbesondere in ihre x-, y- und z-Komponenten. Eine häufig auftretende Kraft ist die **Schwerkraft**. Lässt man einen Körper auf der Erdoberfläche fallen, erfährt er die Beschleunigung g. Die wirkende **Schwerkraft** oder **Gewichtskraft** ist $F = mg$.

Beispiel

Wie groß ist die Beschleunigung der Masse m_2 in Abb. 1.26 unter der Annahme, dass sie reibungsfrei auf der schiefen Ebene mit Neigungswinkel δ gleiten kann? (auch die Schnur auf den zwei Rollen soll reibungsfrei rutschen)

Lösung: Wir nehmen die in Abb. 1.26 schwarz eingezeichnete Bewegungsrichtung als positiv an. Das bedeutet, dass wir diese Bewegung erwarten und die Gleichungen entsprechend aufstellen. Sollte sich die Annahme als falsch herausstellen, würde die resultierende Beschleunigung negativ herauskommen. Nach dem zweiten Newtonschen Axiom (Gl. 1.21) stehen auf der linken Gleichungsseite alle wirkenden Kräfte. Da alle drei Massen gleich beschleunigt werden, steht rechts das Produkt aus Gesamtmasse und Beschleunigung. Bei der Masse m_2 wirkt nur der Anteil $m_2 g \sin \delta$, die **Hangab-**

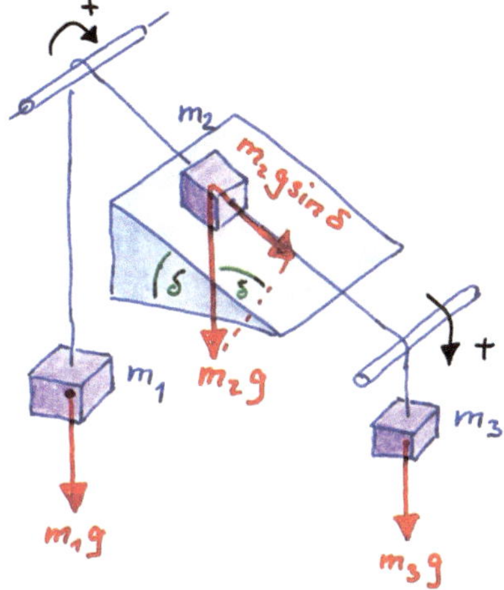

Abb. 1.26 Zur Beschleunigung der Massen tragen die Gewichtskräfte von m_1 und m_3 sowie die Hangabtriebskraft von m_2 bei

triebskraft, in Seilrichtung:

$$-m_1 g + m_2 g \sin\delta + m_3 g = (m_1 + m_2 + m_3)\,a\,.$$

Nach a aufgelöst erhalten wir für die Beschleunigung:

$$a = \frac{m_2 \sin\delta - m_1 + m_3}{m_1 + m_2 + m_3}\,g\,.$$

Ist m_1 extrem groß gegen die beiden anderen Massen, dominiert das negative Vorzeichen und die Beschleunigung wird negativ. Fordert man $a = 0$, erhält man die **Gleichgewichtsbedingung**

$$m_2 \sin\delta - m_1 + m_3 = 0\,.$$

In diesem Fall würde die Anordnung in Ruhe verharren.

1.2.2   Wenn sich trotz Kraftwirkung gar nichts tut: das Gleichgewicht

Mit Gleichgewichtszuständen beschäftigt sich die **Statik**. Im Bauingenieurwesen spielt die Statik eine entscheidende Rolle, denn Bewegung bedeutet hier in der Regel Einsturz des Bauwerks. Es darf also keine Beschleunigung geben und damit auch keine resultierende Kraft. Natürlich darf es Kräfte geben, doch diese müssen vektoriell addiert Null ergeben:

$$\sum_{i=1}^{n} \vec{F}_i = 0\,. \tag{1.22}$$

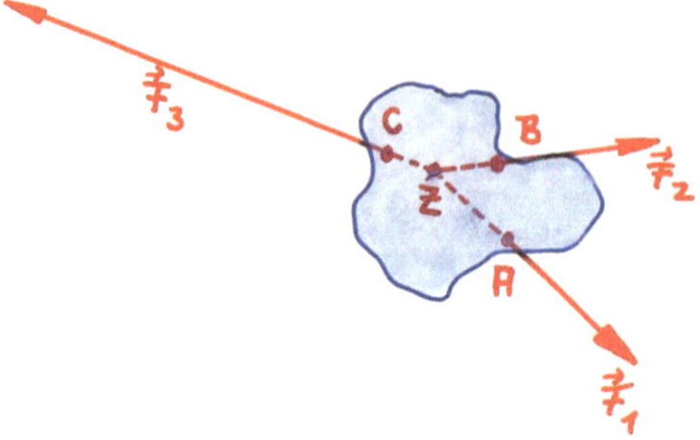 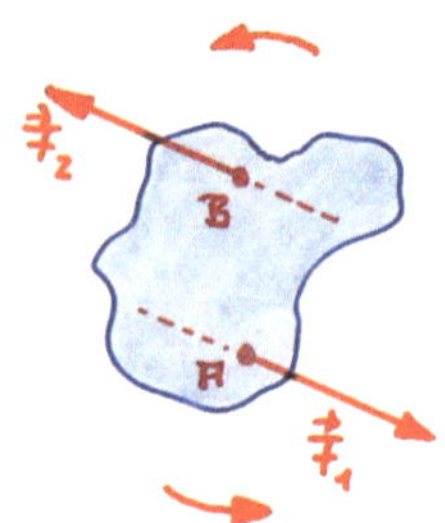

Abb. 1.27 Addieren sich die drei Kräfte vektoriell zum Nullvektor und treffen sich ihre Wirklinien in einem Punkt Z, befindet sich der Körper im Gleichgewicht

Abb. 1.28 Obwohl die Kraftvektoren hier gleich groß und parallel sind, treffen sich ihre Wirklinien nicht. Das führt zu einer Drehung

Hier müssen wir jedoch eine Einschränkung machen: die Linien, längs deren die Kräfte wirken, müssen sich in einem Punkt schneiden (Abb. 1.27). Würden sie das nicht tun, würde sich der Körper drehen (Abb. 1.28). Der Begriff des Gleichgewichtes ist also offensichtlich komplexer und kann hier noch nicht abschließend behandelt werden. Wir werden bei den Drehbewegungen noch einmal darauf zurückkommen müssen. Wir können hier jedoch festhalten, dass die Kräfte, die am starren Körper angreifen, längs ihrer **Wirklinie** verschoben werden dürfen. Man spricht von **Linienflüchtigkeit** der Kräfte.

Ein einfaches statisches Problem ist ein auf einem Tisch liegender Körper. Er unterliegt ganz sicher der Schwerkraft, fällt aber nicht zu Boden, weil der Tisch eine gleich große Gegenkraft liefert. Schwerkraft und Gegenkraft addieren sich zu Null. Wir gelangen hiermit zu einem allgemeinen Prinzip, das als **drittes Newtonsches Axiom** bekannt ist:

▶   Kräfte treten stets paarweise auf. Wenn ein Körper auf einen anderen eine Kraft ausübt, wirkt dieser stets mit der gleichen, aber entgegengesetzt wirkenden Kraft zurück.

Beispiel

Zwei Stahlträger üben auf den Punkt A (Abb. 1.29) des Lagerblocks die Kräfte $F_1 = 11.000\,\mathrm{N}$ und $F_2 = 8000\,\mathrm{N}$ aus. Die Winkel betragen $\alpha = 30°$ und $\beta = 45°$. Wie groß ist die Kraft $\vec{F}_\mathrm{L}$, die der Lagerblock aufnehmen muß?

Lösung: Genaugenommen müsste man die Frage so formulieren: welche Kraft $\vec{F}_\mathrm{L}$ müsste der Lagerblock nach oben ausüben, damit die Anordnung im Gleichgewicht ist? Wenn die Anordnung in Ruhe bleiben soll, müssen sich nach Gl. 1.22 die Kraftvektoren zu Null addieren:

$$\vec{F}_1 + \vec{F}_2 + \vec{F}_\mathrm{L} = \vec{0}\,.$$

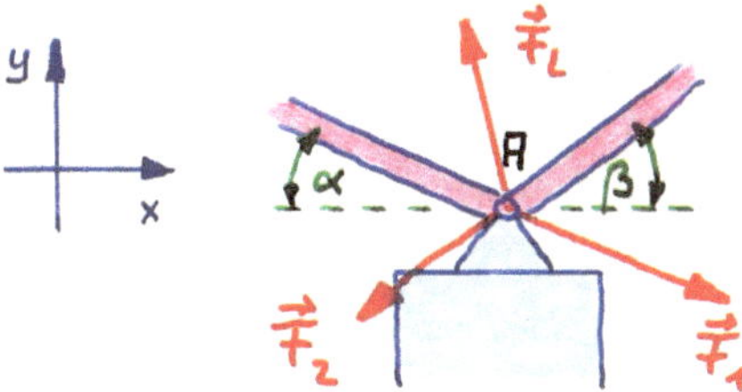

Abb. 1.29 Damit das Tragwerk stabil ist, müssen sich die drei Kraftvektoren zum Nullvektor addieren

Im eingezeichneten Koordinatensystem erhalten wir:

$$\vec{F}_1 = \begin{pmatrix} F_1 \cos\alpha \\ -F_1 \sin\alpha \end{pmatrix} \quad \text{und} \quad \vec{F}_2 = \begin{pmatrix} -F_2 \cos\beta \\ -F_2 \sin\beta \end{pmatrix}$$

und damit für $\vec{F}_L$:

$$\vec{F}_L = -\begin{pmatrix} F_1 \cos\alpha \\ -F_1 \sin\alpha \end{pmatrix} - \begin{pmatrix} -F_2 \cos\beta \\ -F_2 \sin\beta \end{pmatrix} \quad \text{bzw.} \quad \vec{F}_L = \begin{pmatrix} -3869\,\text{N} \\ 11.157\,\text{N} \end{pmatrix}.$$

1.2.3 Das zweite Newtonsche Axiom und die Sache mit der Reibung

Schubst man einen auf dem Boden liegenden Karton an, dann schleift er eine gewisse Wegstrecke über den Boden und bleibt schließlich liegen. Nach dem zweiten Newtonschen Axiom muss also eine Kraft wirksam gewesen sein, die eine negative Beschleunigung, eine **Bremsbeschleunigung**, bewirkt. Die Kraft gibt es tatsächlich, sie wird **Gleitreibungskraft** genannt. Das Experiment zeigt, dass die Gleitreibungskraft proportional zur **Normalkraft** (Auflagekraft) ist:

$$F_R = \mu_G F_N. \tag{1.23}$$

Die Proportionalitätskonstante wird **Gleitreibungszahl** μ_G genannt und hängt vom Material und von der Beschaffenheit der Oberflächen des Körpers und der Unterlage ab. Gl. 1.23 ist keine Vektorgleichung, F_R ist stets senkrecht zu F_N. Die Gleitreibungskraft hängt **nicht von der Größe der Kontaktfläche** ab.

Schon früh erkannte der Mensch, dass sich schwere Lasten mit untergelegten Rollen oder mit Rädern leichter vorwärtsbewegen lassen, als wenn man sie einfach über den Boden schleift. Ganz ohne Reibung geht aber auch das nicht: für die **Rollreibung** gilt Gl. 1.23 in analoger Weise, die entsprechende Reibungszahl wird **Rollreibungszahl** μ_R genannt. Die Verhältnisse sind hierbei etwas schwieriger, bei genauerer Betrachtung stellt man nämlich fest, dass μ_R **vom Radius des Rades abhängig** ist. Ein kleines Rad verformt nämlich die Unterlage mehr als ein großes Rad. Dem wird Rechnung getragen, indem man den Radradius mit

$$\mu_R = \frac{f}{r} \tag{1.24}$$

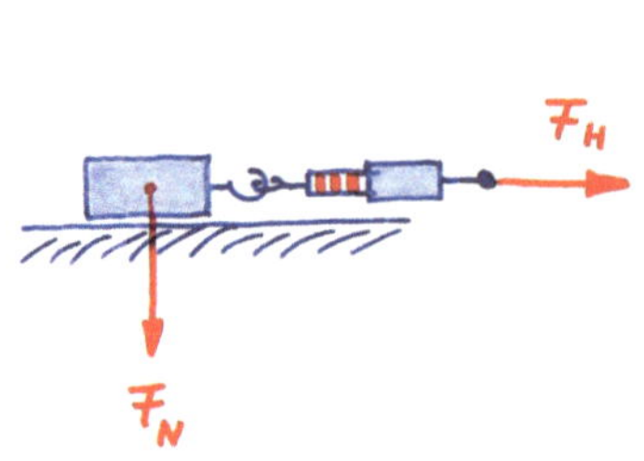

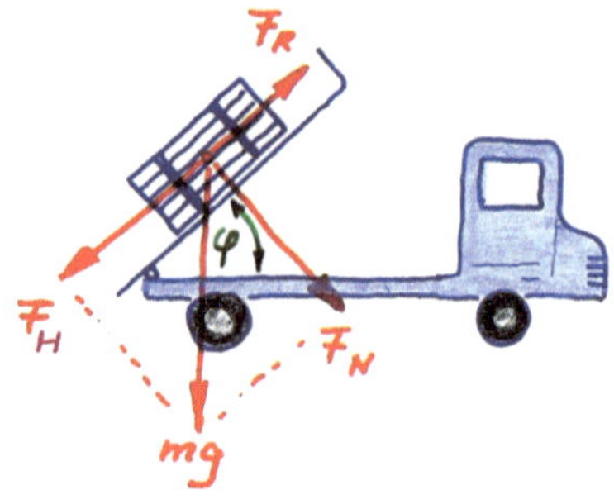

Abb. 1.30 Bei der Haftreibung kann man eine Maximalkraft F_H auf die Masse wirken lassen, ohne dass sie in Bewegung kommt

Abb. 1.31 Je nach Haftreibungskraft rutscht eine Kiste bei einem mehr oder weniger großen Winkel φ von der Ladefläche

berücksichtigt. f ist die **Rollreibungslänge**, hat die Einheit 1 m und hängt von der Materialpaarung ab. Ein kleiner Radius r führt also bei konstanter Rollreibungslänge f zu einem hohen Rollreibungskoeffizienten, ein großer Radius zu einem niedrigen. Gemeinsam ist der Gleit- und Rollreibung, dass die Reibungskraft F_R **unabhängig von der Geschwindigkeit** ist, mit der sich der Körper relativ zur Unterlage bewegt.

Liegt ein Gegenstand auf einer Unterlage, kann man parallel zur Unterlage eine gewisse Kraft ausüben (Abb. 1.30), ohne dass sich der Körper von der Stelle rührt. Erst bei einer bestimmten Kraft, der **Haftreibungskraft F_H**, setzt sich der Körper ruckartig in Bewegung. Die Haftreibungskraft wird ebenfalls durch Gl. 1.23 beschrieben, die zugehörige Reibungszahl wird **Haftreibungszahl μ_H** genannt. Wie die Gleitreibungskraft ist auch die Haftreibungskraft **nicht von der Größe der Kontaktfläche abhängig**.

Beispiel

Auf der Ladefläche eines Lkw (Material: Stahlblech) liegt eine Holzkiste (Abb. 1.31). Der Fahrer beginnt, die Ladefläche zu kippen. Bei welchem Winkel φ_H beginnt die Kiste zu rutschen? Welche Beschleunigung erfährt sie, wenn die Ladefläche den Winkel φ_H beibehält? ($\mu_H = 0{,}6$; $\mu_G = 0{,}3$)

Lösung: Die Normalkraft ist $F_N = mg\cos\varphi$, die Hangabtriebskraft ist $F_H = mg\sin\varphi$. Die Kiste kommt in Bewegung, wenn Hangabtrieb und Haftreibungskraft gleich sind:

$$mg\sin\varphi_H = \mu_H mg\cos\varphi_H .$$

Für φ_H folgt also:

$$\tan\varphi_H = \mu_H \quad \text{bzw.} \quad \varphi_H = \arctan\mu_H , \qquad \varphi_H = 31{,}0° .$$

φ_H wird **Haftreibungswinkel** genannt. Es ist der Winkel, bei dem die Masse gerade eben ins Rutschen gerät. Rutscht sie, tritt Gleitreibung auf. Die Gleitreibungskraft ist

$F_\mathrm{G} = \mu_\mathrm{G} mg \cos \varphi_\mathrm{H}$. Nach dem zweiten Newtonschen Axiom gilt also:

$$mg \sin \varphi_\mathrm{H} - \mu_\mathrm{G} mg \cos \varphi_\mathrm{H} = ma \,,$$

so dass die Beschleunigung gegeben ist durch:

$$a = g \sin \varphi_\mathrm{H} - \mu_\mathrm{G} g \cos \varphi_\mathrm{H} \,, \qquad a = 2{,}5\,\mathrm{m/s^2} \,.$$

Beispiel

Ein Auto fährt mit der Geschwindigkeit 24 km/h eine geradlinig verlaufende Strecke mit dem Neigungswinkel $\delta = 12°$ bergauf, als der Motor ausfällt. Wie weit rollt das Fahrzeug noch, wenn man annimmt, dass der Fahrer sofort die Kupplung tritt und wenn man Luftwiderstand und Lagerreibung vernachlässigt (Rollreibungszahl $\mu_\mathrm{R} = 0{,}02$)? Angenommen, der Wagen würde wieder rückwärts rollen: mit welcher Geschwindigkeit würde er die Stelle des Motorausfalls passieren?

Lösung: Bremsend wirken die Hangabtriebskraft $F_\mathrm{H} = mg \sin \delta$ und die Rollreibungskraft $F_\mathrm{R} = \mu_\mathrm{R} mg \cos \delta$ (Abb. 1.32). Für die Bremsbeschleunigung gilt also:

$$-mg \sin \delta - \mu_\mathrm{R} mg \cos \delta = ma \quad \text{bzw.} \quad a = -g \sin \delta - \mu_\mathrm{R} g \cos \delta \,. \tag{1.25}$$

Fällt der Motor zum Zeitpunkt $t = 0$ aus und bleibt das Auto zur Zeit t_S stehen, gilt mit $v(t) = at + v_0$:

$$t_\mathrm{S} = -\frac{v_0}{a} \,.$$

Mit $s(t) = \frac{1}{2}at^2 + v_0 t + s_0$ gilt für den Ort, an dem der Wagen stillsteht:

$$s_\mathrm{e} = s(t_\mathrm{S}) = \frac{1}{2}a\left(-\frac{v_0}{a}\right)^2 + v_0\left(-\frac{v_0}{a}\right) + s_0 = -\frac{v_0^2}{2a} + s_0 \,.$$

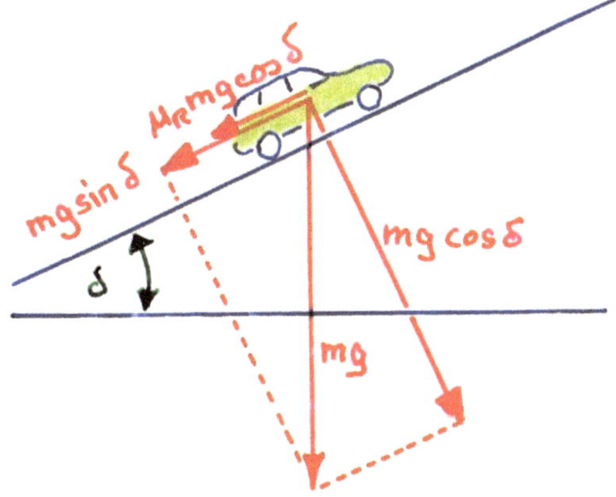

Abb. 1.32 Auto auf der schiefen Ebene

Mit $s_0 = 0$, $v_0 = 6{,}667\,\text{m/s}$ und a aus Gl. 1.25 gilt:

$$s_\text{e} = \frac{v_0^2}{2g\,(\sin\delta + \mu_\text{R}\cos\delta)} = 9{,}96\,\text{m}\,.$$

Vor dem Zurückrollen des Wagens starten wir die Stoppuhr neu. Es gilt $a = -g\sin\delta + \mu_\text{R}g\cos\delta$ für die Beschleunigung. Die Rollreibungskraft wirkt jetzt in umgekehrter Richtung. Das Auto erreicht zur Zeit t_E wieder die Stelle des Motorausfalls; es ist $t_\text{E} \neq t_\text{S}$! Mit $v(t) = at + v_0$ folgt mit $v_0 = 0$ für die Geschwindigkeit:

$$v_\text{E} = v(t_\text{E}) = at_\text{E} \quad \text{bzw.} \quad t_\text{E} = \frac{v_\text{E}}{a}\,.$$

Wegen $s(t) = at^2/2 + s_\text{e}$ folgt für t_E:

$$s(t_\text{E}) = \frac{1}{2}at_\text{e}^2 + s_\text{e} = 0 \quad \text{bzw.} \quad \frac{1}{2}a\left(\frac{v_\text{E}}{a}\right)^2 + s_\text{e} = 0\,.$$

Die Geschwindigkeit v_E ist also:

$$v_\text{E} = \sqrt{-2s_\text{e}a} = \sqrt{2s_\text{e}\,(g\sin\delta - \mu_\text{R}g\cos\delta)} \quad \text{bzw.} \quad v_\text{E} = 6{,}07\,\text{m/s} = 21{,}9\,\text{km/h}\,.$$

Die hier behandelten Formen der Reibung werden **äußere Reibung** genannt. Zwei weitere Typen, die **innere** und die **turbulente Reibung** werden in Abschn. 2.1 behandelt. Die in Tabellen angegebenen Reibungszahlen sind stets nur ungefähre Werte, denn sie hängen von der Beschaffenheit der Oberflächen und deren Sauberkeit ab.

Reibung ist aus der Welt, in der wir leben nicht wegzudenken. Es passieren kaum Vorgänge ohne Reibung. Denkt man sich idealisierend eine reibungsfreie Bewegung einer Masse, dann müsste nach dem zweiten Newtonschen Axiom (Gl. 1.21) auch die Beschleunigung verschwinden. Fehlt eine Beschleunigung, bleibt die Masse in Ruhe oder behält ihre Geschwindigkeit nach Betrag und Richtung bei. Das ist der Inhalt des **ersten Newtonschen Axioms**:

▶ Eine Masse bleibt im Zustand der Ruhe oder der gleichförmig geradlinigen Bewegung, wenn keine Kraft auf sie wirkt.

1.2.4 Was es noch so für Kräfte gibt

Kräfte können nicht nur Beschleunigungen bewirken, sondern auch **Formänderungen**. Belastet man etwa eine Spiralfeder (Abb. 1.33a) mit einer Masse, so führt die Gewichtskraft mg zu einer Dehnung der Feder um die Strecke Δs. Die Feder wird also verformt. Sofern die Dehnung nicht allzu groß ist, kehrt die Feder wieder zu ihrer Ausgangslänge zurück, wenn die Kraft entfernt wird. Lässt man die doppelte Gewichtskraft $2mg$

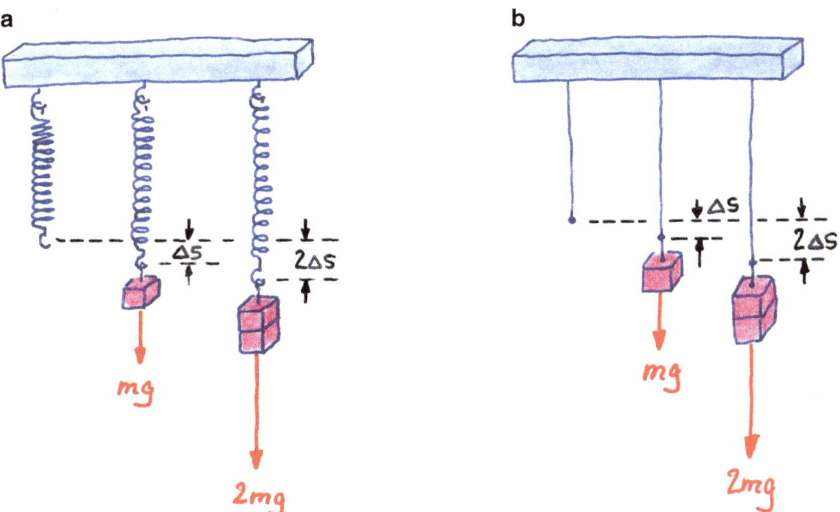

Abb. 1.33 Die Längenänderung Δs der Feder ist proportional zur Kraft. Auch beim Draht ist die Dehnung proportional zur Zugspannung

Abb. 1.34 Nutzung des linearen Kraftgesetzes zur Kraftmessung: die an einer Skala abzulesende Dehnung der Feder ist proportional zur Kraft

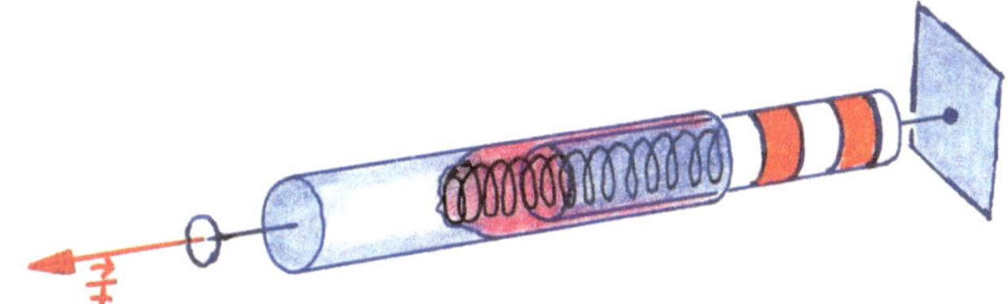

wirken, beobachtet man die doppelte Dehnung $2\Delta s$. Eine Verdreifachung der Kraft bewirkt eine dreimal größere Dehnung usw. Ab einer bestimmten Kraft wird die Feder irreversibel verformt. Im Bereich der reversiblen Verformung gilt:

$$F = Ds\,. \tag{1.26}$$

Die Konstante D wird **Federkonstante** genannt, ihre Einheit ist 1 N/m. Sie ist ein Maß für die Steifigkeit der Feder. Starre Federn haben eine hohe Federkonstante. Das **lineare Kraftgesetz** (Gl. 1.26) ermöglicht Kraftmessungen ohne Beschleunigungsmessung. Man misst einfach die Längenänderung der Feder und kalibriert wie in Abb. 1.34 die Dehnung als Kraftskala.

Hängt man die Masse m statt an eine Spiralfeder an einen dünnen Draht der Länge l (Abb. 1.33b), beobachtet man ebenfalls eine Längenänderung Δs, die jedoch deutlich kleiner ist als bei der Feder. Für die **Zugspannung** σ im Draht, also für die Kraft pro Flächeneinheit der Querschnittfläche (Einheit: $1\,\text{N/m}^2$), gilt das **Hookesche Gesetz**:

$$\sigma = E\epsilon\,. \tag{1.27}$$

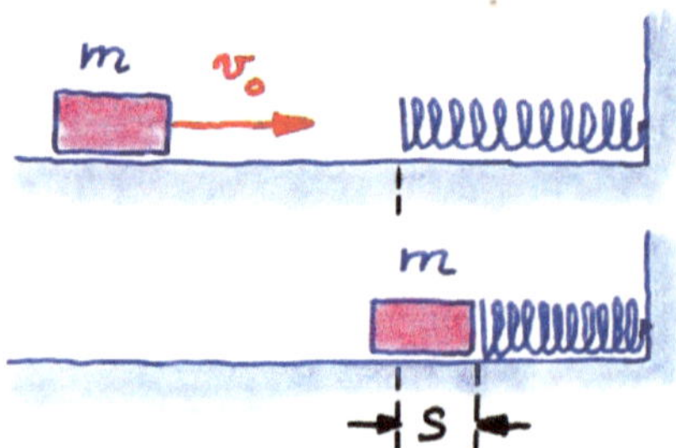

Abb. 1.35 Um welche Strecke s wird die Feder gestaucht, wenn eine Masse m mit der Geschwindigkeit v_0 auftrifft?

E und ϵ sind das E-Modul bzw. die Dehnung des Drahtes, also die relative Längenänderung $\Delta s / l$.

Beispiel

Eine Masse $m = 200\,\text{g}$ gleitet mit der Geschwindigkeit $v_0 = 2\,\text{m/s}$ reibungsfrei auf einer horizontalen Fläche, bevor sie auf eine Spiralfeder mit der Federkonstanten $D = 1280\,\text{N}$ trifft. Um welche Strecke wird die Feder komprimiert (Abb. 1.35)?

Lösung: Nach dem zweiten Newtonschen Axiom gilt:

$$ma = m\frac{\mathrm{d}v}{\mathrm{d}t} = -Ds\,. \tag{1.28}$$

Diese Gleichung ist nicht ganz einfach zu lösen. Man bedenke, dass v sowohl vom Weg als auch von der Zeit abhängt. Die Position s hängt ebenfalls von der Zeit ab. Also was tun?

Kettenregel

Gl. 1.28 ist eine Differentialgleichung. Diese sind Standardwerkzeug bei der Beschreibung physikalischer Vorgänge. Hier können wir das Problem noch relativ einfach unter Anwendung der Kettenregel lösen. $\frac{\mathrm{d}v}{\mathrm{d}t}$ kann nämlich als verkettete Funktion aufgefasst werden. Die Geschwindigkeit ist sicher eindeutig vom Ort abhängig und man kann zweifellos eine (uns hier unbekannte) Funktion $v(s)$ angeben. Der Ort s ist wiederum eine Funktion der Zeit. Man kann also schreiben:

$$\frac{\mathrm{d}v}{\mathrm{d}t} = \frac{\mathrm{d}v}{\mathrm{d}s} \cdot \frac{\mathrm{d}s}{\mathrm{d}t}\,.$$

Hier steht nichts als die Kettenregel der Differentialrechnung, allerdings mit unbekannten Funktionen $v\,(s)$ und $s\,(t)$. Es gilt also für Gl. 1.28:

$$m\frac{\mathrm{d}v}{\mathrm{d}t} = m \cdot \frac{\mathrm{d}v}{\mathrm{d}s} \cdot \frac{\mathrm{d}s}{\mathrm{d}t} = -Ds\,,$$

was gleichbedeutend ist mit

$$m \cdot \frac{\mathrm{d}v}{\mathrm{d}s} \cdot v = -Ds\,. \tag{1.29}$$

Variablentrennung

Diese Gleichung lässt sich durch **Variablentrennung** lösen und einfach integrieren:

$$\int\limits_{v_0}^{0} m\,v\,\mathrm{d}v = -\int\limits_{0}^{s_e} D\,s\,\mathrm{d}s\,. \tag{1.30}$$

Im Moment des ersten Kontakts mit der Feder befindet sich die Masse am Ort $s = 0$ und hat die volle Geschwindigkeit v_0. Hat die Spiralfeder ihre maximale Stauchung erreicht, ist die Masse am Ort s_e und hat die Geschwindigkeit $v = 0$. Das Integral ist leicht auszuwerten:

$$\left[m\,\frac{v^2}{2}\right]_{v_0}^{0} = -\left[D\,\frac{s^2}{2}\right]_{0}^{s_e} \quad \text{bzw.} \quad 0 - m\,\frac{v_0^2}{2} = -D\,\frac{s_e^2}{2} + 0\,.$$

Wir erhalten also für die maximale Stauchung der Feder

$$s_e = v_0\sqrt{\frac{m}{D}} \quad \text{bzw.} \quad s_e = 2{,}5\,\text{cm}\,.$$

Eine weitere Kraft tritt in Erscheinung, wenn man z. B. versucht, einen Luftballon unter Wasser zu drücken. Der Ballon wird mit einer erstaunlich großen Kraft nach oben gedrückt. Das hier beobachtete Phänomen wird **Auftrieb** genannt. Um es zu verstehen, muss man zunächst wissen, dass auch das Wasser – wie jede andere Flüssigkeit auch – eine gewisse Gewichtskraft auf seine Unterlage ausübt. Diese Gewichtskraft bezieht man zweckmäßigerweise auf die jeweils belastete Fläche A. Die dadurch entstehende physikalische Größe wird **Druck p** genannt:

$$\boxed{p = \frac{F}{A}}\,. \tag{1.31}$$

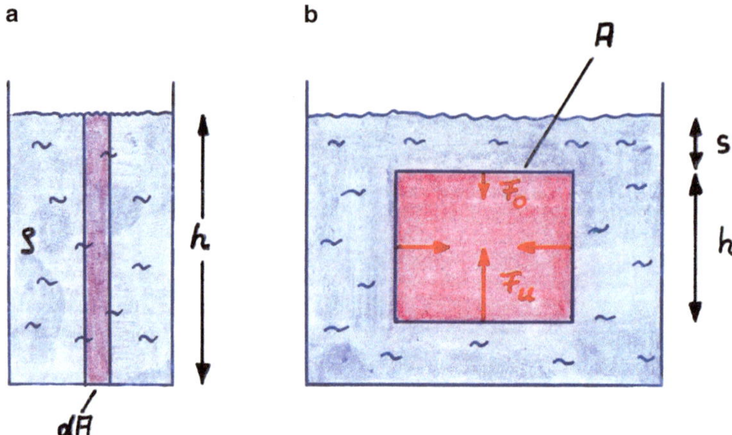

Abb. 1.36 **a** Der Schweredruck kommt durch die Gewichtskraft der auf der Fläche dA lastenden Wassersäule zustande. **b** Die Auftriebskraft entsteht aus der Druckdifferenz zwischen Boden- und Deckfläche

Seine Einheit ist 1 Pascal $=$ 1 Pa $=$ 1 N/m^2. Die vom Wasser ausgeübte Kraft erhalten wir aus der Gewichtskraft der über dem Flächenelement dA stehenden Wassersäule (Abb. 1.36a). Ihre Masse m entspricht $m = \rho\, \mathrm{d}Ah$, also ist die Gewichtskraft $F = \rho\, \mathrm{d}Ahg$, und für den Druck gilt somit:

$$\boxed{p = \rho g h}. \tag{1.32}$$

Dieser Druck wird **Schweredruck** genannt. Auch die Luft hat eine gewisse Dichte, so dass auf der Erdoberfläche grob ein Schweredruck von ca. $p_A = 100.000\,\text{Pa} = 1000\,\text{hPa}$ herrscht (1 hPa $=$ 1 Hektopascal $=$ 100 Pa). Addiert man im Falle des Wassers den atmosphärischen Druck p_A, erhält man den **hydrostatischen Druck** p_{hyd}:

$$\boxed{p_{\text{hyd}} = \rho g h + p_A}.$$

Das Besondere am Schweredruck ist, dass er von allen Seiten auf einen in die Flüssigkeit getauchten Körper wirkt. So ist dann auch die Auftriebskraft erklärbar (Abb. 1.36b). Der Einfachheit halber betrachten wir einen eingetauchten Kubus. Der Druck wirkt von allen Seiten auf den Körper. Die auf die Seitenwände wirkenden Kräfte kompensieren sich paarweise gegenseitig. Dies würden sie übrigens auch tun, wenn der Körper unregelmäßig geformt wäre. Die Kräfte auf die Deck- und Bodenfläche heben sich nicht vollständig auf, denn auf der Unterseite ist der Schweredruck höher, weil die Wassertiefe größer ist. Die auf die in der Tiefe s liegende Deckfläche wirkende Kraft ist also $F_o = \rho_{\text{Fl}} g s A$ und die auf die in der Tiefe $s + h$ liegende Bodenfläche wirkende Kraft ist $F_u = \rho_{\text{Fl}} g \left(s + h\right) A$. Die tatsächliche, auf den Körper wirkende Auftriebskraft ist also die Differenz von beiden:

$$\boxed{F = F_\mathrm{u} - F_\mathrm{o} = \rho_\mathrm{Fl} g h A = \rho_\mathrm{Fl} g V = m_\mathrm{Fl} g}\,.$$

Die **Auftriebskraft entspricht der Gewichtskraft des verdrängten Flüssigkeitsvolumens**. Dies gilt auch bei völlig unregelmäßig geformten Körpern. Auch in einem Gas tritt eine Auftriebskraft auf, die aber sehr klein ist und daher häufig vernachlässigt wird. So erfährt ein Betonblock mit den Abmessungen $20\,\mathrm{cm} \times 30\,\mathrm{cm} \times 40\,\mathrm{cm}$, also dem Volumen $0{,}024\,\mathrm{m}^3$, an Luft (bei einem angenommenen Luftdruck von $1013\,\mathrm{hPa}$ und einer Luftdichte von $1{,}29\,\mathrm{kg/m}^3$) eine Auftriebskraft von $0{,}3\,\mathrm{N}$; das entspricht der Gewichtskraft einer Masse von $31\,\mathrm{g}$. In Vakuum wäre er also um die Gewichtskraft einer Masse von $31\,\mathrm{g}$ schwerer.

Die Auftriebskraft wird beim **Wassertest nach Archimedes** zur Prüfung der Echtheit von Gold ausgenützt. Der Test funktioniert folgendermaßen: das zu prüfende Goldstück wird auf einer genauen Waage gewogen. Dann stellt man einen mit Wasser gefüllten Behälter auf die Waage, stellt die Waage auf Null und hängt das Goldstück an einem möglichst dünnen leichten Faden ins Wasser, ohne dass es Boden oder Wände berührt. Durch den Auftrieb im Wasser reduziert sich die Kraft im Faden um die Gewichtskraft des verdrängten Wassers. Diese Gewichtskraft muss nun die Waage liefern und zeigt den entsprechenden Wert an. Da Wasser etwa die Dichte $\rho = 1\,\mathrm{g/cm}^3$ hat, entspricht der angezeigte Gramm-Wert etwa dem verdrängten Volumen in cm^3. Dividiert man die vorher ermittelte Masse (in Gramm) durch diesen Volumenwert (in cm^3), müsste man im Falle der Echtheit $19{,}3\,\mathrm{g/cm}^3$ herausbekommen. Allerdings ist der Test nur begrenzt genau, und wenn uns jemand eine goldbeschichtete Münze aus Wolfram angedreht hätte, würden wir es mit dem Test nicht feststellen können. Wolfram hat nämlich ebenfalls etwa die Dichte $19{,}3\,\mathrm{g/cm}^3$!

Beispiel

Ein an einem Seil hängender Aussichtsballon ist mit Helium befüllt und seine Hülle und der Korb wiegen zusammen $200\,\mathrm{kg}$. Dazu befinden sich noch zwei Touristen mit einer Masse von $155\,\mathrm{kg}$ an Bord. Das Volumen des Ballons beträgt $V = 339\,\mathrm{m}^3$. Der Ballon startet bei Windstille und wird von einem Stahlseil der Masse $0{,}124\,\mathrm{kg}$ pro Meter Seillänge gesichert. Wie hoch steigt der Ballon, wenn man ihm beliebig viel Seil gäbe?

Lösung: Beliebig hoch, möchte man meinen. Tut er aber nicht, denn der Ballon muss das abgewickelte Seil tragen. Je höher er also steigt, desto schwerer wird das Seil und schließlich wird eine Maximalhöhe l erreicht. Für die Auftriebskraft gilt:

$$F_\mathrm{A} = \rho_\mathrm{L} g V\,.$$

Dem steht die Gewichtskraft des Ballons, des Gases und des Seils gegenüber:

$$F = m_\mathrm{B} g + \rho_\mathrm{He} g V + g l \mu_\mathrm{S}\,.$$

Dabei ist $m_B = 355\,\text{kg}$ und $\mu_S = 0{,}124\,\text{kg/m}$. Für die Dichten gilt bei einer Temperatur von $0°$ und einem Luftdruck von $1013\,\text{hPa}$ für Helium $\rho_{He} = 0{,}1785\,\text{kg/m}^3$ und für Luft $\rho_L = 1{,}2929\,\text{kg/m}^3$. Damit errechnet man für die Seillänge l:

$$\rho_L g V = m_B g + \rho_{He} g V + g l \mu_S \quad \text{bzw.} \quad l = \frac{\rho_L V - m_B - \rho_{He} V}{\mu_S} \quad \text{bzw.} \quad l = 183{,}7\,\text{m}.$$

Beispiel

Ein Taucher möchte aus einem Schiffswrack ein Netz (Masse vernachlässigbar) mit Goldbarren der Masse $m_G = 50\,\text{kg}$ in der Wassertiefe $t = 30\,\text{m}$ bergen. Dazu befestigt er einen Ballon ($m_B = 5\,\text{kg}$) am Netz, der mit Pressluft aufgeblasen wird. Welches Volumen V_B muss der Ballon haben, damit die Goldbarren gerade eben von der Unterlage abheben?

Lösung: Das Volumen des Goldes ist $V_G = m_G/\rho_G$. Damit sind die Auftriebskräfte F_A gegeben durch:

$$F_A = \rho_W g V_B + \rho_W g V_G = \rho_W g V_B + \frac{\rho_W g m_G}{\rho_G}.$$

Meerwasser hat wegen seines Salzgehaltes eine gegenüber normalem Wasser etwas erhöhte Dichte von $\rho_W = 1{,}02\,\text{kg/dm}^3$. Der atmosphärische Druck ist $p_a = 1013\,\text{hPa}$. In der Tiefe t herrscht also der hydrostatische Druck

$$p_{hyd} = \rho_W g t + p_a = 4{,}01 \cdot 10^5\,\text{Pa}.$$

Bei der angenommenen Temperatur von $0°$ ergibt sich eine Dichte der Pressluft unter Wasser von $\rho_{LW} = p_{hyd}\rho_L/p_a = 5{,}12\,\text{kg/m}^3$ (mit $\rho_L = 1{,}2929\,\text{kg/m}^3$). Die Gewichtskraft von Gold, Ballon und Pressluftfüllung ist:

$$F = m_G g + m_B g + V_B \rho_{LW} g.$$

Der Ballon hebt gerade ab, wenn $F = F_A$ gilt, also:

$$\rho_W g V_B + \frac{\rho_W g m_G}{\rho_G} = m_G g + m_B g + V_B \rho_{LW} g.$$

Für das gesuchte Volumen erhalten wir also mit $\rho_G = 19{,}29\,\text{kg/dm}^3$:

$$V_B = \frac{m_G + m_B - \frac{\rho_W m_G}{\rho_G}}{\rho_W - \rho_{LW}} \quad \text{bzw.} \quad V_B = 5{,}16 \cdot 10^{-2}\,\text{m}^3 = 51{,}6\,\text{dm}^3.$$

Die Beispiele für Kräfte könnte man an dieser Stelle noch weiterführen. So treten auch bei der Elektrizität Kräfte auf, etwa die **elektrostatische Anziehung** bzw. **Abstoßung** oder **magnetische Anziehung** bzw. **Abstoßung**. Auch in der Thermodynamik treten bei der Expansion von Gasen Kräfte auf. Sie werden in den entsprechenden Kapiteln besprochen.

1.2.5   Noch einige Bemerkungen zur Trägheit …

Trägheit ist eine grundsätzliche Eigenschaft der Materie. Nehmen wir an, auf der horizontalen Ladefläche eines Eisenbahnwagons liege eine Kugel. Wird der Wagon mit der Beschleunigung $\vec{a}$ in Bewegung gesetzt, so zeigt die Erfahrung, dass die Kugel zu rollen beginnt. Und zwar versucht sie, an dem Ort zu verharren, an dem sie sich im ruhenden Bezugssystem befand. Das Experiment hat hier einen Haken: wegen der Rollreibung fängt sie an zu rollen und kommt in Bewegung. Sie wird vom Wagen „mitgenommen". Würde es keine Reibung zwischen Kugel und Unterlage geben, würde diese tatsächlich an ihrem Ausgangspunkt bleiben und der Wagen würde unter ihr beschleunigt werden.

Wir benutzen das Bild der Kugel weiterhin, da es anschaulich ist. Ein Beobachter von außen würde das beobachten, was nach dem ersten Newtonschen Gesetz auch zu erwarten wäre: der Kugelschwerpunkt bleibt (näherungsweise jedenfalls) in Ruhe, da keine äußere Kraft auf ihn wirkt. Ein Beobachter, der mit im Wagen sitzt, beobachtet, wie sich die Kugel relativ zum Wagen von selbst in Bewegung setzt. Für ihn gilt also offensichtlich das erste Newtonsche Axiom nicht. Die scheinbar wirkende Kraft wird von außen nicht beobachtet und wird daher **Scheinkraft** genannt.

Der Grund besteht darin, dass es sich beim Zug nicht um ein **Inertialsystem** handelt. Dies ist ein Bezugssystem, das nicht beschleunigt wird und in dem infolgedessen das Trägheitsgesetz gilt. Die Erde als rotierendes Bezugssystem ist kein Inertialsystem. Ein Inertialsystem ruht entweder oder es bewegt sich geradlinig mit konstanter Geschwindigkeit. Unser Eisenbahnwagon ist kein Inertialsystem, da er beschleunigt wird. Innerhalb des Wagons gelten also die Newtonschen Axiome nicht. Ihre Gültigkeit lässt sich aber durch eine kleine Korrektur wiederherstellen: man bezieht die scheinbar auf die Kugel wirkende Kraft als **Trägheitskraft** in die Rechnung ein. Nach diesem **d'Alembertschen Prinzip** lässt sich dann folgende Gleichgewichtsbedingung formulieren:

$$\boxed{\sum_{i=1}^{n} \vec{F}_i - m\vec{a} = \vec{0}}\ .$$

Man spricht vom **dynamischen Gleichgewicht**. Der Vorteil bei der Anwendung des Prinzips besteht darin, dass man die Berechnung von Kräften in einem beschleunigten Bezugssystem auf eine einfache, **statische Gleichgewichtsbedingung** reduzieren kann.

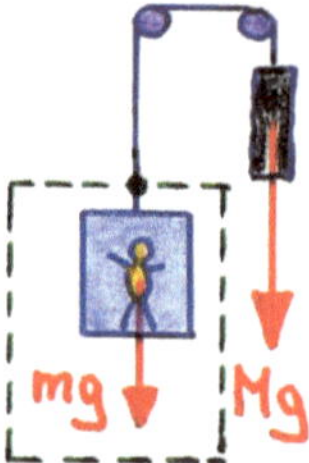

Abb. 1.37 Die im Seil der Aufzugskabine auftretende Kraft ist bei der Aufwärtsbeschleunigung größer als die Schwerkraft *mg*. Zur Behandlung des Problems verwendet man ein mit der Kabine nach oben beschleunigtes Bezugssystem (*grün gestrichelt*)

Beispiel

Die in der Abb. 1.37 gezeigte Aufzugskabine der Masse m wird allein durch das Ausgleichsgewicht der Masse M nach oben gezogen. Wie groß ist die Zugkraft F_S im Drahtseil?

Lösung: Für die Aufwärtsbeschleunigung des Aufzugs gilt nach dem zweiten Newtonschen Axiom:

$$(M + m)\,a = Mg - mg \quad \text{bzw.} \quad a = \frac{M - m}{M + m}\,g\,.$$

Zur Berechnung der Seilkraft benutzen wir ein Bezugssystem, das mit der Aufzugskabine nach oben beschleunigt wird (grün gestrichelter Kasten um die Kabine). Die dynamische Gleichgewichtsbedingung liefert für die Seilkraft:

$$-mg + F_S - am = 0 \quad \text{bzw.} \quad -mg + F_S - \frac{M - m}{M + m}gm = 0$$

$$\text{bzw.} \quad F_S = \frac{2Mmg}{M + m}\,.$$

Sind die Massen gleich, ruht das System und es folgt mit $M = m$ für die Seilkraft $F_S = mg$. Ist $M > m$ ist wegen $2M/(M + m) > 1$ die Seilkraft $F_S > mg$.

1.3 Einiges bleibt unverändert: die Erhaltungssätze

1.3.1 Die gespeicherte Arbeit

Wir betrachten folgendes Experiment (Abb. 1.38): eine Kugel wird auf eine Spiralfeder gelegt und diese um den Betrag s_0 komprimiert. Dann wird die Kugel freigegeben und durch die Federkraft aus der Röhre katapultiert. Die Beschleunigung erfolgt über die Kraftwirkung $F(s) = Ds$ der Feder. Mit der gewonnenen Geschwindigkeit v_0 erreicht

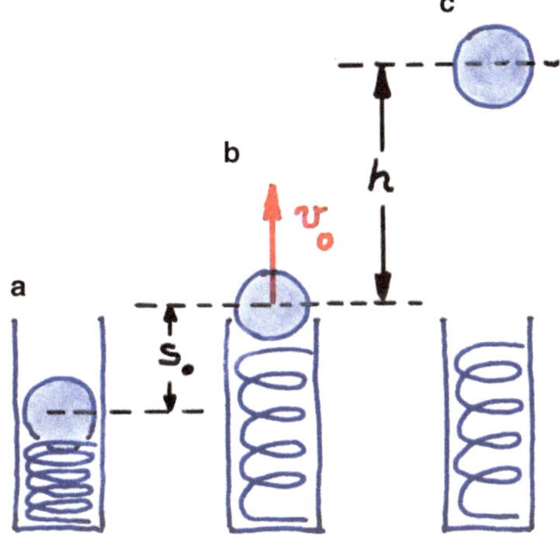

Abb. 1.38 **a** Eine Feder wird komprimiert und eine Kugel darauf gelegt. **b** Nach Freigabe der Feder wird die Kugel nach oben aus dem Rohr geschleudert. **c** Sie erreicht mit der gewonnenen Geschwindigkeit eine Scheitelhöhe h

die Kugel eine Scheitelhöhe h. Wir wollen den Vorgang genauer analysieren. Zunächst berechnen wir eine abstrakte, später zu erläuternde physikalische Größe E_F, indem wir das Wegintegral über die Federkraft berechnen:

$$E_F = \int_0^{s_0} F\,\mathrm{d}s = \int_0^{s_0} D\,s\,\mathrm{d}s = \frac{1}{2}D\,s_0^2\,. \tag{1.33}$$

Dann berechnen wir die Geschwindigkeit v_0, mit der sich die Kugel von der Spiralfeder löst und ihren Flug beginnt. Wir benutzen das **zweite Newtonsche Axiom**:

$$ma = m\frac{\mathrm{d}v}{\mathrm{d}t} = D\,s\,.$$

Diese Differentialgleichung haben wir bereits kennengelernt (Gl. 1.29). Ihre Lösung erfolgte über Variablentrennung und führt im hier vorliegenden Fall zum Integral

$$\int_0^{v_0} m\,v\,\mathrm{d}v = \int_0^{s_0} D\,s\,\mathrm{d}s \quad \text{bzw.} \quad m\frac{v_0^2}{2} = D\frac{s_0^2}{2}\,. \tag{1.34}$$

Daraus kann man die Anfangsgeschwindigkeit v_0 der Flugphase leicht freistellen:

$$v_0 = \sqrt{\frac{D}{m}}\,s_0\,.$$

Die rechte Seite von Gl. 1.34 entspricht E_F, die linke Seite hat die gleiche Einheit wie E_F und wir definieren sie als neue, abstrakte Größe E_{kin}:

$$E_{\mathrm{kin}} = \frac{m}{2}v_0^2\,. \tag{1.35}$$

Wir können den Vorgang noch weiterführen: die Kugel erreicht mit der Anfangsgeschwindigkeit v_0 die Scheitelhöhe $h = v_0^2/2g$. Definieren wir eine weitere abstrakte Größe $E_{pot} = mgh$, erhalten wir unter Benutzung von Gl. 1.35:

$$E_{pot} = mgh = mg\frac{v_0^2}{2g} = \frac{m}{2}v_0^2 = E_{kin}\,.$$

Offensichtlich tritt eine abstrakt definierte physikalische Größe auf, die an bestimmten Zeitpunkten des Bewegungsablaufs unverändert ist. Es gilt $E_F = E_{kin} = E_{pot}$. Man nennt diese Größe **Energie E**. Ihre Einheit ist 1 Joule $= 1\,J = 1\,kg\,m^2/s^2$.

In der Mechanik unterscheidet man zwei Energieformen, die **kinetische Energie E_{kin}** (oder **Bewegungsenergie**) und die **potentielle Energie E_{pot}** (oder **Lageenergie**). In unserem Beispiel ist auch E_F im weiteren Sinne eine potentielle Energie, denn auch bei der Feder hängt die Energie von der Lage der Kugel bzw. von der Stauchung der Feder ab. Allgemein gilt also:

$$\boxed{E_{kin} = \frac{m}{2}v^2\,, \qquad E_{pot} = mgh\,, \qquad E_F = D\frac{s^2}{2}}\,.$$

Doch woher kommt nun die Energie? Sie kommt quasi „von außen" in unser System, indem wir mit der Hand die Kugel auf die Feder legen und diese dann zusammendrücken. Man sagt, man muss **Arbeit** leisten. Diese ist gegeben durch Gl. 1.33:

$$W = \int\limits_0^{s_0} F\,ds\,. \tag{1.36}$$

Energie ist also nichts Anderes als gespeicherte Arbeit und diese hat somit auch die gleiche Einheit wie die Energie (1 Joule). **Ist die Kraft keine Funktion des Weges**, gilt die einfache Gleichung $W = Fs_0$, also „Arbeit ist Kraft mal Weg". Übrigens wird in Gl. 1.36 vorausgesetzt, dass die **Wirklinie des Kraftvektors mit der Bewegungsrichtung übereinstimmt**.

Grundsätzlich kann man also sagen, dass die Energie in dem beschriebenen System erhalten bleibt. Beobachtet man den Vorgang genauer, würde man feststellen, dass im Falle vernachlässigbarer Reibung und vernachlässigbaren Luftwiderstands die Kugel wieder mit der Geschwindigkeit v_0 auf der Feder ankommt und diese auch wieder um den Betrag s_0 stauchen würde. Außerdem wäre der Gesamtbetrag der Energie im System zu jedem Zeitpunkt konstant, auch in den Zwischenzuständen, in denen Anteile potentieller und kinetischer Energie gleichzeitig vorhanden sind.

Man kann also folgendes, allgemeingültige Prinzip, den **Energieerhaltungssatz**, wie folgt formulieren:

▶   Die Gesamtenergie ist **innerhalb eines abgeschlossenen Systems** konstant.

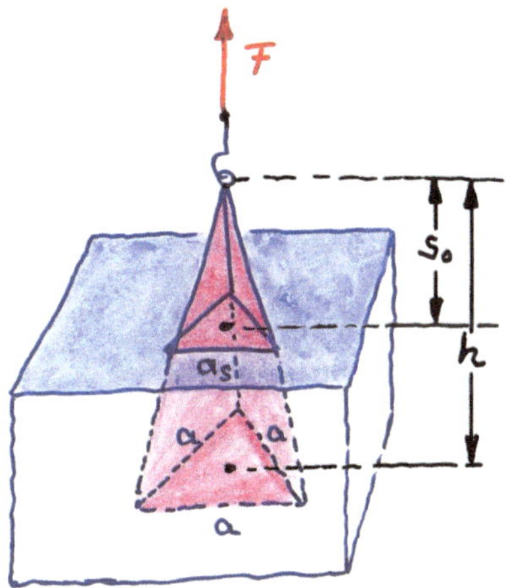

Abb. 1.39 Welche Arbeit ist nötig, um den Tetraeder um die Strecke $h - s_0$ anzuheben?

In späteren Teilen des Buches werden wir den Begriff der Energie um weitere Formen ergänzen: in der Thermodynamik um den Begriff der **Wärmeenergie** und in der Elektrodynamik um den Begriff der **Feldenergie**.

Beispiel

Welche Arbeit muss geleistet werden, um den Tetraeder mit der Höhe h, der Basiskantenlänge a und der Masse m, der wie in Abb. 1.39 skizziert mit der Spitze um die Strecke s_0 aus dem Wasser ragt, gerade eben aus dem Wasser zu ziehen?

Lösung: Zunächst müssen wir uns überlegen, welche Kräfte zu überwinden sind. Da ist zum einen die Schwerkraft mg, die überwunden werden muss. Hilfreich ist dabei die Auftriebskraft, sie reduziert die aufzuwendende Kraft. Es gilt also:

$$W = \int_{s_0}^{h} (mg - \rho_\mathrm{W} g V(s))\, \mathrm{d}s\,. \tag{1.37}$$

Dabei ist ρ_W die Dichte des Wassers. Das Gesamtvolumen des Tetraeders ist $V = a^2 h / \left(4\sqrt{3}\right)$. Das Volumen des eingetauchten Teils erhalten wir, indem wir vom Gesamtvolumen das Volumen des herausragenden Tetraeders subtrahieren. Dessen Basiskantenlänge ist $a_\mathrm{s} = sa/h$. Das Volumen des unter Wasser liegenden Tetraederstumpfs ist damit:

$$V(s) = \frac{a^2 h}{4\sqrt{3}} - \frac{s^3 a^2}{4h^2 \sqrt{3}}\,.$$

Damit erhalten wir für das Integral Gl. 1.37:

$$W = \int_{s_0}^{h} \left(mg - \rho_W g \left(\frac{a^2 h}{4\sqrt{3}} - \frac{s^3 a^2}{4h^2 \sqrt{3}} \right) \right) ds = \left[mgs - \rho_W g \left(\frac{a^2 hs}{4\sqrt{3}} - \frac{s^4 a^2}{16h^2 \sqrt{3}} \right) \right]_{s_0}^{h}$$

$$W = (h - s_0) \cdot \left(mg - \rho_W g \frac{a^2 h}{4\sqrt{3}} \right) + \rho_W g a^2 \frac{h^4 - s_0^4}{16h^2 \sqrt{3}} .$$

1.3.2 Da ist noch die Reibung … Geht vielleicht doch Energie verloren?

Der Energieerhaltungssatz ermöglicht oft die einfache Lösung schwieriger Probleme. Da in der realen Welt die Reibungsvorgänge nicht vernachlässigt werden können, müssen diese in die Energiebetrachtung mit einbezogen werden. Das gelingt, wenn man die **Reibungsarbeit** nach Gl. 1.36 berechnet:

$$W_R = \int F \, ds = \int \mu F_N ds .$$

Man setzt also für die Kraft einfach nur die Reibungskraft ein. Die dabei aufgewendete Arbeit ist aus der Sicht der Mechanik tatsächlich verloren: sie wird in **Wärme** umgewandelt. Da diese auch eine Energieform ist, gilt der Energieerhaltungssatz natürlich trotzdem.

Beispiel

Das Beispiel mit dem bergauf rollenden Auto mit Motorausfall (Abb. 1.32) lässt sich über den Energiesatz einfach lösen. Die bei Motorausfall verfügbare Energie ist die kinetische Energie des Wagens. Diese wird umgewandelt in potentielle Energie und in Reibungsarbeit:

$$\frac{1}{2} m v_0^2 = mgh + \mu_R s_e mg \cos \delta .$$

m ist die Wagenmasse. h ist die vertikale Höhe, um die der Wagen bis zum Stillstand angehoben wird. Sie lässt sich aus der zurückgelegten Strecke s_e gemäß $h = s_e \sin \delta$ berechnen. Es gilt also:

$$\frac{1}{2} v_0^2 = g s_e \sin \delta + \mu_R s_e g \cos \delta , \qquad s_e = \frac{v_0^2}{2g \left(\sin \delta + \mu_R \cos \delta \right)} = 9{,}96 \, \text{m} .$$

Auch die Frage nach der Geschwindigkeit nach dem Zurückrollen lässt sich leicht beantworten: am Umkehrpunkt besteht der Energievorrat des Autos in seiner potentiellen Energie $E_{pot} = mgh = mg s_e \sin \delta$. Daraus wird kinetische Energie und wiederum Reibungsarbeit:

$$mg s_e \sin \delta = \frac{1}{2} m v_E^2 + \mu_R s_e mg \cos \delta .$$

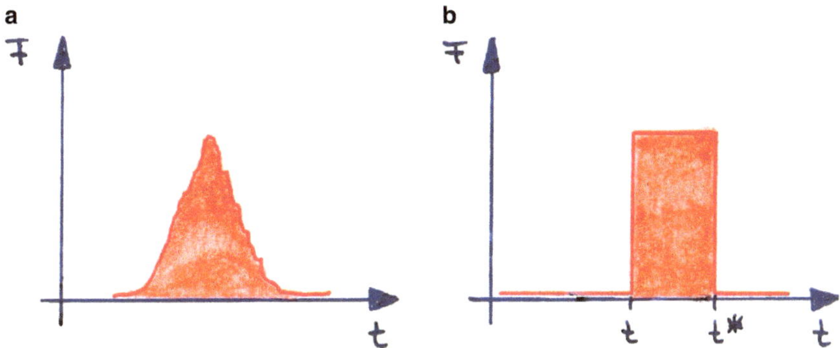

Abb. 1.40 Verlauf der Kraft als Funktion der Zeit bei einem Kraftstoß (*links*). Vereinfachte Darstellung durch eine Rechteckfunktion

Die Geschwindigkeit v_E, mit der der Wagen unten ankommt, ist also:

$$v_\mathrm{E} = \sqrt{2 g s_\mathrm{e} \left(\sin \delta - \mu_\mathrm{R} \cos \delta \right)} \quad \text{bzw.} \quad v_\mathrm{E} = 6{,}07\,\mathrm{m/s}\,.$$

1.3.3   Kurz, aber heftig: der Kraftstoß

Wir wollen uns nun etwas unsanfteren Beschleunigungsvorgängen zuwenden. Ein Golfspieler beschleunigt den im Rasen liegenden Ball mit einem Schläger recht ruppig. Setzt man die allgemeine Gültigkeit des zweiten Newtonschen Axioms voraus, muss während des Schlages eine Kraftwirkung stattgefunden haben, die zur Beschleunigung des Balles geführt hat. Dergleichen können wir auch voraussetzen, wenn eine Billardkugel auf eine andere trifft und diese beschleunigt. Solch ein zeitlich sehr kurzer Beschleunigungsvorgang wird in der Physik **Stoß** genannt. Die Kraftwirkung während des Stoßes ist in der Regel eine komplizierte Funktion der Zeit. Häufig genügt es, den so genannten **Kraftstoß** $\vec{I}$ zu kennen, der als zeitliches Integral über die Kraft definiert ist (Abb. 1.40):

$$\vec{I} = \int_{t}^{t^*} \vec{F}\,(t)\,\mathrm{d}t\,. \tag{1.38}$$

t ist die Zeit, bei der der Stoß beginnt, t^* der Zeitpunkt, bei dem der Stoßvorgang beendet ist. Im einfachsten Fall wäre die Kraft $\vec{F}$ während dieser Zeitspanne konstant. Dann würde man für den Kraftstoß das einfache Produkt $\vec{I} = \vec{F} \cdot (t^* - t)$ erhalten. Dem Betrage nach entspricht der Kraftstoß der Fläche unter der Kurve $F\,(t)$ im Intervall $[t\,;t^*]$. Die Einheit des Kraftstoßes ist 1 Ns.

Bedient man sich des zweiten Newtonschen Axioms, kann man Gl. 1.38 in folgender Weise schreiben:

$$\vec{I} = \int\limits_{t}^{t^*} m\vec{a}\,(t)\,\mathrm{d}t = m \int\limits_{t}^{t^*} \frac{\mathrm{d}\vec{v}}{\mathrm{d}t}\mathrm{d}t\,.$$

Da sich Ableitung der Geschwindigkeit nach der Zeit und anschließende Integration über die Zeit gegenseitig aufheben, kann man schreiben:

$$\vec{I} = m\left(\vec{v}\,(t^*) - \vec{v}\,(t)\right) = m\vec{v}^* - m\vec{v} = \Delta\vec{p}\,. \tag{1.39}$$

Das Produkt aus Masse und Geschwindigkeit eines Körpers wird **Impuls** $\vec{p}$ genannt. Seine Einheit ist $1\,\mathrm{kg\,m/s}$. $\vec{p}^* = m\vec{v}^*$ ist also der Impuls nach dem Stoß, $\vec{p} = m\vec{v}$ der Impuls vor dem Stoß. $\Delta\vec{p}$ ist die **Impulsänderung**, sie entspricht dem Kraftstoß. Die Richtung des Impulsvektors $\vec{p}$ entspricht der Richtung der Geschwindigkeit $\vec{v}$ der Masse.

Wir stellen uns nun einen Stoßprozess zwischen zwei Stahlkugeln unterschiedlicher Masse m_1 und m_2 vor. Da ein Rollen der Kugeln während des Stoßes die Sache komplizieren würde, stellen wir uns die Kugeln im schwerelosen Raum schwebend vor. Während des Stoßes muss natürlich das dritte Newtonsche Axiom (Kraft gleich Gegenkraft) erfüllt sein, es muss also zu jedem Zeitpunkt gelten:

$$m_1\vec{a}_1\,(t) = -m_2\vec{a}_2\,(t)\,.$$

Integriert man über die Stoßzeit, erhält man:

$$\int\limits_{t}^{t^*} m_1\vec{a}_1\,(t)\,\mathrm{d}t = -\int\limits_{t}^{t^*} m_2\vec{a}_2\,(t)\,\mathrm{d}t\,.$$

Man erkennt in den Integralen die Kraftstöße, die wiederum den Impulsänderungen entsprechen:

$$\vec{I}_1 = -\vec{I}_2\,, \qquad m_1\vec{v}_1^* - m_1\vec{v}_1 = -\left(m_2\vec{v}_2^* - m_2\vec{v}_2\right)\,, \qquad \Delta\vec{p}_1 + \Delta\vec{p}_2 = \vec{0}\,.$$

Die Änderungen der Impulse beim Stoßprozess sind also in der Summe Null. Das wiederum bedeutet, dass die Impulse $\vec{p}_1$ und $\vec{p}_2$ der beiden Kugeln zusammen konstant sind. Das ist ein fundamentaler Erhaltungssatz, nämlich der **Satz von der Erhaltung des Impulses**:

> ▶ Wenn sonst keine weiteren Kräfte einwirken, ist der Gesamtimpuls in einem abgeschlossenen System konstant, die vektorielle Summe aller Impulsänderungen also Null.

Beispiel

Beim Eisstockschießen stößt ein Eisstock der Masse m mit der Geschwindigkeit $v_1 = 1{,}8\,\mathrm{m/s}$ einen zweiten, ruhenden Eisstock gleicher Masse m. Nach dem Stoß werden

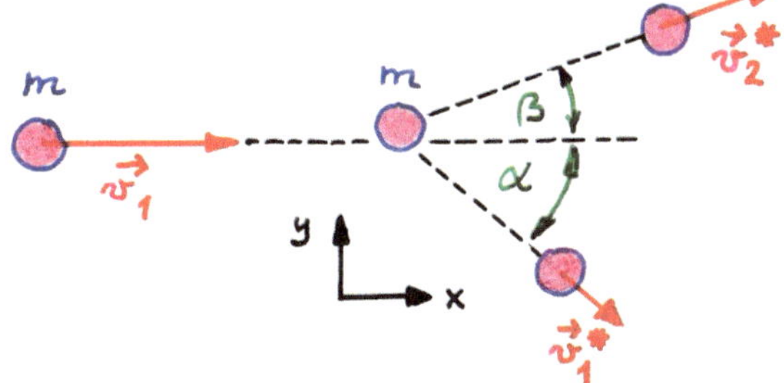

Abb. 1.41 Stoß zweier Eisstöcke

die Eisstöcke mit einer Geschwindigkeit $v_1^* = 0{,}8\,\text{m/s}$ bzw. $v_2^* = 1{,}3\,\text{m/s}$ unter einem Winkel α bzw. β gegen die Richtung von v_1 weggeschleudert (Abb. 1.41). Wie groß sind die Winkel?

Lösung: Es gilt die Erhaltung des Impulses in vektorieller Form: $m_1\vec{v}_1 = m_1\vec{v}_1^* + m_2\vec{v}_2^*$. Die Gleichungen für die x- bzw. y-Komponente sind dann gegeben durch:

$$mv_1 = mv_1^* \cos\alpha + mv_2^* \cos\beta\,, \tag{1.40}$$

$$0 = -mv_1^* \sin\alpha + mv_2^* \sin\beta\,. \tag{1.41}$$

Man erhält aus der zweiten Gleichung:

$$\sin\beta = \frac{v_1^* \sin\alpha}{v_2^*}\,. \tag{1.42}$$

In Gl. 1.40 eingesetzt, erhalten wir:

$$v_1 - v_1^* \cos\alpha = v_2^* \sqrt{1 - \sin^2\beta} = v_2^* \sqrt{1 - \left(\frac{v_1^* \sin\alpha}{v_2^*}\right)^2}$$

$$\left(v_1 - v_1^* \cos\alpha\right)^2 = v_2^{*2} - v_1^{*2}\sin^2\alpha\,,$$

bzw.

$$v_1^2 - 2v_1 v_1^* \cos\alpha + v_1^{*2}\cos^2\alpha = v_2^{*2} - v_1^{*2}\sin^2\alpha\,.$$

Wegen $\sin^2\alpha + \cos^2\alpha = 1$ folgt:

$$2v_1 v_1^* \cos\alpha = v_1^{*2} + v_1^2 - v_2^{*2}$$

und daraus:

$$\cos\alpha = \frac{v_1^{*2} + v_1^2 - v_2^{*2}}{2v_1 v_1^*} \quad \text{bzw.} \quad \alpha = 40{,}5°\,.$$

Für β erhalten wir aus Gl. 1.42: $\beta = 23{,}6°$.

Gl. 1.38 und 1.39 können herangezogen werden, um eine allgemeinere Form des zweiten Newtonschen Axioms zu gewinnen:

$$\Delta \vec{p} = \int\limits_{t}^{t^*} \vec{F}(t)\,\mathrm{d}t\,.$$

Nimmt man also an, eine Masse m sei am Anfang (also zum Zeitpunkt t) in Ruhe, werde dann in Bewegung gesetzt und habe zum Endzeitpunkt t^* den Impuls $\vec{p}$, dann ist die Impulsänderung in diesem speziellen Fall $\Delta \vec{p} = \vec{p}$. Damit lässt sich $\vec{p}$ durch Integration aus $\vec{F}$ gewinnen oder umgekehrt $\vec{F}$ durch Differentiation aus $\vec{p}$:

$$\boxed{\vec{F} = \frac{\mathrm{d}\vec{p}}{\mathrm{d}t} = m\frac{\mathrm{d}\vec{v}}{\mathrm{d}t} + \frac{\mathrm{d}m}{\mathrm{d}t}\vec{v}}\,. \tag{1.43}$$

Dies ist eine **allgemeinere Form des zweiten Newtonschen Axioms**. Es wurde hier die Produktregel der Differentialrechnung angewandt. Da wir bisher keine Probleme behandelt haben, bei denen die Masse eines Körpers zeitabhängig war, war der zweite Summand von Gl. 1.43 Null. Das führt zur bekannten Form $F = ma$. Es gibt aber einige Anwendungen, bei denen ein Masseschwund während der Beschleunigung eintritt, wie folgendes Beispiel zeigt.

Produktregel

Beispiel

Hänschen hat ein Raketenauto gebaut. In dem Auto befindet sich ein Gefäß mit 3 Liter Wasser. Mit einer kleinen batteriebetriebenen Pumpe wird Wasser durch eine Düse gedrückt und das Auto durch Rückstoß beschleunigt (Abb. 1.42). Welche Endgeschwindigkeit v_E erreicht der Wagen, wenn die Pumpe das Wasser mit einer Geschwindigkeit von $v_W = 1{,}5\,\mathrm{m/s}$ relativ zum Auto durch die Düse drückt und der Wagen ohne Wasser eine Leermasse von $m_0 = 1{,}8\,\mathrm{kg}$ besitzt?

Lösung: Wir betrachten den Ausstoß einer kleinen Menge Wasser der Masse Δm ($\Delta m < 0$, Δm stellt eine Massenabnahme dar, wir definieren es also als negativ!). Der Wagen hat vor der Abgabe die Geschwindigkeit v und die Masse $m - \Delta m$, danach die Geschwindigkeit $v + \Delta v$ ($\Delta v > 0$) und die Masse m. Der Impuls des Wagens „von außen", also von einem ruhenden Bezugssystem aus gesehen, ist vor bzw. nach Abgabe der Masse Δm:

$$p_{\mathrm{vor}} = (m - \Delta m)\,v \quad \text{bzw.} \quad p_{\mathrm{nach}} = m\,(v + \Delta v) - \Delta m\,(v - v_W)\,. \tag{1.44}$$

Abb. 1.42 Antrieb eines Wagens durch Rückstoß

Nach Abgabe des Massenelementes ist die Geschwindigkeit erhöht, die Masse verringert. Der zweite Summand stellt den Impuls des Massenelementes Δm dar, denn $v - v_W$ ist die Geschwindigkeit des ausströmenden Wassers bezüglich des **ruhenden Koordinatensystems**. Da – zumindest am Anfang – v_W größer ist als die Geschwindigkeit v, ist der zweite Summand in der linken der Gl. 1.44 negativ. Es gilt die Impulserhaltung:

$$(m - \Delta m)\, v = m\,(v + \Delta v) - \Delta m\,(v - v_W)\;.$$

Vereinfacht erhalten wir:

$$-m\,\Delta v - \Delta m\, v_W = 0 \quad \text{bzw.} \quad \Delta v = -\frac{\Delta m}{m} v_W\;.$$

Integration liefert:

$$\int\limits_{0}^{v(t)} \mathrm{d}v = -v_W \int\limits_{m_0 + m_W}^{m(t)} \frac{\mathrm{d}m}{m}\;. \tag{1.45}$$

Dabei ist m_W die Masse des Wassers. Am Anfang ist die Masse gegeben durch $m_0 + m_W$, am Ende, nachdem alles Wasser verbraucht ist, ist nur noch die Wagenmasse m_0 übrig. Das Integral führen wir bis zu einem Zeitpunkt t, bei dem die Geschwindigkeit $v\,(t)$ beträgt und die Masse von Wagen und Wasser zusammen $m\,(t)$.

Integral von x^{-1}

Die Integrale Gl. 1.45 liefern also:

$$\begin{aligned}
v\,(t) &= -v_W [\ln (m)]_{m_0 + m_W}^{m(t)} \\
&= -v_W\,[\ln (m\,(t)) - \ln (m_0 + m_W)] \\
&= -v_W \cdot \ln \left(\frac{m\,(t)}{m_0 + m_W} \right)\;.
\end{aligned} \tag{1.46}$$

Logarithmus

Die Gl. 1.46 ist auch anzuwenden auf eine Rakete, die große Mengen Treibstoff verbrennt und damit Rückstoß erzeugt und immer leichter wird. Sie wird deshalb auch **Raketengleichung** genannt. Setzt man mit $m\,(t_\mathrm{E}) = m_0$ die Masse zum Endzeitpunkt ein, erhält man die Endgeschwindigkeit:

$$v_\mathrm{E} = -v_\mathrm{W} \cdot \ln \frac{m_0}{m_0 + m_\mathrm{W}} \quad \text{bzw.} \quad v_\mathrm{E} = 1,47 \frac{\mathrm{m}}{\mathrm{s}}\,.$$

1.3.4 Was es so für Stöße gibt … einige Spezialfälle

Kugeln eignen sich wegen ihrer Symmetrie besonders gut zur Darstellung von Stoßprozessen. Sie können nur **zentrale Stöße** ausführen. Zentral ist ein Stoß dann, wenn die Schwerpunkte auf der Normalen zur Berührebene liegen. Ein **schiefer Stoß** bei Kugeln erfolgt so, dass die Bahngeraden in einer Ebene liegen und zueinander einen Winkel einschließen. Natürlich drängt sich bei Stößen mit Kugeln der Billardtisch zur Veranschaulichung auf. Das ist aber nicht ganz korrekt, denn die Kugeln rollen vor dem Stoß und während der Berührung. Besser ist es, sich die Kugeln im schwerelosen Raum mit einer Bewegung ohne Rotation vorzustellen.

Eine weitere Unterscheidung von Stoßprozessen kann erfolgen, wenn man die Energien der Stoßpartner betrachtet. Es zeigt sich nämlich, dass bei manchen Stößen die kinetische Energie erhalten bleibt, bei anderen wiederum nicht. Bei letzteren ist der Erhaltungssatz der Energie trotzdem erfüllt. Die Energie geht nicht verloren, sondern es wird **Deformationsarbeit** geleistet oder ein Teil der Energie wird in Wärme umgewandelt.

Wir wollen hier den **geraden Stoß** zweier Kugeln der Masse m_1 und m_2 betrachten. Er verläuft im Gegensatz zum schiefen Stoß in einer Dimension. Beide Kugeln bewegen sich vor und nach dem Stoß auf einer Geraden. Wir können also auf die Vektorschreibweise verzichten. Zunächst betrachten wir den **unelastischen Stoß**. Es gilt:

$$m_1 v_1 + m_2 v_2 = m_1 v_1^* + m_2 v_2^*\,. \tag{1.47}$$

v_1^* und v_2^* sind die Geschwindigkeiten der Kugeln nach dem Stoß. Ist der Stoß **vollständig unelastisch**, kleben die Kugeln aneinander und haben somit nach dem Stoß eine **gemeinsame Geschwindigkeit** $v^* = v_1^* = v_2^*$. Damit gilt:

$$v^* = \frac{m_1 v_1 + m_2 v_2}{m_1 + m_2}\,. \tag{1.48}$$

Den Verlust an kinetischer Energie berechnen wir aus der Differenz der kinetischen Energien vor und nach dem Stoß:

$$\Delta E = \frac{m_1}{2} v_1^2 + \frac{m_2}{2} v_2^2 - \frac{m_1 + m_2}{2} \left(\frac{m_1 v_1 + m_2 v_2}{m_1 + m_2} \right)^2 . \tag{1.49}$$

Der Energieverlust beim vollständig unelastischen Stoß ist also:

$$\boxed{\Delta E = \frac{m_1 m_2}{2 \left(m_1 + m_2 \right)} \left(v_1 - v_2 \right)^2} .$$

Animation 4a

Im speziellen Fall, dass zwei gleiche Massen $m = m_1 = m_2$ mit betragsmäßig gleichen Geschwindigkeiten aufeinander zu fliegen ($v_2 = -v_1$), gilt:

$$\Delta E = \frac{m}{4} (2v_1)^2 = m v_1^2 . \tag{1.50}$$

Gl. 1.48 zeigt, dass in diesem Fall die beiden Massen nach dem Stoß ruhen. Demzufolge entspricht der Energieverlust der kinetischen Energie beider Massen vor dem Stoß.

Eine weitere Sondersituation tritt bei gleichen Massen ein, wenn die zweite Masse **vor dem Stoß ruht**. Nach Gl. 1.48 folgt dann:

$$v^* = \frac{v_1}{2} . \tag{1.51}$$

Die Massen bewegen sich nach dem Stoß mit der halben Geschwindigkeit der stoßenden Masse. Der Energieverlust wäre in diesem Fall $\Delta E = m v_1^2 / 4$.

Beispiel

Als Beispiel eines völlig unelastischen Stoßes betrachten wir die Anordnung in Abb. 1.43. Eine Stahlkugel mit der Masse $m_2 = 180\,\mathrm{g}$ hängt an einem dünnen Faden der Länge $L = 30\,\mathrm{cm}$ mit vernachlässigbarer Masse. Eine Kugel aus Knetgummi mit der Masse $m_2 = 25\,\mathrm{g}$ fliegt mit der Geschwindigkeit $v_1 = 2\,\mathrm{m/s}$ auf die Stahlkugel zu, stößt und bleibt an ihr kleben. Um welchen maximalen Winkel φ wird das Pendel ausgelenkt?

Lösung: Nach Gl. 1.48 fliegen die Kugeln unmittelbar nach dem Stoß mit der gemeinsamen Geschwindigkeit

$$v^* = \frac{m_1 v_1}{m_1 + m_2}$$

Abb. 1.43 Eine Kugel aus Knetgummi führt mit der Geschwindigkeit v_1 einen vollkommen unelastischen, geraden Stoß mit einer Stahlkugel aus. Die Kugel kleben zusammen und schwingen als Pendel

Sie haben gemeinsam die kinetische Energie

$$E_{\mathrm{kin}} = \frac{1}{2}\left(m_1 + m_2\right) v^{*2} = \frac{1}{2}\left(m_1 + m_2\right)\left(\frac{m_1 v_1}{m_1 + m_2}\right)^2 = \frac{m_1^2 v_1^2}{2\left(m_1 + m_2\right)}$$

Diese Energie wird während der Auslenkung des Pendels in potentielle Energie umgewandelt. Die Massen werden dabei auf die Höhe h (Abb. 1.43) angehoben. Es gilt also:

$$E_{\mathrm{kin}} = \frac{m_1^2 v_1^2}{2\left(m_1 + m_2\right)} = \left(m_1 + m_2\right) g h \tag{1.52}$$

Natürlich wäre es auch möglich, mit der anfänglichen kinetischen Energie der Masse m_1 zu arbeiten und den Energieverlust durch Deformation

$$\Delta E = \frac{m_1 m_2}{2\left(m_1 + m_2\right)} v_1^2$$

in die Energiebetrachtung mit einzubeziehen:

$$\frac{1}{2} m_1 v_1^2 = \Delta E + \left(m_1 + m_2\right) g h = \frac{m_1 m_2}{2\left(m_1 + m_2\right)} v_1^2 + \left(m_1 + m_2\right) g h$$

Oder:

$$\frac{1}{2}\frac{m_1^2}{\left(m_1 + m_2\right)} v_1^2 = \left(m_1 + m_2\right) g h$$

Das entspricht der Gl. 1.52 oben. Für den Winkel φ gilt der geometrische Zusammenhang $\cos\varphi = \left(L - h\right)/L$, so dass man erhält:

$$\cos\varphi = 1 - \frac{m_1^2 v_1^2}{2 g L \left(m_1 + m_2\right)^2}$$

Bzw.:

$$\varphi = \arccos\left(1 - \frac{m_1^2 v_1^2}{2 g L \left(m_1 + m_2\right)^2}\right) = 8{,}15°$$

Betrachten wir nun den **elastischen Stoß**. Hier gilt zu Gl. 1.47 zusätzlich die Erhaltung der kinetischen Energie:

$$\frac{m_1}{2}v_1^2 + \frac{m_2}{2}v_2^2 = \frac{m_1}{2}v_1^{*2} + \frac{m_2}{2}v_2^{*2} \quad \text{oder} \quad m_1\left(v_1^2 - v_1^{*2}\right) = m_2\left(v_2^{*2} - v_2^2\right). \tag{1.53}$$

Bringt man die Gl. 1.47 und Gl. 1.53 in die Form

$$m_1\left(v_1 - v_1^*\right)\left(v_1 + v_1^*\right) = m_2\left(v_2^* - v_2\right)\left(v_2^* + v_2\right), \tag{1.54}$$

$$m_1\left(v_1 - v_1^*\right) = m_2\left(v_2^* - v_2\right), \tag{1.55}$$

erkennt man durch Vergleich der beiden Gleichungen:

$$v_1 + v_1^* = v_2^* + v_2. \tag{1.56}$$

Mit $v_1^* = v_2^* + v_2 - v_1$ gewinnt man aus Gl. 1.47:

$$m_1 v_1 + m_2 v_2 = m_1\left(\vec{v}_2^* + \vec{v}_2 - \vec{v}_1\right) + m_2 v_2^*.$$

Daraus lässt sich v_2^* freistellen:

$$\boxed{v_2^* = \frac{2m_1}{m_1 + m_2}v_1 + \frac{m_2 - m_1}{m_1 + m_2}v_2}. \tag{1.57}$$

Schreibt man Gl. 1.56 in der Form $v_2^* = v_1 + v_1^* - v_2$ und setzt das Ergebnis in Gl. 1.47 ein, erhält man analog dazu:

$$\boxed{v_1^* = \frac{2m_2}{m_1 + m_2}v_2 + \frac{m_1 - m_2}{m_1 + m_2}v_1}. \tag{1.58}$$

Animation 4b

Auch hier lassen sich bei gleichen Massen $m_1 = m_2$ Spezialfälle diskutieren. Fliegen die Kugeln mit **betragsmäßig gleichen, aber entgegengesetzt gerichteten Geschwindigkeiten aufeinander zu** ($v_2 = -v_1$), gilt nach Gl. 1.57 und Gl. 1.58:

$$v_2^* = v_1 = -v_2 \quad \text{und} \quad v_1^* = v_2 = -v_1. \tag{1.59}$$

Die Kugeln fliegen also mit umgekehrten Geschwindigkeitsvektoren nach der Kollision wieder in die Richtung, aus der sie kamen.

Animation 4c

Interessant ist auch der Fall, dass die erste Kugel sehr leicht ist und auf eine zweite, extrem schwere, ruhende Kugel trifft. Mit $v_2 = 0$ folgt **im Grenzfall $m_2 \to \infty$**, dass $v_1^* = -v_1$ und $v_2^* = 0$ ist. Die erste Kugel wird also mit der gleichen Geschwindigkeit zurückgestoßen, mit der sie aufgeprallt ist.

Animation 4d

Die bisherigen Stöße erfolgten alle auf einer Geraden, die Kugeln haben sie weder vor noch nach dem Stoß verlassen. Wir wollen nun noch den **schiefen elastischen Stoß in einer Ebene** behandeln (Abb. 1.44). Neben der vektoriellen Gleichung

$$m_1 \vec{v}_1 + m_2 \vec{v}_2 = m_1 \vec{v}_1^* + m_2 \vec{v}_2^* \tag{1.60}$$

gilt noch der Energiesatz:

$$\frac{1}{2}m_1 v_1^2 + \frac{1}{2}m_2 v_2^2 = \frac{1}{2}m_1 v_1^{*2} + \frac{1}{2}m_2 v_2^{*2} \tag{1.61}$$

Legt man das Koordinatensystem wie in Abb. 1.44 so, dass die Gerade durch die Kugelmittelpunkte im Moment des Stoßes der y-Achse entspricht, können wir die Gl. (1.60) und (1.61) wie folgt formulieren:

$$\boxed{\begin{aligned} m_1 v_1 \cos\alpha_1 &= m_1 v_1^* \cos\alpha_1^* \\ m_2 v_2 \cos\alpha_2 &= m_2 v_2^* \cos\alpha_2^* \\ m_1 v_1 \sin\alpha_1 + m_2 v_2 \sin\alpha_2 &= m_1 v_1^* \sin\alpha_1^* + m_2 v_2^* \sin\alpha_2^* \\ \frac{1}{2}m_1 v_1^2 + \frac{1}{2}m_2 v_2^2 &= \frac{1}{2}m_1 v_1^{*2} + \frac{1}{2}m_2 v_2^{*2} \end{aligned}}$$

Da in x-Richtung keine Kraft übertragen wird, bleiben die x-Komponenten von $m_1 \vec{v}_1$ bzw. $m_2 \vec{v}_2$ unverändert. Man beachte, dass die Winkel vorzeichenbehaftet sind ($\alpha_1 < 0$ etc.).

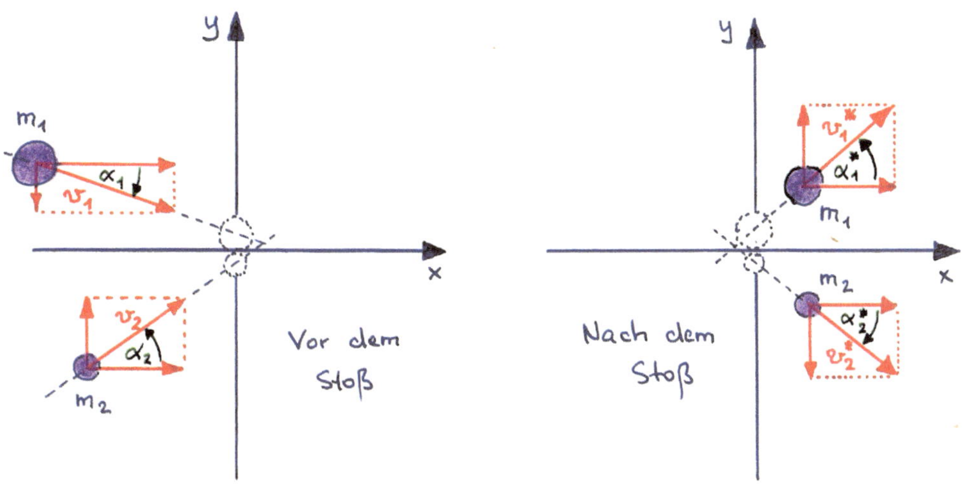

Abb. 1.44 Schiefer elastischer Stoß zweier Kugeln in einer Ebene. Das Koordinatensystem wird so gelegt, dass die Verbindungslinie der Kugelmittelpunkte beim Stoß die y-Richtung vorgibt. Die x-Achse liegt dann in der Tangentialebene der Kugeln im Berührpunkt

Wir haben also bei bekannten Massen und bekannten Anfangsgeschwindigkeiten vier Bestimmungsgleichungen für die Geschwindigkeitsparameter nach dem Stoß (v_1^*, v_2^*, α_1^*, α_2^*). Etwas einfacher verhält es sich, wenn die gestoßene Kugel vor dem Stoß ruht, also bei $v_2 = 0$. Hier legt man das Koordinatensystem zweckmäßigerweise so, dass die x-Achse der Bewegungsrichtung der ersten Kugel vor dem Stoß entspricht (Abb. 1.45). Die Gleichungen hierfür lauten:

$$
\begin{aligned}
m_1 v_1 &= m_1 v_1^* \cos \alpha_1^* + m_2 v_2^* \cos \alpha_2^* \\
0 &= m_1 v_1^* \sin \alpha_1^* + m_2 v_2^* \sin \alpha_2^* \\
\frac{1}{2} m_1 v_1^2 &= \frac{1}{2} m_1 v_1^{*2} + \frac{1}{2} m_2 v_2^{*2}
\end{aligned}
$$

Beispiel

Eine Kugel der Masse m stößt eine ruhende Kugel gleicher Masse elastisch. Nach dem Stoß fliegen sie unter den Winkeln $\alpha_1^* = 30°$ und $\alpha_2^* = -60°$ gegen die x-Achse auseinander. Wie verhalten sich die Geschwindigkeiten v_1^* und v_2^* relativ zur anfänglichen Geschwindigkeit v_1 der stoßenden Masse?

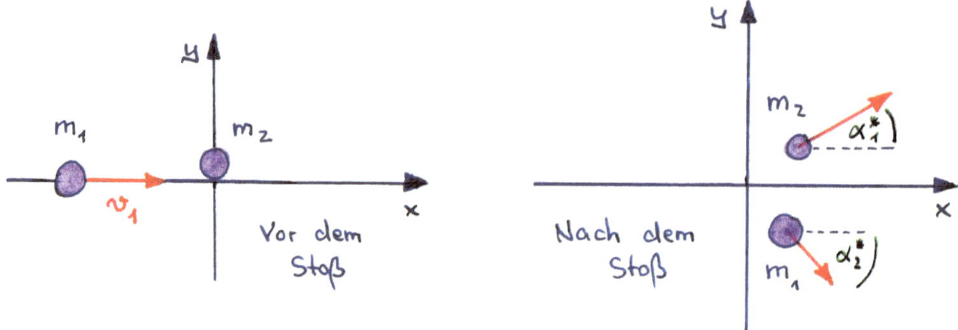

Abb. 1.45 Schiefer elastischer Stoß zweier Kugeln in einer Ebene, wobei eine Kugel ruht. Hier wird das Koordinatensystem zweckmäßigerweise so gelegt werden, dass die x-Achse mit der Richtung der Geschwindigkeit v_1 übereinstimmt

Lösung: Es gelten die folgenden Gleichungen:

$$v_1 = v_1^* \cos \alpha_1^* + v_2^* \cos \alpha_2^*$$
$$0 = v_1^* \sin \alpha_1^* + v_2^* \sin \alpha_2^*$$
$$v_1^2 = v_1^{*2} + v_2^{*2}$$

Sie vereinfachen sich wegen

$$\sin 30° = \frac{1}{2} \qquad\qquad \cos 30° = \frac{\sqrt{3}}{2}$$
$$\sin (-60°) = -\frac{\sqrt{3}}{2} \qquad\qquad \cos (-60°) = \frac{1}{2}$$

zu

$$v_1 = \frac{\sqrt{3}}{2} v_1^* + \frac{1}{2} v_2^* \qquad 0 = \frac{1}{2} v_1^* - \frac{\sqrt{3}}{2} v_2^* \qquad v_1^2 = v_1^{*2} + v_2^{*2}$$

Aus der zweiten Gleichung folgt:

$$v_1^* = \sqrt{3} v_2^*$$

Aus der ersten Gleichung folgt weiterhin:

$$v_1 = \frac{\sqrt{3}}{2} \sqrt{3} v_2^* + \frac{1}{2} v_2^* \quad \text{bzw.} \quad v_2^* = \frac{v_1}{2}$$

Aus der dritten Gleichung folgt schließlich:

$$v_1^2 = v_1^{*2} + \frac{v_1^{*2}}{3} = \frac{4}{3}v_1^{*2} \quad \text{bzw.} \quad v_1^* = \frac{\sqrt{3}}{2}v_1$$

1.3.5 Nun endlich: die exakte Definition des Schwerpunktes

In Abschn. 1.2.1 haben wir den Schwerpunkt qualitativ mit dem Verweis definiert, die exakte Definition später nachzuholen. Das soll hier geschehen. Wir betrachten einen beliebig geformten, sich bewegenden starren Körper der Masse m und zerlegen ihn in Gedanken in lauter kleine Massenelemente Δm_i mit dem Volumen ΔV_i, die sich mit der Geschwindigkeit $\vec{v}_i$ bewegen (Abb. 1.46). Die Geschwindigkeiten $\vec{v}_i$ müssen nicht unbedingt gleich sein, denn mit der Vorwärtsbewegung des Körpers könnte ja auch eine Drehung verbunden sein. Die Position der einzelnen Massenelemente Δm_i wird durch die Ortsvektoren $\vec{r}_i$ angegeben. Wir definieren den **Schwerpunkt** des Körpers durch

$$\vec{r}_S = \frac{\sum_{i=1}^{n} \Delta m_i \vec{r}_i}{m} \ . \tag{1.62}$$

Für Körper mit **homogener Massenverteilung**, also konstanter Dichte ρ, gilt mit $\Delta m_i = \rho \Delta V_i$:

$$\vec{r}_S = \frac{\sum_{i=1}^{n} \rho \Delta V_i \vec{r}_i}{\rho V} = \frac{\sum_{i=1}^{n} \Delta V_i \vec{r}_i}{V} \ . \tag{1.63}$$

Diese Definition rechtfertigt das Vorgehen in Abschn. 1.2.1 und das sieht man wie folgt: differenziert man Gl. 1.62, erhält man:

$$m\frac{\mathrm{d}\vec{r}_S}{\mathrm{d}t} = \sum_{i=1}^{n} \Delta m_i \frac{\mathrm{d}\vec{r}_i}{\mathrm{d}t} = \sum_{i=1}^{n} \Delta m_i \vec{v}_i = \sum_{i=1}^{n} \Delta \vec{p}_i \ . \tag{1.64}$$

Abb. 1.46 Zur Bestimmung des Schwerpunktes zerlegt man den Körper in lauter kleine Massenelemente Δm_i

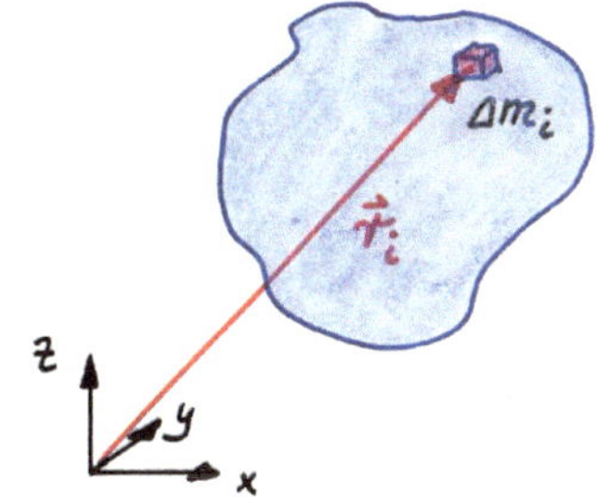

Das Produkt aus Gesamtmasse des Körpers und der **Schwerpunktsgeschwindigkeit** $\vec{v}_S$ entspricht der Summe aller Impulse $\Delta \vec{p}_i$ der Massenelemente m_i, also dem **Gesamtimpuls** des Körpers. Differenziert man Gl. 1.64 ein weiteres Mal, erhält man:

$$m \frac{d^2 \vec{r}_S}{dt^2} = \sum_{i=1}^{n} \Delta m_i \frac{d^2 \vec{r}_i}{dt^2} = \sum_{i=1}^{n} \frac{d}{dt} \Delta \vec{p}_i = \sum_{i=1}^{n} \Delta \vec{F}_i \ . \tag{1.65}$$

Führt man die Schwerpunktsbeschleunigung $\vec{a}_S$ in diese Gleichung ein, erhält man:

$$m \vec{a}_S = \sum_{i=1}^{n} \Delta \vec{F}_i \ . \tag{1.66}$$

Diese Gleichung entspricht dem zweiten Newtonschen Axiom und führt uns zum **Schwerpunktssatz**:

▶ Der durch Übergang zum Integral gemäß

$$\vec{r}_S = \frac{\int_m \vec{r}\,dm}{m} \quad \text{bzw.} \quad \vec{r}_S = \frac{\int_V \vec{r}\,dV}{V} \quad \text{bei } \rho = \text{konst.} \tag{1.67}$$

definierte Schwerpunkt des Körpers bewegt sich so, als ob die gesamte Masse in ihm vereint wäre und als ob alle Kräfte $\Delta \vec{F}_i$ an ihm angreifen.

Da wir bei der Definition von Gl. 1.62 keinen Gebrauch davon gemacht haben, dass die einzelnen Massenelemente Δm_i zusammenhängen, könnte das System auch aus lauter einzelnen, separaten Massen Δm_i bestehen, die sich mit den Einzelgeschwindigkeiten $\vec{v}_i$ bewegen. Gl. 1.66 sagt in diesem Fall, dass der Schwerpunkt aller Einzelmassen sich so bewegt, als griffen alle **äußeren** Kräfte $\Delta \vec{F}_i$ im Schwerpunkt an. Hier wären noch die **inneren** Kräfte zu berücksichtigen, die die Massenelemente unter Umständen aufeinander ausüben. Diese heben sich jedoch nach dem dritten Newtonschen Axiom gegenseitig auf. Fehlen äußere Kräfte $\Delta \vec{F}_i$, dann gilt nach dem zweiten Newtonschen Axiom, dass sich der Schwerpunkt des Systems entweder gleichförmig geradlinig bewegt oder ruht.

Beispiel

Wo liegt der Schwerpunkt des in Abb. 1.47 gezeigten Konus mit dem Bodenradius $r_B = 6\,\text{cm}$, dem Deckelradius $r_D = 3\,\text{cm}$ und der Höhe $h = 8\,\text{cm}$?

Lösung: Um den Schwerpunkt berechnen zu können, ist es zweckmäßig, den Konus (mathematisch: Kreiskegelstumpf) durch die Gerade $y = f(x) = 3x/8 + 3$ zu beschreiben (Abb. 1.48), die man im Intervall $[0 \le x \le 8]$ um die x-Achse rotieren lässt. Wir betrachten das Beispiel mathematisch und lassen hier die Einheit weg. Da wir alle Größen in cm einsetzen, erhalten wir das Ergebnis auch in cm.

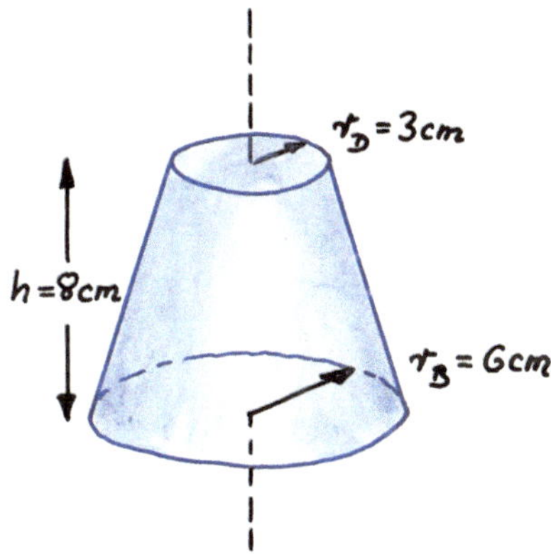

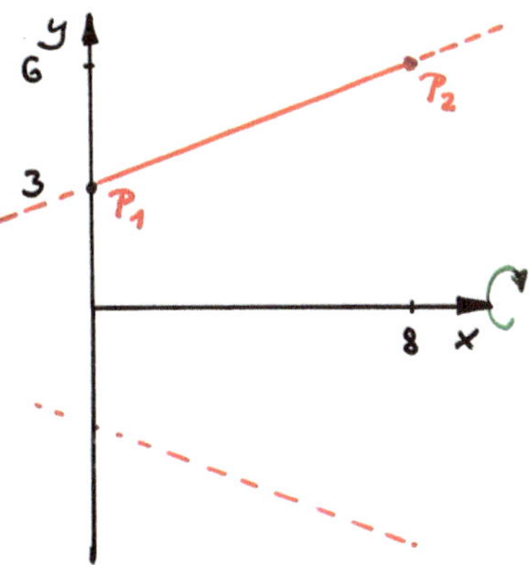

Abb. 1.47 Berechnung des Schwerpunktes eines Konus (Kreiskegelstumpf)

Abb. 1.48 Der Konus lässt sich mathematisch durch Rotation der Geraden $y = 3x/8 + 3$ um die x-Achse beschreiben

Zweipunktform einer Geraden

Aus Symmetriegründen muss der Schwerpunkt auf der Rotationsachse liegen. Wir verwenden als Massenelement Kreisscheiben mit der Dicke Δx und mit dem Radius $y = f(x)$. Diese haben das Zylindervolumen $\Delta V = \pi[f(x)]^2 \Delta x$. Den Schwerpunkt errechnen wir also nach Gl. 1.67:

$$x_{\mathrm{S}} = \frac{\sum_{i=1}^{n} x\,\Delta V}{\sum_{i=1}^{n} \Delta V} = \frac{\sum_{i=1}^{n} x\,\pi[f(x)]^2 \Delta x}{\sum_{i=1}^{n} \pi[f(x)]^2 \Delta x} \quad \text{bzw.} \quad x_{\mathrm{S}} = \frac{\pi \int_0^8 x\left[\frac{3}{8}x + 3\right]^2 \mathrm{d}x}{\pi \int_0^8 \left[\frac{3}{8}x + 3\right]^2 \mathrm{d}x}.$$

Im Nenner ermitteln wir über Integration auch gleich das Volumen des Konus. Man erhält:

$$x_{\mathrm{S}} = \frac{\left[\frac{9}{256}x^4 + \frac{3}{4}x^3 + \frac{9}{2}x^2\right]_0^8}{\left[\frac{3}{64}x^3 + \frac{9}{8}x^2 + 9x\right]_0^8} = \frac{816}{168} \approx 4{,}85714\,.$$

Der Schwerpunkt liegt also 4,86 cm von der Bodenfläche entfernt.

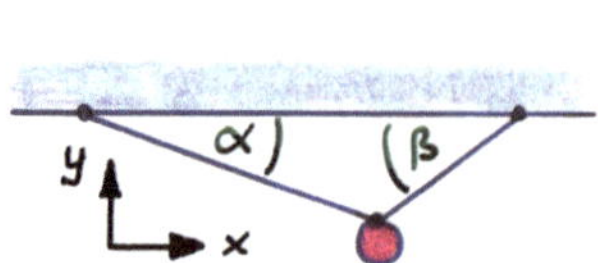

Abb. 1.49 Wie groß sind die Seilkräfte?

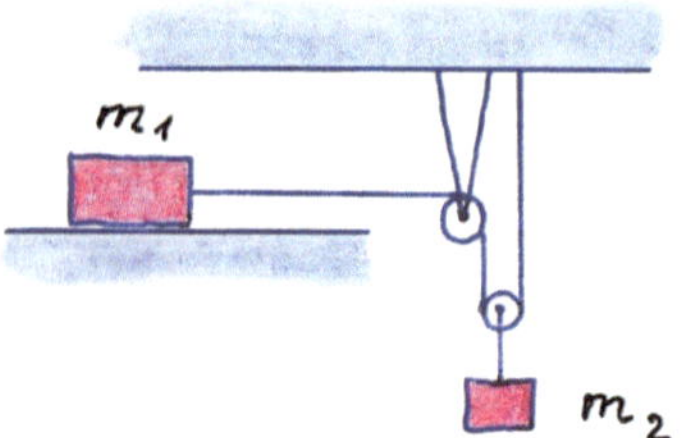

Abb. 1.50 Beschleunigung einer Masse m_1 über einen Flaschenzug durch die Gewichtskraft von m_2

1.3.6 Aufgaben (* = leicht; ** = mittel; *** = schwer)

1. * Eine Stahlkugel der Masse $m = 1,8\,\text{kg}$ ist an zwei Seilen aufgehängt (Abb. 1.49). Die Winkel zwischen Seilen und Decke sind $\alpha = 29°$ und $\beta = 42°$. Wie groß sind die Kräfte in den Seilen?

2. * Berechnen Sie die Beschleunigungen a_1 und a_2 der beiden Massen $m_1 = 800\,\text{g}$ und $m_2 = 1,3\,\text{kg}$ in Abb. 1.50! Berücksichtigen Sie dabei einen Gleitreibungskoeffizienten $\mu_\text{G} = 0,5$ zwischen der Masse m_1 und der Unterlage. Die Massen von Seil und Rollen können vernachlässigt werden.

3. * Ein Wagen der Masse $m = 5\,\text{kg}$ hänge wie in Abb. 1.51 skizziert an einer Masse $M = 3\,\text{kg}$. Die Rollreibung des Wagens sei vernachlässigbar, der Haftreibungskoeffizient μ_H zwischen der Masse M und der Unterlage betrage 0,54.
   a) Bis zu welchem Neigungswinkel φ bleiben die Massen in Ruhe?
   b) Mit welcher Beschleunigung a rutschen die Massen nach unten, wenn der Neigungswinkel 25° ist und der Gleitreibungskoeffizient der Masse M $\mu_\text{G} = 0,344$ beträgt?

4. * Eine Masse $M = 743\,\text{g}$ liegt auf einer schiefen Ebene mit Neigungswinkel $\alpha = 23°$. Der Haftreibungskoeffizient beträgt $\mu_H = 0,6$. Eine Schnur (Masse und Reibung vernachlässigbar) ist wie in Abb. 1.52 skizziert oben an der Masse befestigt. Am anderen Ende der Schnur hängt eine Masse m. Es entsteht also eine Zugkraft, die senkrecht zur schiefen Ebene wirkt. Wie groß darf m maximal sein, damit die Masse M nicht abrutscht?

5. * Bei einem geraden, vollkommen unelastischen Stoß zweier reibungsfrei auf einer Unterlage gleitender Massen $m_1 = 800\,\text{g}$ und $m_2 = 1200\,\text{g}$ wird der Energiebetrag $\Delta E = 34,56\,\text{J}$ in Wärme und Verformungsarbeit verwandelt. Die gestoßene Masse m_2 war vor dem Stoß in Ruhe. Berechnen Sie die Geschwindigkeit der stoßenden Masse m_1 sowie die gemeinsame Geschwindigkeit der Massen nach dem Stoß!

6. ** Drei Massen m_1, m_2 und m_3 sind in der in Abb. 1.53 skizzierten Weise über zwei Seile miteinander verbunden. Die Umlenkrollen und die Seile können näherungsweise als masselos betrachtet werden. Die Reibung von Seil und Rollen sowie der

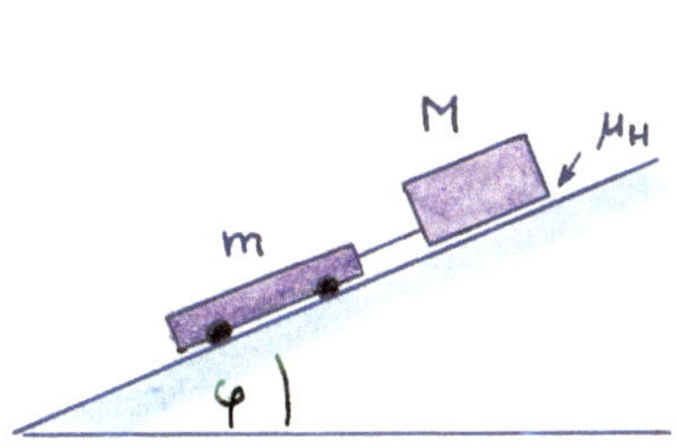

Abb. 1.51 Je nach Neigungswinkel und Haftreibungskoeffizient kann die Anordnung in Bewegung geraden oder in Ruhe bleiben

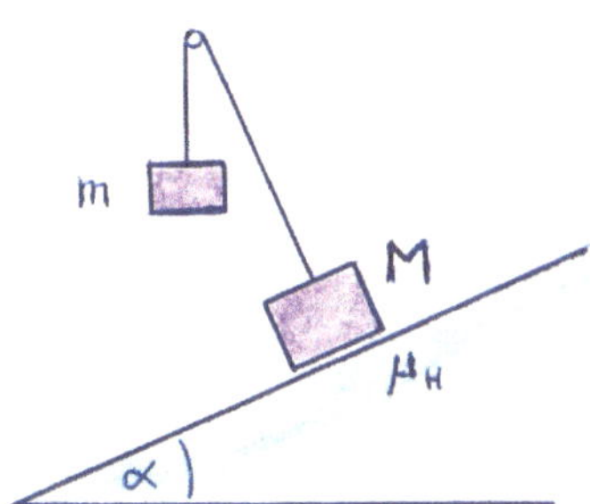

Abb. 1.52 Durch die Zugkraft der Masse m wird die Kraft der Masse M auf die Unterlage geringer. Dadurch sinkt die Haftreibung und die Masse kann leichter ins Rutschen geraten

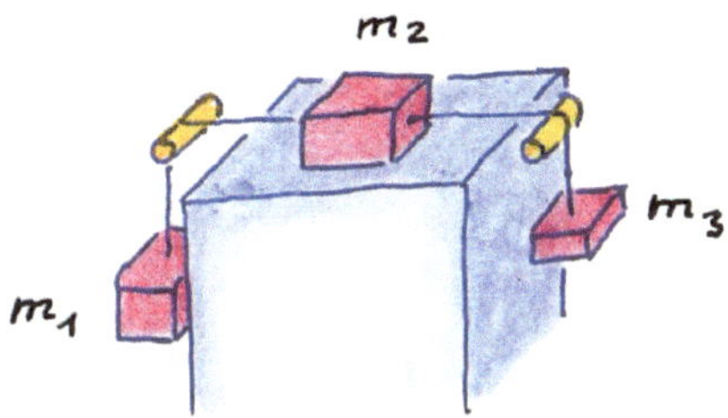

Abb. 1.53 Anordnung mit drei Massen. Wie groß ist ihre Beschleunigung?

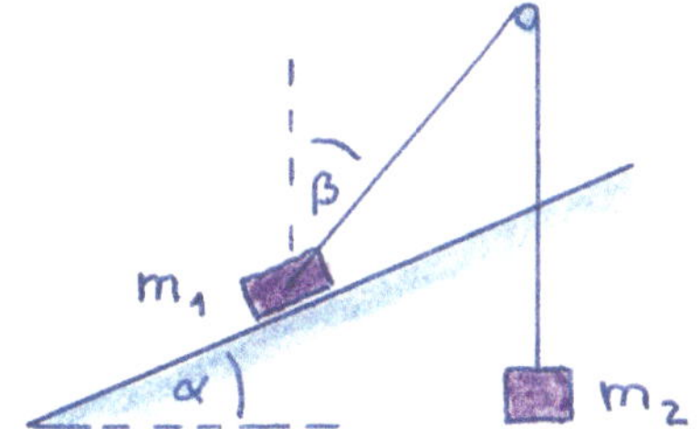

Abb. 1.54 Durch die schräge Zugkraft der Masse m_2 wird die Kraft der Masse m_1 auf die Unterlage geringer und gleichzeitig entsteht eine Zugkraft „bergauf"

Luftwiderstand soll vernachlässigbar klein sein. Es soll außerdem für alle Teilaufgaben $m_1 \geq m_3$ sein.

a) Nehmen Sie zwischen der Masse m_2 und der Unterlage einen Haftreibungskoeffizienten μ_H an. Welche Bedingung muss erfüllt sein, damit die Massen in Ruhe bleiben?

b) Nehmen Sie an, die Bedingung unter a) sei nicht erfüllt und das System habe sich in Bewegung gesetzt. Welche Beschleunigung erfahren die Massen, wenn zwischen m_2 und der Unterlage ein Gleitreibungskoeffizient μ_G wirkt?

c) Es soll nunmehr die Masse m_2 völlig reibungsfrei auf der Unterlage gleiten. Wie groß ist die Geschwindigkeit der Masse m_1, nachdem sie aus der Ruhe heraus einen bestimmten Weg h nach unten zurückgelegt hat?

d) Wie groß ist im Falle der unter c) beschriebenen beschleunigten Bewegung die Seilspannung des rechten Seils?

7. * Eine Masse m_1 liegt wie in Abb. 1.54 auf einer schiefen Ebene. Zwischen Masse und Unterlage herrsche Haftreibung mit dem Koeffizienten μ_H. Die Masse ist über einen Faden vernachlässigbarer Masse mit einer weiteren Masse m_2 verbunden. Wie

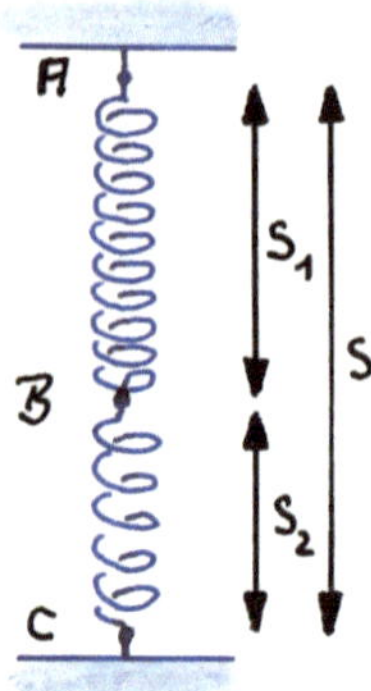

Abb. 1.55 Zwei Federn mit unterschiedlicher Federkonstanten sind zwischen zwei Punkten A und C eingespannt

groß darf die Masse m_2 maximal sein, damit die Anordnung in Ruhe bleibt (Fadenreibung vernachlässigbar)?

8. ** Zwei näherungsweise masselose Spiralfedern, die im entspannten Zustand die Längen $s_{01} = 10\,\text{cm}$ und $s_{02} = 15\,\text{cm}$ sowie die Federkonstanten $D_1 = 800\,\text{N/m}$ und $D_1 = 1400\,\text{N/m}$ haben, werden zwischen den Punkten A und C mit Abstand $s = 30\,\text{cm}$ eingespannt (Abb. 1.55). Wie groß sind s_1 bzw. s_2 und welche Zugkraft wirkt im Punkt B? Wie groß sind s_1 bzw. s_2, wenn sich am Ort B eine Punktmasse der Größe $m = 4\,\text{kg}$ befindet?

9. *** Gegeben ist die Anordnung der Abb. 1.56.

   a) Berechnen Sie die Seilkraft für den reibungsfreien Fall! Zeigen Sie, dass Ihr Ergebnis für $\alpha = \beta = 90°$ mit dem im obigen Beispiel mit dem Aufzug übereinstimmt (Abb. 1.37).

   b) Berechnen Sie Beschleunigung und Seilkraft unter Berücksichtigung der Gleitreibung. Nehmen Sie dabei für beide Massen die gleiche Gleitreibungszahl μ_G an!

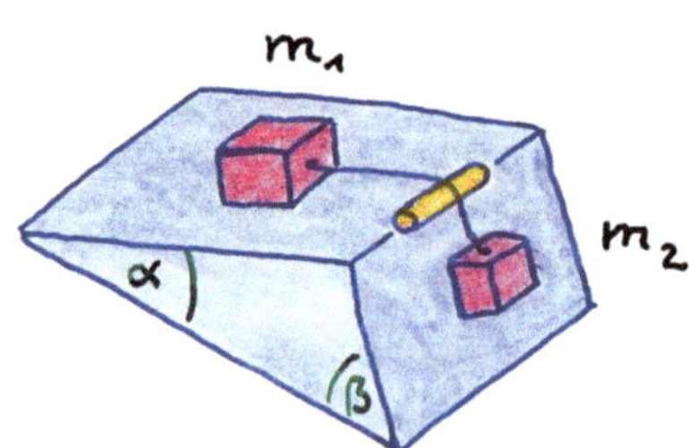

Abb. 1.56 Die Seilkraft ist für den reibungsfreien und reibungsbehafteten Fall unterschiedlich

Abb. 1.57 Dehnung einer Feder unter ihrer eigenen Gewichtskraft, übertrieben gezeichnet

10. ******* Bisher haben wir – ohne es zu erwähnen – die Eigenmasse von Spiralfedern vernachlässigt. Das mag meist gerechtfertigt sein, wir wollen hier aber doch die Frage stellen: wie groß ist die Dehnung Δs einer Feder unter ihrer eigenen Gewichtskraft mg? Die Feder soll dabei eine konstante Masse pro Längeneinheit haben. Wie in Abb. 1.57 skizziert, wird die Feder im oberen Teil durch die Gewichtskraft der gesamten Feder belastet und daher mehr gedehnt als im unteren Bereich, wo weiter keine Masse mehr zur Belastung da ist.

1.4 Von fundamentaler Bedeutung in der Physik: der Feldbegriff

1.4.1 Zunächst noch ein Wort zur Schwerebeschleunigung

Die in Abschn. 1.1.5 eingeführte Schwerebeschleunigung g beschrieb, wie ein zu Boden fallender Körper beschleunigt wird. Wir wollen nun der Frage nachgehen, welche Kraft dahintersteht, denn nach dem zweiten Newtonschen Axiom kann es ohne Kraft keine Beschleunigung geben. Newton beantwortete diese Frage mit seinem **Gravitationsgesetz**:

$$\boxed{\vec{F} = -f\,\frac{Mm}{r^2}\cdot\frac{\vec{r}}{r} = -f\,\frac{Mm}{r^2}\hat{e}_r}\,. \tag{1.68}$$

Diese Gleichung beschreibt die Kraft, die eine Masse M, deren Schwerpunkt sich im Ursprung befindet, auf eine Masse m ausübt, deren Schwerpunkt am Ort mit Ortsvektor $\vec{r}$ liegt (Abb. 1.58). Der Einheitsvektor in Gl. 1.68 gibt die Richtung der Kraft an.

Einheitsvektor

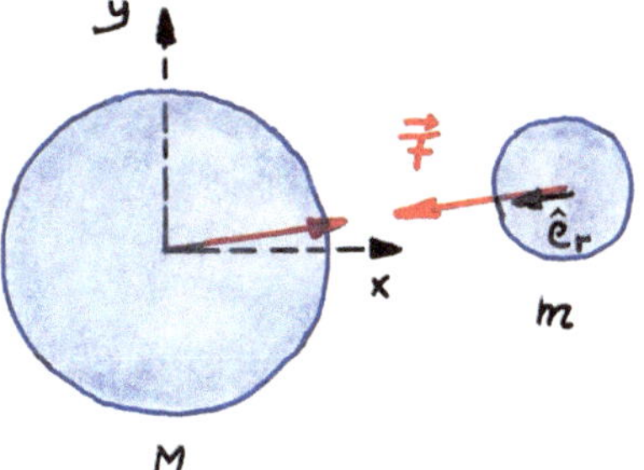

Abb. 1.58 Zwei Massen ziehen sich mit der Kraft $\vec{F}$ an

Die Konstante f in Gl. 1.68 wird **Gravitationskonstante** genannt. Ihr Wert ist $f = 6{,}673 \cdot 10^{-11}\,\mathrm{N\,m^2/kg^2}$. Stellt man sich die große Masse M in Abb. 1.58 als Erde vor und die Masse m als kleine Kugel, dann stellt Gl. 1.68 die Kraft dar, mit der m zum Erdmittelpunkt hin gezogen wird. Diese Kraft ist andererseits gleich $F = mg$, so dass wir für die Beträge schreiben können:

$$f\,\frac{Mm}{r_{\mathrm{E}}^2} \approx mg \quad \text{oder} \quad g \approx f\,\frac{M}{r_{\mathrm{E}}^2}\,. \tag{1.69}$$

r_{E} ist der Abstand zum Erdmittelpunkt, also der Erdradius. Diese Gleichung ist aber nur ungefähr richtig. Die allein durch die Gravitationswirkung verursachte Anziehungskraft ist nämlich insbesondere am Äquator etwas größer als die tatsächlich gemessene Kraft. Sie wird nämlich durch die Fliehkraft verringert. Gl. 1.69 zeigt, dass g in Wirklichkeit keine Konstante ist, sondern vom Abstand zum Erdmittelpunkt abhängt. Da r_{E} mit 6371 km im Vergleich mit der Höhe eines Hörsaals sehr groß ist, können wir innerhalb desselben g in sehr guter Näherung als konstant annehmen. Übrigens lässt sich die Erdmasse mittels Gl. 1.69 zu

$$M \approx \frac{g\,r_{\mathrm{E}}^2}{f} \approx 5{,}97 \cdot 10^{24}\,\mathrm{kg}$$

abschätzen.

1.4.2　Ein schweres Feld mit Potential

Wir können mit der Schwerkraft einen in der Physik sehr wichtigen Begriff einführen: das **Feld** bzw. die **Feldstärke**. Ausgehend von Gl. 1.68 können wir definieren:

$$\vec{G} = -f\,\frac{M}{r^2} \cdot \frac{\vec{r}}{r} \quad \text{bzw.} \quad \vec{F} = m\vec{G}\,. \tag{1.70}$$

$\vec{G}\,(\vec{r})$ ist eine ortsabhängige, vektorielle Größe, die man **Gravitationsfeldstärke** nennt. Sie ist ein Beispiel eines **Vektorfeldes**. Die Masse M verändert den Raum in ihrer Umgebung, sie erzeugt ein **Schwerefeld**. Genaugenommen verändert sie sogar den **gesamten Raum**, denn das Feld klingt erst im Unendlichen ab. Eine zweite Masse m erfährt im Schwerefeld von M eine Kraft, die in die gleiche Richtung zeigt wie der Feldstärkevektor.

Graphisch darstellen kann man ein solches Vektorfeld durch **Feldlinien**. Das sind Raumkurven, deren Richtung in jedem Punkt mit der Richtung der Feldstärke- bzw. Kraftvektoren übereinstimmt (siehe hierzu das Feldlinienbild Abb. 1.59 in nachfolgendem Beispiel). Oder anders ausgedrückt: die Feldstärkevektoren sind stets Tangenten an die Feldlinien. Die relative Dichte der Feldlinien ist ein Maß für die Feldstärke: eine Verdichtung der Feldlinien bedeutet eine Erhöhung des Feldes.

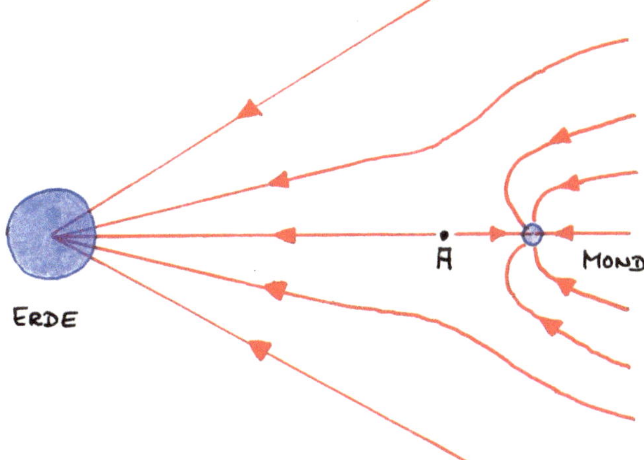

Abb. 1.59 Die Feldlinien laufen auf Erde bzw. Mond zu. Auf der Verbindungslinie gibt es einen feld- und damit kraftfreien Punkt

---

Beispiel

An welchem Punkt A zwischen Erde und Mond ist ein Körper kräftefrei?

Lösung: Hier nutzen wir die Eigenschaft der **Additivität der Gravitationsfelder**. Sowohl Erde als auch Mond haben ein solches Gravitationsfeld. Das Feldlinienbild zeigt qualitativ Abb. 1.59. Auch auf der Verbindungslinie addieren sich die beiden Felder. Ist $M = 5{,}974 \cdot 10^{24}$ kg die Masse der Erde und $m = 7{,}348 \cdot 10^{22}$ kg die Masse des Mondes, können wir für den gesuchten Punkt betragsmäßig fordern:

$$f \frac{M}{r^2} - f \frac{m}{(a-r)^2} = 0 \,. \tag{1.71}$$

$a = 3{,}844 \cdot 10^8$ m ist der mittlere Abstand von Erde und Mond (zeitlich nicht konstant, daher verwenden wir einen Mittelwert), r ist der Abstand des gesuchten Gleichgewichtspunktes von der Erde. Wir formen Gl. 1.71 um:

$$M (a - r)^2 = m r^2 \quad \text{oder} \quad (M - m) r^2 - 2 M a r + M a^2 = 0 \,.$$

Als Lösung dieser quadratischen Gleichung erhalten wir:

$$r = \frac{2 M a \pm \sqrt{4 M^2 a^2 - 4 (M - m) M a^2}}{2 (M - m)} = \frac{M a \pm \sqrt{M m a^2}}{M - m} \,.$$

Die beiden Lösungen lauten $r_1 = 4{,}32 \cdot 10^8$ m und $r_2 = 3{,}46 \cdot 10^8$ m. Nur die zweite Lösung ist physikalisch sinnvoll. Man beachte, dass sich der Mond um die Erde dreht (wobei wegen der ungleichen Massen der Drehpunkt noch innerhalb der Erdkugel liegt), so dass eine Masse in der berechneten Entfernung durch die Fliehkraft leicht in Richtung Mond beschleunigt werden würde!

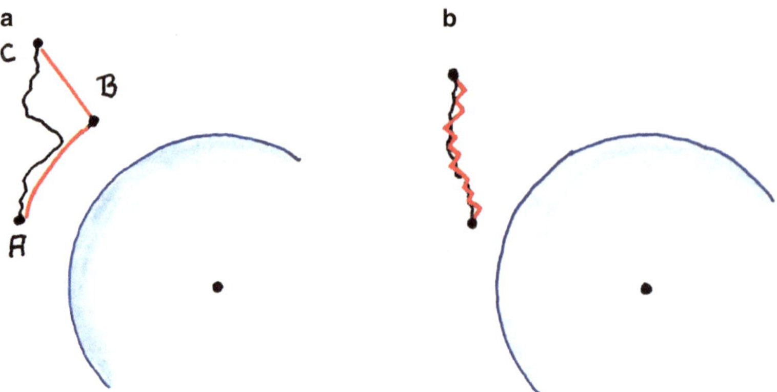

Abb. 1.60 Ein beliebiger Weg im Schwerefeld der Erde von A nach C kann in einen Teil AB auf einer zur Erde konzentrischen Kugel und einen radialen Anteil BC zerlegt werden (**a**). Grundsätzlich kann man jeden beliebigen Weg in infinitesimal kleine Weganteile dieser Art zerlegen (**b**)

Das Gravitationsfeld ist ein **konservatives Feld**. Das bedeutet, dass bei Bewegung in diesem Kraftfeld die Energieerhaltung gilt. Wir haben dies in Abschn. 1.3.1 bereits beobachtet und aus dieser Erfahrung heraus den Satz von der Erhaltung der Energie formuliert. Wir wollen uns nun der Frage zuwenden, welche Arbeit zu verrichten ist, wenn wir uns im Gravitationsfeld der Erde bewegen. Die Erde soll dabei als exakte Kugel mit kugelsymmetrischer Massenverteilung angesehen werden, was nur näherungsweise richtig ist. Da wir uns nur oberhalb der Erdoberfläche bewegen, können wir uns die gesamte Masse im Erdmittelpunkt konzentriert denken. Wir wollen uns nun im Gegensatz zum bisher betrachteten freien Fall auch sehr weit, ja, unendlich weit von der Erdoberfläche entfernen. Wie oben ausgeführt, ist dann die Schwerebeschleunigung g nicht mehr konstant, sondern durch Gl. 1.69 gegeben. Die bisher verwendete Beschreibung $E_{\text{pot}} = mgh$ der potentiellen Energie ist deshalb nicht mehr praktikabel.

Bewegt man sich auf einem beliebigen Weg relativ zur Erdoberfläche (Abb. 1.60a), kann diese Bewegung im Grundsatz in zwei Weganteile zerlegt werden. Der Weganteil AB verläuft auf der Erdoberfläche oder auf einer zur Erdoberfläche konzentrischen Kugel. Hier muss **keine Kraft und damit auch keine Arbeit aufgewandt** werden, da die potentielle Energie konstant bleibt. Anders beim Weganteil BC, der vom Erdmittelpunkt aus gesehen radial nach außen führt. Die Bewegung erfolgt gegen die Schwerkraft und die aufzuwendende Arbeit ist nach Gl. 1.36 unter Benutzung des Betrags von $\vec{G}$ (Gl. 1.70):

$$W = -\int_{r_0}^{r_1} mf\frac{M}{r^2}\mathrm{d}r$$

Übrigens ließe sich jeder beliebige Weg in kleine Wegstrecken tangential und normal zur Erdoberfläche zerlegen (Abb. 1.60b), so dass die aufzuwendende Arbeit in jedem Fall **nur**

von der zurückgelegten Höhendifferenz $r_1 - r_0$ abhängt. Für die Arbeit gilt:

$$W = -mfM \left[-\frac{1}{r} \right]_{r_0}^{r_1} = fmM \left(\frac{1}{r_1} - \frac{1}{r_0} \right)$$

Die Größe

$$\Phi(r) = -\int_{r}^{\infty} f \frac{M}{r^2} \mathrm{d}r$$

oder

$$\Phi(r) = -\frac{fM}{r}$$

nennt man **Gravitationspotential**. Multipliziert man das Gravitationspotential mit der zu bewegenden Masse m, erhält man ihre **potentielle Energie im Schwerefeld**. Als Bezugspunkt wird $r \to \infty$ gewählt, hier ist die potentielle Energie der Masse Null. Nähert sie sich der Erde an, **nimmt ihre potentielle Energie ab** und wird damit negativ. Die frei werdende Energie bzw. geleistete Arbeit bei Bewegung von einem Abstand r_1 zu einem Abstand r_2 zum Erdmittelpunkt ist:

$$W = m \left(\Phi(r_1) - \Phi(r_2) \right)$$

Ist $r_1 > r_2$, folgt $W > 0$, es wird also Arbeit abgegeben. Die Masse nähert sich der Erde an.

Beispiel

Mit welcher Geschwindigkeit müsste ein Körper von der Erdoberfläche aus ins Weltall geschossen werden, damit er nicht mehr zurückkommt? Es soll dabei angenommen werden, dass es keinen Luftwiderstand gibt. Der würde das Resultat stark beeinflussen.

Lösung: Die gesuchte Geschwindigkeit nennt man **Fluchtgeschwindigkeit**. Ausgehend von der Erdoberfläche ($r_\mathrm{E} = 6371$ km) erhalten wir für die benötigte Arbeit:

$$W = m \left(\Phi(r_\mathrm{E}) - \Phi(r \to \infty) \right) = m\Phi(r_\mathrm{E}) \quad \text{bzw.} \quad W = -m \frac{fM}{r_E}$$

Diese Energiemenge muss als kinetische Energie bereitgestellt werden:

$$\frac{m}{2} v^2 = \frac{mfM}{r_\mathrm{E}}$$

bzw.

$$v = \sqrt{\frac{2fM}{r_E}} = 11{,}2 \, \frac{\mathrm{km}}{\mathrm{s}}$$

1.5 Nun geht's rund: Drehbewegungen

1.5.1 Wenn der Weg zum Winkel wird: Grundgrößen der Drehbewegung

Bei der Drehung eines starren Körpers bewegen sich alle Punkte auf konzentrischen Kreisbahnen um eine Drehachse. Bewegt sich ein Punkt auf einer Kreisbahn, wie es der rote Punkt auf der Kreisscheibe in Abb. 1.61 tut, kann man seine Lage gegenüber seiner Ausgangsposition A durch einen **Drehwinkel** $\varphi(t)$ beschreiben. Als Zusammenhang mit der zurückgelegten **Bogenlänge** $s(t)$ erhalten wir:

$$\varphi(t) = \frac{s(t)}{r}. \tag{1.72}$$

Dabei ist r der Radius der Kreisbahn. Die „Einheit" von φ ist 1 Radiant $= 1\,\mathrm{rad}$. Man beachte aber, dass es sich bei Radiant **nicht um eine physikalische Einheit handelt**, sondern lediglich um die Kennzeichnung einer **Verhältniszahl**. Daher wird häufig das „Radiant" einfach weggelassen, wenn aus dem Zusammenhang hervorgeht, dass es sich um einen Winkel im Bogenmaß handelt. Für eine volle Drehung gilt $\varphi = 2\pi$.

Natürlich bewegt sich der Massenpunkt mit einer bestimmten Geschwindigkeit $v(t)$. Hier kann man ebenfalls eine winkelbezogene Größe einführen, die **Winkelgeschwindigkeit** ω:

$$\omega(t) = \lim_{\Delta t \to 0} \frac{\Delta \varphi}{\Delta t} = \frac{\mathrm{d}\varphi}{\mathrm{d}t} = \dot{\varphi}. \tag{1.73}$$

Die Einheit ist $1\,\mathrm{rad/s}$, wobei auch hier häufig auf das „Radiant" verzichtet wird. Man schreibt dann $[\omega] = 1\,\mathrm{s}^{-1}$. Ist T die Zeit für eine volle Umdrehung, gilt für die Winkelgeschwindigkeit $\omega = 2\pi/T$. Multipliziert man diese Gleichung mit dem Radius r, erhält man einen Zusammenhang mit der **Bahngeschwindigkeit** v:

$$\boxed{\omega r = \frac{2\pi r}{T} = \frac{s}{T} = v \quad \text{bzw.} \quad v = \omega r}. \tag{1.74}$$

In der Technik wird häufig mit der **Drehzahl** n gearbeitet. Sie gibt an, wie viele Umdrehungen pro Zeiteinheit der Massenpunkt zurückgelegt hat. Es ist $n = 1/T$, so dass zwischen Winkelgeschwindigkeit und Drehzahl allgemein der Zusammenhang

$$\boxed{\omega = 2\pi n} \tag{1.75}$$

Abb. 1.61 Drehwinkel bei der Kreisbewegung

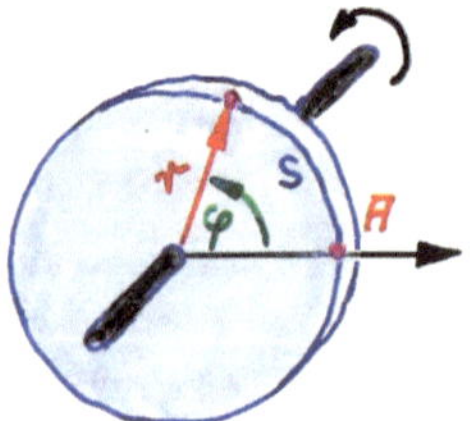

Abb. 1.62 Ein Motor hebt über Zahnräder und Riemenantrieb eine Masse hoch

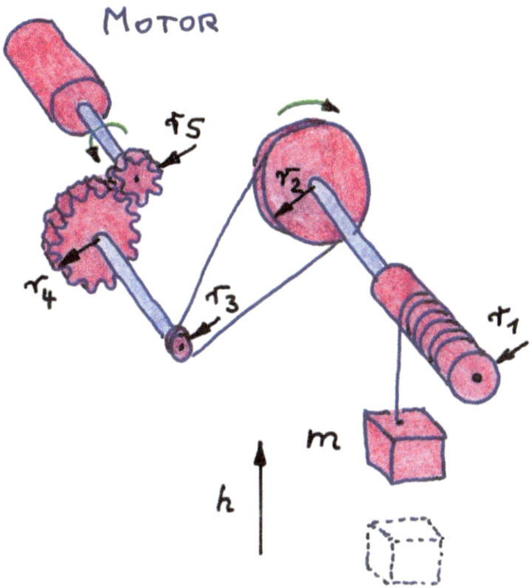

gilt. Eine Drehbewegung wird wohl irgendwann einmal begonnen haben, es muss also eine Beschleunigung stattgefunden haben. Für sie gilt

$$\alpha = \lim_{\Delta t \to 0} \frac{\Delta\omega}{\Delta t} = \frac{d\omega}{dt} = \frac{d^2\varphi}{dt^2} = \ddot{\varphi} = \dot{\omega} \,. \tag{1.76}$$

Die Einheit der **Winkelbeschleunigung** ist $\alpha = 1 \, \text{rad}/s^2$. Die in Abschn. 1.1.5 abgeleiteten kinematischen Grundgleichungen gelten in Analogie auch für die Drehbewegung:

$$\boxed{\varphi\,(t) = \frac{1}{2}\alpha(t - t_0)^2 + \omega_0\,(t - t_0) + \varphi_0}\,, \tag{1.77}$$

$$\boxed{\omega\,(t) = \alpha\,(t - t_0) + \omega_0}\,. \tag{1.78}$$

Beispiel

Die Masse m in Abb. 1.62 wird mit der konstanten Geschwindigkeit $v_h = 0{,}5\,\text{m/s}$ nach oben gezogen. Welche Drehzahl hat der Motor? Welche Winkelbeschleunigung α müsste die Motorachse in der Beschleunigungsphase erreichen, damit die Masse aus der Ruhe heraus die Geschwindigkeit v_h nach einer Höhe von $h = 1\,\text{m}$ erreicht ($r_1 = 2\,\text{cm}$; $r_2 = 4\,\text{cm}$; $r_3 = 1\,\text{cm}$; $r_4 = 5\,\text{cm}$; $r_5 = 2\,\text{cm}$)?

Lösung: Bei einer Bahngeschwindigkeit v_h und einem Radius der Spule von $r_1 = 2\,\text{cm}$ beträgt die Winkelgeschwindigkeit der Spule $\omega = v_h/r_1 = 25\,\text{s}^{-1}$. Wegen der Verhältnisse $r_2/r_3 = 4$ und $r_4/r_5 = 2{,}5$ muss sich die Motorachse insgesamt 10-mal schneller drehen als die Spulenachse. Die Winkelgeschwindigkeit ω_M der Motorachse ist also $\omega_\text{M} = 250\,\text{s}^{-1}$, was einer Drehzahl von $n = \omega_\text{M}/(2\pi) = 39{,}8\,\text{s}^{-1}$ entspricht.

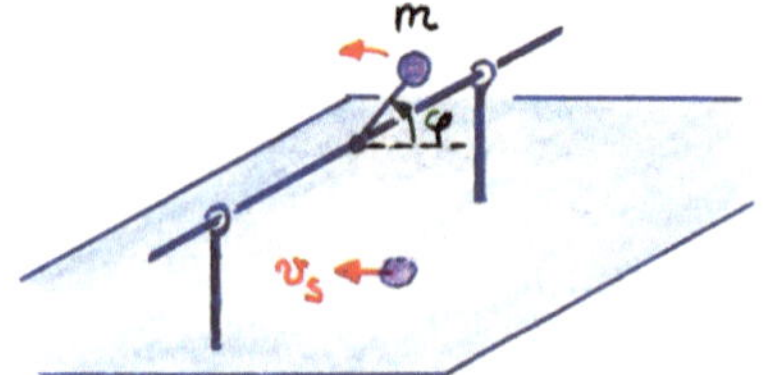

Abb. 1.63 Der Schatten eines rotierenden Massenpunktes bewegt sich mit der Geschwindigkeit $v_S\,(t)$

Eine Wegstrecke von h bei der Masse entspricht einem zurückgelegten Winkel von $\varphi = h/r_1 = 50$ rad bei der Spulenachse. Das entspricht wegen des Übersetzungsverhältnisses einem zurückgelegten Winkel von $\varphi_M = 500$ rad beim Motor. Nach diesem Winkel muss die Winkelgeschwindigkeit von $\omega_M = 250\,\mathrm{s}^{-1}$ erreicht sein. Analog zur geradlinigen Bewegung kann man mit $\omega_0 = 0\,\mathrm{s}$, $t_0 = 0\,\mathrm{s}$ und $\varphi_0 = 0$ aus Gl. 1.77 und Gl. 1.78 die Zeit eliminieren:

$$\alpha = \frac{\omega_M^2}{2\varphi_M} = 62{,}5\,\frac{\mathrm{rad}}{s^2}\,.$$

Beispiel

Eine Masse m rotiert an einer Stange mit Radius r mit der Winkelgeschwindigkeit ω um eine horizontale Achse (Abb. 1.63). Senkrecht von oben werde die Anordnung mit parallelem Licht beleuchtet. Mit welcher Geschwindigkeit v_S bewegt sich der Schatten?

Es gilt für die Länge s_S des Schattens:

$$s_S\,(t) = r\cos\varphi\,(t) = r\cos\omega t\,.$$

Ableitungen trigonometrischer Funktionen

Um die Geschwindigkeit zu erhalten, differenzieren wir:

$$v_S\,(t) = \frac{\mathrm{d}s_S}{\mathrm{d}t} = -r\omega\sin\omega t\,.$$

Das Vorzeichen ist physikalisch korrekt; die Geschwindigkeit ist in der gezeichneten Stellung negativ, denn bei der eingezeichneten Drehrichtung wird s_S kleiner, die Ableitung einer monoton fallenden Funktion ist negativ.

Abb. 1.64 Die Winkelgeschwindigkeit kann durch einen Vektor beschrieben werden, der auf der Drehachse liegt und dessen Orientierung durch die Rechte-Hand-Regel festgelegt wird: umfasst man die Drehachse derart mit der rechten Hand, dass die Finger in Richtung der Drehung zeigen, dann zeigt der Daumen in Richtung des Vektors der Winkelgeschwindigkeit

1.5.2 Das Wichtigste: die Drehachse

Solange wir uns auf eine feste Drehachse im Raum beziehen, genügen die im vorigen Abschnitt eingeführten Größen zur Lagebeschreibung eines rotierenden Punktes. Will man jedoch die Lage der **Drehachse** ebenfalls beschreiben, muss man wieder zu vektoriellen Größen übergehen. Allerdings ist es nicht möglich, den Drehwinkel φ als Vektor darzustellen. Bei der **Winkelgeschwindigkeit** gelingt dies, ihr Vektor zeigt in Richtung der Drehachse. Seine Orientierung gibt Aufschluss über die Drehrichtung (Abb. 1.64): nach der **Rechte-Hand-Regel** zeigt der Daumen in Richtung des $\vec{\omega}$-Vektors, wenn beim Umfassen der Drehachse mit der rechten Hand die Finger in **Drehrichtung** zeigen.

Auch die **Winkelbeschleunigung** kann als Vektor dargestellt werden, sie zeigt in Richtung der Drehachse. $\vec{\alpha}$ zeigt in die gleiche Richtung wie der $\vec{\omega}$-Vektor, wenn die Beschleunigung positiv ist, d. h. wenn sich der Betrag der Winkelgeschwindigkeit erhöht. Zeigt $\vec{\alpha}$ in die entgegengesetzte Richtung wie $\vec{\omega}$, wird die Drehbewegung abgebremst.

Mit der Definition der Winkelgeschwindigkeit als Vektor lässt sich Gl. 1.74 vektoriell schreiben:

$$\boxed{\vec{v} = \vec{\omega} \times \vec{r}} \,. \tag{1.79}$$

Vektorprodukt

Differenziert man, erhält man für die Beschleunigung:

$$\vec{a} = \frac{\mathrm{d}\vec{v}}{\mathrm{d}t} = \frac{\mathrm{d}}{\mathrm{d}t}\left(\vec{\omega} \times \vec{r}\right) = \frac{\mathrm{d}\vec{\omega}}{\mathrm{d}t} \times \vec{r} + \vec{\omega} \times \frac{\mathrm{d}\vec{r}}{\mathrm{d}t} \,. \tag{1.80}$$

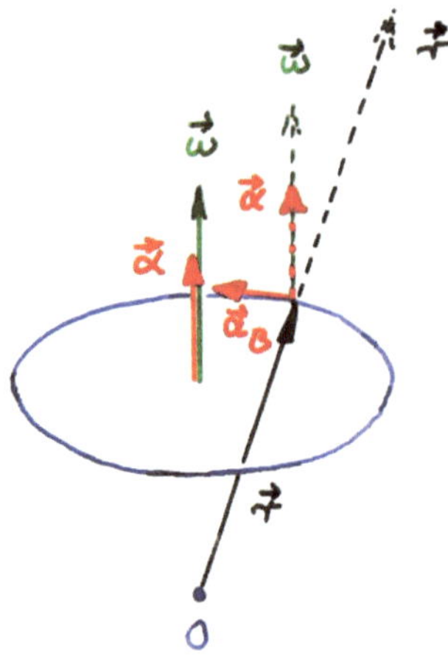

Abb. 1.65 Der Vektor $\vec{a}_B = \vec{\alpha} \times \vec{r}$ zeigt tangential zur Bahnkurve. Ist die Bewegung positiv beschleunigt, zeigt $\vec{a}_B$ in Richtung der Bahngeschwindigkeit $\vec{v}$. Wird der Massenpunkt abgebremst, zeigt $\vec{a}_B$ in umgekehrte Richtung

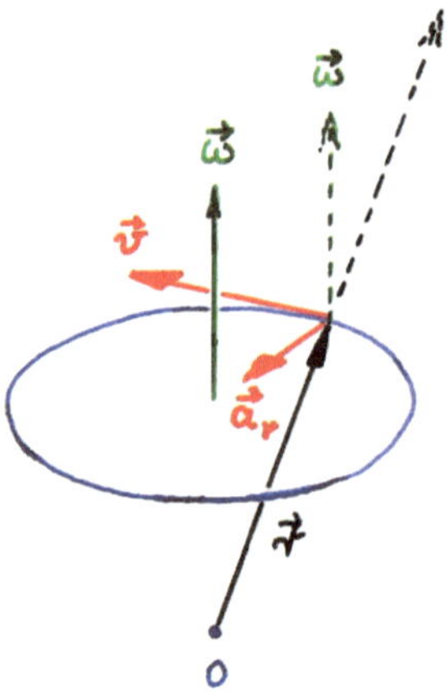

Abb. 1.66 Der Vektor $\vec{a}_r = \vec{\omega} \times \vec{v} = \vec{\omega} \times (\vec{\omega} \times \vec{r})$ liegt in der Kreisebene und zeigt in Richtung Drehachse

Hier kommt die **Produktregel** zur Anwendung, die auf das Vektorprodukt unverändert übertragen werden kann. Da

$$\vec{\alpha} = \frac{d\vec{\omega}}{dt} \quad \text{und} \quad \vec{v} = \frac{d\vec{r}}{dt}$$

gilt, wird Gl. 1.80 zu:

$$\boxed{\vec{a} = \vec{\alpha} \times \vec{r} + \vec{\omega} \times \vec{v} = \vec{\alpha} \times \vec{r} + \vec{\omega} \times (\vec{\omega} \times \vec{r})} \,. \tag{1.81}$$

Die beiden Summanden auf der rechten Seite kann man wie folgt interpretieren: die Beschleunigung $\vec{\alpha} \times \vec{r}$ stellt die **Bahnbeschleunigung $\vec{a}_B$** des Massenpunktes auf der Kreisbahn dar (Abb. 1.65). Sie beschreibt, wie der Massenpunkt auf seiner Kreisbahn beschleunigt oder abgebremst wird. Bei konstanter Winkelgeschwindigkeit, also konstanter Umlaufgeschwindigkeit, ist sie Null. Der zweite Summand $\vec{\omega} \times \vec{v}$ stellt die **Radialbeschleunigung** oder **Zentripetalbeschleunigung $\vec{a}_r$** dar (Abb. 1.66). Sie ist nötig, damit der Massenpunkt überhaupt auf einer Kreisbahn bleibt. Nach dem ersten Newtonschen Axiom würde der Massenpunkt ohne Beschleunigung einfach tangential von der Kreisbahn wegfliegen.

Entwicklungssatz der Vektorrechnung

Mit dem Entwicklungssatz der Vektorrechnung kann man Gl. 1.81 in die Form

$$\vec{a} = \vec{\alpha} \times \vec{r} + \vec{\omega}\left(\vec{\omega}\vec{r}\right) - \vec{r}\left(\vec{\omega}\vec{\omega}\right)$$

bringen. **Ist der Koordinatenursprung Kreismittelpunkt**, gilt $\vec{\omega} \perp \vec{r}$ und damit $\vec{\omega}\vec{r} = 0$, so dass für diesen Spezialfall gilt:

$$\boxed{\vec{a} = \vec{\alpha} \times \vec{r} - \vec{r}\omega^2} \ . \tag{1.82}$$

Die Zentripetalbeschleunigung zeigt in Richtung $-\vec{r}$.

1.5.3 Zentrifugalkraft und Zentripetalkraft oder ist das nicht das Gleiche?

Nehmen wir der Einfachheit halber eine Kreisbewegung eines Massenpunktes mit **konstanter Bahngeschwindigkeit** an. Dann tritt als einzige Beschleunigung die **Zentripetalbeschleunigung** auf. Nach dem zweiten Newtonschen Axiom muss es dafür eine Kraft geben. Diese Kraft wird **Zentripetalkraft** genannt und ist wie die Radialbeschleunigung stets in Richtung Bahnmittelpunkt gerichtet:

$$\boxed{\vec{F} = m\vec{a}_{\mathrm{r}} = m\left(\vec{\omega} \times \vec{v}\right) = m\left(\vec{\omega} \times \left(\vec{\omega} \times \vec{r}\right)\right)} \ . \tag{1.83}$$

Mit Gl. 1.82 folgt für den Fall, dass der Koordinatenursprung Kreismittelpunkt ist, für den Betrag:

$$\left|\vec{F}\right| = m\left|\vec{r}\right|\omega^2 \ .$$

Diese Radialbeschleunigung führt nicht zu einer Veränderung des Betrages der Bahngeschwindigkeit, wohl aber zu einer Richtungsänderung. Die **Zentripetalkraft** ist eine reale Kraft, ohne die die Masse einfach geradeaus fliegen und somit die Kreisbahn verlassen würde (Abb. 1.67a). Der häufig in diesem Zusammenhang genannte Begriff der **Zentrifugalkraft** bezieht sich auf eine **Scheinkraft**. Würden wir uns als Beobachter in ein mit der Masse rotierendes Bezugssystem setzen, wäre die Masse auf der Kreisbahn in diesem System in Ruhe. Dieses System ist natürlich kein Inertialsystem. Würden wir also die Masse nicht fixieren, würde in diesem rotierenden Koordinatensystem die Masse radial nach außen beschleunigt. Wir würden also behaupten, es wirke eine Kraft. Wie sonst

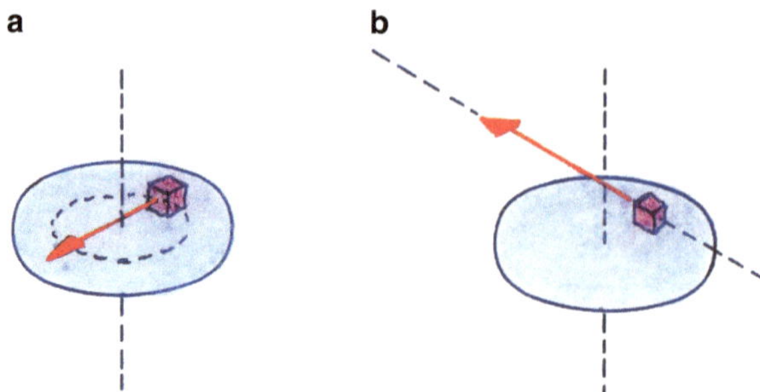

Abb. 1.67 Die Zentripetalkraft zeigt immer in Richtung Drehachse (**a**) und sorgt dafür, dass die Masse auf der Kreisbahn bleibt. Sie führt zur Zentripetalbeschleunigung. Entfällt die Zentripetalkraft (**b**), fliegt die Masse auf einer Geraden, was für einen Beobachter von außen leicht verständlich ist. Ein sich mit der Scheibe drehender Beobachter, der nichts von der Drehung weiß, würde sehen, dass die Masse sich von der Achse wegbewegt. Die dem zugrunde liegende Kraft – eine Scheinkraft – heißt Zentrifugalkraft

sollte sich die Masse bewegen? Natürlich ist das ein Trugschluss, denn ein Beobachter von außen würde natürlich nur feststellen, dass die Masse das tut, was sie nach dem ersten Newtonschen Axiom auch tun muss, nämlich geradeaus fliegen (Abb. 1.67b). Da die Masse für einen mitrotierenden Beobachter sich scheinbar vom Zentrum entfernt, wird die Kraft **Zentrifugalkraft** genannt. Sie ist eine Scheinkraft, denn das Bezugssystem, in dem sie beobachtet wird, ist kein Inertialsystem. Für einen Beobachter von außen existiert die Kraft nicht. Die Zentrifugalkraft **hat den gleichen Betrag wie die Zentripetalkraft**, ist aber entgegengesetzt gerichtet.

Beispiel

Auf einer Kreisscheibe liegt ein Kubus der Masse $m = 1,3\,\text{kg}$. Der Abstand des Schwerpunktes zur Achse betrage 23 cm. Der Haftreibungskoeffizient zwischen Scheibe und Kubus beträgt $\mu_\text{H} = 0,2$. Die Scheibe setzt sich mit der Winkelbeschleunigung von $\alpha = 0,2\,\text{s}^{-2}$ in Bewegung. Nach welcher Zeit fliegt die Masse von der Scheibe?

Lösung: Die gesamte Beschleunigung der Masse wird durch Gl. 1.81 beschrieben, so dass die auf die Masse wirkende Kraft gegeben ist durch:

$$\vec{F} = m\vec{a} = m\left(\vec{\alpha} \times \vec{r} + \vec{\omega} \times (\vec{\omega} \times \vec{r})\right).$$

Der erste Summand stellt den zur Bahnbeschleunigung führenden Kraftanteil dar, der zweite die Zentripetalkraft. Beide Kräfte müssen durch die Unterlage auf die Masse übertragen werden. Der erste Kraftanteil wirkt tangential zur Kreisbahn, der zweite zur Drehachse hin. Der resultierende Kraftvektor ist vom Betrag her konstant, rotiert aber mit der Scheibe. Die beiden Kraftkomponenten stehen senkrecht aufeinander, so dass nach Pythagoras und wegen $\vec{\alpha} \perp \vec{r}$ der Betrag der gesamten Kraft gegeben ist durch:

$$\left|\vec{F}\right| = \sqrt{(m\alpha r)^2 + (m r \omega^2)^2} \, .$$

Diese Kraft entspricht $F = \mu_{\mathrm{H}}mg$. Die Winkelgeschwindigkeit zum Zeitpunkt des Rutschens der Masse erhält man also aus:

$$\mu_{\mathrm{H}}mg = \sqrt{(m\alpha r)^2 + (m r \omega^2)^2}$$

oder:

$$\omega^4 = \frac{\mu_{\mathrm{H}}^2 g^2}{r^2} - \alpha^2 \, .$$

Wegen $\omega = \alpha t$ erhalten wir für t:

$$t = \sqrt[4]{\frac{\mu_{\mathrm{H}}^2 g^2}{r^2 \alpha^4} - \frac{1}{\alpha^2}} \quad \text{bzw.} \quad t = 14,6\,\text{s} \, .$$

Diese Gleichung zeigt übrigens, dass der von der Bahnbeschleunigung herrührende Summand $1/\alpha^2$ kaum einen Beitrag leistet. Diese Trägheitskraft könnte vernachlässigt werden. Die Masse gerät fast ausschließlich infolge der Zentrifugalkraft in Bewegung.

1.5.4 Die Sache mit der kinetischen Energie bei der Rotation …

Natürlich besitzt ein rotierender Körper auch kinetische Energie, denn zweifellos ist ja Masse in Bewegung. Es wäre natürlich naheliegend, eine rotierende Masse wie in Abb. 1.68 in lauter kleine Massenelemente Δm_i zu zerlegen und die kinetischen Energien der einzelnen Massen zu addieren. Leider haben die einzelnen Massenelemente mitunter

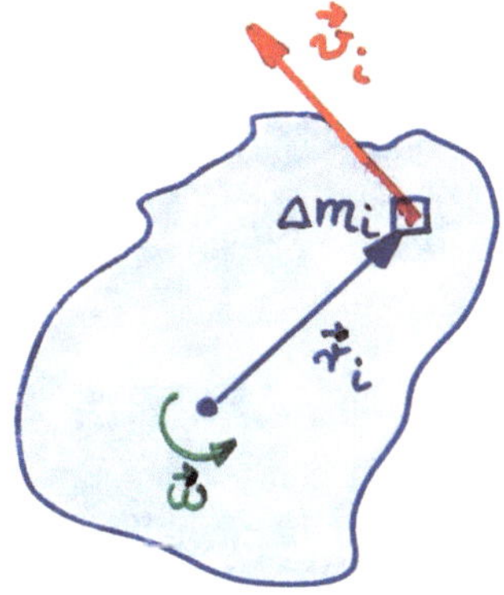

Abb. 1.68 Bei der Drehung eines starren Körpers haben nur solche Massenelemente gleiche Geschwindigkeiten, die auch den gleichen (senkrechten) Abstand von der Drehachse haben

unterschiedliche Geschwindigkeiten und damit unterschiedliche kinetische Energien, so
dass man schreiben muss:

$$E_{\text{kin}} = \sum_{i=1}^{n} \frac{1}{2} \Delta m_i v_i^2 \,.$$

Die Bahngeschwindigkeiten $v_i = \omega r_i$ eingesetzt, erhalten wir für die **Rotationsenergie**:

$$\boxed{E_{\text{rot}} = \sum_{i=1}^{n} \frac{1}{2} \Delta m_i (\omega r_i)^2 = \frac{1}{2}\omega^2 \left(\sum_{i=1}^{n} \Delta m_i r_i^2 \right) = \frac{1}{2} J \omega^2} \,.$$

Die Größe in Klammern hängt nur von der Massenverteilung um die Drehachse ab. Sie
wird **Massenträgheitsmoment J** genannt:

$$J = \sum_{i=1}^{n} \Delta m_i r_i^2 \,. \tag{1.84}$$

Seine Einheit ist $1\,\text{kg}\,\text{m}^2$. Im Grenzfall $n \to \infty$ geht Gl. 1.84 in ein Integral über:

$$\boxed{J = \int r^2 \mathrm{d}m} \,. \tag{1.85}$$

r ist dabei der senkrechte Abstand zur Drehachse. Ist die Dichte überall im Körper homogen, gilt mit $\mathrm{d}m = \rho \mathrm{d}V$:

$$\boxed{J = \rho \int r^2 \mathrm{d}V} \,. \tag{1.86}$$

Das Massenträgheitsmoment beschreibt die Trägheit eines Körpers bezüglich der Rotation. Das Massenträgheitsmoment **wird immer für eine bestimmte Drehachse angegeben.** Verschiebt oder verkippt man die Achse, ändert sich im Allgemeinen auch das
Massenträgheitsmoment. Wie man aus Gl. 1.85 und 1.86 leicht erkennt, hängt das Massenträgheitsmoment sehr stark vom Abstand r der Massenelemente von der Drehachse ab.
So kann das Massenträgheitsmoment verschiedener Körper trotz gleicher Gesamtmasse
sehr unterschiedlich sein. Will man ein großes Massenträgheitsmoment erzeugen, muss
man möglichst viel Masse möglichst weit von der Drehachse entfernt anbringen. Das
wurde bei Schwungrädern von Dampfmaschinen realisiert, die die Rotationsenergie zur
Überwindung des Totpunktes und der arbeitsfreien Takte speicherten.

Beispiel

Man schätze das Massenträgheitsmoment der vier Rotorblätter eines Hubschraubers
mit Rotordurchmesser 10,5 m ab. Die Blätter sind aus glasfaserverstärktem Kunststoff
(Dichte $\rho = 2\,\text{g/cm}^3$) und es soll näherungsweise ein rechtwinkliger Querschnitt der

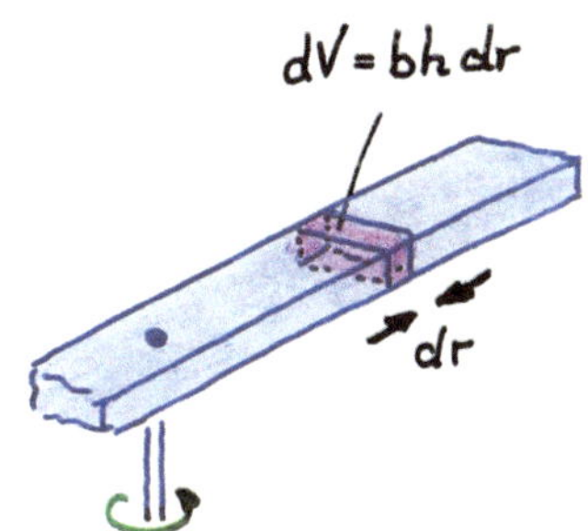

Abb. 1.69 Für eine Abschätzung des Massenträgheitsmomentes des Rotors wird bei den Blättern ein rechteckiger Querschnitt angenommen. Das Blatt wird in kleine Scheiben der Dicke dr und Fläche bh zerlegt

Breite $b = 18\,\text{cm}$ und Höhe $h = 2{,}5\,\text{cm}$ angenommen werden. Die Verkippung der Blätter soll vernachlässigt werden.

Lösung: Da bei den Blättern mit Länge $R = 5{,}25\,\text{m}$ in guter Näherung $b \ll R$ und $h \ll R$ gilt, können wir das Integral Gl. 1.86 mit dem Volumenelement $dV = bhdr$ (Abb. 1.69) in der Form

$$J_{\text{e}} = \rho \int\limits_0^R r^2 bh dr = \rho bh \frac{R^3}{3} \quad \text{bzw.} \quad J_{\text{e}} = 4{,}34 \cdot 10^2 \,\text{kg}\,\text{m}^2$$

schreiben. Der Hubschrauber hat vier Rotorblätter, die Massenträgheitsmomente addieren sich einfach. Das gesamte Massenträgheitsmoment ist also $J = 4J_{\text{e}} = 1{,}74 \cdot 10^3 \,\text{kg}\,\text{m}^2$. Übrigens würde ein einzelnes Rotorblatt zwar zu einer Unwucht führen, das Massenträgheitsmoment hierfür ist jedoch ohne Probleme berechenbar und gültig.

Abb. 1.70 gibt die Massenträgheitsmomente einiger häufig benutzter geometrischer Körper bei Rotation um jeweils eine **Symmmetrie- bzw. Schwerpunktsachse** an. Aus dem Massenträgheitsmoment des Hohlzylinders

$$J = \frac{1}{2}m \left(r_{\text{i}}^2 + r_{\text{a}}^2 \right)$$

erhält man für den Fall von $r_{\text{i}} = 0$ das Massenträgheitsmoment $J_{\text{V}} = mr_{\text{a}}^2/2$ für den Vollzylinder mit Radius r_{a} und für den Fall $r_{\text{i}} \approx r_{\text{a}} \approx R$ das Massenträgheitsmoment $J_{\text{H}} = mR^2$ für den dünnwandigen Hohlzylinder mit dem Radius R. Man erkennt, dass der Hohlzylinder das doppelte Massenträgheitsmoment besitzt wie der Vollzylinder gleicher Masse. Die Masse hat beim Hohlzylinder den Abstand R zur Drehachse, beim Vollzylinder ist der **durchschnittliche** Abstand deutlich geringer.

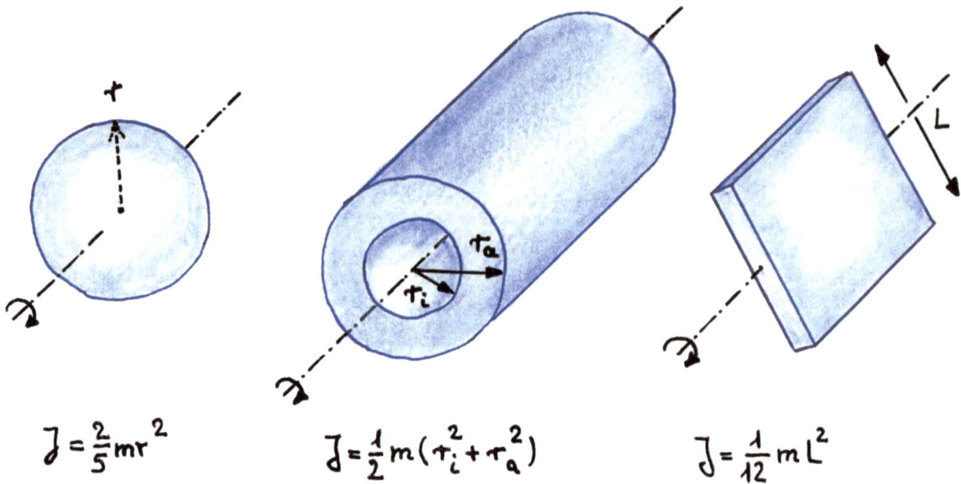

Abb. 1.70 Bei der Kugel (*links*) ist das Massenträgheitsmoment aufgrund der hohen Symmetrie bei Rotation um alle Schwerpunktsachsen gleich. Ein Hohlzylinder (*mittig*) geht für $r_i \rightarrow 0$ in einen Vollzylinder mit Massenträgheitsmoment $J_V = m r_a^2 / 2$ über. Bei der flachen Platte (*rechts*) spielt die Tiefe keine Rolle. Das Massenträgheitsmoment gilt auch für einen dünnen Stab der Länge L

1.5.5 Und wenn es sich nun doch nicht um eine Schwerpunktsachse dreht …

Das Massenträgheitsmoment ist im Allgemeinen umständlich zu berechnen. Umso mehr drängt sich die Frage auf, ob man nicht die Rechnung etwas vereinfachen kann. Kann man, aber leider wieder nur in einer kleinen Anzahl von Fällen. Wir betrachten hierzu eine beliebig geformte Masse m, die sich mit der Winkelgeschwindigkeit ω um eine Schwerpunktsachse S dreht (Abb. 1.71). Das zugehörige Massenträgheitsmoment J_S sei bekannt und damit ist die Rotationsenergie gegeben durch:

$$E_{\mathrm{rot}} = \frac{1}{2} J_S \omega^2 \,. \tag{1.87}$$

Nun verschieben wir die Masse längs einer Stange mit vernachlässigbarer Masse um die Strecke s, so dass sie sich nicht mehr um den Schwerpunkt dreht, sondern auf einer Kreisbahn mit gleicher Winkelgeschwindigkeit ω umläuft. Da sich die Masse bei jedem Umlauf auch einmal um die eigene Achse (also die Schwerpunktsachse) dreht, bleibt der obige Ausdruck für die Rotationsenergie erhalten, muss aber um die kinetische Energie der Bahnbewegung einer Masse m ergänzt werden:

$$E_{\mathrm{rot}} = \frac{1}{2} J_S \omega^2 + \frac{1}{2} m v^2 \,.$$

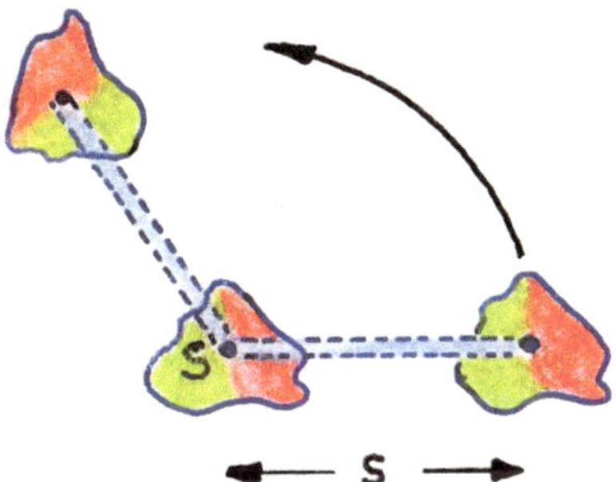

Abb. 1.71 Eine beliebig geformte Masse rotiert um eine senkrecht zur Zeichenebene stehende Schwerpunktsachse. Ihre Rotationsenergie erhöht sich deutlich, wenn man die Masse um eine um die Strecke s parallel verschobene Achse rotieren lässt. Sie erhöht sich um die kinetische Energie der Bahnbewegung

Wegen $v = \omega s$ erhält man:

$$E_{\text{rot}} = \frac{1}{2} J_{\text{S}} \omega^2 + \frac{1}{2} m \omega^2 s^2 = \frac{1}{2} \left(J_{\text{S}} + m s^2 \right) \omega^2 \,.$$

Man kann den Inhalt der runden Klammer als neues Massenträgheitsmoment J_{A} bei Rotation um die verschobene Drehachse A auffassen:

$$\boxed{J_{\text{A}} = J_{\text{S}} + m s^2} \,. \tag{1.88}$$

Diese Gleichung wird **Steinerscher Satz** genannt. Kennt man also das Massenträgheitsmoment J_{S} bei Drehung um eine Schwerpunktsachse, kann man das Massenträgheitsmoment bei Drehung um eine um die Strecke s **dazu parallelverschobene Achse A** berechnen, indem man $m s^2$ addiert. s ist der Verschiebungsbetrag. Die neue Achse A muss wie hier gezeigt nicht unbedingt durch den Körper gehen. Auch eine in der Regel durch die Verschiebung entstehende Unwucht ist für das Massenträgheitsmoment bedeutungslos. **Der Steinersche Satz kann nur von einer Schwerpunktsachse ausgehend angewandt werden.** Eine weitere Verschiebung oder ein Kippen der Drehachse sind nicht möglich.

Beispiel

Der in Abb. 1.72 skizzierte Stahlzylinder mit der Dichte $\rho = 7{,}9\,\text{kg/dm}^3$, mit Radius $R = 12\,\text{cm}$ und mit der Länge $L = 22\,\text{cm}$ rotiert mit der Drehzahl $n = 600\,\text{min}^{-1}$ um seine Symmetrieachse. Um wieviel Prozent verändert sich seine Rotationsenergie, wenn man die vier in der Abbildung gezeigten, symmetrischen, durchgängigen Bohrungen mit Radius $R_{\text{B}} = 2\,\text{cm}$ im Abstand von $s = 8\,\text{cm}$ von der Drehachse einbringt?

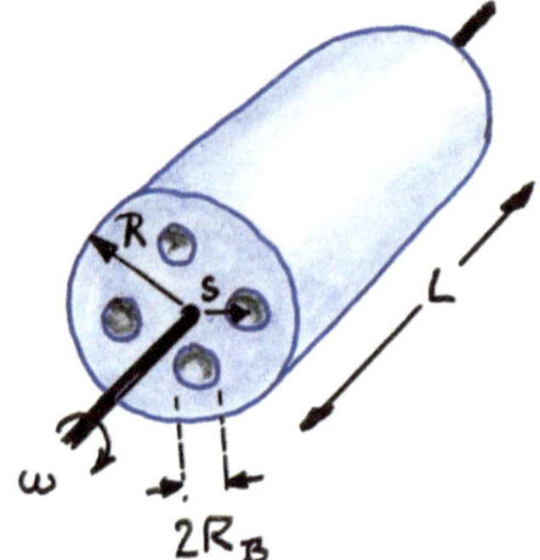

Abb. 1.72 Werden bei einem Vollzylinder vier kreisrunde Bohrungen eingebracht, verringert sich sein Massenträgheitsmoment

Lösung: Zunächst berechnen wir die Rotationsenergie des Zylinders ohne Bohrungen. Sie ist nach Gl. 1.87 gegeben durch:

$$E_{\text{Rot}} = \frac{1}{2}\left(\frac{1}{2}mR^2\right)(2\pi n)^2 = m\,(R\pi n)^2 = \rho\pi R^2 L(R\pi n)^2$$

$$= \rho\pi^3 R^4 n^2 L \quad \text{bzw.} \quad E_{\text{Rot}} = 1{,}12\,\text{kJ}\,.$$

Nun müssen wir quasi die vier Bohrungen „abziehen". Wir berechnen hierzu ihre Massenträgheitsmomente bezüglich der Drehachse. Beginnen wir mit einer einzelnen Bohrung: es dreht sich also ein Stahlzylinder mit Radius $R_{\text{B}} = 2\,\text{cm}$ im Abstand $s = 8\,\text{cm}$ um die Drehachse. Das zugehörige Massenträgheitsmoment J_{B} ist also:

$$J_{\text{B}} = \frac{1}{2}m_{\text{B}}R_{\text{B}}^2 + m_{\text{B}}s^2 = m_{\text{B}}\left(\frac{1}{2}R_{\text{B}}^2 + s^2\right) = \rho\pi R_{\text{B}}^2 L\left(\frac{1}{2}R_{\text{B}}^2 + s^2\right)\,.$$

Die Änderung der Rotationsenergie durch die vier Bohrungen beträgt also:

$$\Delta E_{\text{Rot}} = 4\left(\frac{1}{2}J_{\text{B}}\omega^2\right) = 2\rho\pi R_{\text{B}}^2 L\left(\frac{1}{2}R_{\text{B}}^2 + s^2\right)(2\pi n)^2$$

$$= 8\rho\pi^3 R_{\text{B}}^2 n^2 L\left(\frac{1}{2}R_{\text{B}}^2 + s^2\right) \quad \text{bzw.} \quad \Delta E_{\text{Rot}} = 114\,\text{J}\,.$$

Die Rotationsenergie verringert sich also nur um 10,2%.

Ausgangspunkt unserer Überlegungen war die Rotationsenergie. Mit ihrer Hilfe lassen sich schwierig erscheinende Aufgaben oft erstaunlich leicht lösen. So etwa folgendes Beispiel:

Beispiel

Der skizzierte Vollzylinder (Abb. 1.73) mit Radius $R = 6\,\text{cm}$ und Masse $M = 1{,}58\,\text{kg}$ wird durch die Gewichtskraft einer kleinen Masse $m = 200\,\text{g}$ in Drehung versetzt.

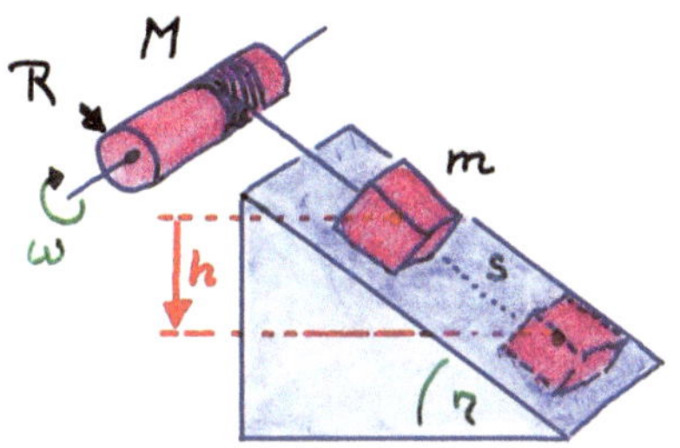

Abb. 1.73 Eine auf einer schiefen Ebene rutschende Masse m versetzt über ein Seil einen massiven Vollzylinder mit der Masse M und mit dem Radius R in Drehung

Welche Drehzahl n erreicht der Zylinder, wenn die Masse m aus der Ruhe heraus eine Höhe von $h = 1{,}34\,\text{m}$ die schiefe Ebene mit Neigungswinkel $\eta = 48°$ hinabgerutscht ist? Zwischen der Masse m und der schiefen Ebene soll ein Gleitreibungskoeffizient $\mu_\text{G} = 0{,}45$ wirken. Lagerreibung und Luftwiderstand sollen vernachlässigt werden, ebenso die Masse des Fadens.

Lösung: Als Energievorrat für die gesamte Bewegung steht die potentielle Energie $E_\text{pot} = mgh$ zur Verfügung, sofern man den Nullpunkt der potentiellen Energie auf Höhe der unteren Endposition der Masse m legt. Sie wird in Rotationsenergie E_rot des Vollzylinders, in kinetische Energie der Masse m und in Reibungsarbeit umgewandelt. Somit gilt nach dem Energieerhaltungssatz:

$$mgh = \frac{1}{2}\left(\frac{1}{2}MR^2\right)\omega^2 + \frac{1}{2}mv^2 + \mu_\text{G}mgs \cdot \cos\eta\,.$$

$MR^2/2$ ist das Massenträgheitsmoment des Vollzylinders und $mg \cdot \cos\eta$ die Normalkraft der Masse m. Die Winkelgeschwindigkeit des Zylinders und die Geschwindigkeit v der Masse m sind nicht unabhängig voneinander, es gilt vielmehr $v = \omega R$. Zwischen der zurückgelegten Strecke s auf der schiefen Ebene und der Höhe h besteht der Zusammenhang $h = s \cdot \sin\eta$, so dass wir schreiben können:

$$mgh = \frac{1}{2}\left(\frac{1}{2}MR^2\right)\omega^2 + \frac{1}{2}m\omega^2R^2 + \mu_\text{G}mgh \cdot \frac{\cos\eta}{\sin\eta}\,.$$

Hier kann man die Winkelgeschwindigkeit freistellen und erhält mit $n = \omega/2\pi$ für die Drehzahl n:

$$n = \sqrt{\frac{mgh\,(1 - \mu_\text{G} \cdot \cot\eta)}{\pi^2\,(M + 2m)\,R^2}} \quad \text{bzw.} \quad n = 4{,}71\frac{1}{\text{s}}\,.$$

1.5.6 Moment mal: was ist die Ursache einer Winkelbeschleunigung?

Wie bei der geradlinigen Bewegung muss auch bei der Kreisbewegung die Beschleunigung eine Ursache haben. Natürlich spielen Kräfte eine Rolle, jedoch wird man

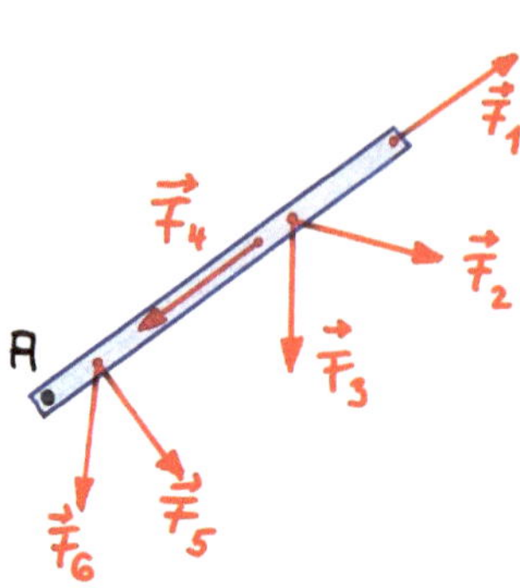

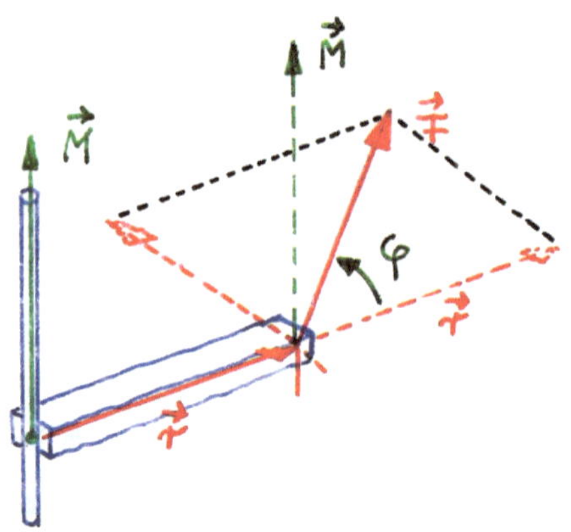

Abb. 1.74 Die Kräfte $\vec{F}_1$ bis $\vec{F}_6$ verursachen unterschiedliche Drehmomente, abhängig von ihrem Angriffspunkt und von ihrer Wirkrichtung

Abb. 1.75 Das Drehmoment $\vec{M}$ ist gegeben durch das Vektorprodukt aus dem Hebelarm $\vec{r}$ und der Kraft $\vec{F}$. Der Vektor $\vec{M}$ steht somit senkrecht auf $\vec{r}$ und $\vec{F}$. Ist der Körper frei beweglich, dreht er sich um eine Achse, die in Richtung des Vektors $\vec{M}$ zeigt

schnell merken, dass die Kraft allein die resultierende Beschleunigung nicht bestimmt. In Abb. 1.74 sind verschiedene Kräfte $\vec{F}_1$ bis $\vec{F}_6$ eingezeichnet, deren Beträge gleich sind und die an unterschiedlichen Stellen und in unterschiedliche Richtungen an einem Hebelarm angreifen, der wiederum an einer Achse A befestigt ist. Wie man leicht einsieht, bewirken die Kräfte $\vec{F}_1$ und $\vec{F}_4$ (jede für sich allein) keine Drehung. Es gilt das dritte Newtonsche Axiom: die Kräfte ziehen an bzw. drücken auf die Achse und diese liefert die gleich große Gegenkraft. Alles bleibt in Ruhe. Die Kräfte $\vec{F}_2$ und $\vec{F}_3$ haben hinsichtlich einer Winkelbeschleunigung die gleiche Wirkung, führen also zur gleichen Winkelbeschleunigung, obwohl sie in unterschiedliche Richtungen zeigen. Die Kraft $\vec{F}_5$ bewirkt eine relativ geringe Winkelbeschleunigung; $\vec{F}_6$ eine noch geringere, obwohl die Kraft am gleichen Punkt angreift wie $\vec{F}_5$. Wir stellen also fest: bei der Winkelbeschleunigung spielt neben dem Betrag und der Richtung der Kraft auch noch der Angriffspunkt eine Rolle. Beschrieben wird dies durch das **Drehmoment $\vec{M}$**:

$$\boxed{\vec{M} = \vec{r} \times \vec{F}}. \tag{1.89}$$

Sein Betrag ist gegeben durch $\left|\vec{M}\right| = \left|\vec{r}\right| \cdot \left|\vec{F}\right| \cdot \sin\varphi$, wobei φ der Winkel zwischen den Vektoren $\vec{r}$ und $\vec{F}$ ist (Abb. 1.75). Am wirkungsvollsten ist die Kraft also dann, wenn sie unter einem Winkel von 90° zum Hebelarm angreift. Bei betragsmäßig gleicher Kraft und gleichem Winkel ist das Drehmoment größer, wenn der Hebelarm $\left|\vec{r}\right|$ groß ist.

Wie die Abb. 1.75 zeigt, steht der Vektor $\vec{M}$ senkrecht auf $\vec{r}$ und $\vec{F}$ und zeigt damit wie die Beschleunigung $\vec{\alpha}$ in die gleiche Richtung wie die Drehachse. Es gilt das folgende

Grundgesetz:

$$\boxed{\vec{M} = J\vec{\alpha}}\,. \tag{1.90}$$

Es ist gleichbedeutend mit dem zweiten Newtonschen Axiom. Das Massenträgheitsmoment J gewinnt hier erst eine richtig anschauliche Bedeutung: es bestimmt, welche Beschleunigung bei einem bestimmten Drehmoment $\vec{M}$ zustande kommt. Es ist so etwas wie die träge Masse der Drehbewegung und wird deshalb auch **Drehmasse** genannt. Ein hohes Massenträgheitsmoment bedeutet, dass sich bei gegebenem Drehmoment nur eine geringere Winkelbeschleunigung erzielen lässt als bei einem geringen Massenträgheitsmoment.

Beispiel

Wir wollen das obige Beispiel der Abb. 1.73 nochmals unter Verwendung des Drehmoments lösen. Hierzu überlegen wir uns die am Seil wirkende Kraft. Sie setzt sich zusammen aus der Hangabtriebskraft abzüglich der Gleitreibungskraft:

$$F = mg \sin\eta - \mu_{\mathrm{G}} mg \cos\eta\,.$$

Das Drehmoment lässt sich hier leicht berechnen, denn beim abrollenden Seil am Zylinder greift die Kraft stets senkrecht zum Hebelarm an. Man kann also betragsmäßig schreiben:

$$M = Rmg \sin\eta - R\mu_{\mathrm{G}} mg \cos\eta = J\alpha\,.$$

Stellt sich nun die Frage, wie groß das Massenträgheitsmoment J ist. Man möchte meinen, es sei durch das Massenträgheitsmoment des Vollzylinders gegeben, also durch $MR^2/2$. Das ist aber nur ein Teil der Wahrheit. Denn wenn wir das Problem über eine Drehbewegung formulieren, müssen wir auch die Drehung der Masse m einbeziehen. Sie dreht gar nicht, meinen Sie? Doch, sie dreht und zwar auch dann, wenn sie sich nur auf der in Abb. 1.73 gepunkteten Geraden bewegt. Käme sie aus dem negativ Unendlichen und würde ins positiv Unendliche verschwinden, dann hätte sie bzgl. der Drehachse einen 180°-Winkel beschrieben. Der kürzeste Abstand zur Drehachse ist R. Wir fassen die Masse als Punktmasse auf und schreiben ihr damit das Massenträgheitsmoment mR^2 zu, so dass wir das gesamte Massenträgheitsmoment wie folgt formulieren können:

$$J = \frac{1}{2}MR^2 + mR^2\,.$$

Damit lautet die Grundgleichung $\vec{M} = J\vec{\alpha}$ der Drehbewegung:

$$\left(\frac{1}{2}MR^2 + mR^2\right)\alpha = Rmg \sin\eta - R\mu_{\mathrm{G}} mg \cos\eta\,.$$

Für α erhalten wir also:

$$\alpha = 2mg\,\frac{\sin\eta - \mu_{\mathrm{G}} \cos\eta}{MR + 2mR}\,.$$

Senkt sich die Masse m um die Höhe h ab, wird der Weg s zurückgelegt, wobei $h = s \cdot \sin \eta$ galt. Der dementsprechende Drehwinkel φ des Zylinders ist

$$s = \varphi R = \frac{h}{\sin \eta} \quad \text{bzw.} \quad \varphi = \frac{h}{R \sin \eta} \, .$$

Mit $\omega = \sqrt{2\alpha\varphi}$ und $n = \omega/2\pi$ erhalten wir also wie oben insgesamt:

$$n = \frac{\sqrt{2\alpha\varphi}}{2\pi} = \sqrt{\frac{4mg\,(\sin \eta - \mu_{\mathrm{G}} \cdot \cos \eta) \cdot h}{4\pi^2\,(M + 2m)\,R^2 \sin \eta}}$$

$$= \sqrt{\frac{mgh\,(1 - \mu_{\mathrm{G}} \cdot \cot \eta)}{\pi^2\,(M + 2\,\mathrm{m})\,R^2}} \quad \text{bzw.} \quad n = 4{,}71\frac{1}{\mathrm{s}} \, .$$

1.5.7   Wenn es sich nicht bewegen soll: die Probleme mit der Statik

Statisch bedeutet, dass sich nichts bewegt. Bauingenieure sprechen bei Gebäuden von Statik und meinen damit natürlich, dass bei einem Gebäude relativ zur Erde alles in Ruhe bleibt. Tut es das nicht, stürzt das Gebäude wohl ein. Physikalisch gesehen ist das allerdings zu hinterfragen, denn die zahlreichen, nicht einstürzenden Gebäude dieser Erde befinden sich gar nicht im Zustand der Ruhe, denn die Erde rotiert um die eigene Achse und außerdem noch um die Sonne. Sie ist also **kein Inertialsystem**.

Es dürfte auf der Erde also gar nichts Statisches geben. Alle uns umgebenden Gegenstände, Gebäude, ja sogar die Lufthülle rotieren um die Erdachse. Sie fliegen nicht tangential ins Weltall, weil es die Schwerkraft gibt. Sie ist sehr viel größer als die nötige Zentripetalkraft. Da sich unsere ganze Umgebung dreht, hat es den Anschein, dass die Gebäude bewegungslos auf der Erde stehen. Es sieht also so aus, als könnte man innerhalb gewisser Grenzen die Erde doch zumindest näherungsweise als Inertialsystem betrachten. Statisch würde in diesem Fall bedeuten, dass es keine Beschleunigungen **relativ zur Erde** gibt: keine Beschleunigung a und keine Winkelbeschleunigung α. Das hat zur Folge, dass sich alle **Kräfte und alle Drehmomente zu Null addieren** müssen. Nach dem ersten Newtonschen Axiom befindet sich das System dann in Ruhe oder im Zustand der gleichförmig geradlinigen Bewegung. Stürzt ein Haus also in Ruhe nicht ein, dann fällt es auch nicht in sich zusammen, wenn man es mitsamt seiner Unterlage geradlinig mit konstanter Geschwindigkeit geradeaus bewegt. Das **statische Gleichgewicht** lässt sich mit zwei einfachen Gleichungen beschreiben:

$$\boxed{\sum_{i=1}^{n} \vec{F}_i = \vec{0} \quad \text{und} \quad \sum_{j=1}^{m} \vec{M}_j = \vec{0}} \, . \tag{1.91}$$

Damit keine Beschleunigung auftreten kann, muss die Summe aller Kräfte den Nullvektor ergeben; damit keine Winkelbeschleunigung auftritt, muss die Summe aller Drehmomen-

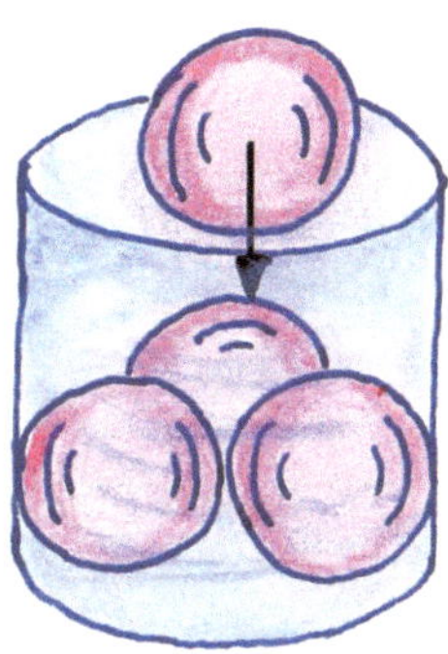

Abb. 1.76 Drei gleich große Kugeln der Masse m werden in ein Glas gelegt. Sie passen gerade eben hinein und berühren sich gegenseitig, den Boden sowie die Wandung. Schließlich wird noch eine weitere, identische Kugel auf die drei gelegt

te den Nullvektor ergeben. Man beachte, dass diese Gleichungen nicht bedeuten, dass ein Körper ruht. Er kann sich mit konstanter Geschwindigkeit geradeaus bewegen oder mit konstanter Winkelgeschwindigkeit drehen. Außerdem müssen sich die Drehmomente bezüglich **sämtlicher denkbarer Drehachsen** zu Null addieren.

Beispiel

In einem Trinkglas liegen am Boden drei gleich große Kugeln der Masse $m = 260\,\text{g}$. Sie sind gerade so groß, dass sie alle drei auf dem Boden aufliegen, sich untereinander und die Glaswand berühren. Dann legt man eine weitere, gleiche Kugel in der Mitte auf die drei unteren Kugeln (Abb. 1.76). Welche Kräfte wirken auf die Glaswand und auf den Boden?

Lösung: Die Kugelmittelpunkte bilden ein **reguläres Tetraeder**. Dies ist ein **Polyeder** mit vier Ecken und gleich langen Seiten. Es ist dann von vier gleichseitigen Dreiecken begrenzt (Abb. 1.77). In unserem Fall benötigen wir vor allem den Winkel η. Nach Abb. 1.77 gilt

$$s = \frac{a}{2 \cdot \cos(30°)} = \frac{a}{\sqrt{3}}.$$
(1.92)

Für den Winkel η gilt mit Gl. 1.92

$$\sin(\eta) = \frac{s}{a} = \frac{1}{\sqrt{3}}.$$

Das ergibt einen Winkel $\eta = 35{,}26°$. Er ist bei allen regulären Tetraedern gleich.

Die Gewichtskraft mg der oberen Kugel muss durch die drei unteren Kugeln getragen werden. Hier kommt die Statik ins Spiel: damit alles in Ruhe bleibt, müssen sich die Kräfte zu Null addieren. Es müssen sich also die drei Kräfte $\vec{F}_1$, $\vec{F}_2$ und $\vec{F}_3$ (Abb. 1.78) so addieren, dass sie dem Betrage nach mg ergeben. Die Kräfte wirken dabei längs der Schenkel des Tetraeders. Ihre Richtung bildet mit der Senkrechten den Winkel η. Die senkrechten Komponenten der drei Kraftvektoren müssen zusammen mg

Abb. 1.77 Ein reguläres Tetraeder wird von vier gleichen,
gleichseitigen Dreiecksflächen
gebildet. Der Winkel η, den
die Höhe h mit den drei Seiten
bildet, ist 35,26°

Abb. 1.78 Die Gewichtskraft
mg der oberen Kugeln wird
von den unteren Kugeln je
zu einem Drittel getragen.
Da die Kräfte nur längs der
Verbindungslinie der Kugelmittelpunkte wirken können,
müssen die drei nach oben
zeigenden Kräfte vektoriell
als Betrag mg ergeben. Der
Winkel zur Senkrechten ist
$\eta = 35{,}26°$

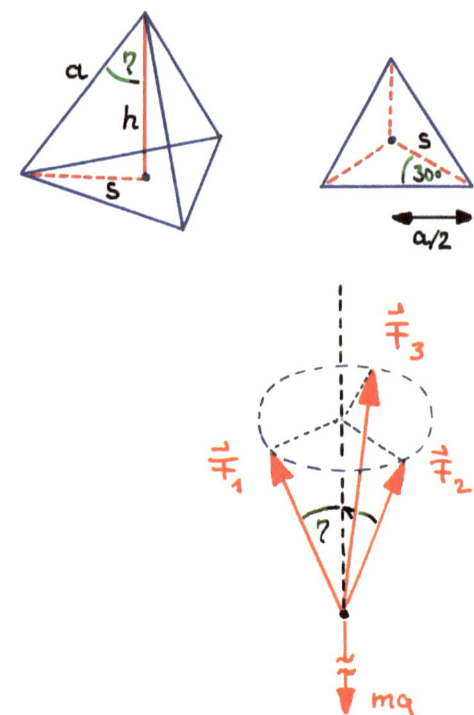

ergeben. Jede Einzelkomponente ist also $F_\perp = mg/3 = 0{,}850\,\mathrm{N}$. Für die horizontalen
Kraftkomponenten gilt:

$$F_\parallel = \frac{mg}{3}\tan(\eta) \quad \text{bzw.} \quad F_\parallel = 0{,}601\,\mathrm{N}\,.$$

Diese beiden Kraftkomponenten werden an die jeweils unteren Kugeln weitergegeben.
Die Mittelpunkte der unteren Kugeln liegen auf den Wirklinien der Kräfte. Die Kugeln
geben die Kraftkomponenten an Boden bzw. Wandung weiter. Hinzu kommt jeweils
noch die senkrecht nach unten wirkende Gewichtskraft. Die senkrecht zur Wandung
wirkende Kraft entspricht also $F_\parallel$:

$$F_{\mathrm{Wand}} = \frac{mg}{3}\tan(\eta) = 0{,}601\,\mathrm{N}\,.$$

Die senkrecht zum Boden wirkende Kraft ist

$$F_{\mathrm{Boden}} = \frac{4}{3}mg = 3{,}40\,\mathrm{N}\,.$$

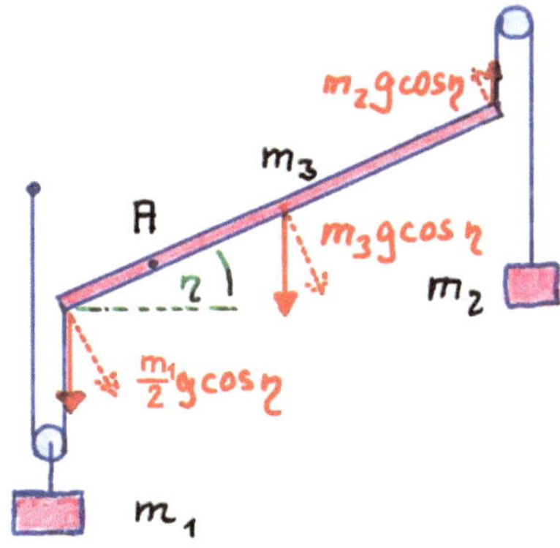

Abb. 1.79 Eine Drehachse A teilt einen Balken im Verhältnis 1 : 4. An den Enden greifen jeweils die Gewichtskräfte von Massen an, wobei die Gewichtskraft *links* über einen Flaschenzug wirkt

---

Beispiel

An einem um die Achse A reibungsfrei drehbar gelagerten Balken der Masse $m_3 = 2\,\mathrm{kg}$ sind wie skizziert (Abb. 1.79) zwei Massen m_1 und $m_2 = 0{,}5\,\mathrm{kg}$ an Seilen vernachlässigbarer Masse befestigt. Die Seilführung der Masse m_1 entspricht der eines Flaschenzugs. Die Reibung an den Rollen ist vernachlässigbar. Die Achse teilt den Balken der Länge L im Verhältnis 1 : 4. Wie groß muss m_1 gewählt werden, damit die Anordnung im Gleichgewicht ist?

Lösung: Am Balken greifen die in Abb. 1.79 rot eingezeichneten Kräfte an. Für das Drehmoment relevant ist jeweils nur die senkrecht zum Balken wirkende Komponente der Kräfte. Nimmt man es als positive Drehrichtung an, wenn sich der Winkel η erhöht, dann lautet die Drehmomentgleichung für das Gleichgewicht:

$$\frac{4}{5} L m_2 g \cos \eta + \frac{1}{5} L \frac{m_1}{2} g \cos \eta - \frac{1{,}5}{5} L m_3 g \cos \eta = 0 \,.$$

Wir sehen, dass das Ergebnis nicht von L, g und dem Winkel η abhängt, denn diese Größen lassen sich kürzen. Es bleibt:

$$8 m_2 + m_1 - 3 m_3 = 0 \,,$$

bzw.

$$m_1 = 3 m_3 - 8 m_2 = 2\,\mathrm{kg} \,.$$

1.5.8   Auch ein Sekundenzeiger arbeitet und leistet etwas

Wir wenden uns nun wieder der Bewegung zu. Wir stellen uns vor, mit der Kurbel in Abb. 1.80 wird eine Masse angehoben. Man muss eine Kraft aufwenden und damit unter Berücksichtigung des Hebelarmes ein Drehmoment erzeugen. Natürlich fließt nur der

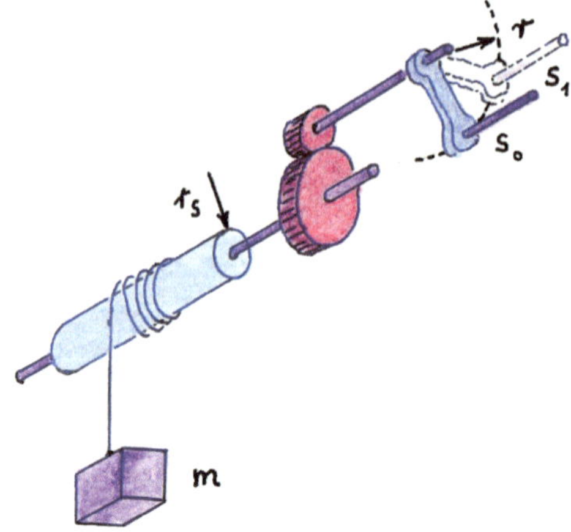

Abb. 1.80 Mittels einer Handkurbel wird eine Masse m mit einem Seil angehoben

Anteil der Kraft wirksam in eine Drehbewegung ein, der tangential zur Kreisbahn wirkt. Dann kann die zu leistende **Arbeit** analog zu Abschn. 1.3.1 formuliert werden:

$$W = \int_{s_0}^{s_1} F_{\tan} \mathrm{d}s \,.$$

Das lässt sich mit $M = F_{\tan} r$, $\mathrm{d}s = r\mathrm{d}\varphi$ und $\varphi_0 = s_0/r$ bzw. $\varphi_1 = s_1/r$ umformen in:

$$\boxed{W = \int_{\varphi_0}^{\varphi_1} M \mathrm{d}\varphi} \,. \tag{1.93}$$

Im Falle eines über den Drehwinkel konstanten Drehmoments würde sich die Arbeit als Produkt aus Drehmoment und Drehwinkel ergeben. Anstelle der bekannten Schulformel „Arbeit ist Kraft mal Weg" würde man bei der Drehbewegung also schreiben: „Arbeit ist Drehmoment mal Drehwinkel".

Beispiel

Welche Arbeit wäre zu leisten, wenn man in der Anordnung der Abb. 1.80 an der Kurbel fünf Umdrehungen macht und damit die Masse $m = 25\,\mathrm{kg}$ über die Zahnräder mit Übersetzungsverhältnis 1 : 2 anhebt? Der Radius der Kurbel ist $r = 15\,\mathrm{cm}$, das Seil wird auf eine Spule mit Radius $r_S = 5\,\mathrm{cm}$ aufgewickelt.

Lösung: Wegen des Übersetzungsverhältnisses von 1 : 2 und wegen des Verhältnisses $r/r_S = 3$ ist die an der Kurbel aufzuwendende Kraft sechsmal geringer als die Gewichtskraft am Seil. Umgekehrt ist natürlich die mit dem Handgriff der Kurbel zurückgelegte Bogenlänge sechsmal so groß wie die Hubhöhe der Masse. Die an der

Kurbel tangential anzulegende Kraft ist $mg/6$, so dass man für fünf Umdrehungen schreiben kann:

$$W = \frac{mgr}{6} (10\pi) \quad \text{bzw.} \quad W = 193\,\text{J}.$$

Diese Arbeit entspricht übrigens der Hubarbeit der Masse m. Wird an der Kurbel fünfmal gedreht, macht die Spindel mit dem Seil wegen des Übersetzungsverhältnisses nur $5/2$ Umdrehungen. Das entspricht einem Drehwinkel von 5π und einer zurückgelegten Bogenlänge von $5\pi r_S$, die der Hubhöhe h entspricht.

Dreht man die Kurbel in Abb. 1.80 in dem kleinen Zeitabschnitt Δt unter Aufwendung des Drehmoments M um einen kleinen Winkel $\Delta\varphi$, wird die Arbeit $\Delta W = M\Delta\varphi$ verrichtet. Bezieht man diese Arbeit auf die dafür benötigte Zeit Δt, erhält man

$$\frac{\Delta W}{\Delta t} = M \frac{\Delta\varphi}{\Delta t}\,.$$

Im Grenzübergang $\Delta t \to \infty$ erhält man daraus die **Momentanleistung** $P(t)$:

$$\boxed{P\,(t) = M \frac{\mathrm{d}\varphi}{\mathrm{d}t} = M\omega}\,. \tag{1.94}$$

Die **Momentanleistung** ist also das **Produkt aus Drehmoment und Winkelgeschwindigkeit**.

Beispiel

Ein Motor hebt über einen vierfachen Flaschenzug Abb. 1.81 eine Masse $m = 1300\,\text{kg}$ mit konstanter Geschwindigkeit an. Die beiden Zahnräder haben die Radien $r_1 = 4\,\text{cm}$ und $r_2 = 20\,\text{cm}$, die Spule, auf die das Seil aufgewickelt wird, hat den Radius $r_S = 0{,}5\,\text{cm}$. Welche Leistung müsste der Motor bei einer Drehzahl von 100 Umdrehungen pro Minute haben?

Lösung: Wegen des vierfachen Flaschenzugs wirkt im Seil die Kraft $mg/4$. Da die Spule den Radius r_S hat, ist das zum Aufwickeln nötige Drehmoment $mgr_S/4$. Das Getriebe wandelt das Drehmoment im Verhältnis $r_1 : r_2 = 1 : 5$, so dass am Motor das Drehmoment

$$M = \frac{mgr_S}{4} \cdot \frac{r_1}{r_2}$$

nötig ist. Die Winkelgeschwindigkeit des Motors ist $\omega = 2\pi n$, so dass die Leistung des Motors gegeben ist durch:

$$P = \frac{mgr_S}{4} \cdot \frac{r_1}{r_2} \cdot 2\pi n = \frac{\pi n mgr_S r_1}{2r_2} \quad \text{bzw.} \quad P = 33{,}4\,\text{W}.$$

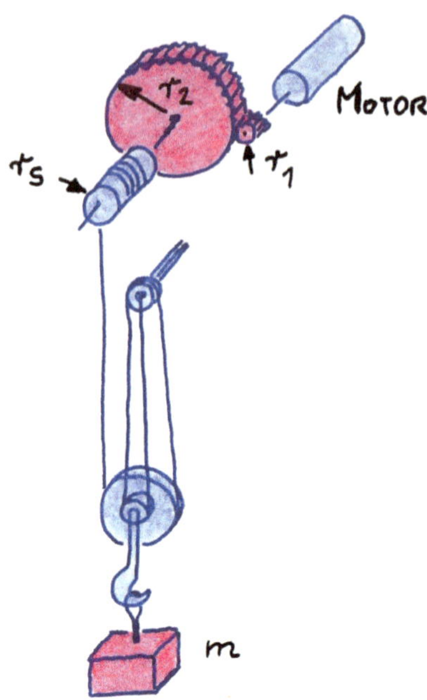

Abb. 1.81 Über einen vierfachen Flaschenzug und ein Zahnradgetriebe hebt ein Motor eine Masse m an

1.5.9 Etwas bleibt auch bei der Drehung immer erhalten!

Viele Größen bei der Drehbewegung hatten eine Entsprechung bei der geradlinigen Bewegung. So entsprach etwa die Winkelgeschwindigkeit der Geschwindigkeit, die Winkelbeschleunigung der Beschleunigung oder das Drehmoment der Kraft. Aber was ist mit dem Impuls? Auch er hat eine Entsprechung bei der Drehbewegung: den **Drehimpuls**. Betrachten wir zunächst eine kleine Punktmasse m auf einer **Kreisbahn um den Ursprung** (Abb. 1.82). Der zeitabhängige Ortsvektor zur Masse ist $\vec{r}$ und ihre ebenfalls zeitabhängige Bahngeschwindigkeit ist $\vec{v}$. Der **Drehimpuls** der Masse m ist definiert als

$$\boxed{\vec{L} = \vec{r} \times m\vec{v} = \vec{r} \times \vec{p}}.\tag{1.95}$$

Da stets $\vec{r} \perp \vec{v}$ gilt und sowohl $|\vec{r}|$ als auch $|\vec{v}|$ konstant sind, ist auch $|\vec{L}|$ konstant und zeigt in Richtung der z-Achse. Es lässt sich aus Gl. 1.95 ein Zusammenhang zum Drehmoment herstellen, indem man nach der Zeit differenziert:

$$\frac{\mathrm{d}\vec{L}}{\mathrm{d}t} = \frac{\mathrm{d}\vec{r}}{\mathrm{d}t} \times \vec{p} + \vec{r} \times \frac{\mathrm{d}\vec{p}}{\mathrm{d}t} = \vec{v} \times m\vec{v} + \vec{r} \times \vec{F}.$$

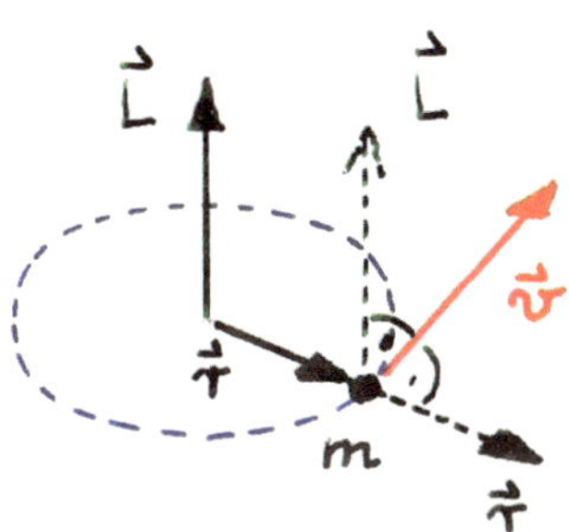

Abb. 1.82 Der Drehimpulsvektor für eine auf einer Kreisbahn rotierenden Punktmasse zeigt in Richtung der Drehachse

Da das Kreuzprodukt gleicher Vektoren stets der Nullvektor ist (also $\vec{v} \times \vec{v} = \vec{0}$), bleibt nur:

$$\boxed{\frac{\mathrm{d}\vec{L}}{\mathrm{d}t} = \vec{r} \times \vec{F} = \vec{M}} \,. \tag{1.96}$$

Das bedeutet: wirkt kein Drehmoment auf die Masse, ist die zeitliche Änderung des Drehimpulses Null. Wir wollen nun den Drehimpuls eines ausgedehnten, starren Körpers betrachten. Im ersten Schritt betrachten wir eine dünne Scheibe, die um eine senkrecht dazu stehende Achse rotiert (Abb. 1.83). Der Drehimpuls kann dann als Summe der einzelnen Drehimpulse kleiner Massenelemente Δm_i berechnet werden. Es gilt dann unter Verwendung von Gl. 1.95 mit $\vec{v}_i = \vec{\omega} \times \vec{r}_i$:

$$\vec{L} = \sum_{i=1}^{n} \vec{r}_i \times \Delta m_i \left(\vec{\omega} \times \vec{r}_i \right) \,.$$

Unter Verwendung des Entwicklungssatzes der Vektorrechnung wird hieraus:

$$\vec{L} = \sum_{i=1}^{n} \Delta m_i \left(\vec{\omega} \left(\vec{r}_i \vec{r}_i \right) - \vec{r}_i \left(\vec{r}_i \vec{\omega} \right) \right) \,. \tag{1.97}$$

Da bei der Scheibe stets $\vec{r}_i \perp \vec{\omega}_i$ gilt, ist der zweite Summand innerhalb der Summe jeweils der Nullvektor und es bleibt:

$$\vec{L} = \sum_{i=1}^{n} \Delta m_i r_i^2 \vec{\omega} \quad \text{bzw.} \quad \vec{L} = J\vec{\omega} \,. \tag{1.98}$$

Der **Drehimpulsvektor einer rotierenden Scheibe** liegt also wie der Vektor der Winkelgeschwindigkeit in der Drehachse.

Nun wollen wir einen räumlichen Körper betrachten. Wir können ihn uns aus lauter Scheiben wie in Abb. 1.83 zusammengesetzt denken. Die Abb. 1.84 zeigt einen Schnitt durch den Körper, der die Drehachse beinhaltet. Das Kreuzprodukt des Ortsvektors $\vec{r}_i$ zum Massenelement Δm_i mit dem Vektor der Bahngeschwindigkeit $\vec{v}_i$ zeigt jetzt nicht mehr in

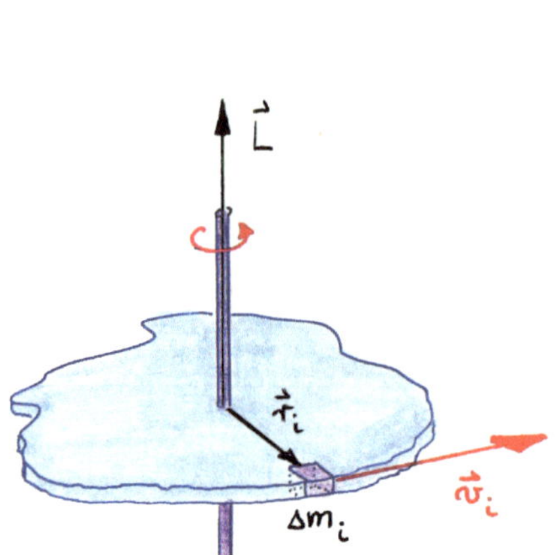

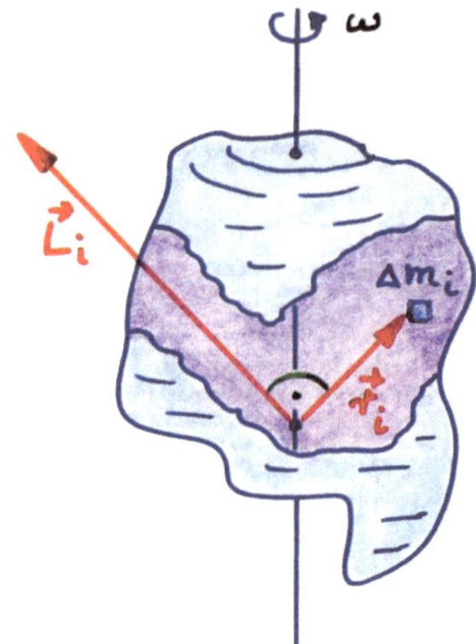

Abb. 1.83 Auch der Drehimpulsvektor einer flachen, unregelmäßig geformten, um eine senkrecht zur Fläche stehenden Achse rotierenden Kreisscheibe zeigt in Richtung der Drehachse

Abb. 1.84 Der Gesamtdrehimpulsvektor eines um eine beliebige Achse rotierenden Körpers zeigt im Allgemeinen nicht in Richtung der Drehachse. Das kommt daher, dass sich bei unsymmetrisch verteilter Masse die Komponenten von L_i, die in einer Ebene senkrecht zur Drehachse liegen, nicht mehr paarweise aufheben

Richtung der Drehachse und damit nicht mehr in Richtung von $\vec{\omega}$. Die Summe in Gl. 1.97 ist damit nicht mehr einfach ausführbar und das Ergebnis wird im Allgemeinen dazu führen, dass $\vec{L}$ und $\vec{\omega}$ nicht mehr parallel zueinander sind. $\vec{L}$ zeigt also im Allgemeinen nicht mehr in Richtung der Drehachse. Vielmehr ist der Drehimpulsvektor auch zeitlich nicht mehr konstant, sondern er **läuft auf einem Kreiskegel um die Drehachse**.

Wir können nur dann ein stabiles, konstantes $\vec{L}$ angeben, wenn es sich um einen **Körper mit Symmetrie** handelt. Dann heben sich die Komponenten des Drehimpulsvektors senkrecht zur Drehachse für paarweise gegenüberliegende Massenelemente gegenseitig auf und es bleibt bei dem Ergebnis der Gl. 1.98:

$$\boxed{\vec{L} = J\vec{\omega}}\,. \tag{1.99}$$

Es ist dies der Drehimpuls eines **symmetrischen starren Körpers** mit **Massenträgheitsmoment J**.

Der Zusammenhang mit dem Drehmoment aus Gl. 1.96 bleibt in jedem Fall erhalten. Bei unsymmetrischen Körpern bedeutet das, dass ein Drehmoment wirken muss, da $\vec{L}$ sich zeitlich verändert. Das ist tatsächlich der Fall, an der Drehachse würden Kräfte auftreten, die als **Unwucht** bekannt sind und möglicherweise die Lager beschädigen. Dass das Drehmoment hier nicht zu einer Winkelbeschleunigung führt, liegt daran, dass die Lager ein entsprechendes Gegenmoment liefern.

Gl. 1.96 führt uns zu einem wichtigen Erhaltungssatz, der **Drehimpulserhaltung**:

▶ Der Drehimpuls eines rotierenden Körpers bleibt erhalten, solange von außen
   kein Drehmoment wirkt.

Beispiel

Ein rotationssymmetrischer Körper größeren Ausmaßes ist die Erde. Hier gilt in sehr
guter Näherung Gl. 1.98. Da der Drehimpuls konstant ist, bedeutet eine Erhöhung des
Massenträgheitsmomentes eine Verringerung der Winkelgeschwindigkeit. Man könnte
also auf die (absurde) Idee kommen, den Erdentag dadurch zu verlängern, dass man
das Massenträgheitsmoment erhöht. Dies wiederum wäre denkbar, indem man große
Erdmengen in der Nähe der Drehachse, also am Nord- und am Südpol, ausgräbt und
am Äquator aufschüttet. Natürlich müsste der Aushub so verteilt werden, dass keine
Unwucht entsteht. Welche Erdmasse müsste man wohl ausheben, um den Erdentag um
eine Sekunde zu verlängern?

Lösung: Wir nehmen näherungsweise an, die Erde sei eine massive Kugel mit
Radius R und Masse M und hätte somit das Massenträgheitsmoment $J_E = 2MR^2/5$.
Da der Erdaushub auf oder in unmittelbarer Nähe der Erdachse erfolgt, ist der Beitrag
der ausgehobenen Masse zum Massenträgheitsmoment der Erde gering und kann vernachlässigt werden. Wird diese Masse allerdings zum Äquator gebracht, wird sie weit
von der Drehachse entfernt und liefert damit einen spürbaren Beitrag zum Massenträgheitsmoment. Aufgrund der Drehimpulserhaltung gilt:

$$\frac{2}{5}MR^2\omega_v \approx \left(\frac{2}{5}MR^2 + mR^2\right)\omega_n \, .$$

Dabei sind m die transportierte Masse, ω_v die Winkelgeschwindigkeit der Erde vor und
ω_n nach dem Transport. Wegen $\omega = 2\pi/T$ erhält man

$$\frac{4}{5T_v}MR^2 \approx \left(\frac{2}{5}MR^2 + mR^2\right)\frac{2}{T_n} \, .$$

Nach m aufgelöst, erhalten wir:

$$\frac{4}{5T_v}M - \frac{4}{5T_n}M \approx \frac{2m}{T_n} \, ,$$

$$m \approx \frac{2}{5}M\frac{T_n - T_v}{T_v} \approx 2{,}77 \cdot 10^{19}\,\text{kg} \, .$$

Dabei wurde die Erdmasse $M = 5{,}974 \cdot 10^{24}\,\text{kg}$ verwendet.

Übrigens sinkt bei dieser Aktion die Rotationsenergie der Erde. Eine Berechnung über
den Energiesatz ist schwierig, denn beim Transport der Masse wird Energie frei. Das mag

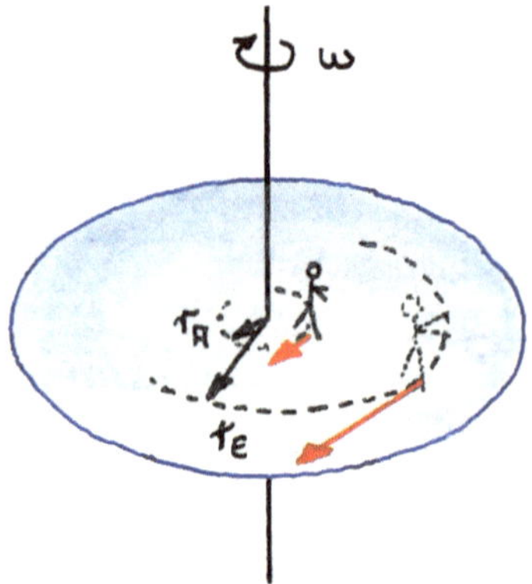

Abb. 1.85 Eine radial von der Drehachse weg nach außen laufende Person muss eine seitliche Kraft überwinden, um relativ zur Scheibe geradeaus zu laufen

verwundern, ist aber verständlich, wenn man bedenkt, dass die Masse m von der Achse entfernt wird. Würde die Masse m auf einer Scheibe liegen, würde sie von selbst nach außen fliegen, sobald man sie etwas von der Drehachse entfernt hat.

1.5.10 Eine weitere Scheinkraft: die Corioliskraft

Angenommen, eine Person steht auf einer großen, ebenen Kreisscheibe, die mit der Winkelgeschwindigkeit ω rotiert (Abb. 1.85). Sie hat zur Drehachse den radialen Abstand r_A. Nun marschiert sie relativ zur Scheibe radial geradlinig nach außen bis sie den Abstand r_E hat. Das scheint zunächst trivial und in der Ausführung sehr einfach zu sein. Bei der Durchführung würde die Person schnell eine seitlich wirkende Kraft spüren. Sie kommt folgendermaßen zustande: beim anfänglichen Abstand r_A zur Drehachse hat die Person eine Bahngeschwindigkeit $v_\mathrm{A} = \omega r_\mathrm{A}$. Am Zielort ist die Bahngeschwindigkeit auf den Wert $v_\mathrm{E} = \omega r_\mathrm{E}$ angestiegen. Da sich die Geschwindigkeit erhöht hat, muss also eine Beschleunigung stattgefunden haben und nach dem zweiten Newtonschen Axiom somit auch eine Kraft gewirkt haben. Diese Kraft wird **Corioliskraft** genannt. Quantitativ ist sie wie folgt berechenbar: wir bewegen eine Masse m in einem mit der Winkelgeschwindigkeit ω rotierenden Bezugssystem geradlinig radial nach außen. Sie behält somit ihre Winkelgeschwindigkeit bei. Allerdings ändert sich ihr Massenträgheitsmoment, denn sie verändert ihren Abstand zur Drehachse. Der Abstand ist eine Funktion der Zeit, also $r(t)$. Somit können wir für das auftretende Drehmoment schreiben:

$$M = \frac{\mathrm{d}L}{\mathrm{d}t} = \frac{\mathrm{d}}{\mathrm{d}t}(J\omega) = \frac{\mathrm{d}}{\mathrm{d}t}\left(m r^2(t)\,\omega\right) = m\omega\frac{\mathrm{d}}{\mathrm{d}t}r^2(t) = 2m\omega r(t)\frac{\mathrm{d}}{\mathrm{d}t}r(t)$$
$$= 2m\omega \cdot r(t) \cdot v_\mathrm{rad}(t)\,. \tag{1.100}$$

Hier wurde beim Differenzieren die Kettenregel verwendet.

Man kann sich nun fragen, wo dieses Drehmoment herkommt. Es ist in jedem Fall nötig, damit die Person relativ zur Scheibe tatsächlich geradeaus geht. Hält sich die Person etwa beim Laufen an einer radial nach außen geführten Stange fest, muss der Antrieb der Scheibe dieses Drehmoment liefern.

Da das Drehmoment als $M = F_C r$ gegeben ist, kann man aus Gl. 1.100 eine Kraft ablesen, die **Corioliskraft**:

$$F_C = 2m\omega v_{\text{rad}}.$$

Sie ist eine Scheinkraft, die dazu führt, dass die Person beim Versuch, geradeaus nach außen zu laufen, abgelenkt wird. Erfolgt die Drehung wie in Abb. 1.85 im Uhrzeigersinn, wird die Person relativ zur Scheibe nach links abgelenkt.

Die Corioliskraft spielt auch auf der Erdkugel eine Rolle, wenngleich sie so klein ist, dass wir sie in der Regel nicht spüren. Einfach zu behandeln ist sie, wenn wir uns exakt auf dem Nord- oder Südpol befinden. Schwieriger wird es, wenn wir uns irgendwo auf der Nord- oder Südhalbkugel bewegen. Hier spielt nämlich nur die Radialkomponente der Geschwindigkeit eine Rolle. Dem wird durch folgende Vektorschreibweise der **Corioliskraft** Rechnung getragen:

$$\boxed{\vec{F}_C = 2m\vec{v} \times \vec{\omega}}. \tag{1.101}$$

Betrachten wir eine Bewegung auf der Nordhalbkugel der Erde in nördliche Richtung. Der Vektor $\vec{\omega}$ zeigt in Richtung der Drehachse und zwar von Süden nach Norden. Unser Vektor $\vec{v}$ der Geschwindigkeit hat eine Komponente in Richtung $\vec{\omega}$ und eine Komponente senkrecht zum Vektor $\vec{\omega}$. Es käme also zu einer Rechtsablenkung bzw. Ablenkung in östliche Richtung. Würde man auf der Südhalbkugel exakt in nördliche Richtung laufen, würde sich dabei der Abstand von der Drehachse erhöhen, wir hätten also eine Geschwindigkeitskomponente radial von der Achse weg. Die Corioliskraft würde folglich nach links bzw. nach Westen zeigen. Auf dem Äquator wären bei einer horizontalen Bewegung in Nord-Süd- oder in Süd-Nordrichtung die Vektoren $\vec{\omega}$ und $\vec{v}$ parallel bzw. antiparallel. Die resultierende Corioliskraft wäre also Null. Bei Bewegung in östliche Richtung würde die Corioliskraft senkrecht von der Erde weg ins Weltall zeigen. Bei Bewegung in westliche Richtung dagegen würde die Corioliskraft zum Erdmittelpunkt hin wirken.

Anders verhält es sich bei einem Wurf nach oben. Bei einer Bewegung vom Erdmittelpunkt weg wirkt die Kraft in Richtung Westen. Das ist auf der Nord- und Südhalbkugel identisch. Zum Nord- und Südpol hin wird die Corioliskraft beim senkrechten Wurf immer schwächer und verschwindet an den Polen gänzlich.

Beispiel

Eine Geschoss wird auf der Nordhalbkugel (Breitengrad 51°) mit einer Mündungsgeschwindigkeit von $v = 800\,\text{m/s}$ in nördliche Richtung abgefeuert. Um wie viel verfehlt es (grob geschätzt) sein Ziel in einer Entfernung von $d = 6{,}7\,\text{km}$?

Lösung: Wir wollen das Ergebnis nur abschätzen, eine genauere Rechnung wäre recht schwierig. Hierzu müsste man die Abbremsung des Geschosses durch den Luftwiderstand genau kennen und berücksichtigen. Wir nehmen eine konstante Geschwindigkeit und vor allem eine exakt geradlinige Bewegung des Geschosses an (in Wirklichkeit fliegt es etwa parabelförmig). Die Corioliskraft wirkt in diesem Fall horizontal in östliche Richtung. Ihr Betrag ist gegeben durch:

$$\left|\vec{F}_C\right| = 2m\left|\vec{v}\right|\left|\vec{\omega}\right|\sin\eta = 2m\left|\vec{v}\right|\frac{2\pi}{T}\sin\eta.$$

Dabei ist η der Breitengrad. Die durch die Corioliskraft verursachte Beschleunigung a_C ist somit:

$$a_C = 2\left|\vec{v}\right|\frac{2\pi}{T}\sin\eta = 0{,}090\,\frac{\mathrm{m}}{\mathrm{s}^2}.$$

Mit dieser Beschleunigung wird das Geschoß nach Osten hin beschleunigt. $T = 86{,}4 \cdot 10^3$ s ist die Umlaufdauer der Erde. Die Flugzeit des Geschosses ist $t_F = d/v = 8{,}4$ s, seine seitliche Ablenkung ist also:

$$s = \frac{1}{2}a_C t_F^2 = 3{,}2\,\mathrm{m}.$$

Die Geschwindigkeitskomponente in Richtung Osten ist

$$v = a_C t_F = 0{,}76\,\frac{\mathrm{m}}{\mathrm{s}}.$$

Übrigens führt diese Geschwindigkeitskomponente ihrerseits wiederum zu einer Corioliskraft, die aber hier vernachlässigt werden soll.

1.5.11 Fluch oder Segen: Unwuchten in der Technik

Lässt man einen unregelmäßig geformten Körper um eine beliebige Drehachse rotieren, dann wird im Allgemeinen eine **Unwucht** auftreten. Das ist in der Technik höchst unerfreulich, da dabei die Lager stark belastet werden und damit vorzeitig verschleißen. Es lassen sich aber bei jedem Körper wenigstens drei Achsen finden, bei denen keine Unwucht auftritt. Würde man den Körper im schwerelosen Raum um diese Achsen rotieren lassen, würde man keine Lager benötigen. Der Körper würde um diese Achsen rotieren und sie würden **richtungsstabil** sein. Diese Achsen werden **freie Achsen** oder **Hauptachsen** genannt. In der Technik strebt man daher stets eine Rotation um freie Achsen an, damit die Lager möglichst wenig belastet werden.

Bei unregelmäßig geformten Körpern ist die Achse, bei der das höchste Massenträgheitsmoment auftritt, eine freie Achse. Ebenso diejenige Achse, bei der das Massenträgheitsmoment minimal ist. Beide stehen **stets senkrecht aufeinander**. Die dritte freie Achse steht senkrecht auf den beiden. Die zu den freien Achsen gehörigen Massenträgheitsmomente werden **Hauptträgheitsmomente** genannt.

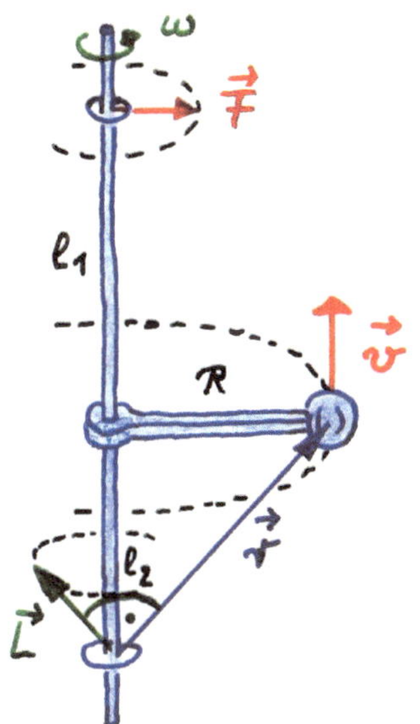

Abb. 1.86 Eine Masse m rotiert an einem Gestänge mit vernachlässigbarer Masse um eine Achse. Der Drehimpulsvektor rotiert dabei auf einem Kreiskegel. Im oberen Lager tritt beispielsweise eine Lagerkraft auf, die stets radial nach außen zeigt. Dieser Kraftvektor, der Drehimpulsvektor, die Drehachse sowie die Masse liegen in einer Ebene

Natürlich gibt es symmetrisch geformte Körper, bei denen zwei oder sogar drei Hauptträgheitsmomente gleich sind. Bei einem Zylinder haben alle zur Symmetrieachse senkrechten **Schwerpunktsachsen** (also Achsen, die durch den Schwerpunkt gehen) das gleiche Massenträgheitsmoment. Bei einer Kugel sind aufgrund der hohen Symmetrie die Massenträgheitsmomente aller Schwerpunktsachsen gleich.

Unwuchten werden in der Technik oft vermieden, manchmal sind sie aber auch erwünscht, um Vibrationen zu erzeugen. Wir wollen die Lagerkräfte für den einfachen und in diesem Hauptkapitel schon oft verwendeten Fall der rotierenden Punktmasse betrachten. Real heißt das, wir betrachten eine Kugel der Masse m, die an einer Stange um eine Achse rotiert (Abb. 1.86). Achse und Stange sollen eine vernachlässigbare Masse haben, so dass wir nur die Kugel (als Massenpunkt) betrachten müssen. Die Zentrifugalkraft $F_Z = m\omega^2 R$ führt bezogen auf das untere Lager zu einem Drehmoment in der Höhe von $M = m\omega^2 R l_2$. Der Drehmomentvektor $\vec{M}$ greift im unteren Lager an und hat die gleiche Richtung wie der Vektor $\vec{v}$. Somit steht er auf der durch m und die Achse gebildeten Ebene senkrecht. Er würde versuchen, die Achse um den unteren Lagerpunkt in Richtung der Masse m zu drehen (Abb. 1.87). Im oberen Lager würde dieses Drehmoment zu einer Kraft $\vec{F}$ führen, die von der Länge $l_1 + l_2$ der Achse bestimmt wird. Mit $M = F \cdot (l_1 + l_2)$ erhalten wir also:

$$F = \frac{m\omega^2 R l_2}{l_1 + l_2}.$$

Diese Kraft rotiert im ruhenden Bezugsystem mit der Winkelgeschwindigkeit ω.

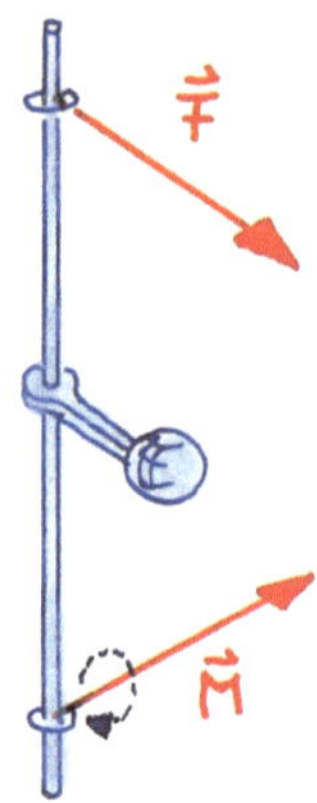

Abb. 1.87 Der Drehmoment-vektor $\vec{M}$ durch das untere Lager bedeutet eine Kraft $\vec{F}$ im oberen Lager

Animation 5

Wir haben uns auf das untere Lager als Koordinatenursprung festgelegt. Damit ist dies auch der Bezugspunkt für den Drehimpuls. Vektoriell ist er gegeben durch $\vec{L} = m\vec{r} \times \vec{v}$ und bildet mit $\vec{r}$ einen rechten Winkel. $\vec{L}$, $\vec{r}$ und die Drehachse liegen stets in einer Ebene. Somit rotiert $\vec{L}$ mit der Winkelgeschwindigkeit und beschreibt einen **Kreiskegelmantel**. Das lässt sich auch durch den Zusammenhang

$$\frac{\mathrm{d}\vec{L}}{\mathrm{d}t} = \vec{M}$$

ableiten. In einem kleinen Zeitabschnitt Δt erfolgt die Änderung $\Delta\vec{L}$ des Drehimpulses $\vec{L}$ genau in Richtung des Drehmoments $\vec{M}$. Nach Abb. 1.86 läuft also die Spitze des Vektors $\vec{L}$ auf einer Kreisbahn um.

Natürlich könnte man auch das obere Lager als Koordinatenursprung definieren und würde damit die Kraft F auf das untere Lager zu

$$F = \frac{m\omega^2 R l_1}{l_1 + l_2}$$

bestimmen.

Abschließend wollen wir uns noch mit dem **Kreisel** beschäftigen. Genaugenommen wollen wir uns nur mit dem **symmetrischen Kreisel** befassen, einem Kreisel, bei dem zwei Hauptträgheitsmomente gleich sind. Die Rotation soll um die dritte Hauptträgheits-achse erfolgen. Gelagert wird der Kreisel an einem Punkt auf der Drehachse (Abb. 1.88).

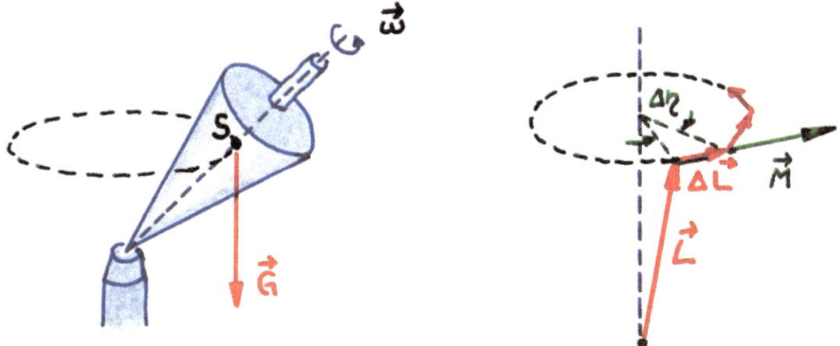

Abb. 1.88 Ein symmetrischer Kreisel rotiert mit der Winkelgeschwindigkeit ω. Durch die Wirkung der Schwerkraft $\vec{G}$ präzessiert er

Lässt man den Kreisel unter dem Einfluss der Schwerkraft rotieren, wirkt bei schräg stehender Drehachse ein Drehmoment, das den Kreisel eigentlich umkippen und aus der Halterung fallen lassen müsste. Das geschieht jedoch nicht. Aufgrund der Drehung besitzt der Kreisel einen Drehimpuls, der in seiner Richtung zunächst stabil ist. Allerdings erzeugt die im Schwerpunkt angreifende Schwerkraft $G = mg$ ein Drehmoment, das senkrecht auf $\vec{r}$ und auf $\vec{G}$ steht ($\vec{r}$ ist der Vektor vom Auflage- zum Schwerpunkt). Dieses sorgt dafür, dass sich der Drehimpuls verändert. Der Drehimpulsvektor zeigt in Richtung der Drehachse. Das Drehmoment erzeugt im kleinen Zeitintervall Δt die Drehimpulsänderung $\Delta \vec{L} = \vec{M}\,\Delta t$, die somit in Richtung des Drehmoments zeigt. Der Drehimpulsvektor läuft also auf einem Kreiskegel um und die Achse – sie ist beweglich – mit ihm.

Für den Winkel $\Delta \eta$, um den sich die Achse des Kreisels in der Zeit Δt dreht, gilt näherungsweise $\sin(\Delta \eta) = \left|\Delta \vec{L}\right| / \left(\left|\vec{L}\right| \cdot \sin \delta\right) \approx \Delta \eta$, so dass wir schreiben können:

$$\frac{\Delta \eta}{\Delta t} = \frac{\left|\Delta \vec{L}\right|}{\Delta t \left|\vec{L}\right| \cdot \sin \delta} .$$

δ ist der Neigungswinkel der Achse. $\frac{\Delta \eta}{\Delta t}$ stellt eine Winkelgeschwindigkeit dar und kann als Differentialquotient geschrieben werden:

$$\Omega = \lim_{\Delta t \to 0} \frac{\Delta \eta}{\Delta t} = \lim_{\Delta t \to 0} \frac{\left|\Delta \vec{L}\right|}{\Delta t} \cdot \frac{1}{\left|\vec{L}\right| \cdot \sin \delta}$$

$$= \left|\frac{\mathrm{d}\vec{L}}{\mathrm{d}t}\right| \cdot \frac{1}{\left|\vec{L}\right| \cdot \sin \delta} .$$

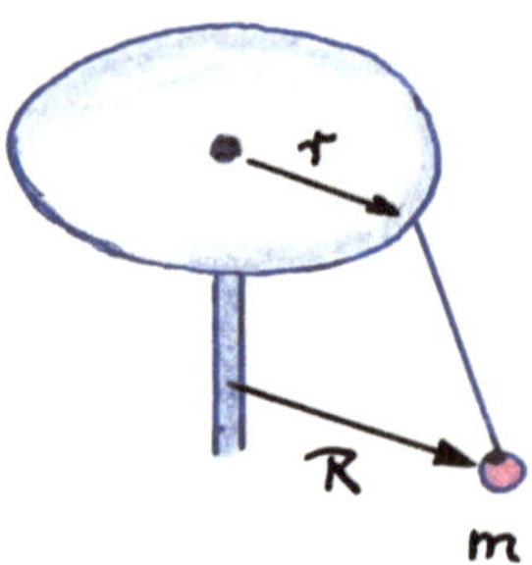

Abb. 1.89 Am Rand einer rotierenden Scheibe hängt eine Masse m; durch die Zentrifugalkraft wird sie nach außen geschleudert

Die mit der Winkelgeschwindigkeit Ω verbundene Drehbewegung wird **Präzession** genannt. Mit $\left|\frac{\mathrm{d}\vec{L}}{\mathrm{d}t}\right| = \left|\vec{M}\right| = \left|\vec{r} \times \vec{G}\right| = \left|\vec{r}\right| \cdot \left|\vec{G}\right| \cdot \sin\delta$ und $\left|\vec{L}\right| = J\omega$ gilt:

$$\Omega = \frac{\left|\vec{r}\right| \cdot \left|\vec{G}\right|}{J\omega} \ .$$

Die Winkelgeschwindigkeit hängt also nicht von der Neigung δ der Drehachse zur Senkrechten ab, jedoch vom Abstand $\left|\vec{r}\right|$ des Schwerpunktes vom Auflagepunkt. Je schneller sich der Kreisel dreht, desto langsamer präzessiert er. Es sei darauf hingewiesen, dass die Gleichung nur für den Fall $\omega \gg \Omega$ gilt.

1.5.12 Aufgaben (* = leicht; ** = mittel; *** = schwer)

1. * An einer rotierenden Scheibe befindet sich im Abstand $r = 1{,}76\,\mathrm{m}$ von der Achse entfernt ein $L = 3\,\mathrm{m}$ langer Faden mit einer Masse m (Abb. 1.89). Mit welcher Umlaufzeit T muss die Scheibe rotieren, damit die Masse auf einer Bahn mit Radius $R = 2{,}76\,\mathrm{m}$ umläuft?

2. * Eine Masse rotiert an einem dünnen Faden der Länge $l = 35{,}3\,\mathrm{cm}$ (Masse vernachlässigbar) so, dass der Faden zur Stange einen konstanten Winkel $\varphi = 30°$ bildet (Abb. 1.90).
    a) Wie groß ist die Bahngeschwindigkeit v der Masse?
    b) Angenommen, die Masse reißt am Punkt P vom Faden ab und schlägt am Punkt A auf dem Boden auf (Abb. 1.90). Wie groß ist die Entfernung QA, wenn die Bahnebene der Kreisbewegung vom Boden die Entfernung $d = 19{,}5\,\mathrm{cm}$ (= PQ) hat?

3. * In einer Raumstation (Abb. 1.91) soll durch Drehung um die Symmetrieachse künstliche Schwerkraft erzeugt werden. Die Masse der Station soll so groß bemessen sein, dass die Bewegung von Personen nur vernachlässigbaren Einfluss auf die Rotationsgeschwindigkeit hat.

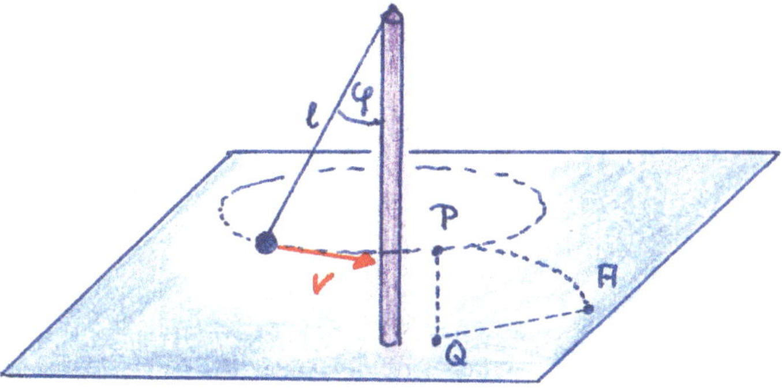

Abb. 1.90 Eine Masse rotiert um eine Stange. Am Punkt P reißt der Faden und sie schlägt am Punkt A auf der Grundplatte auf

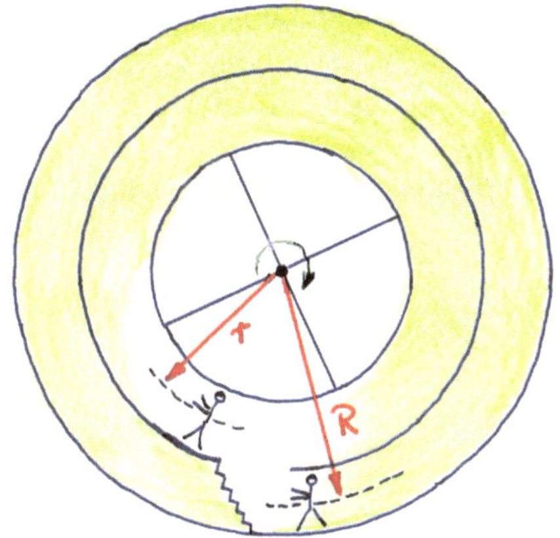

Abb. 1.91 Durch Rotation soll in einer Raumstation künstliche Schwerkraft erzeugt werden

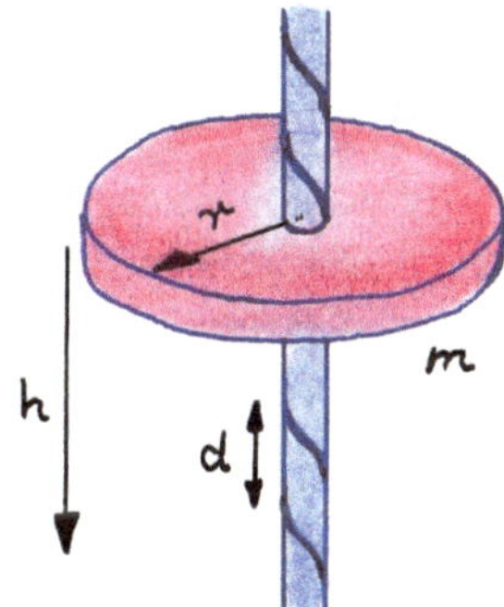

Abb. 1.92 Eine Scheibe der Masse m rotiert um eine Spindel und senkt sich dabei pro Umdrehung um die Strecke d

a) Mit welcher Umlaufdauer T müsste die Station rotieren damit eine Person in der „äußeren" Etage im Abstand $R = 6{,}21\,\text{m}$ von der Drehachse die gleiche „Schwerkraft" spürt wie auf der Erde?

b) Angenommen, die Person geht über die Treppe in die „obere" Etage und hat nun den Abstand $r = 4{,}14\,\text{m}$ von der Drehachse. Um welchen Faktor verändert sich die „Schwerkraft"?

4. * Auf einer feststehenden vertikalen Spindel kann eine massive zylindrische Scheibe mit der Masse m und mit Radius r vermittels Kugellagerung und Schmiermittel näherungsweise reibungsfrei rotieren (siehe Abb. 1.92). Bei einer Umdrehung senkt sich die Scheibe um die Strecke d. Mit welcher Schwerpunktsgeschwindigkeit v und

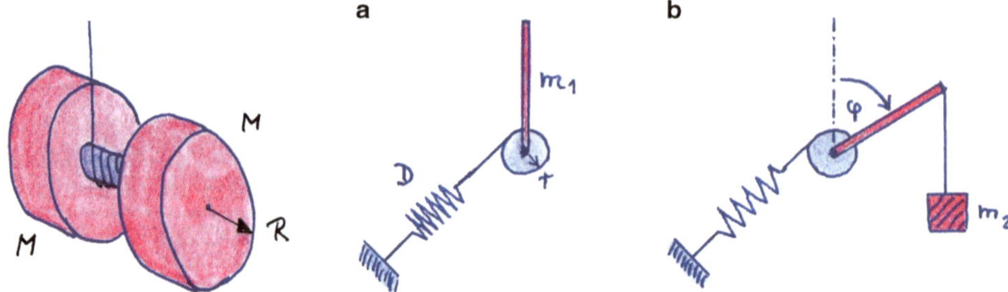

Abb. 1.93 Ein Jo-Jo ist an der Decke befestigt und durchfällt eine Höhe h

Abb. 1.94 Bei Belastung mit der Masse m_2 wird die Stange um den gesuchten Winkel φ ausgelenkt

mit welcher Drehzahl n kommt die Scheibe unten an, wenn sie in einer Höhe h losgelassen wird?

5. * Der nicht dehnbare, näherungsweise masselose Faden eines Jo-Jo soll an der Decke befestigt sein. Das Jo-Jo selbst bestehe aus einer dünnen Achse vernachlässigbarer Masse mit Radius r und zwei Scheiben (Vollzylinder) mit Radius R (siehe Abb. 1.93). Wie groß ist bei Vernachlässigung jeglicher Reibung und des Luftwiderstandes die Winkelgeschwindigkeit ω des Jo-Jo nach dem Sinken um die Höhe h?

6. * An einer Feder mit der Federkonstanten $D = 1785{,}7 \,\text{N/m}$ ist ein dünner Faden befestigt, der wiederum um einen drehbar gelagerten Zylinder mit Radius $r = 8{,}31 \,\text{cm}$ gewickelt ist (Abb. 1.94). An den Zylinder ist ein Stab der Masse $m_1 = 1{,}8 \,\text{kg}$ und der Länge $L = 80 \,\text{cm}$ angelötet. Am Anfang befindet sich der Stab wie in Abb. 1.94a skizziert im labilen Gleichgewicht, der Faden verläuft gerade, ist aber unbelastet, und die Feder ist entspannt. Nun wird am Ende des Stabes eine Masse m_2 über einen dünnen Faden befestigt. Wie groß muss die Masse m_2 gewählt werden, damit der Stab sich wie in Abb. 1.94b skizziert um $\varphi = 60°$ dreht? Reibung und Fadenmassen sind vernachlässigbar.

7. * Eine Münze mit der Masse $m = 20{,}3 \,\text{g}$ und mit Radius $r = 17{,}71 \,\text{mm}$ wird hochkant auf einer Unterlage in schnelle Rotation versetzt. Bei einer Anfangsfrequenz von 10 Umdrehungen pro Sekunde braucht die Münze 5 s bis sie zur Ruhe kommt, wobei eine konstante Bremsbeschleunigung angenommen wird.
    a) Wieviele Umdrehungen macht die Münze?
    b) Wie groß war das bremsende Drehmoment?

8. * Ein kleines Zahnrad A mit Radius r soll über einen Zahnriemen ein großes Zahnrad B mit Radius R antreiben (Abb. 1.95). Auf das Zahnrad B wirkt ein bremsendes Moment M_{B}, ansonsten laufen Räder und Riemen reibungsfrei. Welche Zugkraft tritt in der linken Hälfte des Riemens auf? Welches Moment M_{A} muss in A wirken?

9. * Bei einem Fließband werden auf Rollen dünne Bleche transportiert (Abb. 1.96). Ein Blech kommt wie skizziert mit der konstanten Geschwindigkeit $v = 1{,}3 \,\text{m/s}$

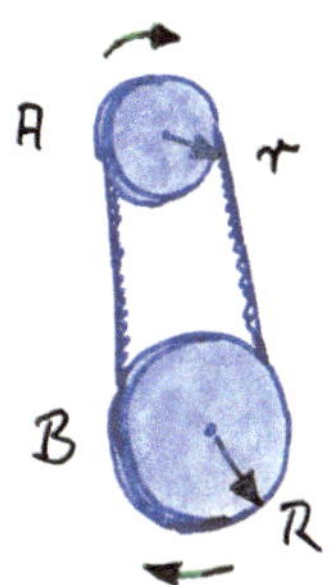

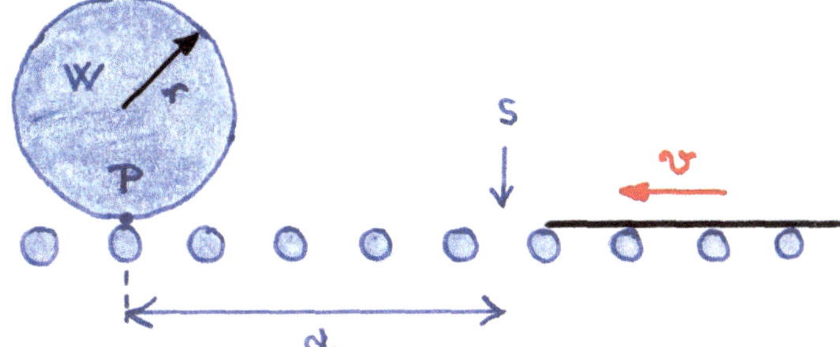

Abb. 1.95 Ein über Räder mit Radius r und R laufender Keilriemen wirkt als Drehmomentwandler

Abb. 1.96 Durch einen Sensor S gesteuert, soll eine Walze so anlaufen, dass sie ein Blech ohne Schlupf weitertransportiert

mit der Vorderkante an einem Sensor S vorbei. Dieser startet einen Motor, der eine $d = 1{,}19\,\text{m}$ entfernte Walze W in Drehung versetzt. Diese ist näherungsweise als massiver Zylinder mit Radius $r = 0{,}25\,\text{m}$ und Masse $m = 56{,}3\,\text{kg}$ aufzufassen. Mit welchem konstanten Drehmoment müsste der Motor die Walze in Drehung versetzen, damit beim Eintreffen des Bleches am Punkt P die Walze das Blech ohne Schlupf weitertransportieren kann?

10. * Ein Elektromotor M treibt die Anordnung in Abb. 1.97 bestehend aus einer Umlenkrolle U und einem Lüfterrad L mittels Zahnriemen an. Die Radien der Achsen sind alle gleich. Die Massenträgheitsmomente zu den Komponenten sind $J_\text{M} = 0{,}14\,\text{kg}\,\text{m}^2$, $J_\text{U} = 0{,}03\,\text{kg}\,\text{m}^2$ und $J_\text{L} = 0{,}06\,\text{kg}\,\text{m}^2$.

    a) Welche konstante Winkelbeschleunigung α liegt vor, wenn die Motorachse in $10{,}47\,\text{s}$ eine Drehzahl von $1000\,\text{U/Min}$ erreicht?

    b) Welches Drehmoment muss der Motor liefern, um die im Falle von a) genannte Winkelbeschleunigung zu erzielen? (Reibung und Luftwiderstand sollen hierbei zunächst vernachlässigt werden!)

    c) Welche Leistung muss der Motor abgeben, wenn Reibung und Luftwiderstand bei konstanter Drehzahl von $1000\,\text{U/Min}$ zusammen ein bremsendes Moment von $0{,}955\,\text{Nm}$ verursachen?

11. * Auf einer kreisrunden Scheibe der Masse $M = 200\,\text{kg}$ und mit Radius $R = 4{,}2\,\text{m}$, die sich reibungsfrei mit der Kreisfrequenz $\omega_1 = 3{,}42\,\text{s}^{-1}$ ohne Antrieb dreht, stehen wie skizziert (Abb. 1.98) zwei Personen (Masse jeweils $m = 75\,\text{kg}$) im Abstand von $r_1 = 1\,\text{m}$ von der Drehachse. Wie groß ist die Umlaufzeit, wenn die Personen bis zum Radius $r_2 = 4\,\text{m}$ im mitdrehenden System radial nach außen gelaufen sind?

12. * Das in Abb. 1.99 skizzierte Förderband läuft mit der Geschwindigkeit von $v = 2\,\text{m/s}$. Aus einem Trichter rieseln $12\,\text{kg}$ Sand pro Sekunde senkrecht auf das Band.

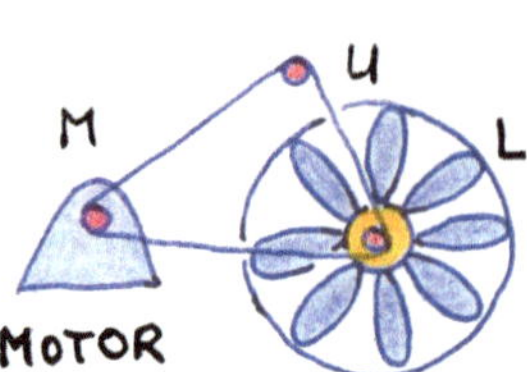

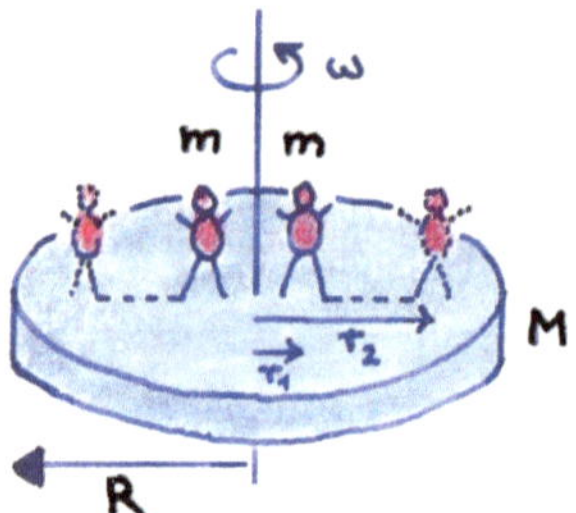

Abb. 1.97 Ein Motor treibt über einen Riemen ein Lüfterrad an

Abb. 1.98 Personen laufen auf einer rotierenden Scheibe radial nach außen

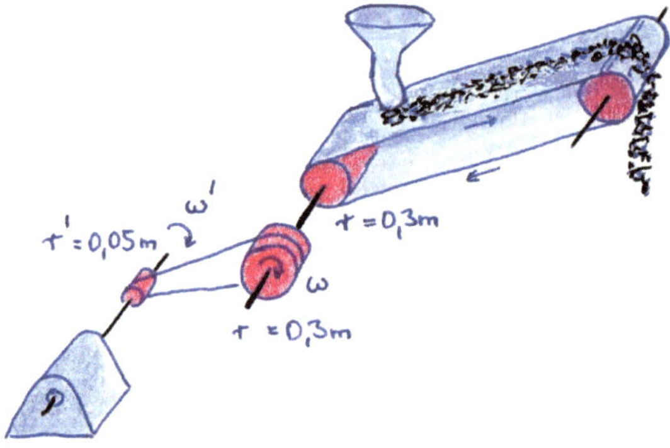

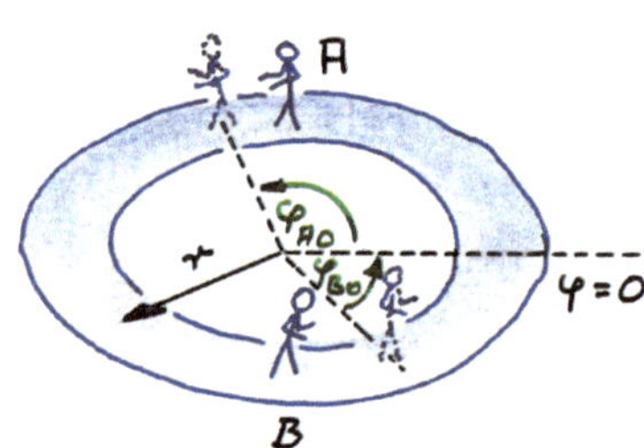

Abb. 1.99 Ein Motor treibt ein Förderband an, mit dem Sand nach oben transportiert wird

Abb. 1.100 Zwei Läufer starten auf einer Kreisbahn an gegenüberliegenden Punkten A und B mit den Geschwindigkeiten v_{A0} und v_{B0}

Der Sand wird auf die Geschwindigkeit v beschleunigt und um einen Höhenunterschied von 5 m nach oben befördert. Reibung jeglicher Art ist vernachlässigbar.

a) Welche Leistung muss der Antrieb des Bandes liefern?

b) Das Band wird über einen Riemen angetrieben, wobei die Radien der Riemenscheiben $r = 30\,\text{cm}$ und $r' = 5\,\text{cm}$ sind. Mit welcher Winkelgeschwindigkeit muss die Motorachse rotieren?

c) Berechnen Sie das Drehmoment, das der Motor liefern muss?

13. ** Zwei Läufer rennen auf einer Kreisbahn mit Radius $r = 50\,\text{m}$ gegen den Uhrzeigersinn (Abb. 1.100). Sie beginnen an den gegenüberliegenden Punkten A und B zum Zeitpunkt $t_0 = 0$. Ihre Position wird jeweils durch die Winkelkoordinate φ beschrieben. Der Startpunkt von A ist also $\varphi_{A0} = +\pi/2$, der von B $\varphi_{B0} = -\pi/2$. Ihre Anfangsgeschwindigkeiten sind $v_{A0} = 31\,\text{km/h}$ und $v_{B0} = 35\,\text{km/h}$. Während des Laufes ermüden die Läufer, was in sehr grober Näherung durch eine Bremsbeschleunigung $a_A = 0{,}00164\,\text{m/s}^2$ bzw. $a_B = 0{,}002\,\text{m/s}^2$ beschrieben werden soll.

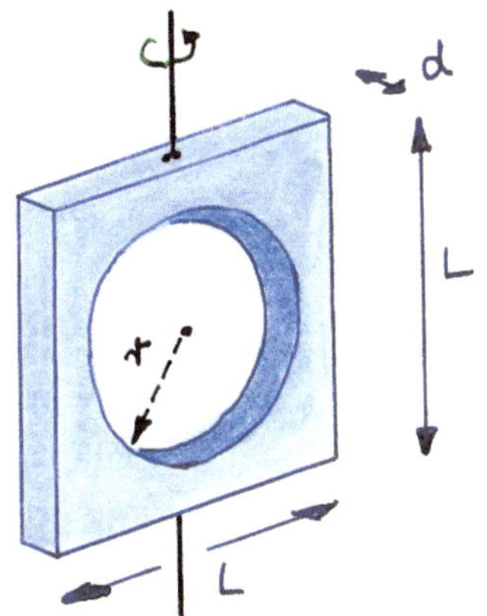
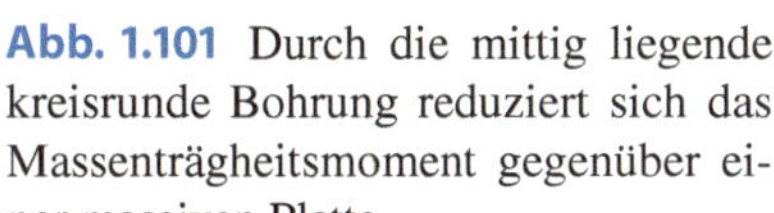

Abb. 1.101 Durch die mittig liegende kreisrunde Bohrung reduziert sich das Massenträgheitsmoment gegenüber einer massiven Platte

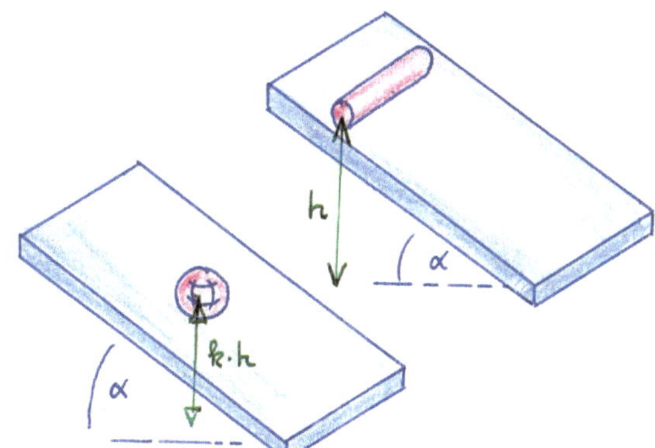

Abb. 1.102 Wegen unterschiedlicher Massenträgheitsmomente kämen Kugel und Zylinder mit unterschiedlichen Geschwindigkeiten unten an, wenn man sie von gleicher Höhe aus starten ließe

a) Wo bleiben die Läufer jeweils erschöpft stehen?

b) Holen sich die Läufer ein? Wenn ja, zu welchem Zeitpunkt geschieht das **erstmalig**?

c) Bei welcher Winkelkoordinate holen sie sich gegebenenfalls ein?

14. ** Eine dünne Stahlplatte der Kantenlänge $L = 25\,\text{cm}$, der Dicke $d = 1\,\text{cm}$ und der Dichte $\rho = 7{,}9\,\text{kg/dm}^3$ rotiert um die in Abb. 1.101 gezeichnete Schwerpunktsachse. Welchen Radius r müsste die mittig liegende, kreisrunde Bohrung haben, damit das Massenträgheitsmoment der Platte $J = 1{,}951 \cdot 10^{-2}\,\text{kgm}^2$ beträgt?

15. ** Ein Vollzylinder mit der Masse m und mit dem Radius r rollt mit der Anfangsgeschwindigkeit v_0 (Schwerpunktsgeschwindigkeit) eine schiefe Ebene mit Neigungswinkel φ hinauf. Es wirkt der Rollreibungskoeffizient μ_R. Welche maximale Höhe h erreicht der Zylinder? Mit welcher Schwerpunktsgeschwindigkeit erreicht der Zylinder wiederum den Ausgangspunkt?

16. ** Ein massiver Vollzylinder und eine massive Kugel rollen zwei identische schiefe Ebenen hinunter (Abb. 1.102). Der Zylinder startet aus der Ruhe heraus auf der Höhe h, die Kugel aus der um den Faktor k veränderten Höhe kh. Wie groß muss der Faktor k sein, damit die Kugeln unten jeweils mit der gleichen Schwerpunktsgeschwindigkeit v ankommen?

17. ** Zwei Massen m_1 und m_2 sind wie in Abb. 1.103 skizziert über einen Faden vernachlässigbarer Masse miteinander verbunden. Der Faden wird mittels einer zylinderförmigen Rolle (Vollzylinder) mit der Masse m und mit dem Radius r umgelenkt. Die Lagerreibung ist vernachlässigbar. Die Masse m_2 gleitet unter Reibungseinfluss (Gleitreibungskoeffizient μ_G) auf einer horizontalen Unterlage. Zwischen Rolle und Faden soll es keinerlei Schlupf geben, so dass die Drehbewegung der Rolle stets syn-

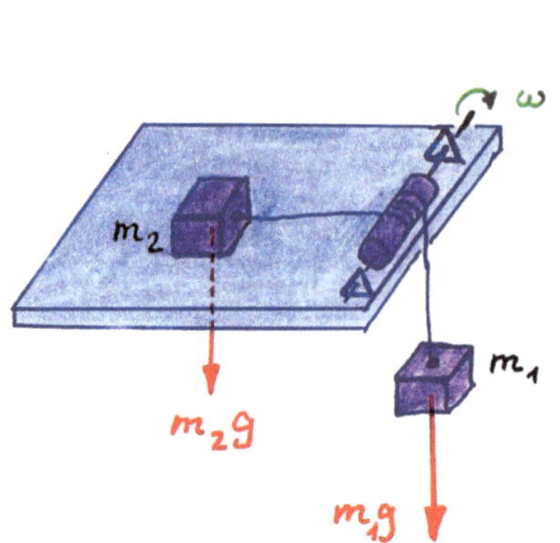

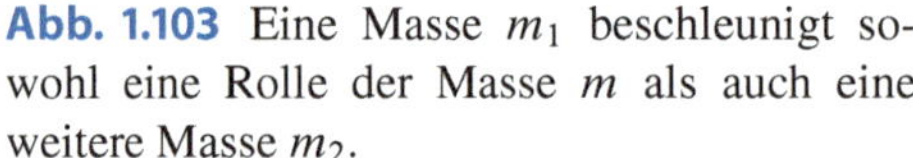

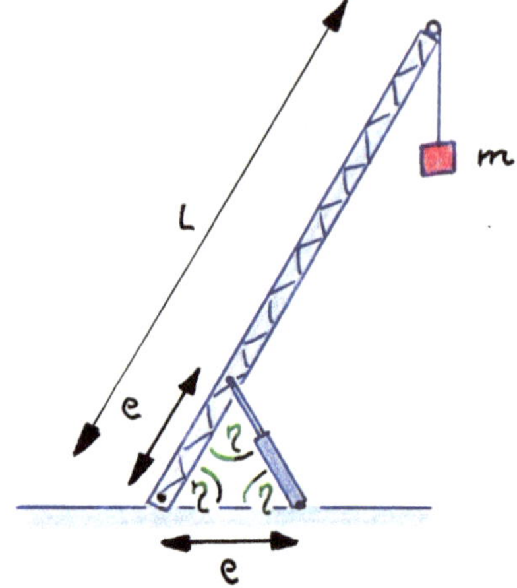

Abb. 1.103 Eine Masse m_1 beschleunigt sowohl eine Rolle der Masse m als auch eine weitere Masse m_2.

Abb. 1.104 Der Hydraulikzylinder soll den Kranausleger im statischen Gleichgewicht halten

chron zur Bewegung der Massen m_1 und m_2 erfolgt. Zum Zeitpunkt $t = 0$ haben die Massen die Anfangsgeschwindigkeit v_0.

a) Welche Bedingung muss im Falle einer Rolle geringer Masse ($m \approx 0$) erfüllt sein, damit sich die Massen trotz Reibung mit konstanter Geschwindigkeit v_0 weiterbewegen?

b) Wie groß ist im allgemeinen Fall die Beschleunigung der Massen m_1 und m_2, wenn die zylindrische Rolle die nicht zu vernachlässigende Masse m hat?

c) Berechnen Sie mittels Energiesatz die Wegstrecke s, die die Massen m_1 und m_2 zurücklegen, bis sie in Ruhe sind. Unter welcher Bedingung kommen die Massen gar nicht zur Ruhe?

d) Welchen Weg s legen die Massen zurück, wenn an der Rolle ein bremsendes Moment M angreift? Unter welcher Bedingung kommen die Massen in diesem Fall nicht mehr zur Ruhe?

18. ** Der 15 m lange, um eine waagrechte Achse A drehbar gelagerte Ausleger eines Krans hat die Masse $M = 800\,\text{kg}$ bei näherungsweise homogener Massenverteilung (Abb. 1.104). Am Haken hängt eine Masse m von 1000 kg. Der Ausleger bildet mit der Waagrechten einen Winkel η von 60°. Im Abstand $e = 1\,\text{m}$ von der Achse des Auslegers greift ein Hydraulikzylinder an.

a) Welche Kraft muss der Hydraulikzylinder aufbringen, damit alles in Ruhe ist?

b) Bei konstantem η wird nun die Masse m mit der Beschleunigung $a = 0{,}1\,\text{m/s}^2$ nach oben gezogen. Das Drahtseil verlaufe dabei unmittelbar an der Achse vorbei. Berechnen Sie die Zugspannung im Seil!

c) Welche Kraft muss im Falle b) der Hydraulikzylinder aufbringen, damit η konstant bleibt?

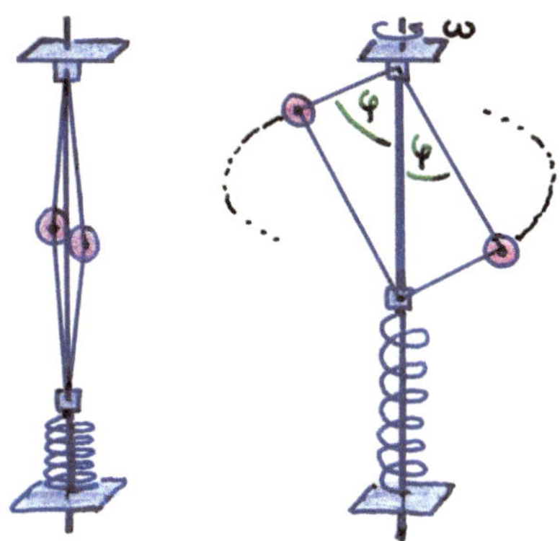

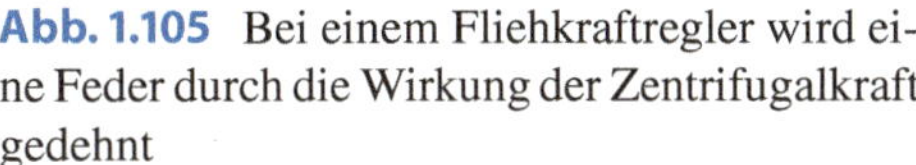

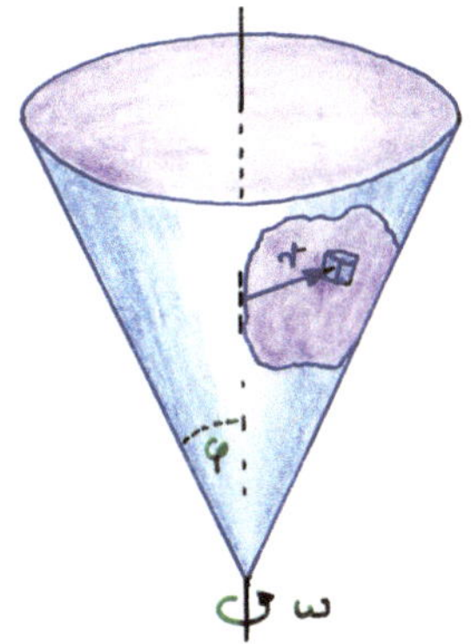

Abb. 1.105 Bei einem Fliehkraftregler wird eine Feder durch die Wirkung der Zentrifugalkraft gedehnt

Abb. 1.106 In einem rotierenden Trichter wird eine Masse durch die Zentrifugalkraft gegen die Wandung gedrückt

19. *** Der in der Skizze (Abb. 1.105) dargestellte Fliehkraftregler besteht aus zwei Massen m, die jeweils an zwei Stangen der Länge a befestigt sind. Bei Rotation werden die Massen der Fliehkraft folgend nach außen gedrückt. Dabei dehnen sie eine Feder mit der Federkonstanten D. Die Massen der Achse, der Stangen sowie der Feder und Gelenke sind gegen m vernachlässigbar. Ohne Rotation ist die Feder im entspannten Zustand. Der Winkel φ ist dann Null. Wie groß ist die Winkelgeschwindigkeit ω, wenn die Stangen mit der Achse den Winkel φ einschließen? Berücksichtigen Sie dabei den Einfluss der Schwerkraft.

20. *** Ein Trichter, dessen Wandung mit der Symmetrieachse einen Winkel φ bildet, rotiert mit der Winkelgeschwindigkeit ω um diese Symmetrieachse (Abb. 1.106). Zwischen einem Körper der Masse m und der Wandung herrsche Haftreibung mit dem Haftreibungskoeffizienten μ_{H}.
    a) Mit welcher Frequenz ω darf sich der Trichter **maximal** drehen, damit die Masse relativ zum Trichter in Ruhe bleibt?
    b) Mit welcher Frequenz ω muss sich der Trichter **mindestens** drehen?
    c) Angenommen, die Winkelgeschwindigkeit ω sei so groß, dass die Masse nach außen rutscht. Wie groß ist die Beschleunigung der Masse als Funktion von r unter Berücksichtigung der Gleitreibung μ_{G}?

21. *** Eine Masse rotiert an einem näherungsweise masselosen Faden der Länge r (Abb. 1.107). Am tiefsten Punkt A hat die Masse die Geschwindigkeit v_{A}, die mindestens so hoch ist, dass der Faden auch am höchsten Punkt B gespannt bleibt.
    a) Welche Geschwindigkeit v_{B} erreicht die Masse im höchsten Punkt B?
    b) Wie groß ist bei gegebenem v_{A} die Seilkraft als Funktion des Winkels φ?
    c) Welche Minimalgeschwindigkeit v_0 müsste das Pendel im tiefsten Punkt A haben, damit der Faden bei einer ganzen Umdrehung stets gespannt bleibt?

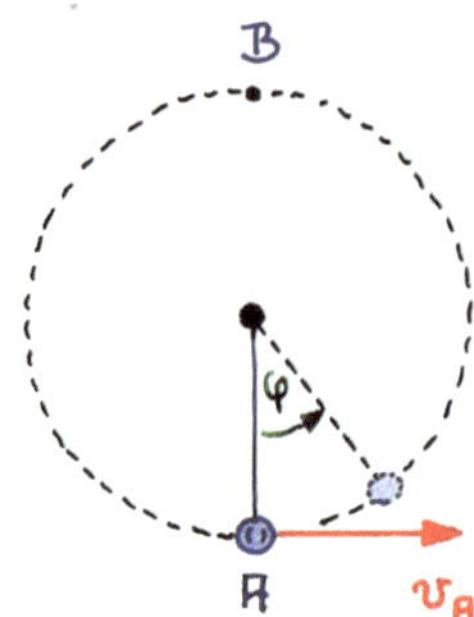

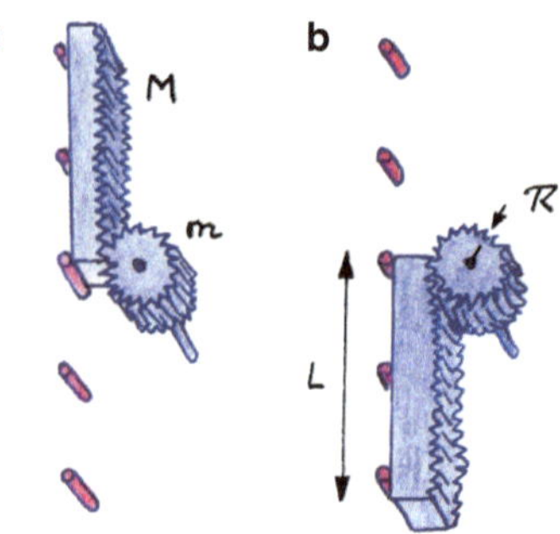

Abb. 1.107 Eine als Fadenpendel aufgehängte Masse hat am tiefsten Punkt eine so hohe Anfangsgeschwindigkeit v_A, dass der Faden im obersten Punkt B durch die Zentrifugalkraft gerade noch gespannt bleibt

Abb. 1.108 Eine Zahnstange der Masse M fällt unter der Wirkung der Schwerkraft nach unten und beschleunigt dabei ein Zahnrad der Masse m

22. ******* Eine Zahnstange der Länge L und der Masse M greift wie in Abb. 1.108 skizziert in ein Zahnrad mit Radius R und Masse m. Die Stange wird aus der in Abb. 1.108a skizzierten Position fallen lassen. Sie versetzt dabei das Zahnrad in Drehung. Die kleinen Rollen auf der linken Seite dienen lediglich der Führung, ihre Masse kann vernachlässigt werden. Der Vorgang erfolgt näherungsweise reibungsfrei. Das Zahnrad kann näherungsweise als massiver Zylinder behandelt werden.

    a) Welche Geschwindigkeit hat die Stange, wenn das obere Ende die Nulllinie passiert (Abb. 1.108b)?

    b) Angenommen, durch einen Motor am Zahnrad wird die Stange mit einer gegebenen Beschleunigung a wieder nach oben bewegt. Berechnen Sie die dafür nötige Motorleistung als Funktion der Zeit!

    c) Welche Arbeit hat der Motor geleistet, wenn die Stange oben ankommt?

Thermodynamik 2

Wir haben uns bisher mit starren Körpern, also Festkörpern beschäftigt. Bevor wir in die Wärmelehre einsteigen, wollen wir uns mit denjenigen Aggregatzuständen befassen, die bei den Prozessen der Thermodynamik eine wichtige Rolle spielen: dem **flüssigen und gasförmigen Zustand**. Flüssigkeiten und Gase besitzen keine feste Form, sie können daher fließen bzw. strömen. Wir werden daher einen kurzen Abstecher in die **Fluiddynamik** machen.

2.1 Wenn ein Körper die Form verliert: Einiges über Fluide

2.1.1 Die Bewegung des Formlosen: die Strömung

Wirft man ein kleines Styroporkügelchen in einen Fluss, wird es mit der Strömung fortgetragen. Die Bahn, die es dabei beschreibt, wird **Bahnlinie** genannt. Jedes Atom oder Molekül einer Strömung beschreibt eine Bahnlinie. Jedes Teilchen hat eine bestimmte Geschwindigkeit, die nach Betrag und Richtung orts- und oft auch zeitabhängig ist. Hängt sie nicht von der Zeit ab, dann ist die Strömung **stationär**. In diesem einfachen Fall beschreibt man die Strömung durch ein **stationäres Vektorfeld**.

Den **Feldbegriff** haben wir in Abschn. 1.4.2 bereits am Beispiel des Gravitationsfeldes eingeführt. Ein **Vektorfeld** ordnet jedem Punkt im Raum eindeutig einen Vektor zu. Im Falle der Strömung ist das die **Strömungsgeschwindigkeit**. Bei einem stationären Vektorfeld sind die Vektoren im ganzen Raum zeitunabhängig. Die Feldlinien werden im Falle der Strömung **Stromlinien** genannt. Sie sind nur im Falle einer stationären Strömung mit den oben eingeführten Bahnlinien identisch. Ist bei einer Strömung Reibung vorhanden, nimmt das Strömungsfeld im Falle einer Rohrströmung das in Abb. 2.1 gezeichnete Bild an. Die Strömungsgeschwindigkeit verändert sich über den Rohrquerschnitt parabelförmig. Die Teilchen in unmittelbarer Nachbarschaft der Rohrwand haften an dieser und haben daher die Geschwindigkeit Null. Zur Rohrmitte hin nimmt die Strömungsge-

© Springer Fachmedien Wiesbaden GmbH, ein Teil von Springer Nature 2018
R. Dohlus, *Physik*, https://doi.org/10.1007/978-3-658-22779-1_2

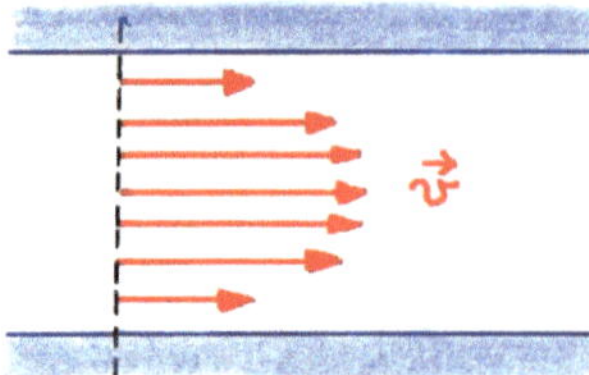

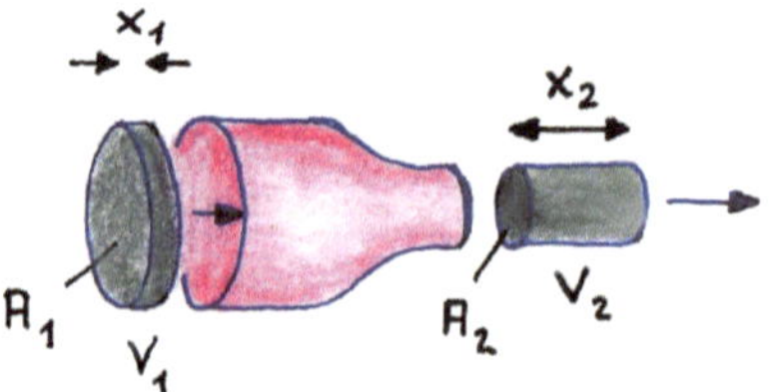

Abb. 2.1 Laminare Strömung in einem Rohr. Innerhalb einer dünnen, zylindrischen Schicht ist die Strömungsgeschwindigkeit jeweils nach Betrag und Richtung konstant. Durch innere Reibung kommt es zur Ausbildung eines parabelförmigen Geschwindigkeitsprofils

Abb. 2.2 Ein Rohr verengt sich von der Querschnittsfläche A_1 auf die Querschnittsfläche A_2. Der Übergang soll dabei so erfolgen, dass es nicht zur Wirbelbildung kommt

schwindigkeit zu. Man muss sich dabei dünnwandige, rotationssymmetrisch angeordnete ineinandergesteckte Zylinder vorstellen, die sich zur Rohrmitte hin wie die Teile einer Teleskopantenne relativ zueinander bewegen. Wegen dieser zylindrischen Schichten wird diese reibungsbehaftete Strömung **Schichtströmung** oder auch **Laminarströmung** genannt. Erhöht man die Durchflussmenge bei einem solchen Rohr sehr stark, geht dieses Strömungsbild verloren und die Strömung wird zeitabhängig. Es kommt zur **Wirbelbildung**. Eine solche Strömung heißt **turbulent**.

2.1.2 Wenn ein Rohr dicht ist, geht nichts verloren …

Wir wollen für den Anfang eine **laminare Strömung** eines Gases oder einer Flüssigkeit in einem Rohr betrachten. Die einzelnen Atome oder Moleküle bewegen sich auf geradlinigen Bahnen parallel zur Rohrachse. Das strömende Medium soll **inkompressibel** sein. Bei Flüssigkeiten ist das ganz gut erfüllt, bei Gasen nur dann, wenn die Strömungsgeschwindigkeit nicht allzu hoch ist. Bei Gasen soll zudem angenommen werden, dass die **Kohäsion**, also die Bindungskraft zwischen den Atomen oder Molekülen, vernachlässigbar ist. Ein solches Gas wird auch **ideales Gas** genannt. Die Strömung von derart definierten Gasen und Flüssigkeiten erfolgt reibungsfrei. Wir betrachten ein Rohr, das wie in Abb. 2.2 gezeigt seine Querschnittsfläche von A_1 auf A_2 verengt. Wenn das Rohr kein Leck hat, wird die links einströmende Masse gleich sein zu der Masse, die rechts wieder austritt. Ist das Fluid **inkompressibel**, sind die pro Zeiteinheit strömende Masse und das pro Zeiteinheit strömende Volumen proportional zueinander. Das in der Zeit t links einströmende Volumen $V_1 = A_1 x_1$ muss also gleich dem rechts austretenden Volumen $V_2 = A_2 x_2$ sein. Es gilt also:

$$A_1 \frac{x_1}{t} = A_2 \frac{x_2}{t} \, .$$

Die Quotienten entsprechen den Strömungsgeschwindigkeiten v_1 und v_2 am Ein- und Auslass, so dass wir schreiben können:

$$\boxed{A_1 v_1 = A_2 v_2}\,. \tag{2.1}$$

Die Größen rechts und links haben die Einheit $1\,\mathrm{m^3/s}$ und stellen das pro Zeit strömende Volumen dar.

Ist das Fluid **kompressibel**, kann sich seine Dichte verändern. Es gilt dann mit $m_1 = \rho_1 V_1 = \rho_1 A_1 x_1$ bzw. $m_2 = \rho_2 V_2 = \rho_2 A_2 x_2$:

$$\boxed{\frac{m_1}{t} = \frac{m_2}{t}} \quad \text{bzw.} \quad \boxed{\rho_1 A_1 v_1 = \rho_2 A_2 v_2}\,.$$

Diese Gleichung wird **Kontinuitätsgleichung** genannt. Bei einer stationären Strömung sind ein- und ausströmende Masse pro Zeit konstant.

2.1.3 Drücke und nichts als Drücke

Bei der in Abb. 2.2 gezeichneten Verengung eines Rohres gilt für eine Strömung natürlich auch der **Erhaltungssatz der Energie**. Das bedeutet, dass alle beim Einströmen des Fluids auf der linken Seite vorhandene Energie beim Ausströmen wieder vorliegen muss. Die Energie besteht aus drei Teilen: aus der **kinetischen Energie** der Atome oder Moleküle des Fluids, aus einer möglichen **potentiellen Energie** wenn die Strömung „bergauf" oder „bergab" verläuft und einer aufzuwendenden **Arbeit, um das Fluid durch das Rohr zu drücken**. Die kinetische Energie eines links ins Rohr strömenden Massenelements Δm mit Volumen ΔV ist in unserem Fall:

$$E_{\mathrm{kin}} = \frac{1}{2}\Delta m v^2 = \frac{1}{2}\Delta V \rho v^2\,.$$

Die potentielle Energie ist:

$$E_{\mathrm{pot}} = \Delta m g h = \Delta V \rho g h\,.$$

Um das Massenelement Δm durch das Rohr zu „drücken", bedarf es – wie das Wort schon sagt – eines Druckes p bzw. gemäß $F = pA$ einer Kraft. Die Energie, die aufzuwenden ist, um das Massenelement Δm ins Rohr zu schieben, ist nach der einfachen Formel „Kraft mal Weg" gegeben durch:

$$E_{\mathrm{ström}} = F x = p A x\,.$$

Natürlich wird beim Ausströmen auf der rechten Seite wieder entsprechende Energie frei, so dass man folgende Gleichungen formulieren kann:

$$\frac{1}{2}\Delta V_1 \rho v_1^2 + \Delta V_1 \rho g h_1 + p_1 A_1 x_1 = \frac{1}{2}\Delta V_2 \rho v_2^2 + \Delta V_2 \rho g h_2 + p_2 A_2 x_2\,.$$

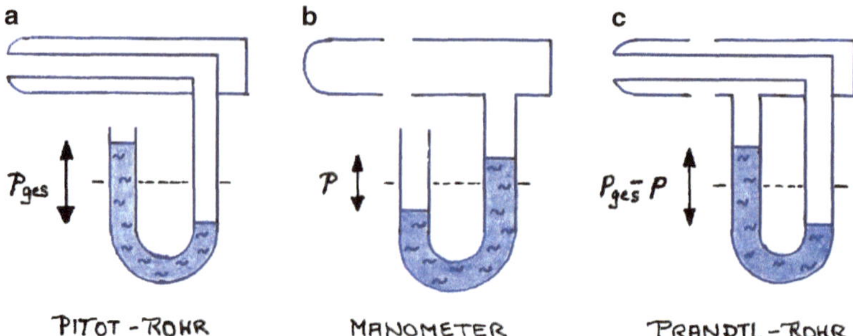

Abb. 2.3 Beispiele von Drucksonden: **a** Messung des Gesamtdrucks, **b** Messung des statischen Drucks, **c** Messung des Staudrucks mit dem Prandtlrohr

Nehmen wir das Fluid als **inkompressibel** an, gilt $\Delta V_1 = \Delta V_2$. Außerdem ist natürlich $\Delta V_1 = A_1 x_1$ etc., so dass die **Bernoulli-Gleichung** gilt:

$$\boxed{\frac{1}{2}\rho v_1^2 + \rho g h_1 + p_1 = \frac{1}{2}\rho v_2^2 + \rho g h_2 + p_2}. \tag{2.2}$$

Von der Einheit her handelt es sich bei dieser Gleichung um eine Druckgleichung. p_1 und p_2 ist jeweils der Betriebsdruck oder **statische Druck** am Ein- und Ausgang. $\rho v_1^2/2$ bzw. $\rho v_2^2/2$ wird **dynamischer** oder **hydrodynamischer Druck**, auch **Staudruck**, genannt. $\rho g h_1$ bzw. $\rho g h_2$ wird als **geodätischer Druck** bezeichnet. Nimmt man der Einfachheit halber eine horizontale Strömung an, heben sich die geodätischen Drücke auf. Es gilt also:

$$p + \frac{1}{2}\rho v^2 = p_{\text{ges}} = \text{konst.} \tag{2.3}$$

Je höher die Strömungsgeschwindigkeit v ist, desto niedriger der statische Druck im Rohr.

Die Bernoulli-Gleichung spielt eine wichtige Rolle bei der Messung von Strömungsgeschwindigkeiten. In Abb. 2.3 sind **Drucksonden** angegeben, die verschiedene Drücke messen können. Die in Abb. 2.3 a gezeigte Sonde misst den Gesamtdruck p_{ges}. Mit diesem **Pitotrohr** kann eine Geschwindigkeit nur dann bestimmt werden, wenn man zusätzlich den statischen Druck p misst und von p_{ges} subtrahiert. Der statische Druck alleine kann mit dem in Abb. 2.3 b gezeigten Rohr gemessen werden. Eine Kombination, mit der der Staudruck $\rho v^2/2$ alleine gemessen werden kann, ist das **Prandtl-Rohr** (Abb. 2.3 c).

Beispiel

In einem Flugzeug wird mit einem Pitotrohr ein Gesamtdruck von 106.000 hPa gemessen. Wie hoch ist die Geschwindigkeit des Flugzeugs, wenn der statische Druck 101.300 hPa beträgt. (Dichte der Luft: 1,293 kg/m^3)

Lösung: Es gilt nach Gl. 2.3 für die Geschwindigkeit:

$$v = \sqrt{\frac{2}{\rho}\left(p_{\text{ges}} - p\right)} = 85{,}3\,\frac{\text{m}}{\text{s}} = 307\,\frac{\text{km}}{\text{h}}\,.$$

Man beachte, dass oberhalb von ca. 400 km/h die Anwendung der Bernoulli-Gleichung zu wachsenden Fehlern führt, da die Luft bei der Herleitung der Gleichung als inkompressibel betrachtet wurde. Dies ist jedoch in diesem Geschwindigkeitsbereich nicht mehr zulässig.

2.1.4 Wenn die Strömung nicht ideal ist …

Nimmt man eine **reibungsbehaftete Strömung** an, die ansonsten **laminar** ist, dann werden zum Aufrechterhalten der Strömung Reibungskräfte zu überwinden sein. Dies ist wie folgt einzusehen: Angenommen, zwischen zwei ebenen, parallelen Platten ist eine Flüssigkeit eingeschlossen. Bewegen wir nun die obere Platte parallel zur unteren (Abb. 2.4), wird die Reibungskraft offensichtlich: wenn wir uns Honig als Flüssigkeit zwischen den Platten vorstellen, dann ist die aufzuwendende Kraft leicht einzusehen. Wie die Abbildung zeigt, nimmt die obere Platte die Flüssigkeit schichtweise mit. Die unterste Schicht ist wie die untere Platte in Ruhe. Die aufzuwendende Kraft ist umso höher, je größer der Geschwindigkeitsunterschied zwischen den einzelnen Schichten ist. Ändert sich bei einer Schichtdicke Δy die Geschwindigkeit um den Wert Δv, dann ist die Kraft proportional zu $\Delta v / \Delta y$. Die Kraft wird aber auch proportional zur Fläche A der Platten sein, denn je größer die Platten sind, desto größer wird die Reibungskraft sein. Schließlich ist F_R proportional zur **Zähigkeit** der Flüssigkeit: Honig wird eine wesentlich höhere Kraft erfordern als z. B. Wasser. Es gilt also:

$$\boxed{F_R = \eta A \frac{\mathrm{d}v}{\mathrm{d}y}}\,. \tag{2.4}$$

Diese Gesetzmäßigkeit wird **Newtonsches Reibungsgesetz** genannt. η heißt **dynamische Viskosität** und wird in der Einheit $1\,\text{N\,s/m}^2 = 1\,\text{Pa}\cdot\text{s}$ angegeben. Wird ein Rohr mit kreisförmigem Querschnitt und Radius R von einem Fluid mit der dynamischen Viskosität η durchströmt, ist zur Überwindung der Reibungskraft eine Druckdifferenz zwischen Ein- und Ausgang des Rohres erforderlich. Wir wollen modellhaft annehmen, dass wir den in Abb. 2.5 skizzierten Innenzylinder der Flüssigkeit mit Radius r gegen einen Außenzylinder bewegen. Ist p_1 der Eingangsdruck und p_2 der Ausgangsdruck, dann ist unter Berücksichtigung der wirksamen Querschnittsfläche πr^2 radiusabhängig die Kraft $F = (p_1 - p_2)\,\pi r^2$ nötig, um den Zylinder zu bewegen. Diese Kraft entspricht der Reibungskraft F_R, wobei der Zylindermantel der Länge L die Fläche $A = 2\pi r L$ hat. Da die

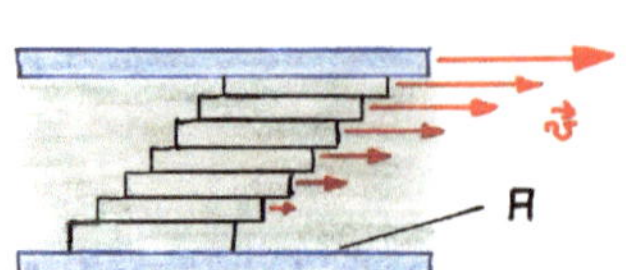

Abb. 2.4 Werden zwei planparallel angeordnete Platten gegeneinander verschoben, wird das dazwischen befindliche Fluid mehr oder weniger stark „mitgenommen", je nachdem, ob es der bewegten Platte näher oder ferner ist

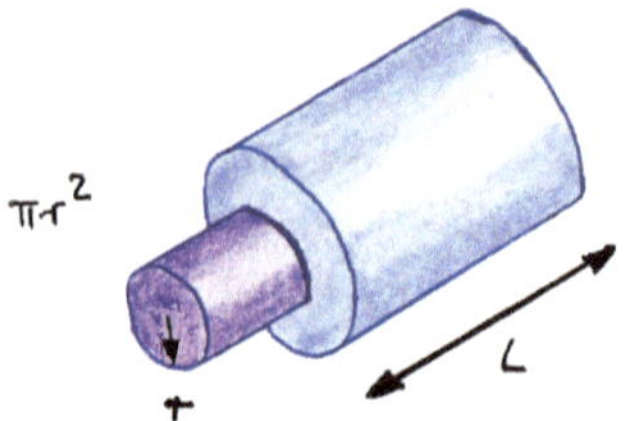

Abb. 2.5 Um den gedachten Innenzylinder gegen den Außenzylinder zu bewegen, ist eine Reibungskraft zu überwinden

Geschwindigkeit auf der Rohrachse am höchsten ist und zu den Rändern hin abfällt, ist der Differentialquotient $\frac{dv}{dr}$ im Falle des Rohres negativ. Es gilt also:

$$F + \eta A \frac{dv}{dy} = 0 \quad \text{bzw.} \quad (p_1 - p_2)\,\pi r^2 + 2\eta\pi r L \frac{dv}{dr} = 0\,.$$

Durch Variablentrennung lässt sich die Geschwindigkeit als Funktion des Abstandes von der Mittelachse berechnen, wobei wir von der Wandung (Radius R, Geschwindigkeit $v = 0$) bis zum Radius r (Geschwindigkeit v) integrieren:

$$\int\limits_{0}^{v} dv = -\int\limits_{R}^{r} (p_1 - p_2)\,\frac{r}{2\eta L}dr\,.$$

Man erhält für die Geschwindigkeitsverteilung:

$$v\,(r) = \frac{p_1 - p_2}{4\eta L}\left(R^2 - r^2\right)\,.$$

Hier erkennt man den oben schon erwähnten Sachverhalt, dass das Geschwindigkeitsprofil **parabolisch** ist. Wir wollen nun aus diesem Geschwindigkeitsprofil den gesamten Durchfluss berechnen. Hierbei hilft uns die Tatsache, dass das Problem rotationssymmetrisch ist.

Die Berechnung des Flusses durch eine Fläche spielt in der Physik eine übergreifende Rolle. Auch in der Elektrizitätslehre werden Flüsse berechnet: natürlich nur in abstrakter Form über elektrische und magnetische Felder. Hier haben wir den einfachen Fall einer Strömung, die die fragliche Fläche senkrecht durchströmt. Da die Geschwindigkeit eine radiale Abhängigkeit besitzt, berechnen wir den Fluss stufenweise: wir nehmen wie in Abb. 2.6 skizziert einen kleinen Ring der Breite dr im Abstand r von der Rohrachse an. Dieser Ring hat die Fläche $A = 2\pi r dr$ und nach Gl. 2.1 gilt somit für den Durchfluss

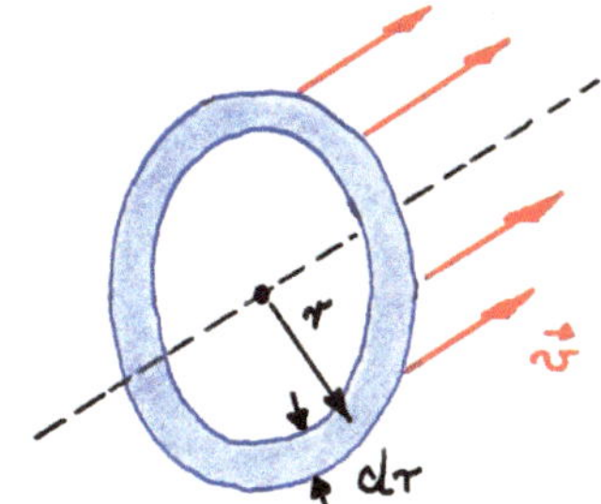

Abb. 2.6 Innerhalb des gezeichneten Kreisrings ist die Strömungsgeschwindigkeit $v(r)$ näherungsweise konstant, denn das Strömungsprofil ist rotationssymmetrisch. Das Fluid durchströmt den Ring senkrecht

$dV/t = 2\pi r v dr$. Der gesamte Durchfluss während der Zeit t ist also:

$$\frac{V}{t} = \int_0^R 2\pi r \frac{p_1 - p_2}{4\eta L}\left(R^2 - r^2\right) dr = \int_0^R \pi \frac{p_1 - p_2}{2\eta L}\left(rR^2 - r^3\right) dr$$

bzw.

$$\boxed{\frac{V}{t} = \frac{\pi R^4}{8\eta L}\left(p_1 - p_2\right)}. \tag{2.5}$$

Das Gesetz beschreibt die laminare Durchströmung eines Rohres mit Radius R und mit der Länge L durch ein Fluid mit der dynamischen Viskosität η. Es wird **Gesetz von Hagen-Poiseuille** genannt. Fasst man $F_R = \pi R^2(p_1 - p_2)$ als Nettokraft auf, die nötig ist, die Strömung im Rohr aufrechtzuerhalten, und definiert man eine mittlere Strömungsgeschwindigkeit $\bar{v}$, mit der die Durchflussmenge durch das Rohr gleich $\pi R^2 \bar{v}$ ist, dann können wir aus Gl. 2.5

$$\pi R^2 \bar{v} = \frac{R^2}{8\eta L} F_R$$

die **Reibungskraft** in der folgenden Form freistellen:

$$\boxed{F_R = 8\pi\eta L \bar{v}}.$$

2.1.5 Wenn Körper umströmt werden

Nicht nur das Verhalten von Strömungen in Rohren ist in der Technik interessant, sondern auch die Kraft, die auf einen Körper wirkt, wenn er einer Strömung ausgesetzt wird oder sich in ihr bewegt. Besonders wichtig ist das bei Fahrzeugen. Hier ist es so, dass sich das Objekt bewegt, während das umgebende Medium, in der Regel Luft, ruht. Die auftretende Kraft wird **Strömungswiderstand** genannt. Bei Fahrzeugen ist bei höheren Geschwindigkeiten der Strömungswiderstand deutlich höher als die Rollreibungskraft. Werden unterschiedliche Körper in ein und dasselbe Fluid gebracht, so ist unter sonst gleichen Strömungsbedingungen eine unterschiedliche Kraftwirkung F_R zu beobachten.

Sie hängt von der geometrischen Form des Körpers ab. Entscheidend geht die angeströmte Querschnittsfläche A ein. Dazu ist die Kraft natürlich proportional zum Staudruck $\rho v^2/2$. So kann man schreiben:

$$F_R = c_W A \frac{\rho v^2}{2}. \tag{2.6}$$

Der dimensionslose Faktor c_W wird **Widerstandsbeiwert** genannt. Die Werte von c_W hängen stark von der Anströmgeometrie ab und bewegen sich von ca. 0,06 bei der strömungstechnisch idealen Tropfenform bis hin zu 1,1 bei kreisförmigen oder quadratischen Platten, die senkrecht in der Strömung stehen. Wichtig ist auch, dass bei Gl. 2.6 Verwirbelungen berücksichtigt sind. Die Strömung ist also zum Teil **turbulent**.

Eine Größe, mit deren Hilfe man ganz allgemein eine laminare und eine turbulente Strömung unterscheiden kann, ist die **Reynolds-Zahl *Re***:

$$Re = \frac{\rho L v}{\eta}.$$

ρ ist dabei die Dichte des Fluids und L eine charakteristische Abmessung des Körpers wie etwa ein Kugeldurchmesser oder die Länge eines Gegenstandes. Die Reynolds-Zahl macht Strömungen in unterschiedlichen Maßstäben vergleichbar. Grundsätzlich kann man nämlich keinesfalls einen Körper und eine Strömungsgeschwindigkeit einfach skalieren. Vielmehr muss man zum Beispiel die Geschwindigkeit der Strömung verdoppeln, wenn man die charakteristische Abmessung (und damit den ganzen Körper) um den Faktor zwei verkleinert.

Die Reynolds-Zahl erlaubt es auch, das Umschlagen von laminarer in turbulente Strömung genauer zu charakterisieren. Die **kritische Reynolds-Zahl** spezifiziert dieses Umschlagen, wobei der Übergang nicht abrupt erfolgt. Für ein kreisrundes Rohr (L entspricht hier dem Rohrdurchmesser) etwa ist die kritische Reynolds-Zahl $Re_{krit} = 2320$. Lässt man Luft der Dichte $\rho = 1{,}293\,\mathrm{kg/m^3}$ und der dynamischen Viskosität $\eta = 1{,}71 \cdot 10^{-5}\,\mathrm{Pa \cdot s}$ durch ein Rohr mit Durchmesser $L = 0{,}02\,\mathrm{m}$ strömen, wird die Strömung bei einer Geschwindigkeit von $v = 1{,}5\,\mathrm{m/s}$ turbulent.

2.2 Warum es kein Perpetuum Mobile zweiter Art gibt

Ein Perpetuum Mobile zweiter Art ist eine Maschine, die Wärme vollständig in mechanische Arbeit umwandelt und sonst keine Änderung in ihrer Umgebung herbeiführt. Ein Traum also; in diesem Abschnitt werden wir uns mit den real möglichen Wärmekraftmaschinen und ihren Grenzen beschäftigen. Eine besonders im Hinblick auf die Energiediskussion interessante Maschine ist die in Abb. 2.7 gezeigte **Stirlingmaschine**, besser bekannt als **Heißluftmotor**. Ein besserer Name wäre allerdings **Heißgasmotor**, denn der Motor kann mit vielen Gasen als Arbeitsgas betrieben werden. Sein besonderer Vorteil

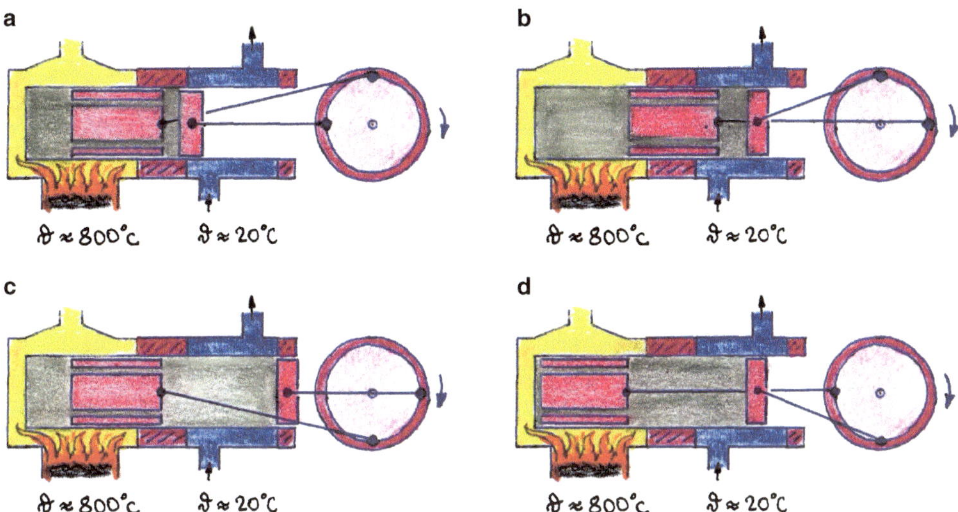

Abb. 2.7 Seit langem bekannt ist die Stirlingmaschine. Sie arbeitet mit einem abgeschlossenen Gasvolumen und zwei Kolben. Mit dem *rechten* Kolben wird mechanische Arbeit verrichtet, der linke Kolben ist ein reiner Verdrängerkolben. Im linken Teil des Zylinders wird das Arbeitsgas erhitzt, im *rechten* Teil gibt es Wärme ab. In Teilbild **a** hat das Gas sein geringstes Volumen und befindet sich im Wesentlichen in Kontakt mit der heißen Zylinderwand *links*. Das Gas erwärmt sich, expandiert und bewegt den Arbeitskolben und – indirekt – auch den Verdrängerkolben nach *rechts*. In Teilbild **b** hat der Verdrängerkolben seinen *rechten* Totpunkt erreicht: das Arbeitsgas befindet sich fast vollständig im *linken*, heißen Teil des Zylinders und es wird Wärmeenergie zugeführt. Dafür leistet es mechanische Arbeit (Teilbild **c**). Der Verdrängerkolben wird dabei wiederum nach *links* bewegt und schiebt das heiße Gas in den gekühlten Teil des Zylinders. Das Gas wird komprimiert und seine Kompressionswärme abgeführt (Teilbild **d**)

ist es, dass die Erzeugung der benötigten hohen Temperatur durch „unedle" Brennstoffe erfolgen kann. Der Motor arbeitet ohne Ventile und ohne Zündung.

Animation 6

Um den Heißgasmotor zu verstehen, müssen wir uns mit den Phänomenen der **Wärmeausdehnung**, der **Zustandsgleichung** der Gases, mit der **Wärmeleitung** und mit **Zustandsänderungen** der Gase beschäftigen. Das Fundament unserer Betrachtungen werden schließlich die **Hauptsätze der Thermodynamik** sein.

2.2.1 Temperatur und Volumen – zwei unzertrennliche Freunde

Dass man sich an heißen Gegenständen die Finger verbrennen kann, lernt man bereits als Kind. Der Temperaturbegriff ist uns also aus dem Alltag bereits vertraut. Wir selbst besitzen ein Sinnesorgan für Temperatur. Zur quantitativen Messung ist dies allerdings wenig geeignet, denn es lässt sich leicht täuschen. Taucht man seine Hand in kaltes Wasser, erscheint ein hinterher angefasster lauwarmer Gegenstand als heiß. Fasst man ihn mit einer Hand an, die vorher in sehr warmes Wasser getaucht wurde, dann erscheint der Gegenstand eher kalt. Als ersten Schritt müssen wir also eine Skala festlegen, die eine quantitative Messung der Temperatur ermöglicht. Hierzu benötigt man zwei unveränderliche und immer wieder leicht reproduzierbare Temperaturen, zwischen denen man eine Temperaturskala aufspannen kann. Es gab in der Geschichte einige wundersame Ansätze hierzu, so zum Beispiel die **Fahrenheitskala**, deren oberer Fixpunkt die Bluttemperatur des Menschen (festgesetzt als 96 Fahrenheit) war. Ein weiterer Fixpunkt war der Eispunkt des Wassers (festgesetzt als 32 Fahrenheit). Etwas genauer war die **Celsiusskala**, die den Eispunkt und den Siedepunkt des reinen Wassers als Fixpunkte verwendet und die Differenz in 100 Grade unterteilt. Wird die Temperatur in der Einheit **Celsius** angegeben (sie ist keine SI-Einheit!), dann schreibt man für die Temperatur den Buchstaben ϑ.

In der Wissenschaft wird heute ausnahmslos die **thermodynamische Temperatur T** in der Einheit **1 Kelvin = 1 K** verwendet, sie ist eine **SI-Basiseinheit**:

▶ **Definition** Der untere Fixpunkt der Kelvinskala ist der absolute Nullpunkt, also die tiefste darstellbare Temperatur. Der obere Fixpunkt ist der Tripelpunkt des reinen Wassers, also die Temperatur, bei der Wasser, Dampf und Eis koexistieren können. Den Temperaturbereich zwischen unterem und oberem Fixpunkt unterteilt man in 273,16 Teile und erhält damit die Einheit 1 Kelvin.

Der Zahlenfaktor ist eigentlich willkürlich, ist aber so gewählt, dass sich die Temperaturdifferenzen von 1 ° Celsius und 1 Kelvin entsprechen. Zwischen der thermodynamischen Temperatur und der Celsius-Temperatur besteht der Zusammenhang:

$$T = (273,15 + \vartheta/{}^\circ\mathrm{C})\,\mathrm{K}\,.$$

Nun können wir uns mit dem Zusammenhang zwischen Volumen und Temperatur beschäftigen. Die Änderung des Volumens infolge Temperaturänderung kann groß sein, wie die Stirlingmaschine zeigt. Das ist insbesondere bei Gasen so; gerade hier sind die Zusammenhänge aber kompliziert. Wir wollen zunächst einmal den **Festkörper** betrachten. Auch er dehnt sich bei Temperaturerhöhung aus, allerdings ist diese Volumenänderung wenig spektakulär und im Alltag nur selten direkt beobachtbar. Betrachten wir einen Stab der Länge L, dessen Querabmessungen im Vergleich zu L sehr klein sind. Erwärmen wir den Stab um eine Temperaturdifferenz von ΔT, beobachten wir eine Längenänderung ΔL, die proportional zur Temperaturänderung ΔT und proportional zur Länge L

des Stabes ist:

$$\Delta L = \alpha L \Delta T \,. \tag{2.7}$$

Bei genauerer Betrachtung zeigt es sich, dass dieser Zusammenhang nicht ganz exakt gilt, denn die Proportionalitätskonstante α, der **mittlere Längenausdehnungskoeffizient**, ist selbst geringfügig von der Temperatur abhängig. Die Werte von α liegen zwischen $0{,}5 \cdot 10^{-6}\,\mathrm{K}^{-1}$ für Quarzglas und $2 \cdot 10^{-4}\,\mathrm{K}^{-1}$ für Polyethylen. Eine Stahllegierung mit besonders niedriger Längenausdehnung ist **Invar** mit $\alpha = 0{,}9 \cdot 10^{-6}\,\mathrm{K}^{-1}$. Die Werte gelten für den Bereich der Raumtemperatur (ca. $\pm 40\,°\mathrm{C}$).

Beispiel

Die in Abb. 2.8 gezeigte Anordnung besteht aus zwei Rohren der Länge l_1 und l_2 sowie einer Stange der Länge l_3. Die Rohre und die Stange sind in der skizzierten Weise verbunden, so dass $\overline{PQ} = l = 1\,\mathrm{m}$ gilt. Das Rohr mit der Länge l_1 und die Stange mit der Länge l_3 sind aus Stahl ($\alpha_{\mathrm{Stahl}} = 9{,}5 \cdot 10^{-6}\,\mathrm{K}^{-1}$), das Rohr mit der Länge l_2 ist aus Aluminium ($\alpha_{\mathrm{Al}} = 23{,}8 \cdot 10^{-6}\,\mathrm{K}^{-1}$). Wie lang muss l_2 gewählt werden, wenn sich bei Temperaturänderungen der Anordnung die Gesamtlänge l nicht verändern soll?

Lösung: Die Längenänderung $\Delta L_{\mathrm{Stahl}} = (l_1 + l_3)\,\alpha_{\mathrm{Stahl}}\Delta T$ von Rohr und Stange muss durch die Längenänderung des Aluminiumrohres $\Delta L_{\mathrm{Al}} = l_2\alpha_{\mathrm{Al}}\Delta T$ ausgeglichen werden:

$$(l_1 + l_3)\,\alpha_{\mathrm{Stahl}}\Delta T = l_2\alpha_{\mathrm{Al}}\Delta T \,.$$

Für die Gesamtlänge l gilt natürlich $l = l_1 - l_2 + l_3$, so dass wir mit $l + l_2 = l_1 + l_3$ schreiben können:

$$(l + l_2)\,\alpha_{\mathrm{Stahl}} = l_2\alpha_{\mathrm{Al}} \quad \text{bzw.} \quad l_2 = \frac{\alpha_{\mathrm{Stahl}}\,l}{\alpha_{\mathrm{Al}} - \alpha_{\mathrm{Stahl}}} \quad \text{bzw.} \quad l_2 = 0{,}66\,\mathrm{m}\,.$$

Übrigens ist es unerheblich, wie lange l_1 und l_3 gewählt werden, solange mit $l_1 + l_3 = 1{,}66\,\mathrm{m}$ gilt und der Aufbau mechanisch realisierbar ist.

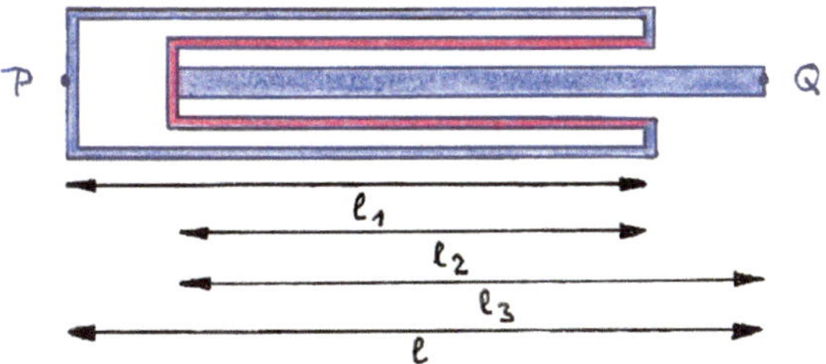

Abb. 2.8 Die Anordnung hat die Aufgabe, den Abstand zwischen den Punkten P und Q unabhängig von der Temperatur konstant zu halten. Die Ausdehnung des *blau gezeichneten* Metalls wird durch den höheren Längenausdehnungskoeffizienten des *roten* Metalls exakt kompensiert

Natürlich dehnen sich dreidimensionale Körper auch in alle drei Raumrichtungen aus. Betrachten wir statt des Stabes einen Würfel mit Kantenlänge L, dann gilt die Längenänderung von Gl. 2.7 für alle drei Raumrichtungen, so dass wir bei Temperaturänderung ΔT das Volumen zu

$$V = (L + \Delta L)^3 = (L + \alpha L \Delta T)^3 = L^3 \left(1 + 3\alpha\Delta T + 3\alpha^2\Delta T^2 + \alpha^3\Delta T^3\right)$$

berechnen können. Die letzten beiden Summanden können wegen $\alpha\Delta T \ll 1$ in guter Näherung vernachlässigt werden, so dass mit $V_0 = L^3$ gilt:

$$V = V_0 \left(1 + 3\alpha\Delta T\right) .$$

Die Größe $\gamma = 3\alpha$ wird **kubischer Ausdehnungskoeffizient** oder **Volumenausdehnungskoeffizient** genannt und findet besonders bei Flüssigkeiten Verwendung.

Nun zu den Gasen. Hier liegen die Dinge komplizierter. Das im Stirlingmotor (Abb. 2.7) eingeschlossene Arbeitsgas wird während eines Arbeitszyklus komprimiert und es expandiert auch wieder. Dabei durchläuft der Druck im Zylinder eine nicht ganz einfache Funktion des Volumens. Die Ursache der Expansion ist eine Temperaturerhöhung des Gases. Wir haben hier also bereits drei Größen genannt, die den Zustand des Arbeitsgases bestimmen: den **Druck p**, die **Temperatur T** und das **Volumen V**. Eigentlich kommt noch die **Stoffmenge ν** dazu, die im Zylinder eingeschlossen ist; sie ist aber während des Prozesses unveränderlich. Zwischen all diesen Größen gilt unter bestimmten Bedingungen der einfache Zusammenhang:

$$\boxed{pV = NkT = \nu RT \quad \text{oder} \quad \frac{pV}{T} = \text{konst.}} \tag{2.8}$$

Diese Gleichung wird **Zustandsgleichung des idealen Gases** genannt. N ist die Anzahl der Atome oder Moleküle im Zylinder und $k = 1{,}38066 \cdot 10^{-23}$ J/K ist die **Boltzmann-Konstante**. Da die Teilchenzahl N in der Praxis nicht bestimmbar ist, verwendet man – insbesondere in der Chemie – die **Stoffmenge ν**. Sie wird in der Einheit mol angegeben und ist eine **SI-Basiseinheit**:

▶ **Definition**   1 mol ist diejenige Stoffmenge ebenso vieler spezifizierter elementarer Einzelteilchen, wie Atome in 0,012 kg des Nuklids ^{12}C enthalten sind.

1 mol entspricht etwa $6{,}022141 \cdot 10^{23}$ Atomen oder Molekülen. Für diese Anzahl definiert man die **Avogadrokonstante** zu $N_\mathrm{A} = 6{,}022141 \cdot 10^{23}$ mol^{-1}. Für $\nu = 1$ mol und damit $N = N_\mathrm{A}$ folgt mit $R = 8{,}314472\,\mathrm{J} \cdot \mathrm{mol}^{-1}\,\mathrm{K}^{-1}$ (**molare oder allgemeine Gaskonstante**) aus Gl. 2.8 der Zusammenhang $R = N_\mathrm{A}k$.

Die Gl. 2.8 gilt, wenn sich das Gas **ideal** verhält. Was ist nun ideal? Man kann sich leicht davon überzeugen, dass das Volumen des Gases Null werden müsste, wenn die

Temperatur T Null wird. Das würde bedeuten, dass das Gas beim **absoluten Nullpunkt** kein Volumen mehr hat. Das ist natürlich absurd, da wir ja wissen, dass das Gas vorher längst flüssig wird. Die Gültigkeit von Gl. 2.8 ist also eingeschränkt, und zwar auf ein Gas, dessen Atome oder Moleküle **kein Eigenvolumen** besitzen und untereinander **keine Anziehungskraft** ausüben. Beides ist in Wirklichkeit nicht gegeben und nur näherungsweise gültig, solange wir uns weit genug von der Verflüssigungstemperatur des Gases entfernt halten. Die Edelgase, insbesondere Helium (wegen der kleinen Atome), erfüllen diese Bedingung in besonders guter Näherung.

Beispiel

Wir betrachten die Stirlingmaschine in Abb. 2.7. Der Kolben schließt im linken bzw. rechten Totpunkt ein Volumen $V_1 = 1{,}5\,l$ bzw. $V_2 = 3{,}2\,l$ ein. Die Temperaturen das Arbeitsgases betragen im linken Totpunkt $T_1 = 963\,\mathrm{K}$ und im rechten Totpunkt $T_2 = 305\,\mathrm{K}$. Wie groß ist der Druck p_2 im rechten Totpunkt, wenn der Druck p_1 im linken Totpunkt $9{,}0 \cdot 10^5\,\mathrm{Pa}$ beträgt?

Lösung: Da die Zahl der Teilchen konstant bleibt, gewinnen wir aus Gl. 2.8 den Zusammenhang:

$$\frac{p_1 V_1}{T_1} = \frac{p_2 V_2}{T_2} \quad \text{oder} \quad p_2 = \frac{p_1 T_2 V_1}{V_2 T_1} \quad \text{bzw.} \quad p_2 = 1{,}336 \cdot 10^5\,\mathrm{Pa}\,.$$

Beispiel

In einer Werkhalle werden $V_2 = 2300\,\mathrm{m}^3$ Druckluft bei einem Druck von $p_2 = 8 \cdot 10^5\,\mathrm{Pa}$ pro Stunde benötigt. Welches Luftvolumen V_1 saugt der Kompressor bei einer Außentemperatur von $\vartheta_1 = 14°$ und einem Luftdruck von $p_1 = 923\,\mathrm{hPa}$ pro Stunde an, wenn die komprimierte Luft durch die entstandene Kompressionswärme eine Temperatur von $\vartheta_2 = 38°$ hat?

Lösung: Es gilt wieder der Zusammenhang:

$$\frac{p_1 V_1}{T_1} = \frac{p_2 V_2}{T_2} \quad \text{und damit} \quad V_1 = \frac{p_2 T_1 V_2}{p_1 T_2} \quad \text{bzw.} \quad V_1 = 18{,}4 \cdot 10^3\,\mathrm{m}^3\,.$$

Es müssen also $18{,}4 \cdot 10^3\,\mathrm{m}^3$ pro Stunde angesaugt werden. Man beachte, dass nur mit der thermodynamischen Temperatur $T_1 = (273{,}15 + \vartheta_1/°\mathrm{C})\,\mathrm{K} = 287{,}15\,\mathrm{K}$ bzw. $T_2 = (273{,}15 + \vartheta_2/°\mathrm{C})\,\mathrm{K} = 311{,}15\,\mathrm{K}$ gerechnet werden darf!

Im Gegensatz zu diesen Beispielen kann man nun Prozesse mit dem Gas durchführen, bei denen jeweils eine der Zustandsgrößen konstant bleibt. Ist dies die Temperatur, wird der Vorgang als **isotherm** bezeichnet und es gilt $T_1 = T_2$. Gl. 2.8 nimmt dann die einfache

Form $p_1 V_1 = p_2 V_2$ an oder allgemein:

$$\boxed{pV = \text{konstant}}. \tag{2.9}$$

Diese Gleichung wird **Boyle-Mariottesches Gesetz** genannt. Betrachtet man eine **isobare** Prozessführung, also einen Vorgang, bei dem der Druck konstant bleibt, folgt aus Gl. 2.8 $V_1/T_1 = V_2/T_2$ oder allgemein:

$$\boxed{\frac{V}{T} = \text{konstant}}. \tag{2.10}$$

Diese Gleichung wird **1. Gay-Lussacsches Gesetz** genannt. Schließlich kann man noch das Volumen konstant halten, man nennt den Vorgang dann **isochor**, und erhält schließlich **das 2. Gay-Lussacsche Gesetz** in der Form:

$$\boxed{\frac{p}{T} = \text{konstant}}. \tag{2.11}$$

2.2.2　Wie ist das mit dem Energiesatz in der Wärmelehre ...

Der Stirlingmotor in Abb. 2.7 leistet ohne Zweifel mechanische Arbeit. Das Schwungrad besitzt Rotationsenergie und der Motor könnte über einen Seilzug Massen anheben und damit potentielle Energie erzeugen. Doch wo kommt die Energie her? Haben wir in der Mechanik nicht den Energiesatz kennengelernt, wonach Energien nur ineinander umgewandelt, aber niemals aus dem Nichts erzeugt oder vernichtet werden können? In der Mechanik haben wir an einer Stelle nicht genau hingeschaut: wenn wir von Reibungsverlusten gesprochen haben, haben wir immer eine Reibungsenergie in die Rechnung einbezogen, wir haben aber nie gefragt, was mit dieser Energie geschieht. Hätten wir zum Beispiel eine Masse, die eine längere Strecke unter Überwindung der Gleitreibungskraft über den Boden gezogen worden ist, hinterher angefasst, hätten wir festgestellt, dass sie warm geworden ist. Und das ist auch die Antwort auf die obige Frage: **Wärme** ist eine Energieform. Sie bekommt den Buchstaben Q und hat wie jede Energie die Einheit 1 Joule. Ganz offensichtlich kann man kinetische Energie in Wärme umwandeln und Wärme (in gewissem Umfang) auch wieder in kinetische Energie. Im linken Teil des Zylinders des Stirlingmotors wird über eine Flamme Wärme zugeführt, das Gas im Zylinder dehnt sich aus und es entsteht Bewegungsenergie. Wir werden später sehen, dass die vollständige Umwandlung nicht beliebig in alle Richtungen möglich ist.

Was passiert aber nun, wenn wir den Kolben im Stirlingmotor fixieren und dadurch eine Bewegung unterbinden? Das Arbeitsgas kann die Wärme aufnehmen und speichern. Sein Energiegehalt erhöht sich damit; erkennbar ist das an seiner Temperatur. Diese Energie wird **innere Energie U** genannt. Wir können also festhalten: der Energiesatz kann unter

Einbeziehung der Wärmeenergie Q auf die Thermodynamik ausgedehnt werden. Die innere Energie eines Systems kann um ΔU verändert werden, indem man die mechanische Arbeit ΔW oder die Wärme ΔQ zuführt:

$$\boxed{\Delta U = \Delta Q + \Delta W} \ . \tag{2.12}$$

Dabei gelten dem System **zugeführte Energiemengen als positiv** und **entzogene Energiemengen als negativ**. Arbeit kann vom Gas nur auf Kosten der inneren Energie geleistet werden. Die innere Energie wiederum kann durch Wärmezufuhr wieder erhöht werden. Gl. 2.12 wird **1. Hauptsatz der Thermodynamik** genannt. Da er gleichzeitig den Bau eines **Perpetuum Mobile** ausschließt, also einer Maschine, die Energie aus dem Nichts erzeugen kann, wird er auch Satz von der Unmöglichkeit eines **Perpetuum Mobile 1. Art** genannt.

Wir wollen den Zusammenhang zwischen Wärmezufuhr und Temperaturerhöhung noch genauer untersuchen. Dabei stellen wir fest, dass sich Festkörper und Flüssigkeiten deutlich einfacher beschreiben lassen als Gase. Beginnen wir also beim Festkörper bzw. bei der Flüssigkeit: wir führen eine **Energiemenge Q** zu und beobachten die **Temperaturerhöhung ΔT**. Es zeigt sich eine einfache Linearität, es gilt $Q \propto \Delta T$. Die Proportionalitätskonstante wird **Wärmekapazität C** genannt. In die Proportionalitätskonstante geht auch die Masse des Körpers ein, so dass man eine **spezifische Wärmekapazität c** definieren kann, für die $C = cm$ gilt. Sie ist eine Stoffkonstante mit der Einheit $1\,\mathrm{J/(kg\,K)}$. Die spezifischen Wärmekapazitäten der meisten Festkörper liegen zwischen $100\,\mathrm{J/kg\,K}$ und $2500\,\mathrm{J/kg\,K}$. Wasser hat mit $4182\,\mathrm{J/kg\,K}$ einen dazu im Vergleich sehr hohen Wert und besitzt somit eine hohe Speicherfähigkeit für Wärme. Neben der spezifischen Wärmekapazität ist auch noch eine **molare Wärmekapazität** $c_{\mathrm{mol}} = C/\nu$ definiert. Sie ist auf die Stoffmenge ν bezogen.

Beispiel

Auf welche Höhe h könnte man eine Masse $m = 1000\,\mathrm{kg}$ mit der Energie heben, die nötig ist, einen Liter Wasser von $10\,°\mathrm{C}$ auf $90\,°\mathrm{C}$ zu erwärmen?

Lösung: Für die Erwärmung des Wassers benötigt man die Wärmeenergie $Q = cm_{\mathrm{Was}}\Delta T = 3{,}35 \cdot 10^5\,\mathrm{J}$. Würde man die Energie für den Hub einer Masse von $1000\,\mathrm{kg}$ verwenden, könnte man die Masse gemäß $E_{\mathrm{pot}} = mgh$ auf die Höhe $h = E_{\mathrm{pot}}/mg = 34{,}1\,\mathrm{m}$ heben. Man beachte, dass man zwar die gesamte potentielle Energie in Wärme umwandeln könnte, jedoch wäre eine vollständige Rückverwandlung der Wärme in potentielle Energie unmöglich.

Für die Betrachtung der **Wärmekapazität der Gase** müssen wir uns ein genaueres Bild vom Wesen der Wärmeenergie machen. Wärme ist im Grunde nur kinetische Energie der Atome oder Moleküle. Beim Festkörper sind die Atome nicht frei beweglich, sondern können nur um die Ruhelage schwingen. Beim Gas dagegen haben die Teilchen

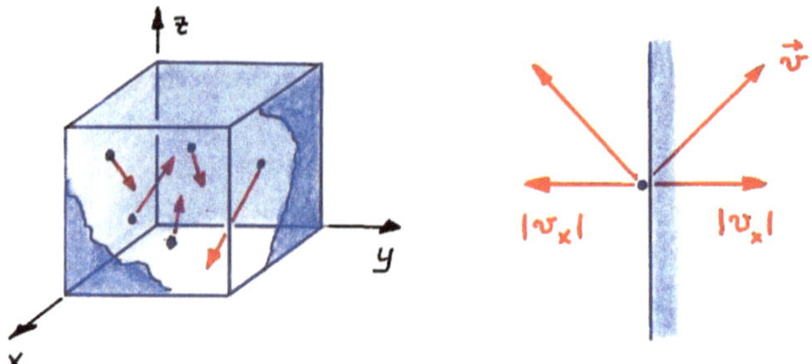

Abb. 2.9 Ein ideales Gas befindet sich in einem Würfel der Kantenlänge L. Bei einem schrägen Stoß auf eine Wand (Abb. *rechts*) wechselt nur die x-Komponente der Geschwindigkeit $\vec{v}$ das Vorzeichen. Die zur Wand parallele Komponente bleibt unverändert

den gesamten Raum zur Verfügung, den man ihm gibt. Wärmezufuhr erhöht die Temperaturbewegung. Die **mittlere Geschwindigkeit** der Teilchen erhöht sich. Die stoßen mit höheren Geschwindigkeit auf die Wandungen des Gefäßes und damit erhöht sich der Druck des Gases.

Zur quantitativen Beschreibung betrachten wir einen Würfel mit der Kantenlänge L, in dem N Atome eines Gases eingeschlossen sind (Abb. 2.9). Es soll sich dabei aus später einzusehenden Gründen um ein Edelgas, also ein einatomiges Gas handeln. An den massiven, unnachgiebigen Wänden führen die Atome elastische Stöße aus, bei denen wegen der extremen Massenverhältnisse das Gefäß praktisch gar nicht bewegt wird. Jedes Atom hat die gleiche Masse m_A jedoch eine eigene Geschwindigkeit $\vec{v}_i$. Mit dieser Geschwindigkeit prallt das Atom z. B. auf die vordere (zur yz-Ebene parallele) Fläche. Wir nehmen zunächst einmal an, es gäbe im Volumen nur dieses eine Atom. Bei dem unelastischen Stoß mit der Wand verändern sich die y- und z-Komponenten des Geschwindigkeitsvektors nicht. Die x-Komponente wird umgekehrt, die **Änderung der Geschwindigkeit** ist $2v_x$. Das bedeutet nun, dass der Impulsübertrag auf die Wand $2m_A v_x$ ist. Wie wahrscheinlich ist nun ein Stoß, wenn wir einen begrenzten Beobachtungszeitraum Δt zulassen? Ein Atom stößt innerhalb dieser Zeit nur dann auf die Wand, wenn es sich im Abstand $v_x \Delta t$ von der Wand befindet. Ansonsten erreicht das Atom die Wand nicht. Bezogen auf den Würfel muss es sich also innerhalb des Volumens $L^2 v_x \Delta t$ aufhalten. Da dem Atom das Volumen L^3 zur Verfügung steht, ist die Wahrscheinlichkeit für den Aufenthalt im Stoßvolumen $L^2 v_x \Delta t / L^3 = v_x \Delta t / L$. Das ist aber noch nicht die Stoßwahrscheinlichkeit. Hier spielt auch noch die Geschwindigkeit v_x eine Rolle. Wie wahrscheinlich ist es überhaupt, dass sich das Atom auf die Wand zubewegt? Es könnte sich ja auch in y- oder z-Richtung bewegen. Oder genau von der Wand weg. Dem Atom stehen sechs Flächen und auch sechs Flugrichtungen zur Verfügung und alle sind gleich wahrscheinlich. Die Stoßwahrscheinlichkeit ist also 1/6 der Aufenthaltswahrscheinlichkeit im Stoßvolumen.

Zusammenfassend wird also in der Zeit Δt im statistischen Mittel der Impuls

$$\Delta p = (2m_\mathrm{A} v_x) \cdot \left(\frac{v_x \Delta t}{6L} \right) = \frac{m_\mathrm{A} \Delta t\, v_x^2}{3L}$$

übertragen. Man beachte, dass hier $v_x > 0$ angenommen wurde. Die kinetische Energie des Atoms ist $E_\mathrm{kin} = m_\mathrm{A} v_x^2/2$, so dass wir schreiben können:

$$\Delta p = \frac{2\Delta t}{3L} \cdot \frac{m_\mathrm{A} v_x^2}{2} = \frac{2\Delta t}{3L} \cdot E_\mathrm{kin}\,.$$

Da wir eine große Anzahl N von Teilchen im Volumen betrachten, ist der Impulsübertrag aller Teilchen auf die Wand die Summe aller Einzelimpulsüberträge. Wir summieren also über alle i Teilchen:

$$\Delta p_\mathrm{ges} = \sum_{i=1}^{N} \frac{2\Delta t}{3L} \cdot E_{\mathrm{kin}\,i}\,.$$

Definieren wir die **mittlere kinetische Energie eines Atoms** in der Form

$$\bar{E}_\mathrm{kin} = \frac{1}{N} \sum_{i=1}^{N} E_{\mathrm{kin}\,i}$$

können wir schreiben:

$$\Delta p_\mathrm{ges} = \frac{2N\Delta t}{3L} \cdot \bar{E}_\mathrm{kin}\,.$$

Mit $F = \Delta p_\mathrm{ges}/\Delta t$ sowie $p = F/L^2$ für den Druck im Würfel erhalten wir:

$$p = \frac{2N}{3L^3} \cdot \bar{E}_\mathrm{kin}\,.$$

Da $V = L^3$ gilt, wird daraus:

$$pV = \frac{2N}{3} \bar{E}_\mathrm{kin}\,.$$

Vergleicht man diese Gleichung mit Gl. 2.8, erkennt man den Zusammenhang:

$$\boxed{\bar{E}_\mathrm{kin} = \frac{3}{2} kT}\,. \tag{2.13}$$

Die **mittlere kinetische Energie** eines einzelnen Atoms ist also proportional zur thermodynamischen Temperatur T. Das bestätigt die oben getätigte Aussage, dass es sich bei der Wärme letzten Endes um eine Bewegung von Teilchen handelt. Gl. 2.13 ermöglicht noch eine weitere Erkenntnis: das Gas kann sich im Raum in drei Dimensionen bewegen.

Statistisch entfällt also auf jeden dieser **Freiheitsgrade** eine mittlere kinetische Energie von

$$\boxed{\bar{E}_{\mathrm{kin}\,f} = \frac{1}{2}kT}. \tag{2.14}$$

Betrachtet man zwei- oder mehratomige Moleküle, dann muss noch die Möglichkeit der Rotation in Betracht gezogen werden. In der steckt ebenfalls Energie. Ein zweiatomiges Molekül kann prinzipiell um zwei zur Bindungsachse senkrecht stehende Achsen rotieren. Es hat also zusätzlich zu den Freiheitsgraden der Translation noch zwei Rotationsfreiheitsgrade, also fünf Freiheitsgrade insgesamt.

Obwohl Gl. 2.14 für ein ideales Gas abgleitet worden ist, gilt es erstaunlicherweise auch für Festkörper. Allerdings können in Festkörpern die Atome ihre Position nicht verlassen, sondern lediglich Schwingungen um ihre Gleichgewichtslage ausführen. Zunächst haben sie damit natürlich drei Bewegungsrichtungen und damit auch drei Freiheitsgrade zur Verfügung. Entfernt man ein Atom von seiner Gleichgewichtslage, gewinnt es potentielle Energie, so wie eine Masse bei einem Feder-Masse-System potentielle Energie gewinnt. Diese potentielle Energie ist beim Schwingungsablauf im Mittel genauso groß wie die kinetische Energie, so dass man bei der Energie des Festkörpers neben der kinetischen Energie noch den gleichen Betrag potentieller Energie hinzufügen kann. Formal kann man also mit sechs Freiheitsgraden rechnen. Wärmezufuhr erhöht die verfügbare Schwingungsenergie im Festkörper mit seinen N Atomen. Für die zugeführte Wärme gilt also mit Gl. 2.14 $\Delta Q = 6 \cdot N(k\Delta T/2) = 3kN\Delta T$. Vergleicht man mit den Wärmekapazitäten $\Delta Q = C\Delta T = cm\Delta T = \nu c_{\mathrm{mol}}\Delta T$, erhält man für die **Wärmekapazität C** des Festkörpers:

$$\boxed{C = 3kN = 3k\nu N_{\mathrm{A}} = 3\nu R}.$$

Hier wurden die Zusammenhänge $N = \nu N_{\mathrm{A}}$ und $R = N_{\mathrm{A}}k$ benutzt. Die **molare Wärmekapazität** des Festkörpers ist:

$$\boxed{c_{\mathrm{mol}} = \frac{C}{\nu} = \frac{3kN}{\nu} = 3R}.$$

Dieses Gesetz wird **Regel von Dulong-Petit** genannt. Es ist für viele Festkörper bei Raumtemperatur gültig. Bei niedrigen Temperaturen werden die Schwingbewegungen zunehmend erschwert und die Wärmekapazität geht beim absoluten Nullpunkt gegen Null. Es ist gebräuchlich, eine weitere Gaskonstante einzuführen: sie ist definiert durch $R_{\mathrm{S}} = R/m_{\mathrm{mol}}$, wobei m_{mol} die **molare Masse** ist, also die Masse von N_{A} Teilchen: $m_{\mathrm{mol}} = N_{\mathrm{A}}m_{\mathrm{A}}$. R_{S} wird **spezifische Gaskonstante** genannt und ist eine Stoffkonstante. Für die **spezifische Wärmekapazität c** des Festkörpers gilt damit der Zusammenhang

$$c = \frac{C}{m} = \frac{3kN}{m} = \frac{3k}{m_{\mathrm{A}}} = \frac{3kN_{\mathrm{A}}}{m_{\mathrm{A}}N_{\mathrm{A}}} = \frac{3kN_{\mathrm{A}}}{m_{\mathrm{mol}}} = \frac{3R}{m_{\mathrm{mol}}} = 3R_{\mathrm{S}}. \tag{2.15}$$

Bringt man in einem **abgeschlossenen System** (also einem System, bei dem weder Wärme noch Materie raus oder rein kann) zwei Körper unterschiedlicher Temperatur in

Kontakt, stellt sich nach einiger Zeit eine **gemeinsame Temperatur** ein. Der heiße Körper kühlt ab, der kalte heizt sich etwas auf. Der Zustand wird **thermisches Gleichgewicht** genannt und setzt Gleichheit der Temperatur voraus. Diese leicht einzusehende Binsenweisheit wird **0. Hauptsatz der Thermodynamik** genannt:

▶   Stehen die Systeme 1 und 2 sowie 2 und 3 jeweils im thermischen Gleichgewicht, dann stehen auch die Systeme 1 und 2 im thermischen Gleichgewicht.

Beispiel

Wir wollen hier zwei Massen, nämlich 1 kg Aluminium der Temperatur $\vartheta_{Al} = 10\,°C$ und 2 kg Blei der Temperatur $\vartheta_{Pb} = 150\,°C$ in Kontakt bringen. Welche gemeinsame Temperatur ϑ_{Misch} stellt sich nach längerer Zeit ein? Damit das System abgeschlossen ist, bringen wir die beiden Metalle im Vakuum zusammen, so dass keine Wärmeleitung über die Luft erfolgen kann. Außerdem umschließen wir die Metalle lückenlos mit einer reflektierenden Metallfolie, so dass auch keine Strahlung nach außen dringen kann! (Man sieht an diesen Vorkehrungen, dass die experimentelle Realisierung eines abgeschlossenen Systems aufwändig ist).

Lösung: Das Blei ($m_{Pb} = 2\,kg$) gibt die Wärme $\Delta Q_{ab} = c_{Pb} m_{Pb}(T_{Misch} - T_{Pb})$ ab und das Aluminium ($m_{Al} = 1\,kg$) nimmt die Wärme $\Delta Q_{auf} = c_{Al} m_{Al}(T_{Misch} - T_{Al})$ auf. T_{Misch} ist die gemeinsame Temperatur nach Erreichen des thermischen Gleichgewichts. Es ist außerdem $T_{Al} = 283{,}15\,K$ und $T_{Pb} = 423{,}15\,K$. Da das System abgeschlossen ist, gilt $\Delta Q_{auf} + \Delta Q_{ab} = 0$ oder

$$c_{Al} m_{Al} \left(T_{Misch} - T_{Al}\right) + c_{Pb} m_{Pb} \left(T_{Misch} - T_{Pb}\right) = 0\,.$$

Mit den experimentellen Werten der spezifischen Wärmen $c_{Pb} = 129\,J/(kg\,K)$ und $c_{Al} = 896\,J/(kg\,K)$ kann man die Mischtemperatur berechnen:

$$T_{Misch} = \frac{c_{AL} m_{Al} T_{Al} + c_{Pb} m_{Pb} T_{Pb}}{c_{Al} m_{Al} + c_{Pb} m_{Pb}} = 314{,}4\,K\,.$$

Die theoretischen Werte der spezifischen Wärmekapazitäten gemäß Gl. 2.15 sind $c_{Pb} = 120{,}39\,J/(kg \cdot K)$ und $c_{Al} = 924{,}4\,J/(kg \cdot K)$ und weichen von den experimentellen Werten etwas ab.

Wir wollen uns nun mit der Wärmekapazität der Gase beschäftigen, was deutlich schwieriger ist als bei den Festkörpern. Die innere Energie eines idealen Gases bestehend aus N Teilchen kann als Summe aller mittleren kinetischen Energien der Atome oder Moleküle nach Gl. 2.14 berechnet werden:

$$U = \frac{f}{2} N k T\,. \tag{2.16}$$

f ist die Zahl der Freiheitsgrade. Wir betrachten zunächst **einen isochoren Prozess**, eine Zustandsänderung also, bei der das Volumen des Gases konstant bleibt. Expansion oder Kompression kann dann nicht stattfinden und damit kann auch keine mechanische Arbeit im Spiel sein. Die zu- ($\Delta Q > 0$) oder abgeführte ($\Delta Q < 0$) Wärmemenge erhöht oder erniedrigt dann beim idealen Gas ausschließlich die innere Energie U, so dass $\Delta Q = \Delta U = mc_V \Delta T$ gilt. Der Index „V" bei der spezifischen Wärmekapazität weist hier auf das konstante Volumen hin. Mit U aus Gl. 2.16 folgt:

$$mc_V \Delta T = \frac{f}{2} N k \Delta T \,.$$

Hieraus erhalten wir unter Benutzung von $m = N m_\mathrm{A}$, $R = N_\mathrm{A} k$ und $m_\mathrm{mol} = N_\mathrm{A} m_\mathrm{A}$ für die **spezifische Wärmekapazität bei konstantem Volumen**:

$$c_V = \frac{f}{2} \cdot \frac{N}{m} k = \frac{f}{2} \cdot \frac{k}{m_\mathrm{A}} = \frac{f}{2} \cdot \frac{R}{m_\mathrm{A} N_\mathrm{A}} = \frac{fR}{2 m_\mathrm{mol}} = \frac{f R_\mathrm{S}}{2} \,. \qquad (2.17)$$

Für die **molare Wärmekapazität bei konstantem Volumen** gilt:

$$\nu c_{V\,\mathrm{mol}} = \frac{f}{2} N k$$

oder

$$c_{V\,\mathrm{mol}} = \frac{f}{2} \cdot \frac{N}{\nu} k = \frac{f}{2} \cdot N_\mathrm{A} k = \frac{f}{2} \cdot R \,. \qquad (2.18)$$

Nun betrachten wir einen **isobaren Prozess**, wir halten also den Druck konstant. Damit das gelingt, muss sich das Volumen während einer Erwärmung also vergrößern. Das Gas expandiert und leistet möglicherweise mechanische Arbeit. Diese muss in die energetischen Betrachtungen mit einbezogen werden. Wir betrachten wieder eine gewisse Menge eines Edelgases, das durch einen Kolben in einem Zylinder eingeschlossen ist. Führen wir von außen eine kleine Wärmemenge ΔQ_p zu, erhöhen wir die innere Energie des Gases um den Wert ΔU. Damit der Druck konstant bleibt, müssen wir den Kolben freigeben, es wird also Arbeit geleistet. Das Gas übt auf den Kolben der Querschnittsfläche A eine Kraft pA aus. Verschiebt sich der Kolben um die kleine Wegstrecke Δx, dann ist die geleistete Arbeit $\Delta W_\mathrm{A} = pA \Delta x$. Da $\Delta V = A \Delta x$ die Volumenänderung ist, gilt:

$$\Delta Q_p = \Delta U + \Delta W = \Delta U + p \Delta V \,.$$

Mit $\Delta Q_p = C_p \Delta T$ kann dann die Wärmekapazität bei konstantem Druck für $\Delta T \to 0$ als Differentialquotient geschrieben werden:

$$C_p = \frac{\mathrm{d}Q_p}{\mathrm{d}T} = \frac{\mathrm{d}U}{\mathrm{d}T} + p \frac{\mathrm{d}V}{\mathrm{d}T} \,. \qquad (2.19)$$

Differenziert man die Zustandsgleichung des idealen Gases (Gl. 2.8) nach T, so erhält man im isobaren Fall:

$$\frac{d}{dT}(pV) = \frac{d}{dT}NkT \quad \text{bzw.} \quad p\frac{dV}{dT} = Nk \quad \text{oder} \quad \frac{dV}{dT} = \frac{Nk}{p}. \tag{2.20}$$

Wegen $\Delta U = mc_V \Delta T = C_V \Delta T$ gilt für den Differentialquotienten $\frac{dU}{dT} = C_V$. Es mag verwundern, dass wir für eine kleine Änderung ΔU der inneren Energie die spezifische Wärme für konstantes Volumen eingesetzt haben, obwohl der Prozess nicht isochor verläuft. Da aber die innere Energie, wie wir mit Gl. 2.16 festgestellt haben, ausschließlich von der Temperatur T abhängt, gilt $\Delta U = mc_V \Delta T$ auch für jeden anderen Prozess, der beim gleichen Temperaturunterschied ΔT abläuft, denn die innere Energie hängt ja auch bei diesem Prozess nur von der Temperatur T ab.

Aus Gl. 2.19 erhalten wir damit folgenden Zusammenhang zwischen den Wärmekapazitäten:

$$\boxed{C_p = C_V + Nk}. \tag{2.21}$$

Dividiert man durch die Masse des Gases, erhält man einen Zusammenhang für die spezifischen Wärmekapazitäten:

$$\frac{C_p}{m} = \frac{C_V}{m} + \frac{Nk}{m}.$$

Mit $R = N_A k$, $N = \nu N_A$, $m = \nu m_{\text{mol}}$ sowie $R_S = R/m_{\text{mol}}$ folgt:

$$c_p = c_V + \frac{NR}{N_A m} = c_V + \frac{\nu R}{m} = c_V + \frac{R}{m_{\text{mol}}} \quad \text{bzw.}$$

$$\boxed{c_p = c_V + R_S}. \tag{2.22}$$

Für die molaren Wärmekapazitäten gilt:

$$\frac{C_p}{\nu} = \frac{C_V}{\nu} + \frac{Nk}{\nu} = c_{V\,\text{mol}} + N_A k$$

oder:

$$\boxed{c_{p\,\text{mol}} = c_{V\,\text{mol}} + R}. \tag{2.23}$$

Die Kenntnis der Wärmekapazitäten ermöglicht es uns nun, Zustandsänderungen auch hinsichtlich des Wärmeaustauschs und hinsichtlich der abgegebenen oder aufgenommenen mechanischen Arbeit zu untersuchen. Ziel ist es, den eingangs vorgestellten Stirlingmotor auch bezüglich seines Wirkungsgrades zu beschreiben.

2.2.3 Keine Zustandsänderung ohne Energieaustausch

Wir wollen uns im Detail einige Zustandsänderungen ansehen, mit denen wir später nicht nur den Kreisprozess des Stirlingmotors beschreiben können, sondern auch den anderer Wärmekraftmaschinen. Wir wollen dabei das Arbeitsgas als ideal ansehen, auch wenn das in Wirklichkeit nicht so ganz der Fall ist.

Isotherme Zustandsänderung

Bei der **isothermen Zustandsänderung** wird die Temperatur konstant gehalten, also $T =$ konst. Bei der Zustandsgl. 2.8 bedeutet das, dass $pV =$ konst. ist. In der Thermodynamik ist es üblich, Zustandsänderungen im pV-Diagramm darzustellen. Auf der Abszisse wird V aufgetragen, auf der Ordinate p. Somit stellt die Funktion

$$p\left(V\right) = \frac{\text{konst.}}{V}$$

eine Hyperbel dar (Abb. 2.10), auf der wir uns bewegen, wenn wir ein ideales Gas isotherm komprimieren oder expandieren. Man nennt sie **Isotherme**. Natürlich gilt für den Prozess der erste Hauptsatz (Gl. 2.12), wobei wir wissen, dass sich die innere Energie des Arbeitsgases aufgrund der konstanten Temperatur nicht verändert. Es gilt also mit $\Delta U = 0$:

$$\Delta U = \Delta Q + \Delta W = 0 \quad \text{oder} \quad \Delta Q = -\Delta W.$$

Es folgt also, dass durch Kompression am Gas geleistete Arbeit ($\Delta W > 0$) eine Abgabe von Wärme bedeutet ($\Delta Q < 0$). Anders ausgedrückt: die entstandene Kompressionswärme muss abgegeben werden, damit die Temperatur konstant bleibt. Lässt man das Gas expandieren ($\Delta W < 0$), dann kühlt es sich ab. Wir müssen also Wärme von außen zuführen ($\Delta Q > 0$). Wir wollen eine Zustandsänderung des Gases vom Volumen V_1 zum Volumen V_2 beschreiben. Der Druck ändert sich dabei von p_1 auf p_2. Die Kompression oder Expansion soll in dem in Abb. 2.10 dargestellten Zylinder erfolgen, indem er einfach um kleine Beträge $\mathrm{d}x$ verschoben wird. In der Abbildung ist eine Kompression gezeigt. Die am Gas im Fall einer Kompression geleistete Arbeit ist dabei $\mathrm{d}W = pA\mathrm{d}x$, wobei pA die aufzuwendende Kraft darstellt. Da $\mathrm{d}V = A\mathrm{d}x$ ist, können wir also für die am Gas geleistete Arbeit durch Integration errechnen:

$$\Delta W = \int_{V_1}^{V_2} p\mathrm{d}V = \int_{V_1}^{V_2} \frac{vRT}{V}\mathrm{d}V = [vRT \cdot \ln\left(V\right)]_{V_1}^{V_2}$$

$$= vRT \cdot (\ln\left(V_1\right) - \ln\left(V_2\right)) = vRT \cdot \ln\frac{V_1}{V_2}.$$

Anschaulich entspricht die Integration einer Flächenberechnung. Die **Fläche unter der Kurve entspricht der Arbeit ΔW**. Wird die Isotherme zu größeren Volumina hin durchlaufen ($V_1 < V_2$), wird Arbeit vom System abgegeben, das Integral liefert einen negativen Wert ($\Delta W < 0$). Wird das Gas längs der Isotherme komprimiert ($V_1 > V_2$), muss mechanische Arbeit zugeführt werden ($\Delta W > 0$). Da die Temperatur konstant ist, muss jeweils der gleiche Energiebetrag in Form von Wärme zu- oder abgeführt werden. Unter Verwendung der Zustandsgleichung (Gl. 2.8) können wir folglich für die **mechanische Arbeit** bzw. die **ausgetauschte Wärmemenge** bei der **isothermen Zustandsänderung** schreiben:

$$\boxed{\Delta W = -\Delta Q = vRT \cdot \ln\frac{V_1}{V_2} = vRT \cdot \ln\frac{p_2}{p_1}.} \tag{2.24}$$

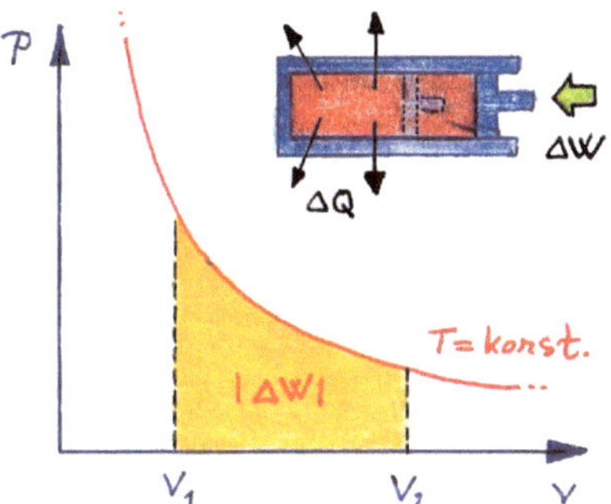

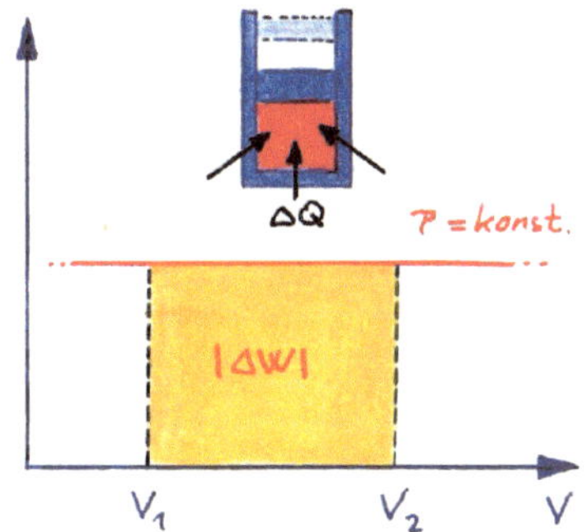

Abb. 2.10 Isothermen im pV-Diagramm. Führt man eine isotherme Volumenänderung durch, entspricht die Fläche unter der Kurve zwischen den zwei Volumina V_1 und V_2 der am Arbeitsgas verrichteten oder von ihm freigesetzten mechanischen Arbeit

Abb. 2.11 Eine Isobare stellt im pV-Diagramm eine zur Abszissenachse parallele Geraden dar. Auch hier entspricht die Fläche unter der Linie zwischen den Volumina V_1 und V_2 der mechanischen Arbeit

Man beachte, dass die dem System zugeführten Energien positiv zählen, dem System entzogene Energien negativ. Im Falle einer Expansion würde Gl. 2.24 für ΔW einen negativen und für ΔQ einen positiven Wert liefern.

Beispiel

2 mol eines idealen Gases (Luft) der Temperatur $\vartheta = 600\,^\circ\mathrm{C}$ werden in einem Zylinder um den Faktor drei isotherm komprimiert. Wie groß ist die entstandene Kompressionswärme?

Lösung: Nach Gl. 2.24 gilt:

$$\Delta Q = -\nu R T \cdot \ln \frac{V_1}{V_2} \quad \text{bzw.} \quad \Delta Q = -15{,}95\,\mathrm{kJ}\,.$$

ΔQ ist negativ, es handelt sich also um eine abgegebene Wärmemenge.

Isobare Zustandsänderung

Im pV-Diagramm verlaufen **Isobaren** parallel zur V-Achse, also parallel zur Abszissenachse (Abb. 2.11). Realisierbar ist der Prozess einfach dadurch, dass man den Zylinder mit dem Gas senkrecht stellt und einen Kolben entsprechend großer Masse verwendet. Da seine Gewichtskraft unabhängig von der Höhe konstant bleibt und auch der Kolbenquerschnitt immer gleich bleibt, ist ein konstanter Druck garantiert. Bei der isobaren Zustandsänderung findet sowohl Austausch von Wärme als auch von mechanischer Arbeit statt. Da p konstant ist, lässt sich die mechanische Arbeit hier ohne Integration leicht angeben: es gilt $\Delta W = p(V_1 - V_2)$. Auch hier entspricht die Fläche unter der Geraden der

mechanischen Arbeit. Für die ausgetauschte Wärmemenge gilt $\Delta Q = mc_p \Delta T$. Gemäß erstem Hauptsatz folgt mit $\Delta U = \Delta Q + \Delta W$:

$$\Delta U = \Delta Q + \Delta W = mc_p \left(T_2 - T_1\right) + p\left(V_1 - V_2\right). \tag{2.25}$$

Bei einer isobaren Expansion wird also Wärme zugeführt ($\Delta Q > 0$), es gilt $T_1 < T_2$; das Gas expandiert, leistet also mechanische Arbeit ($\Delta W < 0$) und es gilt $V_2 > V_1$. Auch hier entspricht die Fläche zwischen der Kurve und der Abszisse der mechanischen Arbeit.

Beispiel

Wir betrachten den isothermen Prozess aus obigem Beispiel ausgehend von der Temperatur $\vartheta_1 = 600\,°\mathrm{C}$ bei **isobarer Prozessführung** und einem Ausgangsvolumen V_1 von $0{,}8\,\mathrm{l}$. Der Druck würde sich dann nach der Zustandsgleichung zu $p_1 = 1{,}815 \cdot 10^7\,\mathrm{Pa}$ ergeben. Wie groß ist die Endtemperatur ϑ_2? Welche Wärmemenge wird abgegeben? Welche Arbeit muss bei der Kompression geleistet werden?

Lösung: Da der Druck gleich bleibt, gilt $p_2 = 1{,}815 \cdot 10^7\,\mathrm{Pa}$. Das Volumen wird um den Faktor drei verkleinert, so dass wir $V_2 = 0{,}267\,\mathrm{l}$ erhalten. Nach dem 1. Gay-Lussacschen Gesetz (Gl. 2.10) stellt sich eine Temperatur von $T_2 = T_1 V_2 / V_1 = 291{,}1\,\mathrm{K}$ (bzw. $\vartheta_2 = 17{,}9\,°\mathrm{C}$) ein. Mit Gl. 2.25 erhalten wir für die abgegebene Wärmemenge $\Delta Q = \nu c_{p\,\mathrm{mol}}\left(T_2 - T_1\right) = -34{,}04\,\mathrm{kJ}$. Hierbei wurde mit einer molaren Wärmekapazität von $c_{p\,\mathrm{mol}} = 29{,}24\,\mathrm{J/(mol \cdot K)}$ für Luft gerechnet. Die am System zu leistende Arbeit ist $\Delta W = p(V_1 - V_2) = 9{,}68\,\mathrm{kJ}$.

Isochore Zustandsänderung

Bei dieser Zustandsänderung bleibt das Volumen konstant, die Temperatur und der Druck verändern sich. Im pV-Diagramm erhalten wir eine zur p-Achse parallele Linie (Abb. 2.12). Konstantes Volumen heißt, dass keine mechanische Arbeit am Gas geleistet werden kann und dass auch das Gas selbst keine leisten kann. Man erhitzt oder kühlt einfach ein Gas in einem fest eingeschlossenen Volumen (man beachte, dass das in der Praxis gar nicht so leicht realisierbar ist, da man stets das Gefäß mit erwärmt; wegen dessen Ausdehnung ist das Volumen nur näherungsweise konstant). Eine Wärmezufuhr **erhöht den Innendruck und die Temperatur**. Nach dem ersten Hauptsatz gilt in diesem Fall:

$$\Delta U = \Delta Q = mc_V \Delta T = mc_V \left(T_2 - T_1\right). \tag{2.26}$$

T_1 ist die Anfangstemperatur, T_2 die Endtemperatur. Erwärmt man das Gas, gilt $T_2 > T_1$, ΔQ ist also positiv.

Beispiel

10 l Helium werden bei Raumtemperatur in ein Gefäß mit einem Druck von $p_1 = 1013\,\mathrm{hPa}$ eingeschlossen. Die Temperatur des Gefäßes wird dann um $100°$ erhöht. Welche Wärmemenge ΔQ muss hierfür zugeführt werden? Welcher Druck p_2 stellt sich ein?

Abb. 2.12 Die Isochore stellt im pV-Diagramm eine zur p-Achse parallele Gerade dar

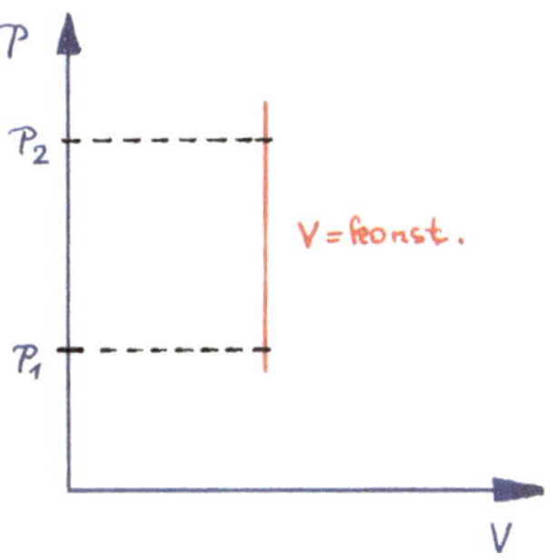

Lösung: Nach der Zustandsgleichung errechnet man zunächst die Gasmenge zu $\nu = 0{,}416\,\mathrm{mol}$. Das 2. Gay-Lussacsche (Gl. 2.11) liefert den Druck nach Wärmezufuhr zu $p_2 = T_2 p_1 / T_1 = 1359\,\mathrm{hPa}$. Die zugeführte Wärmemenge ist dann mit $c_{V\,\mathrm{mol}} = 12{,}65\,\mathrm{J/(mol \cdot K)}$ gegeben durch $\Delta Q = \nu c_{V\,\mathrm{mol}} (T_2 - T_1) = 526\,\mathrm{J}$.

Adiabatische Zustandsänderung

Bei der **adiabatischen Zustandsänderung** findet kein Wärmeaustausch mit der Umgebung statt ($\Delta Q = 0$). Man denkt hier sofort an gute Isolation des Zylinders nach außen. Zustandsänderungen können aber auch dann adiabatisch sein, wenn sie sehr schnell ablaufen. Da Wärmeleitungsvorgänge in der Regel langsam verlaufen, kann durch die schnelle Prozessführung keine oder nur sehr wenig Wärme ausgetauscht werden. Wird bei einer adiabatischen Zustandsänderung das Gas komprimiert, führt die zugeführte mechanische Arbeit zu einer Erhöhung der inneren Energie des Gases. Lässt man das Gas expandieren, kann die geleistete mechanische Arbeit nur aus dem Vorrat der inneren Energie entnommen werden. Mit $\Delta Q = 0$ erhält man aus dem ersten Hauptsatz $\Delta U = \Delta W$. Aus der Zustandsgleichung 2.8 erhalten wir

$$p = \frac{\nu R T}{V}\,,$$

so dass wir schreiben können:

$$m c_V \mathrm{d}T = -p\,\mathrm{d}V = -\frac{\nu R T}{V}\mathrm{d}V\,.$$

Das negative Vorzeichen trägt der Tatsache Rechnung, dass eine Kompression (Volumenverkleinerung) zu einer Temperaturerhöhung führt. Gilt also $\mathrm{d}V < 0$, folgt $\mathrm{d}T > 0$. Die Verwendung der spezifischen Wärme für **konstantes Volumen** für eine infinitesimale Änderung $\mathrm{d}U$ der inneren Energie bei einem **nicht-isochoren Prozess** wurde bei der Ableitung vor Gl. 2.21 bereits erläutert. Variablentrennung führt zu folgendem Integral:

$$\int_{T_1}^{T_2} m c_V \frac{1}{T}\mathrm{d}T = -\int_{V_1}^{V_2} \frac{\nu R}{V}\mathrm{d}V$$

Die Auswertung des Integrals liefert:

$$mc_V \cdot (\ln T_2 - \ln T_1) = -\nu R \cdot (\ln V_2 - \ln V_1) \quad \text{bzw.} \quad mc_V \cdot \ln \frac{T_2}{T_1} = -\nu R \cdot \ln \frac{V_2}{V_1}\,.$$

Mit $\nu = m/m_{\mathrm{mol}}$ und $R_{\mathrm{S}} = R/m_{\mathrm{mol}}$ folgt:

$$mc_V \cdot \ln \frac{T_2}{T_1} = -mR_{\mathrm{S}} \cdot \ln \frac{V_2}{V_1}\,.$$

Mit $c_p - c_V = R_{\mathrm{S}}$ erhalten wir:

$$c_V \cdot \ln \frac{T_2}{T_1} = \left(c_V - c_p\right) \cdot \ln \frac{V_2}{V_1} \quad \text{oder} \quad \ln \frac{T_2}{T_1} = \left(1 - \frac{c_p}{c_V}\right) \cdot \ln \frac{V_2}{V_1}\,.$$

Führt man den **Adiabatenexponenten** $\kappa = c_p/c_V$ ein, kann man diese Gleichung in die Form bringen:

$$\ln \frac{T_2}{T_1} = \ln \left[\left(\frac{V_2}{V_1}\right)^{1-\kappa} \right]$$

oder:

$$\frac{T_2}{T_1} = \left(\frac{V_2}{V_1}\right)^{1-\kappa} \quad \text{oder} \quad T_2 V_1^{1-\kappa} = T_1 V_2^{1-\kappa} \quad \text{oder} \quad T_2 V_2^{\kappa-1} = T_1 V_1^{\kappa-1}\,. \qquad (2.27)$$

Rechenregeln für Potenzen

Der Zusammenhang zwischen Anfangs- und Endtemperatur und Anfangs- und End-volumen (Gl. 2.27) lässt sich mit der Zustandsgleichung $pV = \nu RT$ in eine **Druck-Volumen-Beziehung**

$$\boxed{\frac{p_2 V_2}{\nu R} \cdot V_2^{\kappa-1} = \frac{p_1 V_1}{\nu R} \cdot V_1^{\kappa-1}} \quad \text{oder} \quad \boxed{p_2 V_2^{\kappa} = p_1 V_1^{\kappa}} \qquad (2.28)$$

oder eine **Temperatur-Druck-Beziehung** umwandeln:

$$\boxed{T_2 \left(\frac{\nu R T_2}{p_2}\right)^{\kappa-1} = T_1 \left(\frac{\nu R T_1}{p_1}\right)^{\kappa-1}} \quad \text{oder} \quad \boxed{T_2^{\kappa} p_2^{1-\kappa} = T_1^{\kappa} p_1^{1-\kappa}}\,.$$

Den durch Gl. 2.28 gegebenen Zusammenhang zwischen Druck und Volumen kann man in ein pV-Diagramm einzeichnen. Da grundsätzlich $c_p > c_V$ gilt, ist $\kappa > 1$ und damit verläuft die Adiabate stets steiler als die Isotherme (Abb. 2.13) zwischen zwei gegebenen Volumina V_1 und V_2.

Abb. 2.13 Die Adiabate verläuft im pV-Diagramm steiler als die Isotherme

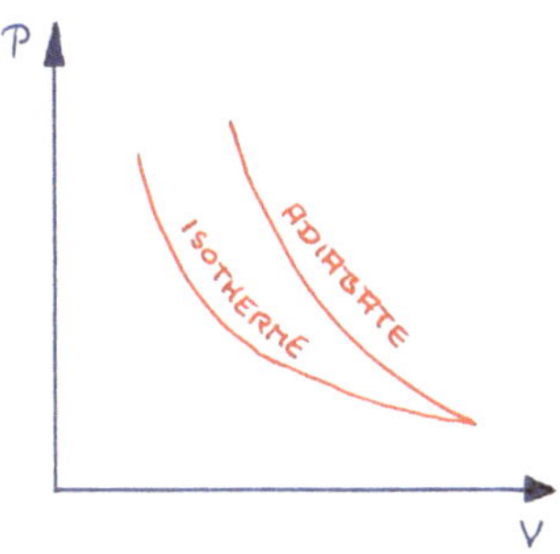

Polytrope Zustandsänderung

Adiabatische und isotherme Zustandsänderungen sind Idealisierungen, die in der Praxis kaum realisierbar sind. Ein Wärmeaustausch kann genauso wenig vollständig verhindert werden wie eine Temperatur bei einer Zustandsänderung exakt konstant gehalten werden kann. Eine Zustandsänderung, bei der die Temperatur veränderlich ist und bei der gleichzeitig auch ein Wärmeaustausch mit der Umgebung stattfindet, wird **polytrope Zustandsänderung** genannt. Findet sie zwischen den Drücken p_1 und p_2 und den Volumina V_1 und V_2 statt, gilt:

$$\boxed{p_1 V_1^n = p_2 V_2^n}. \tag{2.29}$$

Der **Polytropenexponent n** liegt zwischen 1 (Gl. 2.29 stellt dann das Boyle-Mariottesche Gesetz dar, es handelt sich um eine isotherme Zustandsänderung) und κ (Gl. 2.29 entspricht dann Gl. 2.28 und es handelt sich um eine adiabatische Zustandsänderung).

2.2.4   Nun endlich: die Wirkungsgrade der Wärmekraftmaschinen

Wir können nun den Wirkungsgrad des Stirlingmotors in Abb. 2.7 errechnen. In Abb. 2.7 a bewegt sich der Arbeitskolben gerade im Bereich des linken Totpunktes. Das Volumen des Arbeitsgases verändert sich also wenig – es ist komprimiert. Der Verdrängerkolben ist gerade dabei, das Arbeitsgas in den linken, beheizten Teil des Zylinders zu schieben. Dieser Vorgang – die Aufnahme einer Wärmemenge Q_1 bei näherungsweise konstantem Volumen – kann als isochore Zustandsänderung beschrieben werden. Im pV-Diagramm (Abb. 2.14) bewegen wir uns also auf einer **Isochore** von Punkt A nach Punkt B. Läuft der Prozess zwischen der niedrigen Temperatur T_n und der hohen Temperatur T_h ab, gilt mit Gl. 2.26:

$$Q_1 = m c_V \left(T_\mathrm{h} - T_\mathrm{n}\right) > 0. \tag{2.30}$$

In Abb. 2.7 b wandert der Arbeitskolben gerade nach rechts, es wird mechanische Arbeit geleistet. Das Arbeitsgas expandiert und würde sich abkühlen, wenn nicht im rechten Teil des Zylinders entsprechend nachgeheizt würde. Somit bleibt die Temperatur etwa konstant. Der Vorgang – Zufuhr der Wärmemenge Q_2 bei entsprechender Arbeitsleistung – kann im pV Diagramm als **Isotherme** von Punkt B nach Punkt C dargestellt

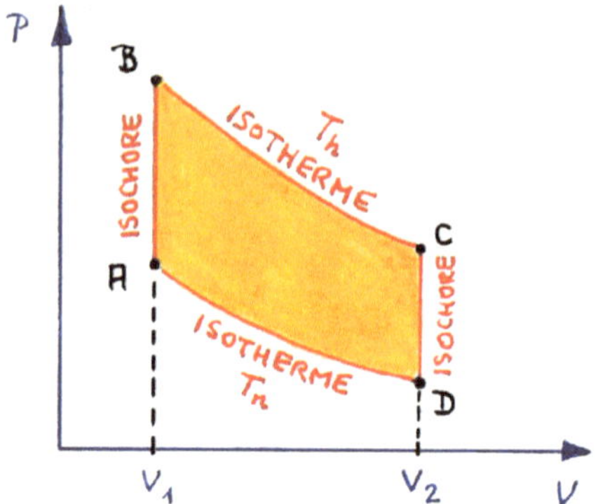

Abb. 2.14 Idealisierte Darstellung des Stirling-Motors im pV-Diagramm

werden. Es gilt mit Gl. 2.24:

$$Q_2 = \nu R T_h \ln \frac{V_2}{V_1} > 0 . \tag{2.31}$$

In Abb. 2.7 c bewegt sich der Arbeitskolben über den rechten Totpunkt. Das Volumen ändert sich hierbei sehr wenig. Gleichzeitig schiebt der Verdrängerkolben das Arbeitsgas in den gekühlten Teil des Zylinders. Das Arbeitsgas gibt die Wärmemenge Q_3 ab:

$$Q_3 = m c_V \left(T_n - T_h \right) < 0 . \tag{2.32}$$

Die entsprechende **Isochore** führt im pV-Diagramm von Punkt C nach Punkt D.

Schließlich komprimiert in Abb. 2.7 d der Arbeitskolben das Arbeitsgas. Es wird Arbeit am Gas geleistet, also Energie von außen zugeführt. Die Kompressionswärme Q_4 wird über die Kühlung abgeführt. Der Vorgang läuft näherungsweise bei konstanter Temperatur ab und die entsprechende **Isotherme** führt von Punkt D nach Punkt A zurück. Es gilt:

$$Q_4 = \nu R T_n \ln \frac{V_1}{V_2} < 0 . \tag{2.33}$$

Natürlich entspricht der in Abb. 2.14 dargestellte Kreisprozess nicht ganz dem tatsächlichen Verlauf der Druck-Volumen-Kurve des Stirlingmotors; es ist vielmehr eine Idealisierung. Sie zeigt aber die theoretischen Grenzen auf. Wir halten also fest, dass der Stirlingmotor nur bei einem Arbeitstakt – nämlich der isothermen Expansion – überhaupt Arbeit abgibt. Bei der isothermen Kompression muss Arbeit von außen zugeführt werden. Bei einem realen Motor würde das über ein **Schwungrad** geschehen, dass die beim Arbeitstakt verrichtete Arbeit als Rotationsenergie speichert und beim übernächsten Takt wieder an den Motor abgibt. Eine andere Möglichkeit wäre eine mehrzylindrige Maschine, deren Arbeitszyklen so gegeneinander phasenverschoben sind, dass stets ein Zylinder isotherm expandiert und Arbeit abgibt.

Vergleicht man die Gl. 2.30 und Gl. 2.32, so erkennt man, dass die beiden Wärmemengen betragsmäßig gleich sind. Wir können eine weitere Idealisierung vornehmen, indem wir annehmen, dass der Verdrängerkolben in Abb. 2.7 Wärme aufnehmen und wieder abgeben kann. In Abb. 2.7 c strömt heißes Gas von links nach rechts durch die Kapillaren des Verdrängerkolbens und heizt ihn auf. Diese Wärme wird in Abb. 2.7 a wieder abgegeben, denn hier strömt kaltes Gas von rechts nach links. Die gespeicherte Wärme heizt das Gas auf. Freilich ist das eine Idealisierung, eine tatsächlich vollständige Aufnahme der Wärme und eine anschließende, vollständige Wiederabgabe ist praktisch nicht möglich. Der nachfolgend berechnete Wirkungsgrad unseres Stirlingmotors stellt also die maximale, theoretische Obergrenze dar.

Nach Gl. 2.33 ist Q_4 negativ, die Wärme wird also abgegeben. Gleichzeitig nimmt das System aber die gleiche Energie in Form von mechanischer Arbeit auf. Umgekehrt nimmt das System die Wärmemenge Q_2 auf und gibt die betragsmäßig gleiche Nutzarbeit ab. $Q_2 + Q_4$ entspricht also der Differenz aus der beim Teilprozess $B \rightarrow C$ abgegebenen und der beim Teilprozess $D \rightarrow A$ wieder verbrauchten mechanischen Arbeit, also der Nutzarbeit. Im pV-Diagramm wird diese durch die vom Kreisprozess umschriebene Fläche wiedergegeben. Der Wirkungsgrad wird erhalten, indem diese durch die insgesamt aufgewendete Energie (also die Wärmemenge Q_2) dividiert:

$$\eta = \frac{Q_2 + Q_4}{Q_2}. \tag{2.34}$$

Setzt man die Gl. 2.31 und 2.33 ein, erhält man idealisiert für den **Wirkungsgrad des Stirlingmotors**:

$$\boxed{\eta = 1 + \frac{\nu R T_n \ln \frac{V_1}{V_2}}{\nu R T_h \ln \frac{V_2}{V_1}} = 1 - \frac{T_n \ln \frac{V_1}{V_2}}{T_h \ln \frac{V_1}{V_2}} = 1 - \frac{T_n}{T_h}.} \tag{2.35}$$

Wir erkennen, dass ein Wirkungsgrad von 1 bzw. 100 % nur erreichbar wäre, wenn für die niedrige Temperatur $T_n - 0$ gilt oder für die höhere Temperatur $T_h \rightarrow \infty$. Je näher die Temperaturen T_n und T_h beieinander liegen, desto geringer wird der Wirkungsgrad. Es sei daran erinnert, dass wir die beiden Wärmemengen Q_1 und Q_2 gegeneinander aufgerechnet haben, was unrealistisch ist.

Beispiel

Der Kreisprozess des **Ottomotors** ist in Abb. 2.15 im pV-Diagramm dargestellt. Beginnend bei Punkt A wird zum Punkt B hin bei offenem Einlassventil ein Benzindampf-Luft-Gemisch angesaugt. Der Kolben wandert dabei im Zylinder nach unten. Im unteren Totpunkt schließt das Einlassventil und der Kolben verdichtet bei seiner Aufwärtsbewegung zum Punkt C hin das Gemisch. Ist der Kolben über den oberen Totpunkt hinaus, wird das Gemisch durch eine Zündkerze elektrisch über einen Funken zur Explosion gebracht. Das geschieht bis zum Punkt D so schnell, dass der Druck schlagartig ansteigt, ohne dass sich das Volumen nennenswert ändert. Bei der darauf folgenden Abwärtsbewegung des Kolbens wird mechanische Arbeit frei, das Gas expandiert

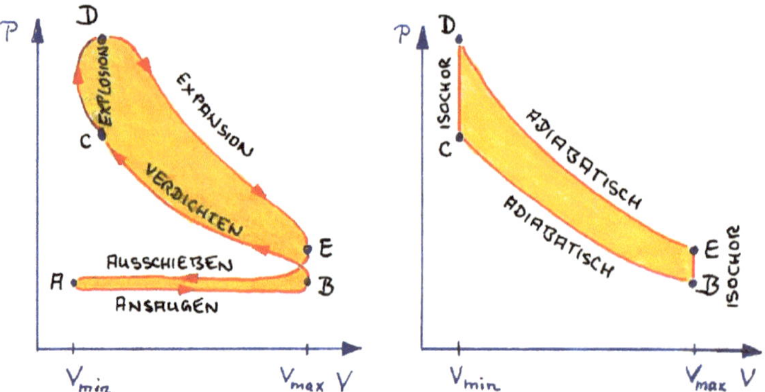

Abb. 2.15 Der Kreisprozess des Ottomotors umfasst die vier Arbeitstakte Ansaugen – Verdichten – Explosion/Expansion – Ausschieben. Obwohl die zwischen den Punkten A und B liegende Fläche eine (aufzuwendende) mechanische Arbeit darstellt, wird diese in der Regel vernachlässigt und der Kreisprozess auf die *rechts* dargestellte idealisierte Form reduziert

zum Punkt E hin. Erreicht der Kolben den unteren Totpunkt, öffnet das Auslassventil und bei der folgenden Aufwärtsbewegung werden die Verbrennungsgase ausgeschoben (E→A). Im oberen Totpunkt beginnt der Kreisprozess mit dem Frischgasansaugen von Neuem. Wie groß ist der Wirkungsgrad dieses Otto-Motors?

Lösung: Wir haben in den vorherigen Ausführungen gelernt, dass die im pV-Diagramm umschriebene Fläche der mechanischen Nutzarbeit entspricht. Das ist auch hier so. Allerdings tritt hier ein zusätzlicher Arbeitsbedarf beim Ansaugen und Ausschieben des Arbeitsgases auf, der beim realen Motor den Wirkungsgrad schmälert. Wir verzichten hier auf diesen Beitrag und reduzieren den Kreisprozess auf den in Abb. 2.15 dargestellten Zyklus BCDE. Stark idealisierend nehmen wir an, dass der Takt CD (die Explosion des Gemisches) **isochor** erfolgt. Die Expansion DE (der eigentliche Arbeitstakt) geschieht so schnell, dass fast kein Wärmeaustausch mit der Umgebung erfolgt; der Takt erfolgt **adiabatisch**. Zwischen E und B erfolgt der Gasaustausch, den wir durch eine **isochore Abkühlung** idealisieren. Die Kompression BC soll wieder so schnell geschehen, dass sie näherungsweise **adiabatisch** beschrieben werden kann.

Der Arbeitszyklus des Otto-Motors besteht idealisiert also aus zwei isochoren und zwei adiabatischen Zustandsänderungen. Die nach außen abgegebene mechanische Arbeit ist die Differenz aus der beim Schritt CD durch explosionsartige Verbrennung zugeführten Wärme Q_{zu} und der beim Ausschieben des Reaktionsgases (Schritt EB) abgegebenen Wärmemenge Q_{ab}. Die Wärmemengen Q_{zu} und Q_{ab} errechnen wir wie folgt:

$$Q_{zu} = mc_V\,(T_D - T_C) > 0 \quad \text{und} \quad Q_{ab} = mc_V\,(T_B - T_E) < 0\,. \qquad (2.36)$$

Der Wirkungsgrad ergibt sich also zu:

$$\eta = \frac{Q_{zu} + Q_{ab}}{Q_{zu}} = \frac{T_D - T_C + T_B - T_E}{T_D - T_C} = 1 + \frac{T_B - T_E}{T_D - T_C} . \qquad (2.37)$$

Da die abgeführte Wärmemenge Q_{ab} negativ ist, steht im Zähler de facto eine Differenz. Für die Temperaturen gilt $T_D > T_C$ und $T_E > T_B$. Der Bruch rechts ist also negativ, der Wirkungsgrad (deutlich) kleiner als Eins. Günstig ist es, wenn $T_D - T_C$ möglichst groß und $|T_B - T_E|$ möglichst klein ist. Man muss also ausgehend von einer möglichst niedrigen Temperatur durch die Explosion des Benzin-Luft-Gemisches eine möglichst hohe Temperatur erzeugen. Außerdem sollte für den idealen Motor das Arbeitsgas nach Verrichten der Nutzarbeit möglichst so kühl sein wie das Frischgas. Praktisch realisieren lässt sich das nicht.

Gl. 2.37 lässt sich noch in eine etwas anschaulichere Form bringen. Für die Adiabaten gilt nach Gl. 2.27:

$$T_D V_{min}^{\kappa-1} = T_E V_{max}^{\kappa-1} \quad \text{und} \quad T_B V_{max}^{\kappa-1} = T_C V_{min}^{\kappa-1} .$$

Eliminiert man mittels dieser Gleichungen in Gl. 2.37 T_B und T_E, erhält man:

$$\eta = 1 + \frac{T_C \left(\frac{V_{min}^{\kappa-1}}{V_{max}^{\kappa-1}}\right) - T_D \left(\frac{V_{min}^{\kappa-1}}{V_{max}^{\kappa-1}}\right)}{T_D - T_C} = 1 - \left(\frac{V_{min}}{V_{max}}\right)^{\kappa-1} .$$

In der Klammer steht der Kehrwert des **Kompressionsverhältnisses**. Je höher dieses Verhältnis ist, desto besser ist der Wirkungsgrad des Otto-Motors.

Diesel-Motor

Wir wollen uns zum Schluss noch den Kreisprozess des **Dieselmotors** genauer ansehen. Im pV-Diagramm (Abb. 2.16) sieht der Diesel-Kreisprozess ähnlich dem des Otto-Motors aus. Auch beim Dieselmotor wird von A nach B Frischluft angesaugt und von B nach C verdichtet. Das Kompressionsverhältnis ist im Vergleich zum Otto-Motor etwa doppelt so hoch. Es entsteht eine hohe Kompressionswärme. In dieses heiße Gas wird Dieselkraftstoff eingespritzt. Es kommt dabei nicht zur Explosion, sondern zum (im Vergleich zur Explosion) langsameren Abbrennen des Kraftstoffs. Man spricht von **Gleichdruckverbrennung**. Da der Kolben während des Abbrandes schon in der Abwärtsbewegung ist und das Volumen sich damit schon vergrößert, bleibt der Druck näherungsweise konstant (von C nach D). Die weitere Abwärtsbewegung des Kolbens (der eigentliche Arbeitstakt) erfolgt so schnell, dass der Vorgang als adiabatisch angesehen werden kann (D nach E). Danach beginnt dann das Ausschieben der Verbrennungsgase (E nach A). Bei der thermodynamischen Beschreibung des Arbeitszyklus vernachlässigen wir wieder die Schleife des Gaswechsels. Der Vorgang von E nach B kann also wie beim Otto-Motor als isochor betrachtet werden.

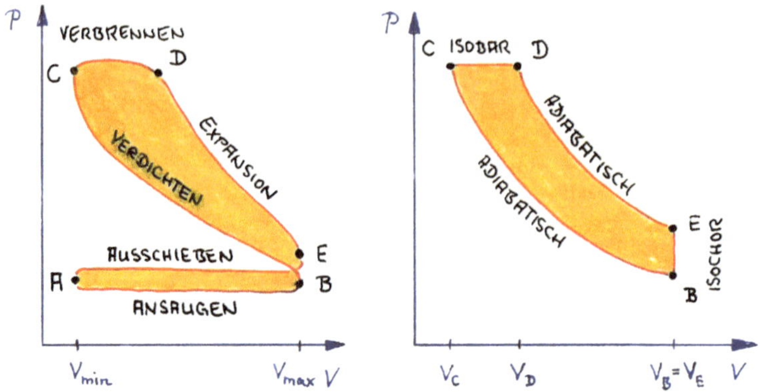

Abb. 2.16 Beim Dieselmotor erfolgt genaugenommen keine Explosion des Kraftstoffluftgemisches, sondern eine Verbrennung während der Abwärtsbewegung des Kolbens. Man spricht von einer Gleichdruckverbrennung und beschreibt den Vorgang durch eine Isobare. Auch beim Dieselmotor idealisieren wir den Kreisprozess durch die *rechts* dargestellte Form

Animation 7

Die Verdichtung der angesaugten Luft erfolgt so schnell, dass kein Wärmeaustausch mit der Umgebung stattfindet. Für die **adiabatische Kompression** gilt nach Gl. 2.27:

$$\frac{T_C}{T_B} = \left(\frac{V_C}{V_B}\right)^{1-\kappa} . \tag{2.38}$$

Das Verhältnis $\varepsilon = V_B / V_C$ wird **Kompressionsverhältnis** genannt. Die Gleichdruckverbrennung wird durch eine **Isobare** beschrieben, für die gilt:

$$\frac{T_C}{V_C} = \frac{T_D}{V_D} . \tag{2.39}$$

Für die zugeführte Wärmemenge gilt:

$$Q_{zu} = m c_p \left(T_D - T_C\right) .$$

Für die **adiabatische Expansion** (beim Arbeitstakt) gilt wieder nach Gl. 2.27:

$$\frac{T_D}{T_E} = \left(\frac{V_E}{V_D}\right)^{\kappa-1} . \tag{2.40}$$

Das Verhältnis $\varphi = V_\mathrm{D}/V_\mathrm{C}$ wird **Einspritzverhältnis** genannt und ist ein Maß für die Einspritzdauer und damit für die eingespritzte Kraftstoffmenge. Es ist außerdem $V_\mathrm{B} = V_\mathrm{E}$. Schließlich gilt für die während des **isochoren Prozesses** abgegebene Wärmemenge:

$$Q_{\mathrm{ab}} = mc_V\,(T_\mathrm{B} - T_\mathrm{E})\,. \tag{2.41}$$

Wegen $T_\mathrm{B} < T_\mathrm{E}$ ist die Wärmemenge Q_{ab} negativ.

Für den Wirkungsgrad können wir wie beim Otto-Motor schreiben:

$$\eta = \frac{Q_{\mathrm{zu}} + Q_{\mathrm{ab}}}{Q_{\mathrm{zu}}} = 1 + \frac{mc_V\,(T_\mathrm{B} - T_\mathrm{E})}{mc_p\,(T_\mathrm{D} - T_\mathrm{C})} = 1 + \frac{T_\mathrm{B} - T_\mathrm{E}}{(T_\mathrm{D} - T_\mathrm{C})\,\kappa}\,.$$

Hier wurde der Adiabatenexponent $\kappa = c_p/c_V$ verwendet. Wir wollen die Temperaturen durch Volumina ersetzen und lösen Gl. 2.38 nach T_C, Gl. 2.39 nach T_D und Gl. 2.40 nach T_E auf. Wir erhalten für η:

$$\eta = 1 + \frac{T_\mathrm{B} - T_\mathrm{D}\left(\frac{V_\mathrm{D}}{V_\mathrm{B}}\right)^{\kappa-1}}{\left(\frac{V_\mathrm{D}}{V_\mathrm{C}}T_\mathrm{C} - T_\mathrm{B}\left(\frac{V_\mathrm{C}}{V_\mathrm{B}}\right)^{1-\kappa}\right)\kappa} = 1 + \frac{T_\mathrm{B} - \frac{V_\mathrm{D}}{V_\mathrm{C}}T_\mathrm{B}\left(\frac{V_\mathrm{C}}{V_\mathrm{B}}\right)^{1-\kappa}\left(\frac{V_\mathrm{D}}{V_\mathrm{B}}\right)^{\kappa-1}}{\left(\frac{V_\mathrm{D}}{V_\mathrm{C}}T_\mathrm{B}\left(\frac{V_\mathrm{C}}{V_\mathrm{B}}\right)^{1-\kappa} - T_\mathrm{B}\left(\frac{V_\mathrm{C}}{V_\mathrm{B}}\right)^{1-\kappa}\right)\kappa}\,.$$

Daraus erhalten wir:

$$\eta = 1 + \frac{1 - \left(\frac{V_\mathrm{D}}{V_\mathrm{C}}\right)^{\kappa}}{\left(\frac{V_\mathrm{D}}{V_\mathrm{C}} - 1\right)\left(\frac{V_\mathrm{C}}{V_\mathrm{B}}\right)^{1-\kappa}\kappa} = 1 - \frac{\varphi^{\kappa} - 1}{(\varphi - 1)\cdot\kappa\cdot\varepsilon^{\kappa-1}}\,.$$

Was lernen wir daraus für einen guten Dieselmotor? Je höher das Kompressionsverhältnis ε ist, desto höher ist der Wirkungsgrad η. Dem sind natürlich technische Grenzen gesetzt. Die tatsächlich verwendeten Kompressionsverhältnisse liegen bei $\varepsilon \approx 20$. Ein langer Einspritzvorgang führt zu einem großen Einspritzverhältnis φ. Wegen $\kappa > 1$ wird der Wert des Bruchs größer, wenn φ größer wird. η wird also in diesem Fall kleiner. Der schlechtere Wirkungsgrad bei längerem Einspritzvorgang bedeutet schlechteren Wirkungsgrad bei Volllastbetrieb.

2.2.5 Wirkungsgrad 100 % – schön wär's

Die bisher besprochenen Wärmekraftmaschinen haben offensichtlich einen Wirkungsgrad, der deutlich unter 100 % liegt. Gibt es eine Maschine, die Wärme ohne Wenn und Aber zu 100 % in mechanische Arbeit umwandelt? Eine solche Maschine würde den Energiesatz nicht verletzen, auch den ersten Hauptsatz nicht.

Ein eng mit dem Problem verknüpfter Begriff ist die **Reversibilität** von Vorgängen. Schon der Alltag zeigt, dass physikalische Vorgänge meist nicht „umkehrbar" sind, d. h.

von selbst nicht in der Gegenrichtung ablaufen (genaugenommen gibt es gar keinen wirklich reversiblen Vorgang). Man kann etwa zwei Ziegelsteine – einen kalten und einen heißen – in Kontakt bringen und nach außen bestmöglich wärmeisolieren. Das Ergebnis wird sein, dass sich nach einiger Zeit eine mittlere Temperatur zwischen den Steinen einstellt. Bringt man zwei gleich große Ziegelsteine gleicher Temperatur in Kontakt, wird es nie geschehen, dass sich – ohne weiteren Eingriff von außen – der eine Stein abkühlt und der andere dafür aufheizt. Der Temperaturausgleich zwischen heißem und kaltem Stein ist ein **irreversibler Vorgang**. Alle Reibungsvorgänge sind irreversibel. Eine rotierende Welle bleibt ohne Antrieb irgendwann stehen und ihre Rotationsenergie hat die Lager erwärmt. Der umgekehrte Vorgang, die Abkühlung der Lager und der Beginn einer Drehbewegung wird niemals beobachtet werden können.

Irreversible Vorgänge laufen nie in Rückwärtsrichtung ab, obwohl das nach dem Energiesatz möglich wäre. Bei solchen Prozessen ist stets Wärme im Spiel und es erweckt den Eindruck, dass Wärme in gewisser Weise eine minderwertige Energieform ist. Ist die Energie erst einmal in Wärmeenergie umgewandelt, gibt es offensichtlich keinen Rückweg mehr. Wärmekraftmaschinen schaffen es zwar, Wärmeenergie wieder in mechanische Arbeit umzuwandeln, diese Rückumwandlung ist jedoch nicht mehr vollständig möglich.

Wir wollen den Unterschied zwischen einem **reversiblen** und einem **irreversiblen** Vorgang genauer untersuchen. Hierzu betrachten wir einen senkrecht stehenden Zylinder. Ein Kolben (Masse vernachlässigbar) schließt ein ideales Gas ein, dessen Druck viel höher ist als der Außendruck. Man müsste dann den Kolben selbstverständlich fixieren. Lässt man ihn los, schießt er nach oben, schwingt vielleicht etwas auf und ab und bleibt schließlich so stehen, dass der Innendruck des idealen Gases dem Außendruck entspricht. Die Expansion des Gases erfolgt sehr schnell, das System ist während dieses Vorgangs nicht im thermodynamischen Gleichgewicht. Dieses stellt sich erst im Endzustand nach einiger Zeit wieder ein. Nun zu der Frage: ist dieser Vorgang reversibel? Er ist es nicht, denn wir können zwar das Arbeitsgas wieder in den Ausgangszustand bringen, indem wir zum Beispiel eine Masse auf den Kolben legen, deren Gewichtskraft das Gas wieder bis zum Anfangszustand komprimiert. Diese Masse würde dann aber absinken, also potentielle Energie verlieren. Das Arbeitsgas im Zylinder wäre dann zwar wieder im Ausgangszustand, aber im Außenbereich haben wir Änderungen vorgenommen. Der Vorgang war also **irreversibel**.

Soll das Ganze reversibel ablaufen, müssen wir darauf achten, dass das System in jedem Zeitpunkt im **thermodynamischen Gleichgewicht** ist. Das könnte man nach Abb. 2.17 etwa realisieren, indem man über einen geeigneten Mechanismus bei der Expansion des Gases eine Masse nach oben ziehen lässt. Durch die Scheibe mit ellipsenähnlicher Form, auf der die Schnur aufgewickelt wird, wird das jeweilige Drehmoment so dosiert, dass der auf den Kolben ausgeübte Druck genau den Innendruck kompensiert. Ist die auf den Kolben ausgeübte Kraft gerade infinitesimal kleiner ist als die vom Arbeitsgas ausgeübte Kraft, dann wandert der Kolben nach oben und die Masse wird angehoben. Ist die Kräftedifferenz nur infinitesimal klein, dann läuft der Vorgang beliebig langsam ab. Das thermodynamische Gleichgewicht ist stets gewahrt. Ist der Kolben oben, genügt ein

Floh, der auf den Kolben springt, und der Vorgang läuft in umgekehrter Richtung ab. Die Gewichtskraft des Flohs erhöht die Kraft auf den Kolben und er wandert nach unten. Die Masse wird dabei wieder abgesenkt. Am Ende ist der Ausgangszustand wiederhergestellt. (Nur der Floh ist abgesenkt, aber den vernachlässigen wir ...). Wichtig ist, dass bei diesem Prozess wirklich – auch außerhalb des Zylinders – keine Veränderung vorgenommen wurde. Der Vorgang ist vollständig **reversibel**.

Der Idee der vollständigen Rückumwandlung von Wärme in mechanische Arbeit käme man näher, wenn man irreversible Prozesse, wie sie oben beschrieben wurden, vermeidet. Man muss also verhindern, dass Wärme über ein Temperaturgefälle abgegeben wird. Denn eine Wärmemenge wird nie von selbst aus einem Reservoir niederer Temperatur in ein Reservoir höherer Temperatur übergehen. Wie wäre es, wenn man eine Maschine konstruierte, die nur reversible Prozesse verwendet? Das hat Sadi **Carnot** getan, zumindest im Gedankenexperiment. Er hat einen idealisierten (in der Praxis undurchführbaren) Kreisprozess ersonnen, der vollständig reversibel geführt wird. Er geht – wie beim Otto- oder Dieselmotor – von einem Zylinder aus, in dem ein beweglicher Kolben ein Arbeitsgas einschließt. Der Zylinder wird in Kontakt mit einem Wärmereservoir der hohen Temperatur T_h gebracht und ansonsten gegen die Außenwelt isoliert. Wir nehmen an, dass das Wärmereservoir so riesig ist, dass die Wärmeabgabe an den Zylinder zu keiner nennenswerten Temperaturänderung führt. T_h kann also als konstant angesehen werden.

Wir lassen den Kolben langsam nach außen wandern, das Gas unter Verrichtung von Arbeit **isotherm expandieren** (AB in Abb. 2.18). Der Außendruck wird dabei stets etwas geringer gewählt als der Druck im Zylinder. Das Gas würde sich durch die Expansion abkühlen, jedoch wird das durch die aus dem Wärmereservoir nachströmende Wärme verhindert. Nach dieser Expansion isolieren wir den Zylinder nach außen und lassen den Kolben weiter Arbeit verrichten. Wieder wird der Außendruck schrittweise geringfügig unter dem Innendruck gewählt. Jetzt kühlt sich das Arbeitsgas ab, bis die niedrige Temperatur T_n eines zweiten, ebenfalls sehr großen Wärmereservoirs erreicht ist. Es findet eine **adiabatische Expansion** statt (Adiabate BC). Dann wird der Zylinder mit dem Wärmereservoir in Kontakt gebracht und das Gas durch Arbeitsverrichtung von außen komprimiert. Das kann geschehen, indem man den Außendruck schrittweise stets etwas höher wählt als den Innendruck. Die entstehende Kompressionswärme wird an das Wärmereservoir abgegeben, der Vorgang erfolgt also wieder **isotherm** (CD). Der Vorgang wird genau so abgebrochen, dass mit einer weiteren **adiabatischen Kompression** im Arbeitsgas wieder die hohe Temperatur T_h erreicht werden kann (Adiabate DA).

Wir wollen den Wirkungsgrad dieses aus lauter reversiblen Teilprozessen bestehenden Kreisprozesses berechnen. Bei der Isotherme AB wird Arbeit nach außen abgegeben. Da die Temperatur und damit die innere Energie konstant bleibt, entspricht die aufgenommene Wärmemenge bis auf das Vorzeichen der abgegebenen Arbeit:

$$Q_{zu} = \nu R T_h \ln\left(\frac{V_B}{V_A}\right) > 0\,. \tag{2.42}$$

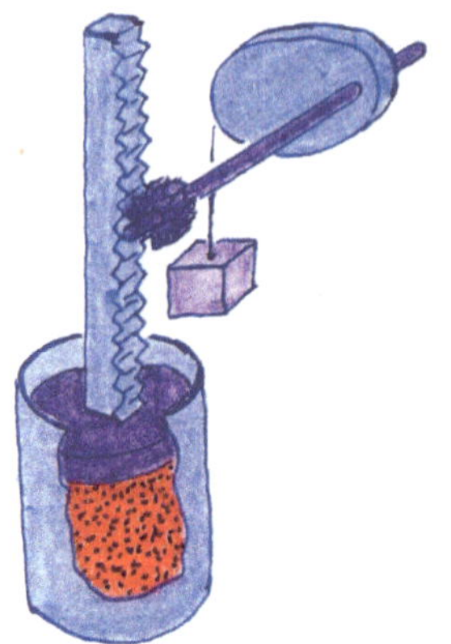

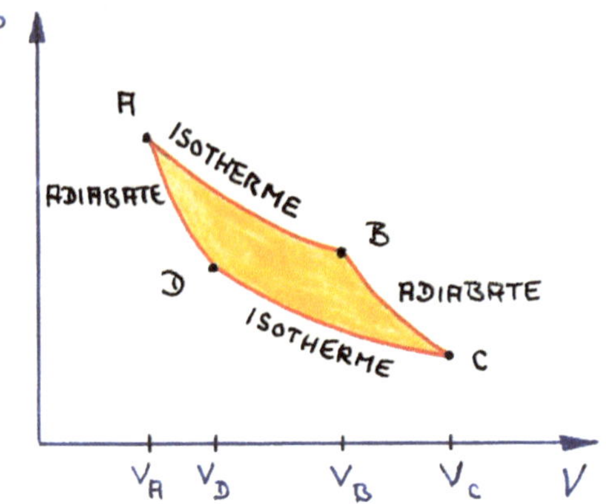

Abb. 2.17 Vorrichtung zur Realisierung eines reversiblen Vorgangs. Der Faden mit der Masse ist an einem elliptisch geformten Körper aufgewickelt. Expandiert das Gas, wird die Masse über die Zahnstange und die elliptische Scheibe angehoben. Dabei reduziert sich durch die Drehung aber das Drehmoment, da der Hebelarm, unter dem die Gewichtskraft angreift, kleiner wird. Bei geeigneter Dimensionierung der Scheibe ist die Anordnung bei jeder Kolbenstellung im Gleichgewicht

Abb. 2.18 Der Carnot-Prozess läuft zwischen zwei Isothermen und zwei Adiabaten ab

Bei der adiabatischen Expansion (BC) ist die abgegebene mechanische Arbeit gegeben durch:

$$W_{ab} = mc_V \left(T_n - T_h \right) < 0 \,. \tag{2.43}$$

Bei der Isotherme CD wird Arbeit geleistet und Wärme abgegeben:

$$Q_{ab} = \nu R T_n \ln \left(\frac{V_D}{V_C} \right) < 0 \,. \tag{2.44}$$

Bei der adiabatischen Kompression DA schließlich muss wieder Arbeit am Gas geleistet werden:

$$W_{zu} = mc_V \left(T_h - T_n \right) > 0 \,. \tag{2.45}$$

Betrachtet man die beiden Arbeitsbeträge der adiabatischen Zustandsänderungen (Gl. 2.43 und 2.45), so stellt man fest, dass sie betragsmäßig gleich sind. Sie heben sich also gegenseitig auf. Für den Wirkungsgrad des Carnot-Prozesses gilt also:

$$\eta_C = \frac{Q_{zu} + Q_{ab}}{Q_{zu}} = 1 + \frac{T_n \ln \left(\frac{V_D}{V_C} \right)}{T_h \ln \left(\frac{V_B}{V_A} \right)} \,. \tag{2.46}$$

Für die beiden adiabatischen Teilschritte gilt nach Gl. 2.27:

$$\frac{T_{\mathrm h}}{T_{\mathrm n}} = \left(\frac{V_{\mathrm B}}{V_{\mathrm C}}\right)^{1-\kappa} \quad \text{und} \quad \frac{T_{\mathrm n}}{T_{\mathrm h}} = \left(\frac{V_{\mathrm D}}{V_{\mathrm A}}\right)^{1-\kappa},$$

woraus folgt:

$$\left(\frac{V_{\mathrm B}}{V_{\mathrm C}}\right)^{1-\kappa} = \left(\frac{V_{\mathrm A}}{V_{\mathrm D}}\right)^{1-\kappa} \quad \text{oder} \quad \frac{V_{\mathrm B}}{V_{\mathrm A}} = \frac{V_{\mathrm C}}{V_{\mathrm D}}.$$

Der **Wirkungsgrad des Carnot-Prozesses** wird damit zu:

$$\boxed{\eta_{\mathrm C} = 1 - \frac{T_{\mathrm n}}{T_{\mathrm h}}}. \tag{2.47}$$

Dieses Ergebnis stellt eine unüberwindliche Grenze bei der Umwandlung von Wärme in mechanische Arbeit dar und wird **2. Hauptsatz der Thermodynamik** genannt:

► Keiner periodisch arbeitenden Maschine gelingt es, Wärmeenergie zu 100 % in mechanische Arbeit umzuwandeln, ohne dabei weitere Änderungen in der Umgebung zu erzeugen.

Eine solche Maschine wäre zwar kein Perpetuum Mobile, denn sie verstieße ja nicht gegen den Energiesatz. Jedoch hätte sie ähnliche Vorteile. Man nennt sie daher **Perpetuum Mobile 2. Art**. Man könnte z. B. im Sommer überhitzten Gebäuden einfach Wärme entziehen (Klimaanlage), die entzogene Wärmeenergie in mechanische Arbeit umwandeln und damit über Generatoren auch noch Strom erzeugen. Leider gibt es ein solches Perpetuum Mobile 2. Art nicht.

Das Ergebnis in Gl. 2.47 entspricht dem Wirkungsgrad des Stirling-Motors (Gl. 2.35). Allerdings wurde beim Stirling-Motor eine Annahme gemacht, die realitätsfremd ist. Wir haben nämlich eine entnommene Wärme gespeichert und dem Prozess vollständig wieder zugeführt. Das ist in der Realität unmöglich. Der Stirling-Motor hätte also nur bei vollständig reversibler Prozessführung den Wirkungsgrad der Carnot-Maschine.

Der beschriebene Carnot-Prozess entnimmt zusammenfassend also einem Wärmereservoir der Temperatur $T_{\mathrm h}$ eine Wärmemenge Q_{zu} (Abb. 2.19a) und leistet mechanische Arbeit in der Größe $Q_{\mathrm{zu}} + Q_{\mathrm{ab}}$. Allerdings geschieht das nicht vollständig, sondern ein Teil Q_{ab} der Wärme wird an das Wärmereservoir der Temperatur $T_{\mathrm n}$ abgegeben. Man kann den Carnot-Prozess auch gegen den Uhrzeigersinn ablaufen lassen, in Abb. 2.18 also in Richtung DCBA. Dann kehrt sich die Flussrichtung der Energien um (Abb. 2.19b). Mechanische Arbeit muss in das System hineingesteckt werden, um Wärmeenergie dem Wärmereservoir mit der niedrigen Temperatur $T_{\mathrm n}$ zu entnehmen und in das Reservoir mit der höheren Temperatur $T_{\mathrm h}$ zu „pumpen". Die mechanische Arbeit wird dabei ebenfalls in Wärmeenergie umgewandelt und an das obere Reservoir abgegeben. Ist das untere Wärmereservoir ein Kühlraum und das obere Wärmereservoir seine Umgebung, dann spricht

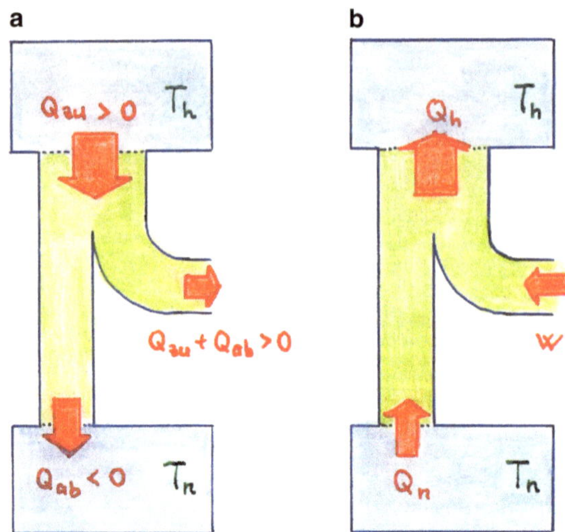

Abb. 2.19 Beim rechtsläufigen Carnot-Prozess (**a**), also der Wärmekraftmaschine, wird einem Reservoir hoher Temperatur T_h Wärme entnommen und teilweise in mechanische Arbeit umgewandelt. Ein Rest an Wärme wird an ein Reservoir niedriger Temperatur T_n abgeführt. Dieser Anteil ist umso größer, je höher die Temperaturdifferenz $T_h - T_n$ ist. Beim linksläufigen Prozess (**b**), der Kältemaschine bzw. Wärmepumpe, wird mechanische Arbeit aufgewendet, um Wärme aus dem Reservoir niedriger Temperatur ins Reservoir hoher Temperatur zu pumpen. Je geringer die Temperaturdifferenz $T_h - T_n$, desto höher (besser) ist die Leistungszahl ε_C

man von einer **Kältemaschine**. Mittels eines Kompressors wird dem Kühlraum Wärme entzogen und an die Außenwelt abgegeben. Ist das obere Wärmereservoir ein Wohnraum und das untere Reservoir die Umgebung des Hauses, wird der umgebenden Luft Wärme entzogen und damit der Wohnraum beheizt. Das ist das Prinzip einer **Wärmepumpe**.

Die Umkehrung des Carnot'schen Kreisprozesses – er ist dann linksläufig – führt zur Vorzeichenumkehr bei den Wärmemengen in Gl. 2.46. Da sich die Vorzeichen in Zähler und Nenner kürzen, bleibt der Wirkungsgrad der Maschine erhalten. Allerdings definiert man für den linksläufigen Carnot-Prozess zweckmäßigerweise besser eine **Leistungszahl** ε_C:

$$\varepsilon_C = \frac{T_h}{T_h - T_n} = \frac{1}{\eta_C}$$

Sie ist der Kehrwert des Wirkungsgrades des Carnot-Prozesses. Bei der Carnot-Maschine soll möglichst viel mechanische Arbeit gewonnen werden. Im Gegensatz dazu soll die Kältemaschine bzw. Wärmepumpe mit möglichst geringem Einsatz an mechanischer Arbeit eine möglichst große Wärmemenge vom kälteren, unteren ins wärmere, obere Reservoir befördern. Die Leistungszahl ist umso günstiger (also höher), je geringer der Unterschied zwischen den Temperaturen T_n und T_h ist. Bei hohen Außentemperaturen und sehr kaltem Kühlschrankinneren (Gefriertruhe) ist die Leistungszahl sehr ungünstig. Ebenso verhält es sich bei der Wärmepumpe: Ist die Außentemperatur im Winter sehr niedrig und der Wohnraum soll angenehm warm sein, ist die Leistungszahl sehr schlecht.

2.2.6 Sehr merkwürdig: die Entropie

Man kann beim Wirkungsgrad des Carnot-Prozesses durch Gleichsetzen von Gl. 2.46 und 2.47 durch Umformen folgenden Zusammenhang ableiten:

$$1 + \frac{Q_{\text{ab rev}}}{Q_{\text{zu rev}}} = 1 - \frac{T_n}{T_h} \quad \text{bzw.} \quad \frac{Q_{\text{ab rev}}}{T_n} + \frac{Q_{\text{zu rev}}}{T_h} = 0. \tag{2.48}$$

Es wurde bei den Indizes „rev" beigefügt. Das soll klar zum Ausdruck bringen, dass wir den Carnotprozess reversibel geführt haben. Die Wärmemenge $Q_{\text{zu rev}}$ wurde bei der hohen Temperatur T_h zugeführt, die Wärmemenge $Q_{\text{ab rev}}$ wurde bei der niedrigen Temperatur T_n abgeführt. Der Quotient von reversibel ausgetauschter Wärmemenge Q_{rev} und der beim Austausch herrschenden Temperatur T wird **Entropieänderung** ΔS genannt:

$$\boxed{\Delta S = \frac{Q_{\text{rev}}}{T}}. \tag{2.49}$$

Die **Entropie** hat die Einheit 1 J/K. Nach Gl. 2.48 ist also beim Carnot-Prozess die Summe der Entropieänderungen Null. Das gilt grundsätzlich für jeden reversibel geführten Kreisprozess. Man kann ihn nämlich nach Abb. 2.20 in kleine Mini-Carnot-Prozesse zerlegen. Nur die isothermen Teilschritte lassen Wärmeaustausch zu, die adiabatischen Teilschritte tragen nichts zu der Summe Gl. 2.48 bei. Da bei den Mini-Carnot-Prozessen **benachbarte Isothermen** in unterschiedlicher Richtung durchlaufen werden, heben sich die damit verbundenen Entropieänderungen im Gesamtprozess auf. Die Entropieänderung des gesamten, reversiblen Kreisprozesses ist also Null:

$$\Delta S = \sum_{i=1}^{n} \frac{\mathrm{d}Q_{i\,\text{rev}}}{T_i} = 0 \quad \text{bzw.} \quad \Delta S = \oint \frac{\mathrm{d}Q_{\text{rev}}}{T} = 0.$$

Der Ring im Integral deutet an, dass wir über einen geschlossenen Kreisprozess integrieren. Betrachten wir im Vergleich dazu einen irreversibel geführten Prozess, dann wäre der Wirkungsgrad gegeben durch

$$\eta = 1 + \frac{Q_{\text{ab irr}}}{Q_{\text{zu irr}}}.$$

Da wir wissen, dass der irreversible Prozess einen schlechteren Wirkungsgrad haben wird, als der reversibel geführte Carnot-Prozess, gilt $\eta < \eta_C$, oder anders:

$$1 + \frac{Q_{\text{ab irr}}}{Q_{\text{zu irr}}} < 1 - \frac{T_n}{T_h},$$

$$\frac{Q_{\text{ab irr}}}{T_n} + \frac{Q_{\text{zu irr}}}{T_h} < 0.$$

Der Quotient Q/T wird **reduzierte Wärme** genannt. Die Bezeichnung ist unabhängig davon, ob die Wärmen reversibel oder irreversibel ausgetauscht werden. Nur bei reversibler Prozessführung ist die Summe aller reduzierten Wärmemengen gleich Null, ansonsten gilt:

$$\oint \frac{\mathrm{d}Q_{\mathrm{irr}}}{T} < 0 \, .$$

Die Summe der reduzierten Wärmen ist im Falle irreversibler Prozessanteile stets kleiner Null. Wir können uns nun auch einen Kreisprozess vorstellen, der im ersten Teil (von A nach B) irreversibel und im zweiten Teil (von B zurück nach A) reversibel geführt wird. Es würde dann gelten:

$$\int_A^B \frac{\mathrm{d}Q_{\mathrm{irr}}}{T} + \int_B^A \frac{\mathrm{d}Q_{\mathrm{rev}}}{T} < 0 \quad \text{bzw.} \quad \int_A^B \frac{\mathrm{d}Q_{\mathrm{irr}}}{T} - \int_A^B \frac{\mathrm{d}Q_{\mathrm{rev}}}{T} < 0 \, .$$

Beim reversiblen Prozessanteil entspricht das Integral der Entropieänderung ΔS:

$$\int_A^B \frac{\mathrm{d}Q_{\mathrm{irr}}}{T} - \Delta S < 0 \quad \text{bzw.} \quad \Delta S > \int_A^B \frac{\mathrm{d}Q_{\mathrm{irr}}}{T} \, . \tag{2.50}$$

Die Entropieänderung im reversiblen Teil ist größer als das Integral über die reduzierten Wärmen im irreversiblen Teil. Da die Entropie eine wegunabhängige Zustandsgröße ist, können wir diese Aussage auch anders deuten: wir könnten uns den irreversibel durchlaufenen Weg des ersten Teils auch reversibel durchlaufen vorstellen. Dann wäre die Entropieänderung hier ebenfalls ΔS. **Bei einem irreversiblen Prozess ist diese also immer größer als das Integral über die reduzierten Wärmen.**

Wir müssen uns nun in Erinnerung rufen, dass alle Betrachtungen sich bisher auf das Arbeitsgas bezogen haben. Austausch von Wärme bedeutete Abgabe oder Aufnahme von Wärme an ein Wärmereservoir außerhalb des Zylinders mit dem Arbeitsgas. Wir können nun aber die Grenzen des Systems gedanklich erweitern und können die Wärmereservoirs zusammen mit dem Zylinder als abgeschlossenes System betrachten. Dann findet Wärmeaustausch nur innerhalb des abgeschlossenen Systems statt, nicht aber mit der Außenwelt. Damit verschwindet das Integral auf der rechten Seite von Gl. 2.50 und es bleibt:

$$\boxed{\Delta S > 0} \, . \tag{2.51}$$

Findet in einem abgeschlossenen System ein **irreversibler Prozess** statt, ist die Entropieänderung positiv, die **Entropie des Systems erhöht sich** also. Wäre der Prozess reversibel, würde $\Delta S = 0$ gelten. Wir gelangen hier zu einer weiteren Formulierung des 2. Hauptsatzes der Thermodynamik. Da jede reale Wärmekraftmaschine Temperaturgefälle benutzt, hat sie stets irreversible Prozessanteile und damit gilt stets Gl. 2.51. Die Entropie des abgeschlossenen Gesamtsystems (Maschine und Wärmereservoirs) wächst. Von selbst

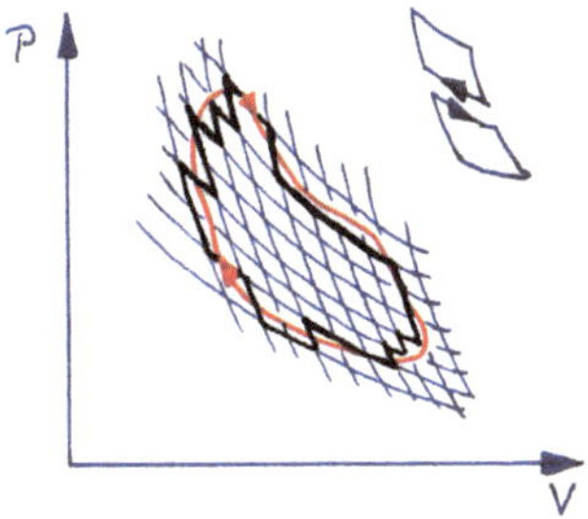

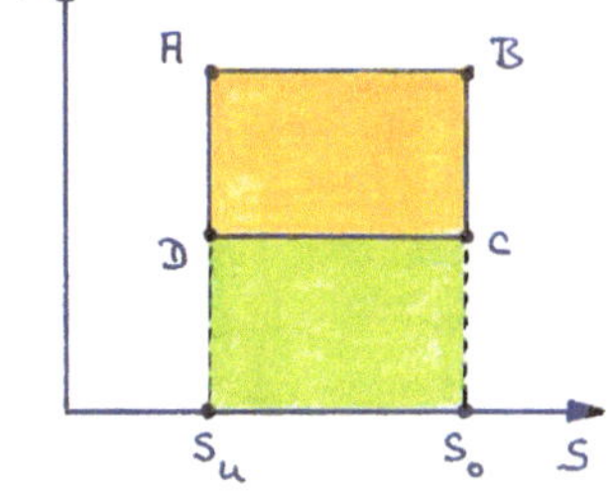

Abb. 2.20 Ein beliebiger reversibler Kreisprozess lässt sich stets in infinitesimal kleine isotherme und adiabatische Teilschritte zerlegen

Abb. 2.21 In der TS-Darstellung entsprechen Flächen Wärmemengen

laufen in der Natur nur diejenigen Vorgänge ab, bei denen sich die Entropie erhöht. Wir können also den **2. Hauptsatz der Thermodynamik** wie folgt formulieren:

▶ Irreversible Prozesse führen in einem abgeschlossenen System zu einer Entropieerhöhung.

Mit der Einführung des Entropiebegriffs kann man einen reversiblen Kreisprozess auch anders als im pV-Diagramm darstellen: man trägt die Prozesstemperatur T als Funktion der Entropie in ein so genanntes TS-Diagramm ein (Abb. 2.21). In einem solchen Diagramm würde eine Isotherme eine zur Abszisse parallele Linie ergeben. Eine Adiabate dagegen, bei der definitionsgemäß keine Wärme ausgetauscht wird, ist eine zur Ordinate parallele Linie. Damit ergibt der Carnot-Prozess in der TS-Darstellung ein Rechteck. Die ausgetauschten Wärmemengen sind einfach darzustellen: sie entsprechen den Flächen unter den jeweiligen Geraden. So entspricht die Fläche ABS_uS_o der Wärmemenge $Q_{zu\,rev}$. Die Fläche CDS_oS_u entspricht der Wärmemenge $Q_{ab\,rev}$. Die Differenz aus beiden ist die abgegebene mechanische Nutzarbeit. Sie entspricht in diesem Fall der vom Prozess umschriebenen Rechtecksfläche $ABCD$.

2.2.7   Wenn aus Festkörpern Flüssigkeiten und aus Flüssigkeiten Gase werden …

Wir müssen uns noch kurz mit dem Wechsel des **Aggregatzustandes** beschäftigen, den so genannten **Phasenübergängen**. Schmilzt man eine Substanz, wird das Festkörpergitter aufgebrochen und die einzelnen Atome gewinnen in der Schmelze an Beweglichkeit. Um die elektrostatischen Kräfte des Gitters zu überwinden, ist eine Energiezufuhr nötig. Erhitzt man die Schmelze weiter, gelangt man an den **Verdampfungspunkt**. Hier verlassen die Atome nach und nach den Flüssigkeitsverband und bilden über der Flüssigkeit eine Gasatmosphäre. Das erfordert wiederum eine gewisse Energiemenge.

Das Besondere ist, dass sich beim Schmelzen und beim Verdampfen jeweils die Temperatur der Substanz solange nicht verändert, bis alles Material geschmolzen bzw. verdampft ist. Da man also – im Gegensatz zu den Ausführungen zur Wärmekapazität in Abschn. 2.2.2 – Wärme zuführen kann ohne dass sich die Temperatur verändert, wird die zum Schmelzen bzw. Verdampfen benötigte Wärmemenge auch **latente Wärme** genannt. Bezieht man die Wärme auf die Masse des betrachteten Stoffes, spricht man von **spezifischer Schmelz- bzw. Verdampfungswärme** q_{Schmelz} **bzw.** q_{Verdampf}. Die fürs Schmelzen bzw. Verdampfen der Masse m eines Stoffes benötigten Wärmemengen sind also

$$Q_{\text{Schmelz}} = m\,q_{\text{Schmelz}} \quad \text{bzw.} \quad Q_{\text{Verdampf}} = m\,q_{\text{Verdampf}}.$$

Die latente Wärme lässt sich zur Speicherung von Wärmeenergie in der Heizungstechnik verwenden. Der Vorteil besteht darin, dass während der Entnahme der Energie die Temperatur konstant bleibt. Das billigste, ungefährlichste und leicht verfügbare Speichermedium wäre Wasser. Allerdings liegt die Temperatur des Phasenübergangs mit $0\,^\circ$C sehr ungünstig. Daher wird Wasser nur in Zusammenhang mit einer Wärmepumpe verwendet. Wärmepumpen haben wie bereits besprochen bei hohen Temperaturunterschieden zwischen Außenwelt und zu beheizendem Raum eine schlechte Leistungszahl. Daher sind sie bei Außentemperaturen unter $0\,^\circ$C nicht mehr sehr effizient. Entzieht man die Wärme nicht direkt der Umgebung, sondern einem großen Reservoir mit Wasser, bleibt die Temperatur bis zum Durchfrieren des Volumens bei $0\,^\circ$C. Man kann damit also die Wärmepumpe effizienter machen.

Besser wäre es jedoch, wenn man auf die Wärmepumpe ganz verzichten könnte. Das lässt sich mit **Latentwärmespeichern** auf der Basis von **Paraffin** erreichen. Der Phasenwechsel findet hier bei ca. $60\,^\circ$C statt. Die Schmelzwärme q_{Schmelz} liegt zwischen 200 und 240 kJ/kg. Das ist zwar deutlich weniger als beim Wasser (334 kJ/kg), dafür ist die Schmelztemperatur für die Entnahme sehr günstig. Ein weiteres Speichermedium ist Natriumazetat, das Natriumsalz der Essigsäure, mit einem Phasenübergang bei ebenfalls ca. $60\,^\circ$C.

Beispiel

Welche Masse m_P an Paraffin müsste ein Latentwärmespeicher benutzen, um bei einem Phasenübergang flüssig-fest die gleiche Wärmeenergie freizusetzen wie bei der Verbrennung von $m_{\text{Öl}} = 1500$ kg Heizöl?

Lösung: Beim Heizöl ist zwischen spezifischem Heizwert und spezifischem Brennwert zu unterscheiden. Der Brennwert ist um die Kondensationswärme des bei der Verbrennung entstehenden Wassers höher als der Heizwert. Gelingt die Kondensation des Wassers nach der Verbrennung in der Heizanlage, ist die Abgastemperatur viel niedriger und es steht mehr Nutzwärme zur Verfügung (Brennwerttechnik). Für unseren Vergleich gehen wir vom (ungünstigeren) Heizwert aus. Für Heizöl beträgt er

$H_{\text{Öl}} \approx 4{,}1 \cdot 10^7\,\text{J/kg}$. Nimmt man für Paraffin $q_{\text{Schmelz}} \approx 220\,\text{kJ/kg}$ an, gilt:

$$H_{\text{Öl}}m_{\text{Öl}} = q_{\text{Schmelz}}m_{\text{P}} \quad \text{bzw.} \quad m_{\text{P}} = \frac{H_{\text{Öl}}m_{\text{Öl}}}{q_{\text{Schmelz}}} \approx 2{,}8 \cdot 10^5\,\text{kg}$$

Man bräuchte also 280 Tonnen Paraffin, um etwa 1500 kg oder ca. 1500 Liter Heizöl zu ersetzen. Das entspricht etwa dem Verbrauch eines kleinen, sehr gut isolierten Einfamilienhauses. Dabei müsste der komplette Wärmebedarf im Sommer über Sonnenkollektoren gedeckt und im Paraffin für den Winter gespeichert werden. In der Praxis scheitert das zum einen an der unrealistischen Menge von Paraffin und zum anderen an der Unmöglichkeit, eine solche Menge über ein halbes Jahr thermisch so zu isolieren, dass die Wärme im Winter ohne Verluste zur Verfügung steht. Außerdem gestaltet sich infolge der begrenzten Wärmeleitfähigkeit des Paraffins die Entnahme der Wärme schwierig und sehr aufwändig. Kleinere Latentwärmespeicher eignen sich daher eher als Wärmepuffer zur Überbrückung von kürzeren Kältephasen oder zur Vermeidung von Leistungsspitzen.

Beispiel

Welche Energie ist nötig, um $m = 10\,\text{kg}$ Eis der Temperatur $\vartheta_1 = -20\,°\text{C}$ in Wasser mit der Raumtemperatur $\vartheta_2 = +20\,°\text{C}$ zu verwandeln?

Lösung: Um Eis um $\Delta T = 20\,\text{K}$ bis zum Schmelzpunkt zu erwärmen, benötigen wir bei einer spezifischen Wärme von $c_{\text{Eis}} = 2{,}1\,\text{kJ/(K}\cdot\text{kg)}$ die Wärmemenge $Q_1 = mc_{\text{Eis}}\Delta T = 420\,\text{kJ}$. Für das Schmelzen müssen wir die latente Wärme $Q_{\text{Schmelz}} = mq_{\text{Schmelz}} = 3337\,\text{kJ}$ (die spezifische Schmelzwärme von Eis ist $q_{\text{Schmelz}} = 333{,}7\,\text{kJ/kg}$) aufwenden. Um das geschmolzene Wasser dann auf Raumtemperatur zu bringen, brauchen wir noch die Wärmemenge $Q_2 = mc_{\text{Wasser}}\Delta T = 836{,}4\,\text{kJ}$ (mit $c_{\text{Wasser}} = 4182\,\text{J/(K}\cdot\text{kg)}$). Die gesamte benötigte Wärmemenge ist also $Q = Q_1 + Q_{\text{Schmelz}} + Q_2 = 4{,}59\,\text{MJ}$.

2.3 Aufgaben (* = leicht; ** = mittel; *** = schwer)

1. * Drei Streben aus Baustahl (Längenausdehnungskoeffizient $\alpha_{\text{S}} = 1{,}05 \cdot 10^{-5}\,\text{K}^{-1}$) bilden wie in Abb. 2.22 skizziert zusammen mit der Bodenfläche aus Beton (Längenausdehnungskoeffizient $\alpha_{\text{B}} = 1{,}5 \cdot 10^{-5}\,\text{K}^{-1}$) einen Tetraeder. An der Spitze hängt an einem Invardraht (Längenausdehnungskoeffizient $\alpha_{\text{I}} = 0{,}9 \cdot 10^{-6}\,\text{K}^{-1}$) ein Lot, dessen Spitze die ebene Bodenfläche bei einer Lufttemperatur von $\vartheta_0 = 0\,°\text{C}$ gerade berührt. Die Stahlstangen haben die Länge $L_0 = 18\,\text{m}$, die Spitze des Lotes hat zu den Ecken jeweils den Abstand $e_0 = 5\,\text{m}$. Um wieviel wird das Lot angehoben, wenn die Temperatur der Anordnung im Sommer auf den Wert $\vartheta_{\text{S}} = 35\,°\text{C}$ ansteigt?

2. * Gegeben ist der in Abb. 2.23 skizzierte Carnotprozess mit dem Wirkungsgrad $\eta = 0{,}23$. Die Temperatur T_{h} beträgt 900 K, das Volumen $V_{\text{A}} = 2\,\text{dm}^3$. Bei der iso-

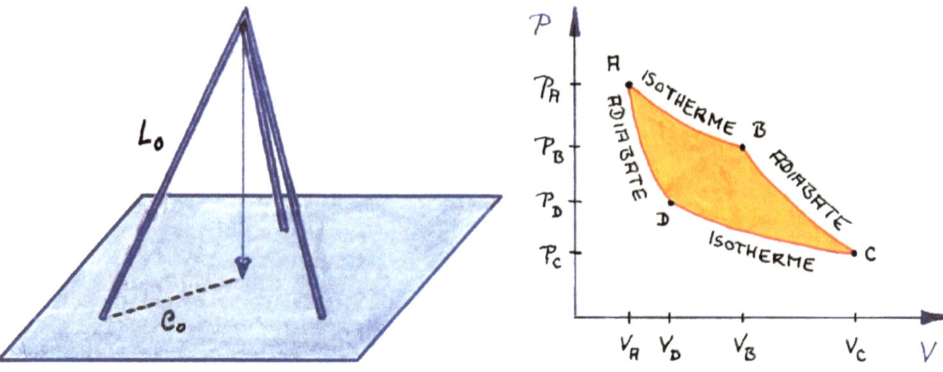

Abb. 2.22 An drei Stahlstreben aufgehängtes Lot an einem Invardraht

Abb. 2.23 Der Carnotprozess besteht aus zwei Isothermen und zwei Adiabaten

thermen Expansion von A nach B wird die Wärmemenge $Q_{AB} = 12.000\,$J zugeführt. Als Arbeitsgas dienen $\nu = 1{,}45\,$mol eines einatomigen idealen Gases. Berechnen Sie die Temperatur T_n sowie die Volumina V_D, V_B und V_C.

3. * Bei einem Flugzeugtriebwerk wird die angesaugte Luft in einem Verdichter adiabatisch komprimiert (Abb. 2.24, Prozess AB). In diese verdichtete Luft wird Flugbenzin eingespritzt und es kommt zu einer isobaren Verbrennung (BC). Der Rückstoß wird durch die ausgestoßenen Verbrennungsgase erzeugt. Die damit verbundene Druckreduzierung auf Atmosphärendruck kann als adiabatisch angesehen werden (CD). Die Abgase haben den gleichen Druck wie die angesaugte Frischluft, so dass man sich den Vorgang durch eine Isobare (DA) abgeschlossen denken kann.

   a) Berechnen Sie die bei den Teilprozessen ausgetauschten Wärmemengen! Geben Sie dabei an, welche Wärmen zu- und welche abgeführt werden!

   b) Errechnen Sie einen Zusammenhang zwischen den Prozesstemperaturen T_A, $T_\mathrm{B}, T_\mathrm{C}$ und T_D!

   c) Wie groß ist (unter Berücksichtigung der Ergebnisse von a) und b)) der Wirkungsgrad als Funktion von T_A und T_B?

4. * Ein mit Helium gefüllter Zylinder befindet sich in einem Eis-Wasser-Gemisch (Abb. 2.25). Die Wandungen des Zylinders sind so beschaffen, dass ein Wärmeaustausch ungehindert möglich ist. Nach außen können sowohl Helium als auch Eis/Wasser keine Wärme abgeben. Der Heliumzylinder ist durch einen beweglichen Kolben (näherungsweise masselos, reibungsfrei) verschlossen. Bei einer Verdopplung des Außendrucks sind nach einiger Zeit $11{,}76\,$g Eis im Wasserbad geschmolzen. Wieviel Gramm Helium sind im Zylinder? Die Druckabhängigkeit des Schmelzpunktes kann vernachlässigt werden!

5. ** Ein Luftballon mit Volumen 3 Liter ist mit Helium gefüllt und liegt auf dem Boden. Der Ballon samt Helium (Hülle näherungsweise masselos) ist auf 30 K gekühlt. Der äußere Luftdruck beträgt 970 hPa, die Lufttemperatur 27 °C. Der Innendruck des

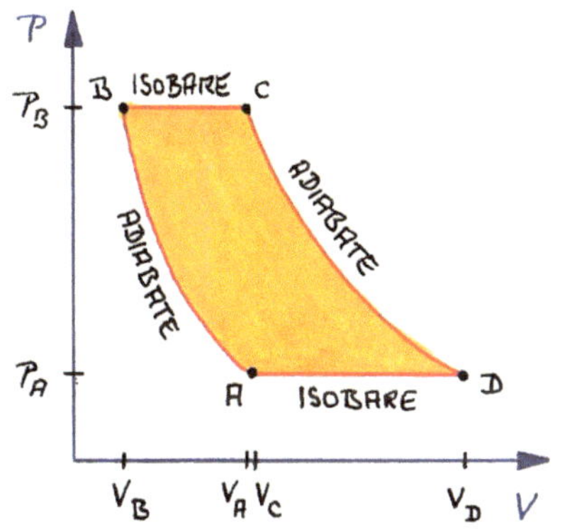

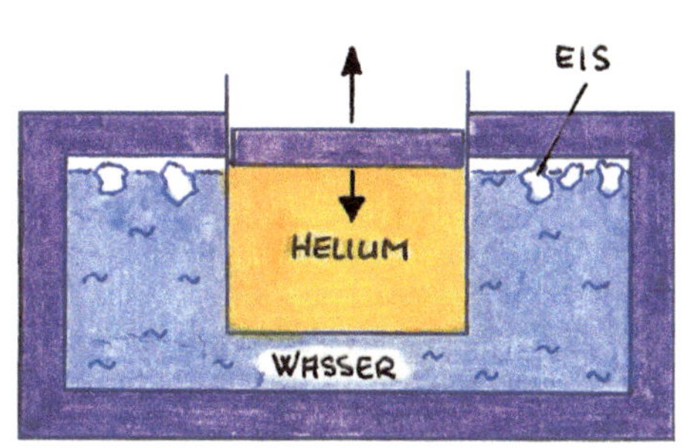

Abb. 2.24 Der zur Beschreibung der Gasturbine verwendete Kreisprozess wird auch Joule-Prozess genannt. Er besteht aus zwei Adiabaten und zwei Isobaren

Abb. 2.25 Die im Helium entstehende Kompressionswärme wird im Wasserbad zum Schmelzen des Eises verwendet. Die Temperatur bleibt bei 0 °C

Ballons ist stets näherungsweise gleich dem Außendruck. Der Ballon erwärmt sich nun durch die umgebende Luft. Während der Erwärmung wird die Temperaturverteilung im Ballon als homogen angenommen.

a) Wieviel Gramm Helium befinden sich im Ballon?

b) Bei welcher Innentemperatur hebt der Ballon von der Unterlage ab und fliegt in die Höhe?

c) Welches Volumen hat er in diesem Moment?

d) Welches Volumen hat er am Ende des Temperaturausgleichs?

e) Welche Wärmeenergie wurde bis zum Ende des Temperaturausgleichs zugeführt?

6. ** Die zwei Gase Stickstoff und Argon befinden sich wie in Abb. 2.26 dargestellt durch einen beweglichen, in guter Näherung masselosen Schieber getrennt, in einem Zylinder. Die Drücke in beiden Kammern sind also stets gleich. Der Anfangsdruck beträgt $p_0 = 10^5$ Pa. Die Anfangstemperatur beider Gase ist $T_0 = 293$ K. Die Ausgangsvolumina sind $V_{0N_2} = 1{,}5\,l$ und $V_{0Ar} = 1{,}8\,l$.

a) Berechnen Sie die Stoffmengen ν_{N_2} und ν_{Ar}.

b) Nun wird durch den Kolben der Druck ausgehend von p_0 auf das Doppelte erhöht. Die beiden Kammern sind dabei nach außen und gegeneinander wärmeisoliert, so dass der Vorgang adiabatisch abläuft. Wie groß sind die Endvolumina der beiden Gase Stickstoff und Argon V_{1N_2} und V_{1Ar} nach der Kompression?

c) Wie hoch sind die Temperaturen in den beiden Kammern?

d) Wie groß ist die für die Kompression benötigte Arbeit?

7. ** Der in Abb. 2.27 skizzierte thermodynamische Kreisprozess besteht aus einer adiabatischen, einer isobaren und einer isochoren Zustandsänderung. Als Arbeitsgas dient 1 Mol Helium. Die Drücke sind $p_A = 0{,}75$ MPa, $p_B = p_C = 0{,}12$ MPa und das Volumen $V_A = 33\,l$.

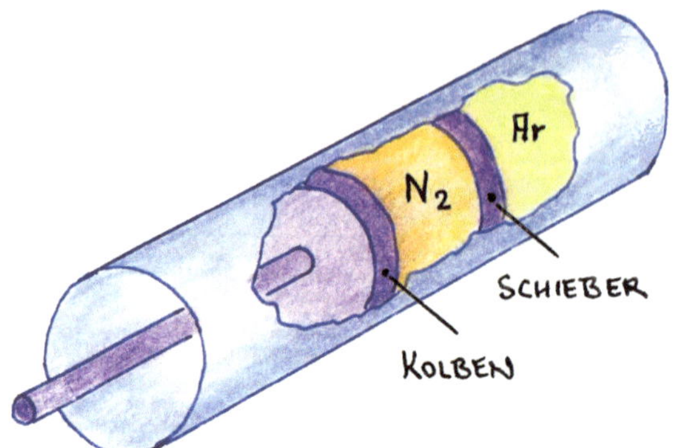

Abb. 2.26 In einem Zylinder sind – durch einen Schieber getrennt – zwei Arbeitsgase (Stickstoff und Argon) mit einem Kolben eingeschlossen

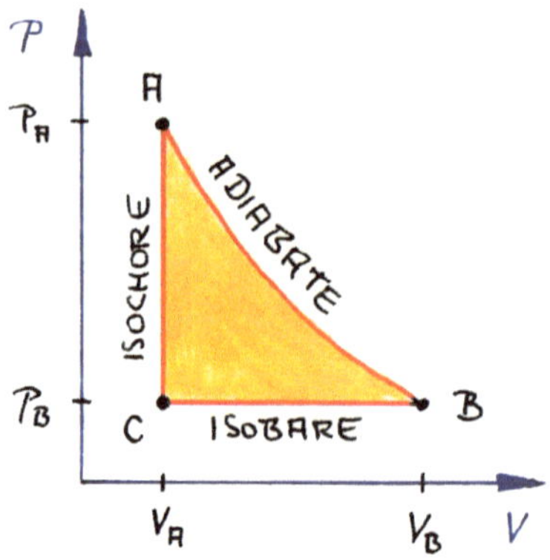

Abb. 2.27 Kreisprozess bestehend aus einer Adiabate, einer Isobare und einer Isochore

a) Wie groß ist die Temperatur T_A am Punkt A?

b) Wie groß ist das Volumen V_B?

c) Wie groß sind die Temperaturen T_B und T_C?

d) Berechnen Sie die bei den Prozessen AB und BC aufzuwendenden bzw. frei werdenden Arbeiten!

e) Berechnen Sie die bei den Prozessen BC und CA zuzuführenden bzw. frei werdenden Wärmemengen?

f) Wie groß ist der thermische Wirkungsgrad des gesamten Kreisprozesses?

8. *** An der in Abb. 2.28 skizzierten Balkenwaage sind zwei Ballons befestigt: der eine ist mit Helium gefüllt, der andere mit Wasserstoff. Die Ballons haben zunächst gleiches Volumen. Die Umgebungstemperatur sowie die Temperatur von Ballon und Gasen ist 20 °C, der Luftdruck ist $p_0 = 1013\,\text{hPa}$. Der Innendruck der Ballons ist stets gleich dem Luftdruck. Die Masse der Ballonhüllen ist vernachlässigbar.

a) Wenn der Wasserstoffballon im Abstand $r = 80\,\text{cm}$ von der Achse befestigt ist, in welchem Abstand x muss dann der Heliumballon befestigt werden, damit der Balken im Gleichgewicht ist?

b) Angenommen, der Heliumballon ist ebenfalls im Abstand $r = 80\,\text{cm}$ von der Achse befestigt. Auf welche Temperatur müsste man das Helium im Ballon erwärmen, damit der Balken wiederum im Gleichgewicht ist? Die Umgebungstemperatur bleibt dabei konstant. Die Ballonhülle ist beliebig dehnbar, bei der Volumenvergrößerung ist der Innendruck des Ballons stets gleich dem äußeren Luftdruck.

9. *** Ein Rozierballon arbeitet sowohl mit einer auftrieberzeugenden Gasfüllung als auch mit dem Heißluftprinzip (Abb. 2.29). Ein Ballon dieses Typs wird bei einer Lufttemperatur von $\vartheta_0 = 0\,°\text{C}$ auf Meereshöhe bei einem Luftdruck von $p_0 = 1013{,}25\,\text{hPa}$ mit $9250\,\text{m}^3$ Helium von ebenfalls $\vartheta_0 = 0\,°\text{C}$ befüllt. Die Hülle ist dabei noch nicht prall gefüllt, d. h. der Innendruck ist gleich dem Außendruck.

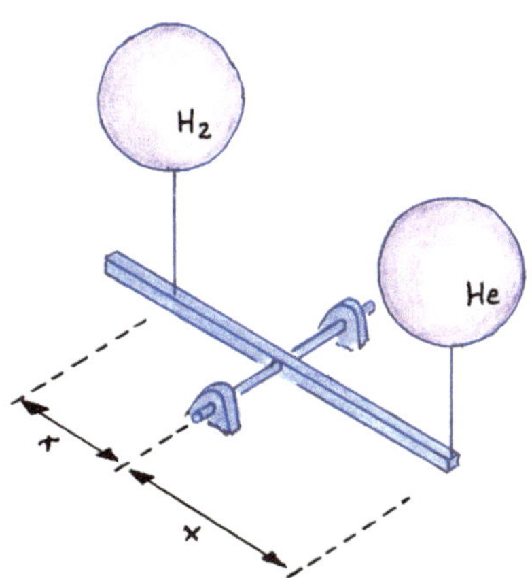
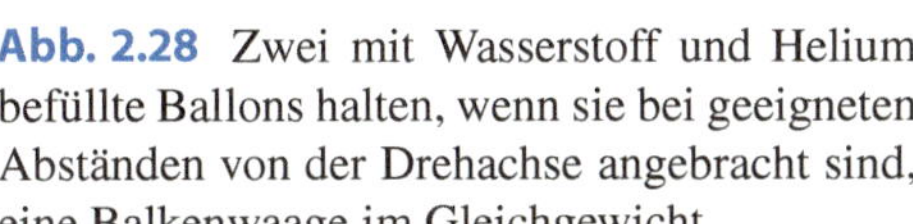

Abb. 2.28 Zwei mit Wasserstoff und Helium befüllte Ballons halten, wenn sie bei geeigneten Abständen von der Drehachse angebracht sind, eine Balkenwaage im Gleichgewicht

Abb. 2.29 Beim Rozierballon wird die Auftriebskraft einer Heliumfüllung durch Erwärmung des Gases erhöht

a) Welche Abflugmasse darf der Ballon maximal haben, damit er ohne Gaserwärmung gerade noch abhebt?

b) Auf welches Volumen könnte man das Füllvolumen verkleinern, wenn man unter Verwendung der unter a) ermittelten Abflugmasse statt Helium Wasserstoff verwenden würde?

c) Der Ballon hat eine Gesamtmasse von 11.000 kg und ist unter den o.g. Bedingungen mit 9250 m³ Helium befüllt. Die Brenner werden nun gezündet und das Helium erwärmt. Da die Hülle nicht prall gefüllt wurde, kann es sich ungehindert ausdehnen. Der Innendruck entspricht also dem Außendruck. Auf welche Temperatur muss das Helium gebracht werden, damit der Ballon abhebt? (Anmerkung: es soll hier vereinfachend angenommen werden, dass nur die Erwärmung des Heliums zum Auftrieb beiträgt. In Wirklichkeit liefert auch die heiße Luft im Heißlufttrichter Auftrieb!)

d) Lässt man den Ballon nun steigen, erwärmt sich – bei abgeschaltetem Brenner – das Helium durch die Sonneneinstrahlung weiter. Gleichzeitig nimmt der Außendruck mit der Höhe h gemäß barometrischer Höhenformel

$$p(h) = p_0 e^{-\frac{\rho_{\text{Luft}} g h}{p_0}}$$

ab. Das Helium füllt nach und nach das maximale Hüllenvolumen von 18.500 m³ aus. Die Höhe, bei der die Hülle prall gefüllt ist, wird Prallhöhe genannt. Wie groß wäre diese, wenn auf allen Höhen konstante Temperatur von $\vartheta_0 = 0\,°C$ herrschen würde und damit die barometrische Höhenformel anwendbar wäre und wenn sich das Helium im Innern durch Sonneneinstrahlung auf $40\,°C$ erwärmt?

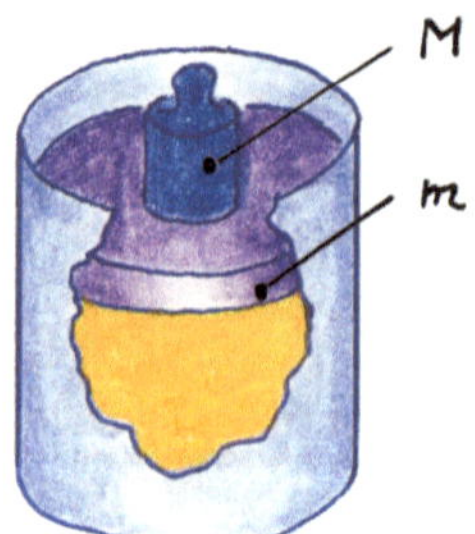

Abb. 2.30 Ein Kolben der Masse m schließt ein ideales Gas in einem Zylinder ein. Durch Auflegen einer Masse M kann das Gas weiter komprimiert werden

10. *** Ein ideales Gas ist, wie in Abb. 2.30 skizziert, in einem Zylinder eingeschlossen und mit einem Kolben, dessen Masse $m = 800\,\text{g}$ beträgt, verschlossen. Der Kolben mit der Querschnittsfläche $A = 1\,\text{dm}^2$ kann im Zylinder reibungsfrei gleiten. Das eingeschlossene Volumen V_0 beträgt 1 l und der Außendruck ist $p_\text{A} = 97.000\,\text{Pa}$. Die Temperatur T_0 im Gas und im Außenbereich beträgt 300 K.

a) Berechnen Sie die Stoffmenge ν im Zylinder!

b) Eine zusätzliche Masse M wird auf den Kolben gestellt. Man beobachtet ein Absinken des Kolbens um $\Delta s = 9{,}12\,\text{mm}$ bei isothermer Prozessführung. Wie groß war die Masse M?

c) Wie groß ist im Falle b) die Änderung der inneren Energie?

d) Betrachten Sie nun wieder den Ausgangszustand. Nunmehr wird eine Masse $M = 20\,\text{kg}$ auf den Kolben gestellt. Bei adiabatischer Prozessführung beobachtet man ein Absinken des Kolbens um $\Delta s = 10{,}391\,\text{mm}$. Wie groß ist der Adiabatenexponent κ?

e) Wie viele Freiheitsgrade hat das Gas?

Schwingungen und Wellen

3.1 Wenn man nach kurzer Zeit wieder am Anfang steht: periodische Bewegung

3.1.1 Wann schwingt etwas harmonisch?

Ein klassisches Beispiel für eine **Schwingung** ist das Pendel einer Standuhr (Abb. 3.1). Es besteht aus einer an einer Achse A aufgehängten Stange der Länge L, an deren unterem Ende eine große Masse befestigt ist. Wir ergänzen für einen Versuch die Masse durch einen Behälter, aus dem Sand in kleinen Mengen nach unten herausrieseln kann. Behälter und Pendel haben die Masse m. Da der herausrieselnde Sand die Rechnung erheblich erschweren würde, müssen wir den Sandverlust gering halten, so dass der Massenverlust klein gegen die Gesamtmasse m ist. Lassen wir den Sand auf ein Band rieseln, das mit konstanter Geschwindigkeit bewegt wird, bekommen wir eine Darstellung der Auslenkung als Funktion der Zeit.

Nach Abb. 3.1 ist die Rückstellkraft des Pendels gegeben durch $F = mg \sin \varepsilon$. Das daraus resultierende **rückstellende Drehmoment** ist dann $M = FL = mgL \sin \varepsilon$. Die dynamische Grundgleichung liefert also:

$$J \frac{\mathrm{d}^2 \varepsilon}{\mathrm{d}t^2} = -mgL \sin \varepsilon \approx -mgL\varepsilon\,. \tag{3.1}$$

Hier wurde die Näherung $\sin \varepsilon \approx \varepsilon$ für kleine Winkelauslenkungen verwendet, die sich aus der Potenzreihenentwicklung der Sinusfunktion ergibt.

Potenzreihen

© Springer Fachmedien Wiesbaden GmbH, ein Teil von Springer Nature 2018
R. Dohlus, *Physik*, https://doi.org/10.1007/978-3-658-22779-1_3

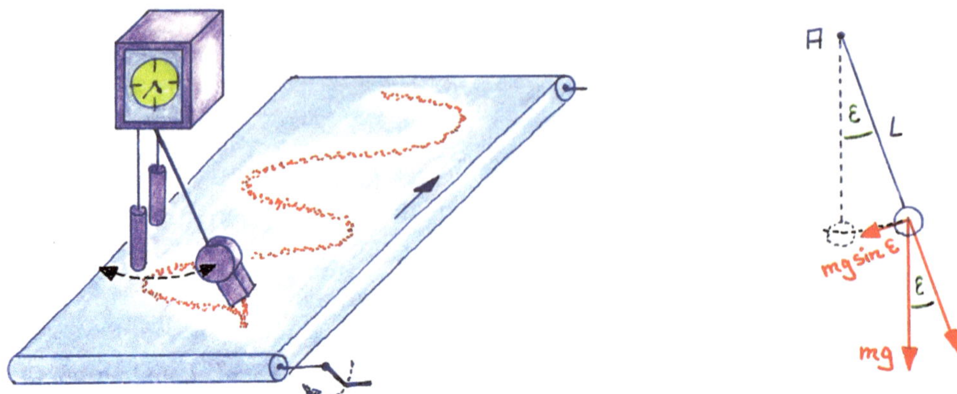

Abb. 3.1 Das Pendel einer Uhr führt – kleine Pendelauslenkungen vorausgesetzt – eine harmonische Schwingung aus

J ist das Massenträgheitsmoment des Pendels. Auch hier müssen wir (zunächst) wieder eine Näherung machen. Wir nehmen nämlich an, dass die Masse des Pendels in einem Punkt im Abstand L von der Drehachse A konzentriert ist. Die Masse der Stange, an der die Pendelscheibe hängt, wird vernachlässigt. Ein solches Pendel wird – da es etwas realitätsfremd ist – **mathematisches Pendel** genannt. Man sieht daran: die Physik lebt oft und sehr weitgehend von Näherungen. Wir werden später aber auch noch die realistischeren **physikalischen Pendel** kennenlernen. Das Massenträgheitsmoment des **mathematischen Pendels** bezüglich der Pendelachse A ist das einer Punktmasse auf einer Kreisbahn: $J = mL^2$. Damit erhält man aus Gl. 3.1:

$$mL^2\frac{\mathrm{d}^2\varepsilon}{\mathrm{d}t^2} = -mgL\varepsilon \quad \text{bzw.} \quad \ddot{\varepsilon} + \frac{g}{L}\varepsilon = 0\,. \tag{3.2}$$

Wir wollen uns zunächst klar machen, was diese Gleichung eigentlich beschreibt. ε ist der Auslenkwinkel, damit ist $\ddot{\varepsilon}$ eine Winkelbeschleunigung. Gl. 3.2 stellt eine **Differentialgleichung** dar. Genaugenommen sind wir in der Kinematik bereits auf Differentialgleichungen gestoßen, allerdings haben wir uns dort um den Begriff noch herumgemogelt und die Lösung durch einfache Integration gewinnen können. Bei diesem Typ Differentialgleichung ist das nicht mehr so leicht möglich. Grundsätzlich ist die Lösung einer Differentialgleichung eine Funktion, genau genommen eine ganze Funktionenschar. Die exakte Funktion wird erst durch Festlegung weiterer Randbedingungen, z. B. der Anfangswerte eines Bewegungsablaufs festgelegt.

Differentialgleichung

Um zu beschreiben, zu welchem Zeitpunkt das Pendel welchen Auslenkwinkel ε hat (um also die Lösungsfunktion $\varepsilon(t)$ zu bestimmen), müssen wir die Lösung von Gl. 3.2 finden. Hier hilft uns die Sandspur weiter. Lassen wir den Sand auf ein Band aus Papier rieseln, das wir unter dem Pendel senkrecht zur Schwingungsebene mit konstanter Geschwindigkeit vorbeiziehen (Abb. 3.1), dann beschreibt der Sand auf dem Band eine Spur, die einer **Sinuskurve** sehr ähnlich sieht. Die Kurve stimmt umso besser mit einer Sinusfunktion überein, je kleiner die Anfangsauslenkung ε_0 gewählt wurde. Für die Funktion auf dem Papier gilt die Zeitabhängigkeit

$$s(t) = s_0 \sin(\omega t - \varphi) \,. \tag{3.3}$$

Da es sich bei Gl. 3.2 um eine **Differentialgleichung 2. Ordnung** handelt, werden in der Lösung zwei frei wählbare Konstanten erwartet. Diese Konstanten sind s_0 und φ. ω ist nicht frei wählbar, wie wir gleich sehen werden. Zwischen der Winkelauslenkung ε und der Querauslenkung s auf dem Papier besteht der Zusammenhang

$$\tan(\varepsilon) = \frac{s}{L} \,.$$

Da wir uns oben auf kleine Auslenkungen festgelegt haben, gilt näherungsweise $s \approx L\varepsilon$. s_0 ist offensichtlich die **Maximalauslenkung** oder **Amplitude** des Pendels, hierzu gehört der maximale Auslenkwinkel $\varepsilon_0 = s_0/L$. Die Lösungsfunktion $\varepsilon(t)$ für unsere Differentialgleichung könnte also lauten:

$$\varepsilon(t) = \varepsilon_0 \sin(\omega t - \varphi) \,. \tag{3.4}$$

Fragt man nach der Geschwindigkeit bzw. Beschleunigung der seitlichen Auslenkung, so erhält man diese, indem man nach den Regeln der Kinematik die Funktion $s(t)$ differenziert. Übertragen auf die Auslenkung ε bedeutet dies, dass wir die **Winkelgeschwindigkeit** $\dot{\varepsilon}(t)$ bzw. die Winkelbeschleunigung $\ddot{\varepsilon}(t)$ als Funktion der Zeit berechnen:

$$\frac{d\varepsilon}{dt} = \omega \varepsilon_0 \cos(\omega t - \varphi) \quad \text{bzw.} \quad \frac{d^2\varepsilon}{dt^2} = -\omega^2 \varepsilon_0 \sin(\omega t - \varphi) = -\omega^2 \varepsilon(t) \,. \tag{3.5}$$

Setzen wir dieses Ergebnis in Gl. 3.2 ein, erhalten wir:

$$-\omega^2 \varepsilon(t) + \frac{g}{L}\varepsilon(t) = 0 \quad \text{bzw.} \quad \omega = \sqrt{\frac{g}{L}} \,.$$

Wir sehen also, dass die Konstante ω nicht frei wählbar ist, sondern durch die Länge L des Pendels und die Schwerebeschleunigung g festgelegt wird. ω wird **Kreisfrequenz** genannt und bestimmt, wie oft das Pendel pro Zeiteinheit hin- und herschwingt. Die Einheit ist 1 rad/s. Vollendet das Pendel eine volle Schwingung in der **Periodendauer T**,

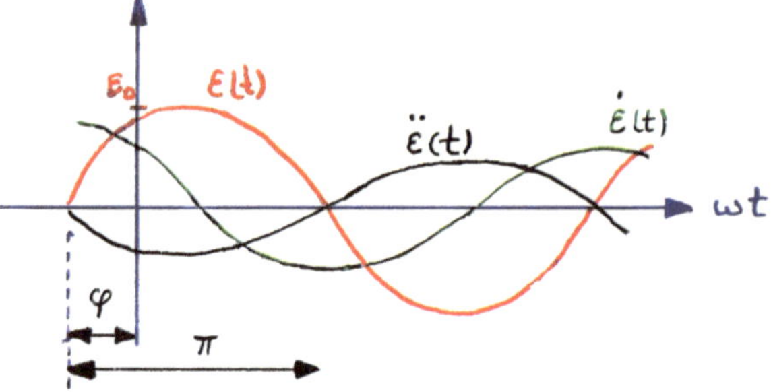

Abb. 3.2 Auslenkwinkel ε (*rot*), Winkelgeschwindigkeit $\dot{\varepsilon}$ (*grün*) und Winkelbeschleunigung $\ddot{\varepsilon}$ (*schwarz*) als Funktion von ωt

ergibt das Produkt ωT den Wert 2π. Für die Periodendauer gilt also der Zusammenhang $T = 2\pi/\omega$. Zusammenfassend gilt für das mathematische Pendel:

$$\omega = \sqrt{\frac{g}{L}} \quad \text{und} \quad T = 2\pi\sqrt{\frac{L}{g}}\,.$$

Animation 8

Die Konstante φ bestimmt die Lage des Pendels zum Zeitnullpunkt. Abb. 3.2 zeigt u. a. die Auslenkung als Funktion der Zeit t. Wie man sieht, kann die Funktion $\varepsilon(t)$ durch die Wahl des **Nullphasenwinkels** φ entlang der Abszisse hin- und hergeschoben werden. Damit wird indirekt der Funktionswert $\varepsilon(0)$ festgelegt. Da φ beim Differenzieren nicht verlorengeht, werden mit der Funktion $\varepsilon(t)$ auch die Funktionen $\dot{\varepsilon}(t)$ (Winkelgeschwindigkeit) und $\ddot{\varepsilon}(t)$ (Winkelbeschleunigung) in gleicher Weise verschoben. Die Winkelgeschwindigkeit entsteht durch Ableitung der Sinusfunktion. Man erhält eine Kosinusfunktion. Damit ist die Winkelgeschwindigkeit um 90° gegen die Winkelauslenkung phasenverschoben. Ist die Auslenkung am höchsten, also an den Umkehrpunkten, dann ist dort die Winkelgeschwindigkeit Null. Beim Nulldurchgang des Pendels dagegen ist die Winkelauslenkung Null, dafür hat aber die Winkelgeschwindigkeit einen Extremwert. Die Winkelbeschleunigung $\ddot{\varepsilon}$ ist gegen die Winkelauslenkung ε um 180° phasenverschoben. Das bedeutet: wird das Pendel in positive Richtung ausgelenkt, wirkt die Beschleunigung in negative Richtung, also bremsend. Wird es in negative Richtung ausgelenkt, wirkt die Beschleunigung in positive Richtung, also ebenfalls bremsend. Der Betrag der Winkelbeschleunigung ist (näherungsweise) proportional zur Rückstellkraft. Dies war bereits in Gl. 3.2 erkennbar.

Dies ist ein wichtiges Kennzeichen einer harmonischen Schwingung, also einer Schwingung, bei der eine sinusförmige Zeitabhängigkeit beobachtet wird. Voraussetzung ist ein **lineares Kraftgesetz**: die Rückstellkraft $mg \sin \varepsilon \approx mg\varepsilon$ ist proportional zur Auslenkung ε. Das ist beim Pendel nur näherungsweise für kleine Auslenkwinkel erfüllt. Natürlich stellt sich auch für größere Auslenkungen eine Schwingung ein, diese ist jedoch **anharmonisch** und mathematisch viel schwieriger zu beschreiben.

Beispiel

Eine kleine Stahlkugel ist an einem Faden der Länge $L = 0{,}8\,\mathrm{m}$ und vernachlässigbarer Masse aufgehängt. Sie wird zum Zeitpunkt $t = 0$ um einen Winkel $\varepsilon\,(0) = 2°$ ausgelenkt und mit einer anfänglichen Winkelgeschwindigkeit von $\dot{\varepsilon}\,(0) = 3{,}5°/s$ in Bewegung versetzt.

a) Welche Periodendauer T hat die Schwingung?
b) Wie groß ist die Amplitude ε_0 der Schwingung?
c) Welche maximale Winkelgeschwindigkeit hat das Pendel beim Nulldurchgang?
d) Wo befindet sich das Pendel genau zum Zeitpunkt $t = 12\,\mathrm{s}$?

Lösung:

a) Mit $\omega = \sqrt{g/L}$ und und $\omega = 2\pi/T$ gilt

$$T = 2\pi \sqrt{\frac{L}{g}} = 1{,}79\,\mathrm{s}\,.$$

b) Aus $\varepsilon\,(t) = \varepsilon_0 \sin\,(\omega t - \varphi)$ und $\dot{\varepsilon}\,(t) = \omega \varepsilon_0 \cos\,(\omega t - \varphi)$ folgt für $t = 0$:

$$\varepsilon\,(0) = \varepsilon_0 \sin\,(-\varphi) \quad \text{und} \quad \dot{\varepsilon}\,(0) = \omega \varepsilon_0 \cos\,(-\varphi) = \omega \varepsilon_0 \sqrt{1 - \sin^2\,(-\varphi)}\,.$$

Daraus kann man ε_0 bestimmen:

$$\dot{\varepsilon}\,(0) = \omega \varepsilon_0 \sqrt{1 - \left(\frac{\varepsilon\,(0)}{\varepsilon_0}\right)^2} \quad \text{bzw.}$$

$$\varepsilon_0 = \sqrt{\varepsilon^2\,(0) + \left(\frac{\dot{\varepsilon}\,(0)}{\omega}\right)^2} = 0{,}039\,\mathrm{rad} = 2{,}24°\,.$$

Übrigens ergibt sich der Nullphasenwinkel zu $\varphi = -63{,}4°$.

c) Die Amplitude der Winkelgeschwindigkeit entspricht dem Vorfaktor $\omega\varepsilon_0$ in Gl. 3.5; man erhält also $0{,}137\,\mathrm{rad/s}$ bzw. $7{,}83°/\mathrm{s}$ für die Amplitude der Winkelgeschwindigkeit im Nulldurchgang.

d) Zum Zeitpunkt $t = 12\,\mathrm{s}$ befindet sich das Pendel in der Winkelauslenkung

$$\varepsilon\,(12\,\mathrm{s}) = 0{,}039\,\mathrm{rad}\cdot\sin\left(3{,}50\frac{\mathrm{rad}}{\mathrm{s}}\cdot 12\,\mathrm{s} + 1{,}11\,\mathrm{rad}\right) = -0{,}0299\,\mathrm{rad} = -1{,}71°\,.$$

3.1.2 Schon realistischer: das physikalische Pendel

Ein solches Pendel können wir im Grunde schon mit Gl. 3.1 beschreiben. Wir haben dort die Idealisierung einer Punktmasse und damit das Massenträgheitsmoment einer Punktmasse verwendet. Hängen wir eine beliebig geformte Masse m als Pendel auf (Abb. 3.3), können wird die Beschreibung von oben übernehmen. Wir müssen dafür die rückstellende Kraft im Schwerpunkt der Massenverteilung angreifen lassen. Außerdem benötigen wir das Massenträgheitsmoment J_A der Masse bezüglich der Achse A, um die die Masse schwingt. Damit lässt sich die Schwingung wieder mit der obigen Gleichung

$$J_\mathrm{A}\frac{\mathrm{d}^2\varepsilon}{\mathrm{d}t^2} = -mgL\sin\varepsilon \approx -mgL\varepsilon$$

in der Näherung für kleine Winkel beschreiben. Es resultiert die Differentialgleichung

$$J_\mathrm{A}\ddot{\varepsilon} + mgL\varepsilon = 0\,.$$

Ihre Lösung lässt sich wie oben mit $\varepsilon\,(t) = \varepsilon_0\sin\,(\omega t - \varphi)$ angeben, wobei beim **physikalischen Pendel** die Kreisfrequenz zu

$$\boxed{\;\omega = \sqrt{\frac{mgL}{J_\mathrm{A}}}\;}$$

bestimmt werden kann. Damit besteht experimentell die Möglichkeit, das Massenträgheitsmoment bei bekanntem L aus der Schwingungsfrequenz zu ermitteln.

Beispiel

Ein langer, dünner Stab homogener Dicke mit der Länge L ist an einer Achse senkrecht zur Stabachse drehbar aufgehängt (Abb. 3.4). Der Abstand Drehachse zu Schwerpunkt ist ein Viertel der Stablänge. Der Stab schwingt unter dem Einfluss der Schwerkraft um seine Drehachse. Luftwiderstand und Lagerreibung sind vernachlässigbar. Wie lautet die Differentialgleichung für diese Schwingung? Wie groß ist die Periodendauer der Schwingung?

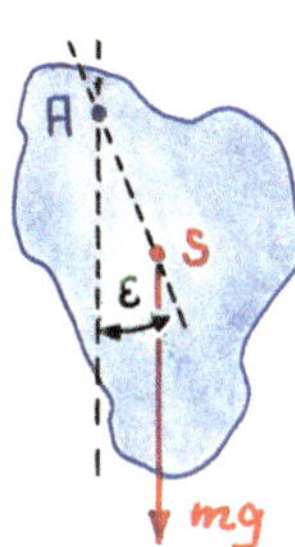

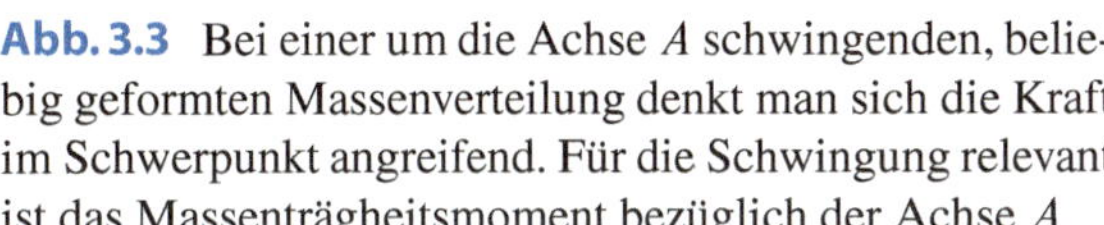

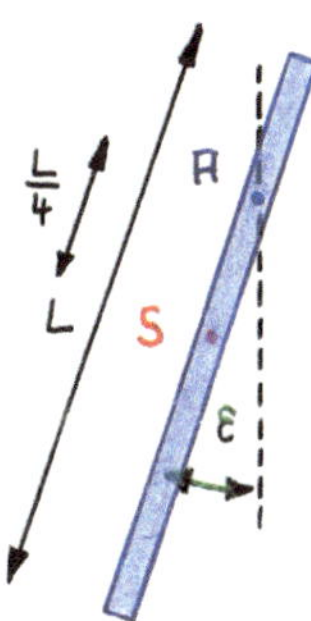

Abb. 3.3 Bei einer um die Achse A schwingenden, beliebig geformten Massenverteilung denkt man sich die Kraft im Schwerpunkt angreifend. Für die Schwingung relevant ist das Massenträgheitsmoment bezüglich der Achse A

Abb. 3.4 Um die Achse A schwingender langer Stab

Lösung: Das rückstellende Drehmoment ist gegeben durch:

$$M = -mg\frac{L}{4}\sin\varepsilon \approx -\frac{mgL\varepsilon}{4}\,.$$

Damit kann man die Bewegungsgleichung

$$J_A\ddot{\varepsilon} \approx -\frac{mgL\varepsilon}{4} \tag{3.6}$$

aufstellen. Das Massenträgheitsmoment bei Drehung um den Aufhängepunkt A muss über den Steinerschen Satz gemäß

$$J_A = \frac{1}{12}mL^2 + m\left(\frac{L}{4}\right)^2 = \frac{7}{48}mL^2$$

bestimmt werden. Mit Gl. 3.6 erhält man die Differentialgleichung

$$\frac{7}{48}mL^2\ddot{\varepsilon} + \frac{mgL\varepsilon}{4} = 0 \quad \text{bzw.} \quad \ddot{\varepsilon} + \frac{12g}{7L}\varepsilon = 0\,.$$

Durch Vergleich mit Gl. 3.2, bei der der Vorfaktor g/L vor der Funktion $\varepsilon(t)$ dem Quadrat der Kreisfrequenz ω entsprach, erhalten wir in diesem Fall

$$\omega = \sqrt{\frac{12g}{7L}} \quad \text{bzw.} \quad T = 2\pi\sqrt{\frac{7L}{12g}}\,.$$

3.1.3　Die Schwingung und der Energiesatz

Natürlich muss bei der Schwingbewegung der Energiesatz erfüllt sein. Da wir von Reibung bisher abgesehen haben, ist offensichtlich beim Pendel (Abb. 3.1) nur **kinetische** und **potentielle Energie** im Spiel. An den Umkehrpunkten hat das Pendel nur potentielle Energie, da die Geschwindigkeit Null ist. Beim Nulldurchgang hat es ein Minimum an potentieller Energie, dafür aber maximale kinetische Energie. Ist die gesamte Energie des mathematischen Pendels E_{ges}, dann gilt zu jedem Zeitpunkt

$$\frac{m}{2}v^2 + mgh = E_{\text{ges}}\,. \tag{3.7}$$

Die Bahngeschwindigkeit v können wir aus der Winkelgeschwindigkeit $\dot{\varepsilon}$ gemäß $v(t) = \dot{\varepsilon}L$ berechnen. Die Höhe h hängt vom Auslenkwinkel ε und damit von der Zeit ab. Für die Höhe h gilt $h = L - L\cos\varepsilon$. Da wir nur kleine Auslenkwinkel betrachten wollen, nutzen wir die Näherung $\cos(\varepsilon) \approx 1 - \frac{\varepsilon^2}{2}$, die sich aus der Potenzreihenentwicklung der Kosinusfunktion ergibt und erhalten

$$h \approx L - L\left(1 - \frac{\varepsilon^2}{2}\right) = \frac{L\varepsilon^2}{2}\,.$$

Damit wird aus Gl. 3.7:

$$\frac{mL^2}{2}\dot{\varepsilon}^2 + mg\frac{L}{2}\varepsilon^2 = E_{\text{ges}}\,.$$

Diese Gleichung stellt ebenfalls eine Differentialgleichung dar. Es ist einfach eine andere Beschreibung unseres bekannten Problems. Die oben gefundene Lösung sollte also auch hier funktionieren. Einsetzen von Gl. 3.4 und der Winkelgeschwindigkeit aus Gl. 3.5 liefert:

$$\frac{mL^2}{2}\varepsilon_0^2\omega^2\cos^2(\omega t - \varphi) + mg\frac{L}{2}\varepsilon_0^2\sin^2(\omega t - \varphi) = E_{\text{ges}}\,. \tag{3.8}$$

Da wir aufgrund des Energiesatzes eine konstante Gesamtenergie E_{ges} fordern müssen, gilt die Gleichung nur, wenn die linke Seite ebenfalls für alle Zeiten konstant ist. Das kann aber für beliebige Zeiten nur dann gelten, wenn die beiden Vorfaktoren $mL^2\varepsilon_0^2\omega^2/2$ und $mgL\varepsilon_0^2/2$ gleich sind. Denn dann kann man den Vorfaktor ausklammern und in der Klammer bleibt $\sin^2(\omega t - \varphi) + \cos^2(\omega t - \varphi) = 1$ übrig. Man erhält also:

$$\frac{mL^2}{2}\varepsilon_0^2\omega^2 = mg\frac{L}{2}\varepsilon_0^2 \quad \text{bzw.} \quad L\omega^2 = g \quad \text{bzw.} \quad \omega = \sqrt{\frac{g}{L}}\,. \tag{3.9}$$

Das entspricht dem oben gefundenen Zusammenhang für die **Kreisfrequenz**. Die Gleichung beschreibt also auch hier korrekt die Physik. Nebenbei erhalten wir aus Gl. 3.8 eine Aussage über die im System gespeicherten Energien. Ist die Geschwindigkeit maximal (was im Nulldurchgang der Fall ist), ist der Kosinus gleich Eins und der Sinus gleich

Null. Es existiert also nur **kinetische Energie** und diese ist

$$E_{\text{kin}} = \frac{mL^2}{2}\varepsilon_0^2\omega^2 = \frac{mgL\varepsilon_0^2}{2}\,.$$

Dabei haben wir Gl. 3.9 benutzt. ε_0 ist die Winkelamplitude. Ist die Geschwindigkeit Null, ist der linke Summand in Gl. 3.8 Null und es existiert im System nur maximale **potentielle Energie**:

$$E_{\text{pot}} = \frac{mgL\varepsilon_0^2}{2}\,.$$

Man erkennt leicht, dass die maximale potentielle Energie gleich der maximalen kinetischen Energie ist. Dies ist ein Kennzeichen eines harmonischen Oszillators. Es gilt auch, dass die **mittlere** potentielle und die **mittlere** kinetische Energie während einer Periodendauer gleich sind.

3.1.4   Noch realistischer: Berücksichtigung der Dämpfung

Hier müssen wir gleich die Erwartungen hinsichtlich der Dämpfung etwas dämpfen: wir können im Rahmen dieses Buches nur die **geschwindigkeitsproportionale Dämpfung** behandeln. Hierzu betrachten wir einen weiteren Oszillatortyp: das Federpendel. Da bei der Feder ein linearer Zusammenhang zwischen der Dehnung und der Rückstellkraft existiert, nämlich $F = Ds$, liegt ein lineares Kraftgesetz vor und wir können eine harmonische Schwingung erwarten. Näherungen sind hierbei nicht nötig. Die Differentialgleichung für eine solche (zunächst ungedämpfte) Schwingung lautet $m\ddot{s} + Ds = 0$.

Wir wollen nun die o. g. Dämpfung einführen. Praktisch lässt sich das dadurch realisieren, dass man die Masse zylindrisch ausbildet und in einem Zylinder mit Wasserfüllung schwingen lässt (Abb. 3.5).

Die Auslenkung aus der Ruhelage ist jeweils durch die Funktion $s\,(t)$ gegeben. Durch die Dimensionierung des Zwischenraums zwischen der Masse und dem Zylinder kann man die Dämpfung einstellen. Bei der Aufwärts- und Abwärtsbewegung der Masse muss stets Wasser verdrängt werden. Ist der Zwischenraum sehr eng, ist das nur schwer möglich und die Bewegung wird stark gehemmt. Diese Dämpfung ist proportional zur Geschwindigkeit der Masse. Führen wir einen **Dämpfungskoeffizienten** b ein, dann ist die bremsende Kraft $F_b = -bv$. Nach dem zweiten Newtonschen Axiom erhalten wir also zusammen mit der Rückstellkraft $F_R = -Ds$ der Feder:

$$m\ddot{s} = -bv - Ds \quad \text{oder} \quad m\ddot{s} + b\dot{s} + Ds = 0\,. \tag{3.10}$$

Dies ist wieder eine **Differentialgleichung**. Diesmal allerdings eine, die etwas schwieriger zu lösen ist, als die beim ungedämpften System. Untersucht man den Oszillator genauer, stellt man fest, dass sich die Amplitude von Schwingung zu Schwingung stets

Abb. 3.5 Eine geschwindigkeitsproportionale Dämpfung lässt sich realisieren, indem man eine zylindrische Masse in einem mit Wasser gefüllten Zylinder schwingen lässt. Der Abstand zwischen Zylinderinnenwand und zylindrischer Masse bestimmt die Stärke der Dämpfung

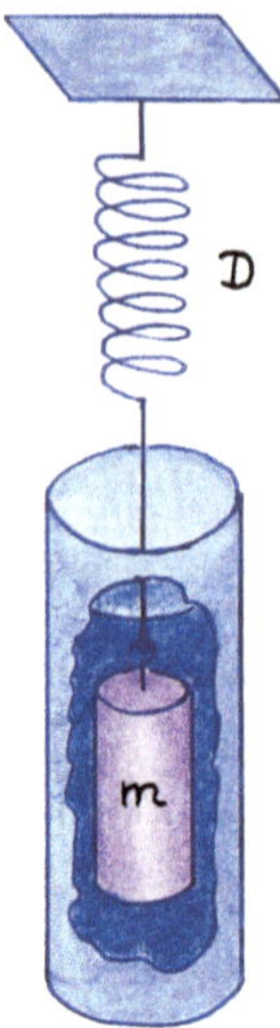

um den gleichen Faktor verringert. Das ist das Kennzeichen für einen **exponentiellen Abklingvorgang**, der in der Physik sehr häufig ist. Das Abklingen kann durch einen **Abklingkoeffizienten** δ in der Form $e^{-\delta t}$ oder durch eine **Relaxationszeit** τ in der Form $e^{-t/\tau}$ beschrieben werden. Die Relaxationszeit ist diejenige Zeitspanne, in der die Amplitude auf den e-ten Teil gesunken ist (Abb. 3.6). Es gilt $\delta = 1/\tau$.

Exponentialfunktion

Abb. 3.6 Exponentielle Abklingvorgänge sind in der Physik häufig. Als charakteristische Größe wird oft die Relaxationszeit τ angegeben; das ist die Zeit, in der eine physikalische Größe auf den e-ten Teil abgesunken ist

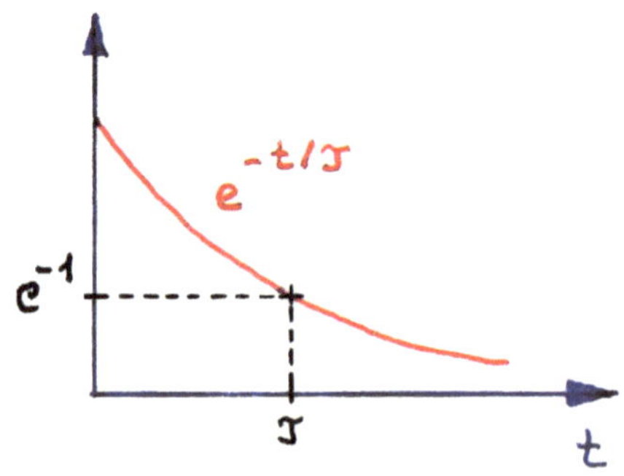

Eine Lösung von Gl. 3.10 könnte der Beobachtung nach also wie bisher aus einem oszillierenden Anteil, beschrieben durch eine Sinusfunktion, und aus einem exponentiellen Abklingen, beschrieben durch einen Faktor $e^{-\delta t}$, bestehen:

$$s\left(t\right) = s_0 e^{-\delta t} \sin\left(\omega_\mathrm{d} t - \varphi\right) . \tag{3.11}$$

Hier haben wir vier Konstanten im Spiel. Da es sich um eine Differentialgleichung zweiter Ordnung handelt, darf die Lösung nur zwei frei wählbare Konstanten enthalten. Zwei weitere sind also festgelegt. ω_d ist die Kreisfrequenz, die von der des ungedämpften Systems abweicht. Der Ansatz Gl. 3.11 würde die Gl. 3.10 lösen. Allerdings wäre die Rechnung umfangreich. Es ist hier zweckmäßig, einen komplexen Lösungsansatz zu verwenden.

Komplexe Zahlen

Die Lösung der Differentialgleichung des **ungedämpften** harmonischen Oszillators lässt sich in komplexer Schreibweise in der Form

$$s\left(t\right) = s_0 e^{-j(\omega t - \varphi)}$$

darstellen. Dies entspricht nach der **Euler'schen Formel**

$$e^{j\psi} = \cos\psi + j \cdot \sin\psi$$

folgender Schreibweise:

$$s\left(t\right) = s_0 \cos(\omega t - \varphi) + j \cdot s_0 \sin(\omega t - \varphi)$$

Der Imaginärteil entspricht also der reellen Lösung der Differentialgleichung.

Vielmehr noch: der Imaginärteil der Ableitung $\dot{s}\left(t\right)$ entspricht der Geschwindigkeit:

$$\dot{s}\left(t\right) = \frac{\mathrm{d}}{\mathrm{d}t} s_0 e^{j(\omega t - \varphi)} = j\omega s_0 e^{j(\omega t - \varphi)} = j \cdot \omega s_0 \cos\left(\omega t - \varphi\right) - \omega s_0 \sin\left(\omega t - \varphi\right) .$$

Übrigens: die imaginäre Einheit j wird beim Ableiten wie eine Konstante behandelt. Auch die Beschleunigung $\ddot{s}\left(t\right)$ lässt sich auf diese Art berechnen:

$$\ddot{s}\left(t\right) = \frac{\mathrm{d}}{\mathrm{d}t} j\omega s_0 e^{j(\omega t - \varphi)} = -\omega^2 s_0 e^{j(\omega t - \varphi)}$$
$$= -\omega^2 s_0 \cos\left(\omega t - \varphi\right) - j\omega^2 s_0 \sin\left(\omega t - \varphi\right) .$$

Der Imaginärteil entspricht der Beschleunigung.

Der Lösungsansatz von Gl. 3.11 **für den gedämpften Oszillator** lässt sich in komplexer Schreibweise wie folgt darstellen:

$$s\,(t) = s_0 \mathrm{e}^{\mathrm{j}(\omega_\mathrm{d}t-\varphi)}\mathrm{e}^{-\delta t} = s_0 \mathrm{e}^{(\mathrm{j}\omega_\mathrm{d}-\delta)t}\mathrm{e}^{-\mathrm{j}\varphi}\,. \tag{3.12}$$

ω_d trägt hier den Index „d", da es – wie wir sehen werden – von der Frequenz ω des ungedämpften Systems abweicht. Die ersten beiden Ableitungen davon lauten:

$$\dot{s}\,(t) = s_0\,(\mathrm{j}\omega_\mathrm{d}-\delta)\,\mathrm{e}^{(\mathrm{j}\omega_\mathrm{d}-\delta)t}\mathrm{e}^{-\mathrm{j}\varphi}\quad\text{bzw.}\quad \ddot{s}\,(t) = s_0(\mathrm{j}\omega_\mathrm{d}-\delta)^2\mathrm{e}^{(\mathrm{j}\omega_\mathrm{d}-\delta)t}\mathrm{e}^{-\mathrm{j}\varphi}\,.$$

Eingesetzt in die Differentialgleichung Gl. 3.10 erhalten wir:

$$m(\mathrm{j}\omega_\mathrm{d}-\delta)^2 s_0\mathrm{e}^{(\mathrm{j}\omega_\mathrm{d}-\delta)t}\mathrm{e}^{-\mathrm{j}\varphi} + bs_0\,(\mathrm{j}\omega_\mathrm{d}-\delta)\,\mathrm{e}^{(\mathrm{j}\omega_\mathrm{d}-\delta)t}\mathrm{e}^{-\mathrm{j}\varphi} + Ds_0\mathrm{e}^{(\mathrm{j}\omega_\mathrm{d}-\delta)t}\mathrm{e}^{-\mathrm{j}\varphi} = 0\,.$$

Nach Kürzung der e-Funktionen bleibt die komplexe Gleichung:

$$m(\mathrm{j}\omega_\mathrm{d}-\delta)^2 s_0 + bs_0\,(\mathrm{j}\omega_\mathrm{d}-\delta) + Ds_0 = 0\,,$$

oder, nach Real- und Imaginärteil getrennt:

$$\left[-m\omega_\mathrm{d}^2 + m\delta^2 - b\delta + D\right] + \mathrm{j}\cdot\left[-2m\omega_\mathrm{d}\delta + b\omega_\mathrm{d}\right] = 0\,. \tag{3.13}$$

Eine komplexe Zahl ist dann Null, wenn Real- und Imaginärteil unabhängig voneinander Null sind. Aus dem Imaginärteil folgt daher unmittelbar der Zusammenhang zwischen **Abkling- und Dämpfungskoeffizient** bei der **geschwindigkeitsproportionalen Dämpfung**:

$$\boxed{\delta = \frac{b}{2m}}\,. \tag{3.14}$$

Das bedeutet: je höher der Dämpfungskoeffizient b ist, desto höher ist auch der Abklingkoeffizient δ und desto schneller klingt die Schwingung ab. Aus dem Realteil von Gl. 3.13 folgt unter Benutzung von Gl. 3.14:

$$-m\omega_\mathrm{d}^2 + m\delta^2 - 2m\delta^2 + D = 0\quad\text{oder}\quad \omega_\mathrm{d} = \sqrt{\frac{D}{m}-\delta^2}\,.$$

Angenommen, die Feder würde ohne Dämpfung schwingen, dann wäre die Kreisfrequenz $\omega = \sqrt{D/m}$. Setzen wir diese (nicht wirklich auftretende) Frequenz ein, erhalten wir:

$$\boxed{\omega_\mathrm{d} = \sqrt{\omega^2-\delta^2}}\,. \tag{3.15}$$

Wir erkennen, dass die **Kreisfrequenz ω_d des gedämpften Systems** stets niedriger ist als die Kreisfrequenz des ungedämpften Systems. Je höher die Dämpfung, desto niedriger die Frequenz. Man beachte, dass δ proportional ist zum Dämpfungskoeffizienten b. Wird die

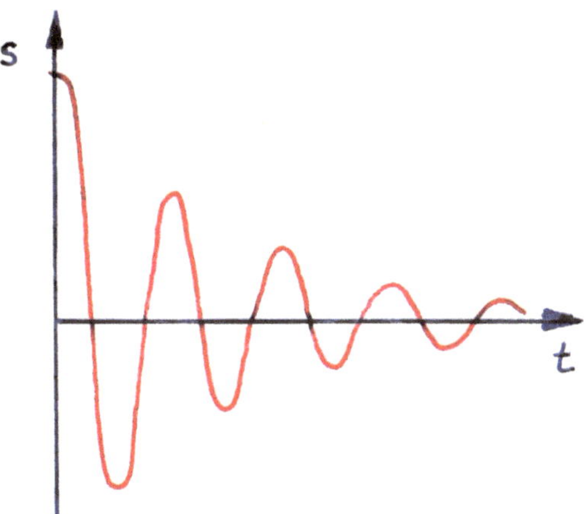

Abb. 3.7 Beim exponentiellen Abklingen einer Sinusschwingung nimmt die Amplitude von Periodendauer zu Periodendauer immer um den gleichen Faktor ab

Dämpfung sehr groß, kann der Fall eintreten, dass $\delta > \omega$ ist. Dann würde der Ausdruck unter der Wurzel negativ. Das ist an sich kein Problem, führt es uns doch wieder nur in den Bereich der komplexen Zahlen. Es tritt dann keine Schwingung mehr ein, sondern lediglich eine **Kriechbewegung** zurück in die Ruhelage. Praktisch kann man sich das so vorstellen, dass die Masse statt in Wasser in Honig eingebettet ist. Nur für $\delta < \omega$ tritt tatsächlich eine gedämpfte Schwingung auf (Abb. 3.7). Den Fall $\delta = \omega$ nennt man den **aperiodischen Grenzfall.**

Wir sehen, dass zwei der vier in Gl. 3.12 auftretenden Konstanten frei wählbar sind. Es sind wieder die **Amplitude** s_0 und der **Nullphasenwinkel** φ, über die die Anfangsbedingungen der Schwingung festgelegt werden können. Wie oben bereits ausgeführt, nimmt die Amplitude von Schwingung zu Schwingung um den gleichen Faktor ab. s_0 ist dabei der Maximalwert der Amplitude, der nur im Falle $\varphi = -90°$ und auch dann nur zum Zeitpunkt $t = 0$ vom Oszillator tatsächlich erreicht wird. In den anderen Fällen ist s_0 wegen der e-Funktion nur ein **theoretischer** Maximalwert. Sind s_{0i} und s_{0i+1} die Amplituden zweier aufeinanderfolgender positiver Auslenkungen zu den Zeiten t_i und $t_i + T_d$ (T_d ist die Periodendauer der gedämpften Schwingung), dann ist das **Amplitudenverhältnis** gegeben durch:

$$q = \frac{s_{0i}}{s_{0i+1}} = \frac{s_0 e^{j(\omega_d t_i - \varphi)} e^{-\delta t}}{s_0 e^{j(\omega_d (t_i + T_d) - \varphi)} e^{-\delta(t_i + T_d)}} = \frac{1}{e^{j\omega_d T_d} e^{-\delta T_d}}\,.$$

Wegen $\omega_d T_d = 2\pi$ und $e^{j\cdot 2\pi} = 1$ erhalten wir das einfache Resultat

$$\boxed{q = e^{\delta T_d} \quad \text{bzw.} \quad \Lambda = \ln(q) = \delta T_d}\,. \tag{3.16}$$

Λ wird **logarithmisches Dekrement** genannt.

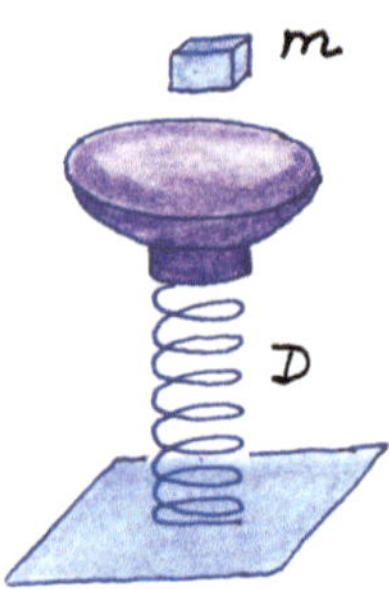

Abb. 3.8 Eine Masse m wird in eine auf einer Feder gelagerten Schale fallen lassen

---

Beispiel

Auf der in Abb. 3.8 skizzierten Feder mit der Federkonstanten $D = 500\,\text{N/m}$ ist eine Schale mit vernachlässigbarer Masse befestigt. Nachdem eine Masse $m = 1827\,\text{g}$ in die Schale geworfen wird, schwingt das System als harmonischer Oszillator. Durch eine geschwindigkeitsproportionale Dämpfung soll das System bedämpft werden. Welcher Dämpfungskoeffizient b müsste eingeführt werden, damit das Amplitudenverhältnis den Wert $q = 5$ bekommt?

Lösung: Aus Gl. 3.15 folgt $\delta^2 = \omega^2 - \omega_d^2$. Mit $\omega_d = 2\pi/T_d$ und $\ln(q) = \delta T_d$ (Gl. 3.16) erhält man daraus:

$$\delta^2 = \omega^2 - \frac{4\pi^2\delta^2}{\ln^2(q)} \quad \text{bzw.} \quad \delta^2 = \frac{\omega^2 \cdot \ln^2(q)}{\ln^2(q) + 4\pi^2} \,.$$

Mit $\omega = \sqrt{D/m}$ und $\delta = b/2m$ erhalten wir schließlich:

$$b = \sqrt{\frac{4mD \cdot \ln^2(q)}{\ln^2(q) + 4\pi^2}} = 15\,\frac{\text{kg}}{\text{s}} \,.$$

3.1.5   Gewollt oder ungewollt: Oszillator mit „fremder" Erregung

Die **erzwungene Schwingung** ist fundamental in der Technik. Das kann gewollt sein, wie etwa im Schwingkreis eines Funkempfängers (Fernsehen, Radio, Handy, Funk etc.) oder unerwünscht. In letzterem Fall können die Konsequenzen fatal sein (Zerstörung von Bauteilen durch Resonanzen etc.). Wie oben auch, wollen wir hier einen die wesentlichen Zusammenhänge darstellenden Spezialfall untersuchen: wir regen den gedämpften Oszillator mit einer **sinusförmigen periodischen Kraft** $F = F_0 e^{j\omega_e t}$ mit der Kreisfrequenz ω_e an. Die Differentialgleichung hierfür würde dann Gl. 3.10 entsprechen, mit dem Unterschied, dass auf der rechten Seite die Kraft der Fremderregung steht:

$$m\ddot{s} + b\dot{s} + Ds = F_0 e^{j\omega_e t} \,. \tag{3.17}$$

Natürlich gibt es mathematische Methoden, die Lösung dieser Differentialgleichung zu finden. Wir wollen hier die Lösung durch experimentelle Beobachtungen erschließen. Baut man einen solchen fremderregten Oszillator auf, beobachtet man nach einiger Zeit des Einschwingens, dass er mit der Frequenz der Fremderregung schwingt. Allerdings hinkt er hinter der erregenden Schwingung her. Wir wählen also **für den eingeschwungenen Zustand** des Systems den Lösungsansatz:

$$s\,(t) = s_0 \mathrm{e}^{\mathrm{j}(\omega_\mathrm{e} t - \varphi)}\,. \tag{3.18}$$

φ ist der Phasenwinkel, um den der Oszillator hinter der äußeren Kraft herhinkt. Wir setzen diesen Ansatz zusammen mit den beiden Ableitungen $\dot{s}\,(t) = s_0 \mathrm{j}\omega_\mathrm{e} \mathrm{e}^{\mathrm{j}(\omega_\mathrm{e} t - \varphi)}$ und $\ddot{s}\,(t) = s_0 (\mathrm{j}\omega_\mathrm{e})^2 \mathrm{e}^{\mathrm{j}(\omega_\mathrm{e} t - \varphi)}$ in Gl. 3.17 ein:

$$-m s_0 \omega_\mathrm{e}^2 \mathrm{e}^{\mathrm{j}(\omega_\mathrm{e} t - \varphi)} + b s_0 \mathrm{j}\omega_\mathrm{e} \mathrm{e}^{\mathrm{j}(\omega_\mathrm{e} t - \varphi)} + D s_0 \mathrm{e}^{\mathrm{j}(\omega_\mathrm{e} t - \varphi)} = F_0 \mathrm{e}^{\mathrm{j}\omega_\mathrm{e} t}\,.$$

Daraus wird durch Kürzen von $e^{j\omega_\mathrm{e} t}$:

$$-m \omega_\mathrm{e}^2 s_0 + b s_0 j\omega_\mathrm{e} + D s_0 = F_0 e^{j\varphi}\,.$$

Nach Anwendung der Eulerschen Formel erhalten wir aus Real- und Imaginärteil die Zusammenhänge:

$$D s_0 - m \omega_\mathrm{e}^2 s_0 = F_0 \cos \varphi \quad \text{und} \quad b s_0 \omega_\mathrm{e} = F_0 \sin \varphi\,. \tag{3.19}$$

Unter Benutzung der Frequenz $\omega = \sqrt{D/m}$ des freien, ungedämpften Systems und wegen $\delta = b/2\,\mathrm{m}$ erhalten wir durch Division dieser beiden Gleichungen für die **Phasenverschiebung** φ zwischen Anregung und Oszillator:

$$\boxed{\frac{\sin \varphi}{\cos \varphi} = \frac{b \omega_\mathrm{e}}{D - m \omega_\mathrm{e}^2} \quad \text{bzw.} \quad \tan \varphi = \frac{2\delta \omega_\mathrm{e}}{\omega^2 - \omega_\mathrm{e}^2}}\,. \tag{3.20}$$

Dabei ist δ der im vorigen Abschnitt eingeführte Abklingkoeffizient und ω wie oben die **Eigenfrequenz** des Oszillators, also die Frequenz, mit der er ohne Dämpfung schwingen würde. Regt man ihn also genau mit dieser Frequenz an, geht der Bruch auf der rechten Seite der Gleichung gegen Unendlich und für die Phasenverschiebung erhält man den Winkel $\varphi = 90°$ (Abb. 3.9). Diesen Fall nennt man **Resonanz**. Die Funktion verläuft bei ω umso flacher, je höher die Dämpfung ist. Bei geringer Dämpfung ähnelt sie einer Stufenfunktion.

Mit $F_0^2 \sin^2\varphi + F_0^2 \cos^2\varphi = F_0^2$ erhalten wir aus Gl. 3.19 außerdem:

$$F_0^2 = (b s_0 \omega_\mathrm{e})^2 + \left(D s_0 - m \omega_\mathrm{e}^2 s_0\right)^2$$

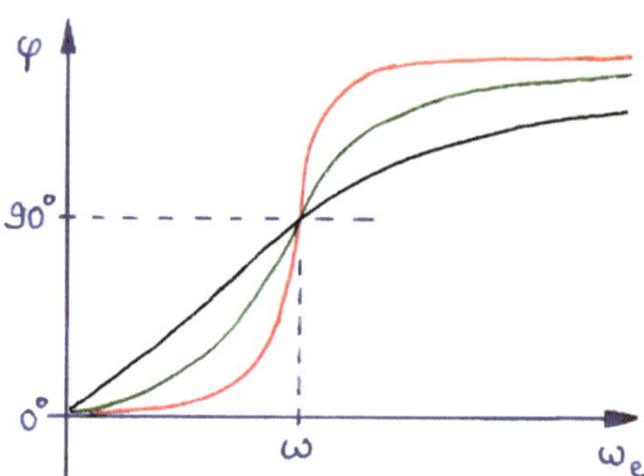

Abb. 3.9 Phasenverschiebung zwischen Anregung und Oszillator als Funktion der Anregefrequenz ω_e

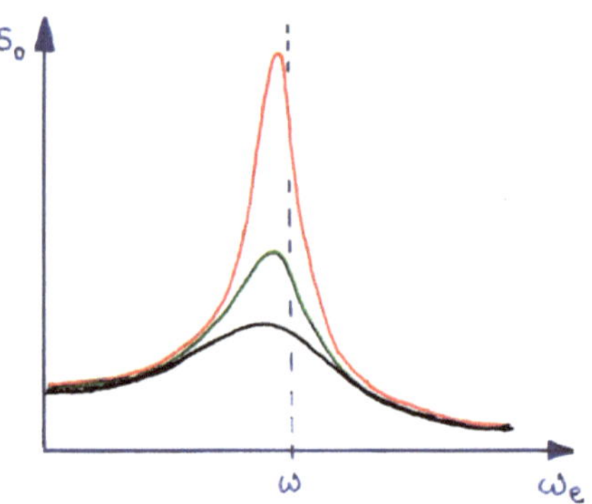

Abb. 3.10 Amplitude als Funktion der Anregefrequenz ω_e

oder:

$$s_0^2 = \frac{F_0^2}{(b\omega_\mathrm{e})^2 + \left(D - m\omega_\mathrm{e}^2\right)^2} \quad \text{bzw.} \quad s_0\left(\omega_\mathrm{e}\right) = \frac{F_0}{m\sqrt{\left(\omega^2 - \omega_\mathrm{e}^2\right)^2 + 4\delta^2\omega_\mathrm{e}^2}}. \tag{3.21}$$

s_0 ist die **Amplitude** der Schwingung im eingeschwungenen Zustand. Hier ist zu bedenken, dass wir mit Gl. 3.18 keine allgemeine Lösung der Differentialgleichung gefunden haben, sondern nur eine spezielle. Die allgemeine Lösung würde auch Einschwingvorgänge beinhalten und wäre ungleich komplexer. Fasst man s_0 als Funktion der Erregerfrequenz ω_e auf (Abb. 3.10), stellt man fest, dass die Funktion einen Maximalwert besitzt. Je geringer die Dämpfung, desto höher die Amplitude. Gl. 3.21 zeigt, dass im Falle ganz fehlender Dämpfung ($\delta \to 0$) die Amplitude für den Fall $\omega_\mathrm{e} = \omega$, die **Resonanz**, gegen Unendlich geht. Dieser in der Technik oft fatale Fall wird **Resonanzkatastrophe** genannt. Für den Fall endlicher Dämpfung stimmt die **Resonanzfrequenz** ω_res nicht mit ω überein. Man erhält sie als Extremstelle der Funktion $s_0\left(\omega_\mathrm{e}\right)$.

Extremwertproblem

Im Falle von Gl. 3.21 bedeutet das, dass wir nach ω_e differenzieren müssen, was nicht ganz einfach ist. Wir können uns aber die Arbeit etwas vereinfachen: wir suchen das Maximum der Funktion. Da der Zähler eine Konstante ist, erhalten wir dieses Maximum, indem wir das Minimum des Nenners suchen. Es genügt sogar, das Minimum des Ausdrucks unter der Wurzel zu suchen:

$$\frac{\mathrm{d}}{\mathrm{d}\omega_{\mathrm{e}}}\left[\left(\omega^2 - \omega_{\mathrm{e}}^2\right)^2 + 4\delta^2\omega_{\mathrm{e}}^2\right] = 2\left(\omega^2 - \omega_{\mathrm{e}}^2\right)\left(-2\omega_{\mathrm{e}}\right) + 8\delta^2\omega_{\mathrm{e}} = 0\,.$$

Wir lösen nach ω_{e} auf und bezeichnen die erhaltene Frequenz als **Resonanzfrequenz** ω_{res}:

$$\boxed{\omega_{\mathrm{res}} = \sqrt{\omega^2 - 2\delta^2}}\,. \tag{3.22}$$

Die Resonanzfrequenz weicht also umso mehr von der Frequenz ω des frei und ungedämpft schwingenden Systems ab, je höher der Abklingkoeffizient δ und damit der Dämpfungskoeffizient b des Systems ist. Ist die erzwungene Schwingung ungedämpft ($\delta = 0$), entspricht die Resonanzfrequenz der Frequenz des freien und ungedämpften Oszillators.

Beispiel

In Abb. 3.11 ruht eine $m = 100\,\mathrm{kg}$ schwere Platte auf einer Feder mit der Federkonstanten $D = 900\,\mathrm{kg/s}$. Bei Anregung mit einer periodischen äußeren Kraft wird eine Resonanzfrequenz von $\omega_{\mathrm{res}} = 2{,}8\,\mathrm{Hz}$ festgestellt. Welche Schwingungsamplitude s_0 ist im eingeschwungenen Zustand zu erwarten, wenn die Platte mit einer sinusförmigen Kraft der Amplitude $F_0 = 92{,}8\,\mathrm{N}$ und der Frequenz $\omega_{\mathrm{e}} = 4{,}0\,\mathrm{Hz}$ angeregt wird?

Lösung: Wir lösen Gl. 3.22 nach δ^2 auf und setzen das Ergebnis in Gl. 3.21 ein. Damit erhalten wir:

$$
\begin{aligned}
s_0\left(\omega_{\mathrm{e}}\right) &= \frac{F_0}{m\sqrt{\left(\omega^2 - \omega_{\mathrm{e}}^2\right)^2 + 4\left[\frac{1}{2}\left(\omega^2 - \omega_{\mathrm{res}}^2\right)\right]\omega_{\mathrm{e}}^2}}\\[2mm]
&= \frac{F_0}{m\sqrt{\omega^4 - 2\omega^2\omega_{\mathrm{e}}^2 + \omega_{\mathrm{e}}^4 + 2\omega^2\omega_{\mathrm{e}}^2 - 2\omega_{\mathrm{res}}^2\omega_{\mathrm{e}}^2}}\,.
\end{aligned}
$$

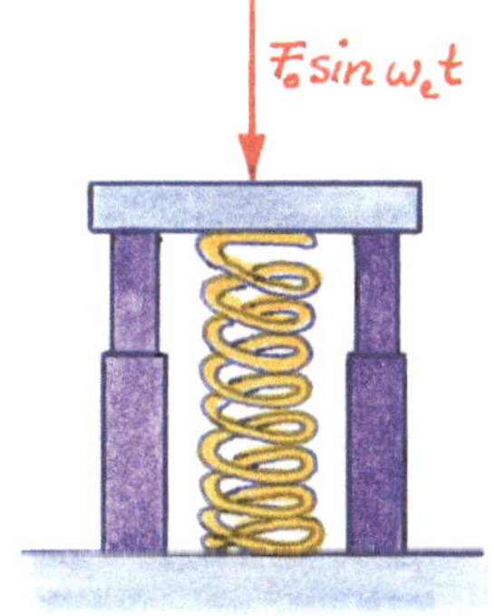

Abb. 3.11 Eine auf einer Feder ruhende Platte wird mit einer periodischen äußeren Kraft zu erzwungenen Schwingungen angeregt

Durch Vereinfachen errechnen wir die **Amplitude**:

$$s_0\left(\omega_{\mathrm{e}}\right) = \frac{F_0}{m\,\sqrt{\omega^4 + \omega_{\mathrm{e}}^4 - 2\omega_{\mathrm{res}}^2\omega_{\mathrm{e}}^2}} \quad \text{bzw.} \quad s_0 = 0{,}1\,\mathrm{m}\;.$$

3.2 Wenn viele Oszillatoren zusammenwirken: Wellen

3.2.1 Was man weiß, was man wissen sollte zu Wellenerscheinungen

Animation 9

Wellenerscheinungen sind in der Physik elementar. In der Mechanik beobachtet man Wellen z. B. auf den Saiten von Musikinstrumenten oder auf Wasseroberflächen. Man kennt Schallwellen in allen Medien, also in Gasen, in Flüssigkeiten und in Festkörpern. Schließlich kommen Wellen auch im Bereich der Elektrizität in Form von elektromagnetischen Wellen vor. Wir wollen in diesem Kapitel die grundlegenden Eigenschaften von Wellen erarbeiten. Hierzu betrachten wir wieder das mathematische Pendel. Wir hängen nun aber mehrere solcher Pendel nebeneinander (Abb. 3.12) und verbinden sie mit identischen, kleinen, sehr weichen Federn. Die Massen sollen jetzt an zwei Fäden vernachlässigbarer Masse hängen, damit die Schwingungsebene festgelegt und eine Taumelbewegung durch die Federn vermieden wird. Lenken wir das Pendel vorne links aus, wird über die gedehnte oder gestauchte Feder eine Kraft auf das zweite Pendel ausgeübt und dieses wird ebenfalls ausgelenkt. Auch dieses Pendel dehnt wieder die Feder zum nächsten Pendel und lenkt dieses aus usf. Eine Auslenkung des ersten Pendels setzt sich also in der ganzen Kette fort. Lässt man das linke Pendel frei schwingen, pflanzt sich diese Schwingung in der Kette fort und auch die benachbarten Pendel beginnen zu schwingen. Es entstehen Zonen, in denen die Pendelmassen dichter beieinander liegen und Zonen, in denen sie einen höheren Abstand voneinander haben. Diese Zonen wandern mit einer bestimmten Geschwindigkeit, die etwas mit den Federkonstanten der Verbindungsfedern zu tun hat, die Kette entlang. Ein solcher Wellentyp wird – wegen der Verdichtungszonen – **Dichtewelle** oder **Longitudinalwelle** genannt. Der Abstand zweier Zonen gleicher Verdichtung wird **Wellenlänge** λ genannt. Während sich die Welle um eine Wellenlänge fortgepflanzt hat, hat ein Oszillator eine volle Schwingung ausgeführt, für die er die **Periodendauer** T benötigt hat. Die Geschwindigkeit c, mit der sich ein bestimmter Schwingungszustand bzw. eine Phase der Schwingung ausbreitet, wird **Phasengeschwindigkeit** genannt und

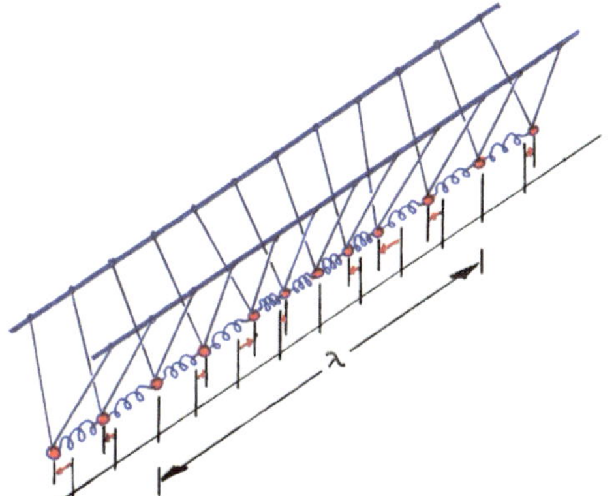

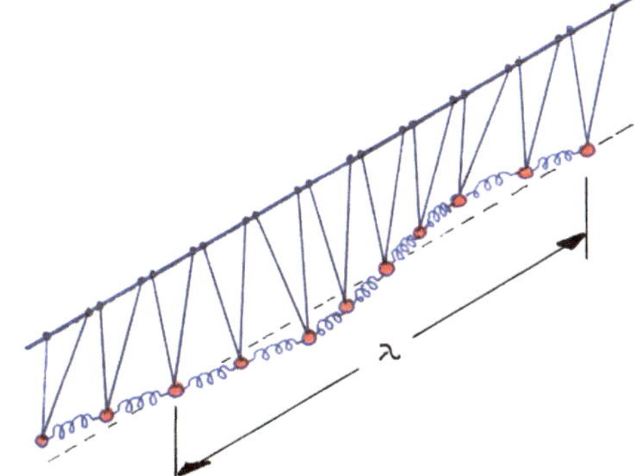

Abb. 3.12 Durch Dehnung oder Stauchung der Verbindungsfedern kann sich eine Auslenkung in der Kette als Längs- oder Longitudinalwelle fortpflanzen

Abb. 3.13 Bei geeigneter Aufhängung können die Pendel quer zur Kettenrichtung schwingen. Eine Störung kann sich hier als Quer- oder Transversalwelle ausbreiten

ist als Quotient aus Wellenlänge und Periodendauer gegeben:

$$c = \frac{\lambda}{T} = f\lambda.$$

(3.23)

f ist dabei die Frequenz des einzelnen Oszillators. Wichtig ist, dass mit der Ausbreitung der Welle **keinerlei Materietransport** verbunden ist, obwohl es durch die Ausbreitung der Verdichtungszone den Anschein danach hat. Die einzelnen Pendel können ja nur um ihre Ruhelage schwingen.

Abb. 3.13 zeigt ein weiteres Schwingungsbild. Der Unterschied zu Abb. 3.12 besteht darin, dass die Drehachse der einzelnen Pendel um 90° gedreht wurde. Sie können also nur quer zur Federrichtung schwingen. Lenkt man das vorderste Pendel aus, wird wie oben auch die Feder gedehnt. Die Auslenkung pflanzt sich also auch hier im System fort. Da die Auslenkung quer zur Ausbreitungsrichtung der Welle erfolgt, wird diese Art der Welle auch **Querwelle** oder **Transversalwelle** genannt. Natürlich gilt Gl. 3.23 in diesem Fall analog.

Wir wollen nun versuchen, Wellen quantitativ zu beschreiben. Hierzu zeichnen wir eine Transversalwelle im **Orts- und Zeitbild** (Abb. 3.14 und Abb. 3.15). Sowohl in der Orts- als auch in der Zeitdarstellung erhalten wir eine sinusförmige Auslenkung s. Betrachten wir zunächst das Ortsbild: die Abb. 3.14 ist eine Momentaufnahme. Der Abstand von Wellenberg zu Wellenberg oder von Wellental zu Wellental beträgt genau eine **Wellenlänge** λ. Das Argument des Sinus ist also $2\pi x/\lambda$. Setzt man für x ganzzahlige Vielfache von λ ein, erhält man im Argument ganzzahlige Vielfache von 2π und damit identische Auslenkungen s. Die Größe $2\pi/\lambda$ wird **Wellenzahl** k genannt. Bei Ausbreitung der Welle in positive x-Richtung würde sich der ganze Wellenzug mit der Zeit nach rechts verschie-

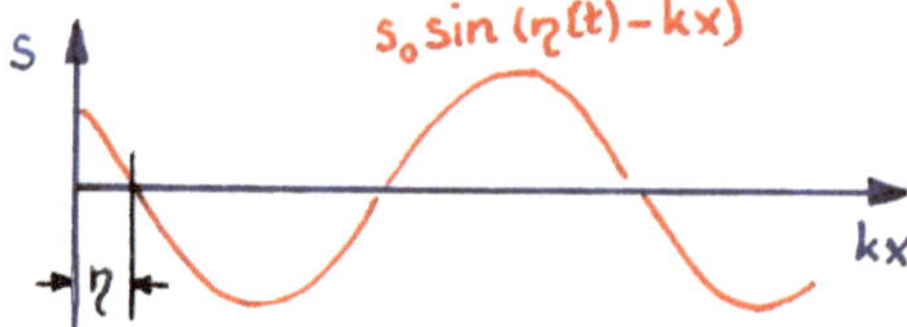

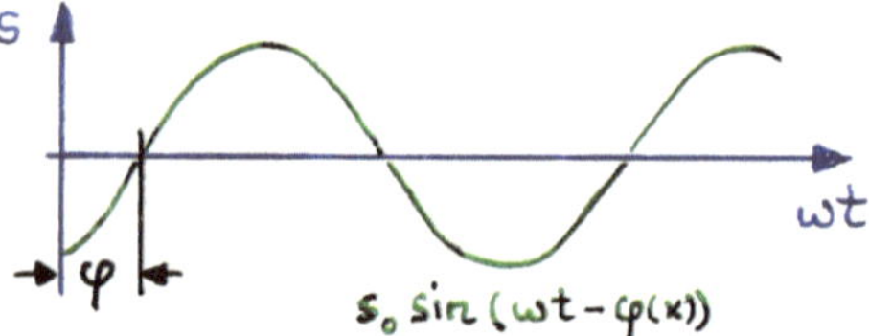

Abb. 3.14 Sinuswelle in der sx-Darstellung (Ortsbild)

Abb. 3.15 Sinuswelle in der st-Darstellung (Zeitbild)

ben. Eine solche Verschiebung kann – wie wir im Kapitel Schwingungen gesehen haben – durch einen Nullphasenwinkel erzeugt werden. In Abb. 3.14 ist er mit η bezeichnet und natürlich zeitabhängig. Die Auslenkung kann also dargestellt werden durch:

$$s(x) = s_0 \sin (\eta(t) - kx) . \tag{3.24}$$

In der Abb. 3.15 ist die Zeitabhängigkeit der Auslenkung an einem festen Ort dargestellt. Natürlich erhalten wir hier auch eine Sinusfunktion, es ist ja die Schwingung einer einzelnen Masse. Würde man hier den Ort verändern, würde sich die Sinusfunktion im Zeitbild – analog zu oben – verschieben. Auch hier kann man die Verschiebung durch einen ortsabhängigen Nullphasenwinkel φ beschreiben:

$$s(t) = s_0 \sin (\omega t - \varphi(x)) . \tag{3.25}$$

Da die beiden Gln. 3.24 und 3.25 dieselbe Auslenkung darstellen, müssen sie gleich sein, so dass gilt:

$$s_0 \sin (-kx + \eta(t)) = s_0 \sin (\omega t - \varphi(x)) .$$

Die Gleichung gilt, sobald sich die beiden Argumente um ein ganzzahliges Vielfaches n von 2π unterscheiden:

$$-kx + \eta(t) = \omega t - \varphi(x) + 2\pi n \quad \text{bzw.} \quad [-kx + \varphi(x)] + [-\omega t + \eta(t)] = 2\pi n .$$

Für beliebige x und t ist dieser Ausdruck nur dann erfüllbar, wenn die eckigen Klammern unabhängig voneinander Null sind. Daraus folgt:

$$\varphi(x) = kx \quad \text{und} \quad \eta(t) = \omega t .$$

Die Darstellung der Auslenkung als Funktion der Zeit und des Ortes, also die Beschreibung der Welle, ist damit:

$$\boxed{s(x,t) = s_0 \sin (\omega t - kx)} . \tag{3.26}$$

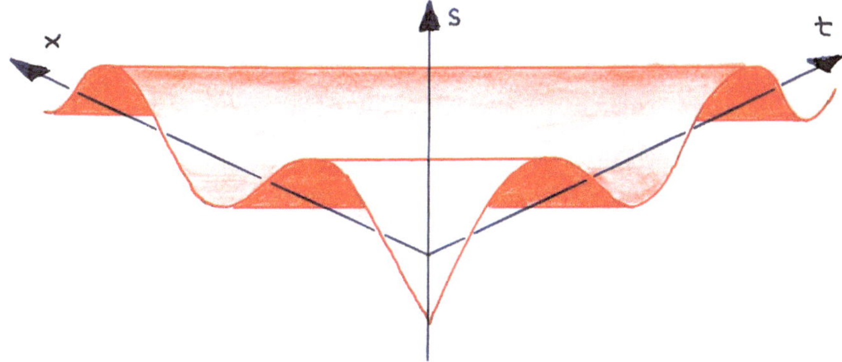

Abb. 3.16 Die Darstellung einer Funktion zweier Variabler x und t ist in drei Dimensionen möglich. Der „Graph" der Funktion ist hier eine (gekrümmte) Fläche im Raum

Wir haben es hierbei erstmalig mit einer **Funktion zweier Veränderlicher** (Abb. 3.16) zu tun, der Zeit und des Ortes.

Funktionen mehrerer Variabler

Wir bilden jeweils die **zweiten partiellen Ableitungen** von Gl. 3.26 nach x und t mit dem Ziel, eine Wellengleichung abzuleiten:

$$\frac{\partial s}{\partial x} = -s_0 k \cos\left(\omega t - kx\right) , \qquad \frac{\partial^2 s}{\partial x^2} = -s_0 k^2 \sin\left(\omega t - kx\right) = -k^2 s\left(x, t\right) ,$$

$$\frac{\partial s}{\partial t} = s_0 \omega \cos\left(\omega t - kx\right) , \qquad \frac{\partial^2 s}{\partial t^2} = -s_0 \omega^2 \sin\left(\omega t - kx\right) = -\omega^2 s\left(x, t\right) .$$

Wir lösen die beiden partiellen Ableitungen nach $s\left(x, t\right)$ auf und setzen gleich:

$$-\frac{1}{k^2}\frac{\partial^2 s}{\partial x^2} = -\frac{1}{\omega^2}\frac{\partial^2 s}{\partial t^2} .$$

Daraus wird mit $\omega / k = \lambda / T = c$:

$$\boxed{\frac{\partial^2 s}{\partial t^2} = c^2 \frac{\partial^2 s}{\partial x^2}} . \tag{3.27}$$

Diese Gleichung wird **Wellengleichung** genannt und ist eine **partielle Differentialgleichung 2. Ordnung**. Sie beschreibt die Ausbreitung harmonischer Wellen. Die Lösung

Gl. 3.26 ist eine Funktion zweier Variabler. Obgleich wir die Differentialgleichung am Beispiel harmonischer Wellen abgeleitet haben, löst jede beliebige Funktion der Form $s\,(x,t) = g\,(\omega t - kx)$ die Wellengleichung 3.27. Es gilt nämlich unter Anwendung der Kettenregel mit $h\,(x,t) = \omega t - kx$ und $s = g\,(h)$:

$$\frac{\partial s}{\partial x} = \frac{\partial g}{\partial h} \cdot \frac{\partial h}{\partial x}\,, \qquad \frac{\partial s}{\partial x} = \frac{\partial g}{\partial h} \cdot (-k)\,, \qquad \frac{\partial^2 s}{\partial x^2} = \frac{\partial^2 g}{\partial h^2}\,(-k)\,\frac{\partial h}{\partial x} = k^2 \frac{\partial^2 g}{\partial h^2}\,,$$

$$\frac{\partial s}{\partial t} = \frac{\partial g}{\partial h} \cdot \frac{\partial h}{\partial t}\,, \qquad \frac{\partial s}{\partial t} = \frac{\partial g}{\partial h} \cdot \omega\,, \qquad \frac{\partial^2 s}{\partial t^2} = \frac{\partial^2 g}{\partial h^2}\,\omega\,\frac{\partial h}{\partial t} = \omega^2 \frac{\partial^2 g}{\partial h^2}\,.$$

Durch Einsetzen in Gl. 3.27 zeigt man, dass der Ansatz die Wellengleichung unter der Bedingung $c = \omega/k$ erfüllt. In einem System kann sich also **jede beliebige Störung** als Welle ausbreiten, es muss nur zwischen Ort und Zeit der Zusammenhang $\omega t - kx$ im Argument der Funktion gelten.

Gl. 3.27 zeigt, dass die zweiten partiellen Ableitungen nach Ort und Zeit zueinander proportional sind. Die Proportionalitätskonstante ist das Quadrat der Phasengeschwindigkeit, mit der sich die Welle oder Störung im System ausbreitet. Wie groß diese ist, hängt vom Typ der Welle ab. Entscheidend ist dabei, wie stark die Kopplung der einzelnen Oszillatoren ist. Im oben verwendeten Bild von den Pendeln ist das also die Federkonstante der Verbindungsfedern. Je starrer diese sind, desto höher wird die Phasengeschwindigkeit der Welle. Wir wollen im Folgenden einige Wellenerscheinungen betrachten. Die Wellengleichung gilt übrigens gleichermaßen für Longitudinal- wie für Transversalwellen.

Schallwellen in Luft

Es handelt sich hierbei um **Longitudinalwellen**. Die Atome bzw. Moleküle der Luft oszillieren um ihre Gleichgewichtslage und bewegen sich dabei in bzw. gegen die Ausbreitungsrichtung. Es zeigt sich, dass die Schallgeschwindigkeit stark von der Temperatur abhängig ist. Es gilt die (empirische) Formel:

$$c \approx \left(331{,}5 + \frac{0{,}6 \cdot \vartheta}{{}^\circ\mathrm{C}}\right) \frac{\mathrm{m}}{\mathrm{s}}\,. \tag{3.28}$$

Für Raumtemperatur erhalten wir also eine **Schallgeschwindigkeit** von $c \approx 343{,}5\,\mathrm{m/s}$.

Schallwellen in Flüssigkeiten

Für Longitudinalwellen in Flüssigkeiten gilt:

$$c = \sqrt{\frac{1}{\rho\chi}}\,. \tag{3.29}$$

Hierbei sind ρ die Dichte der Flüssigkeit und χ ihre **Kompressibilität**. Beides sind Stoffkonstanten. Für Wasser liegt die Dichte bei ca. $\rho \approx 1\,\mathrm{kg/m^3}$ und die Kompressibilität bei $\chi \approx 0{,}531/\mathrm{GPa}$. Somit erhalten wir bei Raumtemperatur für die **Schallgeschwindigkeit unter Wasser** $c \approx 1{,}4 \cdot 10^3\,\mathrm{m/s}$.

Schallwellen in Festkörpern

Beim Festkörper ist die Schallgeschwindigkeit (Longitudinalwelle) außer von der **Dichte ρ** noch vom **Elastizitätsmodul E** (Abschn. 1.2.4) des Materials abhängig:

$$c \approx \sqrt{\frac{E}{\rho}} \, . \tag{3.30}$$

Die Geschwindigkeiten von Longitudinalwellen in Gasen, Flüssigkeiten und Festkörpern steigen mit einigen Ausnahmen in dieser Reihenfolge. Für Stahl erhalten wir eine Schallgeschwindigkeit von $c \approx 5,1 \cdot 10^3$ m/s bei Raumtemperatur.

Seilwelle

Die bisher betrachteten Wellen waren Longitudinalwellen. Zum Abschluss noch das Beispiel einer **Transversalwelle**. Spannt man ein Seil oder einen Draht (oder die Saite eines Musikinstruments) zwischen zwei Punkten ein, so dass die Zugspannung $\sigma_0 = F_0/A$ (im Ruhezustand, also ohne eine Welle) wirkt, können sich durch seitliche Auslenkung des Seils Transversalwellen auf dem Seil ausbreiten. Läuft eine Welle auf einem Seil mit der **Materialdichte ρ** und der **Querschnittsfläche A** entlang, dann ist die Ausbreitungsgeschwindigkeit dieser Welle

$$c = \sqrt{\frac{F_0}{A\rho}} \, .$$

Man erkennt auch hier wieder, dass die Kopplung benachbarter Seilelemente, hier festgelegt durch die **Zugspannung $\sigma_0 = F_0/A$**, die Phasengeschwindigkeit c bestimmt.

Beispiel

In einer Halle mit Deckenhöhe $h = 14$ m wird ein Drahtseil der Dichte $\rho = 8\,\text{kg/dm}^3$ zwischen Decke und Boden eingespannt. Seine Querschnittsfläche ist $A = 25\,\text{mm}^2$ und die Zugkraft am Boden ist $F_\text{B} = 95$ N. Am Boden schlägt man mit einem Hammer gegen das Seil. Wie lange dauert es, bis der erzeugte Impuls zur Decke und wieder zurück gelaufen ist?

Lösung: Das Problem bei der Sache ist, dass die Zugkraft im Seil nicht über die Seillänge konstant ist. An der Decke wirkt nämlich neben der unten erzeugten Zugkraft F_B noch die Gewichtskraft des ganzen Seils. Je nach Höhe ist diese Gewichtskraft mehr oder weniger groß. Die Zugkraft $F_0\,(s)$ im Seil ist also eine Funktion des Abstands s vom Boden:

$$F_0\,(s) = F_\text{B} + As\rho g \, .$$

Unmittelbar unter der Decke erhält man also eine zusätzliche, gewichtsbedingte Kraft von 27,5 N. Die Ausbreitungsgeschwindigkeit c ist nun ebenfalls von s abhängig:

$$c = \frac{\mathrm{d}s}{\mathrm{d}t} = \sqrt{\frac{F_\text{B} + As\rho g}{A\rho}} \, .$$

Wegen der s-Abhängigkeit der Phasengeschwindigkeit müssen wir die gesuchte Laufzeit T durch **Variablentrennung** und Integration berechnen:

$$\int\limits_0^{T/2} \mathrm{d}t = \int\limits_0^{h} \frac{\mathrm{d}s}{c} \quad \text{bzw.} \quad \int\limits_0^{T/2} \mathrm{d}t = \int\limits_0^{h} \sqrt{\frac{A\rho}{F_\mathrm{B} + As\rho g}}\,\mathrm{d}s\,.$$

Integration durch Substitution

Mit Hilfe der Substitution $x = F_\mathrm{B} + As\rho g$ kann das Integral gelöst werden. Somit erhalten wir für die gesamte Laufzeit

$$T = \frac{4}{g\sqrt{A\rho}}\left[\sqrt{F_\mathrm{B} + Ah\rho g} - \sqrt{F_\mathrm{B}}\right] = 1{,}20\,\mathrm{s}\,.$$

3.2.2　Die Sache mit dem Energietransport

Bei einer Welle wird Energie, aber keine Materie transportiert. Das bedeutet, dass sich in Bereichen des Raumes, die von einer Welle durchsetzt werden, eine gewisse Energie befindet. Man bezieht diese Energie auf das Volumen und gibt somit eine **Energiedichte w** (Einheit: $1\,\mathrm{J/m^3}$) an. Wir wollen diese Energiedichte für Schallwellen an Luft berechnen, da die hierbei gewonnenen Erkenntnisse bei den anschließenden Betrachtungen zur Akustik nützlich sein werden.

Bei der Ausbreitung von Wellen spielen **Phasenfronten** eine Rolle. Alle Punkte einer Phasenfront befinden sich im gleichen Schwingungszustand. Sie schwingen also z. B. gerade in derselben Richtung durch ihre Ruhelage oder sie befinden sich alle in ihrer positiven Extremauslenkung. Betrachtet man eine punktförmige Schallquelle (**Punktquelle**), die ungestört in den gesamten Raum abstrahlen kann, dann sind die Phasenfronten konzentrische Kugeln (**Kugelwellen**) um die Quelle (Abb. 3.17). Eine Punktquelle ist eine Idealisierung, da man keine Schallquelle finden kann, die ein unendlich kleines Volumen besitzt. Wie gut die Näherung ist, hängt immer davon ab, wie groß das Verhältnis des Abstands von der Quelle zur räumlichen Ausdehnung derselben ist. So kann man z. B. ein Verkehrsflugzeug, das im Abstand von $2\,\mathrm{km}$ fliegt durchaus als Punktquelle auffassen, auch wenn seine Abmessungen in der Größenordnung von $10^2\,\mathrm{m}$ liegen. Ist man weit genug von einer solchen Punktquelle weg, können die Phasenfronten als Ebenen aufgefasst werden. Man spricht dann von einer **ebenen Welle**. Eine solche wollen wir hier

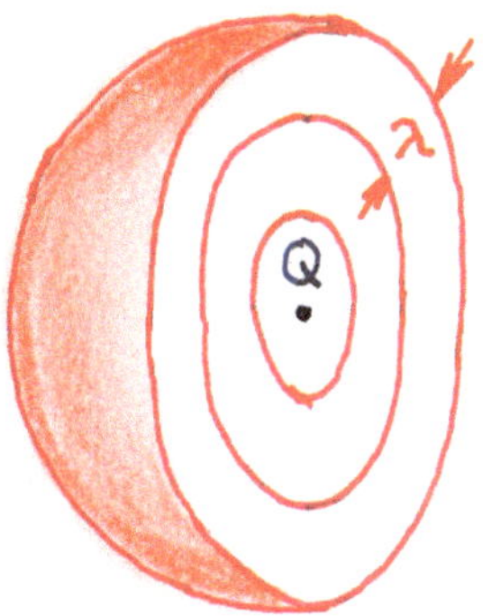

Abb. 3.17 Die Phasenfronten einer von einer Punktquelle emittierten Welle im Freifeld bilden konzentrische Kugeln

untersuchen. Bei einer Schallwelle sind die Moleküle der Luft in Bewegung und verursachen einen **lokalen Unter- oder Überdruck**. Natürlich sind diese Druckschwankungen verschwindend gering gemessen am statischen Luftdruck. Die Energiedichte der Welle besteht aus der potentiellen und kinetischen Energie der einzelnen Oszillatoren.

Zunächst betrachten wir die Darstellung einer longitudinalen Welle in Abb. 3.12. Sie kann auch als Modell einer Schallwelle dienen. Hier erkennt man deutlich, dass an den Stellen, an denen das Pendel jeweils durch die Ruhelage schwingt, sich entweder eine Verdünnungs- oder Verdichtungszone befindet. Da das Pendel einerseits beim Nulldurchgang seine höchste Geschwindigkeit hat, andererseits in den Zonen der Verdünnung bzw. Verdichtung der Druck sein Minimum bzw. Maximum hat, verhalten sich offensichtlich Druck und Geschwindigkeit synchron. Es gilt also:

$$\dot{s}(t) = v(t) = v_0 \cos(\omega t - kx) \quad \text{und} \quad p(t) = p_0 \cos(\omega t - kx) \ .$$

Die kinetische Energie dE_{kin} in einem kleinen Volumenelement dV ist gegeben durch:

$$dE_{\text{kin}}(x,t) = \frac{1}{2}\rho dV v_0^2 \cos^2(\omega t - kx) \ .$$

Die Energiedichte der kinetischen Energie ist also:

$$w_{\text{kin}}(x,t) = \frac{dE_{\text{kin}}}{dV} = \frac{1}{2}\rho v_0^2 \cos^2(\omega t - kx) \ .$$

Hinsichtlich des Druckes wird durch (adiabatische) Kompression bzw. Expansion des Gases über bzw. unter den statischen Luftdruck der Energieinhalt lokal erhöht bzw. erniedrigt. Die damit verbundene potentielle Energiedichte w_{pot} ist synchron mit der kinetischen Energiedichte. Nun haben wir in Abschn. 3.1.3 festgestellt, dass beim harmonischen Oszillator die Maximalwerte der kinetischen und der potentiellen Energie gleich sind. Oder anders ausgedrückt: es ist im Mittel genauso viel potentielle Energie wie kinetische Energie im System. Wir können die gesamte Energiedichte w_{ges} also als $w_{\text{ges}} = 2w_{\text{kin}}$ schreiben:

$$w_{\text{ges}}(x,t) = \rho v_0^2 \cos^2(\omega t - kx) \ . \tag{3.31}$$

Es gibt also Zeiten, zu denen die Energiedichte den Maximalwert ρv_0^2 erreicht, dann aber auch Zeiten, in denen die Energiedichte Null ist. Häufig ist in der Physik nur der durchschnittliche Wert interessant. Zu diesem Zweck integriert man die Energiedichte über eine volle Periodendauer T einer Schwingung und dividiert anschließend durch T:

$$\bar{w} = \frac{1}{T} \int_0^T \rho v_0^2 \cos^2\left(\omega t - kx\right) \mathrm{d}t \ .$$

Unter Benutzung des Additionstheorems $\cos^2\left(\alpha\right) = \left(1 + \cos\left(2\alpha\right)\right)/2$ wird daraus:

$$\begin{aligned}
\bar{w} &= \frac{\rho v_0^2}{2T} \int_0^T \left(1 + \cos\left(2\left(\omega t - kx\right)\right)\right) \mathrm{d}t \\
&= \frac{\rho v_0^2}{2T} \left[t + \frac{1}{2\omega} \sin\left(2\left(\omega t - kx\right)\right)\right]_0^T = \frac{\rho v_0^2}{2} \ .
\end{aligned} \tag{3.32}$$

Dabei wurde die Tatsache benutzt, dass $\omega T = \frac{2\pi}{T}T = 2\pi$ ist und damit die Sinus-Funktion verschwindet. Für den Mittelwert der Energiedichte erhält man also einen verhältnismäßig einfachen Ausdruck. Setzt man $v_{\text{eff}}^2 = v_0^2/2$ bzw. $v_{\text{eff}} = v_0/\sqrt{2}$, erhält man für die Energiedichte einfach $\bar{w} = \rho v_{\text{eff}}^2$. Vergleicht man das mit Gl. 3.31, erkennt man, dass der **Effektivwert** v_{eff} den Ausdruck $v_0 \cos\left(\omega t - kx\right)$ ersetzt. v_{eff} ist also **eine gedachte, nicht wirklich auftretende konstante Geschwindigkeit, die über eine Periodendauer T die gleiche mittlere Energiedichte liefern würde wie die kosinusförmig zeitabhängige Geschwindigkeit**. Effektivwerte werden uns insbesondere auch in der Elektrizitätslehre begegnen.

Zwischen der Druck- und der Geschwindigkeitsamplitude gilt die folgende Proportionalität:

$$p_0 = Z v_0 = \rho c v_0 \ . \tag{3.33}$$

Die Proportionalitätskonstante $Z = \rho c$ wird **Schallimpedanz** oder **spezifischer Schallwellenwiderstand** genannt. Z ist nur dann eine reelle Konstante, wenn Geschwindigkeit der Teilchen und Druck in Phase sind. Andernfalls würde Z uns in den Bereich der komplexen Zahlen führen. Für Luft gilt bei Raumtemperatur $Z \approx 400\,\mathrm{kg\,m^{-2}\,s^{-1}} = 400\,\mathrm{N\,s/m^3}$. Mit Gl. 3.33 kann man die Energiedichte einer Schallwelle (Gl. 3.32) auch ausdrücken durch:

$$\boxed{\bar{w} = \frac{p_0^2}{2\rho c^2} = \frac{\rho p_0^2}{2Z^2}} \ .$$

Auch für den Druck kann man einen Effektivwert $p_{\text{eff}} = p_0/\sqrt{2}$ angeben, so dass in diesem Fall die **Energiedichte** der Schallwelle geschrieben werden kann als

$$\boxed{\bar{w} = \frac{p_{\text{eff}}^2}{\rho c^2}} \ .$$

Abb. 3.18 In der Zeit Δt tritt der innerhalb des Abstandes Δx von der Fläche A befindliche Teil der Welle durch die Fläche

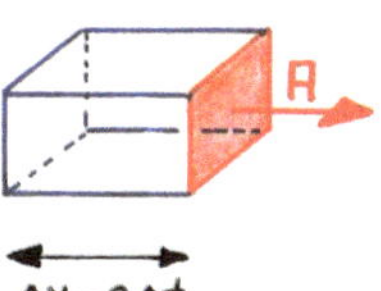

Eine weitere energetische Größe ist die **Schallintensität I**. Sie gibt an, welche Schallenergie pro Zeiteinheit auf eine senkrecht zur Schallausbreitungsrichtung gestellte Fläche trifft. Ihre Einheit ist also $1\,\mathrm{J}/\left(\mathrm{s\,m^2}\right) = 1\,\mathrm{W/m^2}$. Trifft eine Welle mit dem **Mittelwert der Energiedichte** $\bar{w}$ senkrecht auf eine Fläche A (Abb. 3.18) dann erreicht in der Zeit Δt alle im Volumen $\Delta V = A\Delta x$ befindliche Energie die Fläche A. Da $\Delta x = c\Delta t$ gilt, kann man dafür auch $\Delta V = Ac\Delta t$ schreiben. Für die Intensität gilt somit:

$$\boxed{\bar{I} = \frac{\bar{w}\,\Delta V}{A\,\Delta t} = \frac{\bar{w}\,Ac\,\Delta t}{A\,\Delta t} = \bar{w}c}\,. \tag{3.34}$$

Die **Schallintensität ist also das Produkt aus Phasengeschwindigkeit und Energiedichte**. Man kann mit Gl. 3.32 also auch schreiben:

$$\bar{I} = \frac{\rho c v_0^2}{2} = Z v_{\mathrm{eff}}^2 \quad \text{und} \quad \bar{I} = \frac{p_0^2}{2\rho c} = \frac{p_{\mathrm{eff}}^2}{Z}\,. \tag{3.35}$$

Bei der oben schon erwähnten Punktquelle kann man einen einfachen Zusammenhang zwischen der **abgestrahlten Leistung** und der **Intensität der Schallwelle** herstellen. Da sich die abgestrahlte Energie im Freifeld (also bei ungestörter Ausbreitung) homogen auf die jeweils kugelförmigen Phasenfronten verteilt, ist die **Intensität überall auf einer Kugel um die Quelle konstant**:

$$\boxed{\bar{I} = \frac{\bar{P}}{4\pi r^2}}\,.$$

$\bar{P}$ ist die mittlere Leistung und r der Abstand zur Quelle. Zusammen mit Gl. 3.34 erhalten wir für die **mittlere Energiedichte im Schallfeld einer Punktquelle**:

$$\boxed{\bar{w} = \frac{\bar{P}}{4\pi c r^2}}\,.$$

In der Praxis ist die Freifeldausbreitung zwar als Idealfall wichtig, es werden jedoch in aller Regel Gegenstände oder wenigstens der Boden zu Störungen der Wellenausbreitung führen. Die Schallenergie kann dabei einfach geschluckt (absorbiert) werden oder sie wird reflektiert.

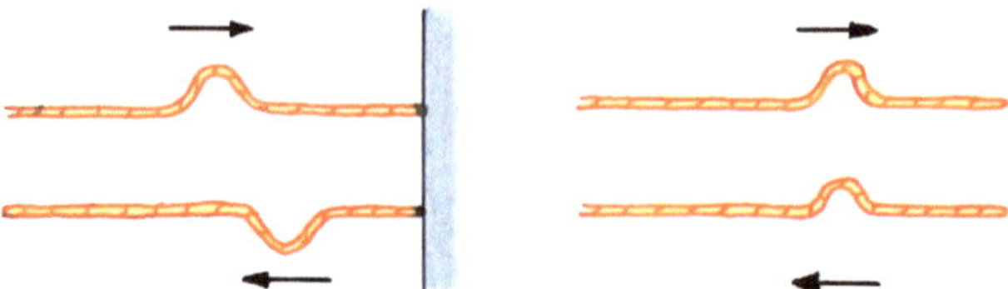

Abb. 3.19 Bei Reflexion einer Seilwelle an einem festgeknoteten Ende kommt es bei der Auslenkung zu einer Vorzeichenumkehr (*links*). Am offenen Ende dagegen wird das Signal ohne Vorzeichenumkehr reflektiert (*rechts*)

3.2.3 Echos gibt es nicht nur in den Bergen: die Reflexion von Wellen

Animation 10

Wir wollen uns die **Reflexion** genauer ansehen, da sie in der Physik auch in anderen Teilgebieten eine Rolle spielt. Aus Gründen der Anschaulichkeit wollen wir eine **Seilwelle** betrachten. Wir befestigen ein Seil an einer Wand und spannen es mit einer **Kraft F_0**. Wir denken uns die Anordnung im schwerelosen Raum, um ein Durchhängen des Seils bedingt durch die Schwerkraft auszuschließen. Wir haben oben gezeigt, dass sich auf dem Seil eine beliebige Störung als Welle ausbreiten kann, sofern der Zusammenhang $\omega t - kx$ Argument der die Störung beschreibenden Funktion ist. Wir beobachten die auf dem Seil entlang laufende Störung (Abb. 3.19 links). Sie wird an der Wand reflektiert und läuft **invertiert** wieder auf dem Seil zurück. Diese erstaunliche Vorzeichenumkehr tritt auch bei anderen Wellenformen auf, sofern an einem – bezogen auf die jeweilige Erscheinung – „harten" Medium reflektiert wird. Lassen wir auf dem Seil eine Sinus-Welle entlanglaufen, findet ebenfalls eine Vorzeichenumkehr statt. Da sich bei einer zeitlich unbegrenzten Welle die hinlaufende Welle mit der zurücklaufenden überlagert, können wir die Auslenkungen $s_{\mathrm{hin}}(x,t) = s_0 \sin(\omega t - kx)$ der hinlaufenden und $s_{\mathrm{rück}}(x,t) = -s_0 \sin(\omega t + kx)$ der reflektierten Welle zur Gesamtamplitude $s(x,t)$ addieren:

$$s(x,t) = s_0 \sin(\omega t - kx) - s_0 \sin(\omega t + kx) \, .$$

Die Vorzeichenumkehr wird übrigens auch oft als Phasensprung geschrieben:

$$-s_0 \sin(\omega t + kx) = s_0 \sin(\omega t + kx + \pi) \, .$$

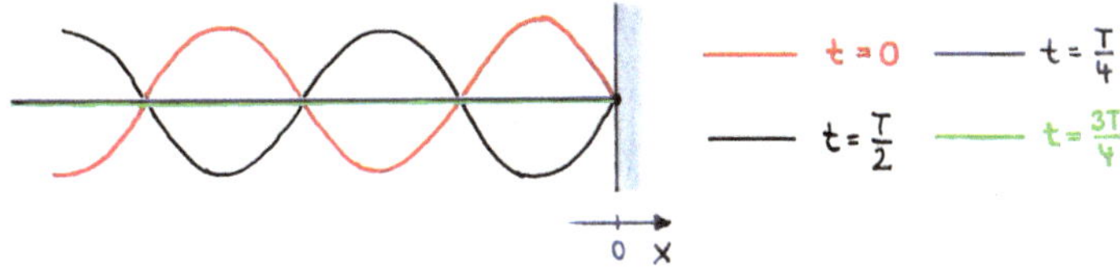

Abb. 3.20 Stehende Welle bei Reflexion am „harten" Medium zu verschiedenen Zeiten einer vollen Periodendauer

Unter Benutzung des Additionstheorems $\sin(\alpha - \beta) - \sin(\alpha + \beta) = -2\cos(\alpha)\sin(\beta)$ erhalten wir:

$$\boxed{s(x,t) = -2s_0 \cos(\omega t)\sin(kx)}.$$

Das Ergebnis zeigt, dass durch den zeitunabhängigen Sinus-Faktor an bestimmten Stellen die Auslenkung des Seils **zu jedem beliebigen Zeitpunkt Null ist**. Es entstehen **Knotenstellen** im Abstand von $\lambda/2$. Zwischen diesen Knotenstellen schwingt das Seil auf und ab. Dies nennt man eine **stehende Welle**. Natürlich befindet sich an der Wand selbst eine Knotenstelle. Abb. 3.20 zeigt die Stellung des Seils zu verschiedenen Zeitpunkten während einer vollen Periodendauer T.

Auch wenn die experimentelle Durchführung fast unmöglich ist, kann man die Seilwelle auch **an einem offenen**, nicht mit einer Wand verknoteten Ende reflektieren (Abb. 3.19 rechts). Ideal durchführbar ist das Experiment natürlich nur im schwerelosen Raum. Experimentell stellt man fest, dass es im Falle einer aufs Ende zulaufenden einmaligen Störung **keine Vorzeichenumkehr** bei der Reflexion gibt. Die Störung läuft nach der Reflexion auf dem Seil **mit gleichem Vorzeichen** der Funktion zurück. Im Falle einer sinusförmigen Störung erhalten wir dabei:

$$s(x,t) = s_0 \sin(\omega t - kx) + s_0 \sin(\omega t + kx).$$

In diesem Fall lautet das anzuwendende Additionstheorem $\sin(\alpha - \beta) + \sin(\alpha + \beta) = 2\sin(\alpha)\cos(\beta)$, so dass wir erhalten:

$$\boxed{s(x,t) = 2s_0 \sin(\omega t)\cos(kx)}.$$

Auch hier erzwingt der zeitunabhängige Kosinusfaktor Nullstellen. Den zeitlichen Verlauf zeigt Abb. 3.21. Der Unterschied zur Reflexion am befestigten Ende besteht darin, dass sich am Seilende keine Knotenstelle befindet. Sie entsteht im Abstand von $\lambda/4$ vom Seilende. Das Ende selbst schwingt auf und ab.

Solche stehenden Wellen spielen in der Physik eine große Rolle. Abb. 3.22 zeigt stehende Wellen auf einem zwischen zwei Fixpunkten eingespannten Seil der Länge L. Da die Einspannstellen Knotenstellen erzwingen und der Abstand zweier Knotenstellen stets

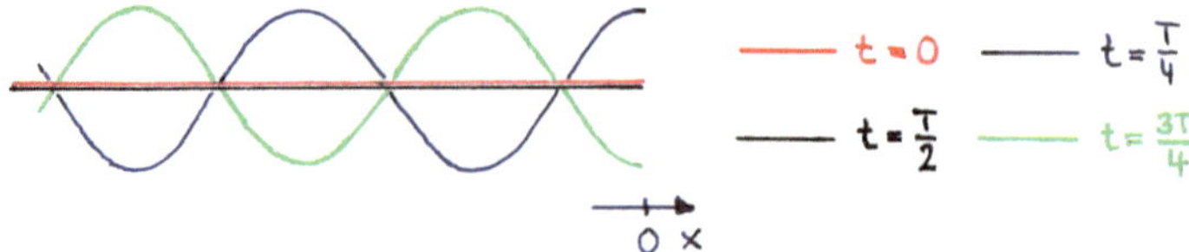

Abb. 3.21 Stehende Welle bei Reflexion am „offenen" Ende zu verschiedenen Zeiten einer vollen Periodendauer

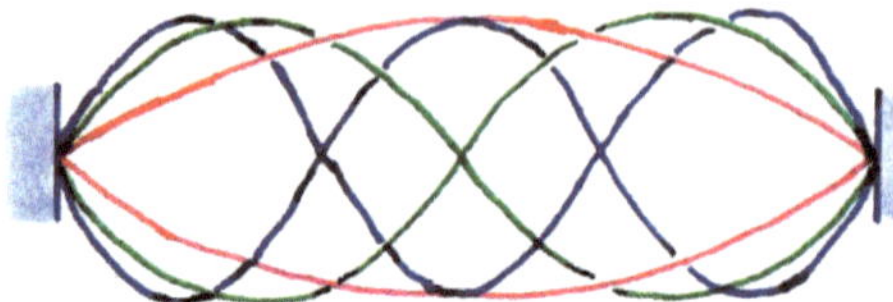

Abb. 3.22 Die drei Eigenschwingungen eines zwischen zwei Wänden eingespannten Seils mit den größten Wellenlängen. Die Länge des Seils muss ein ganzzahliges Vielfaches der halben Wellenlänge sein

$\lambda/2$ sein muss, gilt für die stehenden Wellen:

$$L = n\frac{\lambda}{2} \quad \text{mit } n \in N .$$

Es können also nur solche stehenden Wellen entstehen, deren ganzzahliges Vielfaches der halben Wellenlänge exakt in die so genannte **Resonatorlänge L** passt. Dies wird beim Laserresonator ausgenutzt. Hier bilden sich elektromagnetische Wellen im Resonator als stehende Wellen aus. Hier ist der Modenindex n wegen der kurzen Wellenlänge extrem hoch.

3.2.4 Gruppen reisen langsamer ...

Will man mit einer Welle Signale, also Informationen übertragen, stellt sich die Frage, wie schnell dies möglich ist. Mit der Phasengeschwindigkeit, könnte man vorschnell vermuten. Das ist nicht unbedingt richtig. Denn eine kontinuierliche Welle ist für die Informationsübertragung nicht geeignet. Es bedarf nämlich der „Markierungen" auf dem kontinuierlichen Wellenzug, um eine Botschaft zu übermitteln. Eine Bitfolge beinhaltet eine ganze Reihe solcher Markierungen, man könnte sie auch als Folge von Impulsen auffassen. Eine Fourier-Analyse eines solchen Impulses enthüllt, dass es sich dabei um eine ganze Reihe von Wellen mit unterschiedlichen Frequenzen handelt. Bei elektromagnetischen Wellen ist die Phasengeschwindigkeit dieser Wellen im Vakuum gleich und die Impulse breiten sich ebenfalls mit der Phasengeschwindigkeit aus. In Materie allerdings hängt die Phasengeschwindigkeit mehr oder weniger von der Frequenz ab. Dieses Phänomen wird Dispersion genannt und hat zur Folge, dass die Information sich nicht mehr mit der Phasengeschwindigkeit ausbreiten.

In der Regel bilden die Frequenzen bei einer Informationsübertragung ein mehr oder weniger breites kontinuierliches Spektrum. Wir wollen hier zur Veranschaulichung ein einfaches Modell betrachten. Es sollen sich zwei Wellen mit geringfügig unterschiedlichen diskreten Kreisfrequenzen ω_1 und ω_2 gleichzeitig in einem dispersiven Medium ausbreiten:

$$s_1(x,t) = s_0 \sin(\omega_1 t - k_1 x) \quad \text{und} \quad s_2(x,t) = s_0 \sin(\omega_2 t - k_2 x)$$

Die resultierende Gesamtwelle ist durch Addition dieser Wellen unter Benutzung des Additionstheorems

$$\sin \alpha + \sin \beta = 2 \sin \frac{\alpha + \beta}{2} \cos \frac{\alpha - \beta}{2}$$

zu bestimmen:

$$s(t) = s_1(x,t) + s_2(x,t) = 2s_0 \sin \frac{\omega_1 t - k_1 x + \omega_2 t - k_2 x}{2} \cos \frac{\omega_1 t - k_1 x - \omega_2 t + k_2 x}{2}$$

Da die Frequenzen sich nur wenig unterscheiden, führen wir eine mittlere Kreisfrequenz und eine mittlere Wellenzahl

$$\omega_m = \frac{\omega_1 + \omega_2}{2} \quad \text{und} \quad k_m = \frac{k_1 + k_2}{2}$$

ein und erhalten:

$$s(t) = \left\{ 2s_0 \cos \left[\left(\frac{\omega_1 - \omega_2}{2} \right) t - \left(\frac{k_1 - k_2}{2} \right) x \right] \right\} \cdot \sin(\omega_m t - k_m x) \tag{3.36}$$

Diese Welle besteht aus zwei Anteilen: einem schnell oszillierenden Anteil mit der Kreisfrequenz ω_m und einem Amplitudenfaktor (geschweifte Klammer in Gl. 3.36), der ebenfalls zeitabhängig ist. Die Zeitabhängigkeit ist in Abb. 3.23 dargestellt. Der schnell oszillierende Anteil breitet sich mit der Geschwindigkeit

$$c = \frac{\omega_m}{k_m}$$

aus. Der Amplitudenfaktor kann seinerseits als Wellenbewegung aufgefasst werden, wobei die Ausbreitungsgeschwindigkeit gegeben ist durch:

$$c_{\text{Gr}} = \frac{\omega_1 - \omega_2}{2} \cdot \frac{2}{k_1 - k_2} = \frac{\omega_1 - \omega_2}{k_1 - k_2}$$

Diese Geschwindigkeit wird **Gruppengeschwindigkeit** oder **Signalgeschwindigkeit** genannt. Die gestrichelte Einhüllende in Abb. 3.23 stellt eine eigene Welle dar, die sich mit

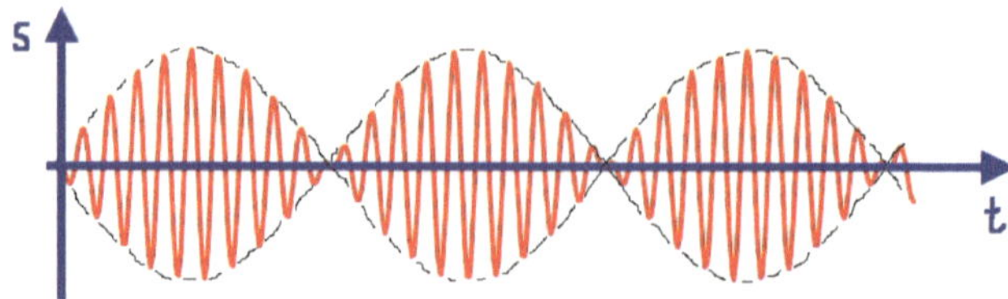

Abb. 3.23 Der schnell oszillierende Anteil der Welle (*rot*) breitet sich mit der Phasengeschwindigkeit c aus, der langsam oszillierende Anteil (*gestrichelte Einhüllende*) mit der Gruppengeschwindigkeit c_{Gr}

der Gruppengeschwindigkeit fortpflanzt. Allgemein kann man also schreiben:

$$c_{Gr} = \frac{\Delta\omega}{\Delta k} \tag{3.37}$$

Verlässt man unser vereinfachtes Beispiel und geht zu einer kontinuierlichen Frequenzverteilung über, wird der Differenzenquotient in Gl. 3.37 zum Differentialquotienten und es gilt folgende Verallgemeinerung:

$$\boxed{c_{Gr} = \frac{\mathrm{d}\omega}{\mathrm{d}k}}$$

Nutzt man den Zusammenhang $\omega = kc$, wobei c eine Funktion der Wellenlänge ist, so gilt:

$$\boxed{c_{Gr} = \frac{\mathrm{d}}{\mathrm{d}k}(kc) = c + k\frac{\mathrm{d}c}{\mathrm{d}k}}$$

Ist die Phasengeschwindigkeit unabhängig von der Wellenlänge, dann ist $\frac{\mathrm{d}c}{\mathrm{d}k} = 0$ und die Gruppengeschwindigkeit entspricht der Phasengeschwindigkeit. Das ist bei elektromagnetischen Wellen im Vakuum der Fall.

3.2.5 Ein Zugeständnis an die Eigenheiten des menschlichen Gehörs: die Schallpegel

Das menschliche Ohr kann bei einer Frequenz von $1000\,\mathrm{Hz}$ **Effektivwerte des Schallwechseldrucks** ab $p_{\mathrm{eff}_0} = 20\,\mu\mathrm{Pa}$ wahrnehmen (**Hörschwelle**). Nach oben hin beginnen Schallwechseldrücke ab ca. $p_{\mathrm{eff}_S} = 100\,\mathrm{Pa}$ zu schmerzen (**Schmerzgrenze**). Diese Werte sind frequenzabhängig. Der Hörbereich unserer Ohren umfasst also mehr als **6 Größenordnungen**. Es ist naheliegend, die in der Akustik auftretenden Größen in „handlichere" Zahlen zu fassen. Man hat daher den **Schalldruckpegel** in der Form

$$L_p = 20\,\mathrm{dB}\ \lg\left(\frac{p_{\mathrm{eff}}}{p_{\mathrm{eff}_0}}\right)$$

definiert. Eigentlich ist das Druckverhältnis $p_{\text{eff}}/p_{\text{eff}_0}$ und damit auch der Logarithmus einheitenfrei. **Dezibel** (dB) ist damit keine physikalische Einheit, sondern eine „Bezeichnung" und kennzeichnet den Schallpegel. Mehr dazu weiter unten. Wegen der logarithmischen Skala bedeutet eine Erhöhung des Schallwechseldrucks um den **Faktor** Zehn ein Erhöhung des Schalldruckpegels um 20 dB. Für die Hörschwelle ist $p_{\text{eff}} = p_{\text{eff}_0}$ und wir erhalten den Schalldruckpegel $L_p = 0$ dB. Für $p_{\text{eff}} = 200\,\mu$Pa erhalten wir $L_p = 20$ dB, für $p_{\text{eff}} = 2\,$mPa erhalten wir $L_p = 40$ dB usf.

Wir haben oben (Gl. 3.35) bei einer ebenen Welle oder im Fernfeld einer Kugelwelle zwischen der Intensität und dem Schallwechseldruck den Zusammenhang

$$\bar{I} = \frac{p_{\text{eff}}^2}{Z} \tag{3.38}$$

abgeleitet. Aus dem Bezugswert des Schallwechseldrucks $p_{\text{eff}_0} = 20\,\mu$Pa wird daraus der Bezugswert der Schallintensität $\bar{I}_0 = 10^{-12}\,$W/m^2. Damit können wir den **Schallintensitätspegel** definieren:

$$L_I = 1\,\text{B}\,\lg\left(\frac{I}{I_0}\right) = 10\,\text{dB}\,\lg\left(\frac{I}{I_0}\right). \tag{3.39}$$

Wir lassen ab hier den Balken über dem I weg, da in der Akustik in aller Regel der zeitliche Mittelwert gemessen wird und keine Verwechslungsgefahr besteht. Die Bezeichnung Bel (B) bedeutet, dass es sich um den Logarithmus eines Zahlenverhältnisses handelt. Ist $I/I_0 = 10$, erhalten wir für $L_I = 1\,$B. Für $I/I_0 = 100$ folgt $L_I = 2\,$B usf. Das Gehör kann wegen $\bar{I} \sim p_{\text{eff}}^2$ auf die Intensität bezogen etwa 12 Größenordnungen abdecken, was einem Bereich von $0\,$B bis $12\,$B entspricht. Allerdings kann es nur etwa 100 Lautstärkestufen unterscheiden. Es genügt folglich in der Akustik eine Genauigkeit von ca. $0{,}1\,$B. Man verwendet daher ausschließlich die Bezeichnung Dezibel: $10\,$dB $= 1\,$B und rundet stets auf ganzzahlige Werte. Für ebene bzw. näherungsweise ebene Wellen – und wegen Gl. 3.38 nur für solche – gilt:

$$L_I \approx 10\,\text{dB}\,\lg\left(\frac{p_{\text{eff}}^2}{p_{\text{eff}_0}^2}\right) = 20\,\text{dB}\,\lg\left(\frac{p_{\text{eff}}}{p_{\text{eff}_0}}\right) = L_p.$$

Der Schallintensitätspegel und der Schalldruckpegel sind also **in diesem Spezialfall** gleich.

Ein Schallpegel, der an die Leistung der Quelle gekoppelt ist, ist der **Schallleistungspegel** L_W. Ist P die von der Schallquelle abgegebene Leistung, gilt:

$$L_W = 10\,\text{dB}\,\lg\left(\frac{P}{P_0}\right). \tag{3.40}$$

Beim Bezugswert P_0 der Schallleistung stellt man einen Zusammenhang zu I_0 her: nimmt man an, dass die abgestrahlte Leistung P durch eine Fläche A senkrecht hindurchtritt, dann würde bei über die Fläche konstanter Intensität $P = IA$ gelten. Setzt man für die Intensität den Bezugswert $I_0 = 10^{-12}\,\mathrm{W/m^2}$ ein und bezieht sich auf eine Fläche A_0 von $1\,\mathrm{m^2}$, dann erhält man für den Bezugswert in Gl. 3.40 $P_0 = 10^{-12}\,\mathrm{W}$.

Beispiel

Wie groß ist die Pegelabnahme mit wachsendem Abstand s von einer Punktschallquelle im Freifeld?

Lösung: Für den Intensitätspegel gilt:

$$L_I = 10\,\mathrm{dB}\,\lg\left(\frac{P/A}{I_0}\right) = 10\,\mathrm{dB}\,\lg\left(\frac{P}{P_0}\cdot\frac{A_0}{4\pi s^2}\right)$$

$$= 10\,\mathrm{dB}\,\lg\left(\frac{P}{P_0}\right) + 10\,\mathrm{dB}\,\lg\left(\frac{A_0}{4\pi s^2}\right).$$

Damit erhalten wir für den Intensitätspegel:

$$L_I = L_W - 10\,\mathrm{dB}\,\lg\left(\frac{4\pi s^2}{A_0}\right).$$

Verdoppelt man den Abstand ausgehend von einem Wert s_1 auf den Wert $s_2 = 2s_1$, erhalten wir über

$$L_{Is_1} = L_W - 10\,\mathrm{dB}\,\lg\left(\frac{4\pi s_1^2}{A_0}\right) \quad\text{und}\quad L_{Is_2} = L_W - 10\,\mathrm{dB}\,\lg\left(\frac{4\pi s_2^2}{A_0}\right)$$

durch Subtraktion der Gleichungen:

$$L_{Is_1} - L_{Is_2} = -10\,\mathrm{dB}\,\lg\left(\frac{4\pi s_1^2}{A_0}\right) + 10\,\mathrm{dB}\,\lg\left(\frac{4\pi s_2^2}{A_0}\right) = 10\,\mathrm{dB}\,\lg\left(\frac{s_2^2}{s_1^2}\right).$$

Wir erhalten also eine Pegelverringerung von

$$\Delta L = L_{Is_1} - L_{Is_2} = 10\,\mathrm{dB}\,\lg\left(\frac{4s_1^2}{s_1^2}\right) = 10\,\mathrm{dB}\,\lg(4) \approx 6\,\mathrm{dB}.$$

Allgemein führt also eine Verdopplung des Abstandes zu einer Minderung des Intensitätspegels von ca. 6 dB.

3.2.6 50 dB + 50 dB = 100 dB, oder nicht?

Nein, ganz sicher nicht. Der Grund liegt darin, dass eine Addition grundsätzlich nicht auf der Ebene der Pegel erfolgt. Addiert werden immer nur die Effektivwerte der Schallwechseldrücke oder der Schallintensitäten. Welche Werte addiert werden, hängt davon ab, ob die Quellen **kohärent** oder **inkohärent** sind. **Kohärente Quellen** liegen vor, wenn die Momentanwerte des Schallwechseldrucks $p(t)$ bei den zu addierenden Quellen absolut synchron verlaufen. In der Praxis ist das selten der Fall. Vorstellbar wären z. B. Lautsprecher, die mit dem gleichen elektrischen Signal angesteuert werden. Ihre Membranen würden dann synchron zueinander schwingen. Weit häufiger und bei den üblichen Lärmsituationen (Maschinenlärm) die Regel sind **die inkohärenten Quellen**. Da der Verlauf der Schallwechseldrücke in der Praxis nicht sinusförmig, sondern rein statistisch ist, werden die beiden Wechseldrücke praktisch nie synchron verlaufen. Man addiert in diesem Fall die Mittelwerte der Schallintensitäten:

$$\boxed{I_{\text{ges}} = I_1 + I_2 + I_3 + \cdots + I_n = \sum_{i=1}^{n} I_i} \, . \tag{3.41}$$

Im Falle der **kohärenten Quellen** werden die Effektivwerte der Schallwechseldrücke addiert (die Kennzeichnung „eff" lassen wir der Einfachheit halber weg):

$$\boxed{p_{\text{ges}} = p_1 + p_2 + p_3 + \cdots + p_n = \sum_{i=1}^{n} p_i} \, . \tag{3.42}$$

Beispiel

Zwei Maschinen erzeugen an einem Punkt P allein jeweils die Intensitätspegel $L_{I1} = 76\,\text{dB}$ und $L_{I2} = 81\,\text{dB}$. Wie groß ist der Gesamtpegel bei P, den beide Maschinen erzeugen?

Lösung: Wir müssen die Schallintensitäten der beiden Quellen am Punkt P berechnen. Aus Gl. 3.39 erhalten wir:

$$I_1 = I_0 10^{L_{I1}/10\,\text{dB}} = 39{,}8\,\mu\text{W/m}^2 \quad \text{und}$$
$$I_2 = I_0 10^{L_{I2}/10\,\text{dB}} = 125{,}9\,\mu\text{W/m}^2 \, . \tag{3.43}$$

Die Gesamtintensität ist also $I_{\text{ges}} = I_1 + I_2 = 165{,}7\,\mu\text{W/m}^2$. Der Gesamtpegel wird aus Gl. 3.39 berechnet: $L_{I_{\text{ges}}} \approx 82\,\text{dB}$.

Je größer übrigens der Abstand der zu addierenden Pegel ist, desto unbedeutender wird der kleinere der Pegel und der Summenwert entspricht näherungsweise dem höheren der beiden Pegelwerte. Läge in unserem Beispiel der erste Wert bei $L_{I1} = 66\,\text{dB}$, würden wir $I_1 = 3{,}98\,\mu\text{W/m}^2$ erhalten und damit würde man aus der Summe $I_{\text{ges}} = 129{,}9\,\mu\text{W/m}^2$ den Summenpegel $L_{I_{\text{ges}}} \approx 81\,\text{dB}$ erhalten. Der höhere Wert verändert sich also kaum. Das liegt daran, dass bedingt durch die logarithmische Skala eine Verringerung des Pegels um $10\,\text{dB}$ einer Senkung der Intensität um den **Faktor** 10 bedeutet!

Beispiel

Von einer benachbarten Baustelle wird Baulärm gemessen. Im Messergebnis $L_{I_{\text{ges}}} = 84\,\text{dB}$ ist Verkehrslärm von einer stark befahrenen Straße enthalten. Da man den Verkehrslärm nicht abstellen kann, schaltet man für eine kurze Zeit die Baumaschinen ab und misst dann einen Verkehrslärm von $L_{I_\text{Ver}} = 82\,\text{dB}$. Wie groß ist der Baulärm L_{I_Bau} alleine?

Lösung: In diesem Fall müssen wir eine Pegelsubtraktion vornehmen. Wir müssen vom Gesamtergebnis den Straßenlärm abziehen, um den Baulärm alleine zu bestimmen. Wir ermitteln also analog zu den Gl. 3.43 die Einzelintensitäten:

$$I_{I_\text{ges}} = I_0 10^{L_{I_\text{ges}}/10\,\text{dB}} = 2{,}51 \cdot 10^{-4}\,\frac{\text{W}}{\text{m}^2} \quad \text{und}$$

$$I_{I_\text{Ver}} = I_0 10^{L_{I_\text{Ver}}/10\,\text{dB}} = 1{,}58 \cdot 10^{-4}\,\frac{\text{W}}{\text{m}^2} \,.$$

Die Intensität des Baulärms ist also $I_{I_\text{Bau}} = I_{I_\text{ges}} - I_{I_\text{Ver}} = 0{,}93 \cdot 10^{-4}\,\text{W}/\text{m}^2$ und der Intensitätspegel nach Gl. 3.39 $L_{I_\text{Bau}} = 80\,\text{dB}$.

Ein interessanter Spezialfall tritt ein, wenn wir **n identische Einzelpegel** L_{I_e} addieren. Im Falle der **inkohärenten** Quellen gilt dann:

$$L_{I_\text{ges}} = 10\,\text{dB}\,\lg\left(\frac{n I_e}{I_0}\right) = 10\,\text{dB}\,\lg\left(\frac{I_e}{I_0}\right) + 10\,\text{dB}\,\lg(n) = L_{I_e} + 10\,\text{dB}\,\lg(n)\,.$$

Bei $n = 2$ Quellen ist der Gesamtpegel L_{I_ges} also um $3\,\text{dB}$ höher als der Einzelpegel, bei $n = 10$ Quellen erhöht er sich um $10\,\text{dB}$. Bei **kohärenten** Quellen müssen wir die Schallwechseldrücke addieren. Betrachtet man n Quellen, die einzeln den Effektivwert des Schallwechseldrucks p_{eff_e} haben, erhalten wir also einen Gesamtwert des effektiven Schallwechseldrucks von $p_{\text{eff}_\text{ges}} = n p_{\text{eff}_e}$. Wegen der Proportionalität $I \sim p_\text{eff}^2$ folgt in unserem Fall also $I_\text{ges} \sim n^2 p_{\text{eff}_e}^2 \sim n^2 I_e$. Es folgt für den Gesamtpegel:

$$L_{I_\text{ges}} = 10\,\text{dB}\,\lg\left(\frac{n^2 I_e}{I_0}\right) = 10\,\text{dB}\,\lg\left(\frac{I_e}{I_0}\right) + 10\,\text{dB}\,\lg(n^2) = L_{I_e} + 20\,\text{dB}\,\lg(n)\,.$$

Man erkennt, dass im Falle kohärenter Quellen die Erhöhung bei n Quellen stets doppelt so groß ist wie bei inkohärenten Quellen. Bei $n = 2$ Quellen erhöht sich der Gesamtpegel L_{I_ges} gegenüber dem Einzelpegel L_{I_e} also um $6\,\text{dB}$, bei $n = 10$ Quellen um $20\,\text{dB}$.

3.2.7 50 dB + 50 dB kann auch Null ergeben … Die Interferenz

Bei zwei **kohärenten Quellen** kann tatsächlich Schall der einen Quelle mit dem Schall einer anderen Quelle Ruhe ergeben! Das entsprechende Phänomen heißt **Interferenz** und tritt auch bei anderen Wellentypen auf. Um das einzusehen, betrachten wir Abb. 3.24. Die Quellen Q_1 und Q_2 senden synchron, also ohne Phasenverschiebung, Schallwellen aus. Zum skizzierten Zeitpunkt liefert die Quelle Q_2 im Beobachtungspunkt P gerade einen **Wellenberg** (bzw. ein Maximum des Schallwechseldrucks bei Schallwellen), während die

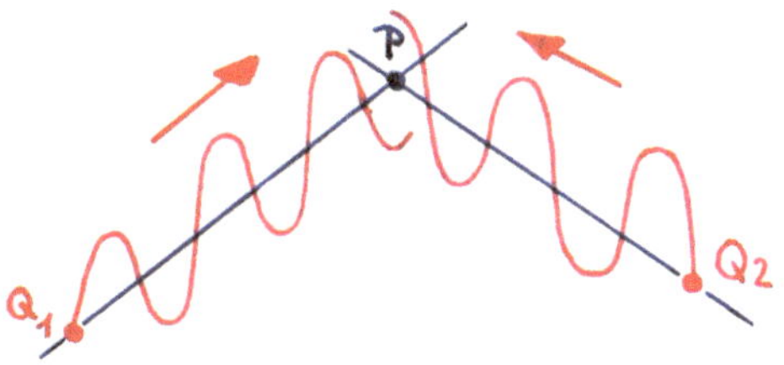

Abb. 3.24 Zwei von den Quellen Q_1 und Q_2 emittierte Wellen überlagern im Punkt P. Ob es bei P zur konstruktiven oder destruktiven Interferenz kommt, hängt von der Differenz zwischen $s_1 = \overline{PQ_1}$ und $s_2 = \overline{PQ_2}$ ab

Quelle Q_1 bei P gerade ein **Wellental** (bzw. ein Minimum des Schallwechseldrucks) verursacht. Da sich die Drücke im Punkt P addieren, werden sich Unterdruck und Überdruck wenigstens zum Teil aufheben. Je nach Leistung der Quellen und Abstand vom Punkt P kann es sogar sein, dass der Druck in P zu allen Zeiten dem statischen Luftdruck entspricht. Wellenberg fällt auf Wellental, wenn die Wegdifferenz $s_1 - s_2$ genau einer halben Wellenlänge, also $\lambda/2$ entspricht. Möglich ist aber auch $3\lambda/2$ oder $5\lambda/2$ etc. Weitgehende oder vollständige Auslöschung, auch **destruktive Interferenz** genannt, tritt also allgemein auf, wenn gilt:

$$\boxed{s_1 - s_2 = n\lambda + \frac{\lambda}{2} = \frac{\lambda}{2}(2n + 1) \quad \text{mit } n \in Z}. \tag{3.44}$$

Der Wegunterschied muss also ein **ungeradzahliges Vielfaches der halben Wellenlänge** sein. Die Auslöschung ist **zeitunabhängig**. Sind Q_1 und Q_2 Punktquellen und erfolgt die Ausbreitung der Wellen im Freifeld, dann werden bei unterschiedlichen Wegen s_1 und s_2 auch die Druckamplituden unterschiedlich sein. Je höher der Abstand, desto geringer die Amplitude. Das bedeutet aber, dass sich die Druckamplituden im Punkt P nicht vollständig auslöschen.

Wir nehmen nun an, dass die Quellen im Punkt P jeweils beide **Wellenberge** (bzw. einen Maximalwert des Schallwechseldrucks bei Schallwellen) liefern. Dann addieren sich die beiden Druckwerte. Diese **konstruktive Interferenz** tritt immer dann auf, wenn gilt:

$$\boxed{s_1 - s_2 = n\lambda \quad \text{mit } n \in Z}. \tag{3.45}$$

Der Wegunterschied muss ein **ganzzahliges Vielfaches der Wellenlänge** sein. Im Falle des Schalls bedeutet konstruktive Interferenz wegen der Verdopplung des Schallwechseldrucks im Punkt P eine Vervierfachung der Intensität. Das mag zunächst unglaublich erscheinen, da hier offensichtlich doppelt so viel Energie in P ankommt wie man erwarten würde. Haben wir also ein Perpetuum Mobile erschaffen? Nein, denn der hohen Energie in einigen Raumgebieten steht eine entsprechend niedrige (oder fehlende) Energie in anderen Raumgebieten gegenüber. In der Summe bleibt die Energie natürlich erhalten.

3.2.8 Emittierte Tonhöhe und wahrgenommene Tonhöhe sind unterschiedlich?

Ein interessantes Phänomen, der **Dopplereffekt**, tritt ein, wenn Schallsender und Schallempfänger sich relativ zueinander bewegen. Wir nehmen zunächst die Situation der Abb. 3.25 an: eine ruhende Punktschallquelle emittiert eine Kugelwelle, die eingezeichneten konzentrischen Kreise sind der geometrische Ort aller Punkte, bei denen der Schalldruck gerade maximal ist. Ihr Abstand entspricht immer genau der Wellenlänge λ. Nun bewegt sich der Schallempfänger mit der Geschwindigkeit v_E direkt auf den Sender zu ($v_E < 0$) oder direkt von ihm weg ($v_E > 0$). Dadurch verkürzt bzw. verlängert sich die beobachtete Wellenlänge λ_E gegenüber λ um $v_E T_E$ (T_E ist die vom Empfänger gemessene Periodendauer):

$$\lambda_E = \lambda + v_E T_E \,.$$

Es folgt mit $c = \lambda f$, $c = \lambda_E f_E$ und $f_E = 1/T_E$:

$$\boxed{\frac{c}{f_E} = \frac{c}{f} + \frac{v_E}{f_E} \quad \text{bzw.} \quad f_E = f\left(1 - \frac{v_E}{c}\right)} \,. \tag{3.46}$$

Bewegt sich also der Empfänger auf die Schallquelle zu ($v_E < 0$), erhöht sich die beobachtete Frequenz. Entfernt sich der Empfänger ($v_E > 0$), erniedrigt sich die Frequenz.

Nun zum umgekehrten Fall: die Quelle bewegt sich mit der Geschwindigkeit v_Q auf den Beobachter zu ($v_Q > 0$) oder von ihm weg ($v_Q < 0$) (Abb. 3.26). Für einen ruhenden Beobachter verkürzt oder verlängert sich die beobachtete Wellenlänge λ_E gegenüber λ während einer Periodendauer T um den Wert $v_Q T$:

$$\lambda_E = \lambda - v_Q T \,.$$

Es folgt wieder mit $c = \lambda f$, $c = \lambda_E f_E$ und $f = 1/T$:

$$\boxed{\frac{c}{f_E} = \frac{c}{f} - \frac{v_Q}{f} \quad \text{bzw.} \quad f_E = f\frac{1}{1 - v_Q/c}} \,. \tag{3.47}$$

Bewegt sich also die Quelle auf den Empfänger zu ($v_Q > 0$), wird der Nenner des Bruchs kleiner und damit die beobachtete Frequenz f_E höher als die abgestrahlte Frequenz f. Entfernt sich die Quelle vom Beobachter, wird die beobachtete Frequenz kleiner.

Aus den Gl. 3.46 und 3.47 kann man nun noch den allgemeinen Fall ableiten, bei dem sich sowohl Quelle als auch Beobachter bewegen. Wir setzen hierzu einfach die in Gl. 3.47 ermittelte Frequenz einer bewegten Quelle als Quellenfrequenz in Gl. 3.46 ein:

$$\boxed{f_E = f\frac{1}{1 - v_Q/c}\left(1 - \frac{v_E}{c}\right) = f\frac{c - v_E}{c - v_Q}} \,.$$

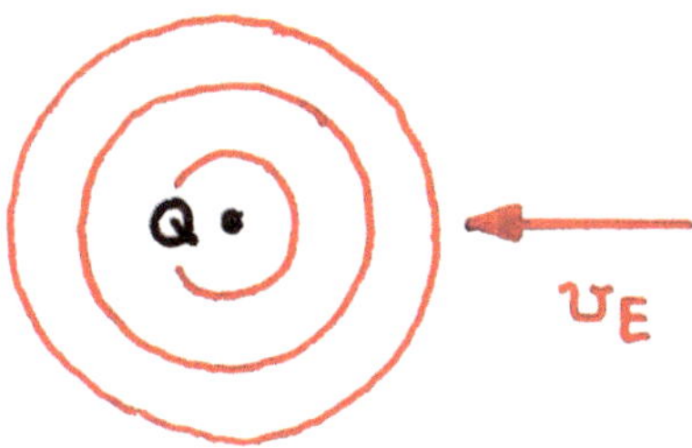
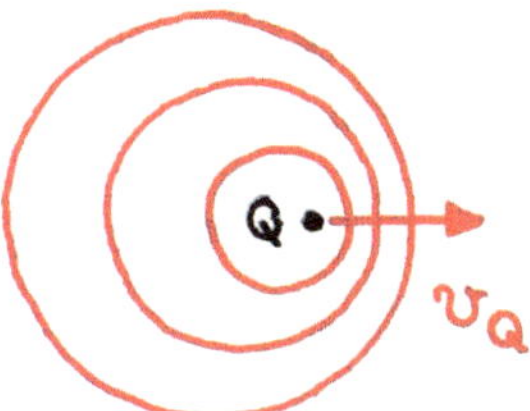
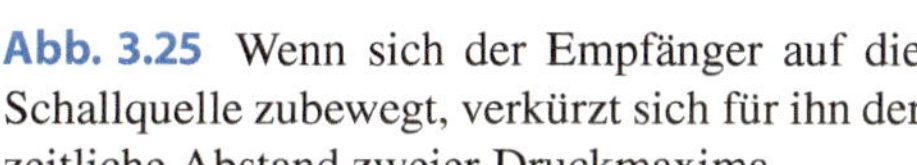

<table>
<tr><td>

Abb. 3.25 Wenn sich der Empfänger auf die Schallquelle zubewegt, verkürzt sich für ihn der zeitliche Abstand zweier Druckmaxima

</td><td>

Abb. 3.26 Wenn sich eine Quelle bewegt, verdichten sich die Phasenfronten in Ausbreitungsrichtung. Ein ruhender Empfänger registriert eine erhöhte Frequenz

</td></tr>
</table>

Die entsprechenden Vorzeichen veranschaulicht Abb. 3.27. Die höchste Frequenz wird beobachtet, wenn sich Quelle und Empfänger aufeinander zu bewegen ($v_Q > 0$, $v_E < 0$), die niedrigste, wenn sich Quelle und Empfänger voneinander entfernen ($v_Q < 0$, $v_E > 0$).

Bei den Geschwindigkeiten von Quelle und Empfänger kommt lediglich die **Projektion des Geschwindigkeitsvektors** auf die Verbindungslinie zur Wirkung. Eine Geschwindigkeitskomponente senkrecht zur Verbindungslinie von Quelle und Empfänger ist ohne Wirkung, wie folgendes Beispiel zeigt.

Beispiel

Eine Person steht auf einer Brücke senkrecht über darunter hindurchführenden, geradlinigen Bahnschienen und hört das 200 Hz-Pfeifen einer herannahenden Lokomotive. Diese fährt mit konstanter Geschwindigkeit auf die Brücke zu. Der senkrechte Abstand zwischen der Pfeife und dem Ohr des Beobachters ist $h = 4\,\mathrm{m}$ (siehe Abb. 3.28). Die Lufttemperatur beträgt 20 °C. Mit welcher Geschwindigkeit fährt die Lokomotive, wenn der Beobachter bei der Entfernung $x = 6\,\mathrm{m}$ die Frequenz $f_B = 210{,}18\,\mathrm{Hz}$ wahrnimmt?

Lösung: Für die Schallgeschwindigkeit erhalten wir nach Gl. 3.28 $c = 343{,}5\,\mathrm{m/s}$. Für den Dopplereffekt ausschlaggebend ist nach Abb. 3.28 die Geschwindigkeitskomponente $v_Q = v \cos \alpha$. v ist die gesuchte Geschwindigkeit der Lokomotive bezüglich der Schiene. Der Winkel α verändert sich in Abhängigkeit von der Entfernung x:

$$\cos \alpha = \frac{x}{\sqrt{h^2 + x^2}}\,.$$

Man erhält also für die Geschwindigkeit v_Q:

$$v_Q = \frac{xv}{\sqrt{h^2 + x^2}}\,.$$

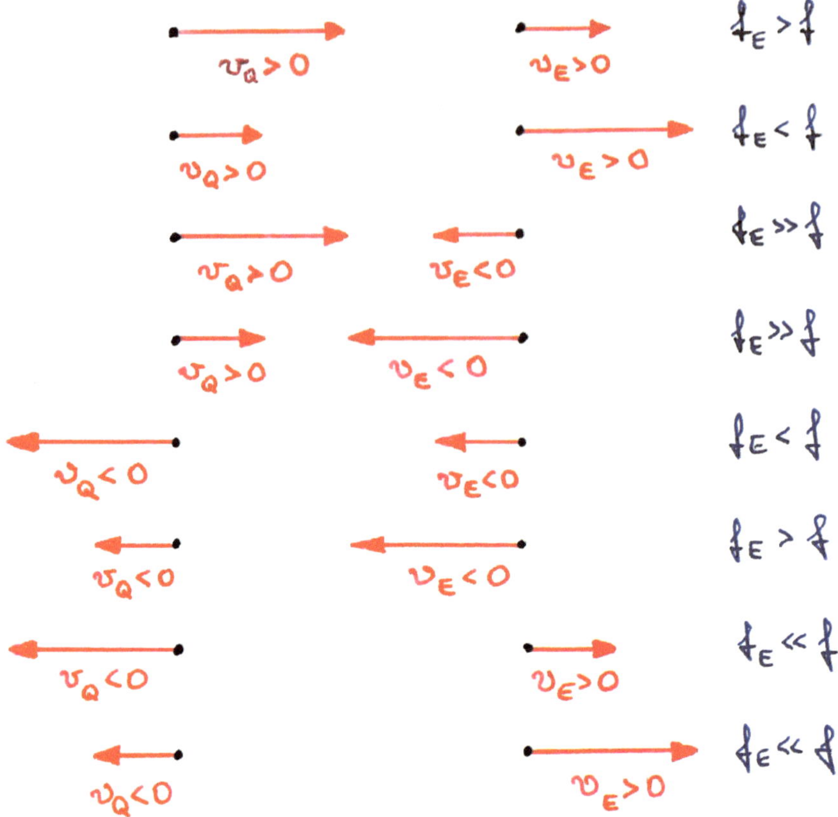

Abb. 3.27 Zu den Vorzeichen beim Dopplereffekt

Abb. 3.28 Das Pfeifen einer Dampflok wird vom Beobachter auf der Brücke mit erhöhter Frequenz wahrgenommen

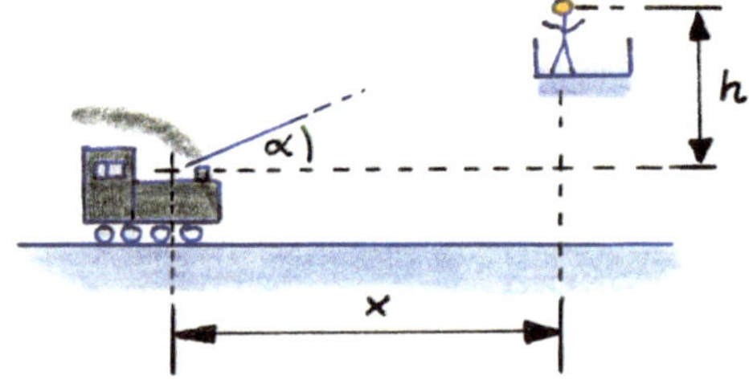

Für die Empfängerfrequenz erhalten wir nach Gl. 3.47:

$$f_\mathrm{E} = f\,\frac{1}{1 - \dfrac{xv}{c\sqrt{h^2+x^2}}}\,.$$

Nach v aufgelöst, bekommt man:

$$v = c\left(1 - \frac{f}{f_\mathrm{E}}\right)\sqrt{\frac{h^2}{x^2} + 1} = 20\,\mathrm{m/s}\,.$$

3.2.9 Wenn die Schallquelle ihren eigenen Schall überholt …

In diesem Fall kann sie zumindest im mitbewegten Bezugssystem nichts nach vorne abstrahlen, denn sie enteilt ja stets ihren eigenen Wellenfronten. Abb. 3.29a zeigt den Fall, dass sich die Schallquelle exakt mit Schallgeschwindigkeit c bewegt. Die Phasenfronten der zu verschiedenen Zeiten von der Quelle emittierten Kugelwellen berühren sich alle an dem Punkt, an dem sich auch die Quelle gerade befindet. Wendet man Gl. 3.47 mit $v_\mathrm{Q} \to c$ an, folgt $f_\mathrm{E} \to \infty$, die vom ruhenden Empfänger beobachtete Frequenz wird unendlich hoch, es wird ein Knall wahrgenommen. Beschleunigt die Quelle in den **Überschallbereich**, lässt sie die in der Vergangenheit emittierten Kugelwellen hinter sich und enteilt ihnen („Durchbrechen der **Schallmauer**"). Abb. 3.29b zeigt die zu verschiedenen Zeitpunkten von einer Punktquelle abgestrahlten kugelförmigen Phasenfronten. Die am Punkt P abgestrahlte Welle hat eine Zeit Δt später eine Phasenfront mit Radius $c\,\Delta t$. Die

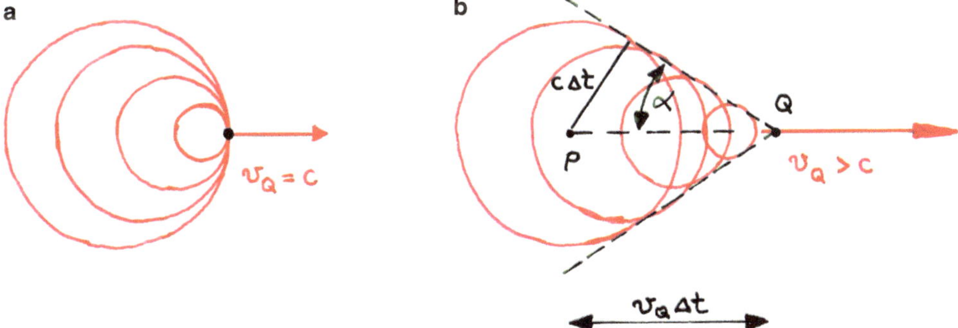

Abb. 3.29 Bewegt sich eine Quelle genauso schnell wie der Schall selbst (**a**), dann berühren sich die kugelförmigen Phasenfronten an dem Punkt, an dem sich die Quelle befindet. Es baut sich eine Art Druckfront auf, die von einem ruhenden Beobachter als Knall wahrgenommen wird. Beschleunigt die Quelle, tritt sie aus der Druckfront hervor. Man sagt dann, die Quelle hat die „Schallmauer" durchbrochen. Bei höheren Geschwindigkeiten lässt die Quelle ihre kugelförmigen Phasenfronten weit hinter sich. Sie formen zusammen einen Kreiskegel, den so genannten Machschen Kegel (**b**)

Quelle befindet sich dann schon am Punkt Q und hat somit den Weg $v_Q \Delta t$ zurückgelegt. Die Quelle hat natürlich zwischen P und Q ebenfalls Wellen abgestrahlt. Die Einhüllende bildet einen Kreiskegel, den **Machschen Kegel**. Für seinen Öffnungswinkel α gilt

$$\boxed{\sin\alpha = \frac{c\,\Delta t}{v_Q\,\Delta t} = \frac{c}{v_Q}}. \tag{3.48}$$

Befindet man sich außerhalb des Machschen Kegels, ist die Geräuschquelle nicht hörbar. Erst wenn der Machsche Kegel den Beobachter erreicht, wird Schall wahrnehmbar. Dabei kommt es um die Kreiskegelfläche zu einem sehr starken Druckanstieg. Dieser ist als **Überschallknall** hörbar.

Beispiel

Ein Düsenflugzeug überfliegt in 5000 m Höhe mit der konstanten Geschwindigkeit von 555 m/s exakt senkrecht einen Beobachter am Boden ($c = 345$ m/s). Welchen Winkel schließt die Verbindungslinie Beobachter – Flugzeug im Moment des Knalls mit der Horizontalen ein? Nach welcher Zeit t hört er den Überschallknall?

Lösung: Mit Gl. 3.48 folgt für den Winkel: $\alpha = \arcsin\left(c/v_Q\right) = 38{,}4°$

Wenn der Beobachter den Knall hört, hat das Flugzeug die Strecke s zurückgelegt. Dabei gilt:

$$\frac{h}{s} = \tan\alpha = \frac{\sin\alpha}{\sqrt{1 - \sin^2\alpha}}.$$

Mit $s = v_Q t$ und $\sin\alpha = c/v_Q$ folgt:

$$\frac{h}{v_Q t} = \frac{c}{v_Q \sqrt{1 - \left(\frac{c}{v_Q}\right)^2}} = \frac{c}{\sqrt{v_Q^2 - c^2}}.$$

Daraus erhält man:

$$t = \frac{h}{v_Q c}\sqrt{v_Q^2 - c^2} = 11{,}35\,\text{s}.$$

3.3 Aufgaben (* = leicht; ** = mittel; *** = schwer)

1. * Eine Masse $m = 500$ g ist wie in Abb. 3.30 an einer Stange (Masse vernachlässigbar) um eine Achse A drehbar gelagert. Eine Feder mit der Federkonstanten $D = 315{,}83$ N/m hält die Stange in der Waagrechten. Die Anordnung schwingt mit kleiner Auslenkung.

    a) Stellen Sie die Schwingungsdifferentialgleichung auf.

    b) Mit welcher Frequenz f schwingt die Masse?

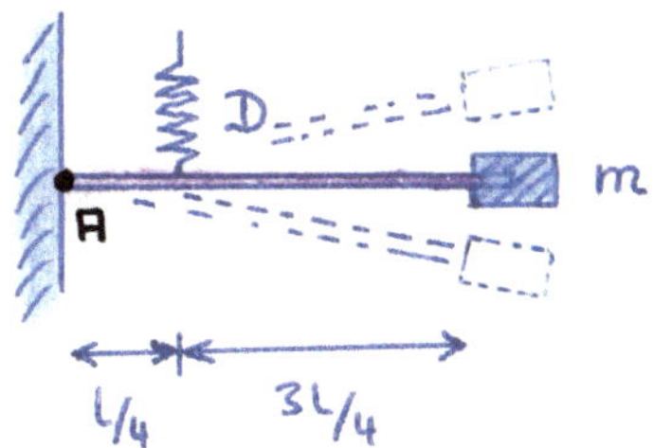

Abb. 3.30 Eine horizontale Stange mit einer Masse wird von einer Feder in der Waagrechten gehalten und schwingt mit geringer Auslenkung

2. * Zwei Spiralfedern mit den Federkonstanten $D_1 = 194{,}8\,\text{N/m}$ und D_2 sind über eine Stange, an der ein Gewicht befestigt ist, miteinander verbunden (Abb. 3.31). Stange und Gewicht haben die Masse $m = 10\,\text{kg}$. Wie groß müsste D_2 gewählt werden, damit die Anordnung mit der Frequenz $f = 1\,\text{Hz}$ schwingt?

3. * Eine Masse m hängt wie in Abb. 3.32 skizziert an einem Faden, der auf einen Vollzylinder homogener Dichte aufgewickelt ist. Ein zweiter Faden ist ebenfalls auf den Zylinder gewickelt und mit einer Spiralfeder verbunden, die wiederum an einer Wand befestigt ist. Luftwiderstand und Lagerreibung sollen vernachlässigbar sein. Die Schnüre können nicht auf dem Zylinder rutschen. Mit welcher Periodendauer T schwingt die Masse m, nachdem sie von ihrer Ruhelage ausgehend ausgelenkt wurde?

4. * Zwei Punktschallquellen Q_1 und Q_2 strahlen Kugelwellen der Frequenz $1833\,\text{Hz}$ ab. Die Schallgeschwindigkeit beträgt $c = 340\,\text{m/s}$. An einem Beobachtungsort P, der von Q_1 den Abstand $r_1 = 1{,}6\,\text{m}$ und von Q_2 den Abstand $r_2 = 2{,}26\,\text{m}$ hat, sollen sich die Wellen gegenseitig auslöschen.
   a) In welchem Verhältnis müssen die von den Quellen abgestrahlten Leistungen P_1 und P_2 stehen?
   b) Mit welcher Phasenverschiebung müssen die Quellen schwingen?

5. * 15 inkohärent strahlende Punktschallquellen mit gleicher Leistung sind auf einem Kreis mit Radius $r = 3\,\text{m}$ gleichmäßig verteilt (Abb. 3.33). Im Mittelpunkt M des Kreises wird ein Schallpegel von $80\,\text{dB}$ gemessen.
   a) Welche Schallleistung hat eine einzelne Quelle?
   b) Welchen Schallleistungspegel hat eine Quelle?
   c) Wieviele Quellen gleicher Leistung müsste man auf dem Kreis verteilen, damit im Punkt M der Schallpegel $85\,\text{dB}$ gemessen würde?

6. * An einem Punkt im Raum herrscht, verursacht durch ein nichtabschaltbares Nebengeräusch (z. B. Straßenlärm), ständig ein Schalldruckpegel von $L_\text{n} = 63\,\text{dB}$. Es

Abb. 3.31 Eine Masse kann gegen zwei Federn unterschiedlicher Federkonstante schwingen

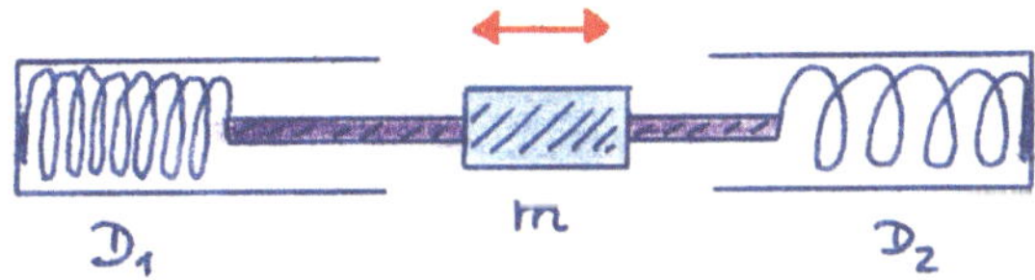

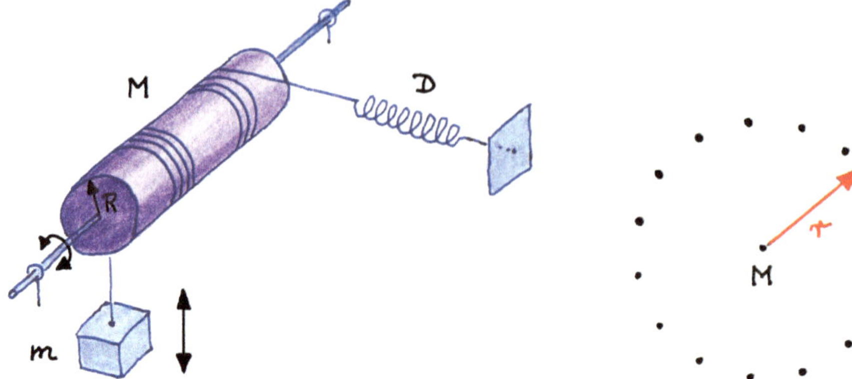

Abb. 3.32 Eine Masse m ist über eine Walze mit einer Feder verbunden und kann Schwingungen ausführen

Abb. 3.33 15 inkohärent strahlende Quellen sind gleichabständig auf einem Kreis angeordnet

wird der Reihe nach der Maschinenlärm gemessen, den drei Maschinen an diesem Punkt verursachen. Man erhält die Schalldruckpegel $L_1 = 68\,\mathrm{dB}$, $L_2 = 74\,\mathrm{dB}$ und $L_3 = 71\,\mathrm{dB}$. Sie beinhalten jeweils das Nebengeräusch.

a) Wie groß wären die Schalldruckpegel, wenn kein Nebengeräusch vorhanden wäre?

b) Welcher Pegel würde einschließlich Nebengeräusch gemessen, wenn alle drei Maschinen gleichzeitig laufen würden?

7. * In welchen Abständen x_i vom Ursprung müssen phasengleich schwingende Punktquellen längs der x-Achse angeordnet werden, damit sie bei gegebener Wellenlänge λ im Punkt P (Abb. 3.34) konstruktiv interferieren? Der Abstand vom Punkt P zum Ursprung ist L.

8. * Eine Person A lässt eine Schallquelle Q wie skizziert (Abb. 3.35) von einem Balkon senkrecht nach unten fallen. Die Quelle emittiert eine Kugelwelle der Frequenz $f_Q = 1000\,\mathrm{Hz}$. Die Schallgeschwindigkeit beträgt $c = 343{,}5\,\mathrm{m/s}$.

a) Welche Frequenz hört die Person A, wenn sich die Quelle um die Strecke $s_1 = \overline{AQ} = 10{,}44\,\mathrm{m}$ entfernt hat?

b) Welche Frequenz hört die unten stehende Person B in diesem Moment?

9. ** Eine massive, zylindrische Scheibe mit Radius $R = 50\,\mathrm{cm}$ kann wie in Abb. 3.36 skizziert um eine zur Symmetrieachse parallelen Achse A unter dem Einfluss der Schwerkraft schwingen. Um welche Strecke s muss die Achse A gegenüber der Symmetrieachse verschoben werden, damit sie mit der Periodendauer $T = 1{,}737\,\mathrm{s}$ schwingt?

10. ** Ein langer, dünner, homogener Stab der Länge L und der Masse m ist an einer Achse senkrecht zur Stabachse drehbar aufgehängt. Der Abstand Drehachse zu Schwerpunkt beträgt ein Viertel der Stablänge (Abb. 3.37). Am oberen Ende des Sta-

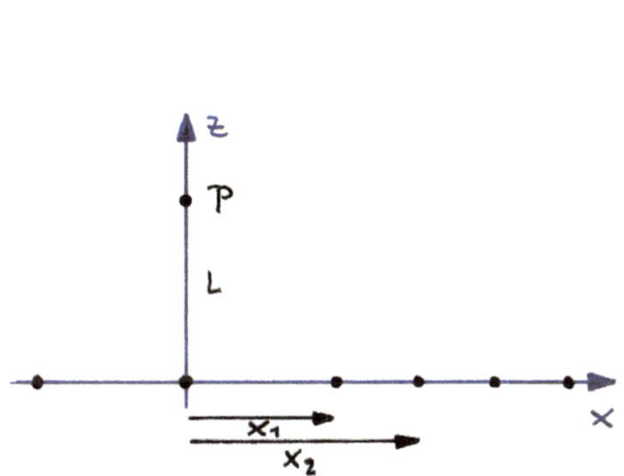

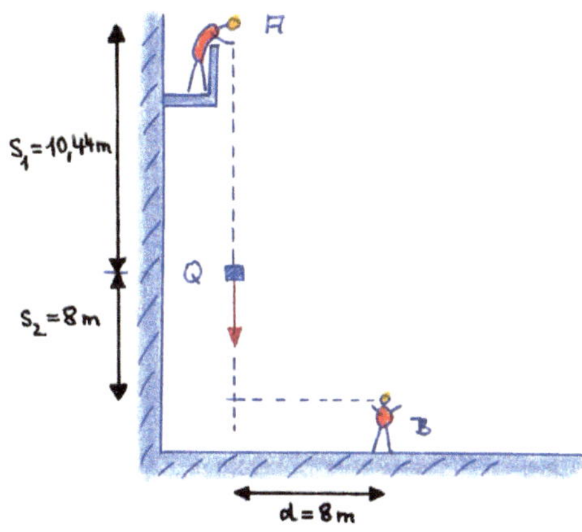

Abb. 3.34 Kohärente Schallquellen sollen auf der x-Achse so aneinander gereiht werden, dass im Punkt P konstruktive Interferenz entsteht. Man beachte die Symmetrie des Problems!

Abb. 3.35 Eine Schallquelle fällt mit wachsender Geschwindigkeit zu Boden. Der daraus resultierenden Frequenzerhöhung wirkt entgegen, dass die Relativgeschwindigkeit in Bodennähe gegen Null geht

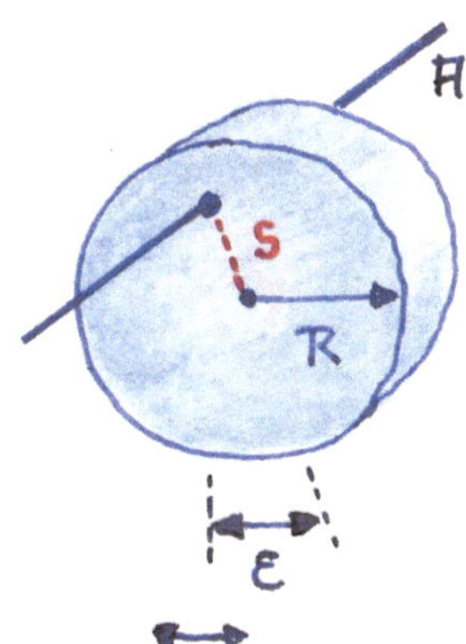

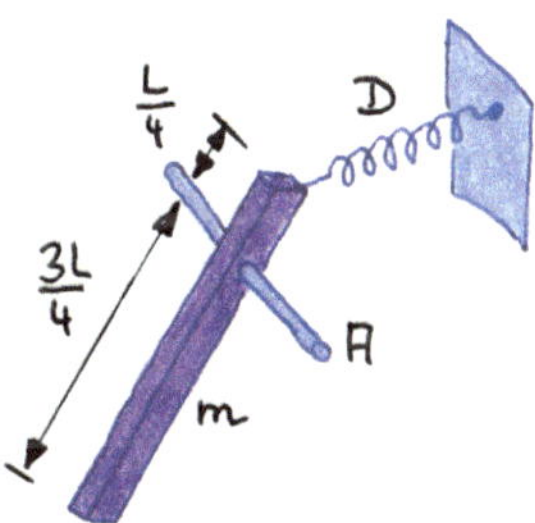

Abb. 3.36 Der Abstand des Schwerpunktes von der Drehachse A bestimmt das Massenträgheitsmoment und damit die Schwingungsdauer

Abb. 3.37 Ein Stab ist an einer Achse A drehbar gelagert und kann unter dem Einfluss der Schwerkraft als physikalisches Pendel schwingen. Zusätzlich ist am oberen Ende noch eine Spiralfeder angebracht

bes ist eine horizontal liegende Feder mit der Federkonstanten D befestigt. Hängt der Stab senkrecht nach unten, ist die Feder entspannt. Bei der Pendelbewegung wird die Feder also symmetrisch gedehnt bzw. gestaucht. Zusätzlich wirkt natürlich die Schwerkraft auf die Anordnung. Luftwiderstand und Lagerreibung können vernachlässigt werden. Der Stab wird nur geringfügig ausgelenkt. Stellen Sie die Differentialgleichung für diese Schwingung auf und ermitteln Sie daraus die Schwingungsfrequenz des Stabes.

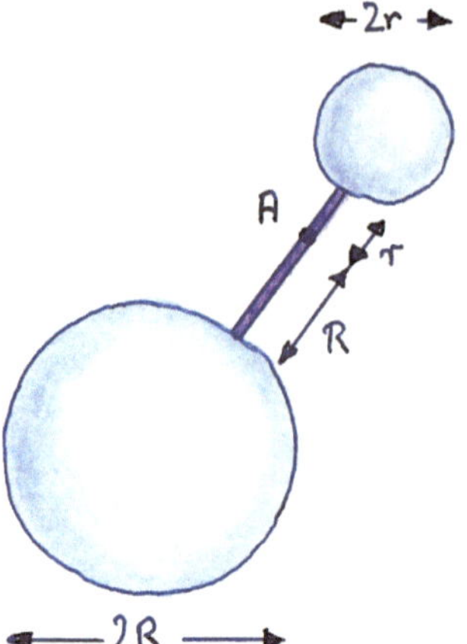

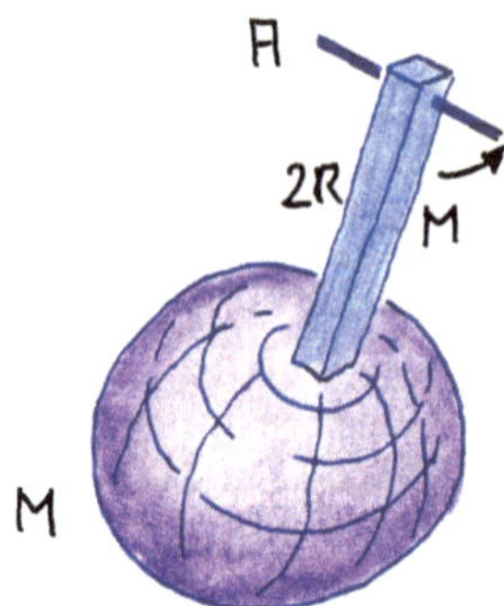

Abb. 3.38 Zwei mit einer Stange verbundene Vollkugeln schwingen um eine Achse A

Abb. 3.39 Eine an einem Stab der Masse M befestigte Kugel gleicher Masse kann als Pendel schwingen

11. ** Das in Abb. 3.38 skizzierte Gebilde besteht aus zwei massiven Vollkugeln mit den Radien r (Masse m) und R (Masse M), die mit einer Stange vernachlässigbarer Masse verbunden sind. Die Anordnung schwingt unter der Annahme $M > m$ um eine Achse A, die senkrecht zur Zeichenebene steht.
    a) Wie groß ist das Massenträgheitsmoment der Anordnung bezüglich der Drehachse A?
    b) Wie groß ist die Periodendauer T dieser Schwingung?
12. ** Ein physikalisches Pendel besteht wie skizziert (Abb. 3.39) aus einem langen, dünnen Stab der Länge $2R$ und einer massiven Kugel mit Radius R. Stab und Kugel haben jeweils die gleiche Masse M. Das Pendel schwingt um die Achse A.
    a) Wie groß ist das Massenträgheitsmoment des Pendels bezüglich der Achse A?
    b) Wie groß ist das rückstellende Drehmoment bei Auslenkung um den Winkel η?
    c) Wie lautet die Differentialgleichung der Schwingung um die Achse A für kleine Auslenkungen (Reibung und Luftwiderstand vernachlässigbar)?
    d) Wie groß ist die Periodendauer T der Schwingbewegung?
13. ** An einer Laderampe soll eine gefederte Plattform der Masse $M = 35\,\mathrm{kg}$ das Herabfallen von Paketen der Mase m abfedern (Abb. 3.40). Die Plattform ist hierfür auf einer Feder mit der Federkonstanten $D = 6131\,\mathrm{N/m}$ gelagert. Im unbelasteten Zustand steht die Plattform um $x = 8\,\mathrm{cm}$ über die Laderampe hinaus.
    a) Welche Masse m müsste ein aufgelegtes Paket haben, damit die Plattform auf exakt gleicher Höhe liegt wie die Laderampe (also $x = 0\,\mathrm{cm}$)?
    b) Um ein langes Nachschwingen der Plattform beim Herabfallen von Paketen zu verhindern, soll ein Stoßdämpfer mit geschwindigkeitsproportionaler Dämpfung eingebaut werden. Welchen Dämpfungskoeffizienten b müsste dieser haben, da-

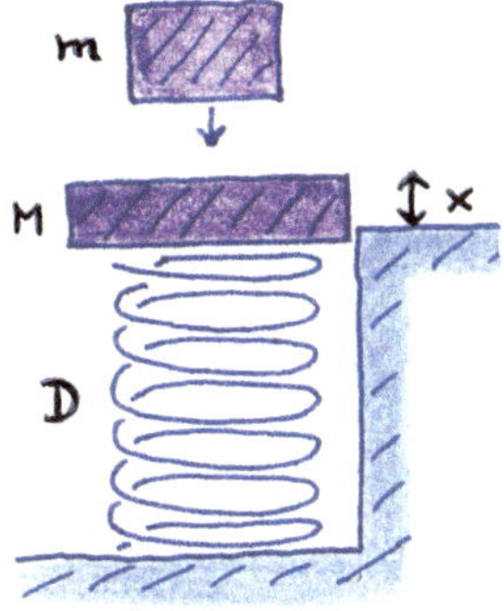
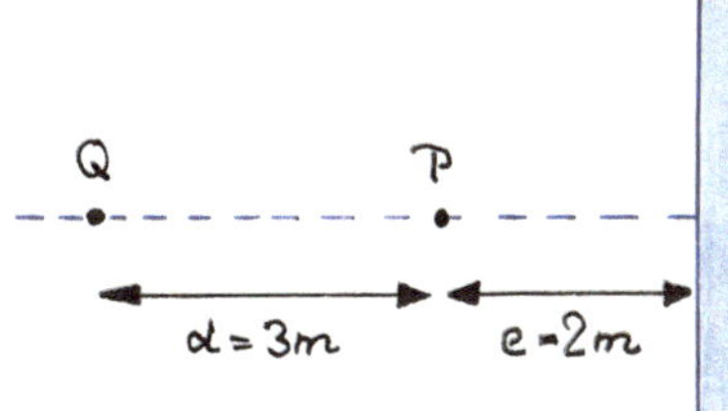

Abb. 3.40 An einer Laderampe wird eine gefederte Plattform zur Abmilderung der Stöße verwendet

Abb. 3.41 Punkt P wird nicht nur direkt von der Quelle Q beschallt, sondern durch den an der Wand reflektierten Schall auch indirekt

mit die Amplitude einer entstandenen Schwingung pro Periode um den Faktor 10 absinkt, wenn eine Masse $m = 51{,}1\,\text{kg}$ auf der Plattform liegt?

c) Wie müsste die Federkonstante D verändert werden, damit unter den sonst unveränderten Bedingungen der Teilaufgabe b) der aperiodische Grenzfall eintritt?

14. ** Ein Seil der Länge L ist zwischen zwei Wänden eingespannt. Die Zugkraft im Seil ist F_0. Die Dichte des Seils ist eine Funktion des Ortes gemäß $\rho\,(x) = kx$, wobei k eine Konstante ist. Die Querschnittsfläche A des Seils ist über die gesamte Seillänge konstant. Wie lange braucht eine Störung, um auf dem Seil von der linken Wand zur rechten und wieder zurück zu laufen?

15. ** Eine Maschine, die näherungsweise als punktförmige Schallquelle Q beschrieben werden kann, emittiert Maschinenlärm mit einem Schallleistungspegel $L_W = 99{,}8\,\text{dB}$. Im senkrechten Abstand $d + e$ von der Quelle befindet sich eine vollständig reflektierende Wand (Abb. 3.41).

a) Wie hoch ist der am Punkt P gemessene Schalldruckpegel?

b) Nehmen Sie nun an, die Quelle emittiert einen reinen Sinuston. Bei welchen Frequenzen kommt es im Punkt P zur konstruktiven Interferenz zwischen der direkten und der reflektierten Welle (Umgebungstemperatur 20 °C)?

16. ** Ein Schallsender S emittiert einen Sinuston der Frequenz $1000\,\text{Hz}$. Ein Empfänger E bewegt sich mit konstanter Geschwindigkeit $v = 1{,}917\,\text{m/s}$ längs der x-Achse (Abb. 3.42). In welchen Abständen d vom Ursprung erhöht bzw. erniedrigt sich die Frequenz um $5\,\text{Hz}$ gegenüber der Senderfrequenz? (Schallgeschwindigkeit: $c = 343\,\text{m/s}$)

17. ** Gegeben ist das in Abb. 3.43 gezeichnete mathematische Pendel, dessen Masse aus einem Schallsender besteht, der die Frequenz $1000\,\text{Hz}$ abstrahlt. Das Pendel ist ungedämpft und schwingt mit einer Maximalamplitude von $\beta = 5°$. Die Temperatur beträgt 20°C. Am Ort B wird eine maximale Frequenz von $1001\,\text{Hz}$ beobachtet, wenn das Pendel in Richtung B schwingt! Wie lang ist das Pendel?

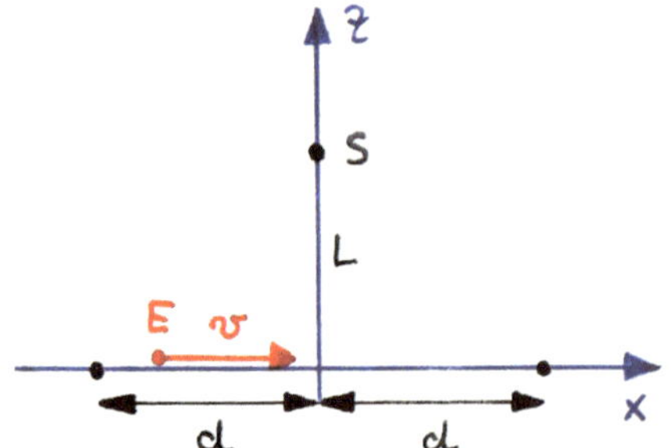

Abb. 3.42 An welchen Punkten auf der x-Achse ist bei der gegebenen Geschwindigkeit v des Empfängers die Dopplerverschiebung $\pm 5\,\mathrm{Hz}$?

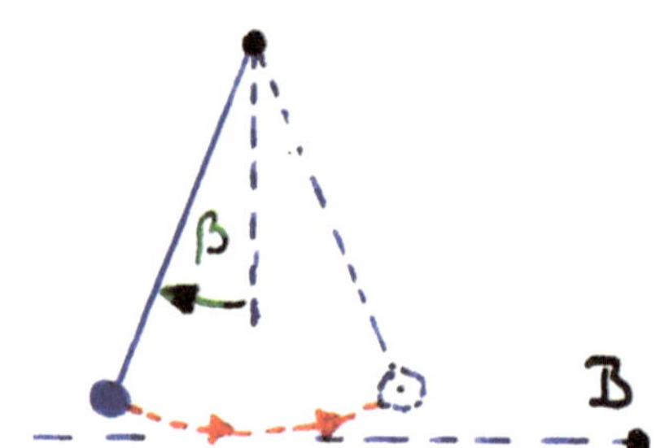

Abb. 3.43 Eine als Pendel schwingende Schallquelle erzeugt im Beobachtungspunkt B eine periodische Modulation der Tonhöhe

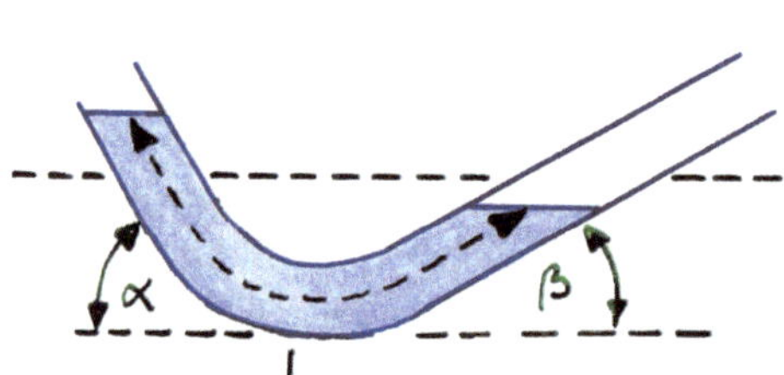

Abb. 3.44 Eine Flüssigkeit schwingt in einem U-Rohr mit schräg stehenden Schenkeln. Die Neigungswinkel der Schenkel sind unterschiedlich

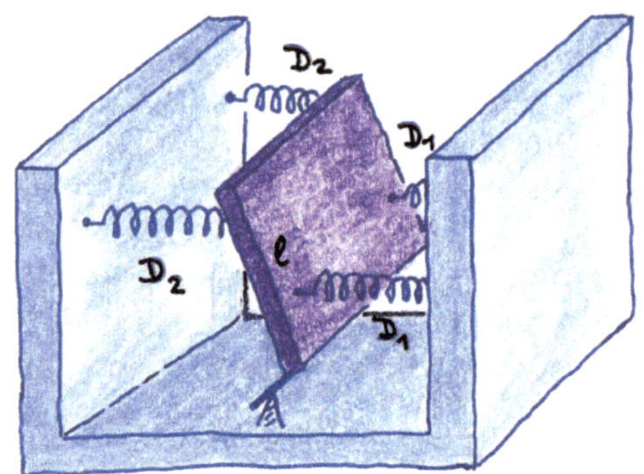

Abb. 3.45 Eine Platte kann um einen Achse am Boden schwingen. Die Platte wird über vier Spiralfedern in ihrer vertikalen Ruhelage gehalten

18. *** In einem U-Rohr (Abb. 3.44) mit der kreisförmigen Querschnittsfläche A schwingt eine Flüssigkeitssäule der Länge L (Dichte ρ, Gesamtvolumen $V = AL$). Die Schenkel des Rohres sind um die Winkel α bzw. β gegen die Horizontale geneigt. Die Schwingung ist näherungsweise ungedämpft.

a) Wie groß ist die Rückstellkraft?

b) Warum handelt es sich um einen harmonischen Oszillator?

c) Stellen Sie die Schwingungsdifferentialgleichung auf und ermitteln Sie deren Lösung! Wie groß ist die Periodendauer dieser Schwingung?

d) Das Ergebnis aus c) soll bestätigt werden, indem eine Gleichung für die Gesamtenergie des Oszillators aufgestellt wird. Errechnen Sie aus dieser Differentialgleichung die Periodendauer.

19. ******* Eine Metallplatte der Masse $m = 20\,\mathrm{kg}$ und der Breite $l = 106{,}6\,\mathrm{cm}$ ist wie in Abb. 3.45 skizziert drehbar um eine horizontale Achse A gelagert und von vier Federn der Federkonstante $D_1 = 1200\,\mathrm{N/m}$ und $D_2 = 800\,\mathrm{N/m}$ in Position gehalten. Die Federn sind entspannt, wenn die Platte vertikal steht. Die Federn greifen in zwei Abständen $r_1 = 45\,\mathrm{cm}$ und $r_2 = 78\,\mathrm{cm}$ von der Achse an der Platte an. Die Platte kann zunächst dämpfungsfrei schwingen.

a) Mit welcher Frequenz f tut sie das, wenn sie um einen kleinen Winkel φ ausgelenkt wird?

b) Angenommen, es werde ein bremsendes Drehmoment der Größe $b^* \frac{\mathrm{d}\varphi}{\mathrm{d}t}$ mit $b^* = 39{,}17\,\mathrm{kg\,m^2/s}$ eingeführt. Bei welchen Massen schwingt das System? Bei welchen tritt der aperiodische Grenzfall ein?

Elektrizität

4.1 Die Ladung, das Feld und was daraus folgt

4.1.1 Ein Strom von Ladungen …

Elektrische Ströme sind aus unserem Alltag nicht mehr wegzudenken: seien es die starken Ströme, die über lange Überlandleitungen in die Städte geleitet werden, sei es der Strom, mit dem wir unsere Haushaltsgeräte betreiben oder der relativ schwache Strom in einer einfachen Taschenlampe (Abb. 4.1). In jedem dieser Fälle wird der Strom über metallische Leitungen geführt. Bei Metallen sind einige der Elektronen der Matallatome nicht an ihre Atomkerne gebunden, sondern können sich frei im Metall bewegen. Die Elektronen tragen eine elektrische Ladung, die man Elementarladung nennt und die die kleinste mögliche Ladungsmenge darstellt. Die elektrische Ladung wird mit dem Buchstaben Q bezeichnet und in der Einheit **Coulomb** (1 C) angegeben. Die **Elementarladung** ist negativ und hat den Betrag $e = 1{,}602177 \cdot 10^{-19}$ C. Ladungen sind stets an Materie gebunden. Es gibt positive und negative Ladungen, wobei sich gleichartige Ladungen abstoßen, ungleichartige anziehen.

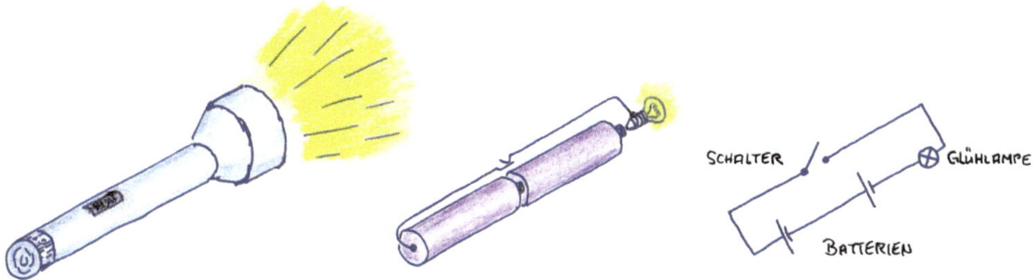

Abb. 4.1 Einfacher Gleichstromkreis einer Taschenlampe, bestehend aus zwei Batterien, einem Schalter und einer Glühlampe als Verbraucherwiderstand

© Springer Fachmedien Wiesbaden GmbH, ein Teil von Springer Nature 2018
R. Dohlus, *Physik*, https://doi.org/10.1007/978-3-658-22779-1_4

Bewegen sich die Elektronen im Metall kollektiv in eine Richtung, spricht man von einem elektrischen **Strom** I. Dieser ist also nichts weiter als bewegte Ladung oder genauer Ladung, die pro Zeiteinheit durch einen Draht fließt. Als Einheit folgt 1 C/s. Obwohl die elektrische Ladung eine fundamentale Größe ist, wird als Basiseinheit in der Elektrizitätslehre die Einheit des Stromes verwendet. Für ihre Definition müssen wir einige Befunde aus dem Abschn. 4.2.4 vorwegnehmen: stromdurchflossene Drähte üben eine Kraftwirkung aufeinander aus: ziehen sich an oder stoßen sich ab, je nach Flussrichtung der Ströme. Das wird zur Definition des Ampere genutzt.

▶ **Definition der Basiseinheit Ampere:** Zwei geradlinige, unendlich lange, runde Drähte vernachlässigbarer Dicke würden aufeinander die Kraft von $2 \cdot 10^{-7}$ N pro Meter Leiterlänge ausüben, wenn sie im Vakuum im Abstand von 1 m parallel zueinander anordnet sind und ein zeitlich unveränderlicher elektrischer Strom der Stärke ein Ampere durch sie fließt.

Es gilt somit 1 C/s $= 1$ A. Häufig wird auch die **Stromdichte** J verwendet, die die Größe des Stromes angibt, der pro Flächeneinheit fließt. Die Einheit der Stromdichte ist somit 1 A/m^2. $\vec{J}(\vec{r})$ ist ein Vektor, der an jedem Ort $\vec{r}$ in Flussrichtung des Stromes zeigt. Die Stromdichte ist in der Regel eine Funktion des Ortes: sie gibt an, welcher Strom $\mathrm{d}I$ durch ein am Ort $\vec{r}$ gelegenes, infinitesimal kleines Flächenelement $\mathrm{d}A$ fließt (Abb. 4.2). Der Gesamtstrom durch eine Fläche A wird somit durch die Summe

$$I = \sum_{i=1}^{n} \vec{J}_i \vec{n}_i \mathrm{d}A_i$$

berechnet. $\vec{n}_i$ ist der **Normaleneinheitsvektor**, er steht senkrecht auf dem Flächenelement $\mathrm{d}A_i$ und hat die Länge Eins. Damit kann die Ausrichtung des Flächenelementes im Raum beschrieben werden. Das Skalarprodukt $\vec{J}_i \vec{n}_i = \left| \vec{J}_i \right| \cdot \left| \vec{n}_i \right| \cdot \cos \vartheta_i$ sinkt mit wachsendem Winkel ϑ_i. Für $\vartheta_i = 90°$ wird es Null, in diesem Fall „streift" der Strom das Flächenelement $\mathrm{d}A$ nur. Der Übergang zum Integral liefert:

$$I = \int_A \vec{J}(\vec{r}) \vec{n} \mathrm{d}A$$

Oberflächenintegral

Abb. 4.2 Eine Fläche A wird von einer Stromdichte $\vec{J}$ schräg durchströmt. Der durch die Fläche tretende Gesamtstrom hängt vom Winkel ϑ zwischen dem Normaleneinheitsvektor $\vec{n}$ der Fläche und der Stromdichte $\vec{J}$ ab

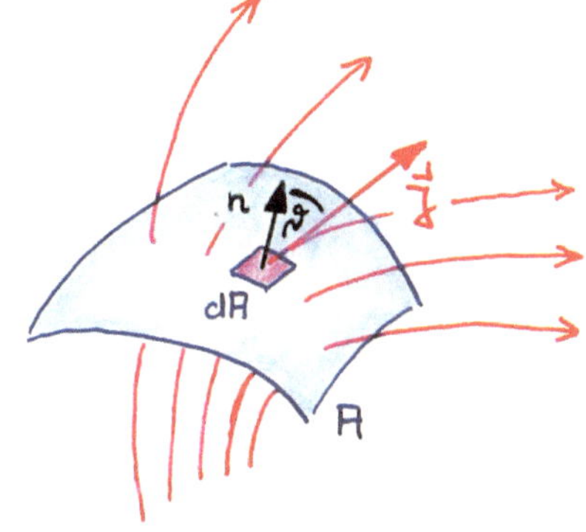

Einfach auszuführen ist das Integral für eine ebene Fläche A, über die die Stromdichte $\vec{J}$ konstant ist. In diesem Fall gilt wegen $\left|\vec{n}\right| = 1$:

$$I = \vec{J} \cdot \vec{n} \cdot A = \left|\vec{J}\right| \cdot \left|\vec{n}\right| \cdot A \cdot \cos\vartheta = J \cdot A \cdot \cos\vartheta$$

4.1.2 Was die Elektronen antreibt: die Coulombkraft

Doch was bringt nun die Elektronen dazu, durch den Verbraucher, im Beispiel der Taschenlampe durch das Glühbirnchen (oder neuerdings durch die LED), zu fließen? Natürlich funktioniert die Taschenlampe nur mit einer **Spannungsquelle**, einer Batterie. Sie sollte an dieser Stelle trefflicher **Ladungsquelle** genannt werden. An ihrem negativen Pol (Kathode) stellt sie Elektronen zur Verfügung, während an ihrem positiven Pol (Anode) ein Elektronenmangel herrscht, so dass insgesamt die positiven Atomkerne eine positive Aufladung bewirken. Da sich gleichnamige Ladungen abstoßen und ungleichnamige anziehen, werden die Elektronen von der Kathode abgestoßen und von der Anode angezogen. Diese Kraftwirkung soll im Folgenden genauer untersucht werden.

Wir betrachten hierzu zwei **Punktladungen**. Das sind Ladungen, deren räumliche Ausdehnung gegen die sonstigen Entfernungen vernachlässigbar ist. Nähert man zwei Punktladungen Q_1 und Q_2 gleichen Vorzeichens einander an, beobachtet man eine Abstoßungskraft, wobei die **Kraftwirkung längs der Verbindungslinie der Ladungen wirkt** (Abb. 4.3a). Wiederholt man das Experiment mit zwei Punktladungen unterschiedlichen Vorzeichens, registriert man eine Anziehungskraft, die ebenfalls längs der Verbindungslinie der Ladungen wirkt (Abb. 4.3b)

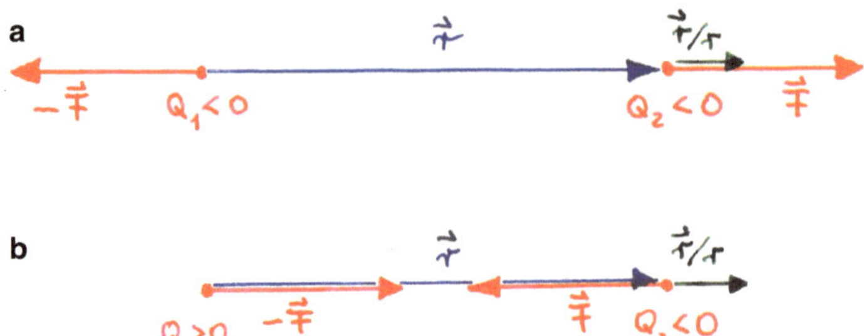

Abb. 4.3 Coulombkraft bei gleichnamigen (negativen) Ladungen (**a**) und ungleichnamigen Ladungen (**b**). Eingezeichnet ist jeweils nur die Kraftwirkung auf die Ladung Q_2. Nach dem dritten Newtonschen Axiom ist die Kraft auf die Ladung Q_1 gleich groß, aber umgekehrt gerichtet

Die Kraft ist proportional zum Betrag der Ladungen Q_1 und Q_2 und umgekehrt proportional zum Quadrat ihres Abstands r. Man kann die **Coulombkraft** wie folgt angeben:

$$\boxed{\vec{F} = \frac{1}{4\pi\varepsilon_0}\frac{Q_1 Q_2}{r^2}\frac{\vec{r}}{r}}. \tag{4.1}$$

Dieses **Coulombsche Gesetz** beschreibt die Kraft, die die Ladung Q_1 auf die Ladung Q_2 ausübt. Infolge des dritten Newtonschen Axioms übt Q_2 auf Q_1 die Kraft $-\vec{F}$ aus. $\varepsilon_0 = 8{,}854 \cdot 10^{-12}\,\mathrm{As/(Vm)}$ wird **Influenzkonstante** oder **elektrische Feldkonstante** genannt. Der Vektor $\vec{r}/r$ hat die Länge Eins und liegt auf der Verbindungsgeraden der beiden Ladungen. Befindet sich also wie in Abb. 4.3a die Ladung Q_1 im Ursprung und ist $Q_1 < 0$ und $Q_2 < 0$, dann ist die Kraft am Ort $\vec{r}$ der Ladung Q_2 von der Ladung Q_1 weggerichtet. Die Ladungen stoßen sich ab. Haben die Ladungen unterschiedliche Polarität, so zeigt der Vektor von Q_2 zu Q_1 hin, die Ladungen ziehen sich an (Abb. 4.3b). In jedem Falle liegt der Kraftvektor auf der Verbindungslinie der Ladungen.

Beispiel

Da wir nunmehr über eine abstoßende Kraft verfügen, könnten wir auf die Idee kommen, durch elektrische Felder Ladungen geeigneter Polarität gegen die Wirkung der Schwerkraft stabil schweben zu lassen. Dies ist allerdings mit statischen elektrischen (oder auch magnetischen) Feldern unmöglich (Earnshaw-Theorem). Es kommt zu **keinem stabilen und freien Schweben**, sondern es stellt sich bestenfalls ein **labiles oder indifferentes Gleichgewicht** ein. Auch die quadratische Anordnung von Punktladungen ($q = +3{,}32 \cdot 10^{-8}$ C) in Abb. 4.4 vermag das nicht. Eine positive Ladung Q der Masse $m = 0{,}8$ g über dem Mittelpunkt der von den Ladungen q gebildeten Fläche kann also nur im **labilen** Gleichgewicht sein. Wie groß ist die Ladung Q, wenn sie sich in der Höhe $h = 8$ cm befindet und wenn die Seitenlänge des Basisquadrats $e = 10$ cm ist?

Abb. 4.4 Eine Ladung Q wird von vier Ladungen q gleichen Vorzeichens in der Basisebene abgestoßen

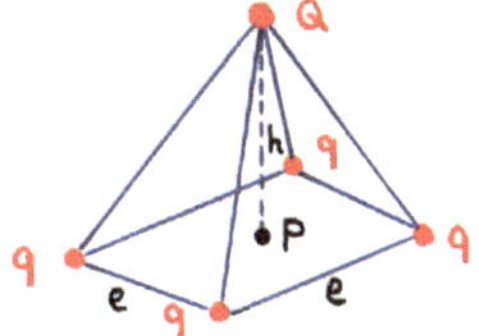

Lösung: Wir betrachten das aus den Ladungen q und Q sowie dem Fußpunkt P gebildete rechtwinklige Dreieck (Abb. 4.5 links). Der Abstand der Ladung q vom Punkt P ist $\frac{e}{\sqrt{2}}$. Mit dem Satz des Pythagoras erhält man für den Abstand r der Ladungen q und Q, also die Hypotenuse des Dreiecks, den Wert $r = \sqrt{h^2 + e^2/2}$. Die Coulombkraft würde abstoßend wirken und in die in Abb. 4.5 rechts gezeichnete Richtung zeigen. Aus Symmetriegründen heben sich die parallel zur Basis verlaufenden Kraftkomponenten paarweise gegenseitig auf, so dass nur die vertikal wirkenden Komponenten berücksichtigt werden müssen:

$$F_{\text{ges}} = 4F \cos\varphi = 4 \cdot \frac{1}{4\pi\varepsilon_0} \frac{Qq}{r^2} \cdot \cos\varphi = \frac{1}{\pi\varepsilon_0} \frac{Qq}{h^2 + e^2/2} \cdot \cos\varphi = \frac{1}{\pi\varepsilon_0} \frac{Qqh}{(h^2 + e^2/2)^{3/2}} \cdot$$

Der Faktor 4 trägt der Tatsache Rechnung, dass es sich um vier Ladungen handelt. Es gilt nach Abb. 4.5 links $\cos\varphi = \frac{h}{\sqrt{h^2 + e^2/2}}$. Im labilen Gleichgewicht muss die Kraft F_{ges} genau gleich der Schwerkraft mg sein. Es folgt also für die Ladung Q:

$$mg = \frac{1}{\pi\varepsilon_0} \frac{Qqh}{(h^2 + e^2/2)^{3/2}} \quad \text{oder} \quad Q = \frac{mg\pi\varepsilon_0}{qh} \left(h^2 + \frac{e^2}{2}\right)^{3/2}$$

$$\text{bzw.} \quad Q = 1{,}0 \cdot 10^{-7}\,\text{C}\,.$$

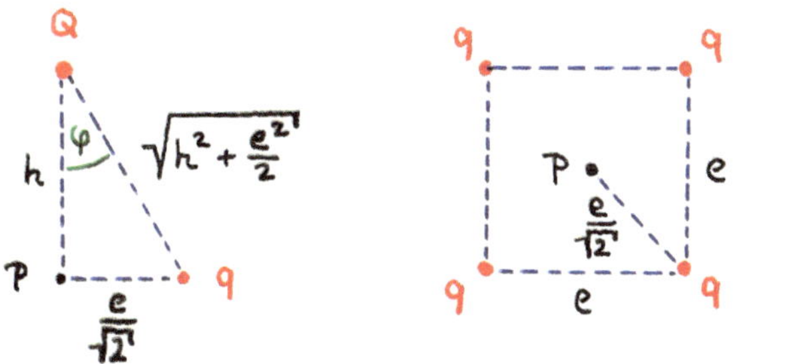
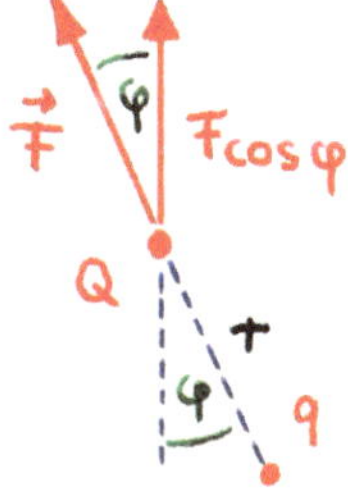

Abb. 4.5 Zwischen den Ladungen Q und q auftretende Abstände

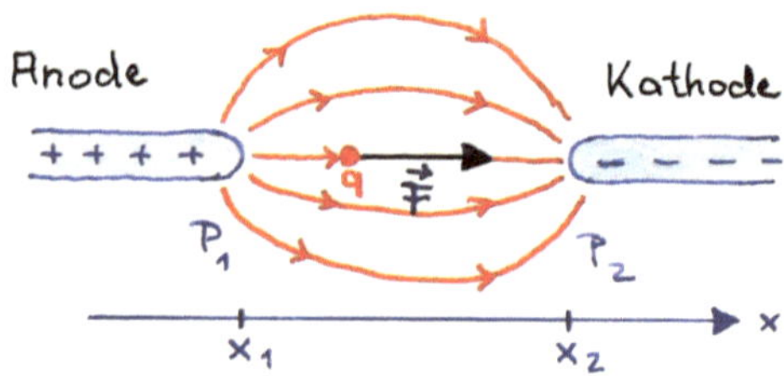

Abb. 4.6 Feldlinienbild im Raum zwischen unterschiedlich geladenen Elektroden

4.1.3 Zwei etwas abstraktere Größen: elektrisches Feld und Potential

Was den Stromkreis der Abb. 4.1 betrifft, fehlen zu seiner physikalischen Beschreibung noch Größen. Es stellt sich nämlich heraus, dass der fließende Strom I von der Art des Verbrauchers, also des Glühlämpchens, abhängt und auch von der Art der Spannungsquelle. Offensichtlich setzen unterschiedliche Lämpchen dem Strom auch unterschiedliche Widerstände entgegen und selbst bei gleichen Lämpchen können die Ströme, die unterschiedliche Spannungsquellen in den Leitungen hervorrufen, unterschiedlich sein. Um tiefere Einsicht in die Zusammenhänge zu gewinnen, müssen wir einige weitere Größen einführen. So lässt sich beim Coulombschen Gesetz (Gl. 4.1) das **elektrische Feld** $\vec{E}$ einer Punktladung Q_1 durch folgende Definition einführen:

$$\vec{F} = \frac{1}{4\pi\varepsilon_0} \frac{Q_1 Q_2}{r^2} \frac{\vec{r}}{r} = \vec{E} Q_2 \quad \text{mit} \quad \vec{E} = \frac{1}{4\pi\varepsilon_0} \frac{Q_1}{r^2} \frac{\vec{r}}{r}. \tag{4.2}$$

Das elektrische Feld hat die Einheit $1\,\text{V/m}$. Der **Feldbegriff** wurde bereits beim **Schwerefeld** (Abschn. 1.4.2) eingeführt. Das elektrische Feld wird allein durch die Ladung Q_1 verursacht und ist unabhängig von Q_2. Zu seiner Detektion bedarf es aber dieser zweiten Ladung, damit eine Kraftwirkung gemessen werden kann.

Auch Ladungen, die räumlich ausgedehnt sind, erzeugen ein elektrisches Feld im Raum. Da sich Kräfte grundsätzlich vektoriell addieren lassen, sind auch die sie verursachenden elektrischen Felder additiv. Um das **Feld einer Ladungsverteilung** im Raum zu ermitteln, zerlegt man diese Verteilung in lauter **kleine Ladungselemente**, die näherungsweise als **Punktladungen** aufgefasst werden können. Jede dieser Punktladungen erzeugt ein Feld. Das gesamte Feld ergibt sich dann als Summe aller Einzelfelder.

Wir wollen nun annehmen, dass wir zwischen zwei Elektroden das elektrische Feld angeben können (Abb. 4.6). Da die Kraftwirkung an jedem Ort eindeutig ist, muss auch der Feldstärkevektor eindeutig sein, so dass sich Feldlinien keinesfalls schneiden dürfen. Auf elektrischen Leitern stehen die Feldlinien stets **senkrecht**. Denn gäbe es eine Tangentialkomponente des Feldes, würden die frei beweglichen Elektronen im Metall sich sofort in Bewegung setzen und diese kompensieren.

Bewegt sich eine positive Ladung q auf der Symmetrieachse, wird Arbeit geleistet, wenn die Ladung von der Anode zur Kathode wandert. Umgekehrt muss Arbeit geleistet werden, wenn man die Ladung von der Kathode zur Anode bewegen will. Die **Arbeit** ist:

$$W = - \int_{x_1}^{x_2} F(x)\,\mathrm{d}x = -q \int_{x_1}^{x_2} E(x)\,\mathrm{d}x\,. \tag{4.3}$$

Das Integral rechts wird **Spannung U** genannt und hat die Einheit 1 Volt $=$ 1 V:

$$\boxed{U = - \int_{x_1}^{x_2} E(x)\,\mathrm{d}x}\,. \tag{4.4}$$

Die Spannung ist eine in der Elektrotechnik messtechnisch leicht zugängliche Größe. Die Arbeit, die nötig ist, um eine Ladung q von x_1 nach x_2 zu bringen, ist damit $W = qU$. Es wird die Arbeit $W < 0$ frei, wenn eine positive Ladung von der Anode zur Kathode fliegt, dagegen muss die Arbeit $W > 0$ aufgewendet werden, wenn die positive Ladung von der Kathode zur Anode bewegt wird.

Gl. 4.4 kann auch als Differenz zweier **Potentiale** aufgefasst werden, die definiert werden als:

$$\boxed{\varphi(x_1) = - \int_{\infty}^{x_1} E(x)\,\mathrm{d}x \quad \text{und} \quad \varphi(x_2) = - \int_{\infty}^{x_2} E(x)\,\mathrm{d}x}\,. \tag{4.5}$$

Uneigentliches Integral

Die **Potentialdifferenz oder Spannung** erhalten wir dann zu:

$$U = \varphi(x_2) - \varphi(x_1) = - \int_{\infty}^{x_2} E(x)\,\mathrm{d}x + \int_{\infty}^{x_1} E(x)\,\mathrm{d}x = - \int_{x_1}^{x_2} E(x)\,\mathrm{d}x\,.$$

Genaugenommen ist φ selbst auch eine Potentialdifferenz, nämlich die Differenz aus dem Potential am Ort x_1 bzw. x_2 und dem Potential im Unendlichen. Der Nullpunkt des Potentialwertes wird willkürlich ins Unendliche gelegt. Das Produkt $q\varphi$ entspricht der **potentiellen Energie** der Ladung q im Feld. Das elektrische Feld ist grundsätzlich aus dem Potential ableitbar. Ist das der Fall, gilt die Energieerhaltung und man spricht von einem **konservativen Kraftfeld**. Die Differenz der potentiellen Energien entspricht der zu leistenden bzw. frei werdenden Arbeit, wenn die Ladung von x_1 nach x_2 bewegt wird:

$$W = q\left[\varphi\left(x_2\right) - \varphi\left(x_1\right)\right] = qU \, . \tag{4.6}$$

Das Potential φ ist ein **Skalarfeld**. Allgemein hängt die für die Bewegung einer Ladung q im Feld aufzuwendende oder frei werdende Arbeit **nicht vom gewählten Weg ab**, sondern nur vom Potential am Start- und Zielpunkt.

Beispiel

Eine Ladung $q = 1{,}55 \cdot 10^{-10}$ C wird im elektrischen Feld $\vec{E}\left(\vec{r}\right) = -3Cx^2\hat{e}$ (mit $C = 2{,}3 \cdot 10^6$ V/m^3) vom Ursprung längs der x-Achse zum Punkt $P\left(d;0;0\right)$ (mit $d = 0{,}1$ m) bewegt. Welche Arbeit muss aufgewendet werden?

Lösung: Es gilt:

$$W = -q \int_0^d \left(-3Cx^2\right)\mathrm{d}x = \left[Cqx^3\right]_0^d = Cqd^3 \quad \text{bzw.} \quad W = 3{,}6 \cdot 10^{-7} J \, .$$

Hier war das Feld genau in Richtung des Weges gerichtet. Wir wollen uns überlegen, was zu tun ist, wenn die Wirkung der Kraft nicht mit der Wegrichtung übereinstimmt. Nach Abb. 4.7 ist für die Arbeit nur die Kraftkomponente $F\cos\vartheta$ längs des Weges von Bedeutung. Die Arbeit entspricht also dem Skalarprodukt $\vec{F}\vec{s}$. Ist der Kraftvektor selbst auch noch vom Ort abhängig, zerlegt man den Weg in lauter kleine Wegelemente $\mathrm{d}\vec{s}_i$ und nimmt längs dieses kleinen Abschnitts eine konstante Kraft $\vec{F}_i$ an. Der Arbeitsbetrag ΔW_i für diesen Wegabschnitt ist dann $\vec{F}_i\mathrm{d}\vec{s}_i$. Die gesamte Arbeit W erhält man, indem man die kleinen Arbeitsbeträge $\vec{F}_i\mathrm{d}\vec{s}_i$ aufsummiert (Abb. 4.8):

$$W = -\sum_{i=1}^{n} \vec{F}_i\mathrm{d}\vec{s}_i \, .$$

Lässt man die Wegelemente $\mathrm{d}\vec{s}_i$ infinitesimal klein werden, gelangt man zu einem Kurven- oder Linienintegral:

$$W = -\int_{(P_1)}^{(P_2)} \vec{F}\left(\vec{s}\right)\mathrm{d}\vec{s} = -q \int_{(P_1)}^{(P_2)} \vec{E}\left(\vec{s}\right)\mathrm{d}\vec{s} \, . \tag{4.7}$$

Linienintegral

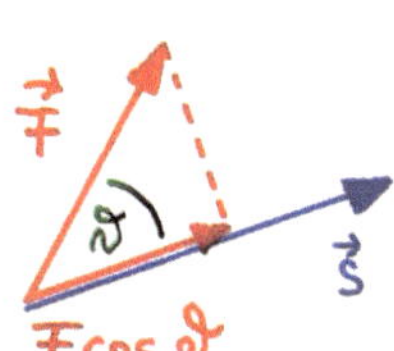

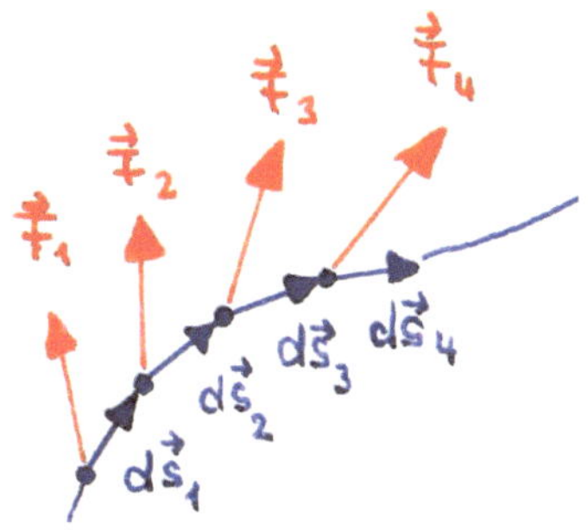

Abb. 4.7 Für die Berechnung der aufzuwendenden Arbeit ist nur die Kraftkomponente von Bedeutung, die in Richtung von $\vec{s}$ zeigt

Abb. 4.8 Hängt die Kraft vom Weg ab, bildet man jeweils für kleine Wegabschnitte $\mathrm{d}\vec{s}_i$ das Skalarprodukt $\vec{F}_i\,\mathrm{d}\vec{s}_i$ und summiert diese Produkte auf

Beispiel

Eine Ladung $q = 1{,}55 \cdot 10^{-10}\,C$ wird im elektrischen Feld

$$\vec{E}\,(\vec{r}) = -C \begin{pmatrix} 6xy + z^2 \\ 3x^2 \\ 2xz \end{pmatrix} \quad (\text{mit } C = 2{,}3 \cdot 10^6\,\text{V/m}^3)$$

vom Ursprung zum Punkt $P\,(k; k; k)$ mit $k = 1\,\text{m}$ bewegt. Welche Arbeit wird dabei frei?

Lösung: Es gilt zunächst, einen Weg festzulegen. Das Ergebnis ist nicht vom Verlauf dieses Weges abhängig, also wählen wir den einfachsten: eine Gerade vom Ursprung zum Punkt P. In unserem Fall lautet also die Gleichung für W:

$$W = -q \int_{t_1}^{t_2} \vec{E}\,(t) \cdot \frac{\mathrm{d}\vec{s}}{\mathrm{d}t}\mathrm{d}t \quad \text{mit } \vec{s}\,(t) = \begin{pmatrix} ct \\ ct \\ ct \end{pmatrix}. \tag{4.8}$$

Für alle Punkte einer Geraden vom Ursprung zum Punkt $P\,(k; k; k)$ gilt $x = y = z$. Die Ladung beginnt ihre Bewegung im Ursprung zum Zeitpunkt $t_1 = 0$. Sie kommt zum Zeitpunkt t_2 bei P an, so dass $ct_2 = k$ bzw. $t_2 = k/c$ gilt. Durch Ableiten von $\vec{s}\,(t)$ erhalten wir die Geschwindigkeit:

$$\vec{v}\,(t) = \begin{pmatrix} c \\ c \\ c \end{pmatrix}.$$

Der Betrag der Geschwindigkeit, mit der sich die Ladung bewegt, ist also $|\vec{v}| = c\sqrt{3}$. Das Integral Gl. 4.8 wird damit:

$$W = Cq \int\limits_0^{k/c} \begin{pmatrix} 6c^2t^2 + c^2t^2 \\ 3c^2t^2 \\ 2c^2t^2 \end{pmatrix} \cdot \begin{pmatrix} c \\ c \\ c \end{pmatrix} \, \mathrm{d}t = Cq \int\limits_0^{k/c} 12c^3t^2\mathrm{d}t = 4Cqk^3 \quad \text{bzw.}$$

$$W = 1{,}43 \cdot 10^{-3}\,\text{J}.$$

Übrigens ist das Potential zu dem obigen Feld gegeben durch

$$\varphi\left(\vec{r}\right) = C\left(3x^2y + xz^2\right) + K,$$

wobei K eine beliebige Konstante ist. Die gesuchte Arbeit wäre auch zu ermitteln, indem man nach Gl. 4.6 die Spannung U ermittelt und das Ergebnis mit der Ladung q multipliziert:

$$W = q\left(\varphi\left(\vec{r}_\text{P}\right) - \varphi\left(\vec{0}\right)\right) = q\left(C\left(3k^2k + kk^2\right) + K - K\right) = 4Cqk^3$$

bzw. wie oben

$$W = 1{,}43 \cdot 10^{-3}\,\text{J}.$$

$\vec{r}_\text{P}$ ist der Ortsvektor des Punktes P. Im Falle einer positiven Ladung q muss Arbeit aufgewendet werden.

4.1.4 Was den Strom begrenzt: der elektrische Widerstand

Würde sich eine Ladung, z. B. ein Elektron, in einem elektrischen Feld bewegen, so würde im Vakuum die freiwerdende Energie in Beschleunigungsarbeit des Elektrons gesteckt werden. Beträchtliche Geschwindigkeiten wären die Folge. Bewegt sich das Elektron durch einen Verbraucherwiderstand, stößt es permanent mit dem Kristallgitter zusammen und die errechnete Energie wird weitgehend an das Gitter abgegeben.

Für die aufgewendete Leistung gilt bei **konstanter Potentialdifferenz**:

$$\boxed{P = \frac{\mathrm{d}W}{\mathrm{d}t} = \frac{\mathrm{d}}{\mathrm{d}t}(qU) = \frac{\mathrm{d}q}{\mathrm{d}t} \cdot U = IU}. \tag{4.9}$$

Diese Leistung wird im Widerstand in Wärme umgewandelt. Gilt zwischen dem Strom I und der Spannung U die Proportionalität $U \sim I$ bzw. $U = RI$, so handelt es sich um einen **ohmschen Widerstand**. Die Proportionalitätskonstante wird **Widerstand R** genannt. Seine Einheit ist $1\,\text{Ohm} = 1\,\Omega = 1\,\text{V/A}$. Der elektrische Widerstand eines Stoffes ist eine Materialeigenschaft. Es liegt daher nahe, den Widerstand auch als Stoffkonstante

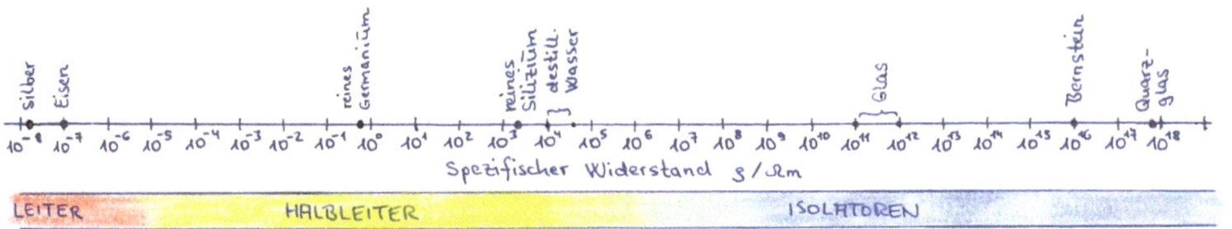

Abb. 4.9 Die Werte des spezifischen Widerstandes überdecken etwa 26 Größenordnungen

unabhängig von den geometrischen Abmessungen wie Querschnitt oder Länge zu definieren. Es wird daher der **spezifische elektrische Widerstand** ϱ (Einheit: 1 Ωm) angegeben. Der Kehrwert $\sigma = \varrho^{-1}$ des spezifischen Widerstands wird **elektrische Leitfähigkeit** (Einheit: 1 $\frac{1}{\Omega\mathrm{m}}$) genannt. Es ist leicht einzusehen, dass der elektrische Widerstand geringer wird, wenn die Querschnittsfläche A des Leiters vergrößert wird. Umgekehrt vergrößert sich der Widerstand mit der Länge L des Leiters:

$$R = \varrho \frac{L}{A} \quad \text{bzw.} \quad U = \varrho \frac{L}{A} I = RI \,. \tag{4.10}$$

Die spezifischen Widerstände erstrecken sich über etwa 26 Größenordnungen (Abb. 4.9), wobei die Grenze zwischen **Leiter** und **Halbleiter** bei etwa $\mathbf{10^{-7}}$ **bis** $\mathbf{10^{-6}\,\Omega m}$ liegt und die zwischen **Halbleiter** und **Isolator** bei $\mathbf{10^{6}\,\Omega m}$.

Reale Leiter verhalten sich häufig nicht als ohmsche Leiter. Genau genommen ist das Glühlämpchen der Taschenlampe kein ohmscher Leiter, denn sein Widerstand hängt stark von der Temperatur, also vom fließenden Strom ab. Bei Metallen **steigt der spezifische Widerstand mit der Temperatur**. Je höher die Temperatur, desto heftiger ist die Bewegung des metallischen Gitters und desto häufiger wird die freie Bewegung der Elektronen gestört. Man nennt einen solchen Widerstand **PTC-Widerstand** (positive temperature coefficient) oder **Kaltleiter**. Anders verhält es sich bei Halbleitern, hier gelangen im Kristall mit steigender Temperatur immer mehr Elektronen ins so genannte Leistungsband und sind damit im Kristall frei beweglich, was zu einem Absinken des elektrischen Widerstandes führt. Man nennt einen solchen Widerstand **NTC-Widerstand** (negative temperature coefficient) oder **Heißleiter**.

In der Elektronik wird häufig der **differentielle Widerstand** verwendet:

$$R = \frac{\mathrm{d}U}{\mathrm{d}I} \,.$$

Der Widerstand ist hier vom Strom abhängig und kann nur für ein bestimmtes Strom-Spannungs-Wertepaar angegeben werden. Es ist leicht einzusehen, dass man in der Elektronik Wert darauf legt, dass ein Widerstand möglichst wenig Temperaturabhängigkeit zeigt, es sei denn, die Temperaturabhängigkeit soll gerade ausgenützt werden.

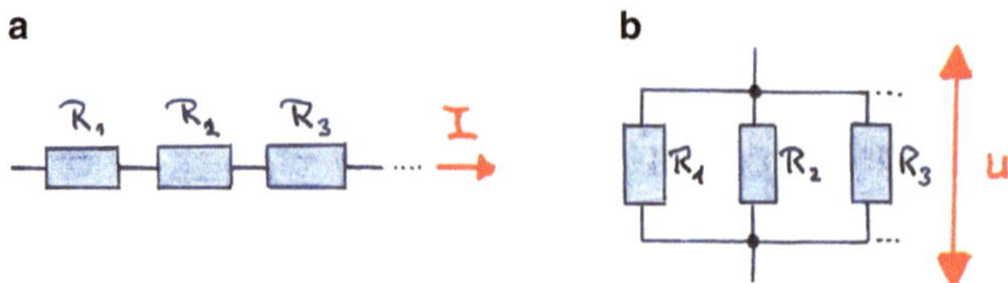

Abb. 4.10 Reihenschaltung (**a**) und Parallelschaltung (**b**) von Widerständen

4.1.5   Ein Netzwerk aus Spannungsquellen und Widerständen

Nicht selten kommt es vor, dass in Schaltungen mehrere Spannungsquellen oder Widerstände vorkommen. Man spricht dann von Netzwerken. Ein einfaches Beispiel ist die Wheatstone-Brückenschaltung, die der genauen Bestimmung von Widerständen dient.

Das einfachste denkbare Netzwerk ist die Aneinanderreihung von zwei (oder mehr) Widerständen, also eine **Reihenschaltung**. Dabei addieren sich die Spannungsabfälle an den Widerständen (Abb. 4.10a):

$$U = R_1 I + R_2 I + R_3 I + \ldots = (R_1 + R_2 + R_3 + \ldots) \cdot I = RI$$

Für den Gesamtwiderstand R gilt damit:

$$\boxed{R = R_1 + R_2 + R_3 + \ldots = \sum_{i=1}^{n} R_i} \qquad (4.11)$$

Bei einer **Parallelschaltung** von Widerständen addieren sich die Ströme (Abb. 4.10b):

$$I = \frac{U}{R_1} + \frac{U}{R_2} + \frac{U}{R_3} + \ldots = \left(\frac{1}{R_1} + \frac{1}{R_2} + \frac{1}{R_3} + \ldots \right) \cdot U = \frac{U}{R}$$

Der Gesamtwiderstand ist deshalb:

$$\boxed{\frac{1}{R} = \frac{1}{R_1} + \frac{1}{R_2} + \frac{1}{R_3} + \cdots = \sum_{i=1}^{n} \frac{1}{R_i}} . \qquad (4.12)$$

Schwieriger wird es, wenn Parallel- und Reihenschaltungen zusammen im Netzwerk vorkommen. Hier gelten die **Kirchhoffschen Regeln**.

Die Knotenregel bezieht sich auf Verzweigungspunkte, also Knotenstellen, an denen mehrere Leitungen zusammenlaufen. Da keine Ladungen verlorengehen können, müssen alle in den Knoten hineinfließenden Ladungen auch wieder herausfließen. Oder anders ausgedrückt: die Summe aller in einen Verzweigungs- oder Knotenpunkt hineinfließenden

Ströme muss gleich den herausfließenden Strömen sein. Nach der **Knotenregel** muss also
die Summe aller Ströme null sein:

$$\boxed{\sum_{i=1}^{n} I_i = 0}\,. \tag{4.13}$$

Der Spannungsabfall an einem Widerstand ist nach Gl. 4.10 gegeben durch $U = RI$. Die
Maschenregel besagt, dass sich innerhalb einer geschlossenen Schleife die Summe aller
Spannungen bzw. Spannungsabfälle zu null addieren muss:

$$\boxed{\sum_{j=1}^{m} U_j = 0}\,. \tag{4.14}$$

Soweit erscheinen die Regeln plausibel. Ihre Anwendung wirft aber schnell Fragen auf.

Beispiel

Im Stromkreis der Abb. 4.11 sind die Widerstände mit $R_1 = 6\,\Omega$, $R_2 = 20\,\Omega$,
$R_3 = 18\,\Omega$ und $R_4 = 21\,\Omega$ gegeben. Die Spannungsquellen haben die Spannungen
$U_1 = 64\,\text{V}$, $U_2 = 58\,\text{V}$ und $U_3 = 3\,\text{V}$. Wie groß sind die in Abb. 4.11 eingezeichneten
Ströme I_1 bis I_5?

Animation 11

Lösung: Wir legen im Netzwerk zunächst die zu erwartenden Stromrichtungen durch
Pfeile fest (Abb. 4.11). Sollte sich eine angenommene Stromrichtung als falsch erwei-
sen, käme am Ende der entsprechende Stromwert negativ heraus. Die Kirchhoffschen
Regeln ermöglichen das Aufstellen eines Gleichungssystems zur Bestimmung der gesuchten Ströme. Wir wenden zuerst die **Knotenregel** an:

$$I_2 - I_1 - I_5 = 0\,, \tag{4.15}$$

$$I_3 - I_2 + I_4 = 0\,. \tag{4.16}$$

Die beiden unteren Knoten sind bei genauerer Betrachtung nur ein einziger, er liefert
die dritte Gleichung. Sie ist aber nicht nützlich, da man sie durch Eliminieren von I_2
aus den beiden ersten erzeugen kann:

$$I_5 + I_1 - I_3 - I_4 = 0\,. \tag{4.17}$$

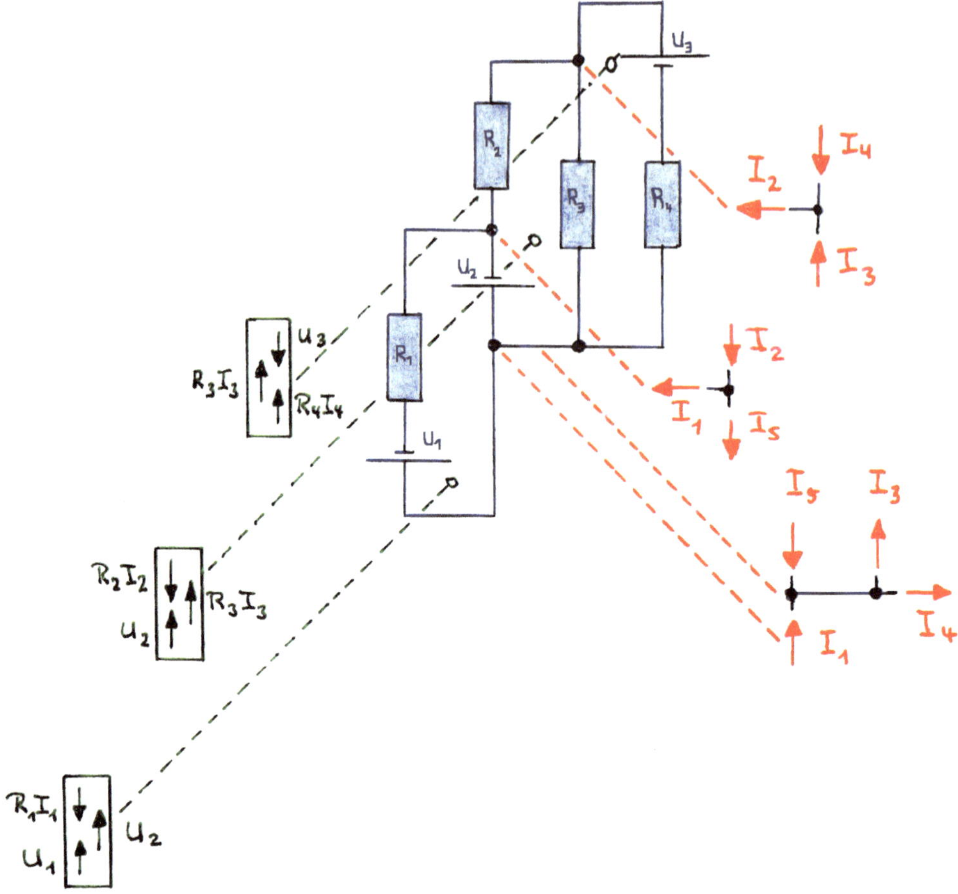

Abb. 4.11 Gleichstromnetzwerk bestehend aus drei Spannungsquellen und vier Widerständen. Die Summe der Ströme in den Knoten (*rechts, rot gezeichnet*) ist Null. Die Spannungen in jeder Schleife (*links, grün gezeichnet*) addieren sich zu Null

Es ist zu bedenken, dass von n Knoten im Netzwerk **nur $n-1$ Knoten ausgewertet werden dürfen**. Der n-te Knoten liefert keine neue Information, denn die hier fließenden Ströme ergeben sich zwangsläufig aus den bereits berücksichtigten. Bei der Anwendung der **Maschenregel** ist darauf zu achten, dass jede Komponente mindestens einmal vorkommen muss. Bei den Spannungsquellen sind in Abb. 4.11 Spannungspfeile eingezeichnet, die von Plus nach Minus zeigen. Die Spannungspfeile bei den Widerständen zeigen in Richtung des festgelegten Stroms:

$$U_1 - R_1 I_1 - U_2 = 0\,, \tag{4.18}$$

$$-R_2 I_2 - R_3 I_3 + U_2 = 0\,, \tag{4.19}$$

$$R_3 I_3 + U_3 - R_4 I_4 = 0\,. \tag{4.20}$$

Es kommen alle in der Schaltung auftretenden Widerstände und Spannungsquellen wenigstens einmal vor. Es gäbe übrigens noch einige weitere Möglichkeiten von Maschen, die jedoch keine neuen Informationen liefern.

Gl. 4.18 liefert sofort $I_1 = 1$ A. Gl. 4.16 nach I_2 aufgelöst und in Gl. 4.19 eingesetzt, ergibt:

$$R_2 (I_3 + I_4) + R_3 I_3 = U_2 \,.$$

Mit Gl. 4.20 zusammen kann $I_3 = 1$ A und $I_4 = 1$ A ermittelt werden. Aus Gl. 4.16 erhält man schließlich $I_2 = 2$ A und aus Gl. 4.15 noch $I_5 = 1$ A.

4.1.6 Elektrische Ladungen als Quellen und Senken des elektrischen Feldes

Bei einer Flüssigkeitsströmung kann man einen Zusammenhang zwischen der Strömungsgeschwindigkeit $\vec{v}$ und dem pro Zeiteinheit transportierten Volumen herstellen. Nach Abb. 4.12 gilt bei einer räumlich homogenen und konstanten Strömungsgeschwindigkeit der Zusammenhang

$$\frac{\mathrm{d}V}{\mathrm{d}t} = \frac{A\mathrm{d}x}{\mathrm{d}t} = vA \,.$$

Das in der Zeit $\mathrm{d}t$ durch die Fläche A fließende Volumen ist $A\mathrm{d}x$. Andererseits gilt $v = \frac{\mathrm{d}x}{\mathrm{d}t}$. Ist die Strömungsgeschwindigkeit $\vec{v}$ nicht über die Fläche A konstant, muss integriert werden:

$$\frac{\mathrm{d}V}{\mathrm{d}t} = \dot{V} = \int \vec{v}\vec{n}\mathrm{d}A \,.$$

Das Integral stellt das durch eine Fläche A strömende Volumen pro Zeiteinheit, also einen Durchfluss dar. Analog dazu kann man in der Elektrizitätslehre den Fluss zu einem elektrischen Feld $\vec{E}$ angeben. Der **elektrische Fluss** Ψ (Einheit $1\,\text{Coulomb} = 1\,\text{C}$) ist **im Vakuum** definiert als:

$$\Psi = \int_A \varepsilon_0 \vec{E}\vec{n}\mathrm{d}A \,.$$

Anschaulich kann der elektrische Fluss interpretiert werden als die Zahl der Feldlinien, die die Fläche A durchdringen.

Beispiel

Wie groß ist der elektrische Fluss des Feldes einer Punktladung Q durch eine geschlossene Oberfläche?

Lösung: Wir wollen zunächst den Fluss durch eine gedachte Kugel mit Radius r um die Ladung Q berechnen. Aus Symmetriegründen ist $\vec{E}$ parallel zu $\vec{n}$, so dass $\vec{E}\vec{n} = E$

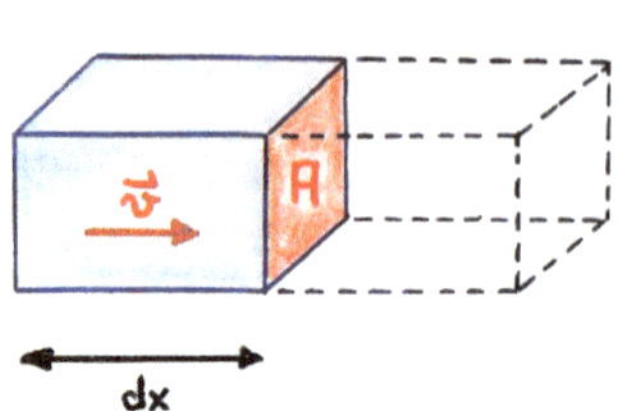

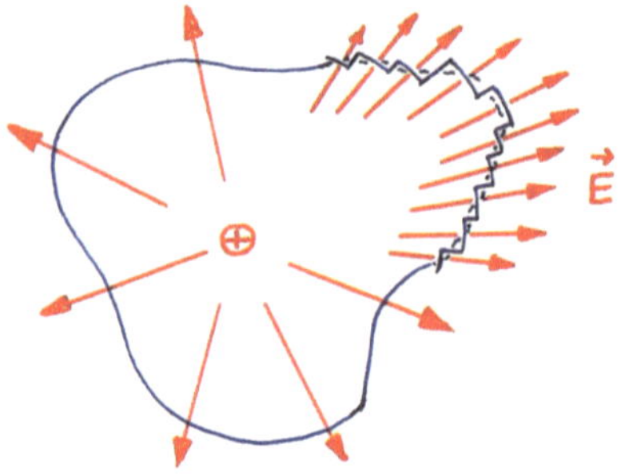

Abb. 4.12 Bei einer Flüssigkeitsströmung mit der Geschwindigkeit $v = \mathrm{d}x/\mathrm{d}t$ strömt während der Zeit $\mathrm{d}t$ das Volumen $A\mathrm{d}x$ durch die Fläche A

Abb. 4.13 Die Summe aller elektrischen Flüsse durch die senkrecht zu den elektrischen Feldlinien stehenden Flächenelemente entspricht dem Fluss durch eine Kugel

gilt. Außerdem ist das Feld auf der Kugeloberfläche überall betragsmäßig gleich, so dass man E vor das Integral ziehen kann:

$$\Psi = \oint \varepsilon_0 \vec{E}\vec{n}\,\mathrm{d}A = \oint \varepsilon_0 E\,\mathrm{d}A = \varepsilon_0 E \oint \mathrm{d}A = 4\pi\varepsilon_0 E r^2 \,.$$

Das Integral entspricht der Kugeloberfläche $4\pi r^2$. Der Kreis im Integralzeichen soll zeigen, dass wir über eine in sich geschlossene Oberfläche integrieren. Setzt man den Betrag des E-Feldes aus Gl. 4.2 ein, erhält man $\Psi = Q$, oder auch:

$$\oint \vec{E}\vec{n}\,\mathrm{d}A = \frac{Q}{\varepsilon_0} \,. \tag{4.21}$$

Es ist unerheblich, ob die Oberfläche eine Kugel ist; das Resultat wäre bei jeder anderen, unregelmäßig geformten, aber **in sich geschlossenen Oberfläche** das Gleiche. Nach Abb. 4.13 könnte man eine solche Oberfläche in lauter Flächenelemente zerlegen, die die Feldlinien senkrecht durchdringen oder zu denen die Feldlinien tangential verlaufen. Der Fluss durch die letzteren Flächenelemente ist jeweils Null. Der Fluss durch die zu den Feldlinien senkrecht stehenden Flächenelemente entspricht genau dem Fluss durch die Kugel mit Radius r, denn die Feldlinien verlaufen radial vom Mittelpunkt weg. Der Fluss ist damit auch hier gleich Q.

Befindet sich eine zweite Punktladung Q im Volumen, beträgt der Fluss $2Q$, bei einer dritten Ladung wäre er $3Q$ etc. Man kann hier zu einer kontinuierlichen Ladungsverteilung mit der Raumladungsdichte $\rho(\vec{r})$ übergehen. Die innerhalb der Oberfläche A eingeschlossenen Ladungen errechnen sich damit aus dem **Volumenintegral** über $\rho(\vec{r})$, so dass man Gl. 4.21 als **Gaußsches Gesetz** allgemein schreiben kann:

$$\oint_A \varepsilon_0 \vec{E}\vec{n}\,\mathrm{d}A = \int_V \rho\,(\vec{r})\,\mathrm{d}V \;.$$

(4.22)

Volumenintegral

Die geschlossene Hüllfläche A umgrenzt das Volumen V. Die in V eingeschlossenen Ladungen bestimmen den elektrischen Fluss durch die Oberfläche und damit das Feld $\vec{E}$ im Außenraum. Sind die Ladungen innerhalb von A positiv, verlaufen die Feldlinien nach außen; sind sie negativ, verlaufen die Feldlinien nach innen. $\vec{E}$ ist ein **Quellenfeld**, die Ladungen sind **Quellen** und **Senken** für die Feldlinien. Alle Feldlinien beginnen und enden auf Ladungen oder im Unendlichen. Es gibt beim **statischen** elektrischen Feld keine Wirbel, also keine in sich geschlossenen Feldlinien.

4.1.7   Ein Speicher für Ladungen: der Plattenkondensator

Wir wollen das Glühlämpchen im Stromkreis der Abb. 4.1 durch eine Anordnung zweier Platten, die sich in engem Abstand parallel gegenüberstehen, ersetzen (Abb. 4.14). Man spricht von einem **Plattenkondensator**. Man könnte meinen, es würde kein Strom fließen, da der Stromkreis nicht geschlossen ist. Das ist auf langer Zeitskala auch richtig. Sieht man beim Schließen des Schalters genauer hin, bemerkt man unmittelbar danach einen Strom, der jedoch schnell zum Erliegen kommt. Die Spannungsquelle lädt den Kondensator auf und es sammeln sich Ladungen auf den Metallplatten. Es stellt sich heraus, dass die Zahl der Ladungen proportional zur anliegenden Spannung ist, d. h. es gilt $Q \sim U$. Die Proportionalitätskonstante wird **Kapazität C** des Kondensators genannt. Ihre Einheit ist Farad (1 F). Ist die Kapazität hoch, kann der Kondensator viel Ladungen speichern:

$$Q = CU \;.$$

(4.23)

Ist der Plattenabstand d deutlich kleiner als die Querabmessungen der Platten, ist das elektrische Feld im Wesentlichen aufs Innere konzentriert und homogen. Das Streufeld im Außenraum wollen wir vernachlässigen. Legt man die in Abb. 4.14 skizzierte Hüllfläche um eine der Platten, lässt sich das Gaußsche Gesetz in Form von Gl. 4.21 anwenden. Da

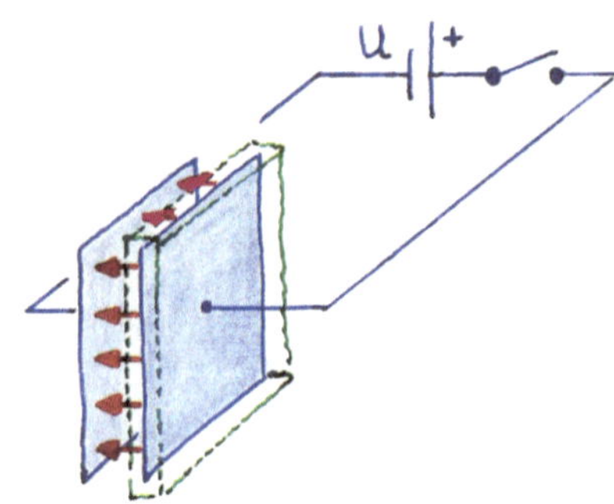

Abb. 4.14 Ein Plattenkondensator wird über eine Spannungsquelle aufgeladen. Zur Bestimmung seiner Kapazität wird eine Hüllfläche (*grün gestrichelt*) um eine der Platten gelegt

die Flächennormale $\vec{n}$ und das Feld $\vec{E}$ parallel zueinander sind, gilt wieder $\vec{E}\vec{n} = E$:

$$\frac{Q}{\varepsilon_0} = \oint E\,\mathrm{d}A = E \oint \mathrm{d}A = EA \,. \tag{4.24}$$

A ist dabei die Fläche **einer** Platte. Andererseits ist die Potentialdifferenz zwischen den Platten:

$$\int\limits_0^d E\,\mathrm{d}s = Ed = U \,.$$

Somit gilt also:

$$\boxed{C = \frac{Q}{U} = \frac{EA\varepsilon_0}{U} = \frac{EA\varepsilon_0}{Ed} = \frac{A\varepsilon_0}{d}} \,.$$

Die **Kapazität des Plattenkondensators** ist proportional zu seiner einfachen Fläche A und umgekehrt proportional zum Abstand d der Platten.

Beispiel

Zwei konzentrische, metallische, dünnwandige Kugeln mit Radius $r_1 = 12\,\mathrm{cm}$ und $r_2 = 15\,\mathrm{cm}$ tragen die Ladungen $+Q$ auf der Innenkugel und $-Q$ auf der Außenkugel. Welche Kapazität hat dieser **Kugelkondensator**?

Lösung: Wir denken uns zwischen den beiden Kugeln eine weitere, konzentrische Kugel mit Radius r ($r_1 < r < r_2$). Aus Symmetriegründen ist $\vec{E}$ radial nach außen und damit in Richtung $\vec{n}$ gerichtet. Nach dem Gaußschen Gesetz gilt dann für das elektrische Feld nach Gl. 4.21:

$$\frac{Q}{\varepsilon_0} = \oint \vec{E}\vec{n}\,\mathrm{d}A = E \oint \mathrm{d}A = EA = 4\pi r^2 E \,.$$

E ist konstant auf der gesamten Kugeloberfläche, so dass es vor das Integral gezogen werden kann. Dieses stellt damit nur noch die Fläche der Kugel mit Radius r dar, also

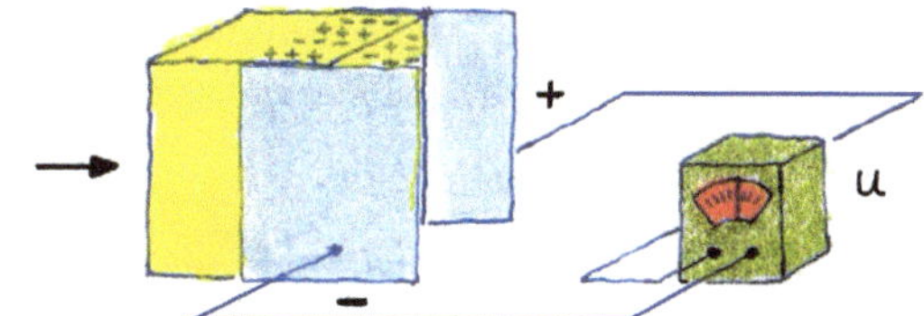

Abb. 4.15 Schiebt man in einen geladenen Plattenkondensator ein Dielektrikum und misst dabei die Spannung zwischen den Platten, stellt man fest, dass diese absinkt

den Wert $4\pi r^2$. Das Feld ist damit:

$$E = \frac{Q}{4\pi\varepsilon_0 r^2}$$

und entspricht dem einer Punktladung Q im Mittelpunkt. Die Potentialdifferenz zwischen den Kugeln gewinnt man, indem man von der Innenkugel zur Außenkugel radial nach außen über das Feld integriert:

$$U = \int\limits_{r_1}^{r_2} E\,\mathrm{d}r = \int\limits_{r_1}^{r_2} \frac{Q}{4\pi\varepsilon_0 r^2}\mathrm{d}r = \left[-\frac{Q}{4\pi\varepsilon_0 r}\right]_{r_1}^{r_2} = \frac{Q}{4\pi\varepsilon_0}\left(\frac{1}{r_1}-\frac{1}{r_2}\right) = \frac{Q\,(r_2-r_1)}{4\pi\varepsilon_0 r_1 r_2}\,.$$

Mit $C = Q/U$ erhält man für die Kapazität:

$$C = \frac{4\pi\varepsilon_0 r_1 r_2}{r_2 - r_1} = 6{,}68\cdot 10^{-11}\,\mathrm{F}\,.$$

Lädt man einen Kondensator an einer Spannungsquelle mit der Spannung U auf und trennt ihn dann von der Spannungsquelle, bleibt die Spannung U an den Platten erhalten (zumindest einige Zeit, in Wirklichkeit erfolgt mehr oder weniger schnell die Entladung über Kriechströme). Schiebt man eine Platte aus Isolatormaterial, einem so genannten **Dielektrikum**, ein (Abb. 4.15) und misst dabei die Spannung, stellt man fest, dass diese geringer wird. Sie erhöht sich wieder auf den alten Wert, wenn man das Dielektrikum entfernt. Dies kommt dadurch zustande, dass bei einem Dielektrikum mehr oder weniger stark eine **Orientierungs-** oder **Verschiebungspolarisation** eintritt.

Betrachten wir der Einfachheit halber zunächst die Verschiebungspolarisation: sie kommt zustande, wenn das Feld des Kondensators die Elektronenhüllen gegen die zugehörigen Atomkerne räumlich verschiebt. Die Schwerpunkte negativer und positiver Ladungen fallen, wie in Abb. 4.15 angedeutet, nicht mehr zusammen. Natürlich bleibt das Dielektrikum als Ganzes neutral, allerdings bilden sich durch die Verschiebung der Ladungen um ihre Gleichgewichtslage an den den Kondensatorplatten zugewandten Flächen Oberflächenladungen, die das verursachende Feld des Kondensators schwächen. Der Zahlenfaktor, um den das geschieht, heißt **Permittivitätszahl** ε_r. Demzufolge verringert sich auch die ursprüngliche Spannung U am Kondensator um den Faktor ε_r auf den Wert U':

$$\frac{E}{\varepsilon_\mathrm{r}}d = \frac{U}{\varepsilon_\mathrm{r}} = U'\,.$$

Da die Plattenladung Q beim Einschieben des Dielektrikums unverändert bleibt, gilt nach Gl. 4.23 für die neue Kapazität:

$$C' = \frac{Q}{U'} = \frac{Q\,\varepsilon_{\mathrm r}}{E\,d}\;.$$

Mit dem Feld E aus Gl. 4.24 erhalten wir:

$$C' = \frac{A\varepsilon_0\varepsilon_{\mathrm r}}{d} = \varepsilon_{\mathrm r}C\;.$$

Die Kapazität hat sich also um den Faktor $\varepsilon_{\mathrm r}$ erhöht.

Beispiel

Ein Kondensator der Kapazität C hat rechteckige Platten der Fläche A (Abb. 4.16). Ein Dielektrikum mit der Permittivitätszahl $\varepsilon_{\mathrm r}$, das so groß ist, dass es den Kondensator spaltfrei ausfüllen kann, wird mit konstanter Geschwindigkeit v zwischen die Platten geschoben. Der Kondensator bleibt während der Zeitdauer T des Einschiebens an die Spannungsquelle angeschlossen. Welcher Strom I fließt während des Einschiebens?

Lösung: Die Kapazitätsänderung ΔC während des Einschiebens des Dielektrikums ist gegeben durch $\Delta C = \varepsilon_{\mathrm r}C - C$. Durch die Kapazitätsänderung strömt die Ladung ΔQ nach, für die gilt:

$$\Delta C = \frac{\Delta Q}{U}\;.$$

Die Spannung U wird durch die Spannungsquelle konstant gehalten. Aus den beiden Gleichungen erhält man

$$\Delta Q = UC\,(\varepsilon_{\mathrm r} - 1)\;.$$

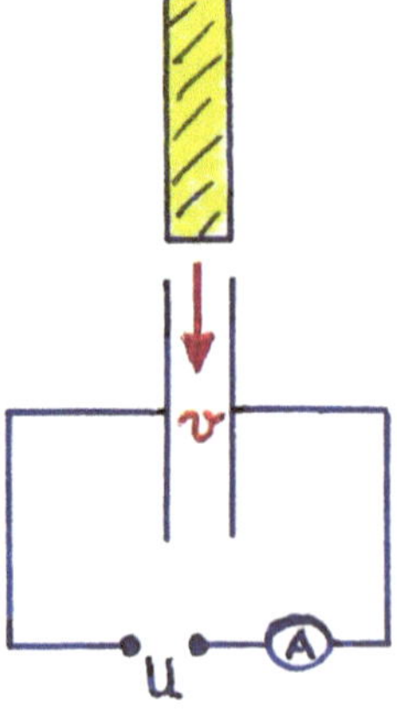

Abb. 4.16 Ein Dielektrikum wird in einen Kondensator geschoben

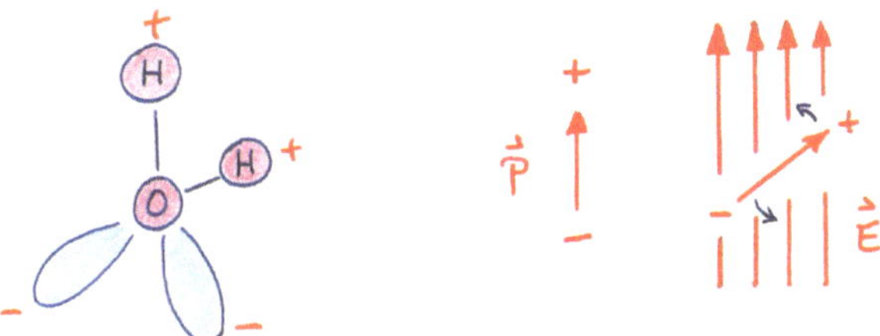

Abb. 4.17 Bei Molekülen mit einem permanenten Dipolmoment fallen die positiven und negativen Ladungsschwerpunkte nicht zusammen. Beim Wassermolekül entsteht bedingt durch die Bindung auf der Seite des Wasserstoffs eine positive und auf der Seite des Sauerstoffs eine negative Raumladung

Da das Einschieben des Dielektrikums mit konstanter Geschwindigkeit erfolgt, ist der Strom I ebenfalls konstant:

$$I = \frac{\Delta Q}{T} = \frac{UC}{T}\left(\varepsilon_\mathrm{r} - 1\right).$$

Der fließende Strom ist also um so höher, je schneller das Dielektrikum eingeschoben wird.

Für den Kondensatorbau weniger geeignet sind Materialien, die Orientierungspolarisation zeigen. Diese tritt auf, wenn Moleküle ein **permanentes Dipolmoment** besitzen. Ein gutes Beispiel hierfür ist Wasser, denn durch die OH-Bindungen liegen die Wasserstoffkerne „bloß" und bilden eine positive Raumladung (Abb. 4.17). Von den sechs Valenzelektronen des Sauerstoffs werden zwei für die Bindung der Wasserstoffatome gebraucht und die restlichen sind nichtbindende Elektronenpaare. Die Elektronenwolken versuchen, zueinander den größtmöglichen Abstand zu gewinnen. Das wird erreicht, wenn sie zueinander einen Tetraeder aufspannen mit dem Sauerstoffatom in der Mitte. Die Wasserstoffatome würden demzufolge einen Winkel von 105,9° zueinander einnehmen. In Wirklichkeit stimmt das nicht ganz exakt, da die bindenden Elektronenpaare kleinere Orbitale ausbilden als die nichtbindenden und dadurch die Tetraederform etwas verzerren. Die nichtbindenden Elektronenpaare bilden auf der den Wasserstoffatomen abgewandten Seite eine **negative Raumladung**. Es entsteht also ein Dipolmoment $\vec{p}$. Normalerweise heben sich die Dipolmomente im Wasser durch die thermische Bewegung gegenseitig auf. Bringt man das Wasser allerdings in einen Kondensator, richten sich die Dipole im elektrischen Feld aus. Man spricht dann von **Orientierungspolarisation**. In diesem Fall zeigt die Dielektrizitätskonstante ε_r eine deutliche Temperaturabhängigkeit, da die Ausrichtung der Dipole durch das Feld bei hohen Temperaturen durch Stöße häufig gestört wird.

Es ist leicht einzusehen, dass sich bei einer **Parallelschaltung von Kondensatoren**, wie in Abb. 4.18 gezeigt, die Kapazitäten zur Gesamtkapazität C addieren. Die Kondensatoren hängen alle an der gleichen Spannung U, die Gesamtladung auf den Kondensatoren

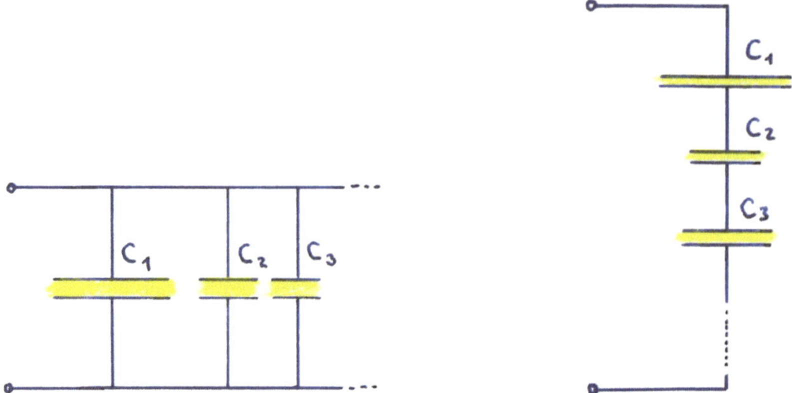

Abb. 4.18 Parallelschaltung von Kondensatoren

Abb. 4.19 Reihenschaltung von Kondensatoren

ist also:

$$Q = C_1 U + C_2 U + C_2 U + \ldots = U\,(C_1 + C_2 + C_2 + \ldots) = UC$$

Somit gilt für die Gesamtkapazität C:

$$C = C_1 + C_2 + C_3 + \ldots = \sum_{i=1}^{n} C_i \tag{4.25}$$

Bei einer **Reihenschaltung** (Abb. 4.19) addieren sich die Spannungen an den einzelnen Kapazitäten:

$$U = \frac{Q}{C_1} + \frac{Q}{C_2} + \frac{Q}{C_3} + \ldots = Q\left(\frac{1}{C_1} + \frac{1}{C_2} + \frac{1}{C_3} + \ldots\right) = \frac{Q}{C}$$

Die Ladungen auf den Kondensatoren sind alle gleich, denn ausgehend von Neutralität kommt es beim Anlegen der Spannung zwischen den Kondensatoren nur zu einer Trennung positiver und negativer Ladungen. Die Plattenladungen benachbarter Kondensatoren müssen also jeweils gleich sein. Zur Berechnung der Gesamtkapazität C addieren sich also die reziproken Kapazitäten:

$$\boxed{\frac{1}{C} = \frac{1}{C_1} + \frac{1}{C_2} + \frac{1}{C_3} + \cdots = \sum_{j=1}^{n} \frac{1}{C_j}}\,. \tag{4.26}$$

Betrachtet man einen Kondensator, der nur zur Hälfte mit einer dielektrischen Platte ausgefüllt ist (Abb. 4.20), so wird das Feld im Dielektrikum um den Faktor ε_r geschwächt.

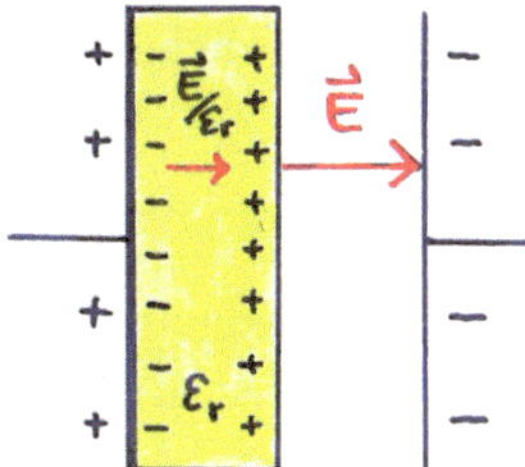
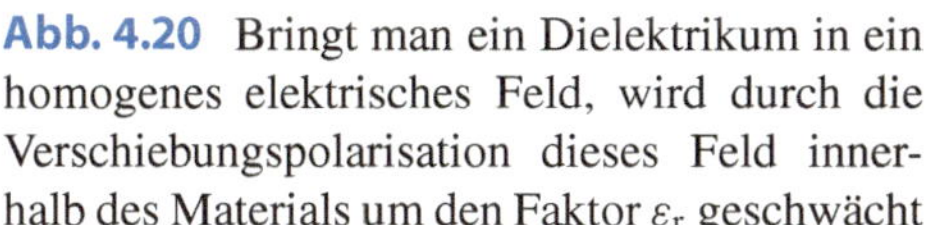
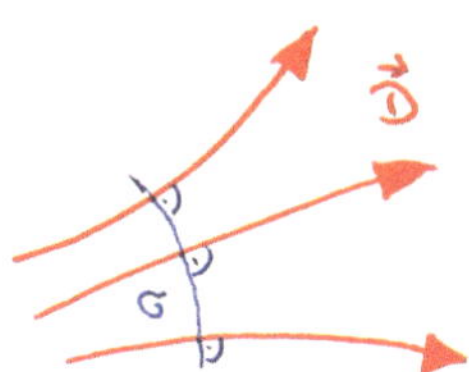

Abb. 4.20 Bringt man ein Dielektrikum in ein homogenes elektrisches Feld, wird durch die Verschiebungspolarisation dieses Feld innerhalb des Materials um den Faktor ε_r geschwächt

Abb. 4.21 Die $\vec{D}$-Feldlinien könnten durch Flächenladungen der Größe $\sigma = \left|\vec{D}\right|$ entstanden sein

Im Luftraum dagegen herrscht das volle Feld $\vec{E}$, woraus folgt, dass das elektrische Feld sich bei senkrechtem Durchtritt an der Grenzschicht **unstetig** verhält.

Als Größe, die bei diesem Übergang stetig ist, wird die **elektrische Verschiebungsdichte** oder **elektrische Flussdichte** $\vec{D}$ in der Form

$$\boxed{\vec{D} = \varepsilon_0\varepsilon_\mathrm{r}\vec{E}} \tag{4.27}$$

definiert. Im Dielektrikum herrscht die Dielektrizitätskonstante $\varepsilon_\mathrm{r} > 1$, dafür ist das Feld $\vec{E}$ in diesem Bereich um genau diesen Faktor schwächer. Im Vakuum ist $\varepsilon_\mathrm{r} = 1$, dafür hat $\vec{E}$ aber seinen vollen Wert. Die Verschiebungsdichte bleibt also beim Übergang unverändert.

Die $\vec{E}$-Feldlinien entstehen oder verschwinden auf wahren Ladungen, aber auch auf Polarisationsladungen (also Ladungen, die auf Oberflächen von Dielektrika entstehen). Die $\vec{D}$-Feldlinien beginnen und enden **nur auf wahren Ladungen**, durch Polarisationsladungen werden sie nicht verändert.

Betrachtet man die Definition $\vec{D} = \varepsilon_0\varepsilon_\mathrm{r}\vec{E}$ hinsichtlich der Einheit, stellt man fest, dass D die Einheit einer **Ladung pro Flächeneinheit** besitzt ($1\,\mathrm{C/m^2}$). Da für die Kapazität eines Plattenkondensators $C = A\varepsilon_0\varepsilon_\mathrm{r}/d$ gilt, folgt:

$$D = \varepsilon_0\varepsilon_\mathrm{r}E = C\frac{Ed}{A} = C\frac{U}{A} = \frac{Q}{A} = \sigma\,. \tag{4.28}$$

Die elektrische Flussdichte entspricht auf den Platten also dem Betrage nach der Flächenladungsdichte σ. Als Vektor steht $\vec{D}$ senkrecht auf der Plattenfläche A. Dies muss bei metallischen Platten stets der Fall sein, denn $\vec{D}$ hat die selbe Richtung wie $\vec{E}$ und kann somit keine Tangentialkomponente besitzen. Besäße sie eine, würden die im Metall frei beweglichen Elektronen sofort aufgrund der Coulombkraft in Bewegung geraden und diese Feldkomponente neutralisieren. Der Vektor $\vec{D}$ ist jedoch auch abseits von Ladungen definiert. Hier konnte man sich wie in Abb. 4.21 angedeutet eine Fläche denken, auf der die $\vec{D}$-Vektoren jeweils senkrecht stehen und die die Flächenladungsdichte $\sigma = \left|\vec{D}\right|$ trägt. Man könnte sich das Feld auf einer solchen Flächenladungsverteilung entstanden denken.

Beispiel

Wie groß ist die elektrische Flussdichte einer im Ursprung befindlichen Punktladung, die von einem Dielektrikum mit der Permittivitätszahl ε_r umgeben ist?

Lösung: Nach Gl. 4.2 folgt für die Flussdichte einer Punktladung:

$$\vec{D}\left(\vec{r}\right) = \varepsilon_0 \varepsilon_r \vec{E}\left(\vec{r}\right) = \frac{1}{4\pi} \frac{Q_1}{r^2} \frac{\vec{r}}{r} \, .$$

Betrachtet man nur den Betrag von $\vec{D}$ in einem bestimmten Abstand r vom Ursprung und bedenkt, dass $4\pi r^2$ die Oberfläche einer Kugel mit Radius r darstellt und dass D auf dieser Oberfläche konstant ist, dann entspricht

$$\left|\vec{D}\right| = \frac{Q}{4\pi r^2} = \frac{Q}{A} = \sigma$$

wiederum der Flächenladungsdichte dieser Kugel, die fiktiv die Gesamtladung Q trägt.

Nun wieder zum allgemeinen Fall: stellt D eine Ladung pro Flächeneinheit dar, dann muss das Integral über eine Fläche A deren Gesamtladung ergeben:

$$\oint_A \vec{D}\vec{n}\,\mathrm{d}A = Q \, .$$

Man erkennt durch Vergleich mit Gl. 4.22 eine allgemeinere Form des **Gaußschen Gesetzes**:

$$\boxed{\Psi = \oint_A \varepsilon_0 \varepsilon_\mathrm{r} \vec{E}\vec{n}\,\mathrm{d}A = \int_V \rho\left(\vec{r}\right)\mathrm{d}V} \, . \tag{4.29}$$

Ψ ist der elektrische Fluss. Seine Einheit is 1 Coulomb $= 1$ C. Die Oberflächenladung eines Dielektrikums lässt sich vektoriell durch die **Polarisation** $\vec{P}$ ausdrücken. Für das geschwächte Feld $\vec{E}$ im Dielektrikum gilt:

$$\boxed{\vec{D} - \vec{P} = \varepsilon_0 \vec{E}} \, . \tag{4.30}$$

Ist P linear von E abhängig (was meist, aber nicht immer erfüllt ist), dann gilt mit der Proportionalitätskonstante $\chi_\mathrm{e}\varepsilon_0$:

$$\vec{D} - \chi_\mathrm{e}\varepsilon_0\vec{E} = \varepsilon_0\vec{E} \quad \text{oder} \quad \vec{D} = (1 + \chi_\mathrm{e})\,\varepsilon_0\vec{E} \, .$$

Ein Vergleich mit $\vec{D} = \varepsilon_0 \varepsilon_\mathrm{r} \vec{E}$ liefert für die so genannte **elektrische Suszeptibilität** $\chi_\mathrm{e} = \varepsilon_\mathrm{r} - 1$.

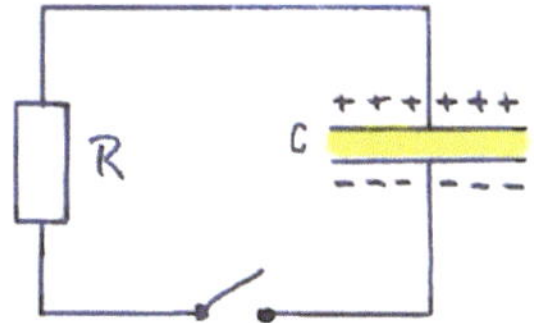

Abb. 4.22 Ein Kondensator wird über einen Widerstand R entladen

4.1.8 Im elektrischen Feld steckt Energie …

Entlädt man wie in Abb. 4.22 skizziert einen auf die Spannung U aufgeladenen Kondensator der Kapazität C über einen Widerstand R, so entspricht der Spannungsabfall RI an ihm zu jedem Zeitpunkt der Spannung $U = Q/C$ am Kondensator. Nach der **Maschenregel** gilt für die Schleife:

$$IR + \frac{Q}{C} = 0 \,.$$

Der Strom I lässt sich als zeitliche Änderung der Ladung mit der Zeit schreiben:

$$\frac{\mathrm{d}Q}{\mathrm{d}t} R = -\frac{Q}{C} \,.$$

Die momentane Ladung $q\,(t)$ zum Zeitpunkt t kann durch Integration gewonnen werden:

$$\int_{Q_0}^{q} \frac{\mathrm{d}Q}{Q} = -\int_{0}^{t} \frac{\mathrm{d}t}{RC} \,.$$

Q_0 ist die Ladung des Kondensators vor dem Schließen des Schalters (bei $t = 0$). Wir erhalten:

$$\ln q - \ln Q_0 = -\frac{t}{RC} + 0 \quad \text{bzw.} \quad \ln \frac{q}{Q_0} = -\frac{t}{RC}$$

oder

$$q\,(t) = Q_0 \mathrm{e}^{-\frac{t}{RC}} \,.$$

Der zugehörige Strom wird durch Differentiation erhalten:

$$I\,(t) = -\frac{Q_0}{RC} \mathrm{e}^{-\frac{t}{RC}} \,. \tag{4.31}$$

Der Strom klingt beim Entladen des Kondensators über einen Widerstand also **exponentiell** ab. Unter der Annahme, dass alle Energie aus dem Kondensator im ohmschen Widerstand R „verbraucht" wird, errechnen wir die Momentanleistung $P\,(t)$ im Widerstand nach Gl. 4.9 zu:

$$P\,(t) = UI = RI^2 = R\left(\frac{Q_0}{RC}\right)^2 \mathrm{e}^{-\frac{2t}{RC}} \,.$$

Die gesamte, beim Entladen des Kondensators frei werdende und im Widerstand in Wärme umgewandelte Arbeit erhält man, indem man die Leistung über die gesamte Zeit des Entladevorgangs, also bis ins Unendliche, integriert:

$$W = \int\limits_0^\infty \frac{Q_0^2}{RC^2} e^{-\frac{2t}{RC}}\, dt = \frac{Q_0^2}{RC^2}\left[-\frac{RC}{2} e^{-\frac{2t}{RC}}\right]_0^\infty = -\frac{Q_0^2}{2C}(0-1) = \frac{Q_0^2}{2C}.$$

Dieser Arbeitsbetrag entspricht der **Energie E des elektrischen Feldes** im Kondensator. Mit $C = Q_0/U_0$ gilt auch

$$\boxed{E = \frac{CU_0^2}{2}}. \qquad (4.32)$$

Die Energiedichte w im Kondensator, also die Energie pro Volumeneinheit, erhalten wir, wenn wir die Energie E durch das Volumen $V = Ad$ dividieren und dabei die Kapazität $C = \varepsilon_0\varepsilon_{\rm r} A/d$ berücksichtigen:

$$w = \frac{E}{V} = \varepsilon_0\varepsilon_{\rm r}\frac{A}{d}\frac{U_0^2}{2}\frac{1}{Ad} = \varepsilon_0\varepsilon_{\rm r}\frac{U_0^2}{2d^2}.$$

Mit dem anfänglichen Feld E_0 innerhalb des Kondensators und $U_0 = E_0 d$ folgt:

$$\boxed{w = \varepsilon_0\varepsilon_{\rm r}\frac{E_0^2}{2}}. \qquad (4.33)$$

Es ist dies die **Energiedichte des elektrischen Feldes E_0**. Dabei ist es unerheblich, auf welche Weise das Feld zustande gekommen ist, d. h. Gl. 4.33 repräsentiert die Feldenergiedichte eines beliebigen Feldes im Raum.

4.1.9 Aufgaben (* = leicht; ** = mittel; *** = schwer)

1. * Eine kleine Metallkugel der Masse $m = 1\,$g, die die Ladung $q = 5{,}16 \cdot 10^{-8}\,$C trägt, ist an einem dünnen Faden der Länge $L = 12\,$cm (Masse vernachlässigbar) aufgehängt. Wie in Abb. 4.23 skizziert, sind in Höhe der Aufhängung im Abstand $e = 19\,$cm zwei weitere, gleiche, positive Ladungen Q angebracht. Wie groß müsste Q sein, damit der Faden entlastet ist?
2. * Auf zwei Kondensatorplatten der Fläche A befindet sich jeweils die Ladung $\pm Q$. Der Plattenabstand verändert sich mit der Zeit gemäß $d\,(t) = d_0 + \hat{d}\sin(\omega t)$. Der Kondensator ist von der Spannungsquelle getrennt.
    a) Wie groß ist die Kondensatorspannung als Funktion der Zeit?
    b) Angenommen, der Kondensator bleibt während der Bewegung der Platten mit der Spannungsquelle verbunden. Welcher Strom fließt als Funktion der Zeit in den Zuleitungen?

Abb. 4.23 Eine kleine Ladung q ist zwischen zwei großen Ladungen Q aufgehängt

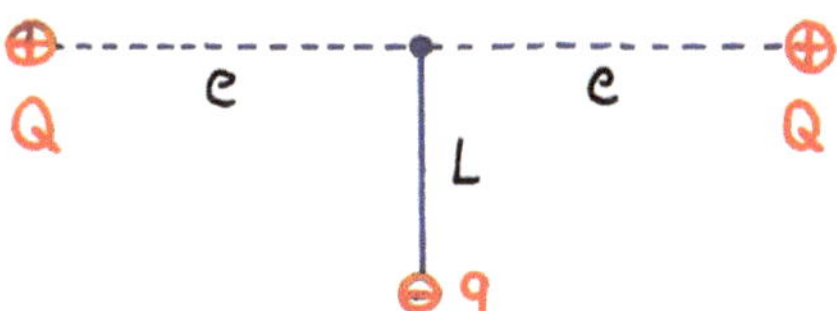

3. ** Eine Ladung $Q = 10^{-15}\,C$ wird auf der Bahnkurve

$$\vec{s} = \begin{pmatrix} r\cos\varphi \\ r\sin\varphi \\ r\varphi/10 \end{pmatrix}$$

mit $r = 0{,}1$ m im elektrischen Feld

$$\vec{E}\,(\vec{r}) = \begin{pmatrix} ax \\ 2ay \\ b \end{pmatrix}$$

mit $a = 250\,\text{V/m}^2$ und $b = 111\,\text{V/m}$ vom Punkt mit dem Parameterwert $\varphi = 0$ zum Punkt mit dem Parameterwert $\varphi = \pi/2$ bewegt. Wie groß ist die dabei zu leistende Arbeit?

4. * Eine Ladung Q wird im elektrischen Feld

$$\vec{E}\,(\vec{r}) = \begin{pmatrix} -6Cx/z \\ -4Cy/z \\ C(3x^2 + 2y^2)/z^2 \end{pmatrix}$$

vom Punkt $P_1(0; 0; 1)$ zum Punkt $P_2(1; 1; 2)$ bewegt. Welche Arbeit ist aufzuwenden?

5. * Ein Kondensator mit der Plattenfläche A und dem Plattenabstand d ist über einen ohmschen Widerstand R an eine Gleichspannung U angeschlossen. Der Kondensator ist geladen und es fließt kein Strom mehr in der Schaltung. Nun wird der Kondensator in eine isolierende Flüssigkeit mit der Dielektrizitätskonstante ε_r getaucht (Abb. 4.24). Dabei bleibt die Spannungsquelle angeschlossen. Wie viel Energie ist im Widerstand in Wärme umgewandelt worden, nachdem kein Strom mehr im Stromkreis fließt?

6. ** Ein rechteckiger Luftkondensator mit der Plattenhöhe $H = 20\,\text{cm}$ ist auf eine Spannung von $U_1 = 200\,\text{V}$ geladen. Bis zu welcher Höhe h (Abb. 4.25) müsste man den Kondensator mit Wasser ($\varepsilon_r = 81$) füllen, damit die Spannung auf den Wert $U_2 = 4{,}88\,\text{V}$ abfällt?

7. ** Wie hoch sind die Ströme I_1, I_2 und I_3 im skizzierten Gleichstromnetzwerk (Abb. 4.26) mit $R_1 = R_3 = 20\,\Omega$, $R_2 = 10\,\Omega$ und $U_1 = U_2 = 40\,\text{V}$?

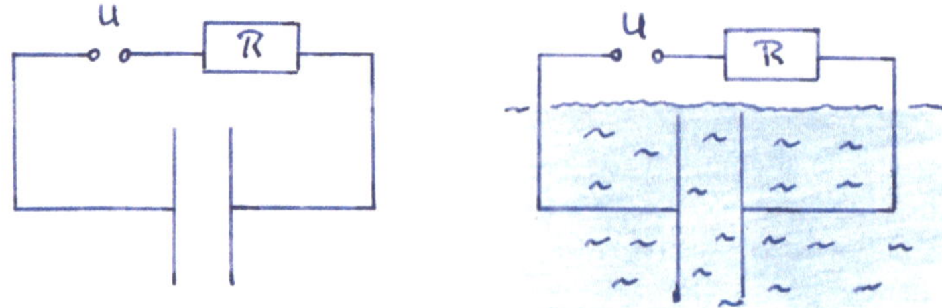

Abb. 4.24 Ein Kondensator wird in eine dielektrische Flüssigkeit getaucht, wobei ein Strom im Stromkreis fließt. Das führt zu einer (geringfügigen) Erwärmung des Widerstands

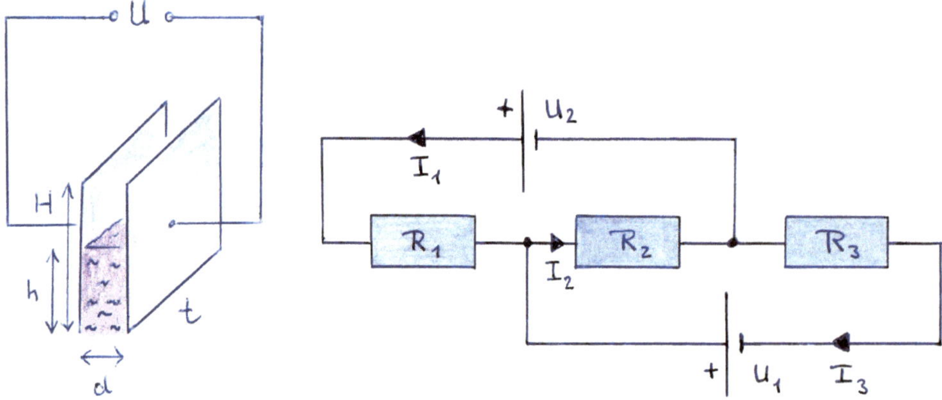

Abb. 4.25 Der Kondensator ist auf die Spannung U geladen und von der Spannungsquelle getrennt. Wird er teilweise mit einem Dielektrikum gefüllt, sinkt die Spannung

Abb. 4.26 Gleichstromnetzwerk

8. ** Wie groß sind die Ströme I_1, I_2, I_3, I_4 und I_5 im Gleichstromnetzwerk der Abb. 4.27?

9. *** Im skizzierten (Abb. 4.28) Gleichstromkreis sind die Spannungen $U_1 = 84\,\text{V}$ und $U_2 = 21\,\text{V}$ sowie die Widerstände mit $R_1 = 8\,\Omega$, $R_2 = 10\,\Omega$, $R_3 = 3\,\Omega$, $R_4 = 12\,\Omega$, $R_5 = 3\,\Omega$ und $R_6 = 12\,\Omega$ gegeben. Man berechne die Ströme I_1, I_2, I_3, I_4, I_5 und I_6!

10. *** Ein Stab der Länge L befindet sich wie in Abb. 4.29 skizziert im Abstand r von einer im Ursprung befindlichen, positiven Punktladung Q. Der Stab trägt eine homogen verteilte, negative Ladung η pro Längeneinheit. Wie groß ist die Kraft, mit der der Stab angezogen wird?

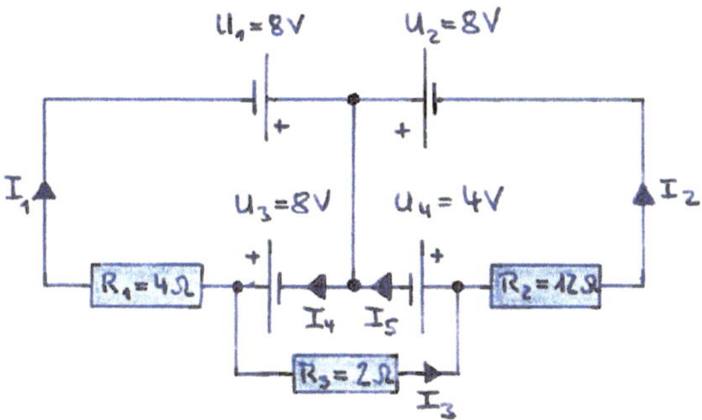

Abb. 4.27 Gleichstromnetzwerk. Manchmal täuscht die Zahl der Knoten ...

11. * Eine runde Scheibe mit Radius R befinde sich in der yz-Ebene. Ihr Mittelpunkt liege im Ursprung (Abb. 4.30). Sie trägt die Flächenladung σ.

    a) Welche Kraft F wirkt auf eine Ladung q, die sich im Abstand x vom Ursprung auf der x-Achse befindet?

    b) Wie groß wäre die Kraft F für $R \to \infty$ bei gleichbleibender Flächenladung σ?

12. *** Ein Plattenkondensator mit der Plattenfläche A, dem Plattenabstand d und Luft als Dielektrikum wird auf die Spannung U_0 geladen und danach von der Spannungsquelle getrennt. Es wird dann ein Dielektrikum mit der Permittivitätszahl ε_{r1} passender Querschnittsfläche bündig zur oberen Plattenfläche in den Kondensator geschoben (Abb. 4.31). Die Platte hat die Dicke d_1 und trägt an der Unterseite ein Metallbeschichtung mit dem elektrischen Kontakt R. Der Luftraum unter der Metallplatte hat dann die Dicke $d_2 = d - d_1$. Das Feld im Kondensator ist homogen, Randeffekte sind vernachlässigbar und die seitliche Ausdehnung der Platten ist wesentlich größer als d.

    a) Wie groß ist nach dem Einschieben des Dielektrikums die Kapazität zwischen den Punkten P und Q?

    b) Wie groß ist die Spannung U zwischen P und Q nach dem Einschieben?

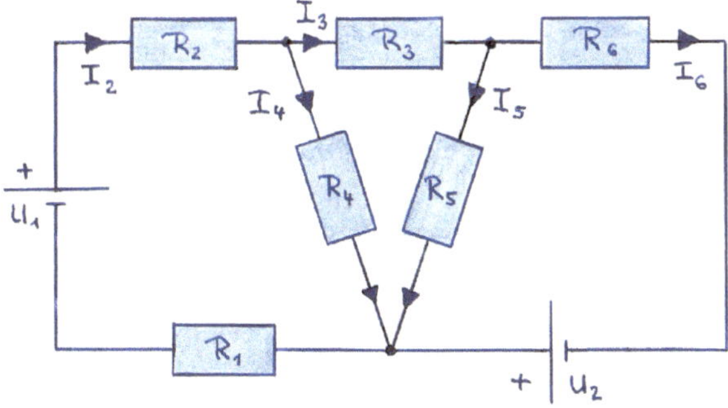

Abb. 4.28 Gleichstromnetzwerk. Manchmal sind es gar nicht so viele Widerstände ...

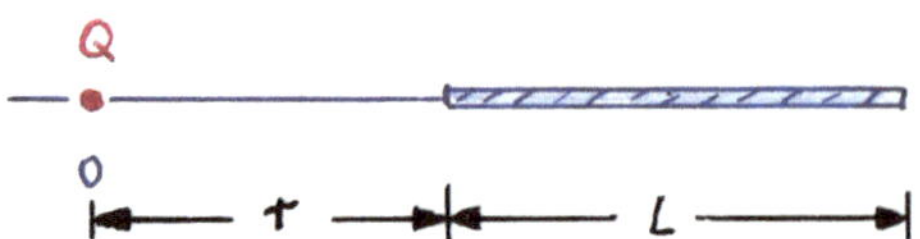

Abb. 4.29 Ein Stab der Länge L wird von einer Punktladung Q im Ursprung angezogen

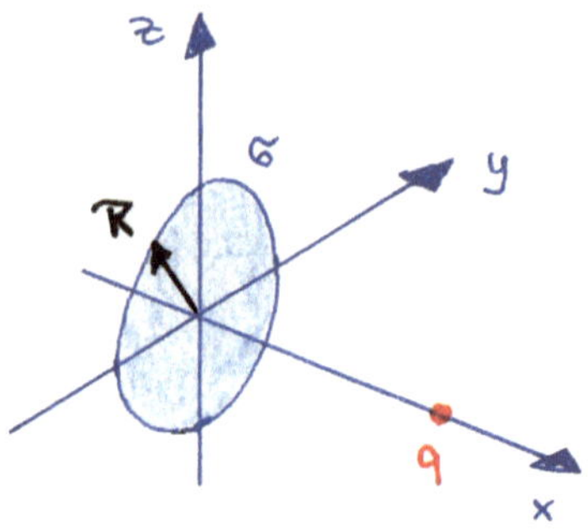

Abb. 4.30 Kraftwirkung einer runden Flächenladung σ auf eine Ladung q

Abb. 4.31 Durch Einschieben eines einseitig metallisierten Dielektrikums werden aus einem Kondensator zwei gemacht

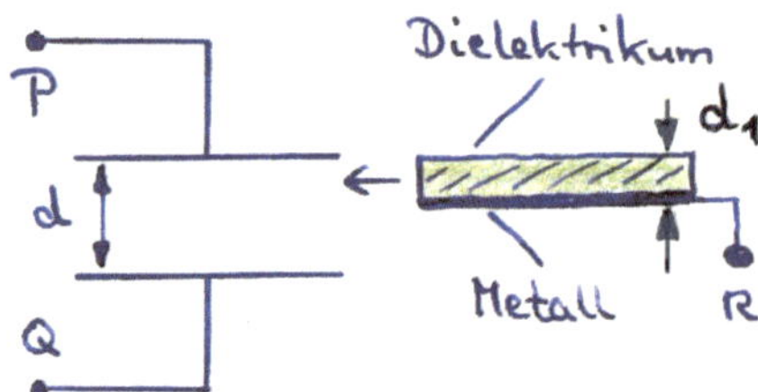

c) Welche Spannung liegt nach dem Einschieben zwischen den Punkten P und R sowie zwischen R und Q?

d) Welche Energie steckt nach dem Einschieben des Dielektrikums in der Anordnung?

4.2 Der Strom, das Feld und was daraus folgt

4.2.1 Der stromführende Draht und was ihn umgibt

Magnetische Erscheinungen sind schon seit dem Altertum bekannt. Schon im alten China wurde beobachtet, dass sich magnetische Materialien bei geeigneter Lagerung in Nord-Süd-Richtung ausrichten. Heute weiß man, dass man mit einer Kompassnadel die Richtung des Magnetfeldes der Erde nachweisen kann. Ørsted entdeckte 1820 während einer Vorlesung, dass ein elektrischer Strom ebenfalls eine Kompassnadel ablenken kann. Damit war gezeigt, dass ein elektrischer Strom in seiner Umgebung den Raum in irgendeiner Weise verändert. Eine Kompassnadel dient dem Nachweis dieser Veränderung, genau wie eine Probeladung beim elektrischen Feld zum Nachweis desselben dient. Man kann also den Feldbegriff beim Magnetismus ebenfalls einführen, stellt aber schnell fest, dass es doch sehr wichtige Unterschiede zwischen elektrischem und magnetischem Feld gibt.

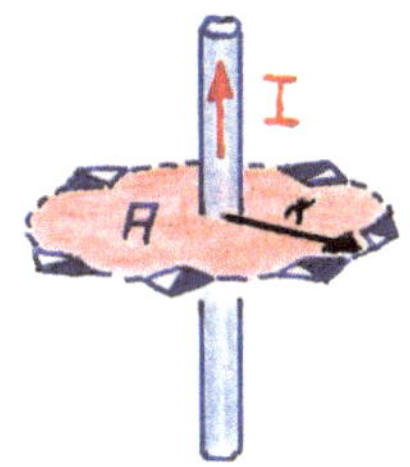

Abb. 4.32 Eine auf einem Kreis um einen geradlinigen, stromdurchflossenen Leiter bewegte Kompassnadel zeigt stets in Richtung der Tangente an den Kreis

Untersucht man wie in Abb. 4.32 gezeigt das Feld eines langen geradlinigen, von einem Strom I durchflossenen Leiters auf einer Kreisbahn mit Radius r, so stellt man fest, dass die Kompassnadel stets eine Tangente an den Kreis bildet. Das legt den Verdacht kreisförmiger magnetischer Feldlinien nahe. Das erweist sich als richtig und zeigt, dass beim magnetischen Feld tatsächlich geschlossene Feldlinien auftreten. Eine genauere Analyse zeigt sogar, dass es **ausschließlich** geschlossene Feldlinien gibt. Das magnetische Feld ist daher ein reines **Wirbelfeld**. Das steht im Gegensatz zum elektrischen Feld – hier handelt es sich im stationären Fall um ein reines Quellenfeld. Für das magnetische Feld $\vec{H}$ gilt das **Durchflutungsgesetz**:

$$\oint_C \vec{H}\,\mathrm{d}\vec{s} = \int_A \vec{J}\,\vec{n}\,\mathrm{d}A. \tag{4.34}$$

$\vec{J}$ ist dabei die Stromdichte, die durch die von der Kurve C umrandete Fläche A tritt. Der Kreis im Integral zeigt, dass es sich um eine in sich geschlossene Kurve handelt. Ist der durch die Fläche A tretende Strom auf einen Leiter mit dem Strom I begrenzt, vereinfacht sich das Durchflutungsgesetz auf die Form

$$\oint_C \vec{H}\,\mathrm{d}\vec{s} = I. \tag{4.35}$$

Die magnetische Feldstärke $\vec{H}$ hat die Einheit 1 A/m.

Beispiel

Wie groß ist das magnetische Feld in der Umgebung eines unendlich langen, geradlinigen und vom Strom I durchflossenen Leiters?

Lösung: Die Anwendung des Durchflutungsgesetzes Gl. 4.35 ist einfach, solange man Symmetrien ausnutzen kann. Im vorliegenden Fall kann man als Fläche A eine Kreisfläche wählen, die vom Leiter mittig und senkrecht durchstoßen wird. Aus Symmetriegründen ist das Feld längs des kreisförmigen Weges C betragsmäßig konstant. Außerdem zeigt das Verhalten der eingangs betrachteten Kompassnadel, dass wohl $\vec{H}$ und $\mathrm{d}\vec{s}$

parallel verlaufen müssen. Damit reduziert sich Gl. 4.35 auf die Form

$$H \oint_C \mathrm{d}s = I \,.$$

Das Integral ist im Falle eines kreisförmigen Weges einfach durch den Umfang des Kreises gegeben. So erhalten wir:

$$H \cdot 2\pi r = I \quad \text{bzw.} \quad H\,(r) = \frac{I}{2\pi r} \,.$$

Die Richtung des Magnetfeldes wird durch die **Rechte-Hand-Regel** festgelegt: umfasst man den Leiter mit der rechten Hand in der Weise, dass der Daumen in Richtung des Stromes I zeigt, so zeigen die Finger in Richtung des magnetischen Feldes $\vec{H}$.

Will man Magnetfelder technisch erzeugen, ist ein einzelner Leiter ungeeignet, der benötigte Strom müsste sehr groß sein. Es ist natürlich naheliegend, für die Erzeugung hoher Felder mehrere Leiter nebeneinander anzuordnen, die vom gleichen Strom durchflossen sind. Dies führt zu einer Spule. Das magnetische Feld einer solchen Spule ist im Allgemeinen kompliziert; einfach berechnen lässt sich hingegen das Feld im Inneren, wenn die Spule zylindrisch, dünn und sehr lang ist. Man kann dann nämlich von einem homogenen Feld ausgehen.

Beispiel

Wie groß ist das Magnetfeld im Innern einer langen, dünnen Zylinderspule mit der Windungszahl N und der Länge L?

Lösung: Auch hier kann wieder die Rotationssymmetrie ausgenutzt werden. Der für die Integration genutzte Weg ist in Abb. 4.33 eingezeichnet. Er führt sowohl im Inneren

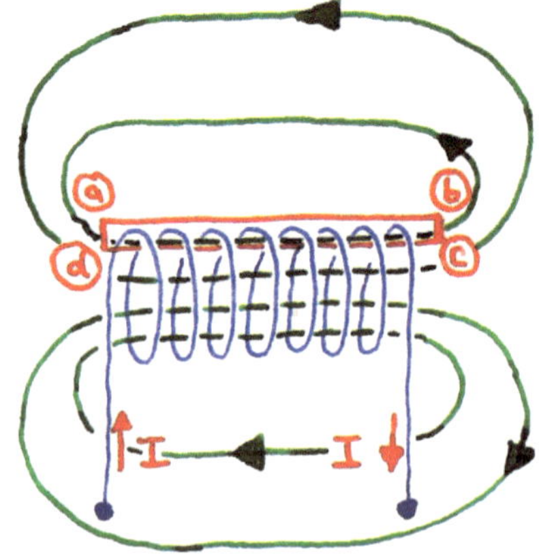

Abb. 4.33 Zur Berechnung des Feldes im Inneren einer langen zylindrischen Spule wählt man unter Verwendung des Durchflutungsgesetzes einen Weg a-b-c-d, der alle Windungen beinhaltet

der Spule als auch außen sehr knapp an den Wicklungen vorbei. Das Integral kann in einzelne Teilintegrale zerlegt werden:

$$\int_a^b H_1 \mathrm{d}s_1 + \int_b^c H_2 \mathrm{d}s_2 + \int_c^d H_3 \mathrm{d}s_3 + \int_d^a H_4 \mathrm{d}s_4 = NI \, .$$

Das Feld H_1 im Außenraum ist schwach und kann längs des Weges a–b vernachlässigt werden. Innerhalb der Spule sind die Feldlinien stark „gebündelt". Da die Feldlinien stets in sich geschlossen sind, muss jede Feldlinie in der Spule ihren „Rückweg" im Außenraum antreten. Dafür steht aber der gesamte Raum zur Verfügung, die „Dichte" der Feldlinien ist im Außenraum also gering. Es gilt somit $H_1 \approx 0$. Die Felder H_2 und H_4 an den Stirnseiten der Spule (Weg b–c und d–a) sind zwar nicht Null, aber ihr Beitrag zur Integralsumme ist wegen der Kürze der Wege b–c und d–a sowie wegen des Winkels ($\approx 90°$) zwischen Weg und Feld zu vernachlässigen. Das Feld $H = H_3$ im Innern der Spule ist stark und unabhängig vom Ort und bestimmt allein die linke Seite der obigen Gleichung:

$$\int_c^d H \, \mathrm{d}r_3 \approx NI \quad \text{bzw.} \quad H \int_c^d \mathrm{d}r_3 \approx NI \, .$$

Da die reine Wegintegration die Länge L liefert, lautet das Ergebnis für das **Magnetfeld im Inneren einer dünnen, langgezogenen Zylinderspule**:

$$\boxed{H = \frac{NI}{L}} \, . \tag{4.36}$$

Das Feld steigt also mit wachsender Windungszahl N und wachsendem Strom I.

Ist der Leiter nicht geradlinig, sondern beliebig geformt, liegt der Fall komplizierter. Das Magnetfeld muss dann durch Integration ermittelt werden. Bei einem dünnen Leiter, der von einem Strom I durchflossen wird, liefert ein kleines Leiterstück (Abb. 4.34) der Länge $\mathrm{d}\vec{l}$ an einem Ort $\vec{r}$ zum Gesamtfeld $\vec{H}$ des Leiters nach dem **Gesetz von Biot-Savart** den Beitrag:

$$\boxed{\mathrm{d}\vec{H} = \frac{I \, \mathrm{d}\vec{l} \times (\vec{r} - \vec{r}')}{4\pi \left| \vec{r} - \vec{r}' \right|^3}} \, . \tag{4.37}$$

Der Vektor $\mathrm{d}\vec{H}$ steht dabei wie in Abb. 4.34 skizziert senkrecht auf den Vektoren $\mathrm{d}\vec{l}$ und $\vec{r} - \vec{r}'$. In einer allgemeineren Schreibweise des Gesetzes von Biot-Savart kann das Magnetfeld beliebiger Stromdichteverteilungen berechnet werden. Wir wollen im Rahmen dieses Buches jedoch nur Leiteranordnungen behandeln, die eine gewisse Symmetrie aufweisen und die Rechnung damit vereinfachen.

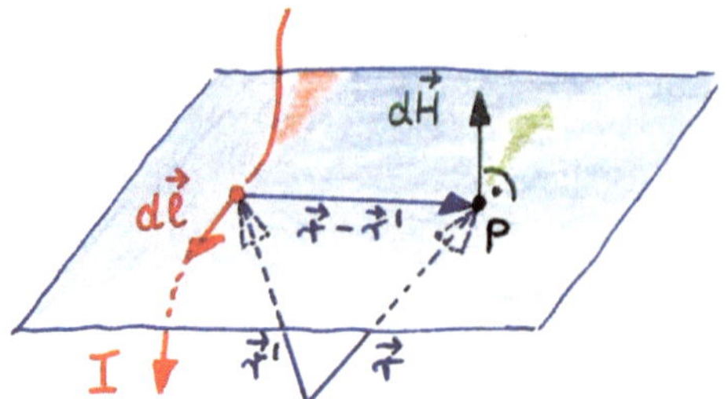

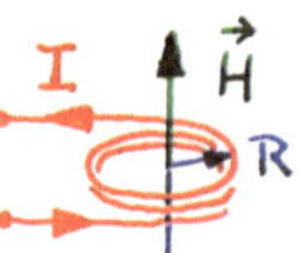

Abb. 4.34 Ein kleines Längenelement $\mathrm{d}\vec{l}$ eines vom Strom I durchflossenen Leiters verursacht am Punkt P den Feldanteil $\mathrm{d}\vec{H}$

Abb. 4.35 Fließt der Strom in der Spule von oben gesehen gegen den Uhrzeigersinn, zeigt das Magnetfeld nach oben

---

Beispiel

Wie groß ist das Magnetfeld einer kompakten, kreisförmigen Spule mit Radius R und Windungszahl N (Abb. 4.35), die von einem Strom I durchflossen wird, in ihrem Mittelpunkt?

Lösung: Aus Symmetriegründen liefert jedes Bogenstück der Länge $\mathrm{d}l$ vom Spulendraht aufgrund des konstanten Abstandes R vom Zentrum betragsmäßig das gleiche Feld $\mathrm{d}H$. Legt man den Ursprung in den Kreismittelpunkt, dann gilt $\vec{r} = \vec{0}$ und $|\vec{r} - \vec{r}'| = R$:

$$\mathrm{d}H = \frac{I \cdot |\mathrm{d}\vec{l}| \cdot |\vec{r} - \vec{r}'| \sin\varphi}{4\pi |\vec{r} - \vec{r}'|^3} \quad \text{bzw.} \quad \mathrm{d}H = \frac{I\,\mathrm{d}l}{4\pi R^2}.$$

Der Winkel φ zwischen $\mathrm{d}\vec{l}$ und $\vec{r} - \vec{r}'$ ist hier für alle $\mathrm{d}\vec{l}$ stets $90°$, also $\sin\varphi = 1$. Liegt die Spule in der Zeichenebene und wird gegen den Uhrzeigersinn vom Strom I durchflossen, dann zeigen alle Anteile $\mathrm{d}H$ auf der Mittelachse nach oben. Sie addieren sich auf, so dass H durch Integration ermittelt werden kann:

$$H = N \int_0^{2\pi R} \frac{I}{4\pi R^2}\mathrm{d}l = \frac{I N}{4\pi R^2} \int_0^{2\pi R} \mathrm{d}l = \frac{I N}{4\pi R^2}[l]_0^{2\pi R} = \frac{I N}{2R}. \tag{4.38}$$

H zeigt also wie $\mathrm{d}H$ nach oben, wenn der Strom gegen den Uhrzeigersinn fließt (Abb. 4.35).

4.2.2   Wenn der Strom im Kreis herum fließt …

Man stelle sich nun eine Spule mit nur einer Windung vor, die in sich geschlossen ist. Ein Strom in einer solchen Spule würde also im Kreis herum fließen. Natürlich ist das eine

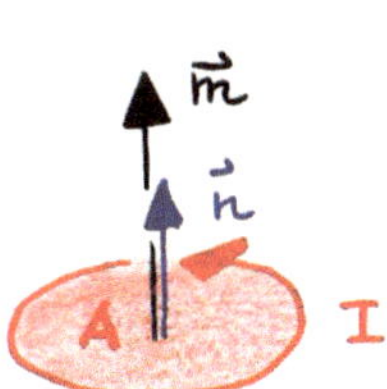

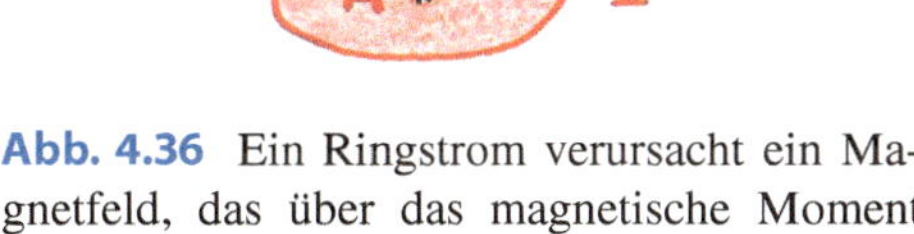

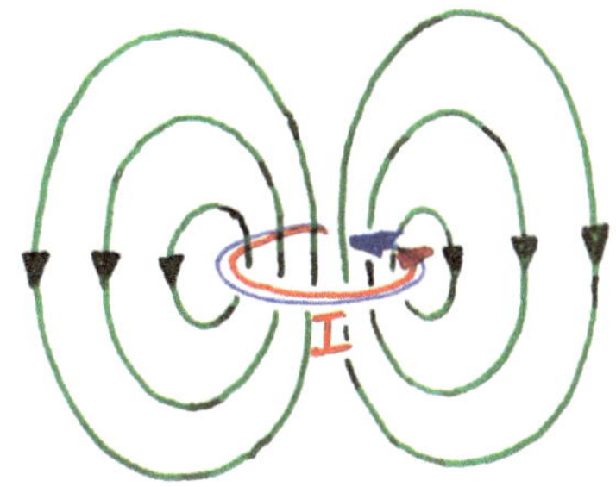

Abb. 4.36 Ein Ringstrom verursacht ein Magnetfeld, das über das magnetische Moment beschrieben wird

Abb. 4.37 Magnetfeld eines Dipols

Idealisierung, denn der Strom würde nicht lange fließen, da er durch ohmsche Verluste schnell versiegen würde. Trotzdem ist ein solches Modell sinnvoll, da sich damit in einer klassischen Betrachtungsweise die magnetischen Eigenschaften der Materie veranschaulichen lassen.

Wir betrachten den in Abb. 4.36 skizzierten Ring. In ihm soll ein Strom I in der eingezeichneten Richtung fließen. Die Fläche des Rings ist A und die Ausrichtung der Fläche im Raum wird durch den Normaleneinheitsvektor $\vec{n}$ beschrieben (siehe Abschn. 4.1.1). Der Umlaufsinn entspricht der Stromrichtung. Man definiert damit ein **magnetisches Moment $\vec{m}$**:

$$\boxed{\vec{m} = I\,A\vec{n}}.\qquad(4.39)$$

Seine Einheit ist $1\,\mathrm{Am}^2$. Das magnetische Feld eines solchen Dipols ist in Abb. 4.37 skizziert.

Beispiel

Wir wollen das Magnetfeld eines Dipols auf seiner Symmetrieachse berechnen.

Lösung: Wir legen das Koordinatensystem wie in Abb. 4.38 eingezeichnet. Aus Symmetriegründen zeigt der $\vec{H}$-Vektor unabhängig von der Position x stets in Richtung der x-Achse. Der Abstand des Beobachtungspunktes P vom Ringstrom ist $\sqrt{R^2 + x^2}$. Außerdem heben sich die Anteile vom $\vec{H}$-Feld senkrecht zur x-Achse paarweise weg (Abb. 4.39), so dass gilt:

$$H(x) = \int\limits_0^{2\pi R} \frac{I\sin(90°)\sin\varphi}{4\pi\,(R^2 + x^2)}\,\mathrm{d}l \qquad \text{mit} \quad \sin\varphi = \frac{R}{\sqrt{R^2 + x^2}}\,.$$

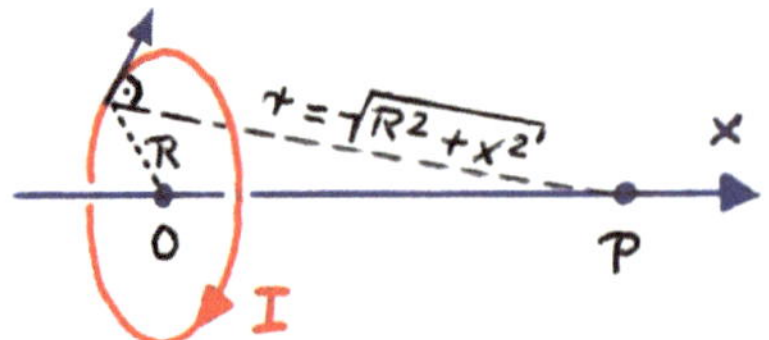

Abb. 4.38 Gesucht wird das Magnetfeld auf der Symmetrieachse eines Ringstroms

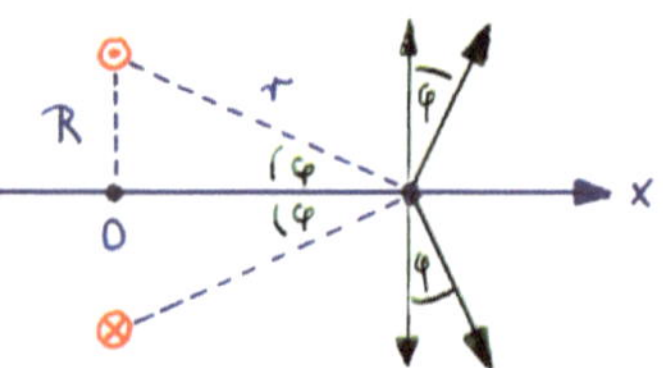

Abb. 4.39 Die Anteile des $\vec{H}$-Vektors, die jeweils senkrecht zur x-Richtung zeigen, heben sich paarweise auf. Der Strom fließt unten in die Zeichenebene, oben aus der Zeichenebene heraus

Es folgt:

$$H(x) = \int_0^{2\pi R} \frac{IR}{4\pi\left(\sqrt{R^2 + x^2}\right)^3}\,\mathrm{d}l = \frac{IR}{4\pi\left(\sqrt{R^2 + x^2}\right)^3} \int_0^{2\pi R} \mathrm{d}l = \frac{IR^2}{2\left(\sqrt{R^2 + x^2}\right)^3}\,.$$

Für $x = 0$ entspricht das dem Ergebnis der Spule (Gl. 4.38) für den Fall $N = 1$.

4.2.3 Von der Schwierigkeit, eine Ladung im Magnetfeld zu bewegen ... und was die magnetischen Eigenschaften von Materie damit zu tun haben

Wir beginnen unsere Betrachtung mit der Feststellung, dass das Einbringen von Materie in ein Magnetfeld letzteres verändert. Es lässt sich mit der Veränderung des elektrischen Feldes $\vec{E}$ durch Dielektrika vergleichen, wenngleich es hier einige Unterschiede gibt. Eine Größe, die bei senkrechtem Durchtritt der Feldlinien von Vakuum in ein Material unverändert bleibt, ist die **magnetische Flussdichte** oder **magnetische Induktion $\vec{B}$**:

$$\boxed{\vec{B} = \mu_0\mu_\mathrm{r}\vec{H}}\,. \tag{4.40}$$

Die Konstante $\mu_0 = 1{,}2566 \cdot 10^{-6}\ \mathrm{Vs/Am}$ wird **magnetische Feldkonstante** genannt, die Stoffkonstante μ_r heißt **Permeabilität**. $\vec{B}$ hat die Einheit $1\ \mathrm{Tesla} = 1\ \mathrm{T} = 1\ \mathrm{Vs/m^2}$. Wie beim elektrischen Feld wird auch beim magnetischen eine **Suszeptibilität** $\chi_\mathrm{m} = \mu_\mathrm{r} - 1$ eingeführt. Außerhalb von Materie gilt wegen $\mu_\mathrm{r} = 1$ für die magnetische Flussdichte $\vec{B} = \mu_0\vec{H}$. Da sich $\vec{B}$ an der Grenzschicht nicht verändert, muss die magnetische Feldstärke $\vec{H}$ im Außenraum zunehmen.

Die magnetische Flussdichte spielt eine wichtige Rolle bei der Beschreibung der Kraft auf eine bewegte Ladung im Magnetfeld. Bewegt man eine elektrische Ladung Q mit der

Geschwindigkeit $\vec{v}$ in einem Magnetfeld der Flussdichte $\vec{B}$, kommt es zu einer Kraftwirkung, die **Lorentzkraft** genannt wird:

$$\boxed{\vec{F} = Q\vec{v} \times \vec{B}} \, . \tag{4.41}$$

Sie ist die Voraussetzung für den Bau von Elektromotoren und wird uns in anderer Form später noch beschäftigen. Schießt man wie in Abb. 4.40 skizziert eine elektrische Ladung Q mit konstantem Geschwindigkeitsbetrag $|\vec{v}|$ so in ein konstantes, räumlich homogenes Magnetfeld, dass $\vec{v} \perp \vec{B}$ ist, dann steht der Kraftvektor $\vec{F}$ senkrecht auf $\vec{v}$ und auf $\vec{B}$. Die Ladung wird nach rechts abgelenkt. Der Betrag der Geschwindigkeit bleibt dabei erhalten, nur die Bewegungsrichtung ändert sich. Es gilt weiterhin $\vec{v} \perp \vec{B}$ und $\vec{F} \perp \vec{v}$, so dass $\vec{F}$ den Charakter einer **Zentripetalkraft** bekommt. Wegen der rechten Winkel gilt für den Betrag der Kraft $F = QvB$. Sie muss gleich der Zentripetalkraft $F = mv^2/R$ sein, so dass für den Radius der Bahnkurve gilt:

$$R = \frac{mv}{QB} \, .$$

Mit der Lorentzkraft können wir in einer klassischen Betrachtungsweise eine magnetische Eigenschaft jeglicher Materie, den **Diamagnetismus** verstehen. Im Alltag wird gemeinhin zwischen magnetischen und unmagnetischen Substanzen unterschieden. Das ist grundsätzlich falsch, denn gänzlich unmagnetische Materie gibt es nicht. Es gibt nur solche, bei der der Magnetismus so schwach ausgeprägt ist, dass er im Alltag nicht beobachtbar ist. Wohl wissend, dass das kreisende Elektron beim Bohrschen Atommodell realitätsfremd ist, kann es doch den Diamagnetismus auf anschaulicher Ebene erklären.

Ein kreisendes Elektron stellt einen Ringstrom und damit ein magnetisches Moment ähnlich dem eines stromdurchflossenen Kreisrings dar. Da Materie aus einer hohen Anzahl von regellos verteilten Atomen besteht, heben sich die magnetischen Momente aller kreisenden Elektronen nach außen auf und die Materie erscheint unmagnetisch. Wir betrachten ein einzelnes mit der Bahngeschwindigkeit v kreisendes Elektron. Die Richtung des daraus resultierenden Stroms I ist hierzu gegenläufig. Die Winkelgeschwindigkeit des Elektrons ist ω_0 und die Zentripetalkraft $m\omega_0^2 R$ entspricht der Coulombkraft F_C. m ist die Masse des Elektrons. Wie in Abb. 4.41 gezeigt, soll nun ein Magnetfeld der Flussdichte $\vec{B}$ so eingeschaltet werden, dass es in Richtung des magnetischen Momentes $\vec{m}$ zeigt. Die Coulombanziehung des Elektrons wird durch die Lorentzkraft teilweise aufgehoben. Damit das Elektron auf seiner Kreisbahn bleibt, muss sich seine Winkelgeschwindigkeit auf den Wert ω verringern, so dass wieder gilt:

$$m\omega^2 R = F_C - e\omega RB = m\omega_0^2 R - e\omega RB \quad \text{bzw.} \quad m\left(\omega^2 - \omega_0^2\right) = -e\omega B \, .$$

Führt man die Änderung $\Delta\omega - \omega - \omega_0$ der Winkelgeschwindigkeit ein und berücksichtigt $\omega + \omega_0 \approx 2\omega$ (die Änderung der Winkelgeschwindigkeit durch das Feld ist nur gering),

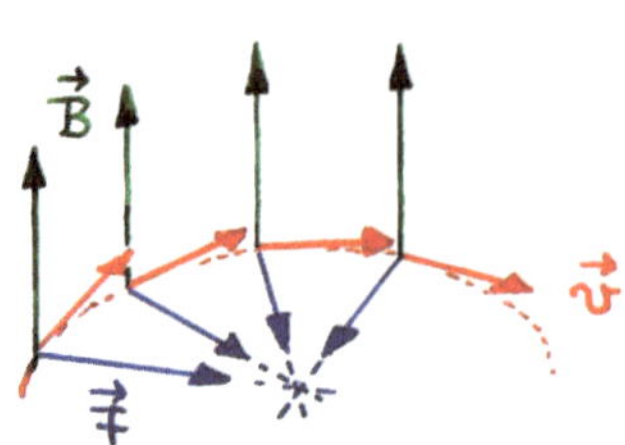

Abb. 4.40 Die Ladung mit der Geschwindigkeit $\vec{v}$ wird im homogenen Magnetfeld auf eine Kreisbahn gezwungen

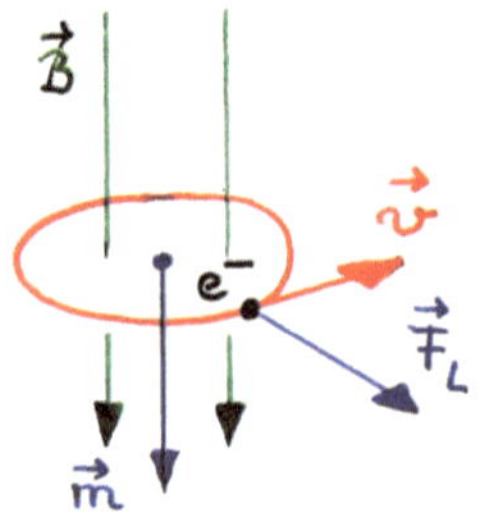

Abb. 4.41 Klassisches Bild vom kreisenden Elektron zur Erklärung des Diamagnetismus

dann erhält man:

$$m\,(\omega - \omega_0)\,(\omega + \omega_0) = -e\omega B \quad \text{bzw.} \quad 2m \cdot \Delta\omega = -eB\,.$$

Die Änderung der Winkelgeschwindigkeit $\Delta\omega$ ist also:

$$\Delta\omega = -\frac{eB}{2m}\,. \tag{4.42}$$

Die Verringerung der Winkelgeschwindigkeit geht mit einem Absinken des Ringstroms einher. Die Stromänderung ΔI ist gegeben durch die Ladung pro Zeit:

$$\Delta I = \frac{\Delta\omega e}{2\pi}\,.$$

Die Änderung des magnetischen Moments ließe sich also mit Gl. 4.39 und 4.42 schreiben als:

$$\Delta m = \pi R^2 \Delta I = \pi R^2 \frac{\Delta\omega e}{2\pi} = -\frac{e^2 B R^2}{4m}\,. \tag{4.43}$$

Die Änderung des magnetischen Moments ist also negativ und somit gegen das verursachende Feld gerichtet. Würde man das Magnetfeld umkehren, würde die Lorentzkraft radial nach innen zeigen, die Kreisfrequenz müsste sich dann bei konstantem Bahnradius R erhöhen. Es wäre dann $\Delta m > 0$ und damit wieder gegen das verursachende Feld gerichtet.

Die beschriebene Reaktion auf ein äußeres Feld ist bei jeglicher Materie vorhanden. Der Diamagnet wird infolge von Gl. 4.43 aus einem **inhomogenen** Magnetfeld hinausgedrängt. Er schwächt das verursachende Feld (geringfügig). Seine magnetische Suszeptibilität ist negativ ($\mu_\mathrm{r} < 1$). Die Werte liegen zwischen -10^{-4} und -10^{-9}. Der Diamagnetismus zeigt keine Temperaturabhängigkeit und ist bei jeder Materie beobachtbar.

Eine weitere Art des Magnetismus ist der **Paramagnetismus**. Er ist zurückzuführen auf die Eigendrehung des Elektrons, den Spin, der ebenfalls mit einem magnetischen Moment verbunden ist. Sind Elektronen paarweise vorhanden, nehmen die Spins und damit die magnetischen Momente gegensätzliche Richtungen an und die Momente heben sich nach außen hin auf. Ist ein Elektronenspin in einer äußeren Schale ungepaart, zeigt das Atom ein permanentes magnetisches Moment. In einem äußeren Magnetfeld werden die magnetischen Momente mehr oder weniger (je nach Temperatur) ausgerichtet. Sie verstärken das äußere Feld. Paramagnetismus führt bei Raumtemperatur zu einer magnetischen Suszeptibilität χ_{m} von ca. 10^{-6} bis 10^{-2}, demzufolge liegt die Permeabilität μ_{r} zwischen 1,000001 und 1,01. Ein Paramagnet wird **in ein inhomogenes Feld hineingezogen** (in einem homogenen Magnetfeld erfährt ein magnetischer Dipol keine Kraft, je nach Orientierung wirkt aber ein Drehmoment).

Bezeichnet man ein Material als magnetisch, meint man meist eine Substanz, die **Ferromagnetismus** zeigt. Dieser tritt nur bei kristalliner Struktur der Materie auf und zeigt sich nur bei wenigen Materialien, z. B. bei Eisen, Nickel, Kobalt und Gadolinium. Ursache sind vorrangig die auf den Spin zurückgehenden magnetischen Momente, die verursacht durch die Gitterstruktur zur Ausbildung von Weißschen Bezirken neigen: das sind Gebiete makroskopischer Größe (ca. $10\,\mu$m), in denen die magnetischen Momente gleichgerichtet sind. Setzt man den Ferromagneten einem starken Magnetfeld aus, vergrößern sich die **Weißschen Bezirke**, bis schließlich der ganze Körper gleichgerichtete Spins besitzt und die Magnetisierung sättigt.

Den Verlauf der Magnetisierung bei steigendem äußerem Feld $\vec{H}$ für einen unmagnetisierten Körper gibt die gestrichelte Linie in Abb. 4.42 wieder. Bei hohen Feldstärken wird die **Sättigungsmagnetisierung** M_{S} erreicht. Wird das Magnetfeld verringert, geht die Magnetisierung nicht wieder auf den Wert Null zurück, sondern verringert sich lediglich auf den Wert M_{R}. Erst wenn H negativ wird, erreicht die Magnetisierung bei der **Koerzitiverregung** H_{C} den Wert Null. Bei höheren Negativwerten von H sättigt M genauso wie bei hohen positiven H-Werten. Der Ausgangspunkt (Ursprung) wird nie wieder erreicht. Die Kurve wird **Hysteresekurve** genannt.

Man kann durch Herstellen geeigneter Legierungen die Hysteresekurve sehr schmal halten (Abb. 4.43). Solche Materialien werden z. B. für Trafobleche benötigt, sie müssen leicht ummagnetisierbar sein. Man spricht von **weichmagnetischen Werkstoffen** (z. B. reines Eisen). Im Gegensatz dazu zeichnen sich **hartmagnetische Werkstoffe** (z. B. Legierungen aus Aluminium, Nickel und Kobalt) durch eine breite, fast rechteckförmige Hysteresekurve mit hoher **Koerzitivfeldstärke** H_{C} aus. Sie eignen sich also als **Permanentmagnete**, denn sie sind zwar schwer magnetisierbar, haben aber eine hohe dauerhafte Magnetisierung.

Die ferromagnetischen Eigenschaften der Materie verschwinden oberhalb der Curie-Temperatur T_{C} vollständig. Das Material zeigt dann lediglich noch Paramagnetismus und

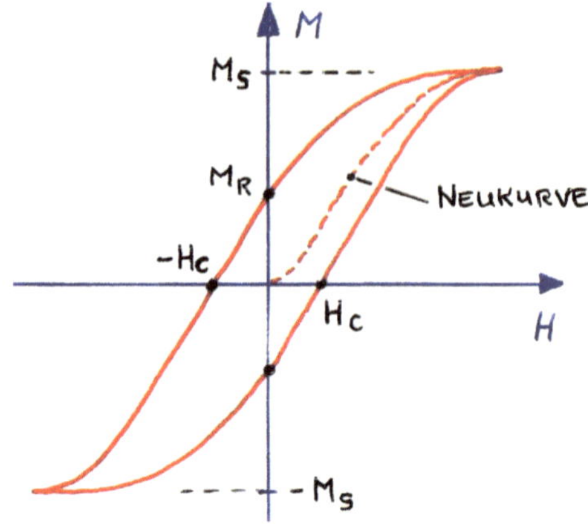

Abb. 4.42 Bei ferromagnetischen Substanzen ergibt die Magnetisierung als Funktion der magnetischen Feldstärke eine Hysteresekurve

die magnetische Suszeptibilität χ_m gehorcht dem Gesetz von Curie-Weiss:

$$\chi_\mathrm{m} = \frac{C}{T - T_\mathrm{C}}$$

C ist eine Stoffkonstante. Nach dem Abkühlen bilden sich wieder kleine Weiß'sche Bezirke und das Material kann erneut magnetisiert werden. Für Permanentmagnete sind solche Werkstoffe nur deutlich unterhalb der Curie-Temperatur verwendbar (für Eisen ist $T_\mathrm{C} = 1042\,\mathrm{K}$, für Nickel $T_\mathrm{C} = 631\,\mathrm{K}$).

Wir wollen zum Thema Materie im Magnetfeld abschließend noch zwei Begriffe einführen. Bringt man Materie mit der Permeabilität μ_r in ein homogenes Magnetfeld der Stärke $\vec{H}_0$ und der Flussdichte $\vec{B}_0$, dann verändert sich **innerhalb** des Materials die Feldstärke $\vec{H}_0$ nicht. Allerdings erhöht sich längs der Feldlinien die Feldstärke beim Übergang

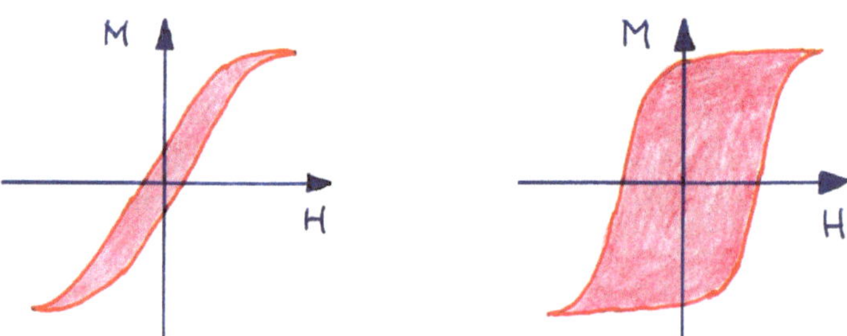

Abb. 4.43 Bei weichmagnetischen Substanzen ist die Hysteresekurve sehr schlank, im Idealfall verschwindet das Hystereseverhalten und die Kurve wird zur Geraden. Das Material ist dann gut als Trafoblech einsetzbar. Bei hartmagnetischen Substanzen wird eine Hysteresekurve gewünscht, die der Rechteckform nahekommt. Das ist dann ein idealer Permanentmagnet

in den Außenraum um die **Magnetisierung** $\vec{M}$:

$$\vec{H} = \vec{H}_0 + \vec{M} \, . \tag{4.44}$$

$\vec{M}$ hat die Einheit 1 A/m. Betrachtet man hingegen die magnetische Flussdichte $\vec{B}_0$, stellt man fest, dass sich diese im Material um den Faktor der Permeabilität μ_r erhöht:

$$\vec{B} = \mu_r \vec{B}_0 \, . \tag{4.45}$$

Der Übergang in den Außenraum erfolgt für die Normalkomponente „stetig", d. h. $\vec{B}$ erhöht sich längs der Feldlinien auch im Außenraum. Oder anders ausgedrückt: addiert man zur ursprünglichen Flussdichte $\vec{B}_0 = \mu_0 \vec{H}_0$ die durch die Magnetisierung $\vec{M}$ zusätzlich entstandene Flussdichte $\vec{J} = \mu_0 \vec{M}$, erhält man die Flussdichte $\vec{B}$:

$$\vec{B} = \mu_0 \vec{H}_0 + \vec{J} = \mu_0 \left(\vec{H}_0 + \vec{M} \right) \, . \tag{4.46}$$

$\vec{J}$ wird **magnetische Polarisation** genannt und hat die Einheit $1 \, \mathrm{Vs/m^2}$.

4.2.4   Wie Strom auch im Großen die Dinge bewegt

Wir wollen noch einmal auf die oben erwähnte **Lorentzkraft** (Gl. 4.41) zurückkommen. Sie ist fundamental und ermöglicht den Bau von Elektromotoren. Wenn bewegte Ladungen in einem Magnetfeld eine Kraft verspüren, muss das natürlich auch für Elektronen in einem dem Magnetfeld ausgesetzten Draht gelten. Hier wird sich die Kraft natürlich auf den Draht übertragen, da die Elektronen an diesen gebunden sind. Ein Stück Draht der Länge $\vec{L}$ ist von einem Strom I in Richtung des $\vec{L}$-Vektors durchflossen (Abb. 4.44). Das bedeutet, dass Elektronen sich mit der Geschwindigkeit $\vec{v}$ in die entgegengesetzte Richtung bewegen. Man beachte, dass für die Ladung $Q = -e$ gilt, das führt zur Umkehrung der Kraftrichtung. Die Lorentzkraft ist nach Gl. 4.41 nach rechts gerichtet. Angenommen, die Ladung Q benötigt fürs Zurücklegen der Strecke $\vec{L}$ die Zeit t, dann gilt:

$$Q\vec{v} = Q\frac{\vec{L}}{t} = \frac{Q}{t}\vec{L} = I\vec{L} \, . \tag{4.47}$$

Damit gilt für die **Kraft auf den stromdurchflossenen Leiter**:

$$\boxed{\vec{F} = Q\vec{v} \times \vec{B} = I\vec{L} \times \vec{B}} \, . \tag{4.48}$$

Diese Formel ist für viele Anwendungen praktikabler als Gl. 4.41, denn die Geschwindigkeit der Ladungen ist in der Regel eine nicht leicht zugängliche Größe. Leicht zu messen ist dagegen der Strom I.

Abb. 4.44 Auf einen Leiter der Länge L, der in Richtung des Vektors $\vec{L}$ von einem Strom I durchflossen wird, wirkt im Magnetfeld eine Kraft $\vec{F}$. Die Kraftrichtung lässt sich aus der Formel für die Lorentzkraft bestimmen, wobei zu berücksichtigen ist, dass Strom I und Elektronenbewegung gegenläufig sind

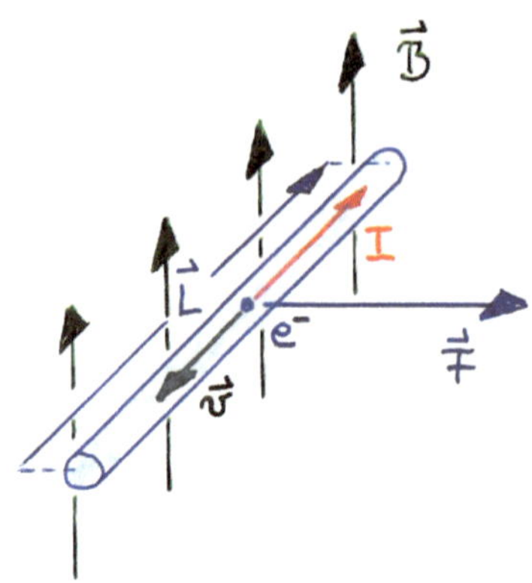

Beispiel

Die Schaukel in Abb. 4.45 wird von einem Strom I in der eingezeichneten Richtung durchflossen. Sie befindet sich in einem räumlich homogenen Magnetfeld der Flussdichte $B = 0{,}861\,\text{T}$, das senkrecht nach unten gerichtet ist. Der Bügel der Schaukel hat die Länge $L = 29{,}1\,\text{cm}$ und die Masse $m = 177\,\text{g}$, die Massen der Zuleitungen können vernachlässigt werden. Wie hoch muss der Strom I gewählt werden, damit die Schaukel um $\varphi = 30°$ ausgelenkt wird? Wie groß ist dann die Zugkraft in den Seilen?

Lösung: Da hier stets $\vec{L} \perp \vec{B}$ ist, gilt der einfache Zusammenhang $F = ILB$, wobei F in waagrechter Richtung wirkt (Abb. 4.46). Genau senkrecht nach unten wirkt die Schwerkraft mg, so dass der Zusammenhang

$$\tan \varphi = \frac{ILB}{mg}$$

gilt. Der Strom I ist damit:

$$I = \frac{mg \tan \varphi}{LB} \quad \text{bzw.} \quad I = 4{,}0\,\text{A}.$$

Nach Abb. 4.46 gilt für die beiden Seilkräfte F_S zusammen:

$$\frac{mg}{F_S} = \cos \varphi \quad \text{bzw.} \quad F_S = \frac{mg}{\cos \varphi} \quad \text{bzw.} \quad F_S = 2{,}0\,\text{N}.$$

Jedes der zwei Seile wird also mit einer Kraft von $1{,}0\,\text{N}$ belastet.

In der Technik wird man diese Kraftwirkung auf einen stromdurchflossenen Leiter in der Regel in eine Drehbewegung umwandeln. Das bedeutet, dass man ein Drehmoment erzeugen muss. Wir betrachten hierzu einen beliebig geformten, aber **ebenen** Drahtrahmen, der wie in Abb. 4.47 gezeigt drehbar um eine Achse A gelagert und von einem Strom

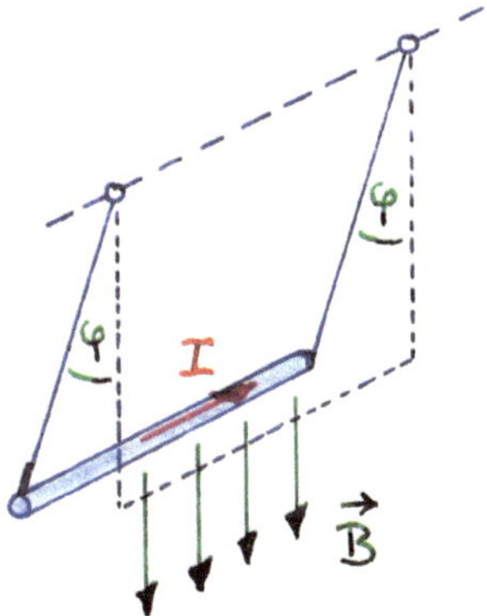

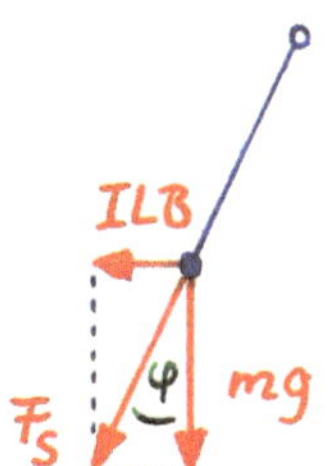

Abb. 4.45 Die Kraft auf einen stromdurchflossenen Leiter in einem Magnetfeld führt zu einer Auslenkung der Schaukel um den Winkel φ

Abb. 4.46 Auf die Schaukel wirkende Kräfte

Abb. 4.47 Ein beliebig geformter, ebener Drahtrahmen kann in kleine Längenelemente zerlegt werden, wobei nur die parallel zur Drehachse verlaufenden Wegelemente einen Einfluss auf das Drehmoment in einem Magnetfeld haben

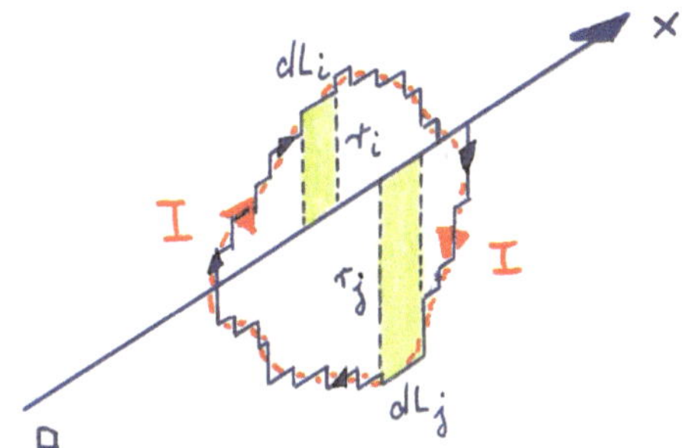

I durchflossen ist. Er wird einem homogenen Magnetfeld der Flussdichte $\vec{B}$, das senkrecht zur Achse gerichtet ist, ausgesetzt. Zur Berechnung des entstehenden Drehmoments $\vec{M}$ zerlegen wir den Rahmen in lauter kleine Wegelemente (Abb. 4.47), die entweder senkrecht zur Drehachse A oder parallel dazu verlaufen. Da das Feld auf der Achse A senkrecht steht, liefern die senkrecht zu A verlaufenden Wegelemente eine Kraft, die parallel zur Achse gerichtet ist und somit zum Drehmoment nichts beiträgt. Nur die parallel zur Achse verlaufenden Wegelemente $\mathrm{d}L_i$ und $\mathrm{d}L_\mathrm{j}$ liefern eine für die Drehung relevante Kraft:

$$\mathrm{d}F_i = I \cdot \mathrm{d}L_i\, B \sin\varphi \quad \text{bzw.} \quad \mathrm{d}F_\mathrm{j} = I \cdot \mathrm{d}L_\mathrm{j}\, B \sin\varphi \,.$$

Hierbei ist φ der Winkel zwischen Flächennormale und Feldrichtung. Für das gesamte Drehmoment M gilt also:

$$M = IB \sin\varphi \sum_{i=1}^{n} r_i \mathrm{d}L_i + IB \sin\varphi \sum_{j=1}^{m} r_\mathrm{j} \mathrm{d}L_\mathrm{j} \,.$$

Dabei geht die erste Summe über die n Wegelemente oben und die zweite Summe über die m Wegelemente unten. Fasst man die Summen jeweils als Integrale über die Funktion $r(x)$ auf, sieht man, dass es sich hierbei um die Fläche zwischen $r(x)$ und der x- bzw. Drehachse handelt. Im einen Fall ist es die Fläche oberhalb der Drehachse ($r_+(x)$), im anderen Fall unterhalb der Drehachse ($r_-(x)$):

$$M = IB \sin \varphi \int r_+(x)\,\mathrm{d}x + IB \sin \varphi \int r_-(x)\,\mathrm{d}x\,.$$

Da die Summen zusammen die Fläche A des Rahmens ergeben, gilt:

$$M = IBA \sin \varphi\,.$$

Schreibt man die Fläche A in vektorieller Form $A\vec{n}$, gilt:

$$\vec{M} = IA\vec{n} \times \vec{B}\,.$$

Führt man gemäß Gl. 4.39 $\vec{m} = IA\vec{n}$ ein, erhält man für das auf die Drahtschleife wirkende **Drehmoment** im Feld mit der Flussdichte $\vec{B}$:

$$\boxed{\vec{M} = \vec{m} \times \vec{B}}\,.$$

Der Dipol erfährt also kein Drehmoment, wenn das magnetische Moment $\vec{m}$ parallel oder antiparallel zur Flussdichte $\vec{B}$ gerichtet ist. Das größte Drehmoment tritt auf, wenn $\vec{m} \perp \vec{B}$ gilt. Im stabilen Gleichgewicht ist der Dipol, wenn $\vec{m}$ und $\vec{B}$ in die gleiche Richtung zeigen.

4.2.5   Kann man Magnetfelder messen?

Ja, man kann sie sogar sehr gut messen. Der Effekt, der hierfür ausgenützt wird, ist der **Hall-Effekt**. Ein Blech der Dicke d und der Breite b ist von einem starken Strom, z. B. 20 A durchflossen. Das Blech befindet sich wie in Abb. 4.48 skizziert in einem Magnetfeld der Flussdichte $\vec{B}$. Da die Leitfähigkeit nicht nur durch Elektronen bewirkt wird, sondern mitunter – insbesondere in Halbleitern – auch durch positive „Löcher", werden die bewegten Ladungen mit q bezeichnet. $q = -e$ würde dann für Elektronen stehen. Da sich die Ladungen q mit einer Geschwindigkeit $\vec{v}$ durch das Blech bewegen, wirkt auf sie die Lorentzkraft F_L. Für eine Ladung gilt also:

$$F_\mathrm{L} = qvB\,.$$

Wird der Strom von negativen Ladungsträgern, also Elektronen, getragen ($q < 0$), dann erfolgt die Ablenkung wie in Abb. 4.48 gezeigt nach unten. Es entsteht ein elektrisches

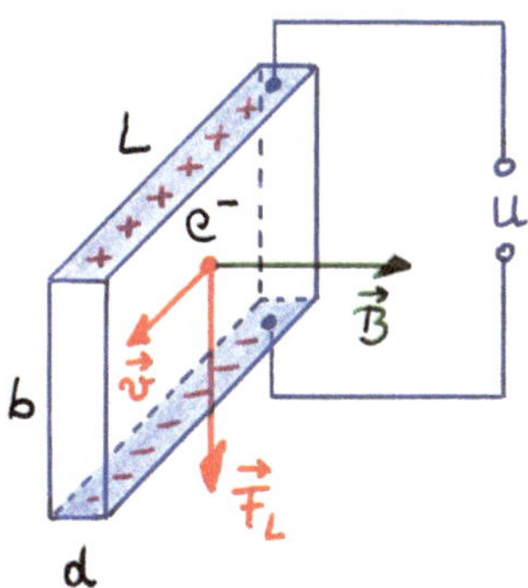

Abb. 4.48 Bedingt durch die Lorentzkraft erfahren die Elektronen in einem dünnen Blech, das senkrecht von einem Magnetfeld durchsetzt wird, eine Ablenkung. Dadurch baut sich zwischen der oberen und unteren Kante des Bleches eine Spannung auf

Feld, das so genannte **Hallfeld**. Natürlich wirkt dieses Feld E einer Trennung weiterer Ladungen entgegen. Das Feld ist von oben nach unten gerichtet. Wird der Strom dagegen von positiven Ladungsträgern getragen ($q > 0$), dann würde auch die Bewegungsrichtung der Ladungen entgegengesetzt zu der der Elektronen in Abb. 4.48 sein. Man beachte, dass dann der Strom I in die gleiche Richtung fließt, in die sich auch die Ladungsträger bewegen. Die Lorentzkraft würde die positiven Ladungen in Abb. 4.48 nach unten ablenken. Das Hallfeld ist also in diesem Fall von unten nach oben gerichtet. Die durch das elektrische Feld bedingte elektrostatische Anziehungskraft und die Lorentzkraft sind in jedem Fall entgegengesetzt gerichtet. Im Gleichgewichtszustand heben sich elektrostatische Anziehungskraft qE und Lorentzkraft gegenseitig auf:

$$qvB = qE \,.$$

Damit hat das entstandene Hallfeld die Größe $E = vB$. Wegen des Zusammenhangs $U = Eb$ zwischen dem Feld E und der zugehörigen Potentialdifferenz U gilt:

$$U = vBb \,.$$

Diese Spannung wird **Hallspannung** genannt. Aus der Polarität der Hallspannung kann entschieden werden, ob der Strom durch positive oder negative Ladungen getragen wird. Leider ist in dieser Formel wieder die (vorzeichenbehaftete) Driftgeschwindigkeit der Elektronen enthalten. Mit Gl. 4.47 gilt, wenn man die Ladung Q durch die Gesamtzahl N der Ladungsträger q ausdrückt, dem Betrage nach:

$$U = \frac{IL}{Q} Bb = \frac{ILBb}{Nq} \,.$$

Hat das Blech ein Volumen $V = Lbd$ und eine Querschnittsfläche $A = bd$, gilt mit der Teilchenzahldichte $n = N/V$:

$$U = \frac{IBV}{Nqd} = \frac{IB}{nqd} = \frac{IBb}{nqA} = \frac{JBb}{nq} \,. \tag{4.49}$$

J ist die Stromdichte. Die Größe $R_\mathrm{H} = 1/(nq)$ wird **Hall-Koeffizient** genannt. Man erkennt, dass im Falle von Elektronen als bewegte Ladungen wegen $q = -e$ der Hall-Koeffizient negativ ist. Die Polarität der Hallspannung zeigt also, ob die Leitfähigkeit durch Elektronen oder durch Löcher getragen wird. Die Hall-Koeffizienten liegen für Metalle betragsmäßig in der Größenordnung von 10^{-11} bis $10^{-10} \mathrm{m}^3/\mathrm{C}$.

Das Prinzip des Hall-Effektes kann man zur Stromerzeugung nutzen. Um nennenswert Leistung mit diesem **magnetohydrodynamischen Generator** zu erzeugen, benötigt man extrem starke Magnetfelder und eine sehr hohe Geschwindigkeit der Ladungsträger. Obwohl ein Prototyp realisiert wurde, scheiterte die Verbreitung dieses Kraftwerkstyps an den starken Magnetfeldern, die großräumig nur durch supraleitende Spulen erzeugt werden können. Außerdem ist der Materialverschleiß durch die hohen Plasmatemperaturen für die Erzeugung der Ladungsträger enorm.

4.2.6 Einen Fluss gibt's auch beim Magnetfeld

Die Bezeichnung „Flussdichte" für $\vec{B}$ legt den Verdacht nahe, dass es auch einen **magnetischen Fluss** geben müsse. Dem ist auch so, man bezeichnet ihn mit dem Buchstaben Φ:

$$\Phi = \int_A \vec{B}\vec{n}\,\mathrm{d}A\,. \tag{4.50}$$

Der magnetische Fluss Φ hat die Einheit 1 Weber $= 1\,\mathrm{Wb} = 1\,\mathrm{Vs}$. Rein qualitativ könnte man den magnetischen Fluss als Anzahl der Feldlinien auffassen, die durch eine Fläche A treten. Da es sich beim magnetischen Feld um ein reines **Wirbelfeld** handelt, muss der Fluss durch eine geschlossene Oberfläche stets Null sein:

$$\boxed{\Phi = \oint_A \vec{B}\vec{n}\,\mathrm{d}A = 0} \tag{4.51}$$

Wenn $\vec{B}$ ein reines Wirbelfeld ist, kann es nur in sich geschlossene Feldlinien geben (Abb. 4.49). Tritt also eine Feldlinie an einer Stelle in das durch A begrenzte Volumen ein, muss sie auch an einer anderen Stelle wieder austreten. Der diesbezügliche magnetische Fluss hebt sich also auf. Verlaufen die Schleifen des $\vec{B}$-Feldes ganz innerhalb oder ganz außerhalb des durch A begrenzten Volumens, entsteht kein Fluss durch die Oberfläche. Der Gesamtfluss durch A ist also stets Null.

Beispiel

In einem geraden, sehr langen Draht mit Radius $R = 5\,\mathrm{mm}$ ist die Stromdichte gemäß $J(r) = c - br^2$ (mit $c = 7{,}64 \cdot 10^{-2}\,\mathrm{A} \cdot \mathrm{mm}^2$ und $b = 3{,}06 \cdot 10^{-3}\,\mathrm{A} \cdot \mathrm{mm}^{-4}$) rotationssymmetrisch verteilt (Abb. 4.50). Wie groß ist der gesamte durch den Draht fließende

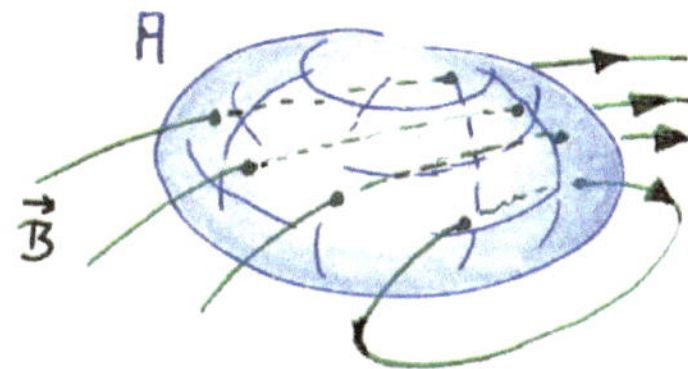

Abb. 4.49 Jede in sich geschlossene Feldlinie, die in ein geschlossenes Volumen eintritt, muss auch wieder austreten. Verläuft sie ganz innerhalb oder außerhalb des Volumens, trägt sie zum Fluss durch die Oberfläche nichts bei

Strom I? Wie groß ist der gesamte, durch den skizzierten Drahtrahmen ($R_i = 1\,\text{cm}$, $R_a = 5\,\text{cm}$, $h = 10{,}36\,\text{cm}$) gehende magnetische Fluss Φ?

Lösung: Der Strom I errechnet sich durch Integration der Stromdichte über die Querschnittsfläche des Drahtes:

$$I = \int\limits_0^{2\pi} \int\limits_0^R J\,(r)\,\mathrm{d}A. \tag{4.52}$$

Polarkoordinaten

Das Flächenelement $\mathrm{d}A$ in Polarkoordinaten erhält man, indem man die Flächen der beiden Kreissektoren (Abb. 4.51) ABM und CDM subtrahiert:

$$\mathrm{d}A = \frac{\mathrm{d}\varphi}{2\pi}\pi r_a^2 - \frac{\mathrm{d}\varphi}{2\pi}\pi r_i^2 = \mathrm{d}\varphi\,(r_a - r_i)\frac{(r_a + r_i)}{2} = r\,\mathrm{d}\varphi\mathrm{d}r\,.$$

Es ist $\mathrm{d}r = r_a - r_i$ und $r = (r_a + r_i)\,/2$. Das Integral Gl. 4.52 wird damit zu:

$$I = \int\limits_0^{2\pi} \int\limits_0^R J(r)r\,\mathrm{d}r\,\mathrm{d}\varphi$$

Die Integration liefert:

$$I = \int\limits_0^{2\pi} \left[c\frac{r^2}{2} - b\frac{r^4}{4}\right]_0^R \mathrm{d}\varphi = \left[\left(c\frac{R^2}{2} - b\frac{R^4}{4}\right)\varphi\right]_0^{2\pi}$$

$$= 2\pi\left(c\frac{R^2}{2} - b\frac{R^4}{4}\right) \quad \text{bzw.} \quad I = 3{,}0\,\text{A}\,.$$

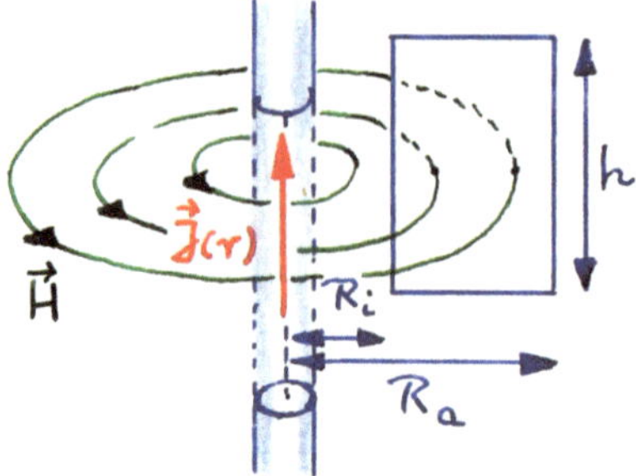

Abb. 4.50 Das magnetische Feld durchdringt den rechteckigen Drahtrahmen senkrecht

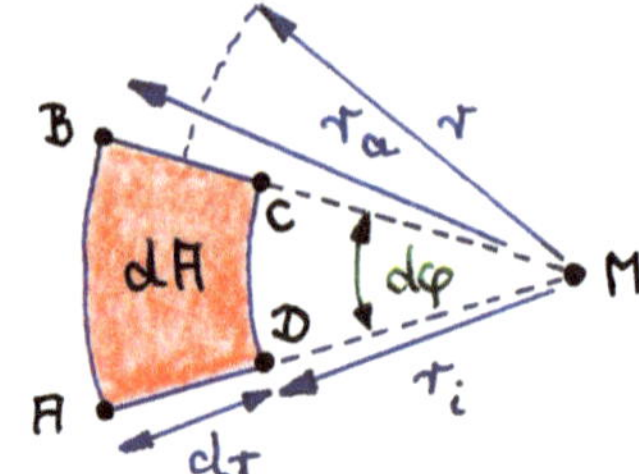

Abb. 4.51 Das Flächenelement dA erhält man aus der Differenz der Fläche der Kreissektoren ABM und CDM

Zur Berechnung des magnetischen Flusses dient Gl. 4.50. Das Flächenelement dA ist hier ein dünner Streifen der Breite dr und Höhe h, innerhalb dessen der magnetische Fluss als konstant angenommen wird. Das Magnetfeld des geradlinigen Leiters ist $H = I / (2\pi r)$:

$$\Phi = \int_{R_i}^{R_a} \mu_0 \frac{I}{2\pi r} h \, dr = \left[\frac{\mu_0 h I}{2\pi} \ln(r) \right]_{R_i}^{R_a} = \frac{\mu_0 h I}{2\pi} \left(\ln(R_a) - \ln(R_i) \right)$$

$$= \frac{\mu_0 h I}{2\pi} \ln\left(\frac{R_a}{R_i} \right) \quad \text{bzw.} \quad \Phi = 1{,}0 \cdot 10^{-7} \, \text{Wb} \, .$$

4.2.7   Aufgaben (* = leicht; ** = mittel; *** = schwer)

1. * Die in Abb. 4.52 skizzierte quadratische Leiterschleife der Kantenlänge $l = 0{,}1$ m ist um eine waagrechte Achse drehbar gelagert. Auf der linken Seite ist sie an eine Spannungsquelle angeschlossen, die einen Strom $I = 11$ A in der Schleife verursacht. An einem nichtleitenden Bügel ist eine kleine Masse $m = 34{,}3$ g befestigt. Die sonstigen Massen können vernachlässigt werden. Die rechte Seite der Schleife ist einem vertikalen magnetischen Feld der Flussdichte $B = 0{,}53$ T ausgesetzt. Welcher Winkel α gegen die Horizontale stellt sich ein?

2. * Eine kleine Kugel mit der homogen verteilten Ladung Q rollt eine schiefe Ebene mit der Neigung φ gegen die Horizontale hinunter. Ein zeitlich und räumlich konstantes Magnetfeld mit der magnetischen Flussdichte $\vec{B}$ verläuft wie in Abb. 4.53 skizziert streifend zur schiefen Ebene. Welche Zeit t nach Beginn des Abrollens aus der Ruhe hebt die Kugel von der Ebene ab? Muss die Ladung hierfür positiv oder negativ sein?

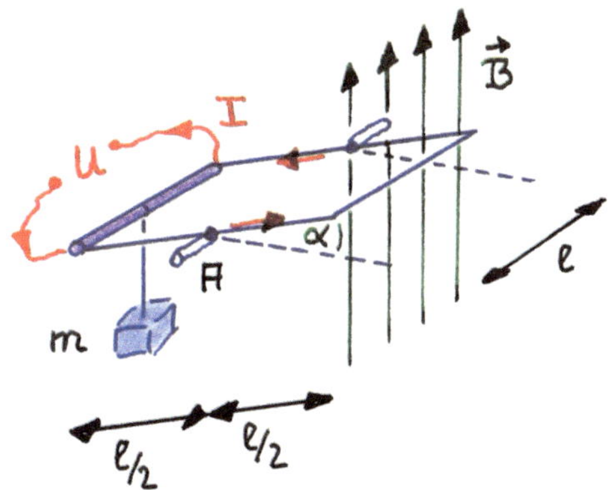

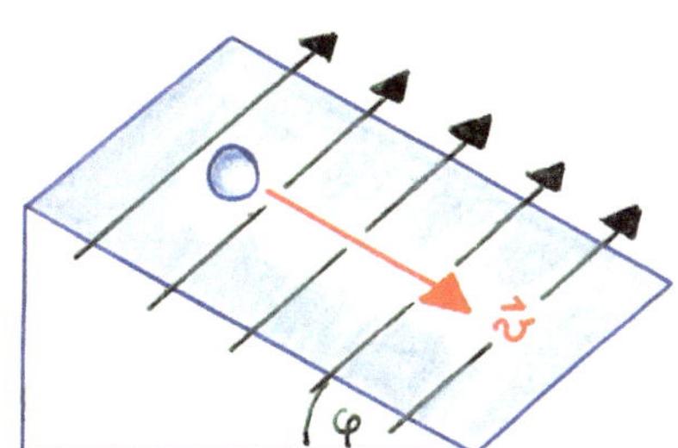

Abb. 4.52 Eine Leiterschleife ist an einer Achse A drehbar befestigt. Der Bügel auf der linken Seite ist aus isolierendem Material. Die Masse m würde die Leiterschleife gegen den Uhrzeigersinn kippen lassen. Dem wirkt die Lorentzkraft entgegen

Abb. 4.53 Eine Kugel rollt unter dem Einfluss der Lorentzkraft eine Rampe hinunter

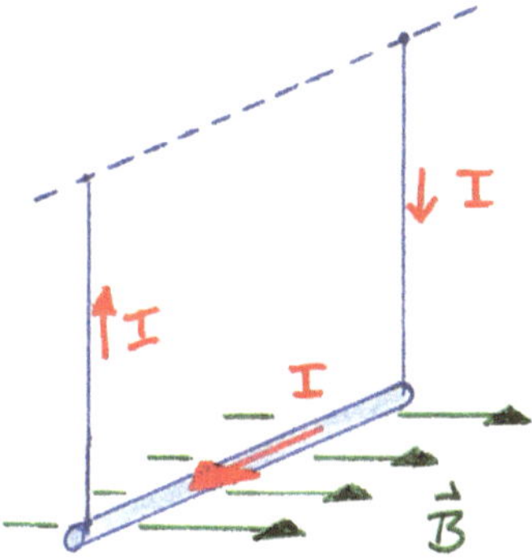

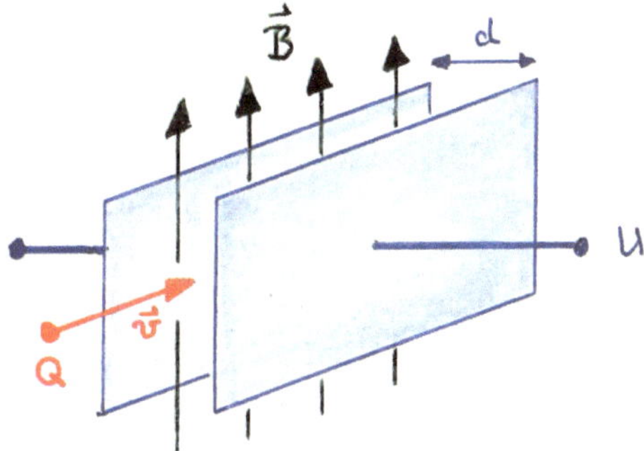

Abb. 4.54 Die Lorentzkraft führt zu einer Entlastung der Drähte, an denen der Bügel hängt

Abb. 4.55 Eine Ladung Q soll mit der Geschwindigkeit v geradlinig den Kondensator passieren

3. * Ein Stab der Länge $L = 4\,\mathrm{cm}$ und der Masse $m = 3{,}26\,\mathrm{g}$ hängt wie in Abb. 4.54 skizziert waagrecht an zwei dünnen Drähten vernachlässigbarer Masse. Auf den Stab wirkt ein horizontal verlaufendes Magnetfeld der Flussdichte $B = 0{,}8\,\mathrm{T}$. Der Stab wird in der skizzierten Richtung von einem Strom I durchflossen. Wie hoch müsste dieser Strom I sein, damit die Drähte vollständig entlastet sind?

4. * Die Ladung $Q = 4{,}0 \cdot 10^{-2}\,\mathrm{C}$ ist homogen auf einem mit der Drehzahl n rotierenden Kreisring mit Radius $R = 12\,\mathrm{cm}$ verteilt, in dessen Mittelpunkt die magnetische Flussdichtet $B = 8{,}4\,\mathrm{mT}$ gemessen wird. Wie groß ist die Drehzahl n?

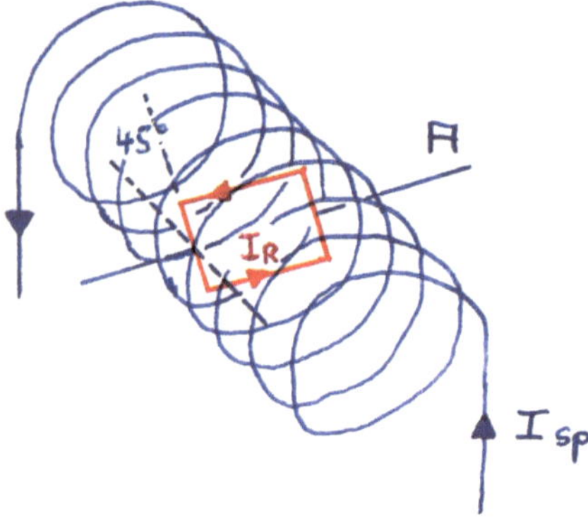

Abb. 4.56 Quadratischer Drahtrahmen im Feld einer Zylinderspule

5. * Ein Teilchen mit der Ladung $Q = 8 \cdot 10^{-19}$ C fliegt wie in Abb. 4.55 dargestellt mit der Geschwindigkeit $v = 10^5$ m/s durch einen Plattenkondensator mit Plattenabstand $d = 5$ cm. Senkrecht zur Bewegungsrichtung und parallel zu den Kondensatorplatten durchsetzt ein homogenes Magnetfeld mit der Flussdichte $B = 400$ mT den Kondensator.

    a) Welche Spannung U muss an den Kondensator gelegt werden, damit die Ladung geradlinig durch den Kondensator fliegt?

    b) Angenommen, am Kondensator liegt die Spannung null. Welchen Radius R hätte die Kreisbahn, auf die die Ladung (Masse $m = 9,6 \cdot 10^{-26}$ kg) dann gezwungen wird?

6. * Mit einer Hallsonde misst man im Innern einer Zylinderspule der Länge $L = 0,15$ m eine Hallspannung von $U_H = 1,15\,\mu$V ($I_H = 10$ A, $d = 100\,\mu$m, $R_H = -5,5 \cdot 10^{-11}$ m^3/C).

    a) Wie viele Windungen hatte die Spule, wenn sie mit $I = 50$ A durchflossen wurde?

    b) Auf welchen Bahnradius würde ein Elektron gezwungen, das sich mit der Geschwindigkeit $v = 3,68$ m/s senkrecht zu dem im Innern der Spule herrschenden Feld bewegt?

7. ** In einem geraden, zylindrischen Draht mit Radius R fließe ein Strom mit rotationssymmetrischer Stromdichte $J(r) = j_0 r^2$ für $0 \leq r \leq R$. Berechnen Sie das magnetische Feld H außerhalb des Leiters!

8. ** Eine lange, dünne, zylindrische Spule, die von einem Strom $I_{Sp} = 8,49$ A durchflossen wird, hat eine Länge von $L = 15$ cm und $N = 1000$ Windungen. In der Spule befindet sich (Abb. 4.56) ein quadratischer Drahtrahmen mit Kantenlänge $l = 1,41$ cm, der von einem Strom $I_R = 10$ A durchflossen wird. Der Drahtrahmen ist gegen die Spulenachse um 45° geneigt. Wie groß ist das Drehmoment M bezüglich der Drehachse A?

9. *** Ein halbkreisförmiger Drahtrahmen mit Radius R wird von einem Strom I durchflossen und ist wie in Abb. 4.57 dargestellt drehbar gelagert. Die Halbkreisfläche steht senkrecht zur Erdoberfläche. Ein Magnetfeld mit der Flussdichte B ist

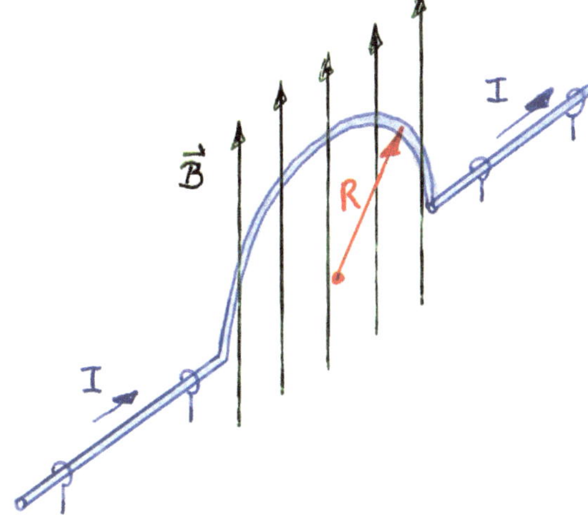

Abb. 4.57 Halbkreisförmiger Drahtrahmen in einem Magnetfeld mit der Flussdichte B

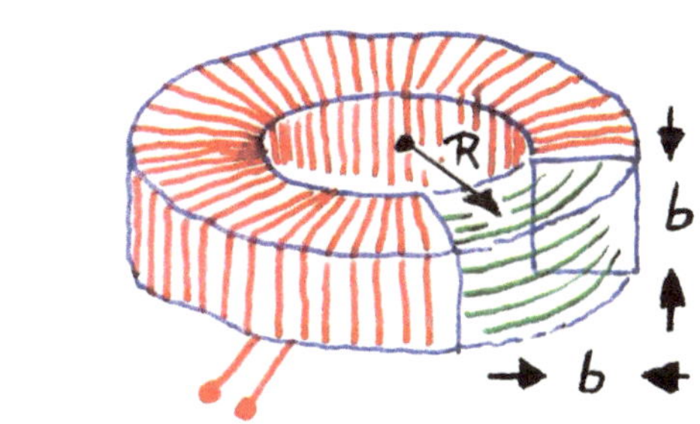

Abb. 4.58 Bei einer Ringspule ist das Magnetfeld vollständig im Spuleninneren eingeschlossen

parallel zur Halbkreisfläche und damit senkrecht zur Erdoberfläche gerichtet. Wie groß ist das Drehmoment M auf den Rahmen?

10. *** Eine unendlich ausgedehnte Metallplatte der geringen Dicke d ist von einer konstanten Stromdichte $\vec{J}$ durchflossen. Wie groß ist die magnetische Flussdichte oberhalb und unterhalb der Platte?

11. *** Wie groß müsste der Strom I durch die skizzierte Ringspule (Abb. 4.58) mit Mittenradius $R = 6\,\text{cm}$, mit $N = 1200$ Windungen und quadratischem Querschnitt ($b = 4\,\text{cm}$) sein, damit der magnetische Fluss $\varphi = 9{,}98 \cdot 10^{-5}\,\text{Wb}$ beträgt (Permeabilität des Kerns: $\mu_\text{r} = 3$)?

4.3 Was zeitliche Änderungen der Felder bewirken

4.3.1 Wie man außer mit Batterien noch Strom machen kann ...

Batterien sind sperrig und schwer und taugen wegen ihrer begrenzten Kapazität nicht für die Abgabe höherer elektrischer Leistungen über längere Zeiträume. Hierfür gibt es bessere Möglichkeiten der Stromerzeugung. Wollen wir Ladungsträger dazu bringen,

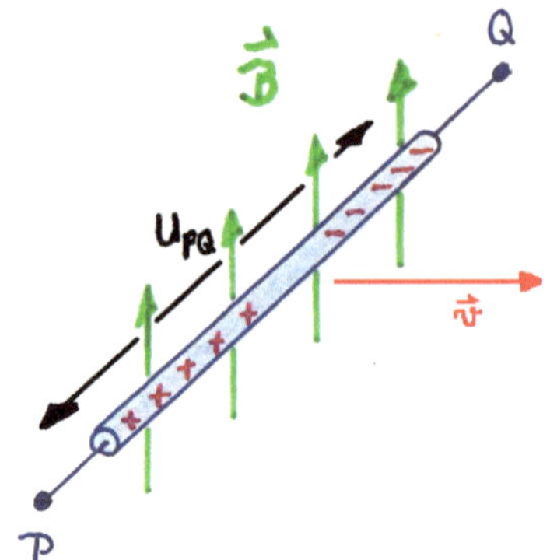

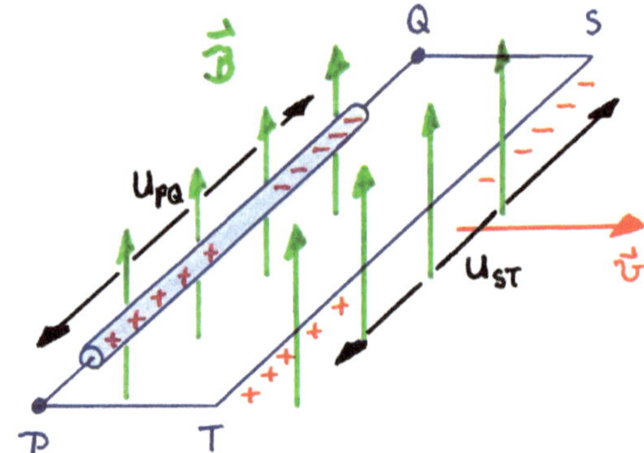

Abb. 4.59 Bewegt man ein leitfähiges Stäbchen derart in einem Magnetfeld, dass Stabachse, Flussdichte $\vec{B}$ und Geschwindigkeit $\vec{v}$ senkrecht aufeinander stehen, so wird zwischen den Stabenden eine Spannung erzeugt

Abb. 4.60 Durch Anschluss eines Voltmeters erhalten wir eine geschlossene Schleife. In den Drahtstücken PQ und ST werden jeweils Spannungen hervorgerufen, die sich gegenseitig aufheben. In den Drahtstücken QS und PT wirken die Lorentzkräfte senkrecht zum Draht. Die gemessene Spannung im Voltmeter ist null

sich innerhalb eines Drahtes in eine bestimmte Richtung zu bewegen, ist es naheliegend, die Lorentzkraft zu Hilfe zu nehmen. Nehmen wir an, wir bewegen ein Metallstäbchen (Abb. 4.59) in einem homogenen, unendlich ausgedehnten magnetischen Feld der Flussdichte $\vec{B}$ mit der Geschwindigkeit $\vec{v}$. Da die Elektronen im Stab teilweise frei beweglich sind, führt die **Lorentzkraft** dazu, dass sie in Richtung Q gedrängt werden, während bei P die positiven Kernladungen überwiegen. Im Stab entsteht also ein elektrisches Feld und damit eine elektrische Spannung zwischen den Punkten P und Q.

Für praktische Zwecke ist diese Spannung allerdings kaum nutzbar, liegt sie doch je nach Feldstärke und Geschwindigkeit nur im μV- bzw. mV-Bereich. Überhaupt ist der Versuch in Abb. 4.59 eher theoretisch. Würden wir etwa versuchen, die Spannung mit einem Voltmeter zu messen und würden hierzu die Messschaltung von Abb. 4.60 in einem homogenen Magnetfeld bewegen, würden wir gar keine Spannung messen. Das liegt daran, dass das Feld die gesamte Schaltung einschließt. Die beiden in den Drahtstücken PQ und ST erzeugten Spannungen U_{PQ} und U_{ST} kompensieren sich gegenseitig. In den Drahtstücken QS und PT wird keine Spannung erzeugt, da die Lorentzkraft hier senkrecht zum Draht wirkt.

Würden wir in der Schleife von Abb. 4.60 tatsächlich eine Spannung induzieren wollen, müssten wir sie in einem **inhomogenen** Feld bewegen. In Abb. 4.61 sinkt das Feld in Bewegungsrichtung ab. Hier würde während der Bewegung das Drahtstück PQ stets in einem höheren Feld bewegt als das Drahtstück ST. Die an PQ hervorgerufene Spannung U_{PQ} würde also die an ST erzeugte U_{ST} deutlich übersteigen und ein Voltmeter würde eine Spannung anzeigen.

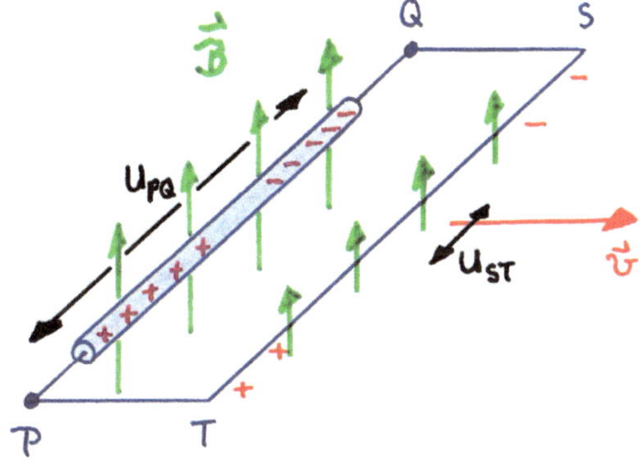

Abb. 4.61 Bewegt man die Schleife im inhomogenen Feld, sind die in PQ und ST verursachten Ströme unterschiedlich und es fließt im Kreis ein Strom

Eine quantitative Beschreibung der Beobachtungen gibt das **Induktionsgesetz**:

$$U_{\text{ind}} = \oint_C \vec{E}\,\mathrm{d}\vec{l} = -\frac{\mathrm{d}}{\mathrm{d}t} \oint_A \vec{B}\vec{n}\,\mathrm{d}A = -\frac{\mathrm{d}\Phi}{\mathrm{d}t}. \tag{4.53}$$

Das Induktionsgesetz zeigt, dass es nicht grundsätzlich auf die Bewegung ankommt. Wichtig für eine zu messende Spannung U_{ind} ist vielmehr, dass sich der magnetische Fluss Φ durch die Schleifenfläche **zeitlich verändert**. Das erklärt auch, warum im Falle von Abb. 4.60 keine Spannung beobachtet wurde. Da die Schleife in einem konstanten Magnetfeld bewegt wurde, bleibt der Fluss konstant. Im Falle der Abb. 4.61 verringert er sich wegen des in Bewegungsrichtung sinkenden Feldes stetig. Dadurch wurde eine Spannung induziert. Dies ist auch der Fall, wenn ein räumlich homogenes Feld **zeitlich** verändert wird oder wenn – technisch schwer realisierbar – die **Schleifenfläche verändert** würde. Wichtig ist, dass im statischen Fall stets

$$\oint \vec{E}\,\mathrm{d}\vec{l} = 0$$

gilt, d. h. das elektrische Feld ist wirbelfrei. Das ist im instationären Fall anders, hier können sehr wohl Wirbel im elektrischen Feld entstehen. Besondere Bedeutung hat das Minuszeichen auf der rechten Seite von Gl. 4.53. Nehmen wir an, eine Schleife befindet sich in einem zeitlich anwachsenden Magnetfeld (Abb. 4.62a). Die von der Schleife C umschlossene Fläche ist A und hat den durch $\mathrm{d}\vec{l}$ angedeuteten Umlaufsinn, der Normalenvektor $\vec{n}$ zeigt also nach oben in Feldrichtung. Da $\vec{B}$ mit der Zeit anwächst, ist also die Ableitung von Gl. 4.53 positiv. Es wird dann ein $\vec{E}$-Feld induziert, das wegen eben des Minuszeichens antiparallel zu $\mathrm{d}\vec{l}$ ist. Es fließt also ein Strom I gegen den Umlaufsinn von C (Abb. 4.62b). Dieser verursacht selbst wieder ein Magnetfeld $\vec{B}_i$, das dem eines Ringstroms entspricht und das auf der Symmetrieachse gegen das verursachende Feld gerichtet ist (Abb. 4.62c). Dieser Sachverhalt wird in der **Lenzschen Regel** zusammengefasst: Der induzierte Strom ist so gerichtet, dass sein Magnetfeld dem erzeugenden

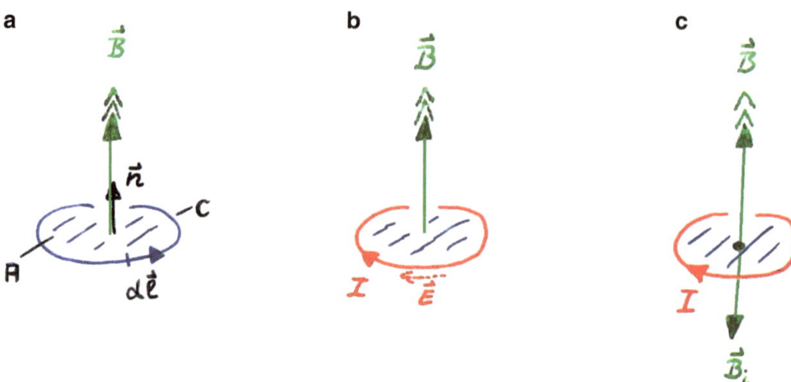

Abb. 4.62 Ein in $\vec{n}$-Richtung anwachsendes Magnetfeld (**a**) erzeugt Wirbel des $\vec{E}$-Feldes entgegen dem durch $d\vec{l}$ gezeigten Umlaufsinn (**b**) und damit einen Strom und infolgedessen ein induziertes Feld $\vec{B}_{\mathrm{i}}$, das dem verursachenden Feld entgegenwirkt (**c**)

Feld entgegengerichtet ist. Oder kurz: das entstandene Magnetfeld schwächt das verursachende. Würde das Minuszeichen in Gl. 4.53 fehlen, würde der induzierte Strom das Magnetfeld verstärken. Eine kleine einmalige Erhöhung des Magnetfeldes würde dann genügen, um durch den Induktionsstrom ein stärkeres Feld zu erzeugen, das seinerseits einen Induktionsstrom bewirken würde. Magnetfeld und Strom würden damit ins Unendliche anwachsen.

Die Lenzsche Regel kann man durch folgenden Versuch zeigen: man bedient sich einer Spule, auf der ein leitfähiger, aber nicht ferromagnetischer Ring (also z. B. aus Aluminium) geringer Masse liegt (Abb. 4.63). Schaltet man den Spulenstrom ein, steigt das Magnetfeld der Spule stark an. Nach dem oben Gesagten fließt im Ring ein Strom, dessen magnetisches Feld dem verursachenden Feld entgegengerichtet ist. Das führt dazu, dass der Ring nach oben geschleudert wird.

Beispiel

Ein Drahtrahmen der Länge $a = 15\,\mathrm{cm}$ und der Breite $b = 10\,\mathrm{cm}$ wird wie in der Abb. 4.64 skizziert mit der konstanten Geschwindigkeit $v = 0{,}3\,\mathrm{m/s}$ längs der x-Achse bewegt. Dabei wird der Rahmen von einem Magnetfeld $\vec{B}\,(x) = kx\hat{e}_z$ in z-Richtung durchsetzt, das längs der x-Achse ortsabhängig ansteigt ($k = 2\,\mathrm{T/m}$). Der Drahtrahmen hat den Widerstand $R = 0{,}3\,\Omega$. Welche Arbeit muss verrichtet werden, wenn der Rahmen die Strecke $s = 0{,}8\,\mathrm{m}$ bewegt wird?

Lösung: Definiert man den Drehsinn im Rahmen gegen den Uhrzeigersinn, folgt ein Normaleneinheitsvektor in z-Richtung ($\vec{n}$ zeigt also aus der Zeichenebene auf den Be-

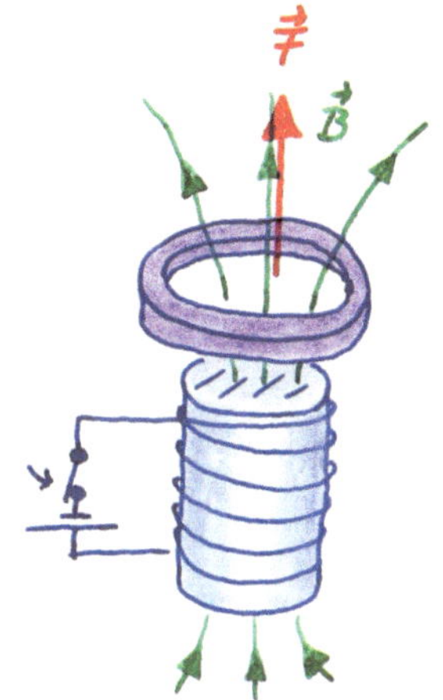

Abb. 4.63 Zur Demonstration der Lenzschen Regel: im Ring entsteht beim schlagartigen Einschalten des Spulenstroms ein Gegenfeld, unter dessen Wirkung der Ring nach oben fliegt

trachter zu), so dass man nach dem Induktionsgesetz Gl. 4.53 schreiben kann:

$$U_{\text{ind}} = -\frac{\mathrm{d}}{\mathrm{d}t} \int_A \vec{B}\vec{n}\,\mathrm{d}A = -\frac{\mathrm{d}}{\mathrm{d}t} \int_A \begin{pmatrix} 0 \\ 0 \\ kx \end{pmatrix}\begin{pmatrix} 0 \\ 0 \\ 1 \end{pmatrix}\mathrm{d}A\,.$$

Das Flächenelement $\mathrm{d}A$ lässt sich als $\mathrm{d}A = b\mathrm{d}x$ schreiben, denn das Feld hängt nur von der x-, nicht aber von der y-Koordinate ab (Abb. 4.65). Das Integral lässt sich also

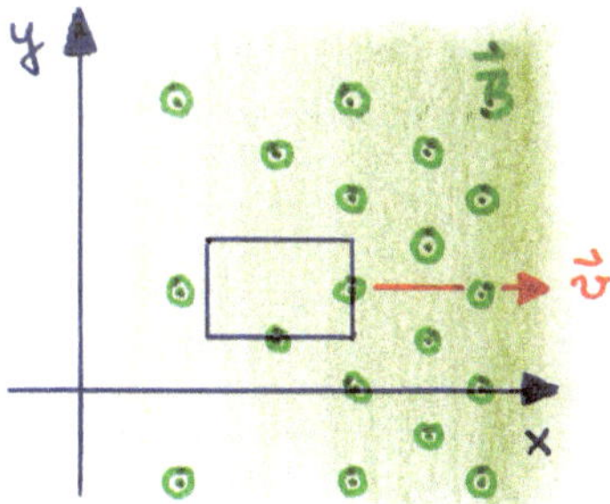

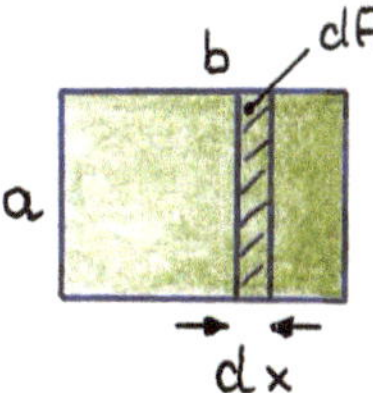

Abb. 4.64 Ein Drahtrahmen mit Widerstand $R = 0{,}3\,\Omega$ wird in einem inhomogenen Magnetfeld bewegt. Durch die bewegungshemmende Wirkung des induzierten Magnetfelds muss bei der Bewegung Arbeit aufgewendet werden. Das Feld zeigt aus der Zeichenebene heraus

Abb. 4.65 Das magnetische Feld ist innerhalb des schmalen Streifens mit der Fläche $\mathrm{d}A = b\mathrm{d}x$ konstant

auf eines mit einer Variablen zurückführen:

$$U_{\text{ind}} = -\frac{\text{d}}{\text{d}t} \int\limits_{vt}^{vt+a} kxb\,\text{d}x\,.$$

Zur Zeit $t = 0\,$s befindet sich der Rahmen mit seinem linken Schenkel auf der y-Achse, so dass für die Position des linken Schenkels $x = vt$ und für den rechten Schenkel $x = vt + a$ gilt. Die Integration liefert:

$$U_{\text{ind}} = -\frac{\text{d}}{\text{d}t} kb \left[\frac{x^2}{2}\right]_{vt}^{vt+a} = -\frac{\text{d}}{\text{d}t} \frac{kb}{2} \left[(vt + a)^2 - (vt)^2\right]$$

$$= -\frac{\text{d}}{\text{d}t} \frac{kb}{2} \left(2avt + a^2\right) = -kbav\,.$$

Wegen $U = IR$ gilt für den fließenden Strom:

$$I = \frac{U_{\text{ind}}}{R} = -\frac{kabv}{R} \quad \text{bzw.} \quad I = -0{,}03\,\text{A}\,.$$

Der Strom fließt wegen des negativen Vorzeichens gegen die von uns definierte Richtung, also im Uhrzeigersinn. Zur Berechnung der wirkenden Kräfte betrachtet man die Kraft auf den stromdurchflossenen Leiter (Abschn. 4.2.4). Die Kräfte der beiden zur x-Richtung parallelen Schenkel kompensieren sich gegenseitig. Wegen des höheren Feldes im rechten Schenkel ist dort die wirkende Kraft größer als die im linken Schenkel (Abb. 4.66), so dass in der Summe eine Kraft gegen die Bewegungsrichtung übrig bleibt:

$$F = IbB\,(x) - IbB\,(x + a) = \frac{kabv}{R} bk\,(vt) - \frac{kabv}{R} bk\,(vt + a)$$

$$= -\frac{(kab)^2 v}{R} = -0{,}9\,\text{mN}\,.$$

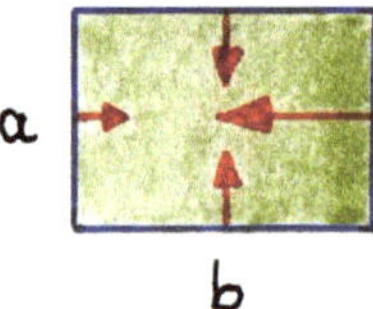

Abb. 4.66 Die Kräfte in den zur x-Achse parallelen Schenkeln neutralisieren sich gegenseitig. Die Resultierende der beiden anderen Kräfte ist wie zu erwarten der Bewegung entgegengerichtet, so dass bei dem Vorgang Arbeit zu verrichten ist

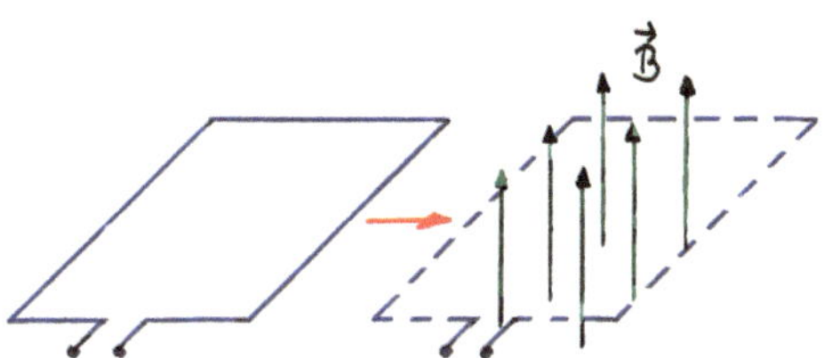
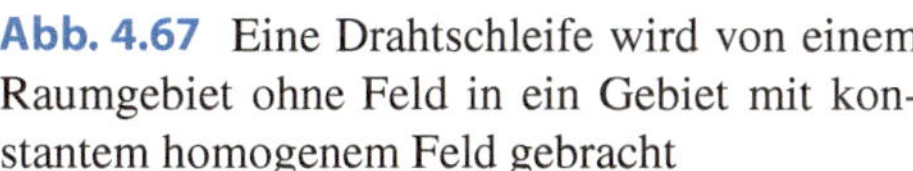

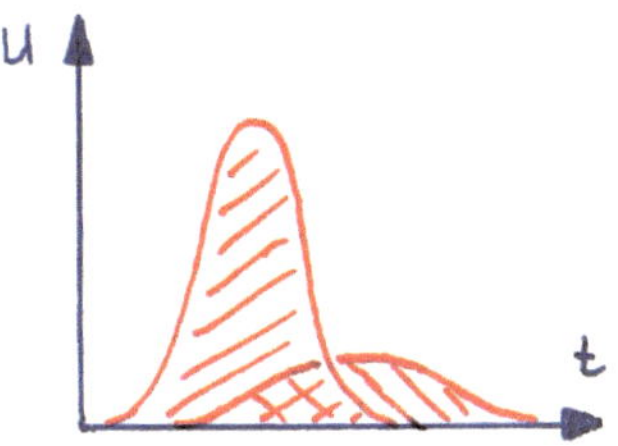

Abb. 4.67 Eine Drahtschleife wird von einem Raumgebiet ohne Feld in ein Gebiet mit konstantem homogenem Feld gebracht

Abb. 4.68 Die Fläche unter den Kurven wird durch die Änderung des magnetischen Flusses bestimmt. Bei gleicher Flussänderung ist die Fläche unter den Kurven gleich

Da die Kraft längs des Weges konstant ist, erhalten wir die aufzuwendende Arbeit einfach als Produkt aus Kraft mal Weg:

$$W = Fs = -\frac{a^2 b^2 v k^2}{R} s \quad \text{bzw.} \quad W = -0{,}72\,\text{mJ}\,.$$

Wird eine Leiterschleife aus einem feldfreien Raum in einen Bereich mit homogenem, konstantem Magnetfeld gebracht (Abb. 4.67), so kann das mit schneller oder langsamer Bewegung erfolgen. Der Spitzenwert der induzierten Spannung hängt von der Schnelligkeit der Bewegung ab. Je schneller die Bewegung erfolgt, desto höher der Spitzenwert (Abb. 4.68). Erfolgt die Bewegung langsam, erhält man einen kleinen Spannungswert, dafür aber über einen längeren Zeitraum. Die Fläche unter der Kurve ist dabei konstant und hängt nur vom Anfangs- und Endwert des magnetischen Flusses ab:

$$\int\limits_{0}^{t_\text{e}} U_\text{ind}\,\mathrm{d}t = -\int\limits_{0}^{t_\text{e}} \frac{\mathrm{d}\Phi}{\mathrm{d}t}\,\mathrm{d}t = -\int\limits_{\Phi(0)}^{\Phi(t_\text{e})} \mathrm{d}\Phi = -[\Phi(t_\text{e}) - \Phi(0)]\,.$$

Die Flussänderung kann durch **Änderung der wirksamen Fläche** herbeigeführt werden. Letzteres wiederum kann durch Verdrehen der Schleife erzeugt werden, so dass zwar nicht die geometrische Fläche der Schleife verändert wird, wohl aber die wirksame Fläche. Für den Fluss ist lediglich die Projektion der Fläche in Feldrichtung entscheidend.

Beispiel

Wir lassen eine Spule mit N Windungen im homogenen Magnetfeld der Flussdichte $\vec{B}$ mit der Drehzahl n rotieren (Abb. 4.69). An der Spule ist ein Lastwiderstand R angeschlossen. Welche Spannung $U(t)$ wird durch diesen Generator erzeugt? Wie groß ist das Drehomoment $M(t)$?

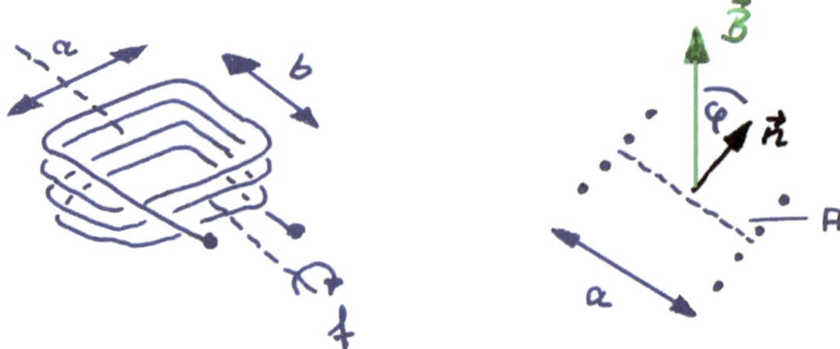

Abb. 4.69 Durch die Drehung variiert die für den magnetischen Fluss relevante Fläche mit $\cos\varphi\,(t)$

Lösung: Die Flussdichte $\vec{B}$ ist konstant, es verändert sich aber die Ausrichtung der Fläche $A = ab$ relativ zum Feld, so dass gilt:

$$U_{\text{ind}}(t) = -N\frac{\mathrm{d}}{\mathrm{d}t}\int_A \vec{B}\vec{n}\,\mathrm{d}A = -N\frac{\mathrm{d}}{\mathrm{d}t}\left|\vec{B}\right|\left|\vec{n}\right|ab\cos\varphi = -N\frac{\mathrm{d}}{\mathrm{d}t}Bab\cos\varphi\,.$$

Der Winkel φ ist zeitabhängig gemäß $\varphi = 2\pi n t$, so dass wir schreiben können:

$$U_{\text{ind}}(t) = -NBab\frac{\mathrm{d}}{\mathrm{d}t}\cos(2\pi n t) = 2\pi NBabn\sin(2\pi n t)\,. \tag{4.54}$$

Das benötigte Drehmoment hängt vom fließenden Strom ab. Abb. 4.70 zeigt einen Schnitt durch die Spule, wobei der zeichnerischen Klarheit wegen nur eine Spulenwindung gezeichnet ist. Der Strom fließt auf der rechten Seite in die Zeichenebene hinein, auf der linken aus der Zeichenebene heraus. Die Kraft auf den stromdurchflossenen Leiter ist $\vec{F} = I\vec{b} \times \vec{B}$, so dass sich die in der Abb. 4.70 gezeichneten Kraftvektoren ergeben. Die für das Drehmoment relevante Kraft ist $2F\sin\varphi$, der Faktor zwei trägt der Tatsache Rechnung, dass die Kraft pro Schleife zweimal auftritt. Das Drehmoment beträgt also:

$$M(t) = 2NF\frac{a}{2}\sin(2\pi n t) = NIbBa\sin(2\pi n t)\,.$$

Wir beachten dabei einen Faktor N, da unsere Spule aus N Windungen besteht. Unter Benutzung der induzierten Spannung aus Gl. 4.54 erhalten wir aus $I = U_{\text{ind}}/R$:

$$M(t) = \frac{2\pi n(NBab)^2}{R}\sin^2(2\pi n t)\,.$$

Das Ergebnis zeigt, dass bei hoher Last, also niedrigem Widerstand R, der Wert des Drehmomentes hoch ist. Ist dagegen die Last gering, ist also R sehr hoch, wird das

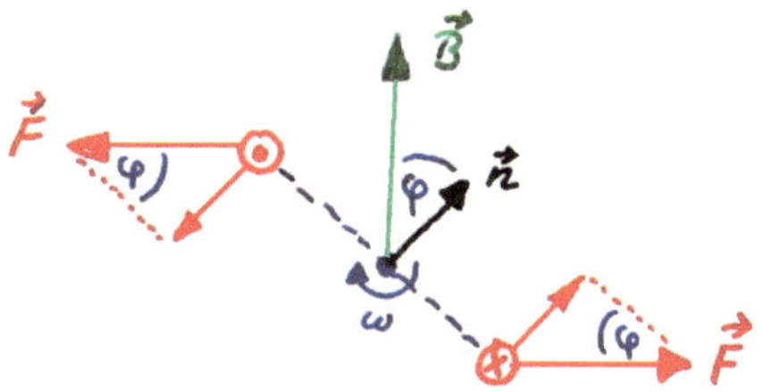

Abb. 4.70 Der Strom *links oben* fließt aus der Zeichenebene heraus, *rechts unten* in die Zeichenebene hinein. Die Kräfte auf den stromdurchflossenen Leiter wirken nach *links* bzw. *rechts*. Für das Drehmoment ist nur die senkrecht zur Fläche A wirkende Kraftkomponente relevant, die beiden anderen Komponenten heben sich gegenseitig auf

Drehmoment sehr klein. Im Falle einer fehlenden Last, also $R \to \infty$, wird das Drehmoment rechnerisch null. In der Praxis wäre dann nur die Reibung zu überwinden. Interessant ist auch, dass die Spannungsamplitude mit der Drehzahl n steigt.

Bei dem behandelten Generator wird eine Spule im Magnetfeld gedreht. Dieses Feld kann z. B. durch einen Permanentmagneten erzeugt werden, was bei Generatoren geringer Leistung (z. B. Fahrraddynamo) auch realisiert wird. Bei Generatoren höherer Leistung wird das Erregerfeld durch Spulen erzeugt, deren Strom der Generator selbst liefert. Gestartet wird die Stromerzeugung durch ein kleines Restmagnetfeld in den Kernen der Spulen. Diese **Selbsterregung** hat den Vorteil, dass man über die Spulenströme die Spannung regeln kann. Durch Schleifkontakte und Umpolvorgänge kann man den Generator auch so konstruieren, dass er eine pulsierende Gleichspannung liefert.

4.3.2   Effizienter als einphasiger Wechselstrom: Drehstrom

Beim Transport elektrischer Energie zum Verbraucher wird ein teures Transformatoren- und Leitungssystem benötigt. Um hohe Ströme und damit sehr dicke Leitungen zu vermeiden, muss man mittels Transformatoren hohe Spannungen erzeugen. Damit bekommen die Leitungen einen akzeptablen Querschnitt, allerdings sind aufwändige Isolatoren nötig. Der Materialaufwand für das Leitungssystem sinkt, wenn man mehrphasige Wechselströme verwendet. Bei uns hat sich **Dreiphasenwechselstrom** etabliert. Wir bleiben zur Erläuterung des Prinzips der Einfachheit halber bei der Magnetfelderzeugung durch Permanentmagneten. Im Gegensatz zu dem oben behandelten Generator sei in diesem Kapitel die Spule stationär, während das wechselnde Magnetfeld durch einen rotierenden Permanentmagneten erzeugt wird. Man beachte aber, dass diese Anordnung nur näherungsweise einen sinusförmigen Wechselstrom erzeugt.

Beim dreiphasigen Drehstrom werden drei Spulen im Winkel von 120° gegeneinander um den rotierenden Magneten angebracht (Abb. 4.71). Bei Drehung des Magneten wird in jeder einzelnen der identischen Spulen eine Wechselspannung induziert. Der Spannungs-

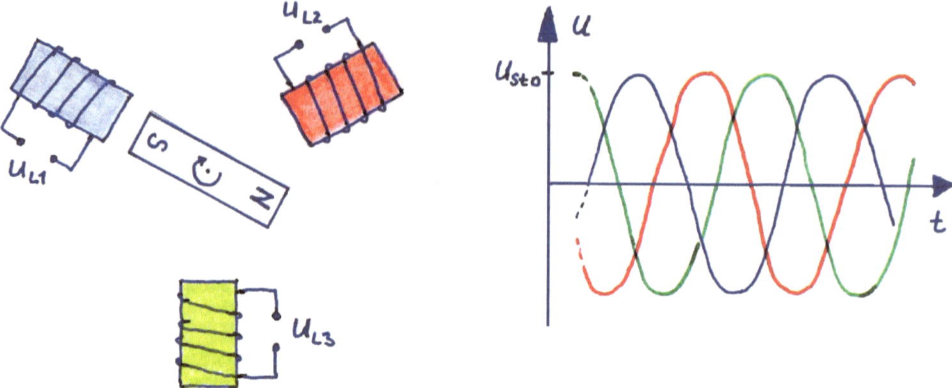

Abb. 4.71 Beim dreiphasigen Drehstrom sind dem Prinzip nach drei Spulen im Winkel von 120° um einen rotierenden Magneten angeordnet. Jede der drei gleichen Spulen liefert die Strangspannung $U_{St}\,(t)$. Die drei farbig unterlegten Spulen liefern jeweils die Spannungsverläufe gleicher Farbe im Diagramm *rechts*. Die Spannungen sind auf der Zeitachse jeweils um ein Drittel der Umlaufdauer T gegeneinander phasenverschoben

verlauf ist im Diagramm der Abb. 4.71 dargestellt. Ist die Umlaufdauer des Magneten T, sind die Spannungsverläufe auf der Zeitachse um $T/3$ gegeneinander verschoben. Die drei an den Spulen entstehenden, betragsmäßig gleichen Spannungen werden **Strangspannungen** U_{St} genannt. Ihr Amplitudenwert $U_{St_0} = \sqrt{2}U_{St_{eff}}$ ist um den Faktor $\sqrt{2}$ größer als der **Effektivwert** $U_{St_{eff}}$. Effektivwerte sind rechnerische Werte, die es erlauben, bei der Wechselspannung die auftretenden mittleren Leistungen in der einfachen Form $P = U_{eff}I_{eff}$ zu berechnen, obwohl die **Momentanleistungen** natürlich davon abweichen (siehe Abschn. 3.2.2).

Animation 12

Die eigentliche Materialeinsparung gelingt erst bei Verkettung der drei getrennten Spannungen. Bei uns in Deutschland wird die in Abb. 4.72 gezeigte Sternschaltung der drei Spulen angewandt. Der Knotenpunkt wird mit N bezeichnet, die drei anderen Anschlüsse der Spulen mit L1, L2 und L3. Zwischen N und L1, zwischen N und L2 sowie zwischen N und L3 liegt also jeweils die Strangspannung U_{St} mit der entsprechenden Phasenverschiebung. Der Effektivwert der Strangspannung ist bei uns 230 V, die Amplitude

Abb. 4.72 Verkettung der drei Spulen zur Sternschaltung

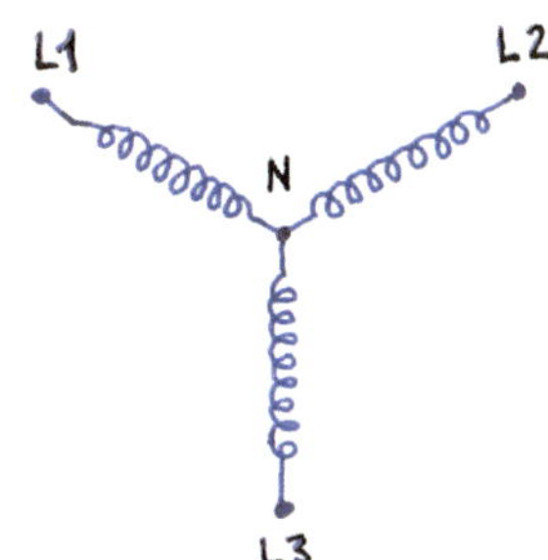

liegt somit bei $U_{\mathrm{St}_0} = 325\,\mathrm{V}$:

$$U_{L1}(t) = U_{\mathrm{St}_0} \sin \omega t \,,$$

$$U_{L2}(t) = U_{\mathrm{St}_0} \sin (\omega t - 120°) \,,$$

$$U_{L3}(t) = U_{\mathrm{St}_0} \sin (\omega t - 240°) \,.$$

Der Vorteil der Schaltung liegt darin, dass gegenüber der Verwendung der drei Einzelspulen zwei Leitungen eingespart werden. Wird die Last symmetrisch auf die drei Phasen verteilt, fließt im **Nullleiter N** kein Strom, so dass man auf ihn auch noch verzichten kann. Das scheint auf den ersten Blick etwas merkwürdig. Natürlich muss man am Ort der Verbraucher die N-Leitungen aller Verbraucher an einem Knotenpunkt zusammenführen. Bei gleichen Strömen in allen Verbrauchern wird der Knotenpunkt aber auf Nullpotential liegen.

Zwischen den Leitern L1 und L2 kann eine weitere Spannung abgegriffen werden. Wir errechnen sie wie folgt:

$$U_{12}(t) = U_{\mathrm{St}_0} \sin \omega t - U_{\mathrm{St}_0} \sin (\omega t - 120°)$$

$$= U_{\mathrm{St}_0} (\sin \omega t - \sin \omega t \cos 120° + \cos \omega t \sin 120°) \,.$$

Mit $\cos 120° = -1/2$ und $\sin 120° = \sqrt{3}/2$ gilt:

$$U_{12}(t) = U_{\mathrm{St}_0} \left(\frac{3}{2} \sin \omega t + \frac{\sqrt{3}}{2} \cos \omega t \right) = \sqrt{3} U_{\mathrm{St}_0} \left(\frac{\sqrt{3}}{2} \sin \omega t + \frac{1}{2} \cos \omega t \right) \,.$$

Mit $\sin 60° = \sqrt{3}/2$ und $\cos 60° = 1/2$ erhalten wir:

$$U_{12}(t) = \sqrt{3} U_{\mathrm{St}_0} (\sin 60° \sin \omega t + \cos 60° \cos \omega t) \,.$$

Das lässt sich trigonometrisch umformen in:

$$U_{12}(t) = \sqrt{3} U_{\mathrm{St}_0} \cos (\omega t - 60°) = \sqrt{3} U_{\mathrm{St}_0} \sin (\omega t + 30°) \,.$$

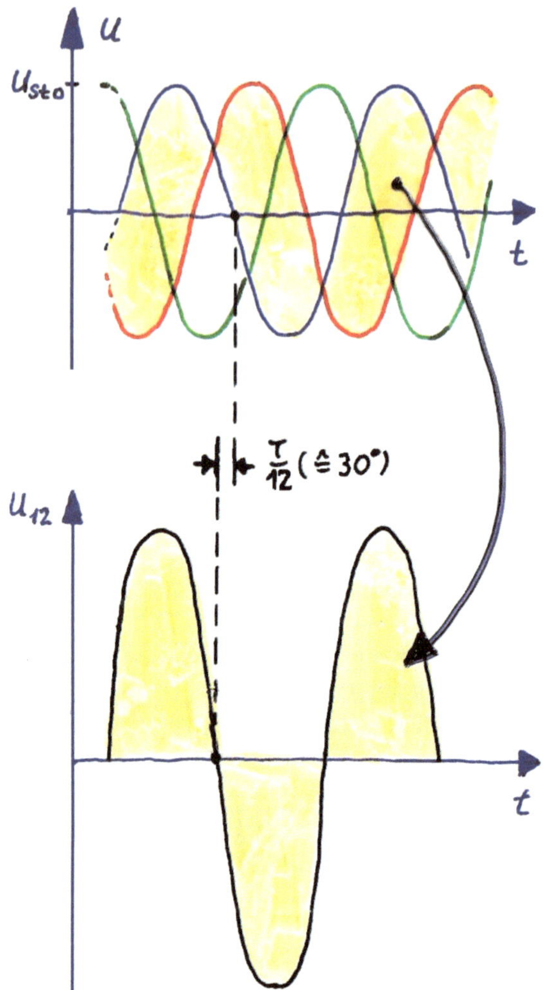

Abb. 4.73 Die Spannungsdifferenz zwischen L1 und L2 in zeitabhängiger Darstellung

Man erhält also wieder eine Wechselspannung, die gegen L1 um 30° phasenverschoben ist. Abb. 4.73 zeigt die Spannungsdifferenz zwischen L1 und L2 in zeitabhängiger Darstellung. Ihre Amplitude ist **um den Faktor $\sqrt{3}$ höher als die der Strangspannung**. Ihr Effektivwert ist damit ca. 400 V. Die gleiche Betrachtung ließe sich zwischen L2 und L3 bzw. L3 und L1 anstellen. Auch hier wären die Spannungen gegen L2 bzw. L3 um 30° phasenverschoben.

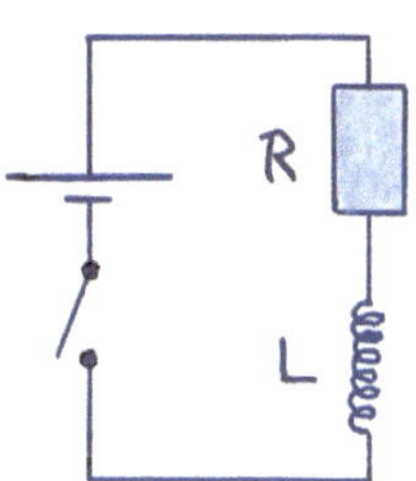

Abb. 4.74 Wird der Schalter im Stromkreis geschlossen, steigt das Magnetfeld in der Spule schlagartig an. Das führt zu einer induzierten Gegenspannung, die den schnellen Anstieg des Stromes verlangsamt

4.3.3 Wie eine Spule beim Einschalten ihren eigenen Strom begrenzt

Man stelle sich den in Abb. 4.74 skizzierten Kreis bestehend aus einer Gleichspannungsquelle, einer Spule, einem Widerstand (zur Begrenzung des Stroms) und einem Schalter vor. Angenommen, der Schalter wird geschlossen. Dann steigt der Strom in der Spule rapide an und hat ein ebenso rapide ansteigendes Magnetfeld zur Folge. Die starke Änderung des Feldes induziert aber sogleich eine Spannung, die dem das ursprüngliche Feld verursachenden Strom I entgegenwirkt. Der Anstieg des Stroms I in der Spule wird dadurch also verlangsamt. Wir nehmen an, es handelt sich um eine lange, dünne Zylinderspule mit N Windungen, der Querschnittsfläche A und der Länge l. Dann ist das Magnetfeld im Inneren der Spule durch $H = NI/l$ und die in der Spule durch den (zeitabhängigen) Strom $I(t)$ induzierte Spannung:

$$U_{\text{ind}}(t) = -N\frac{\mathrm{d}}{\mathrm{d}t}\int_A \vec{B}\vec{n}\mathrm{d}A = -N\mu_0\mu_{\text{r}}A\frac{\mathrm{d}H}{\mathrm{d}t} = -N^2\mu_0\mu_{\text{r}}A\frac{1}{l}\frac{\mathrm{d}I}{\mathrm{d}t}\,.$$

Je schneller also ein Stromanstieg erfolgt, desto höher ist die Ableitung und desto größer die induzierte Spannung U_{ind}. Der Proportionalitätsfaktor

$$\boxed{L = \frac{N^2\mu_0\mu_{\text{r}}A}{l}} \tag{4.55}$$

wird **Induktivität** der Spule genannt. Ihre Einheit ist 1 Henry $= 1\,\text{H} = 1\,\text{Vs/A}$. Verallgemeinernd kann man für jede beliebig geformte Spule, ja für jeden einzelnen elektrischen Leiter eine Induktivität angeben. Es gilt allgemein:

$$U_{\text{ind}} = -L\frac{\mathrm{d}I}{\mathrm{d}t} = -\frac{\mathrm{d}}{\mathrm{d}t}(LI)\,.$$

Vergleicht man mit Gl. 4.53, erhält man:

$$\Phi = LI\,.$$

Die Induktivität kann dann allgemein gesehen werden als Proportionalitätskonstante zwischen dem magnetischen Fluss Φ und dem Strom I, der ihn verursacht. Je höher der Fluss

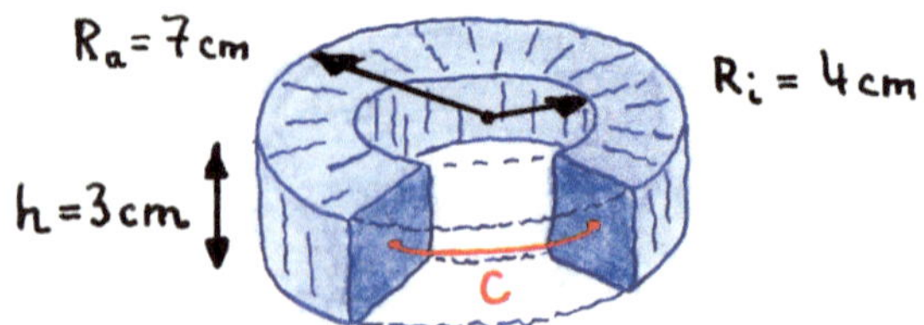

Abb. 4.75 Bei einer Ringspule ist das gesamte Magnetfeld in der Spule eingeschlossen

ist, den ein bestimmter Strom in einer Leiteranordnung hervorruft, desto höher ist die Induktivität der Anordnung.

Beispiel

Welche Windungszahl müsste die in Abb. 4.75 skizzierte Ringspule haben, damit sie die Induktivität $L = 839\,\mu\mathrm{H}$ bekommt?

Lösung: Man nutzt die Symmetrie, wendet das Durchflutungsgesetz auf den in Abb. 4.75 rot skizzierten Weg an und erhält (siehe Aufg. 11, Abschn. 4.2.7):

$$H = \frac{NI}{2\pi r}. \tag{4.56}$$

Die Berechnung des magnetischen Flusses folgt der Lösung zu o. g. Aufgabe (Abschn. 6.7):

$$\Phi = \int_A \vec{B}\vec{n}\,\mathrm{d}A = \mu_0 \frac{NI}{2\pi} \int_{R_\mathrm{i}}^{R_\mathrm{a}} \frac{1}{r} h\,\mathrm{d}r = \frac{\mu_0 NIh}{2\pi} \ln\left(\frac{R_\mathrm{a}}{R_\mathrm{i}}\right).$$

Wegen $N\Phi = LI$ gilt für den Fall einer Spule mit N Windungen $L = N\Phi/I$. Die Induktivität der Ringspule bzw. die gesuchte Windungszahl ist folglich:

$$L = \frac{\mu_0 N^2 h}{2\pi} \ln\left(\frac{R_\mathrm{a}}{R_\mathrm{i}}\right) \quad \text{bzw.} \quad N = \sqrt{\frac{2\pi L}{\mu_0 h} \cdot \frac{1}{\ln\left(R_\mathrm{a}/R_\mathrm{i}\right)}} = 500.$$

Die induktive Wirkung von Bauteilen ist häufig auch unerwünscht. So kann zum Beispiel ein Widerstand, der aus einem aufgewickelten Draht besteht, eine ungewollte Induktivität haben, die insbesondere bei hochfrequenten Anwendungen stört. Sie ist durch eine so genannte **bifilare Wicklung** vermeidbar: man nimmt zwei Drähte und wickelt sie paarweise auf die Spule. Den Strom lässt man dann im einen Draht hin und im anderen Draht wieder zurück fließen. Eine solche Spule besitzt keinerlei Induktivität.

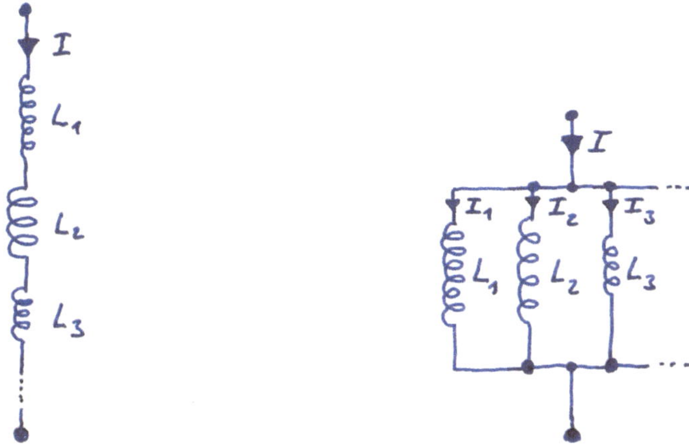

Abb. 4.76 Reihenschaltung von Induktivitäten   **Abb. 4.77** Parallelschaltung von Induktivitäten

---

Beispiel

Welche Induktivität hat die in Abb. 4.76 dargestellte **Reihenschaltung von Spulen**?

Lösung: Es addieren sich die an den Spulen abfallenden Spannungen U_1, U_2, U_3, etc. zur Gesamtspannung U. Für die Einzelspannungen gilt

$$U_1 = L_1 \frac{\mathrm{d}I}{\mathrm{d}t}, \qquad U_2 = L_2 \frac{\mathrm{d}I}{\mathrm{d}t}, \qquad U_3 = L_3 \frac{\mathrm{d}I}{\mathrm{d}t} \quad \text{etc.},$$

so dass wir insgesamt schreiben können:

$$U = L_1 \frac{\mathrm{d}I}{\mathrm{d}t} + L_2 \frac{\mathrm{d}I}{\mathrm{d}t} + L_3 \frac{\mathrm{d}I}{\mathrm{d}t} + \cdots = (L_1 + L_2 + L_3 + \ldots) \frac{\mathrm{d}I}{\mathrm{d}t}.$$

Die Induktivität einer **Reihenschaltung von Spulen** ist also:

$$\boxed{L = \sum_{i=1}^{n} L_i}.$$

Beispiel

Welche Induktivität hat die in Abb. 4.77 dargestellte **Parallelschaltung von Spulen**?

Lösung: Schaltet man mehrere Spulen parallel, dann addieren sich die Einzelströme zum Gesamtstrom: $I = I_1 + I_2 + I_3 + \ldots$. Leitet man diese Summe ab, erhält man:

$$\frac{\mathrm{d}I}{\mathrm{d}t} = \frac{\mathrm{d}I_1}{\mathrm{d}t} + \frac{\mathrm{d}I_2}{\mathrm{d}t} + \frac{\mathrm{d}I_3}{\mathrm{d}t} + \ldots.$$

Da die Spannung U für alle Spulen gleich sein muss, gilt also

$$U = L_1 \frac{\mathrm{d}I_1}{\mathrm{d}t} = L_2 \frac{\mathrm{d}I_2}{\mathrm{d}t} = L_3 \frac{\mathrm{d}I_3}{\mathrm{d}t} = \dots \,.$$

Es folgt:

$$\frac{\mathrm{d}I}{\mathrm{d}t} = \frac{U}{L_1} + \frac{U}{L_2} + \frac{U}{L_3} + \dots \quad \text{bzw.} \quad U = \frac{1}{\frac{1}{L_1} + \frac{1}{L_2} + \frac{1}{L_3} + \dots} \frac{\mathrm{d}I}{\mathrm{d}t} \,.$$

Für die **Induktivität L der Gesamtschaltung** gilt somit:

$$\boxed{\frac{1}{L} = \sum_i^n \frac{1}{L_i}} \,.$$

4.3.4   Auch im Magnetfeld steckt Energie …

Ähnlich einem Kondensator, in dem innerhalb des elektrischen Feldes Energie gespeichert ist, wird auch im magnetischen Feld einer Spule Energie stecken. Zu ihrer Berechnung modifizieren wir die Anordnung der Abb. 4.74 in der in Abb. 4.78 skizzierten Weise. In der gezeigten Schalterstellung fließt ein Spulenstrom. Wird der Schalter umgelegt, entsteht durch Spule und Widerstand ein geschlossener Stromkreis. Wir wollen hier annehmen, dass der Schaltweg des Schalters extrem kurz ist. Nach der Maschenregel gilt dann für die Schleife $+RI - U_{\mathrm{ind}} = 0$. Es gilt dann wegen

$$U_{\mathrm{ind}} = -L \frac{\mathrm{d}I}{\mathrm{d}t}$$

der Zusammenhang:

$$L \frac{\mathrm{d}I}{\mathrm{d}t} + RI = 0 \quad \text{bzw.} \quad \frac{\mathrm{d}I}{\mathrm{d}t} = -\frac{R}{L} I \,.$$

Diese einfache Differentialgleichung lässt sich durch **Variablentrennung** lösen:

$$\int_{I_0}^{I} \frac{\mathrm{d}I}{I} = - \int_{0}^{t} \frac{R}{L} \mathrm{d}t \,.$$

Wir nehmen hier an, dass der Strom vom Wert I_0 beim Zeitnullpunkt (Umlegen des Schalters) auf den Wert $I(t)$ beim Zeitpunkt t absinkt. Die Integrationen liefern:

$$[\ln(I)]_{I_0}^{I} = -\left[\frac{R}{L} t \right]_0^t ,$$

Abb. 4.78 Durch Umlegen des Schalters (bei gegen null gehender Totzeit des Schalters) wird die Feldenergie im Widerstand in Wärme umgewandelt

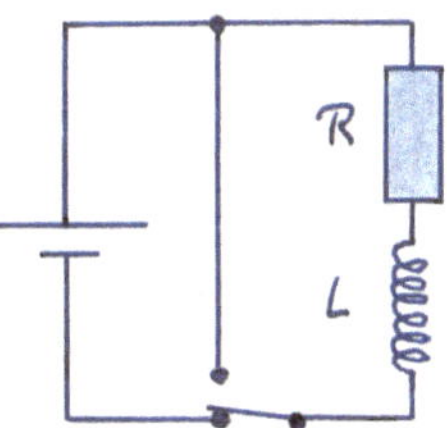

also:

$$\ln(I) - \ln(I_0) = -\frac{R}{L}t \quad \text{bzw.} \quad \ln\left(\frac{I}{I_0}\right) = -\frac{R}{L}t \quad \text{bzw.} \quad I(t) = I_0 e^{-Rt/L}.$$

Das ist der **Stromverlauf beim Abschaltvorgang**. Angenommen, die Spannungsquelle wurde durch Abschalten schlagartig abgetrennt. Dann kann die durch den Strom $I(t)$ im Widerstand R bewirkte Erwärmung nur von einer Energie stammen, die vorher **im magnetischen Feld der Spule** steckte. Diese Energie leistet am Widerstand Arbeit, die durch folgendes Integral bestimmt wird:

$$W_{\text{mag}} = \int\limits_0^\infty P\,dt = \int\limits_0^\infty UI\,dt = \int\limits_0^\infty RI^2\,dt = \int\limits_0^\infty RI_0^2 e^{-2Rt/L}\,dt\,.$$

Die Arbeit, die also durch den Abbau des magnetischen Feldes geleistet wird, ist dann:

$$W_{\text{mag}} = \left[-RI_0^2 \frac{L}{2R} e^{-2Rt/L}\right]_0^\infty = \frac{LI_0^2}{2}. \tag{4.57}$$

Dies ist die **Energie**, die im **Magnetfeld einer Induktivität L steckt**, die vom Strom I_0 durchflossen wird. Eine allgemeinere Größe ist die **Energiedichte w_{mag}**. Man gewinnt sie, indem man die Arbeit W_{mag} durch das Spulenvolumen Al dividiert und die Induktivität der Spule (Gl. 4.55) einsetzt:

$$w_{\text{mag}} = \frac{W_{\text{mag}}}{Al} = \frac{A\mu_0\mu_r N^2}{Al^2}\frac{I_0^2}{2} = \frac{\mu_0\mu_r}{2}\left(\frac{NI_0}{l}\right)^2 = \frac{\mu_0\mu_r}{2}H_0^2. \tag{4.58}$$

Diese **Energiedichte** gilt allgemein für das magnetische Feld, unabhängig von seiner Entstehung.

Beispiel

Welche Energie ist im Feld der Ringspule aus obigem Beispiel (Induktivität $L = 839\,\mu\text{H}$) gespeichert, wenn sie von einem Strom $I = 10\,\text{A}$ durchflossen wird? Wie hoch ist die Energiedichte?

Lösung: Die Energie berechnet man einfach nach Gl. 4.57:

$$W_{\mathrm{mag}} = \frac{L I_0^2}{2} = 42\,\mathrm{mJ}\,.$$

Für die Energiedichte erhält man aus Gl. 4.58 und Gl. 4.56:

$$w_{\mathrm{mag}} = \frac{\mu_0 \mu_{\mathrm{r}}}{2} \cdot \frac{N^2 I_0^2}{4\pi^2 r^2}\,.$$

Die Energiedichte hängt damit vom Radius r innerhalb der Ringspule ab.

4.3.5 Wenn Strom und Spannung nicht mehr synchron sind: Kapazitäten und Induktivitäten in der Wechselstromtechnik

Legt man eine Wechselspannung an einen ohmschen Widerstand R, so ist der fließende Strom stets **synchron zur angelegten Spannung**. Es gilt das ohmsche Gesetz und der Widerstand R bestimmt zu jedem Zeitpunkt den fließenden Strom $I\,(t)$. Bei Kapazitäten und Induktivitäten ist das anders. Hier sind im Falle einer angelegten Wechselspannung Strom und Spannung nicht mehr synchron.

Bleiben wir zunächst bei der eben behandelten Spule bzw. Induktivität. Wir schließen wie in Abb. 4.79 skizziert eine Wechselspannung $U\,(t)$ an eine RL-Kombination an. Für den Stromkreis gilt dann nach der Maschenregel:

$$U\,(t) - RI - L\frac{\mathrm{d}I}{\mathrm{d}t} = 0\,. \tag{4.59}$$

Es handelt sich hier um eine Differentialgleichung. Wir wollen sie mit einem schon in Abschn. 3.1.5 verwendeten komplexen Ansatz lösen. Verwendet man eine Wechselspannung der Form $U\,(t) = U_0 \mathrm{e}^{j\omega t}$, dann stellt man im Experiment fest, dass der Strom ebenfalls sinusförmigen Verlauf hat, jedoch eine gewisse Phasenverschiebung φ zur Spannung hat. Wir setzen also an:

$$I\,(t) = I_0 \mathrm{e}^{j\,(\omega t - \varphi)}\,. \tag{4.60}$$

Eingesetzt in Gl. 4.59 erhalten wir:

$$U_0 \mathrm{e}^{j\omega t} - R I_0 \mathrm{e}^{j\,(\omega t - \varphi)} - jL\omega I_0 \mathrm{e}^{j\,(\omega t - \varphi)} = 0\,. \tag{4.61}$$

Abb. 4.79 $L\,R$-Schaltung

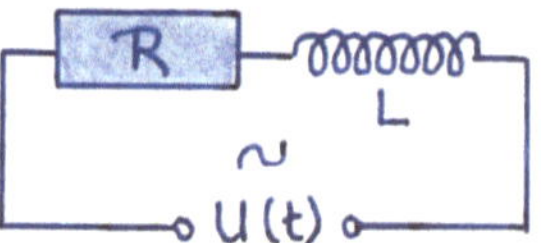

Nach Kürzen von $\mathrm{e}^{j\omega t}$ und Anwendung der Eulerschen Formel können wir Real- und Imaginärteil trennen:

$$U_0 - (RI_0 + jL\omega I_0)\,\mathrm{e}^{-j\varphi} = 0 \quad \text{bzw.}$$
$$U_0 - (RI_0 + jL\omega I_0)\,(\cos(-\varphi) + j\sin(-\varphi)) = 0\,, \tag{4.62}$$

$$U_0 - RI_0\cos\varphi - L\omega I_0\sin\varphi - j\,(L\omega I_0\cos\varphi - RI_0\sin\varphi) = 0\,. \tag{4.63}$$

Es müssen Real- und Imaginärteil getrennt voneinander null sein, also folgt aus dem Imaginärteil:

$$\boxed{\frac{\sin(\varphi)}{\cos(\varphi)} = \frac{L\omega}{R} \quad \text{bzw.} \quad \tan\varphi = \frac{L\omega}{R}}\,. \tag{4.64}$$

Die sich ergebende **Phasenverschiebung** φ hängt also von den Widerstands- und Induktivitätswerten ab. Besonders interessant ist hier der Fall eines verschwindenden ohmschen Widerstands R:

$$\varphi_{R\to 0} = \lim_{R\to 0}\arctan\left(\frac{L\omega}{R}\right) = \frac{\pi}{2}\,.$$

Unabhängig von der Frequenz beträgt also die Phasenverschiebung 90°. Legt man also eine Wechselspannung an eine Spule, wird je nach Polarität zunächst eine Gegenspannung induziert, die den Anstieg des Stroms begrenzt bzw. verlangsamt. Der Strom hinkt bei der Induktivität um 90° hinter der Spannung her. Das gleiche Ergebnis erhält man bei endlichem Widerstand R für $\omega \to \infty$. Die Phasenverschiebung ist in Abb. 4.80 als Funktion von $\omega/\omega_{\mathrm{Gr}}$ (mit $\omega_{\mathrm{Gr}} = R/L$, siehe unten) dargestellt.

Aus der ersten der Gl. 4.62 gewinnt man:

$$U_0 = (RI_0 + jL\omega I_0)\,\mathrm{e}^{-j\varphi}\,. \tag{4.65}$$

Betrag einer komplexen Zahl

Den Betrag von U_0 erhält man, indem man den Betrag der komplexen Zahl auf der rechten Seite ermittelt:

$$|U_0| = \sqrt{[(RI_0 + jL\omega I_0)\,\mathrm{e}^{-j\varphi}]\cdot[(RI_0 - jL\omega I_0)\,\mathrm{e}^{+j\varphi}]} = I_0\sqrt{R^2 + \omega^2 L^2}\,,$$

$$\boxed{I_0 = \frac{|U_0|}{\sqrt{R^2 + L^2\omega^2}}}\,. \tag{4.66}$$

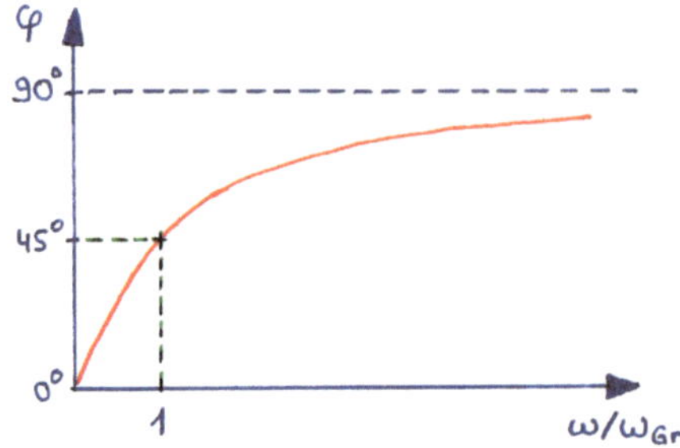
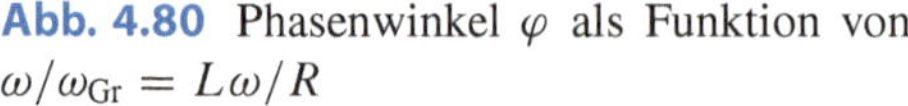
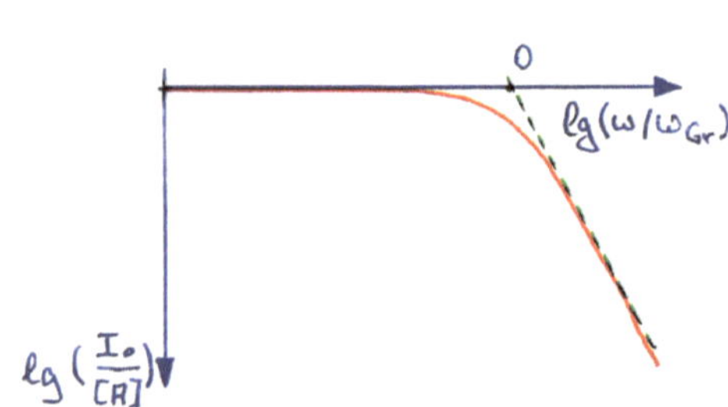

Abb. 4.80 Phasenwinkel φ als Funktion von $\omega/\omega_{\mathrm{Gr}} = L\omega/R$

Abb. 4.81 Stromamplitude I_0 als Funktion von $L\omega/R$ in doppeltlogarithmischer Darstellung. Die Asymptote schneidet die Abszisse bei der Grenzfrequenz, es gilt also $\omega/\omega_{\mathrm{Gr}} = 1$ bzw. $\lg(\omega/\omega_{\mathrm{Gr}}) = 0$

Wie Abb. 4.81 zeigt, sinkt die Amplitude I_0 des Stroms bei steigender Frequenz. Anderseits zeigt Gl. 4.66, dass selbst bei $R = 0\,\Omega$ kein unendlich hoher Strom fließt, wenn nur $\omega > 0$ gilt. Lediglich im Gleichstromfall ($\omega = 0$) würde bei einem verschwindenden Widerstand R theoretisch $I_0 \to \infty$ gelten.

Zeichnet man in logarithmischer Darstellung die Asymptote an die Kurve der Stromamplitude als Funktion der Frequenz, erhält man als Schnittpunkt mit der Frequenzachse die **Grenzfrequenz**. Rechnerisch erhält man sie, indem man in logarithmischer Darstellung die Asymptote, deren Verlauf man aus Gl. 4.66 mit $\omega \to \infty$ und damit $L\omega \gg R$ erhält, mit der Abszisse schneidet (hier also Stromwert bei $\omega = 0$):

$$I_0(\omega) \approx \frac{U_0}{L\omega} \quad \text{also:} \quad \frac{U_0}{L\omega_{\mathrm{Gr}}} = \frac{U_0}{R} \quad \text{und damit:} \quad \omega_{\mathrm{Gr}} = \frac{R}{L}\,.$$

Rechnerisch haben wir also die Asymptote mit $I_0(0)$ gleichgesetzt. Aus Gl. 4.64 kann man leicht ablesen, dass die Phasenverschiebung bei der Grenzfrequenz 45° beträgt. Die am ohmschen Widerstand abfallende Spannung ist proportional zum Strom $I(t)$ in der Schaltung. Betrachtet man sie als Ausgangsspannung, dann kann man die Schaltung als **Tiefpass** nutzen: sie überträgt unterhalb der Grenzfrequenz mit geringer Dämpfung und geringer Phasenverschiebung, oberhalb der Grenzfrequenz aber mit hoher Dämpfung und großer, gegen 90° konvergierender Phasenverschiebung.

Wir wollen nun die **Kapazität** C betrachten. Sie sei über einen ohmschen Widerstand an eine Wechselspannung angeschlossen (Abb. 4.82). Nach der Maschenregel gilt in diesem Fall:

$$U(t) - RI - U_{\mathrm{C}}(t) = 0\,.$$

Wir wissen, dass bei einer Kapazität $U_{\mathrm{C}} = Q/C$ gilt, so dass wir schreiben können:

$$U(t) - RI - \frac{Q}{C} = 0\,.$$

Abb. 4.82 CR-Schaltung

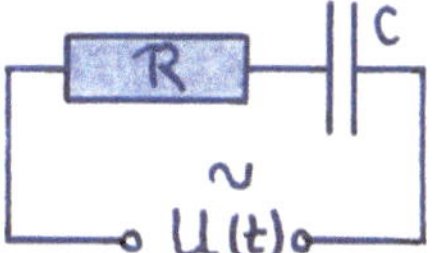

Die Ladung Q des Kondensators lässt sich als zeitliches Integral über den Strom berechnen, so dass gilt:

$$U\,(t) - RI - \frac{1}{C}\int I\,\mathrm{d}t = 0\,.$$

Das Experiment zeigt auch beim Kondensator, dass zwischen Spannung und Strom eine Phasendifferenz vorliegt. Man nimmt für den Strom also den Ansatz:

$$I\,(t) = I_0 \mathrm{e}^{j\,(\omega t + \varphi)}\,. \tag{4.67}$$

Man erhält also mit $U\,(t) = U_0 \mathrm{e}^{j\omega t}$:

$$U_0 \mathrm{e}^{j\omega t} - RI_0 \mathrm{e}^{j\,(\omega t+\varphi)} - \frac{1}{C}\int I_0 \mathrm{e}^{j\,(\omega t+\varphi)}\mathrm{d}t = 0\,.$$

Nach Integration erhalten wir:

$$U_0 \mathrm{e}^{j\omega t} - RI_0 \mathrm{e}^{j\,(\omega t+\varphi)} - \frac{I_0}{j\omega C}\mathrm{e}^{j\,(\omega t+\varphi)} = 0\,.$$

Wegen $\frac{1}{j} = \frac{j}{j\cdot j} = \frac{j}{(-1)} = -j$ und durch Kürzen von $\mathrm{e}^{j\omega t}$ erhalten wir:

$$U_0 - RI_0 \mathrm{e}^{j\varphi} + j\frac{I_0}{\omega C}\mathrm{e}^{j\varphi} = 0\,. \tag{4.68}$$

Analog zu Gl. 4.62 und 4.63 formen wir um:

$$U_0 + \left(j\frac{I_0}{\omega C} - RI_0\right)\mathrm{e}^{j\varphi} = 0 \quad \text{bzw.}$$

$$U_0 + \left(j\frac{I_0}{\omega C} - RI_0\right)(\cos\varphi + j\sin\varphi) = 0\,, \tag{4.69}$$

$$U_0 - \left(RI_0\cos\varphi + \frac{I_0}{\omega C}\sin\varphi\right) + j\left(\frac{I_0}{\omega C}\cos\varphi - RI_0\sin\varphi\right) = 0\,.$$

Es müssen wieder Real- und Imaginärteil getrennt voneinander null sein, also folgt aus dem Imaginärteil:

$$\boxed{\ \frac{\sin\,(\varphi)}{\cos\,(\varphi)} = \frac{1}{RC\omega} \quad \text{bzw.} \quad \tan\varphi = \frac{1}{RC\omega}\ } \tag{4.70}$$

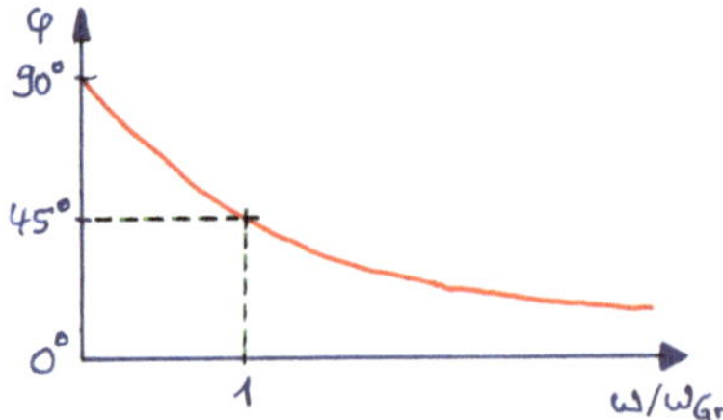

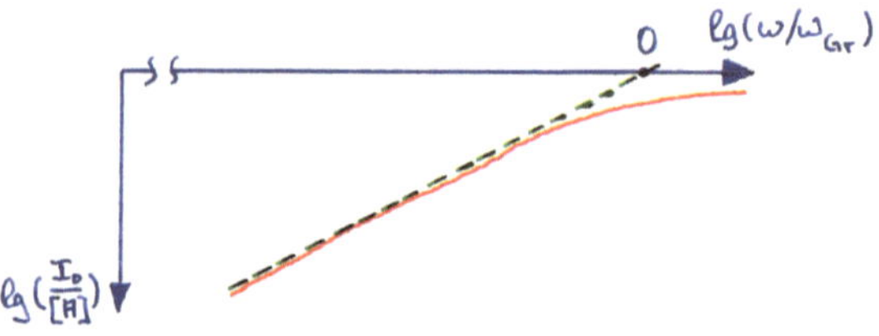

Abb. 4.83 Zeitlicher Verlauf der Phasenverschiebung als Funktion von ωRC

Abb. 4.84 Stromamplitude I_0 als Funktion von ωRC in doppeltlogarithmischer Darstellung. Die Asymptote schneidet die Abszisse bei der Grenzfrequenz, es gilt also $\omega/\omega_{\mathrm{Gr}} = 1$ bzw. $\lg(\omega/\omega_{\mathrm{Gr}}) = 0$

Durch Betragsbildung erhalten wir aus Gl. 4.69 wie oben:

$$|U_0| = \sqrt{\left(RI_0 - j\frac{I_0}{\omega C}\right)\mathrm{e}^{j\varphi}\left(RI_0 + j\frac{I_0}{\omega C}\right)\mathrm{e}^{-j\varphi}} = \sqrt{\left(\frac{I_0}{\omega C}\right)^2 + (RI_0)^2}$$

$$= I_0\sqrt{\left(\frac{1}{\omega C}\right)^2 + R^2}\,.$$

Die Amplitude des Stromes als Funktion der Frequenz ist also schließlich:

$$\boxed{I_0 = \frac{U_0\omega C}{\sqrt{(R\omega C)^2 + 1}}}\,. \tag{4.71}$$

Die Phasenverschiebung ist in Abb. 4.83 dargestellt. Sie hängt also von den Widerstands- und Kapazitätswerten ab. Besonders interessant ist hier wieder der Fall eines **verschwindenden Widerstands R**:

$$\varphi_{R\to 0} = \lim_{R\to 0}\arctan\left(\frac{1}{\omega RC}\right) = \frac{\pi}{2}\,.$$

Unabhängig von der Frequenz beträgt also die Phasenverschiebung 90°. Legt man also eine Wechselspannung an eine Kapazität, wird bei ungeladenem Kondensator je nach Polarität zunächst ein Kurzschluß entstehen, bei dem der Spannungsabfall am Kondensator gering ist. Mit wachsender Aufladung des Kondensators steigt die Spannung und der Ladestrom wird geringer. Der Strom eilt bei der Kapazität der Spannung um 90° voraus. Man beachte hier besonders das positive Vorzeichen in Gl. 4.67 im Gegensatz zum negativen Vorzeichen in Gl. 4.60.

Zeichnet man in logarithmischer Darstellung die Asymptote an die Kurve der Stromamplitude als Funktion der Frequenz (Abb. 4.84), erhält man als Schnittpunkt mit der bei $I_0(\omega \to \infty) = U_0/R$ gezeichneten Frequenzachse die Grenzfrequenz der RC-Schaltung.

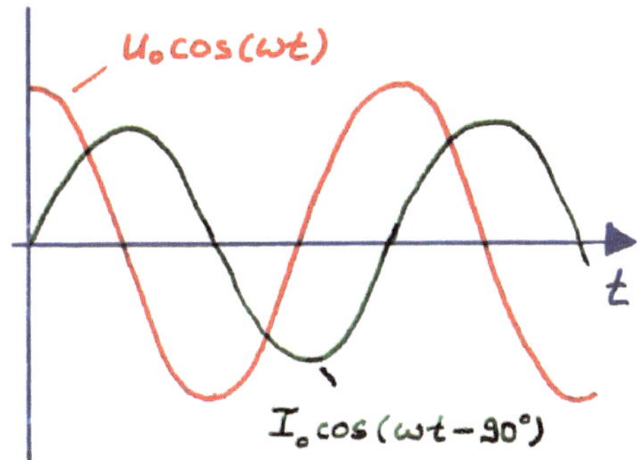

Abb. 4.85 Bei der Induktivität eilt die Spannung dem Strom um 90° voraus. Ein schneller Anstieg der Spannung führt zu einer Gegenspannung an der Induktivität, die den Strom nur langsam und verzögert ansteigen läßt

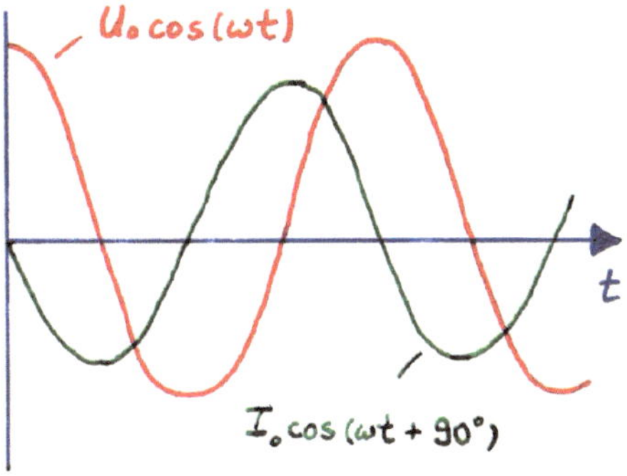

Abb. 4.86 Bei der Kapazität eilt der Strom der Spannung um 90° voraus. Der Umladevorgang am Kondensator führt bei niedriger, ansteigender Spannung zu einem hohen Kurzschlußstrom

Rechnerisch erhält man sie, indem man die Gleichung der Asymptote, die man aus Gl. 4.71 mit $\omega \to 0$ und damit $\omega \ll 1/RC$ erhält, mit $I_0\,(\omega \to \infty) = U_0/R$ gleichsetzt:

$$I_0\,(\omega) \approx U_0 C \omega\,, \quad \text{also} \quad U_0 C \omega_{\mathrm{Gr}} = \frac{U_0}{R}\,, \quad \text{bzw.} \quad \omega_{\mathrm{Gr}} = \frac{1}{RC}\,.$$

Aus Gl. 4.70 kann man leicht ablesen, dass die Phasenverschiebung bei der Grenzfrequenz 45° beträgt. Betrachtet man wieder die über dem Widerstand abfallende Spannung als Ausgangsspannung der Schaltung, dann kann man die Schaltung als **Hochpass** nutzen: sie überträgt oberhalb der Grenzfrequenz mit geringer Dämpfung und geringer Phasenverschiebung, unterhalb der Grenzfrequenz aber mit hoher Dämpfung und großer, gegen 90° konvergierender Phasenverschiebung. Abschließend sind in Abb. 4.85 und 4.86 die Strom- und Spannungsverläufe für Induktivität und Kapazität (für den Fall $R = 0$) noch einmal in Abhängigkeit von der Zeit angegeben.

4.3.6   Was leistet eigentlich ein Wechselstromkreis?

Legt man an einen **ohmschen Widerstand** eine Wechselspannung an, dann ist der fließende Strom in Phase mit der angelegten Spannung:

$$U\,(t) = U_0 \sin \omega t\,, \qquad I\,(t) = I_0 \sin \omega t\,.$$

Die im Widerstand verbleibende und in Wärme verwandelte **Momentanleistung** ist

$$P\,(t) = U_0 I_0 \cos^2 \omega t = \frac{U_0 I_0}{2}\,(1 + \cos 2\omega t)\,.$$

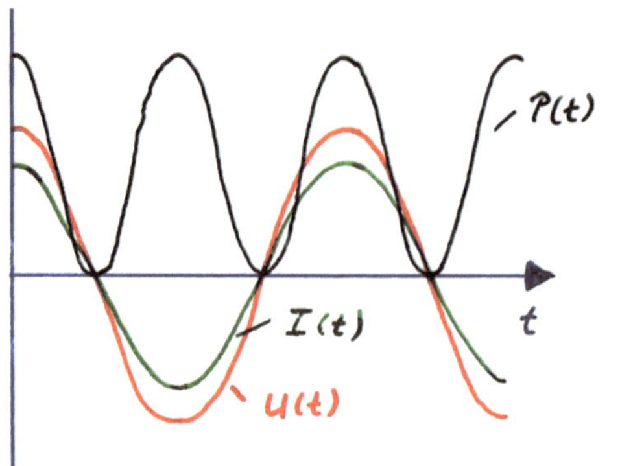

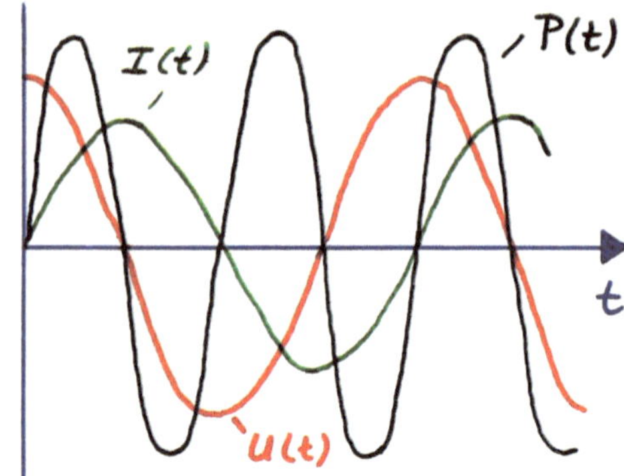

Abb. 4.87 Momentanleistung als Funktion der Zeit für den ohmschen Widerstand. Die mittlere Leistung P ist $U_0 I_0 / 2$

Abb. 4.88 Momentanleistung als Funktion der Zeit für die Spule. Die mittlere Leistung P ist null

Die graphische Darstellung zeigt (Abb. 4.87), dass die Leistung zwischen dem Wert null und dem Wert $U_0 I_0$ mit der doppelten Frequenz 2ω der angelegten Spannung schwankt. Wie man leicht ablesen kann, beträgt die mittlere Leistung

$$\bar{P} = \frac{U_0 I_0}{2} = \frac{U_0}{\sqrt{2}} \cdot \frac{I_0}{\sqrt{2}} \,.$$

Die Werte $U_{\text{eff}} = U_0/\sqrt{2}$ und $I_{\text{eff}} = I_0/\sqrt{2}$ der Spannung und des Stroms sind die **Effektivwerte**. Sie sind jeweils um den Faktor $\sqrt{2}$ kleiner als die Amplitude. Eine Gleichspannung bzw. ein Gleichstrom in Höhe dieser Effektivwerte würde zur gleichen im Widerstand verbrauchten Leistung führen wie ein Wechselstrom mit den Amplituden U_0 und I_0.

Viel schwieriger liegen die Dinge bei der **Kapazität** und bei der **Induktivität**. Bei der Induktivität hinkt der Strom der Spannung hinterher, d. h. es gilt:

$$U(t) = U_0 \cos \omega t \,, \qquad I(t) = I_0 \cos (\omega t - 90°) = I_0 \sin \omega t \,.$$

Damit erhält man für die **Momentanleistung**:

$$P(t) = U_0 I_0 \cos \omega t \sin \omega t = \frac{U_0 I_0}{2} \sin 2\omega t \,. \tag{4.72}$$

Bildet man hier die mittlere Leistung, erkennt man schon aus Abb. 4.88 dass diese null ist. Die Sache ist die: die Spule nimmt während einer Viertelperiode Leistung auf, gibt diese im Feld gespeicherte Energie aber in der nächsten Viertelperiode wieder ab. Bei der idealen Spule ohne ohmsche Verluste bleibt also keine Energie in der Spule zurück. Da während einer vollen Schwingung der Spannung das Feld zweimal auf und wieder abgebaut wird (jeweils in umgekehrter Richtung), wird auch zweimal Energie aufgenommen und wieder abgegeben. Da für die Energie die Feldrichtung keine Rolle spielt, erhält man für die Leistung somit die doppelte Kreisfrequenz 2ω. Die in Gl. 4.72 auftretende Leistung $U_0 I_0 / 2$ wird **Blindleistung Q** genannt:

$$\boxed{Q = \frac{U_0 I_0}{2} = U_{\text{eff}} I_{\text{eff}}} . \tag{4.73}$$

Bei der **Kapazität** lauten die beiden Gleichungen von oben:

$$U(t) = U_0 \cos \omega t , \qquad I(t) = I_0 \cos (\omega t + 90°) = -I_0 \sin \omega t .$$

Damit erhält man für die Leistung:

$$P(t) = -U_0 I_0 \sin \omega t \cos \omega t = -\frac{U_0 I_0}{2} \sin 2\omega t .$$

Auch hier ist die mittlere Leistung null und die **Blindleistung** ist hier wie oben:

$$Q = \frac{U_0 I_0}{2} = U_{\text{eff}} I_{\text{eff}} . \tag{4.74}$$

Die Betrachtung der Leistungen kann noch etwas allgemeiner geschehen. Nehmen wir an, bei einer beliebigen Schaltung bestehe zwischen der angelegten Spannung $U_0 \cos \omega t$ und dem fließenden Strom $I(t) = I_0 \cos (\omega t - \varphi)$ die **Phasenverschiebung** φ. Dann gilt für die Leistung, die in der Schaltung verbraucht wird:

$$P(t) = U_0 I_0 \cos \omega t \cos (\omega t - \varphi) = U_0 I_0 \cos \omega t (\cos \omega t \cos \varphi + \sin \omega t \sin \varphi) . \tag{4.75}$$

Wegen $2 \sin \omega t \cos \omega t = \sin 2\omega t$ und $2 \cos^2 \omega t = (1 + \cos 2\omega t)$ folgt:

$$P(t) = \frac{U_0 I_0}{2} (1 + \cos 2\omega t) \cos \varphi + \frac{U_0 I_0}{2} \sin 2\omega t \sin \varphi .$$

Die zeitliche Mittelung liefert hier:

$$\bar{P} = U_{\text{eff}} I_{\text{eff}} \cos \varphi + U_{\text{eff}} I_{\text{eff}} \cdot 0 \cdot \sin \varphi .$$

Der erste Summand wird **Wirkleistung** genannt:

$$\bar{P} = U_{\text{eff}} I_{\text{eff}} \cos \varphi .$$

Der zweite Summand hat keine physikalische Realität und entspricht der oben schon eingeführten **Blindleistung**:

$$Q = U_{\text{eff}} I_{\text{eff}} \sin \varphi . \tag{4.76}$$

Die Vorzeichenwahl in Gl. 4.75 entsprach der der Spule, so dass mit $\varphi = 90°$ die Blindleistung von Gl. 4.73 herauskommt. Die **Blindleistung** hat zwar die Einheit Watt, jedoch wird als Bezeichnung zur Unterscheidung die Einheit **Var** (1 Var) verwendet (1 var = 1 W).

4.3.7 Widerstände können komplex sein

Die komplexe Schreibweise von Spannungen und Strömen entwickelt ihre Vorteile insbesondere bei komplizierten Schaltungen. Hier kann man Induktivität und Kapazität einfach als **komplexe Widerstände** angeben und mittels **Kirchhoffscher Gesetze** auf einfache Weise behandeln. Eine angelegte Spannung an einen Kondensator kann man schreiben als:

$$U\,(t) = U_0 \mathrm{e}^{j\omega t}\,. \tag{4.77}$$

Wegen $C = Q/U$ bzw. $Q = CU$ gilt für den Strom:

$$I\,(t) = \frac{\mathrm{d}Q}{\mathrm{d}t} = CU_0 j\omega \mathrm{e}^{j\omega t}\,. \tag{4.78}$$

Bildet man aus den komplexen Größen U und I den Quotienten, so erhält man definitionsgemäß einen Widerstand:

$$\boxed{Z_C = \frac{U}{I} = \frac{U_0 \mathrm{e}^{j\omega t}}{CU_0 \omega j\, \mathrm{e}^{j\omega t}} = \frac{1}{j\omega C}}\,.$$

Die Größe Z_C heißt **komplexer Widerstand der Kapazität C**. Für eine Induktivität kann ebenfalls ein komplexer Widerstand angegeben werden. Bei der Spule gilt:

$$U\,(t) = L\frac{\mathrm{d}I}{\mathrm{d}t}\,.$$

Wegen $U\,(t) = U_0 \mathrm{e}^{j\omega t}$ folgt durch Integration:

$$I\,(t) = \int \frac{U\,(t)}{L}\mathrm{d}t = \frac{U_0}{L} \int \mathrm{e}^{j\omega t}\mathrm{d}t = \frac{U_0}{j\omega L}\mathrm{e}^{j\omega t}\,; \tag{4.79}$$

damit gilt:

$$\boxed{Z_L = \frac{U}{I} = \frac{U_0 \mathrm{e}^{j\omega t}}{\frac{U_0}{j\omega L}\mathrm{e}^{j\omega t}} = j\omega L}\,.$$

Die Größe Z_L heißt **komplexer Widerstand der Induktivität L**. Die oben abgeleiteten Phasenverschiebungen zwischen Strom und Spannung ergeben sich hier von selbst, wenn man die Größen in der komplexen Zahlenebene darstellt. Für den **Kondensator** erhält man für $t = 0$ nach Gl. 4.77 und 4.78:

$$U\,(0) = U_0\,, \qquad I\,(0) = CU_0 j\omega\,.$$

Die Zeiger drehen sich mit der Frequenz ω gegen den Uhrzeigersinn im Kreis, behalten aber zueinander stets den Winkelabstand von $90°$, also die Phasenverschiebung

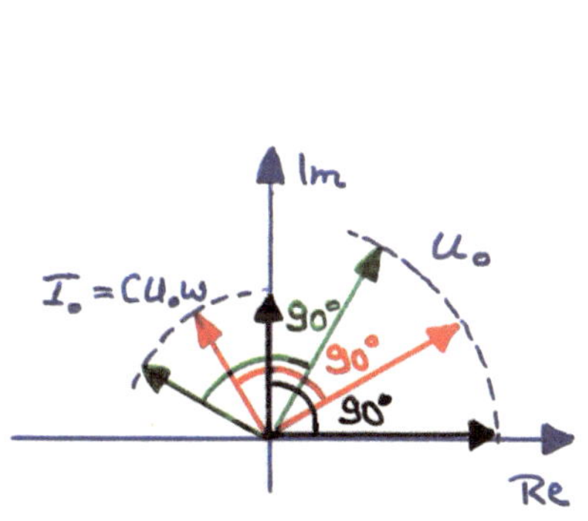
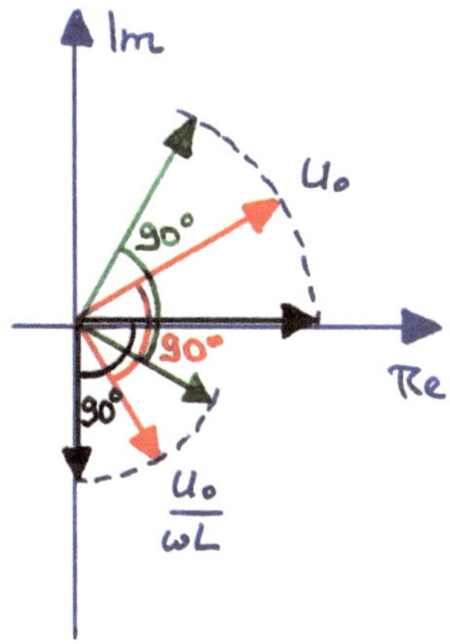

Abb. 4.89 Zeigerdarstellung von Strom und Spannung für den Kondensator in der komplexen Zahlenebene für $\omega t = 0$ (*schwarz*), $\omega t = \pi/6$ (*rot*) und $\omega t = \pi/3$ (*grün*)

Abb. 4.90 Zeigerdarstellung von Strom und Spannung für die Spule in der komplexen Zahlenebene für $\omega t = 0$ (*schwarz*), $\omega t = \pi/6$ (*rot*) und $\omega t = \pi/3$ (*grün*)

Abb. 4.91 LR-Schaltung

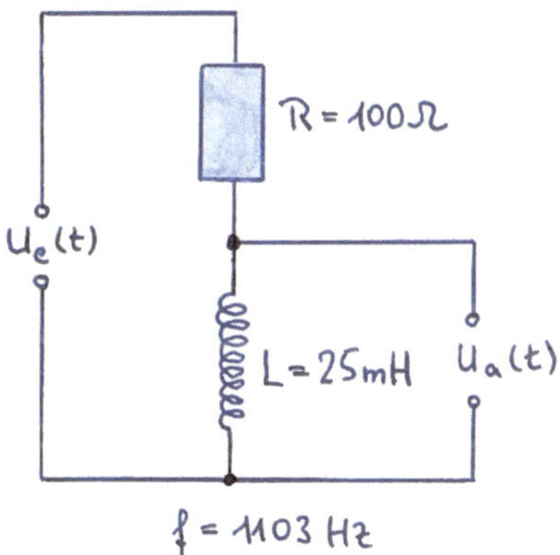

(Abb. 4.89). Anders sind die Verhältnisse bei der Spule, hier gilt für $t = 0$ nach Gl. 4.77 und 4.79:

$$U(0) = U_0, \qquad I(0) = -\frac{U_0}{\omega L} j \, .$$

Abb. 4.90 zeigt die Zeiger wieder in der komplexen Zahlenebene. Auch hier bewegen sich die Zeiger mit dem konstanten Winkelabstand 90° gegen den Uhrzeigersinn.

Beispiel

Welche Phasenverschiebung φ besteht bei der in Abb. 4.91 gezeichneten LR-Schaltung zwischen der Eingangsspannung $U_e(t) = U_{e_0} e^{j\omega t}$ und der Ausgangsspannung $U_a(t) = U_{a_0} e^{j(\omega t + \varphi)}$?

Lösung: Die Schaltung verhält sich wie ein Spannungsteiler mit dem Verhältnis:

$$\frac{U_\mathrm{a}}{U_\mathrm{e}} = \frac{Z_L}{R + Z_L} \, .$$

Mit $Z_L = j\omega L$ gilt:

$$\frac{U_\mathrm{a}}{U_\mathrm{e}} = \frac{j\omega L}{R + j\omega L} \, . \tag{4.80}$$

Andererseits gilt:

$$\frac{U_\mathrm{a}}{U_\mathrm{e}} = \frac{U_{\mathrm{a}_0}\,\mathrm{e}^{j\,(\omega t+\varphi)}}{U_{\mathrm{e}_0}\,\mathrm{e}^{j\omega t}} = \frac{U_{\mathrm{a}_0}\,\mathrm{e}^{j\varphi}}{U_{\mathrm{e}_0}} = \frac{U_{\mathrm{a}_0}}{U_{\mathrm{e}_0}}\,(\cos\varphi + j\,\sin\varphi) \, . \tag{4.81}$$

Gl. 4.80 und 4.81 ergeben gleichgesetzt:

$$\frac{U_{\mathrm{a}_0}}{U_{\mathrm{e}_0}}\,(\cos\varphi + j\,\sin\varphi) = \frac{j\omega L}{R + j\omega L} \, .$$

Trennung von Real- und Imaginärteil bei komplexen Quotienten

Trennung in Real- und Imaginärteil führt also zu:

$$\frac{U_{\mathrm{a}_0}}{U_{\mathrm{e}_0}}\,(\cos\varphi + j\,\sin\varphi) = \frac{j\omega L}{R + j\omega L} \cdot \frac{R - j\omega L}{R - j\omega L} = \frac{\omega^2 L^2}{R^2 + \omega^2 L^2} + \frac{j\omega L R}{R^2 + \omega^2 L^2} \, .$$

Mit $\tan\varphi = \sin\varphi/\cos\varphi$ lässt sich hieraus die Phase φ gewinnen:

$$\tan\varphi = \frac{\omega L R}{\omega^2 L^2} = \frac{R}{\omega L} \, , \qquad \varphi = \arctan\left(\frac{R}{\omega L}\right) = 30^\circ \, .$$

4.3.8 Viel Wirbel bei den Feldern: elektromagnetische Wellen

J.C. Maxwell gelang 1865 der Nachweis, dass es so etwas wie elektromagnetische Wellen geben müsste. Er fasste die damaligen Erkenntnisse in den vier **Maxwellschen Gleichungen** zusammen:

$$\boxed{\varepsilon_\mathrm{r}\varepsilon_0 \oint_A \vec{E}\vec{n}\,\mathrm{d}A = \int_V \rho\,(\vec{r})\,\mathrm{d}V} \, . \tag{4.82}$$

Diese Gleichung stellt die allgemeinste Form des **Gaußschen Gesetzes** dar. Die Tatsache, dass magnetische Felder reine **Wirbelfelder** sind, beschreibt die Gleichung:

$$\boxed{\oint_A \vec{B}\vec{n}\,\mathrm{d}A = 0}. \tag{4.83}$$

Das **Induktionsgesetz** lautet:

$$\boxed{\oint_C \vec{E}\mathrm{d}\vec{l} = -\frac{\partial}{\partial t}\oint_A \vec{B}\vec{n}\,\mathrm{d}A}. \tag{4.84}$$

Die letzte Beziehung ist das **Durchflutungsgesetz**, an dem wir jedoch noch eine Ergänzung anzubringen haben:

$$\boxed{\oint_C \vec{H}\mathrm{d}\vec{l} = \int_A \left(\vec{J} + \frac{\partial \vec{D}}{\partial t}\right)\vec{n}\,\mathrm{d}A}. \tag{4.85}$$

Der neue Summand $\frac{\partial \vec{D}}{\partial t}$ ist nötig, weil die bisherige Form zwar korrekt, aber noch nicht allgemeingültig ist. Wir haben in diesem Zusammenhang nämlich nie Dielektrika behandelt. Der neue Summand trägt der Tatsache Rechnung, dass beim **Entstehen von Polarisationsladungen** Ladungsträger verschoben werden, also dass auch hier Ströme fließen. Sie erzeugen ebenfalls ein Magnetfeld.

Ja, es ist sogar so, dass das Dielektrikum nur eine gedankliche Hilfe darstellt. Es kommt nämlich gar nicht auf bewegte Ladungen an, sondern nur auf das **von ihnen verursachte zeitlich veränderliche elektrische Feld** $\vec{E}(t)$. Dieses ist ursächlich für die magnetischen Wirbel. Maxwells große Leistung bestand darin, mithilfe dieses Summanden die Existenz elektromagnetischer Wellen vorauszusagen. Gl. 4.84 besagt, dass **zeitlich veränderliche magnetische Felder Wirbel des elektrischen Feldes verursachen. Zeitlich veränderliche elektrische Felder wiederum verursachen magnetische Wirbel**. Da die Zeitabhängigkeiten bei den erzeugten Feldern in der Regel erhalten bleiben, können elektrische und magnetische Felder gegenseitig auseinander hervorgehen. Materie braucht es hierfür nicht mehr.

Wir verwenden zur Veranschaulichung der elektromagnetischen Wellen und ihrer Wellengleichung ein Gedankenexperiment, das zwar als Modell Mängel hat, aber doch recht anschaulich die Zusammenhänge erklärt.

Wir nehmen an, eine unendlich ausgedehnte metallische Platte der Dicke d sei wie in Abb. 6.20 (Abschn. 6.7) von einer Stromdichte $\vec{J}$ durchflossen. Wir nehmen an, dass sich sonst keine weiteren Ladungen im Raum befinden. Der Raum ist homogen mit einem Medium der **Permittivität** ε_r und der **Permeabilität** μ_r ausgefüllt. In der genannten Aufgabe

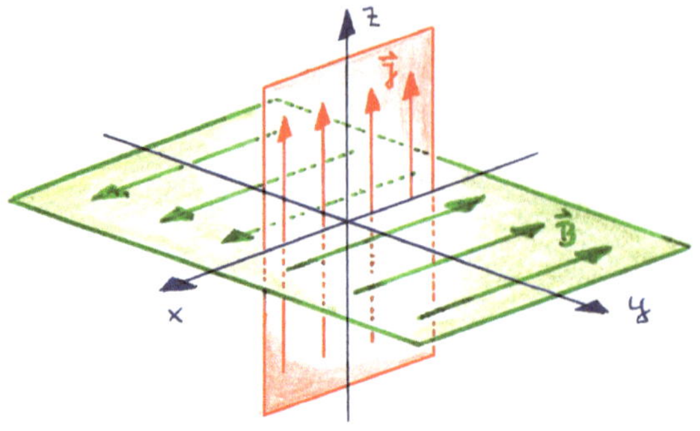
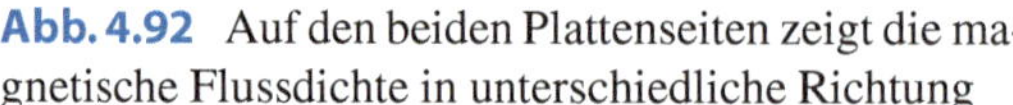

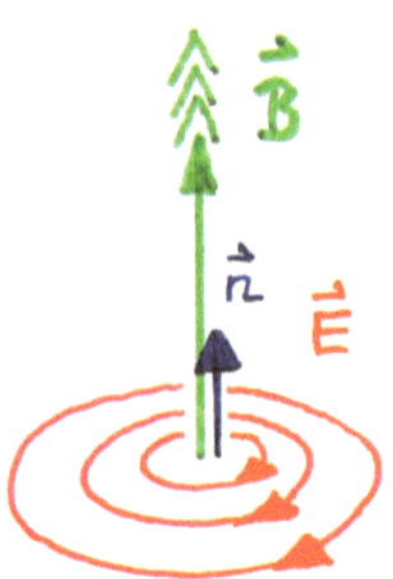

Abb. 4.92 Auf den beiden Plattenseiten zeigt die magnetische Flussdichte in unterschiedliche Richtung

Abb. 4.93 Eine anwachsende Flussdichte B führt zu Wirbeln des elektrischen Feldes im Uhrzeigersinn

war das Ergebnis für die magnetische Flussdichte

$$B = \frac{\mu_0 J d}{2}\,.$$

Da die Richtungen der Felder in diesem Zusammenhang eine wichtige Rolle spielen, soll ein Koordinatensystem wie in Abb. 4.92 eingeführt werden. Fließt die Stromdichte $\vec{J}$ in z-Richtung, dann zeigt die magnetische Flussdichte $\vec{B}$ auf der Seite der positiven y-Achse in die negative x-Richtung. Sie ist – da die Platte unendlich ausgedehnt ist – überall gleich groß. Schickt man anstelle des Gleichstroms einen Wechselstrom durch die Platte, wird natürlich auch das Magnetfeld zeitabhängig.

Hier kommt das Induktionsgesetz Gl. 4.84 ins Spiel. Es werden infolge des magnetischen Wechselfeldes Wirbel des elektrischen Feldes erzeugt. Eine zeitlich anwachsende Flussdichte $\vec{B}$ hat Wirbel in der in Abb. 4.93 gezeigten Drehrichtung zur Folge. Es ist leicht einzusehen, dass die elektrischen Feldlinien senkrecht zur magnetischen Feldrichtung verlaufen und die Wirbel damit in der yz-Ebene bzw. den dazu parallelen Ebenen liegen. Das resultierende Feld setzt sich natürlich aus unendlich vielen solcher Wirbel zusammen. Wegen der Unendlichkeit der Platte werden die $\vec{E}$-Feldlinien Geraden sein und wohl in positiver und negativer z-Richtung verlaufen.

Die konkrete Richtung lässt sich aus der Stromrichtung der Platte ableiten. Wir nehmen an, dass der Strom darin besteht, dass Elektronen aus dem positiven Unendlichen kommen und ins negativ Unendliche strömen (also gegen die Richtung von $\vec{J}$!). Das führt zu einer Ansammlung negativer Ladungen „im negativ Unendlichen" und zu einer Ansammlung positiver Ladungen „im positiv Unendlichen". Das Feld zeigt definitionsgemäß von „plus" nach „minus", also gegen die Stromrichtung. Wichtig ist, dass die Anordnung (etwas realitätsfremd) keine Spannung „von außen" vorsieht.

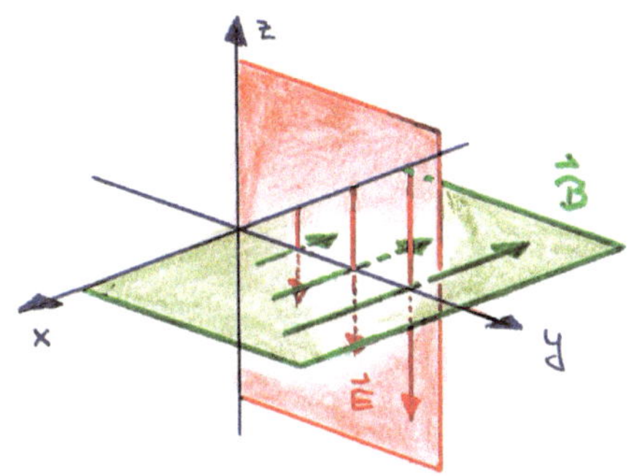

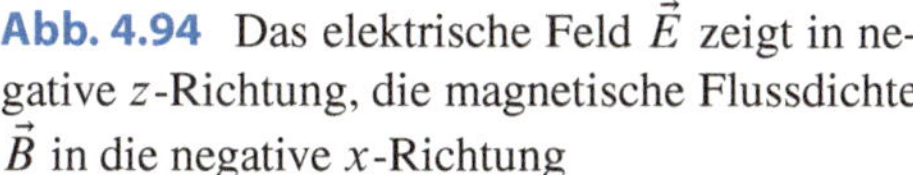

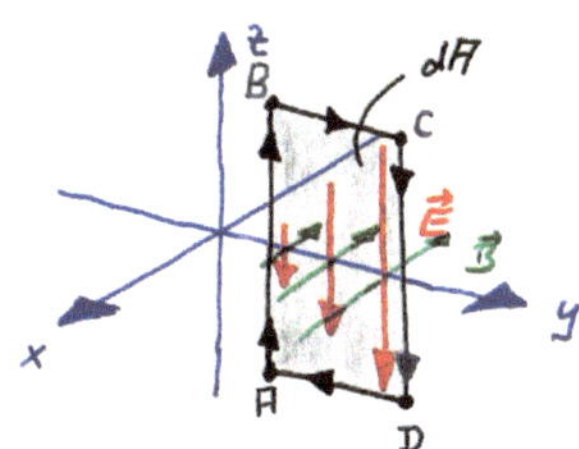

Abb. 4.94 Das elektrische Feld $\vec{E}$ zeigt in negative z-Richtung, die magnetische Flussdichte $\vec{B}$ in die negative x-Richtung

Abb. 4.95 Integrationsweg für das Wegintegral über das elektrische Feld

Man kann also von Feldrichtungen ausgehen, wie sie in Abb. 4.94 gezeigt sind. Die Felder sind zeitabhängig; das zeitlich veränderliche $\vec{E}$-Feld erzeugt wieder zeitlich veränderliche magnetische Wirbel und diese umgekehrt zeitabhängige elektrische Wirbel usw.

Wir wollen nun eine Differentialgleichung für dieses Phänomen ableiten. Hierzu betrachten wir eine Rechteckfläche dA, wie sie in Abb. 4.95 eingezeichnet ist. Beim Induktionsgesetz kann man das Wegintegral über das $\vec{E}$-Feld in vier Wegabschnitte zerlegen:

$$\int\limits_A^B \vec{E}_1 d\vec{l}_1 + \int\limits_B^C \vec{E}_2 d\vec{l}_2 + \int\limits_C^D \vec{E}_3 d\vec{l}_3 + \int\limits_D^A \vec{E}_4 d\vec{l}_4 = -\frac{\partial}{\partial t} \oint\limits_{ABCD} \vec{B}\vec{n}\,dA .$$

Es ist $\vec{E}_2 d\vec{l}_2 = 0$ (wegen $\vec{E}_2 \perp d\vec{l}_2$), $\vec{E}_4 d\vec{l}_4 = 0$ (wegen $\vec{E}_4 \perp d\vec{l}_4$) sowie $E_3 = E(y + dy)$ und $E_1 = E(y)$. Nimmt man dA als kleine Fläche an, dann ändert sich das Magnetfeld innerhalb von dA nur geringfügig und man kann es näherungsweise als konstant annehmen. E_1 und E_3 sind längs der Integrationswege ohnehin konstant, so dass mit d$A = dy\,dz$ und $\vec{B} = \mu_r \mu_0 \vec{H}$ gilt:

$$E(y + dy)\,dz - E(y)\,dz = -\frac{\partial}{\partial t}\mu_r \mu_0 \vec{H}\vec{n}\,dy\,dz .$$

$\vec{n}$ und $\vec{B}$ zeigen bei dem gewählten Umlaufsinn der Rechteckfläche in die gleiche Richtung, es gilt also wegen $\vec{H}\vec{n} = |\vec{H}|\,|\vec{n}|\cos 0° = H$:

$$\frac{E(y + dy) - E(y)}{dy} = -\frac{\partial}{\partial t}\mu_r \mu_0 H .$$

Links erkennt man den Differentialquotienten:

$$\frac{\partial E}{\partial y} = -\mu_r \mu_0 \frac{\partial H}{\partial t} . \tag{4.86}$$

Abb. 4.96 Integrationsweg für das Wegintegral über das magnetische Feld

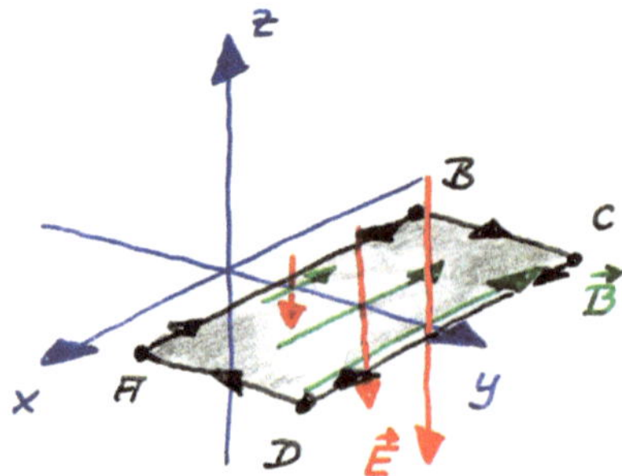

Einen weiteren Zusammenhang dieser Art kann man aus der Gl. 4.85 mit $\vec{J} = \vec{0}$ gewinnen. Wir betrachten hierzu Abb. 4.96. Die kleine Rechteckfläche $dA = dx\,dy$ liegt hier in der xy-Ebene und wird vom $\vec{E}$-Feld senkrecht durchsetzt ($\vec{E}$ parallel zu $\vec{n}$!). Es gilt hier:

$$\int\limits_{A}^{B} \vec{H}_1 d\vec{l}_1 + \int\limits_{B}^{C} \vec{H}_2 d\vec{l}_2 + \int\limits_{C}^{D} \vec{H}_3 d\vec{l}_3 + \int\limits_{D}^{A} \vec{H}_4 d\vec{l}_4 = \varepsilon_\mathrm{r}\varepsilon_0 \oint\limits_{ABCD} \frac{\partial \vec{E}}{\partial t}\vec{n}\,dA \,.$$

Es ist $\vec{H}_2 d\vec{l}_2 = 0$ (wegen $\vec{H}_2 \perp d\vec{l}_2$), $\vec{H}_4 d\vec{l}_4 = 0$ (wegen $\vec{H}_4 \perp d\vec{l}_4$) sowie $H_3 = H(y + dy)$ und $H_1 = H(y)$. Ist dA klein, ändert sich analog zu oben hier $\vec{E}$ nur unwesentlich innerhalb von dA und es gilt:

$$H(y)\,dx - H(y + dy)\,dx = \varepsilon_\mathrm{r}\varepsilon_0 \frac{\partial E}{\partial t}\,dx\,dy \,.$$

Es folgt:

$$\frac{H(y + dy) - H(y)}{dy} = -\varepsilon_\mathrm{r}\varepsilon_0 \frac{\partial E}{\partial t} \,.$$

Schreibt man die linke Seite als Differentialquotient, erhält man:

$$\frac{\partial H}{\partial y} = -\varepsilon_\mathrm{r}\varepsilon_0 \frac{\partial E}{\partial t} \,. \tag{4.87}$$

Wir differenzieren Gl. 4.86 noch einmal nach y und Gl. 4.87 noch einmal nach t und erhalten:

$$\frac{\partial^2 E}{\partial y^2} = -\mu_\mathrm{r}\mu_0 \frac{\partial^2 H}{\partial y\,\partial t} \,, \qquad \frac{\partial^2 H}{\partial t\,\partial y} = -\varepsilon_\mathrm{r}\varepsilon_0 \frac{\partial^2 E}{\partial t^2} \,.$$

Berücksichtigt man, dass die Reihenfolge der Differentiation nach t bzw. nach y miteinander vertauscht werden kann, kann man die zweite Gleichung in die erste einsetzen und erhält:

$$\boxed{\frac{\partial^2 E}{\partial y^2} = \mu_\mathrm{r}\mu_0\varepsilon_\mathrm{r}\varepsilon_0 \frac{\partial^2 E}{\partial t^2}} \,. \tag{4.88}$$

Differenzieren wir Gl. 4.86 noch einmal nach t und Gl. 4.87 nach y, erhalten wir:

$$\frac{\partial^2 E}{\partial t\,\partial y} = -\mu_r\mu_0\frac{\partial^2 H}{\partial t^2}\,, \qquad \frac{\partial^2 H}{\partial y^2} = -\varepsilon_r\varepsilon_0\frac{\partial^2 E}{\partial y\,\partial t}\,. \tag{4.89}$$

Setzt man die erste Gleichung in die zweite ein, erhält man:

$$\boxed{\frac{\partial^2 H}{\partial y^2} = \varepsilon_r\varepsilon_0\mu_r\mu_0\frac{\partial^2 H}{\partial t^2}}\,. \tag{4.90}$$

Man erkennt in Gl. 4.88 und 4.90 sofort die **Wellengleichung**. Die zweite Ableitung des jeweiligen Feldes nach der Zeit ist proportional zur entsprechenden zweiten Ableitung nach dem Ort. Das ist das typische Kennzeichen einer Wellengleichung.

Als Lösungsansatz für die zweite Differentialgleichung ist $H(y,t) = H_0\cos(\omega t - ky)$ naheliegend. Betrachtet man die Welle im Koordinatenursprung, bleibt $H(y,t) = H_0\cos(\omega t)$ übrig. In unmittelbarer Nähe der Platte folgt das Feld der Veränderung des Flächenstromes. Durch Einsetzen der Lösung in die Differentialgleichung erhält man:

$$-H_0 k^2\cos(\omega t - ky) = -\varepsilon_r\varepsilon_0\mu_r\mu_0 H_0\omega^2\cos(\omega t - ky)$$

oder vereinfacht:

$$k^2 = \varepsilon_r\varepsilon_0\mu_r\mu_0\omega^2\,, \qquad \varepsilon_r\varepsilon_0\mu_r\mu_0 = \frac{k^2}{\omega^2} = \frac{4\pi^2}{\lambda^2 4\pi^2 f^2} = \frac{1}{c^2}$$

und damit:

$$\boxed{c = \frac{1}{\sqrt{\varepsilon_r\varepsilon_0\mu_r\mu_0}}}$$

c ist die **Ausbreitungs-** oder Phasengeschwindigkeit der Welle. Im Vakuum ist mit $\mu_r = 1$ und $\varepsilon_r = 1$ die Phasengeschwindigkeit

$$c_0 = \frac{1}{\sqrt{\varepsilon_0\mu_0}}\,.$$

Sie wird **Vakuumlichtgeschwindigkeit** genannt. Der Zahlenfaktor $n = \sqrt{\varepsilon_r\mu_r}$ wird **Brechzahl** oder **Brechungsindex** genannt und es gilt $c = c_0/n$. n gibt an, um welchen Faktor sich die elektromagnetische Welle in dem Medium langsamer ausbreitet im Vergleich zum Vakuum. Das elektrische Feld lässt sich aus Gl. 4.86 gewinnen:

$$\frac{\partial E}{\partial y} = -\mu_r\mu_0\frac{\partial}{\partial t}H_0\cos(\omega t - ky) = \mu_r\mu_0 H_0\omega\sin(\omega t - ky)\,.$$

Durch Integration nach y erhält man E :

$$E(y,t) = \mu_r\mu_0 H_0\omega \int \sin(\omega t - ky)\,\mathrm{d}y = \mu_r\mu_0 H_0\omega\frac{1}{k}\cos(\omega t - ky) + K\,.$$

Durch die Konstante K werden eventuell vorhandene stationäre Felder beschrieben, die jedoch definitionsgemäß hier nicht existieren. Mit $\omega/k = c$ gilt:

$$\begin{aligned} E(y,t) &= \mu_r\mu_0 c H_0 \cos(\omega t - ky) = E_0 \cos(\omega t - ky) \quad \text{mit} \\ E_0 &= \mu_r\mu_0 c H_0 = c B_0\,. \end{aligned} \tag{4.91}$$

Bei der ebenen Welle sind also **elektrisches und magnetisches Feld synchron zueinander**. Man beachte, dass der Vektor der magnetischen Feldstärke in der xy-Ebene und der Vektor der elektrischen Feldstärke in der yz-Ebene schwingt. Wegen $E = cB$ unterscheiden sich elektrisches Feld und magnetische Flussdichte um den Faktor der Phasengeschwindigkeit.

4.3.9 Die Welle und ihre Energie

Wie die mechanischen Wellen transportiert auch die elektromagnetische Welle Energie. Das ist nicht verwunderlich, steckte doch sowohl im elektrischen wie auch im magnetischen Feld Energie. Für die Energiedichten des elektrischen (Gl. 4.33) und magnetischen Feldes (Gl. 4.58) galt:

$$w_{\text{el}} = \varepsilon_r\varepsilon_0\frac{E_0^2}{2}\,, \qquad w_{\text{mag}} = \mu_r\mu_0\frac{H_0^2}{2}\,.$$

Die gesamte (zeitabhängige) **Energiedichte der elektromagnetischen Welle** ist also:

$$w(t) = \varepsilon_r\varepsilon_0\frac{E^2}{2} + \mu_r\mu_0\frac{H^2}{2}\,.$$

Man beachte, dass dies ein **Momentanwert** ist. Wegen (Gl. 4.91)

$$E = \mu_r\mu_0 c H = \sqrt{\frac{\mu_r\mu_0}{\varepsilon_r\varepsilon_0}}\,H$$

kann man die **Energiedichte der elektromagnetischen Welle** schreiben:

$$\boxed{w(t) = \frac{1}{2}\varepsilon_r\varepsilon_0\frac{\mu_r\mu_0}{\varepsilon_r\varepsilon_0}H^2 + \mu_r\mu_0\frac{H^2}{2} = \mu_r\mu_0 H^2 = B(t)\cdot H(t)\,,}$$

oder anders:

$$\boxed{w(t) = \mu_r\mu_0\frac{\varepsilon_r\varepsilon_0}{\mu_r\mu_0}E^2 = \varepsilon_r\varepsilon_0 E^2 = D(t)\cdot E(t)\,,}$$

oder noch anders:

$$w\left(t\right) = \mu_{\mathrm{r}}\mu_0 H \sqrt{\frac{\varepsilon_{\mathrm{r}}\varepsilon_0}{\mu_{\mathrm{r}}\mu_0}} E = \sqrt{\varepsilon_{\mathrm{r}}\varepsilon_0\mu_{\mathrm{r}}\mu_0}\, EH = \frac{E\left(t\right)\cdot H\left(t\right)}{c}. \tag{4.92}$$

Es hat sich als zweckmäßig herausgestellt, einen Vektor zu definieren, dessen Betrag die elektromagnetische **Energiestromdichte** angibt und dessen Richtung mit der Ausbreitungsrichtung der Welle übereinstimmt. Angenommen eine ebene Welle durchläuft in der in Abb. 4.97 gezeichneten Richtung einen Kasten der Länge Δx mit der Querschnittsfläche A. Im Kasten befindet sich jeweils die Energie

$$W\left(t\right) = w\left(t\right) A\Delta x = \frac{EH}{c}A\Delta x\,.$$

Da man $c = \Delta x/\Delta t$ schreiben kann, folgt für die Energie W:

$$W\left(t\right) = EH\frac{\Delta t}{\Delta x}A\Delta x = EHA\Delta t\,,$$

$$S\left(t\right) = \frac{W\left(t\right)}{A\Delta t} = E\left(t\right)\cdot H\left(t\right).$$

Daraus wird mit Gl. 4.92:

$$S\left(t\right) = cw\left(t\right)$$

Die Größe S hat die Einheit $1\,\mathrm{W/m^2}$ und heißt **elektromagnetische Energiestromdichte**. Vektoriell lautet ihre allgemeine Definition

$$\vec{S} = \vec{E}\times\vec{H}\,.$$

Im Falle der ebenen Welle ist $\vec{E}\perp\vec{H}$ und damit ist $\left|\vec{S}\right| = \left|\vec{E}\right|\cdot\left|\vec{H}\right|\cdot\sin 90° = EH$. Der Vektor zeigt grundsätzlich **in Ausbreitungsrichtung** (Abb. 4.98) und wird **Poyntingscher Vektor** genannt.

4.3.10   Aufgaben (* = leicht; ** = mittel; *** = schwer)

1. * Eine halbkreisförmige Drahtschleife mit Radius r kann, wie in Abb. 4.99 skizziert, um eine Achse senkrecht zur Schleifenfläche mit der Winkelgeschwindigkeit ω rotieren. Senkrecht zur Halbkreisfläche, also parallel zur Drehachse, wird der Halbraum von einem homogenen, stationären Magnetfeld der Flussdichte B ausgefüllt. Während der Drehung taucht die Kreisfläche also vollständig ins Feld ein und verlässt es auch wieder. Berechnen Sie die in der Drahtschleife induzierte Spannung U_{ind}! Skizzieren Sie qualitativ den Verlauf von U_{ind} als Funktion der Zeit t!

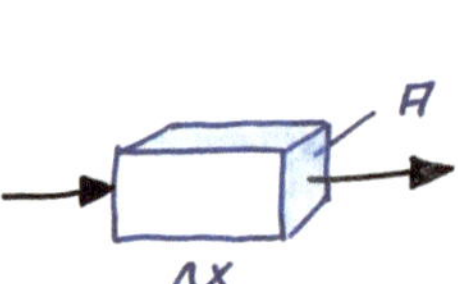

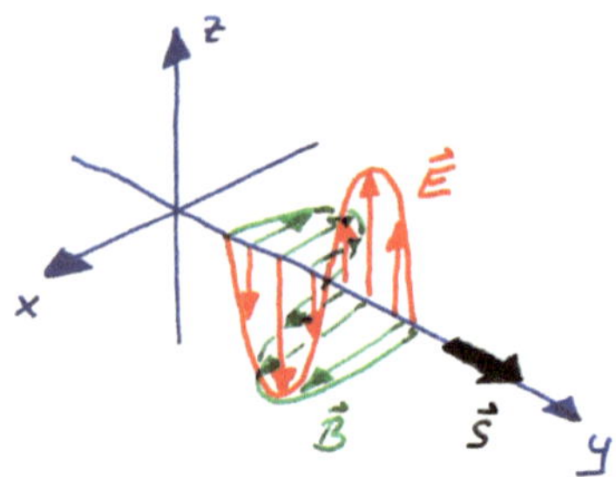

Abb. 4.97 Die Welle breitet sich in x-Richtung aus. Im Kasten befindet sich jeweils die Energie $w\,(t)\,A\,\Delta x$

Abb. 4.98 In Fortführung des obigen Beispiels zeigt der Poynting-Vektor in die y-Richtung (also in Ausbreitungsrichtung), während das $\vec{E}$- bzw. $\vec{H}$-Feld parallel zur z- bzw. x-Achse ist

2. * Eine Drahtschleife mit der Windungszahl N und der Schleifenfläche A wird in einer zeitlich veränderlichen, aber räumlich homogenen magnetischen Flußdichte $B_0 \sin \omega_1 t$ mit der Winkelgeschwindigkeit ω_2 gedreht. Beim Zeitpunkt $t = 0$ beginnt die Bewegung wie in Abb. 4.100 gezeichnet. Berechnen Sie die an den Drahtenden entstehende Spannung als Funktion der Zeit! Welche Frequenz besitzt die induzierte Spannung für den speziellen Fall $\omega_1 = \omega_2$?

3. * Gegeben ist ein leitender Kreisring mit Radius a und elektrischem Widerstand R, der von der orts- und zeitabhängigen magnetischen Flussdichte

$$B\,(r,t) = B_0 \left(1 - br^2\right) \left(100 - ct^2\right)$$

senkrecht durchsetzt wird (Abb. 4.101). Welcher Strom I fließt im Ring zum Zeitpunkt $t = 5\,\mathrm{s}$? ($B_0 = 493{,}7\,\mathrm{mT}$; $a = 0{,}1\,\mathrm{m}$; $b = 9\,\mathrm{m}^{-2}$; $c = 40{,}51\,\mathrm{s}^{-2}$; $R = 3\,\Omega$)

4. ** Um wie viel Ampere pro Sekunde müsste der Strom I im unendlich langen, geraden Draht (Abb. 4.102 linear ansteigen, damit im rechteckigen Drahtrahmen mit Widerstand $R = 0{,}002\,\Omega$ ein konstanter Strom $I_\mathrm{R} = 10\,\mu\mathrm{A}$ fließt?

5. ** Ein Widerstand R und eine Spule mit der Induktivität L werden in Serie an eine Wechselspannung $U\,(t) = U_0 \sin \omega t$ mit $U_0 = 10\,\mathrm{V}$ und $\omega = 1000\,\mathrm{Hz}$ angeschlos-

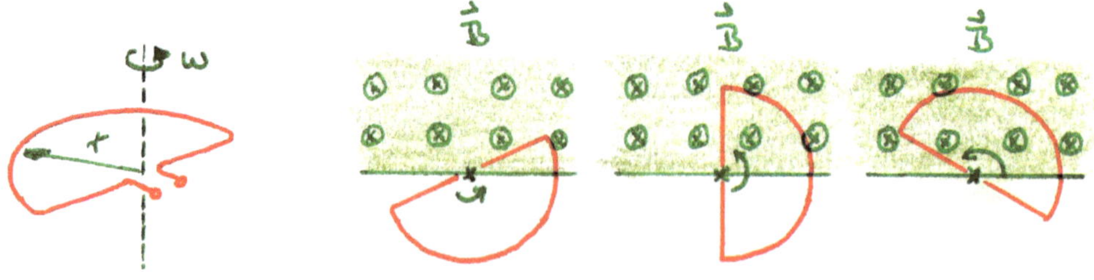

Abb. 4.99 Rotation einer halbkreisförmigen Drahtschleife in einem Magnetfeld

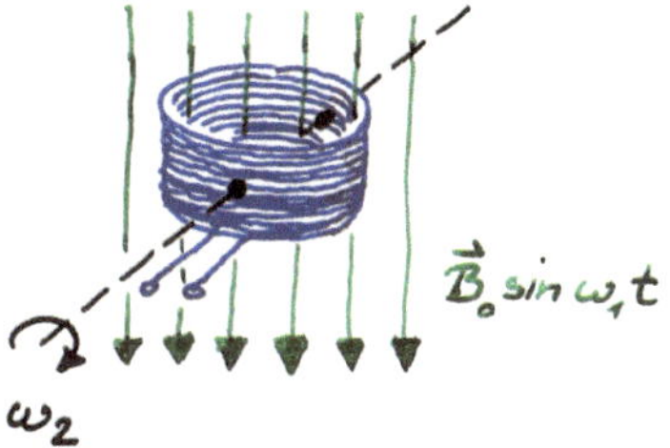

Abb. 4.100 Eine Spule wird in einem zeitlich veränderlichen Magnetfeld gedreht

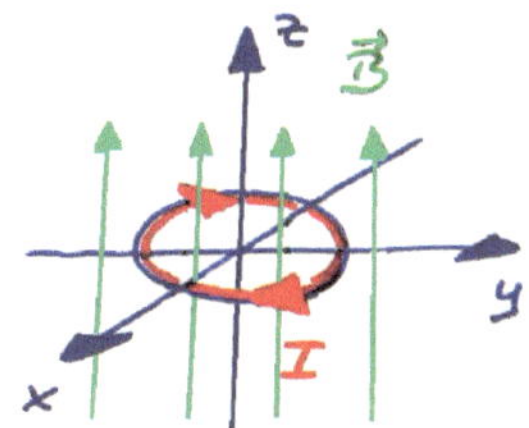

Abb. 4.101 Ein Kreisring befindet sich in einem magnetischen Wechselfeld

Abb. 4.102 Durch einen zeitlich veränderlichen Strom I im Draht wird im rechteckigen Drahtrahmen ein Strom induziert

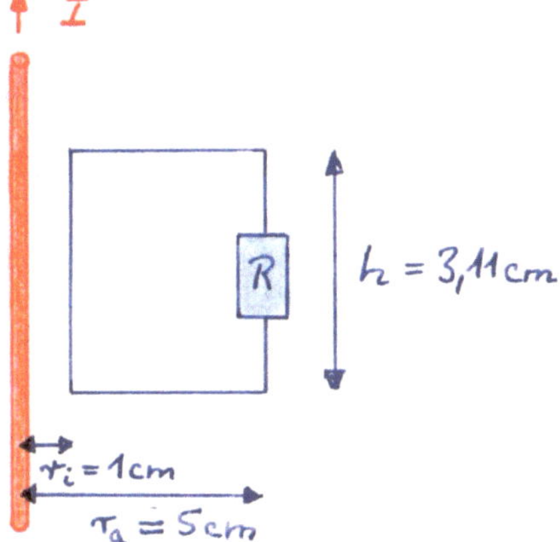

sen. Wie müssen die Werte von R und L gewählt werden, damit der fließende Strom eine Amplitude von $I_0 = 20\,\text{mA}$ hat und die Phasenverschiebung zwischen Spannung und Strom $\varphi = 38°$ beträgt?

6. ** Ein kreisrunder, leitender Ring verändert zeitlich seinen Radius gemäß $r\,(t) = r_0 t^{3/2}$ ($r_0 =$ konst.) Sein Widerstand ist zeitunabhängig $R = 3{,}77\,\Omega$. Er befindet sich wie in Abb. 4.103 skizziert in einem räumlich homogenen, aber zeitabhängigen Magnetfeld mit der Flussdichte $B\,(t) = B_0/t$ ($B_0 = 60\,\text{mTs}$). Das Feld steht senkrecht auf der Kreisfläche. Wie müsste r_0 gewählt werden, damit der Strom im Ring um $1\,\text{mA}$ pro Sekunde ansteigt?

7. *** Ein quadratischer Drahtrahmen mit homogen verteiltem Gesamtwiderstand R und Seitenlänge s liegt in der xy-Ebene und bewegt sich mit der konstanten Geschwindigkeit v in x-Richtung (Abb. 4.104). Zum Zeitpunkt $t = 0$ befindet sich der Schwerpunkt am Ort x_0. Ein Magnetfeld mit der Flussdichte zeigt in z-Richtung und

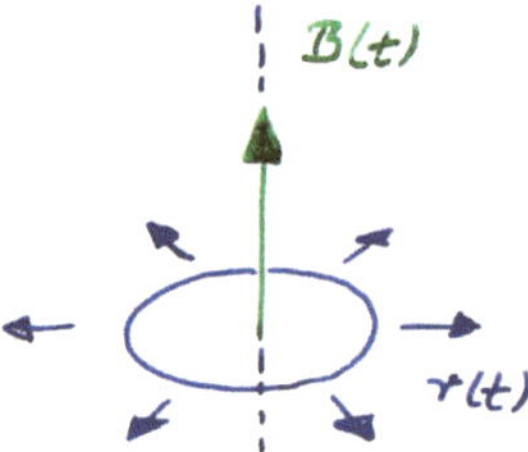

Abb. 4.103 Ring mit variablem Radius in zeitabhängigem Feld

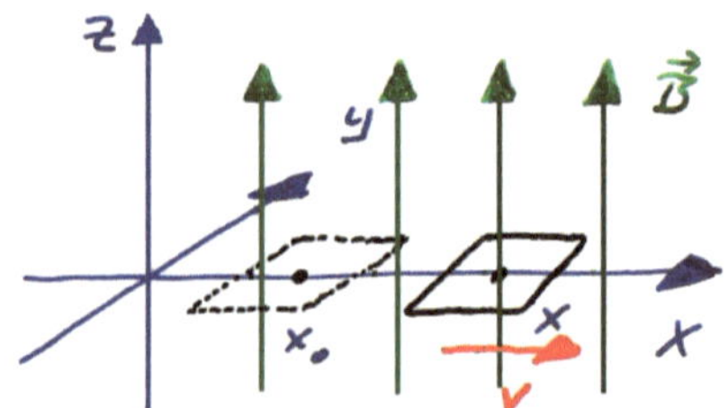

Abb. 4.104 Ein quadratischer Drahtrahmen wird im inhomogenen Feld bewegt

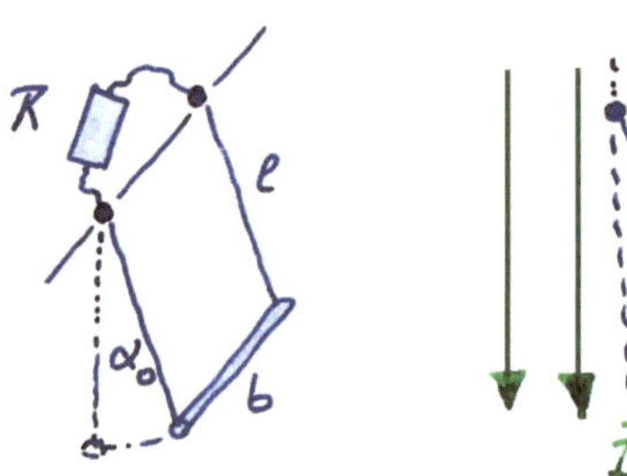

Abb. 4.105 Eine Schaukel führt im magnetischen Feld eine gedämpfte Schwingung aus

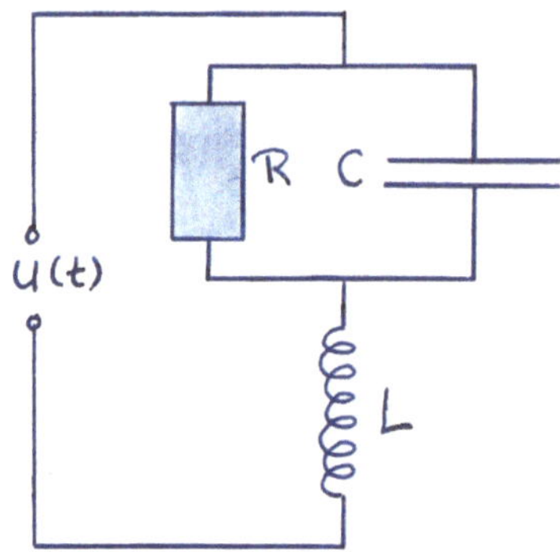

Abb. 4.106 Wechselstromkreis bestehend aus Widerstand, Induktivität und Kapazität

seine Stärke hängt nur von x ab:

$$\vec{B} = \begin{pmatrix} 0 \\ 0 \\ B_0/x \end{pmatrix}.$$

a) Wie groß ist der magnetische Fluss durch den Rahmen als Funktion der Schwerpunktsposition x?

b) Wie groß ist der magnetische Fluss als Funktion der Zeit?

c) Welcher Strom (als Funktion der Zeit) fließt im Rahmen?

8. ******* Eine Schaukel (Abb. 4.105) bestehend aus leitenden Seilen (Masse vernachlässigbar) und einem metallischen Bügel (Masse m) schwingt in der skizzierten Art und Weise in einem vertikalen Magnetfeld. Mechanische Reibung und Luftwiderstand sind vernachlässigbar und die Auslenkungen sind klein. Zusammen mit dem Widerstand R bildet die Schaukel einen geschlossenen Stromkreis. Stellen Sie für gegebene Anfangslauslenkung α_0 die Differentialgleichung für diese gedämpfte Schwingbewegung auf und geben Sie die Lösung an! Mit welcher Frequenz schwingt das System?

Abb. 4.107 LRC-Schaltung

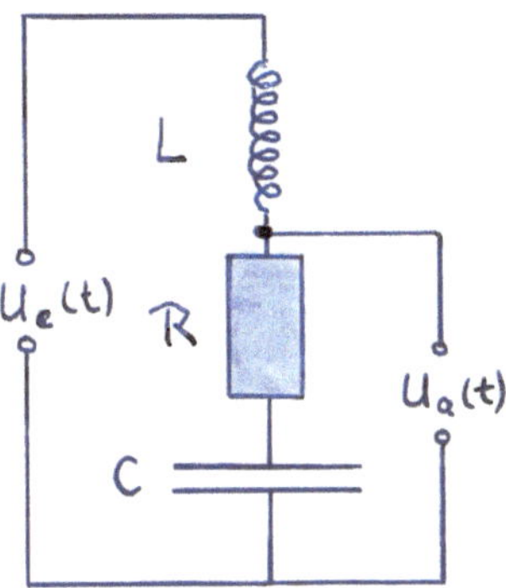

9. *** Die in Abb. 4.106 gezeigte Schaltung wird an eine Wechselspannung $U(t)$ mit der Frequenz $\omega = 144{,}9\,\text{Hz}$ angeschlossen. Der Innenwiderstand der Spannungsquelle ist vernachlässigbar. Die Kapazität beträgt $C = 100\,\mu\text{F}$ und die Induktivität $L = 100\,\text{mH}$. Wie muss der Widerstand R gewählt werden, damit die Phasenverschiebung zwischen Spannung und Strom $\varphi = -45°$ beträgt?

10. *** Welche Induktivität L muss die Spule in der in Abb. 4.107 skizzierten Schaltung haben, damit bei einer Frequenz von $f = 600\,\text{Hz}$ die Phasenverschiebung zwischen U_e und U_a $45°$ beträgt? ($R = 200\,\Omega$, $C = 1\,\mu\text{F}$)? Um wieviel wird dann die Ausgangsamplitude U_{a_0} gegenüber der Eingangsamplitude U_{e_0} abgeschwächt?

Optik

5

Mit der Bezeichnung Optik verbinden wir neben Brillen, Lupen und Mikroskopen vor allem auch abbildende Geräte wie Digitalkameras, Dia- und Filmprojektoren sowie Beamer. In Abb. 5.1 ist ein solcher **Beamer** dargestellt, genauer ein LCD-Beamer. Neben diesem Funktionsprinzip gibt es noch einige andere Beamerarten. Aufgabe des Beamers ist es, ein in digitaler Form vorliegendes Bild auf eine große Leinwand zu projizieren. Die Funktionsweise der dafür nötigen optischen Komponenten soll anhand der folgenden Ka-

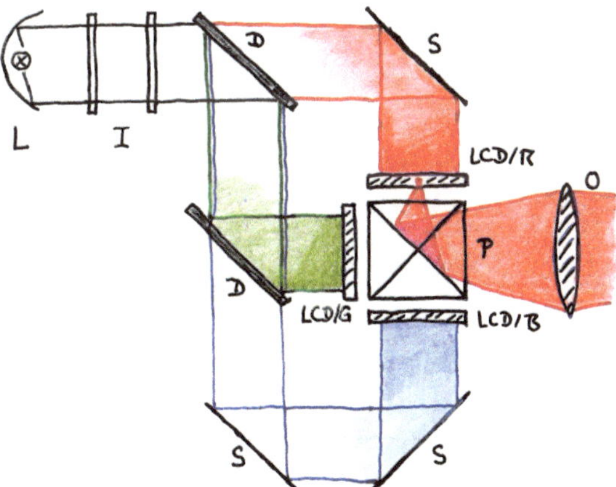

Abb. 5.1 Das Licht der Lichtquelle L wird über eine Integratoranordnung I geschickt, die für eine homogene Bildfeldausleuchtung sorgt. Danach wird über wellenlängenselektive Spiegel D zunächst sein roter, dann sein grüner Anteil abgespalten. Die drei Lichtbündel treffen dann auf drei elektrisch ansteuerbare LCD-Elemente (R, G, B), in denen Milliarden kleinster Öffnungen elektrisch transparent oder dunkel geschaltet werden können. Damit lassen sich mit den drei LCD-Elementen Bilder aus den roten, grünen und blauen Lichtanteilen erzeugen. Diese werden über ein dichroitisches Prisma P zusammengeführt und über ein Objektiv O auf eine Leinwand abgebildet (in der Abbildung ist der Klarheit wegen nur die Abbildung eines roten Bildpunktes dargestellt)

© Springer Fachmedien Wiesbaden GmbH, ein Teil von Springer Nature 2018
R. Dohlus, *Physik*, https://doi.org/10.1007/978-3-658-22779-1_5

pitel weitgehend erklärt werden. Hierzu wird natürlich sichtbares Licht verwendet. Großer Aufwand ist hierbei nötig, um die Farbinformation des Bildes korrekt und gut darzustellen. In der Regel werden – wie auch in TV-Geräten üblich – die drei Grundfarben Rot, Grün und Blau (RGB) zur Farbdarstellung verwendet. Aus diesen drei Farben lässt sich ein großer Teil der im täglichen Leben vorkommenden Farben wiedergeben. Doch was ist Farbe eigentlich?

Die Frage führt uns unmittelbar zum Wesen des Lichtes. Licht benimmt sich bei vielen Experimenten wie eine elektromagnetische Welle. Als solche hat es eine bestimmte Frequenz, die in der Größenordnung von 10^{14} Hz liegt. Die dazugehörigen Wellenlängen liegen im Bereich von 380 nm (violett) bis 780 nm (rot). Jede Wellenlänge entspricht einer bestimmten Farbe. Diese Farben heißen spektral rein. Es gibt allerdings auch Farben, die nicht im Spektrum des Lichtes vorkommen, wie z. B. die Purpur-Farbtöne.

Wie klein der Bereich des sichtbaren Lichtes im gesamten elektromagnetischen Spektrum ist, zeigt Abb. 5.2. Das Spektrum beginnt bereits bei 3 Hz mit den **Längstwellen** (wegen ihrer vergleichsweise hohen Eindringtiefe in Wasser z. B. beim U-Bootfunk verwendet). Der Bereich der Funkwellen reicht bis etwa 10^{11} Hz, wobei der Bereich von 0,1 bis 100 GHz auch für Radaranwendungen genutzt wird. Man gelangt über den Bereich der **Mikrowellen** zum **Infrarotlicht** (IR) und schließlich zum **sichtbaren Licht** (VIS). Daran schließt sich der Bereich des **ultravioletten Lichts** (UV), der **Röntgen-** und der **γ-Strahlung** an. Die Mechanismen der Erzeugung dieser Wellen sind sehr unterschiedlich. Die Optik befasst sich im engeren Sinne mit dem sichtbaren Licht, schließt jedoch im weiteren Sinne IR- und UV-Licht ein. So benötigen z. B. Wärmebildkameras spezielle Infrarotoptiken. Wir wollen uns nun mit den bekanntesten optischen Geräten beschäftigen und ihre physikalischen Grundlagen erarbeiten.

5.1 Von der Welle zum Strahl

In vielen Fällen lässt sich die Lichtwelle einfach als **Lichtstrahl** beschreiben. Die meisten optischen Geräte lassen sich mittels **Strahlenoptik** erklären. Sie benutzt für die Beschreibung der physikalischen Phänomene bzw. die Berechnung der daraus entwickelten Geräte Lichtstrahlen. Grundlage ist die geradlinige Ausbreitung des Lichtes. Fällt Licht einer näherungsweise punktförmigen Lichtquelle auf eine kreisförmige Öffnung (Abb. 5.3), wird ein Lichtbündel ausgeblendet, das man durch Einblasen von Nebel oder Zigarettenrauch sichtbar machen kann. Verengt man die Öffnung, wird das Bündel enger. Im Grenzfall unendlich kleiner Öffnung würde man einen Lichtstrahl erhalten. Real ist das nicht möglich, denn bei kleinen Öffnungen macht sich die Beugung bemerkbar, die uns daran erinnert, dass es sich beim Licht um eine Wellenerscheinung handelt. Beugung an der kleinen Öffnung bedeutet, dass die rein geometrische Begrenzung des Lichtbündels verwischt wird. Es dringt etwas Licht in den geometrischen Schattenraum ein, während im hellen Bereich die Lichtintensität etwas abgeschwächt wird. Der Teil der Optik, der sich mit diesem oder

Abb. 5.2 Das elektromagnetische Spektrum

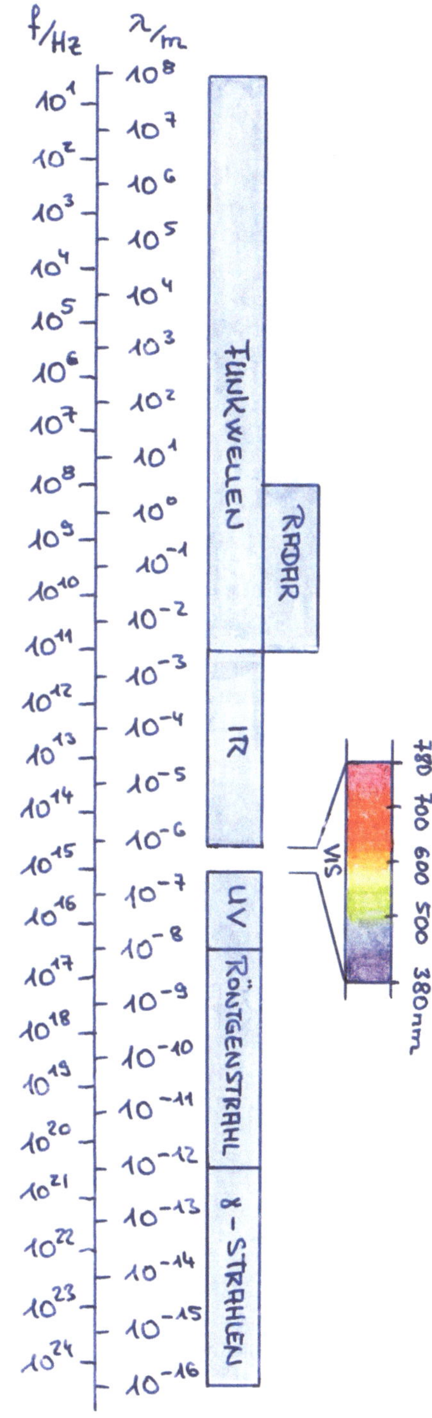

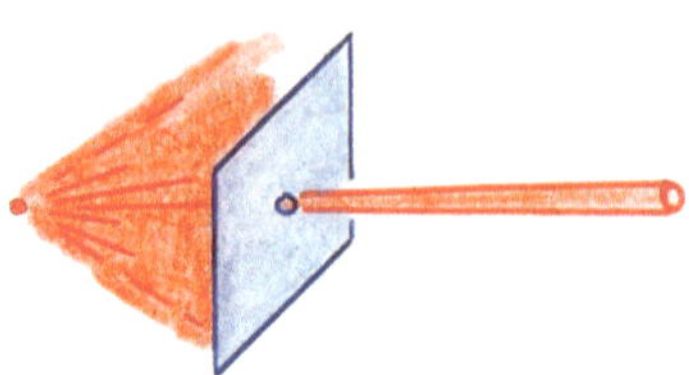

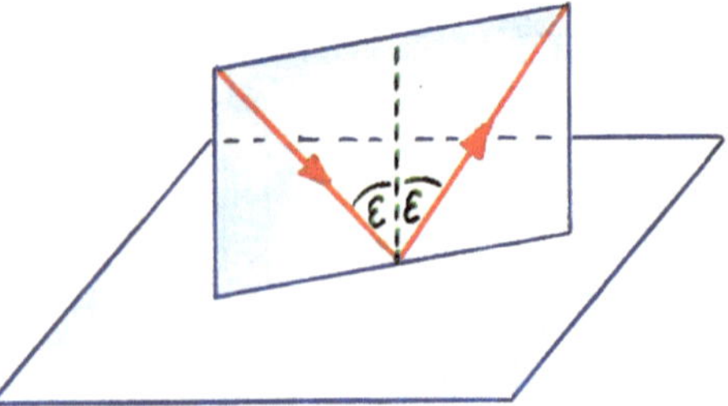

Abb. 5.3 Durch ein kreisförmiges Loch wird ein Lichtbündel ausgeblendet, das im Grenzfall unendlich kleiner Öffnung zum Lichtstrahl wird

Abb. 5.4 Der einfallende Lichtstrahl und die Flächennormale liegen in der Einfallsebene

anderen Wellenphänomenen beschäftigt, heißt **Wellenoptik**. Wir wollen hier zunächst die Strahlenoptik benutzen, um einige optische Geräte zu verstehen und zu beschreiben.

5.1.1　Spieglein, Spieglein an der Wand …

Spiegelungen kommen bereits in der Natur vor. So konnten schon die primitiven Vorfahren des Menschen ihr Spiegelbild im Wasser beobachten. Es verwundert daher nicht, wenn das physikalische Gesetz, das Spiegelungen beschreibt, zu den ältesten entdeckten physikalischen Gesetzmäßigkeiten überhaupt gehört. Euklid formulierte es zusammen mit der geradlinigen Ausbreitung des Lichtes schon ca. 300 v. Chr. Allerdings ging er von der falschen Annahme aus, dass vom Auge Sehstrahlen ausgingen. Da der Lichtweg umkehrbar ist, kam er trotzdem zur richtigen Formulierung des **Reflexionsgesetzes**:

▶　　Einfallswinkel und Reflexionswinkel sind gleich. Einfallender und reflektierter Strahl sowie die Flächennormale liegen in einer Ebene.

Zunächst ist dabei der Winkel zu definieren. Wenn in der Optik von **Einfalls-**, **Ausfalls-** oder **Reflexionswinkel** eines Strahls die Rede ist, meint man immer den Winkel zwischen der Flächennormale und dem Strahl (Abb. 5.4).

Beispiel

Eine Person (Augenhöhe $a = 1{,}75$ m) steht vor einem Wandspiegel, dessen Unterkante $u = 1{,}3$ m über dem Boden liegt. Bis zu welcher Höhe über dem Boden kann sich die Person sehen? Wie verändert sich diese Höhe, wenn die Person näher an den Spiegel tritt?

Abb. 5.5 Eine Person kann sich bis zur Höhe $h = 2u - a$ sehen

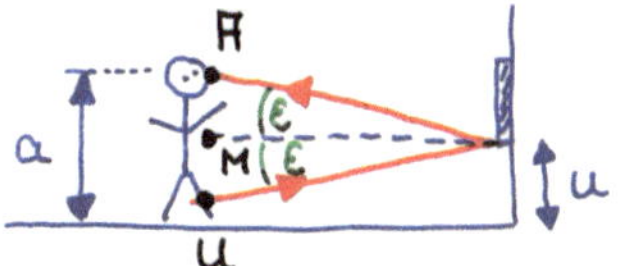

Lösung: Aus Abb. 5.5 kann man ablesen, dass infolge des Reflexionsgesetzes die beiden Strecken $\overline{AM}$ und $\overline{MU}$ gleich sind. Wegen $\overline{AM} = a - u$ gilt für die gesuchte Höhe

$$h = a - 2\,(a - u) = 2u - a.$$

Da das Ergebnis nicht vom Abstand zum Spiegel abhängt, kann sich die Person unabhängig von der Entfernung stets bis zur Höhe $h = 0{,}85\,\text{m}$ sehen.

Ebene Spiegel können zwar Spiegelbilder liefern, bilden aber selbst nicht ab. In gewissen Grenzen tun das jedoch **sphärische Spiegel**. Sie haben eine Oberfläche, die Teil einer Kugel mit Radius r ist (Abb. 5.6). Angenommen, im Abstand g von der Oberfläche, genauer gesagt vom Scheitel S der Oberfläche, befindet sich ein leuchtender Punkt G. Ein beliebiger von ihm ausgehender Strahl trifft die Kugeloberfläche im Punkt A. Dort wird er nach dem Reflexionsgesetz reflektiert und trifft die eingezeichnete Achse (die man auch **optische Achse** nennt) im Punkt B, der wiederum den Abstand b vom Scheitel S der Oberfläche hat. Aus $\varepsilon = \varphi - \alpha$ und $\varepsilon = \beta - \varphi$ folgt mit dem Reflexionsgesetz:

$$\varphi - \alpha = \beta - \varphi \quad \text{oder} \quad \alpha + \beta = 2\varphi \tag{5.1}$$

Für die Winkel gelten außerdem die Winkelbeziehungen:

$$\frac{b}{y} = \tan\alpha \qquad \frac{g}{y} = \tan\beta \qquad \frac{r}{y} = \tan\varphi \tag{5.2}$$

Abb. 5.6 Ein Gegenstandspunkt G wird an einen Bildpunkt B abgebildet, unabhängig von y

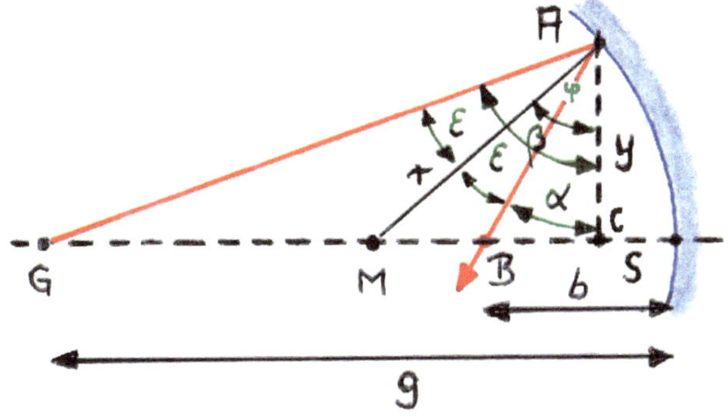

Wir nehmen an, dass der Krümmungsradius des Spiegels groß ist, so dass $\overline{CS}$ vernachlässigt werden kann. Aus Gl. 5.1 folgt mit $\tan(\alpha + \beta) = \tan(2\varphi)$:

$$\frac{\tan\alpha + \tan\beta}{1 - \tan\alpha\,\tan\beta} = \frac{2\tan\varphi}{1 - \tan^2\varphi} \quad \text{bzw.} \tag{5.3}$$

$$(\tan\alpha + \tan\beta)\left(1 - \tan^2\varphi\right) = 2\tan\varphi\,(1 - \tan\alpha\,\tan\beta)$$

Gl. 5.2 eingesetzt, erhalten wir:

$$\left(\frac{b}{y} + \frac{g}{y}\right)\left(1 - \left(\frac{r}{y}\right)^2\right) = 2\frac{r}{y}\left(1 - \frac{bg}{y^2}\right) \tag{5.4}$$

Neben einem großen Krümmungsradius r wollen wir einen weit entfernten Gegenstandspunkt (also ein großes g) und einen weit entfernten Bildpunkt B (also ein großes b) annehmen. Weiterhin verwenden wir nur achsnah verlaufende Strahlen, so dass der Einfallswinkel ε klein ist. Diese Näherung wird als **paraxiale Näherung** bezeichnet. Es folgt dann $r > y$, $b > y$ und $g > y$. Daher gilt insbesondere auch $(r/y)^2 \gg 1$ und $(bg/y)^2 \gg 1$, so dass wir schreiben können:

$$(b + g)\left(-\left(\frac{r}{y}\right)^2\right) = -2r\frac{bg}{y^2} \quad \text{bzw.} \quad \frac{b + g}{bg} = \frac{2}{r} \tag{5.5}$$

Daraus folgt die Abbildungsgleichung des sphärischen Spiegels:

$$\boxed{\;\frac{1}{b} + \frac{1}{g} = \frac{2}{r}\;} \tag{5.6}$$

Das Ergebnis ist verblüffend, denn die Größe y, also der Abstand des Auftreffpunktes des Lichtstrahls von der Achse, geht gar nicht in das Ergebnis ein. Das bedeutet, dass tatsächlich eine Abbildung stattfindet. Denn unabhängig vom Auftreffpunkt A auf dem Spiegel geht jeder von G ausgehende Strahl durch B. Das bedeutet, dass der Spiegel den Punkt G in den Punkt B abbildet. Die Größe g wird **Gegenstandsweite** genannt, die Größe b **Bildweite**. Nach Gl. 5.6 bestimmt der Krümmungsradius des Spiegels den Zusammenhang zwischen Bild- und Gegenstandsweite. Man kann zeigen, dass eine Abbildung auch dann funktioniert, wenn der Gegenstandspunkt G nicht auf der **optischen Achse** des Systems liegt.

Entfernt man den Gegenstandspunkt G in Abb. 5.6 vom Spiegel immer weiter nach links, treffen die von ihm ausgehenden Lichtstrahlen im Grenzfall eines unendlich weit entfernten Gegenstandes ($g \to \infty$) parallel zueinander und zur Mittenachse (optische Achse) auf den Spiegel. Die hierzu gehörige Bildweite wird **Brennweite** f genannt (Abb. 5.7):

$$\frac{1}{b} = \frac{2}{r} = \frac{1}{f} \quad \text{bzw.} \quad \boxed{\;f = \frac{r}{2}\;}$$

Abb. 5.7 Parallel einfallende Lichtstrahlen werden durch den sphärischen Hohlspiegel im Brennpunkt vereint

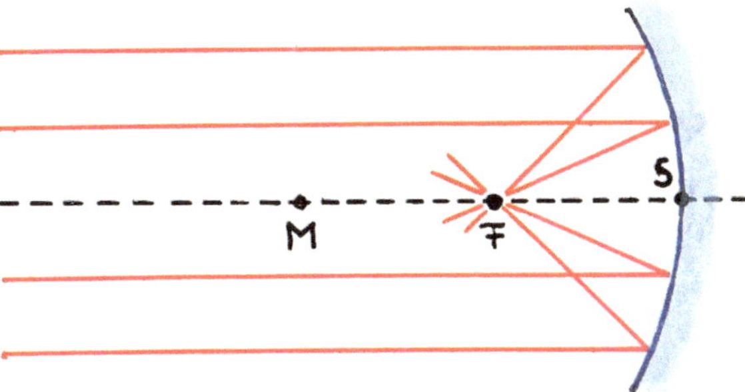

Abb. 5.8 Zur Bildkonstruktion beim sphärischen Hohlspiegel

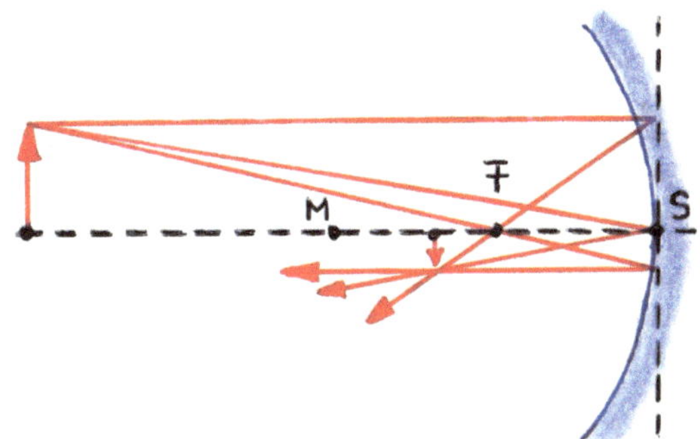

Alles parallel zur optischen Achse einfallende Licht wird im Brennpunkt F gesammelt. Da der Lichtweg umkehrbar ist, würde das Licht einer Punktquelle im Brennpunkt den Spiegel parallel zur optischen Achse verlassen. Man hätte damit schon die Beleuchtungseinheit L im Beamer der Abb. 5.1 realisiert.

Unter Benutzung des Brennpunktes kann man das Bild eines durch einen sphärischen Spiegel abgebildeten Gegenstands auch geometrisch konstruieren (Abb. 5.8). Man kann hierfür drei Strahlen benutzen, wobei das Bild bereits durch zwei Strahlen eindeutig festgelegt wird:

1. Ein parallel zur optischen Achse vom Gegenstand kommender Strahl verläuft nach der Reflexion durch den Brennpunkt F.
2. Ein vom Gegenstand kommender Strahl, der durch den Brennpunkt geht, verläuft nach der Reflexion parallel zur optischen Achse.
3. Ein im Scheitel S (Schnittpunkt der optischen Achse mit der Spiegelfläche) unter dem Winkel ε auftreffender Strahl wird auch unter dem Winkel ε reflektiert.

Die in Abb. 5.6 bis Abb. 5.8 gezeigten Spiegel sind **konkav** gekrümmt. Grundsätzlich kann ein Spiegel auch **konvex** gekrümmt sein, wie das folgende Beispiel zeigt.

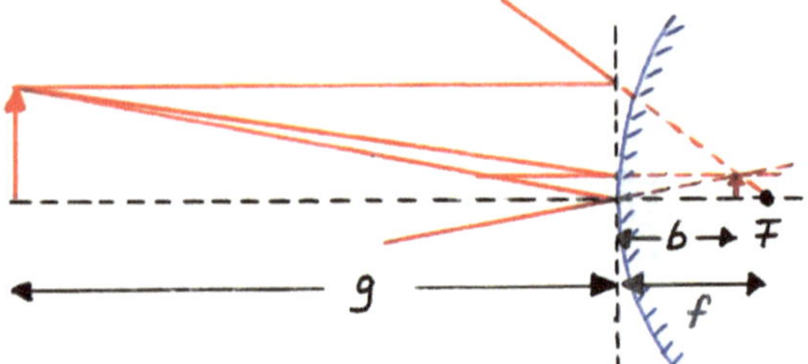

Abb. 5.9 Beim Konvexspiegel liegt das Bild hinter dem Spiegel und ist damit virtuell. Die Rechnung ergibt in diesem Fall eine negative Bildweite

Beispiel

Wo liegt das Bild eines 8 cm von einem Konvexspiegel mit Radius 4 cm entfernten Gegenstands?

Lösung: Obwohl die Mathematik lehrt, ein Radius könne nie einen negativen Wert annehmen, werden in der Optik negative Radien verwendet. Die Abbildungsgleichung Gl. 5.6 liefert mit $r = -4$ cm und $g = 8$ cm den Wert:

$$\frac{1}{b} = \frac{2}{r} - \frac{1}{g} = \frac{2g - r}{rg} \quad \text{bzw.} \quad b = \frac{rg}{2g - r} \quad \text{bzw.} \quad b = -1,6\,\text{cm}$$

Das Bild ist **virtuell**, liegt also scheinbar hinter dem Spiegel. Die Konstruktion des Bildes erfolgt auf die gleiche Weise (Abb. 5.9) wie beim Konkavspiegel, nur dass der Brennpunkt nun hinter dem Spiegel liegt. Die Brennweite f ist negativ.

Wie die Abbildungen bereits gezeigt haben, weicht die Größe des Bildes von der Größe des Gegenstandes ab. Der Quotient aus Bildgröße und Gegenstandsgröße wird **Lateralvergrößerung**, oft kurz auch **Vergrößerung** genannt. Aus Abb. 5.10 folgt wegen der Ähnlichkeit der durch den Gegenstandspfeil G und dem Scheitel S sowie dem Bildpfeil B und dem Scheitel S aufgespannten Dreiecke der Zusammenhang $G/g = B/b$. Wir führen für den nach unten zeigenden Bildpfeil B ein negatives Vorzeichen ein und definieren damit die Vergrößerung:

$$\boxed{v = -\frac{B}{G} = -\frac{b}{g}} \tag{5.7}$$

Eine negative Vergrößerung bedeutet eine Bildumkehr. Bei positiver Vergrößerung zeigt der Bildpfeil in die gleiche Richtung wie der Gegenstandspfeil.

Durch die Näherung kleiner Einfallswinkel scheint der sphärische Spiegel eine scharfe Abbildung eines Gegenstandes zu liefern. Bei genauer Rechnung tut er das allerdings nicht. Der Fehler wird umso größer, je kleiner sein Krümmungsradius ist und je weiter der Strahl sich von der Achse entfernt. Ein Spiegel, der parallel einfallende Lichtstrahlen wirklich fehlerfrei in einem Punkt vereinigt, ist der **Parabolspiegel**. Seine Oberfläche

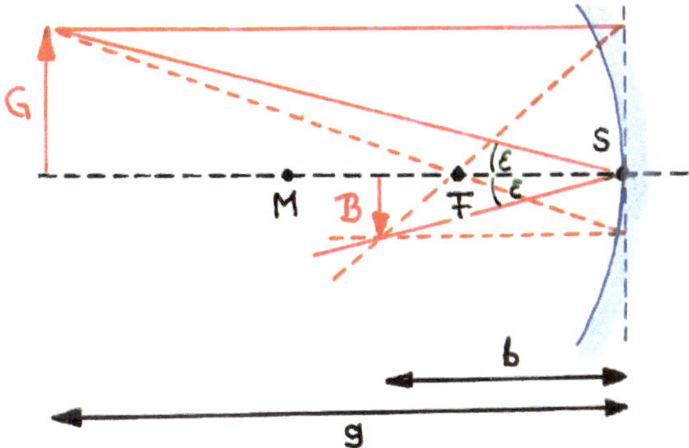

Abb. 5.10 Das vom Gegenstandspfeil G und dem Scheitel S gebildete Dreieck und das vom Bildpfeil und dem Scheitel S gebildete Dreieck sind einander ähnlich. Dies ist eine Folge des Reflexionsgesetzes

wird erzeugt, indem man eine Parabel der Form $y = ax^2 + c$ (also achsensymmetrisch zur y-Achse) um die y-Achse rotieren lässt. Dass man in der Optik bei weniger hohen Anforderungen an die Abbildungsqualität trotzdem sphärische Spiegel verwendet, liegt daran, dass sich runde Oberflächen einfacher und damit kostengünstiger polieren lassen.

5.1.2 Licht lässt sich brechen

Bei der Einführung elektromagnetischer Wellen haben wir festgestellt, dass sich diese in unterschiedlichen Medien unterschiedlich schnell ausbreiten. Eine Maßzahl dafür war die **Brechzahl** oder der **Brechungsindex n**. Er gibt an, um welchen Faktor das Licht in dem betreffenden Medium langsamer voranschreitet als im Vakuum (Vakuumlichtgeschwindigkeit: $c_0 = 2{,}997925 \cdot 10^8$ m/s). Mit $\lambda_0 f = c_0$ und

$$\lambda f = c = \frac{c_0}{n}$$

folgt für eine Substanz mit der Brechzahl n durch Division der Gleichungen:

$$\lambda = \frac{\lambda_0}{n}$$

Das bedeutet, dass sich in einem Medium mit der Brechzahl n die Wellenlänge gegenüber Vakuum um den Faktor n verkürzt. Tritt eine ebene Wellenfront schräg auf eine Grenzfläche, die zwei Medien mit der Brechzahl n_1 und n_2 ($n_2 > n_1$) trennt, ändert sich beim Übergang wie in Abb. 5.11 dargestellt infolge der Wellenlängenverkürzung die Ausbreitungsrichtung. Man spricht von **Lichtbrechung** oder **Refraktion**.

Aus Abb. 5.11 liest man ab:

$$\frac{\lambda_1}{\sin \alpha} = \frac{\lambda_2}{\sin \beta}$$

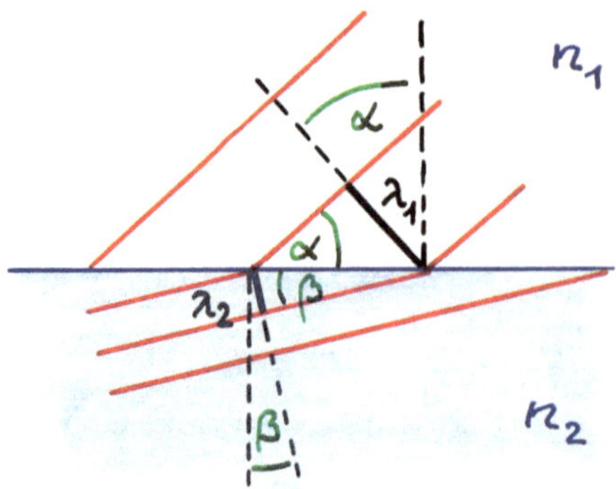

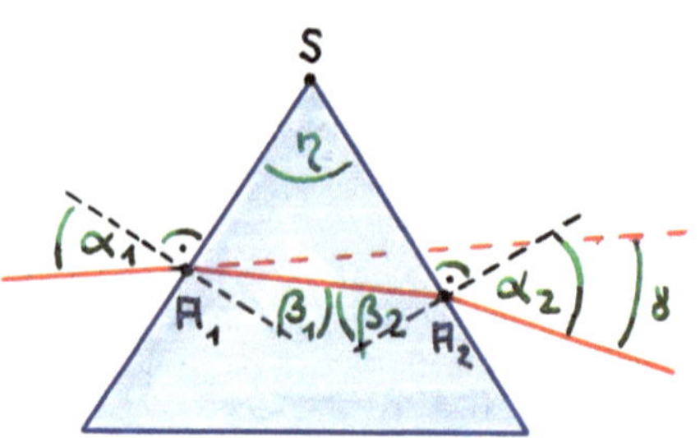

Abb. 5.11 Bei einem Übergang von einem Medium mit der Brechzahl n_1 in ein Medium mit der höheren Brechzahl n_2 verkürzt sich die Wellenlänge um den Faktor n_2/n_1

Abb. 5.12 Ein Lichtstrahl wird an einem Prisma mit brechendem Winkel η abgelenkt. Dieser Winkel ist aus Gründen der zeichnerischen Klarheit groß gezeichnet, in Wirklichkeit ist er so klein, dass die Näherung kleiner Winkel verwendet werden kann

Das lässt sich mit $\lambda_1 n_1 = \lambda_0$ und $\lambda_2 n_2 = \lambda_0$ verwandeln in:

$$\frac{\lambda_0}{n_1 \sin\alpha} = \frac{\lambda_0}{n_2 \sin\beta} \quad \text{bzw.} \quad \boxed{\frac{\sin\alpha}{\sin\beta} = \frac{n_2}{n_1}} \tag{5.8}$$

Dieses Gesetz ist als **Snellius'sches Brechungsgesetz** bekannt. Es zeigt, dass beim Übergang von einem optisch dünnen in ein optisch dichtes Medium, also bei einem Übergang von einer Substanz mit niedrigem in eine Substanz mit hohem Brechungsindex, ein Lichtstrahl zum Lot hin gebrochen wird.

Beispiel

Um welchen Winkel γ lenkt ein Prisma mit Brechzahl n mit einem (kleinen) brechenden Winkel η (Abb. 5.12) einen etwa senkrecht auf die Seitenfläche des Prismas fallenden Lichtstrahl ab?

Lösung: Für die zwei Brechungen an den beiden Seitenflächen gilt jeweils das Snellius'sche Brechungsgesetz:

$$\frac{\sin\alpha_1}{\sin\beta_1} = \frac{n}{n_0} \qquad \frac{\sin\beta_2}{\sin\alpha_2} = \frac{n_0}{n} \tag{5.9}$$

Wir nehmen dabei an, dass das Prisma von einem Medium mit Brechzahl n_0 umgeben ist. Meist wird dieses Medium Luft sein. Ihre Brechzahl hängt von der Dichte, also vom Luftdruck, und von der Luftfeuchtigkeit ab. Der Wert liegt ungefähr bei $n_L \approx 1{,}0003$.

In vielen Fällen ist die Näherung $n_L \approx 1$ möglich. Hier wollen wir – da es die Rechnung nicht wesentlich komplizierter macht – von einem beliebigen Einbettungsmedium ausgehen.

Gl. 5.9 lässt sich für beinahe senkrechten Einfall des Lichtes (anders als in der Zeichnung, wo die Winkel wegen der zeichnerischen Klarheit groß gewählt wurden), näherungsweise schreiben als:

$$\alpha_1 = \frac{n}{n_0}\beta_1 \quad \text{und} \quad \alpha_2 = \frac{n}{n_0}\beta_2 \tag{5.10}$$

Die Ablenkung des Strahls bei der ersten Brechung ist $\alpha_1 - \beta_1$, bei der zweiten Brechung $\alpha_2 - \beta_2$. Für die Gesamtablenkung γ gilt also die Summe:

$$\gamma = \alpha_1 - \beta_1 + \alpha_2 - \beta_2 \tag{5.11}$$

Schließlich gilt für die Winkelsumme im Dreieck $A_1 A_2 S$:

$$180° = \eta + (90° - \beta_1) + (90° - \beta_2) \quad \text{bzw.} \quad \eta = \beta_1 + \beta_2 \tag{5.12}$$

Setzt man die Winkel aus Gl. 5.10 in Gl. 5.11 ein und nutzt dann Gl. 5.12, erhält man:

$$\gamma = \frac{n}{n_0}\beta_1 - \beta_1 + \frac{n}{n_0}\beta_2 - \beta_2 = \left(\frac{n}{n_0} - 1\right)(\beta_1 + \beta_2) \quad \text{bzw.} \quad \gamma = \left(\frac{n}{n_0} - 1\right)\eta \tag{5.13}$$

Man beachte, dass dieser Zusammenhang nur für beinahe senkrechten Ein- und Ausfall des Lichtstrahls gilt. Das hat zur Folge, dass der brechende Winkel η des Prismas nicht allzu groß sein darf.

Beispiel

In einem Hallenbad mit der Wassertiefe $t = 1{,}8\,\text{m}$ befindet sich im Boden ein Strahler (Abb. 5.13), der Licht in einem Kreiskegel mit Öffnungswinkel $\alpha = 15°$ abgibt. Wie groß ist der ausgeleuchtete Kreis an der Hallenbaddecke, wenn sich die Decke in der Höhe $h = 2{,}65\,\text{m}$ über dem Wasserspiegel befindet?

Lösung: Der Radius x (Abb. 5.14) des Lichtkegels an der Wasseroberfläche ist $x = t\tan\alpha$. Es gilt natürlich das Snellius'sche Brechungsgesetz, woraus folgt: $\sin\beta = n_W \sin\alpha$ ($n_W = 1{,}333$). Außerdem gilt $y = h\tan\beta$. Für den Radius $r = x + y$ folgt also:

$$r = t\tan\alpha + h\tan\beta = t\tan\alpha + h\frac{\sin\beta}{\sqrt{1 - \sin^2\beta}} = t\tan\alpha + h\frac{n_W\sin\alpha}{\sqrt{1 - n_W^2\sin^2\alpha}} \quad \text{bzw.}$$

$$r = 1{,}46\,\text{m}$$

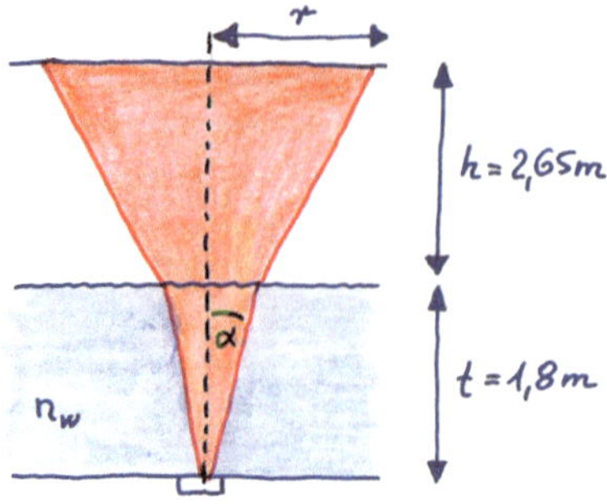

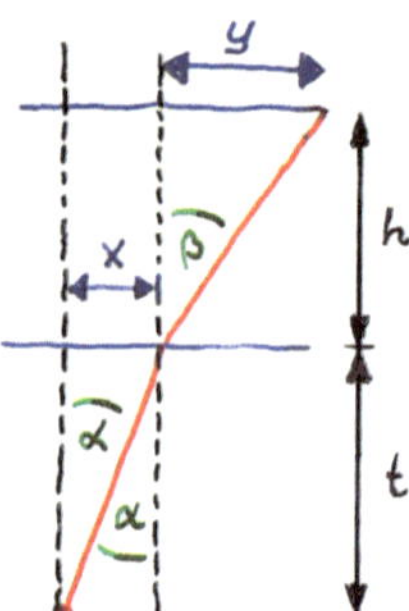

Abb. 5.13 Am Boden eines Schwimmbeckens befindet sich ein Strahler mit Öffnungswinkel α

Abb. 5.14 Beim Austritt aus dem Wasser vergrößert sich der Öffnungswinkel des ausgeleuchteten Kreiskegels

Das Beispiel zeigt u. a., dass beim Übergang vom **optisch dichten** (Material mit hoher Brechzahl) zum **optisch dünnen** Medium (Material mit geringer Brechzahl) ein Lichtstrahl vom Lot weg gebrochen wird. Vergrößert man den Einfallswinkel, erreicht der Ausfallswinkel den Wert von 90°, bevor das beim Einfallswinkel der Fall ist (Abb. 5.15). Vergrößert man den Einfallswinkel weiter, wird der Strahl schließlich an der Grenzfläche nach dem Reflexionsgesetz reflektiert. Dieses Phänomen heißt **Totalreflexion**; der Winkel, bei dem sie eintritt, wird **Grenzwinkel der Totalreflexion** genannt. Wir erhalten ihn, indem wir in Gl. 5.8 $\beta = 90°$ setzen:

$$\frac{\sin \alpha_{\mathrm{Gr}}}{\sin 90°} = \frac{n_2}{n_1} \quad \text{bzw.} \quad \boxed{\sin \alpha_{\mathrm{Gr}} = \frac{n_2}{n_1}} \tag{5.14}$$

Die Totalreflexion wird bei den **Glasfasern** ausgenutzt. Die **Stufenindexfaser** (Abb. 5.16a) hat einen Kern mit hoher Brechzahl und einen Mantel mit geringer Brechzahl. Die Lichtstrahlen treffen in der dünnen Faser sehr flach auf die Grenzschicht, so dass sie an dieser in die Faser zurückreflektiert werden. Die **Gradientenindexfaser** (Abb. 5.16b) verwendet einen kontinuierlichen Übergang von hohem zu niedrigem Brechungsindex. Der Lichtstrahl wird also nicht abrupt an einer Grenzschicht reflektiert, sondern er wird in der niedrigbrechenden Zone kontinuierlich abgelenkt.

Beispiel

Welchen minimalen Biegeradius r dürfte der in Abb. 5.17 skizzierte runde Glasstab mit der Brechzahl $n = 1{,}5$ und Durchmesser $d = 1{,}67\,\mathrm{cm}$ haben, damit ein senkrecht in der Stabmitte auftreffender Lichtstrahl innerhalb des Stabes noch totalreflektiert wird?

Lösung: Aus der Abbildung liest man ab:

$$\frac{r}{r + \frac{d}{2}} = \sin \alpha_{\mathrm{Gr}} = \frac{1}{n} \quad \text{oder} \quad nr = r + \frac{d}{2} \quad \text{bzw.} \quad r\,(n-1) = \frac{d}{2}$$

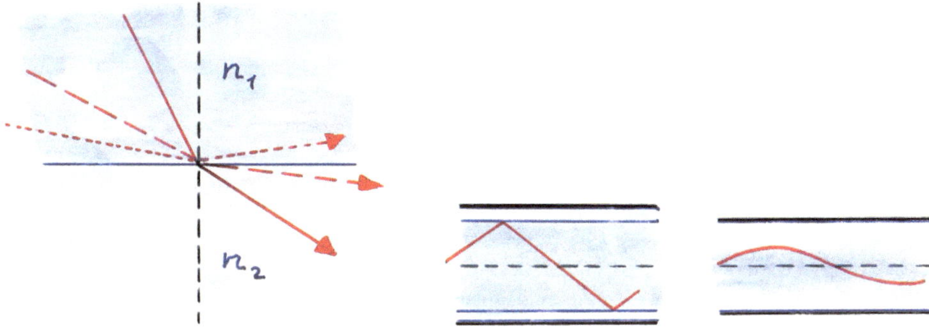

Abb. 5.15 Vergrößert man den Einfallswinkel, erreicht der Ausfallswinkel den Wert von 90°

Abb. 5.16 **a** Bei der Stufenindexfaser findet Totalreflexion an der Grenzschicht zwischen dem hochbrechenden Kern und dem niederbrechenden Mantel statt. **b** Die Gradientenindexfaser hat einen kontinuierlichen Übergang zwischen hochbrechender Mittelachse und niederbrechenden äußeren Bereichen

Abb. 5.17 Damit der Strahl nicht aus dem Glasstab austritt, ist ein gewisser Mindestradius r nötig

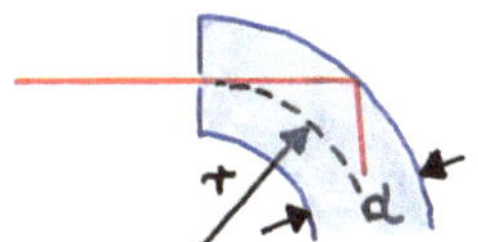

Das Ergebnis lautet also:

$$r = \frac{d}{2\,(n-1)} = 1{,}67\,\text{cm}$$

5.1.3 Gebrochenes Licht – und trotzdem schöne Bilder

Der Beamer in Abb. 5.1 würde ohne abbildendes Objektiv nicht funktionieren. Dieses besteht im Minimum aus einer dünnen Sammellinse (in Wahrheit ist es ein ganzes Linsensystem, um Linsenfehler, die die Abbildungsqualität verschlechtern würden, zu minimieren). Wir wollen die Abbildung einer **dünnen Linse** näher betrachten (Abb. 5.18). Ein Lichtstrahl geht von einem Gegenstandspunkt G auf der optischen Achse aus. Der Strahl bildet zur optischen Achse bei G einen Winkel von γ_1, bei B einen von γ_2. Daraus resultiert eine Gesamtablenkung des Strahls von $\gamma_1 + \gamma_2$. Man kann sich die Ablenkung des Strahls durch eine Ablenkung an einem Prisma vorstellen. Da die Linse dünn ist, sind alle Winkel klein und der Strahl trifft fast senkrecht auf die Oberfläche. Daher kann die Näherungsformel Gl. 5.13 verwendet werden. Es gilt also in diesem Fall:

$$\gamma_1 + \gamma_2 = \left(\frac{n}{n_0} - 1\right)(\eta_1 + \eta_2) \tag{5.15}$$

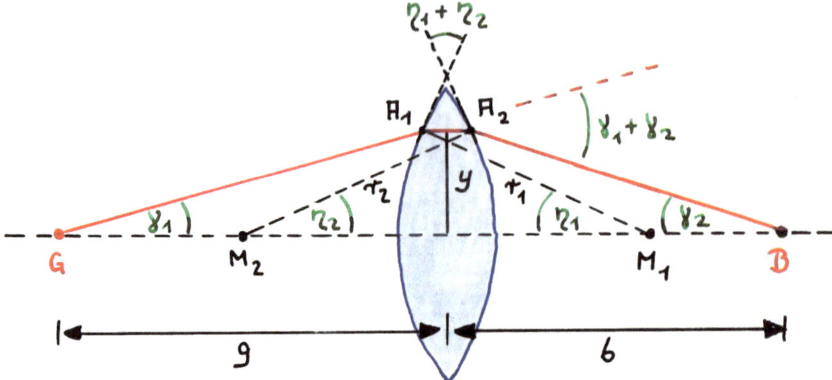

Abb. 5.18 Abbildung durch eine dünne Linse. Die Ablenkung des Lichtstrahls in der Höhe y kann durch die Ablenkung eines dünnen Prismas beschrieben werden. Die auftretenden Winkel sind durchweg klein, die Linse ist dünn. In der Zeichnung ist das aus Gründen der deutlichen Darstellbarkeit der Winkel nicht der Fall

Für die Winkel gilt:

$$\frac{y}{g} = \tan \gamma_1 \approx \gamma_1 \quad \frac{y}{b} = \tan \gamma_2 \approx \gamma_2 \quad \frac{y}{r_1} = \sin \eta_1 \approx \eta_1 \quad \frac{y}{-r_2} = \sin \eta_2 \approx \eta_2 \quad (5.16)$$

Beim Radius r_2 folgen wir einer Konvention der technischen Optik, die einen Radius dann als negativ zählt, wenn der Mittelpunkt der Kugelfläche links von der Fläche liegt und positiv, wenn er rechts davon liegt. Eingesetzt in Gl. 5.15 erhalten wir die **Abbildungsgleichung der dünnen Linse in Luft**:

$$\blacktriangleright \quad \frac{y}{g} + \frac{y}{b} = \left(\frac{n}{n_0} - 1 \right) \left(\frac{y}{r_1} - \frac{y}{r_2} \right) \quad \text{bzw.} \quad \boxed{\frac{n_0}{g} + \frac{n_0}{b} = (n - n_0) \left(\frac{1}{r_1} - \frac{1}{r_2} \right)} \quad (5.17)$$

Man erkennt, dass im Zusammenhang zwischen der **Gegenstandsweite g** und der **Bildweite b** kein y vorkommt. Das bedeutet, bei gegebener Gegenstandsweite g trifft jeder Lichtstrahl, der von G ausgeht, bei der Bildweite b im Punkt B ein, egal, auf welcher Höhe y er die Linse trifft.

Lässt man die Gegenstandsweite g über alle Grenzen wachsen, lässt man also den Gegenstand ins Unendliche verschwinden, fällt das Licht in sehr guter Näherung parallel auf die Linse. Die zugehörige Bildweite wird **Brennweite f** der Linse genannt, der zugehörige Bildpunkt **Brennpunkt F**. Gl. 5.17 würde dann mit $g \to \infty$ ergeben:

$$\boxed{\frac{1}{f} = \left(\frac{n}{n_0} - 1 \right) \left(\frac{1}{r_1} - \frac{1}{r_2} \right)} \quad (5.18)$$

Würde man umgekehrt einen Gegenstand im Abstand f vor der Linse platzieren, würde er ins Unendliche abgebildet, d. h. die von ihm ausgehenden Lichtstrahlen verlassen die

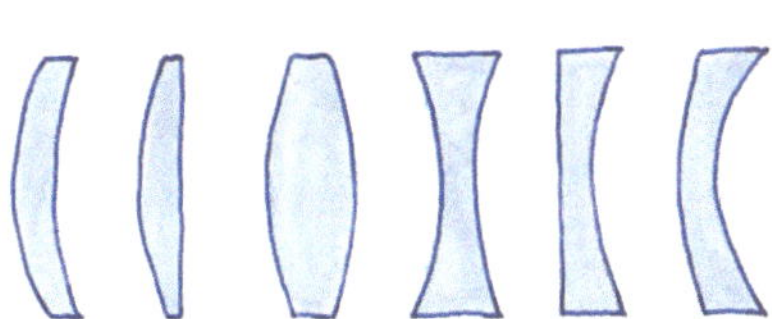

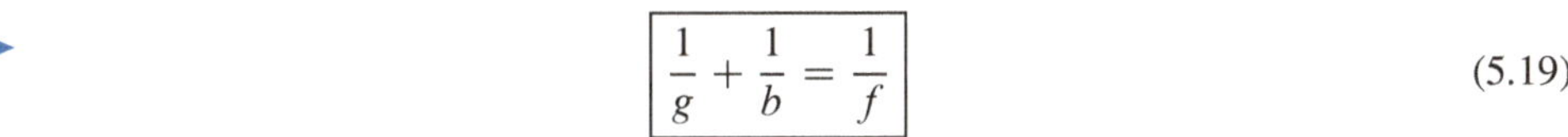

Abb. 5.19 Die *linken* drei Linsen sind Sammellinsen, die *rechten* drei sind Zerstreuungslinsen. Ihre Form ist *von links nach rechts*: konkavkonvex, plankonvex, bikonvex, bikonkav, konkavplan, konkavkonvex

Abb. 5.20 Bildkonstruktion für eine dünne Sammellinse an Luft. F ist der gegenstandsseitige Brennpunkt, F′ der bildseitige

Linse parallel. Die Brennweite f hängt nur von den Brechzahlen und den Radien der Linse ab. Ist das Einbettungsmedium vor und hinter der Linse dasselbe, lässt sich die **Abbildungsgleichung der dünnen Linse** wie folgt angeben:

$$\boxed{\frac{1}{g} + \frac{1}{b} = \frac{1}{f}} \tag{5.19}$$

Animation 13

Es gibt grundsätzlich zwei Arten dünner Linsen: Linsen mit positiver und negativer Brennweite. Der erste Typ wird **Sammellinse** genannt. In der Praxis erkennt man ihn daran, dass seine Dicke in der Mitte größer ist als am Rand (Abb. 5.19). Im Gegensatz dazu ist die **Zerstreuungslinse** in der Mitte dünner als am Rand, sie hat eine **negative Brennweite**.

Sammellinsen können **reelle Bilder** eines Gegenstandes entwerfen. Das sind Bilder, die auf eine Leinwand projiziert werden können. Unter Umständen können Sammellinsen auch **virtuelle Bilder** liefern; das sind Bilder, die nicht reell und damit nicht projizierbar sind. Zerstreuungslinsen können nur virtuelle Bilder entwerfen. Wir wollen das anhand geometrischer Konstruktion der Bilder verdeutlichen. In Abb. 5.20 ist die Bildkonstruktion für einen reell abgebildeten Gegenstand gezeigt. Es gelten wieder die schon im Abschn. 5.1.1 für den Spiegel angegebenen Regeln: ein **Brennstrahl wird zum Parallelstrahl** und ein **Parallelstrahl wird zum Brennstrahl**. Bei den dünnen Linsen passiert ein durch den Mittelpunkt der Linse verlaufender Strahl die Linse ungebrochen, d. h. geradlinig, sofern das Einbettungsmedium vor und hinter der Linse das gleiche ist. Man

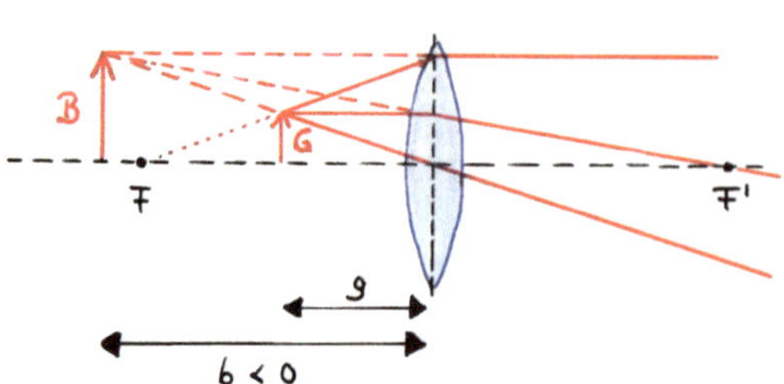

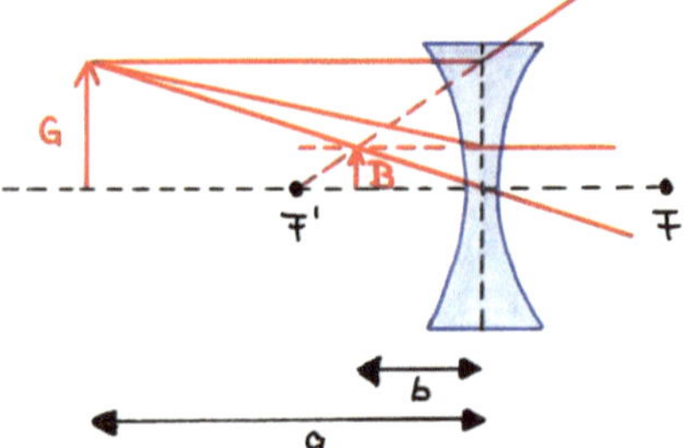

Abb. 5.21 Bildkonstruktion für einen innerhalb der Brennweite liegenden Gegenstand

Abb. 5.22 Bildkonstruktion für eine Zerstreuungslinse

erkennt übrigens in der Abbildung, dass wegen der ähnlichen Dreiecke das Verhältnis der Bildgröße B zur Gegenstandsgröße G, also der **Vergrößerungsfaktor v**, wie in Gl. 5.7 definiert ist durch:

$$v = -\frac{B}{G} = -\frac{b}{g} \tag{5.20}$$

Auch hier bedeutet ein negatives Vorzeichen von v eine Bildumkehr. Ist $v > 0$ hat das Bild die gleiche Orientierung wie der Gegenstand. Gl. 5.20 gilt übrigens auch für virtuelle Bilder.

Rückt man den Gegenstand näher als die Brennweite an die Linse heran (gilt also $g < f$), wird das Bild virtuell (Abb. 5.21). In der Abbildung entsprechen die durchgezogenen roten Linien dem realen Verlauf der Lichtstrahlen. Die gestrichelten Linien entwerfen das scheinbare Bild. Abb. 5.22 zeigt die Bildkonstruktion für eine Zerstreuungslinse. Auch hier ist das Bild virtuell.

Beispiel

Eine Kombination zweier Sammellinsen ($f_1 = 8\,\mathrm{cm}$, $f_2 = 12\,\mathrm{cm}$) mit Abstand $e = 1\,\mathrm{cm}$ liefert ein relles Bild eines $g_1 = 15\,\mathrm{cm}$ vor der ersten Linse liegenden Gegenstandes. Wo liegt das Bild? Um wie viel wird der Gegenstand verkleinert?

Lösung: Gl. 5.19 liefert für die Bildweite:

$$b_1 = \frac{f_1 g_1}{g_1 - f_1} \quad \text{bzw.} \quad b_1 = 17{,}143\,\mathrm{cm}$$

Für die zweite Linse ist das Bild der ersten Linse der Gegenstand. Nun liegt dieses Bild aber hinter der zweiten Linse, der Gegenstand ist also quasi virtuell. Die zugehörige Gegenstandsweite wird damit negativ. Es gilt mit $g_2 = e - b_1 = -16{,}143\,\mathrm{cm}$ für die zweite Linse:

$$b_2 = \frac{f_2 g_2}{g_2 - f_2} \quad \text{bzw.} \quad b_2 = 6{,}883\,\mathrm{cm}$$

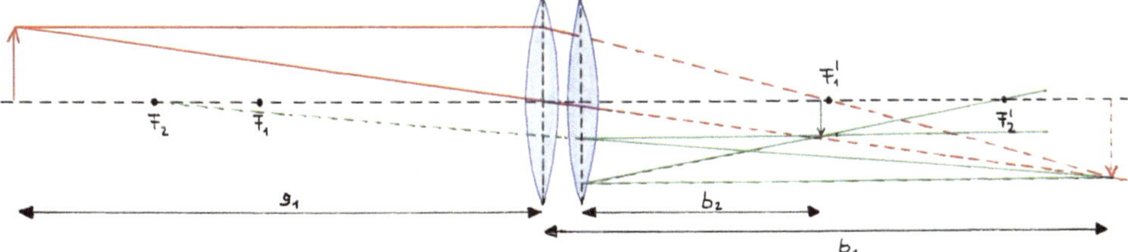

Abb. 5.23 Die erste Linse entwirft ein virtuelles Bild im Abstand b_1 (*gestrichelte rote Strahlen*). Dieses Bild ist der Gegenstand für die zweite Linse. Er wird wiederum durch die zweite Linse abgebildet. Die entsprechenden Konstruktionslinien sind *grün gezeichnet*, sie stellen keinen realen Strahlengang dar. Der echte Verlauf der Lichtstrahlen ist nur bis zur zweiten Linse gezeichnet (*rote durchgezogene Linien*)

Die Vergrößerung ist damit:

$$v_{\text{ges}} = v_1 \cdot v_2 = \left(-\frac{b_1}{g_1}\right) \cdot \left(-\frac{b_2}{g_2}\right) \quad \text{bzw.} \quad v_{\text{ges}} = -0{,}487.$$

Die Gesamtvergrößerung ist negativ, das Bild steht Kopf. Abb. 5.23 zeigt den gesamten konstruierten Strahlengang.

Übrigens kann man sehr eng beieinander liegende dünne Linsen durch eine einzelne Linse ersetzen. Für die Bildweite b_2 im Beispiel gilt für $e \approx 0$:

$$b_2 = \frac{f_2\,(e - b_1)}{(e - b_1) - f_2} \approx \frac{-b_1 f_2}{-b_1 - f_2}$$

Setzt man b_1 ein, erhält man:

$$b_2 \approx \frac{-\frac{f_1 g_1}{g_1 - f_1}\,f_2}{-\frac{f_1 g_1}{g_1 - f_1} - f_2} = \frac{-f_1 f_2 g_1}{-f_1 g_1 - g_1 f_2 + f_1 f_2}$$

Dies können wir in die folgende Form bringen:

$$\frac{1}{b_2} + \frac{1}{g_1} = \frac{1}{f_1} + \frac{1}{f_2} = \frac{1}{f_{\text{ges}}} \tag{5.21}$$

Wir können also von den beiden Brennweiten f_1 und f_2 zu einer fiktiven **Gesamtbrennweite** f_{ges} gelangen. Damit kann man dann von der Gegenstandsweite der ersten Linse gleich zur Bildweite der zweiten Linse übergehen. Beim obigen Beispiel wäre die Brennweite $f_{\text{ges}} = 4{,}8\,\text{cm}$. Mit

$$b_2 = \frac{f_{\text{ges}}\, g_1}{g_1 - f_{\text{ges}}} \quad \text{erhalt man} \quad b_2 = 7{,}059\,\text{cm}$$

anstatt des Resultats mit dem Linsenabstand von $e = 1\,\text{cm}$ berechneten Ergebnisses von $b_2 = 6{,}883\,\text{cm}$.

Wir wollen noch einmal auf Gl. 5.17 zurückkommen und sie wie folgt schreiben:

$$\frac{n_0}{g} + \frac{n_0}{b} = \frac{n - n_0}{r_1} + \frac{n_0 - n}{r_2} \tag{5.22}$$

Damit ist die brechende Wirkung der Linse in zwei Anteile zerlegt, deren Wirkung sich addiert. Die Größen

$$D_1 = \frac{n - n_0}{r_1} \quad \text{und} \quad D_2 = \frac{n_0 - n}{r_2} \quad \text{oder allgemein:} \quad D = \frac{\Delta n}{r} \tag{5.23}$$

werden **Brechkräfte** der beiden sphärischen Flächen genannt. Die ergeben sich allgemein aus dem Quotienten der Brechzahldifferenz und dem vorzeichenbehafteten Krümmungsradius der brechenden Fläche. Die Einheit der Brechkraft D ist die **Dioptrie**, 1 dpt $=$ $1\,\text{m}^{-1}$. Die Brechkraft der gesamten Linse entspricht also der Summe auf der rechten Seite von Gl. 5.22 und damit dem Kehrwert der Brennweite f:

$$D = \frac{1}{f} \tag{5.24}$$

Übrigens zeigt das obige Beispiel zweier eng benachbarter Linsen, dass sich deren reziproke Brennweiten und damit ihre Brechkräfte addieren (Gl. 5.21).

Zu Gl. 5.22 lässt sich noch eine allgemeinere Form der Abbildungsgleichung angeben. Ist die Linse vorne von einem Medium mit der Brechzahl n_1 umgeben, hinten aber von einem Medium mit der Brechzahl n_3 und hat die Linse selbst die Brechzahl n_2, dann addieren sich gleichermaßen die Brechkräfte der beiden Kugelflächen und Gl. 5.22 lautet in diesem Fall:

$$\blacktriangleright \qquad \frac{n_1}{g} + \frac{n_3}{b} = \frac{n_2 - n_1}{r_1} + \frac{n_3 - n_2}{r_2} \tag{5.25}$$

Beispiel

Eine Kamera bildet in Luft einen $g = 5\,\text{m}$ entfernten Gegenstand mit einer Bildweite von $b = 5{,}05\,\text{cm}$ auf die Sensorebene ab. Wie groß sind die Krümmungsradien $r = r_1 = -r_2$ der symmetrischen, bikonvexen Linse, wenn ihre Brechzahl $n = 1{,}516$ beträgt? Welchen Wert müsste r annehmen, wenn sie als Unterwasserkamera verwendet werden soll, d. h. wenn sich vor der Linse Wasser mit der Brechzahl $n_w = 1{,}333$ befindet?

An Luft gilt:

$$\frac{1}{g} + \frac{1}{b} = \frac{n-1}{r} + \frac{1-n}{-r} \quad \text{bzw.} \quad \frac{2(n-1)}{r} = \frac{1}{b} + \frac{1}{g}$$

$$\text{und daraus:} \quad r = \frac{2gb(n-1)}{g+b} = 5{,}16 \, \text{cm}$$

Befindet sich vor der Linse Wasser, gilt:

$$\frac{n_w}{g} + \frac{1}{b} = \frac{n-n_w}{r} + \frac{1-n}{-r} \quad \text{bzw.} \quad \frac{n_w}{g} + \frac{1}{b} = \frac{n-n_w-1+n}{r}$$

$$\text{und daraus:} \quad r = \frac{gb(2n-n_w-1)}{bn_w+g} = 3{,}48 \, \text{cm}$$

Sind die Einbettungsmedien vor und hinter der Linse unterschiedlich, müssen zwei Brennweiten unterschieden werden. Paralleles Licht, was aus dem Unendlichen auf die Linse fällt, wird im **hinteren oder bildseitigen Brennpunkt F_b** vereint. Die **hintere oder bildseitige Brennweite f_b** erhält man für $g \to \infty$:

$$\frac{n_3}{b} = \frac{n_3}{f_b} = \frac{n_2-n_1}{r_1} + \frac{n_3-n_2}{r_2} \quad \text{bzw.} \quad \boxed{f_b = \frac{r_1 r_2 n_3}{r_2(n_2-n_1) + r_1(n_3-n_2)}} \tag{5.26}$$

Licht, das vom **vorderen oder gegenstandsseitigen Brennpunkt F_g** ausgeht, verlässt die Linse im Bildraum als Parallelbündel. Für die **vordere oder gegenstandsseitige Brennweite f_g** gilt wegen $b \to \infty$:

$$\frac{n_1}{g} = \frac{n_1}{f_g} = \frac{n_2-n_1}{r_1} + \frac{n_3-n_2}{r_2} \quad \text{bzw.} \quad \boxed{f_g = \frac{r_1 r_2 n_1}{r_2(n_2-n_1) + r_1(n_3-n_2)}} \tag{5.27}$$

Die Bildkonstruktion Abb. 5.24 erfolgt nach den gleichen Regeln wie oben beschrieben: ein Parallelstrahl wird zum Brennstrahl und ein Brennstrahl wird zum Parallelstrahl. Der geradlinig durch den Linsenmittelpunkt verlaufende Strahl kann in diesem Fall allerdings nicht verwendet werden, er wird im Falle unterschiedlicher Einbettungsmedien vor und hinter der Linse gebrochen. Die bild- und gegenstandsseitigen Brennweiten liegen unsymmetrisch. Bei Zerstreuungslinsen sind die Brennweiten negativ, die Lage der Brennpunkte ist also vertauscht. Der gegenstandsseitige Brennpunkt liegt dann im Bildraum, der bildseitige im Gegenstandsraum.

Aus Abb. 5.24 folgt wegen der Ähnlichkeit zweier Dreiecke:

$$\frac{G}{f_b} = \frac{B}{b-f_b}, \quad \text{woraus für die Vergrößerung folgt:} \quad v = -\frac{B}{G} = -\frac{b-f_b}{f_b} = 1 - \frac{b}{f_b}$$

Setzt man f_b aus Gl. 5.26 ein und benutzt Gl. 5.25, erhält man:

$$v = 1 - \frac{b}{n_3}\left(\frac{n_2-n_1}{r_1} + \frac{n_3-n_2}{r_2}\right) = 1 - \frac{b}{n_3}\left(\frac{n_1}{g} + \frac{n_3}{b}\right)$$

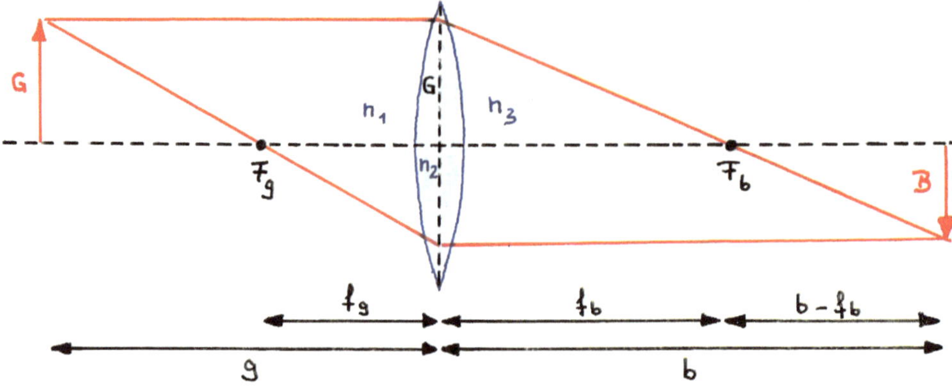

Abb. 5.24 Bildkonstruktion im Falle unterschiedlicher Einbettungsmedien vor und hinter der Linse. Die Brennpunkte F_g und F_b liegen hier unsymmetrisch

Die Lateralvergrößerung im Falle unterschiedlicher Medien vor und nach der Linse mit der Brechzahl n_1 und n_2 ist also:

$$v = -\frac{n_1 b}{n_3 g}$$

5.1.4   Geräte, die die Grenzen menschlichen Sehens erweitern

Optische Geräte dienen häufig dazu, dem Menschen einen erweiterten Blick auf die Welt zu verschaffen. Es sollen die Grenzen des menschlichen Sehvermögens hinausgeschoben werden. Mikroskope dienen der Erschließung des Mikrokosmos, Teleskope sollen den Blick in die Ferne schärfen. Die Basis des Ganzen ist natürlich das menschliche **Auge**. Es soll hier gleich zu Beginn behandelt werden. Es wird nach außen hin (Abb. 5.25) von der **Hornhaut** begrenzt, die kugelförmig gekrümmt ist und mit ca. 40 dpt zur Abbildung wesentlich beiträgt. Die **vordere Augenkammer** trennt die Hornhaut von der **Iris**. Sie bestimmt die Augenfarbe und dient als variable Blende der Steuerung des Lichteinfalls. Gleich hinter der Iris folgt die Augenlinse. Sie kann, zumindest in jungen Lebensjahren, durch Ringmuskeln und radial angreifende Muskeln ihre Krümmungen verändern (**Akkommodation**) und so das Sehen in der Nähe und in der Ferne ermöglichen. Der weitaus größte Teil des Auges ist der **Glaskörper**. Auf der Netzhaut schließlich wird wie auf einer Leinwand ein reelles Bild entworfen und von Sinneszellen ans Gehirn weitergleitet.

Will man sehr kleine Gegenstände betrachten, kann man das wahrgenommene, also das auf die Leinwand projizierte Bild dadurch vergrößern, dass man wie bei einer einzelnen dünnen Linse die Gegenstandsweite verkleinert, um den Vergrößerungsmaßstab zu erhöhen. Da die Bildweite beim Auge fest ist, muss die Brennweite sich verkürzen. Das Auge

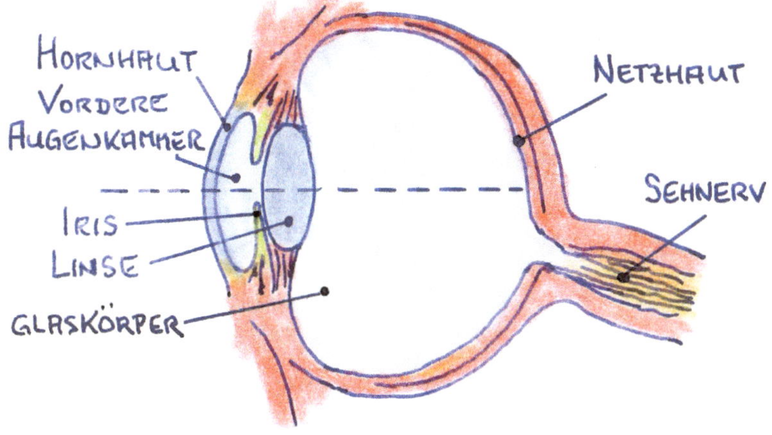

Abb. 5.25 Schnitt durch das menschliche Auge

tut das, indem es die Krümmung der Linsenoberflächen erhöht. Dem sind natürlich Grenzen gesetzt. Selbst in jungen Jahren kann beim normalsichtigen Auge ein Gegenstand in der Regel nicht näher als 10 cm vor das Auge gebracht werden.

Lupe

Eine Möglichkeit, den Gegenstand trotzdem größer sehen zu können, ist die **Lupe**. Sie ist eine **Sammellinse**, in deren Brennebene der zu betrachtende Gegenstand liegt. Das Bild liegt im Unendlichen. Das Auge kann mit entspanntem (also auf unendlich akkommodiertem) Auge den Gegenstand betrachten. Entscheidend ist die Vergrößerung des Sehwinkels, unter dem der Gegenstand erscheint. Man benutzt für den Vergrößerungsfaktor v_{Lupe} den Quotienten des Sehwinkels σ mit Lupe und σ_0 ohne Lupe. Da der Sehwinkel ohne Lupe vom Betrachtungsabstand abhängt, wird mit $s_0 = \mathbf{25\,cm}$ eine **Bezugssehweite** definiert (Abb. 5.26), so dass man die **Vergrößerung der Lupe** angeben kann als:

$$v_{\text{Lupe}} = \frac{\sigma}{\sigma_0} \tag{5.28}$$

σ_0 erhält man durch die Beziehung $y/s_0 = \tan\sigma_0 \approx \sigma_0$. Verwendet man eine kurzbrennweitige Sammellinse, vergrößert sich der Betrachtungswinkel gemäß $y/f = \tan\sigma \approx \sigma$ (Abb. 5.27). Die Lupenvergrößerung ist also:

$$\boxed{v_{\text{Lupe}} = \frac{y\,s_0}{f\,y} = \frac{s_0}{f}} \tag{5.29}$$

Je kürzer die Brennweite f der Lupe, desto höher der Vergrößerungsfaktor. Einlinsige Lupen bringen es auf eine Vergrößerung von etwa $v = 5$, mehrlinsige Systeme bis etwa $v = 20$.

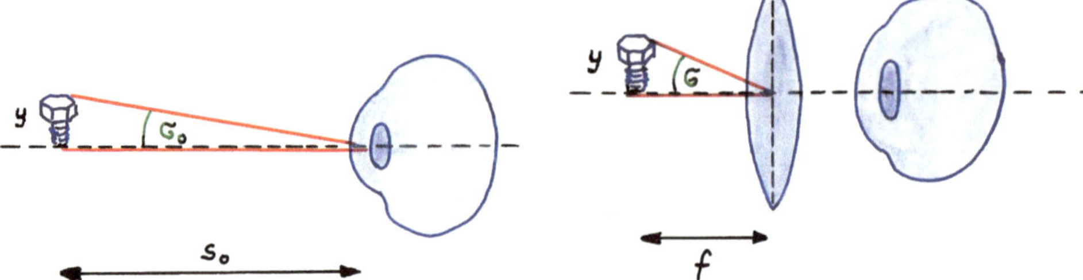

Abb. 5.26 Ein Gegenstand im Abstand der Bezugssehweite s_0 erscheint unter einem Winkel von σ_0

Abb. 5.27 Durch eine Sammellinse vor dem Auge vergrößert sich der Sehwinkel auf σ

Mikroskop

Will man weiter in den Mikrokosmos vordringen, benötigt man ein komplexeres, zweistufiges System: das **Mikroskop**. Hier entwirft man mittels eines **Objektivs** (mit der Wirkung einer Sammellinse) ein reelles Zwischenbild eines Gegenstandes. Dieses wird dann mit einer Lupe, beim Mikroskop **Okular** genannt, betrachtet (Abb. 5.28). Der Vergrößerungsfaktor errechnet sich multiplikativ aus der Okularvergrößerung $v_{\text{Okular}} = s_0/f_{\text{Okular}}$, die der der Lupe entspricht, und der Vergrößerung $v_{\text{Objektiv}} \approx b/f_{\text{Objektiv}}$. Da die Brennweite des Objektivs kurz ist und der Gegenstand in der Regel etwa in der Brennebene des Objektivs liegt, ist $g \approx f_{\text{Objektiv}}$ und die **Vergrößerung des Mikroskops** ist:

$$v_{\text{Mikroskop}} = \frac{s_0}{f_{\text{Okular}}} \cdot \frac{b}{f_{\text{Objektiv}}} \tag{5.30}$$

Beispiel

Mikroskope werden auch in anderer Ausführung als in Abb. 5.28 angegeben mit geringerer Vergrößerung benutzt, z. B. zum Vermessen kleiner Längenänderungen. Ein solches Mikroskop ist in Abb. 5.29 gezeigt, es soll bei einem Dehnungsversuch der Ermittlung der Längenänderung dienen. In der Ebene des reellen Zwischenbildes kann auf einer Glasscheibe ein Messraster eingebracht werden, das mit dem Okular zusammen mit dem Bild scharf abgebildet wird. Die Rasterlinien haben einen Abstand von $50\,\mu\text{m}$, er soll einer Dehnung des Drahtes von $10\,\mu\text{m}$ entsprechen. Gleichzeitig soll das Mikroskop eine Vergrößerung von 100 besitzen. Der Abstand von Objektiv- und Okularlinse (Tubuslänge) soll $t = 8\,\text{cm}$ betragen. Wie groß müssten die Brennweiten von Objektiv und Okular sein?

Lösung: Mit $G = 10\,\mu\text{m}$ und $B = 50\,\mu\text{m}$ muss die Objektivvergrößerung $v_{\text{Objektiv}} = B/G = 5$ betragen. Die Abbildungsgleichung des Objektivs sowie seine Vergrößerung

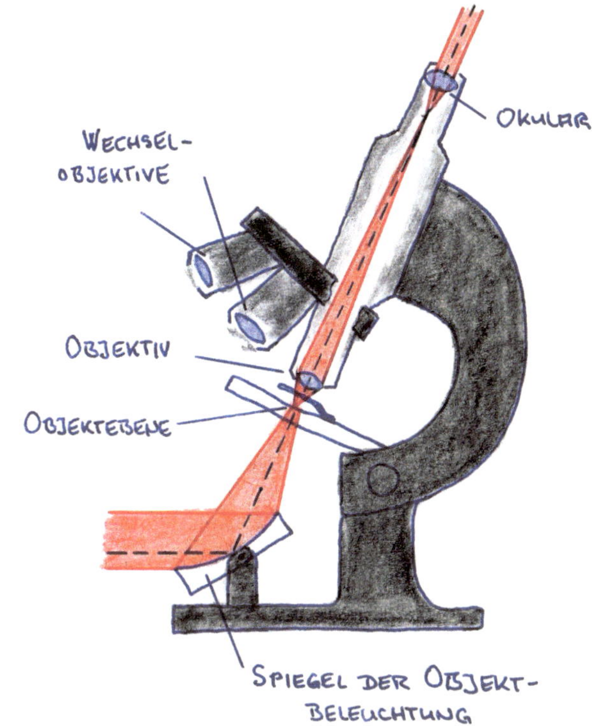

Abb. 5.28 Beim Lichtmikroskop wird das Objekt in geeigneter Weise mit einer Lampe oder auch mit Sonnenlicht beleuchtet. Das Objekt liegt ungefähr in der Brennebene des Objektivs, welches in Wirklichkeit oft kaum größer ist als ein Wassertropfen. Das reelle Zwischenbild entsteht in der Brennebene des Okulars, also im oberen Teil des Tubus. In der Regel besitzen Mikroskope einen Revolver mit drei Wechselobjektiven für unterschiedliche Vergrößerungsfaktoren

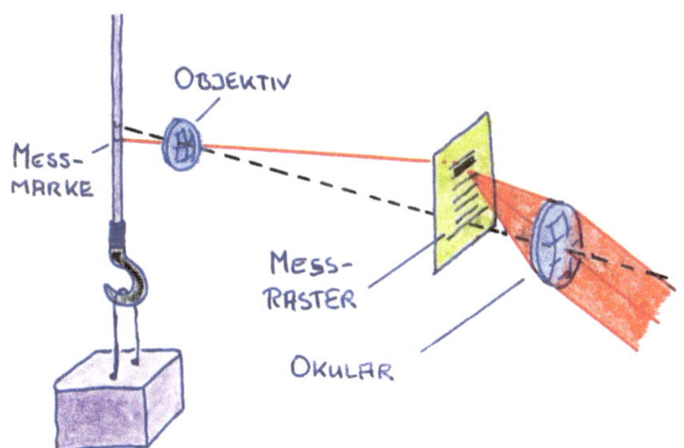

Abb. 5.29 Mikroskop zur Messung kleiner Längenänderungen, wie sie etwa bei einem Dehnungsversuch auftreten

lauten:

$$\frac{1}{f_{\text{Objektiv}}} = \frac{1}{b} + \frac{1}{g} \qquad v_{\text{Objektiv}} = \frac{B}{G} = \frac{b}{g} \tag{5.31}$$

g und b beziehen sich auf das Objektiv. Für die Tubuslänge t des Mikroskops gilt:

$$t = b + f_{\text{Okular}} \quad \text{bzw.} \quad f_{\text{Okular}} = t - b \tag{5.32}$$

Mit $g = b/v_{\text{Objektiv}}$ eliminieren wir die Gegenstandsweite g des Objektivs aus der ersten der Gl. 5.31:

$$\frac{1}{f_{\text{Objektiv}}} = \frac{1}{b} + \frac{v_{\text{Objektiv}}}{b} \quad \text{bzw.} \quad f_{\text{Objektiv}} = \frac{b}{1 + v_{\text{Objektiv}}} \tag{5.33}$$

Gl. 5.32 und 5.33 setzen wir dann in die Mikroskopvergrößerung Gl. 5.30 ein:

$$v_{\text{Mikroskop}} = \frac{s_0}{f_{\text{Okular}}} \cdot \frac{b}{f_{\text{Objektiv}}} = \frac{s_0 \left(1 + v_{\text{Objektiv}}\right)}{t - b} \tag{5.34}$$

Wir erhalten:

$$b = t - \frac{s_0}{v_{\text{Mikroskop}}} \left(1 + v_{\text{Objektiv}}\right) \quad \text{bzw.} \quad b = 6{,}5\,\text{cm}$$

und für die Objektivbrennweite folgt nach Gl. 5.33 $f_{\text{Objektiv}} = 1{,}083\,\text{cm}$. Die Okularbrennweite ist dann nach Gl. 5.34:

$$f_{\text{Okular}} = t - b = \frac{s_0}{v_{\text{Mikroskop}}} \left(1 + v_{\text{Objektiv}}\right) \quad \text{bzw.} \quad f_{\text{Okular}} = 1{,}5\,\text{cm}$$

Fernrohre

Das zunächst einfachste Fernrohr, das **Kepler'sche** oder **astronomische Fernrohr**, besteht aus zwei Sammellinsen. Das Objektiv bildet einen sehr weit (also quasi unendlich weit) entfernten Punkt, dessen Licht also parallel aufs Objektiv trifft, in die Brennebene ab (Abb. 5.30). Dieses Zwischenbild wird mit dem Okular wie mit einer Lupe betrachtet. Von einem Punkt des Zwischenbildes ausgehendes Licht wird durch das Okular parallelisiert. Der Betrachter kann es mit aufs Unendliche akkommodiertem, also entspanntem Auge betrachten. Man könnte auf den ersten Blick meinen, dass eine Anordnung, aus der paralleles Licht wieder als paralleles Licht herauskommt, eigentlich wirkungslos sein müsste. Das ist aber nicht der Fall, wie die Abb. 5.30 (unten) zeigt. Kommt das parallele Licht nämlich von einem sehr weit entfernten Gegenstandspunkt, der nicht auf der optischen Achse liegt, dann fällt das Parallelbündel unter einem Winkel σ auf das Objektiv. Natürlich wird der Punkt trotzdem in die Brennebene abgebildet, aber entsprechend entfernt von der optischen Achse. Das Okular bildet den Punkt schließlich wieder ins Unendliche ab. Das entsprechende Lichtbündel verlässt das Okular unter einem Winkel σ' zur optischen Achse. Ist $\sigma' > \sigma$, erscheint der Gegenstand vergrößert, der Vergrößerungsfaktor ist

$$\boxed{v = \frac{\sigma'}{\sigma} \approx \frac{\tan \sigma'}{\tan \sigma} = \frac{y/f_{\text{Okular}}}{y/f_{\text{Objektiv}}} = \frac{f_{\text{Objektiv}}}{f_{\text{Okular}}}} \tag{5.35}$$

Das Kepler'sche Fernrohr hat zwei Nachteile: es hat eine große Baulänge, denn um einen hohen Vergrößerungsfaktor v zu erreichen, muss die Objektivbrennweite f_{Ob} groß

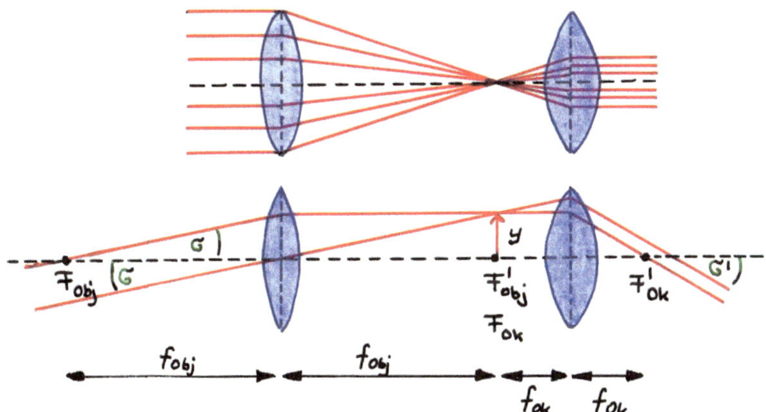

Abb. 5.30 Kepler'sches oder astronomisches Fernrohr. Paralleles Licht wird durch das Objektiv im gemeinsamen Brennpunkt von Objektiv und Okular konzentriert. Das Licht verlässt das Okular wieder parallel zur optischen Achse. Von einem Objektpunkt im Unendlichen ausgehendes, quasi paralleles Licht, das unter dem Winkel σ auf das Objektiv fällt, wird im Abstand y von der optischen Achse abgebildet. Das von dem Punkt ausgehende Licht verlässt das Okular unter dem Winkel σ'

sein. Außerdem steht das beobachtete Bild kopf. Das ist in der Astronomie verschmerzbar, für eine terrestrische Beobachtung ist es aber hinderlich.

Einen Vorteil hat das Kepler'sche Fernrohr aber doch: man kann in der Ebene der reellen Zwischenabbildung zum Beispiel Messskalen oder Fadenkreuze einbringen, die dem Betrachter genau wie das zu beobachtende Objekt scharf erscheinen. Hierzu die folgende Aufgabe:

Beispiel

Ein Fernrohr besitzt die Objektivbrennweite $f_{\mathrm{Ob}} = 12\,\mathrm{cm}$ und die Okularbrennweite $f_{\mathrm{Ok}} = 8\,\mathrm{mm}$. In der Ebene der reellen Zwischenabbildung soll eine Messskala angebracht werden, mit der Gegenstände in $100\,\mathrm{m}$ Entfernung vermessen werden sollen. Wie weit müssten zwei Teilstriche auf der Skala voneinander entfernt sein, wenn sie einer Objektgröße von $1\,\mathrm{m}$ entsprechen sollen? Wie groß ist die Vergrößerung des Fernglases?

Lösung: Nach der Abbildungsgleichung gilt für das Objektiv:

$$\frac{1}{f_{\mathrm{Ob}}} = \frac{1}{b} + \frac{1}{g} \quad \text{bzw.} \quad \frac{1}{b} = \frac{1}{f_{\mathrm{Ob}}} - \frac{1}{g} = \frac{g - f_{\mathrm{Ob}}}{f_{\mathrm{Ob}}\,g} \quad \text{bzw.} \quad b = \frac{f_{\mathrm{Ob}}\,g}{g - f_{\mathrm{Ob}}}$$

woraus man die Vergrößerung

$$v = \frac{b}{g} = \frac{f_{\mathrm{Ob}}}{g - f_{\mathrm{Ob}}} = 1{,}201 \cdot 10^{-3}$$

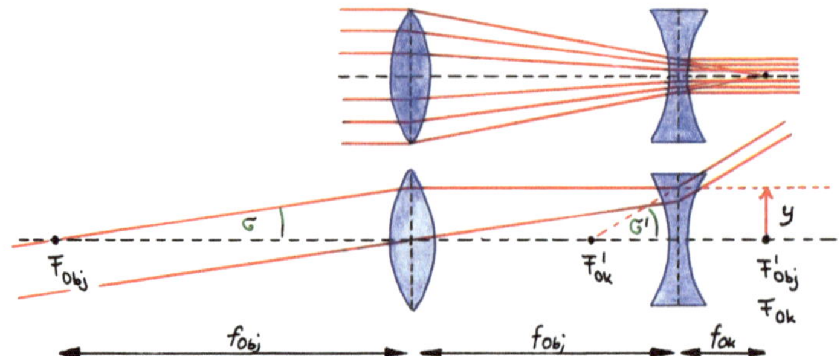

Abb. 5.31 Galilei'sches Fernrohr. Paralleles Licht wird in den gemeinsamen Brennpunkt von Sammel- und Zerstreuungslinse fokussiert und deshalb von der Zerstreuungslinse wieder parallelisiert. Das von einem achsfernen Objektpunkt ausgehende Licht fällt unter einem Winkel σ auf das Objektiv. Ein durch den objektseitigen Brennpunkt gehender Lichtstrahl wird hinter dem Objektiv zum Parallelstrahl. Das Licht verlässt das Okular schließlich unter dem Winkel σ'

errechnet. Damit erscheint ein 1 m großer Gegenstand im Zwischenbild 1,201 mm groß. Das wäre dann auch der Abstand der Teilstriche auf der Skala. Man beachte, dass die Größenvermessung nur stimmt, wenn der Gegenstand genau 100 m entfernt ist. Die Vergrößerung des gesamten Teleskops ist 15fach.

Ein Fernrohr, das die beiden genannten Nachteile vermeidet, ist das **Galilei'sche Fernrohr**. Es besteht aus einer Sammel- und einer Zerstreuungslinse (Abb. 5.31). Wie beim Kepler'schen Fernrohr würde die Sammellinse ein reelles Bild in der Brennebene liefern. Allerdings wird noch vor der Brennebene eine Zerstreuungslinse eingebracht, die das Licht wieder parallelisiert. Das tut sie genau dann, wenn für den Abstand d der beiden Linsen gilt: $d = f_{\mathrm{Ob}} - |f_{\mathrm{Ok}}|$. Wie Abb. 5.31 (unten) zeigt, ist damit auch wieder eine Veränderung des Winkels σ verbunden. Ein Gegenstandspunkt, dessen Licht unter dem Winkel σ auf das Objektiv fällt, verlässt das Okular unter dem Winkel σ'. Dementsprechend ist die Vergrößerung:

$$v = \frac{\sigma'}{\sigma} \approx \frac{\tan \sigma'}{\tan \sigma} = \frac{y/|f_{\mathrm{Ok}}|}{y/f_{\mathrm{Objektiv}}} = \frac{f_{\mathrm{Ob}}}{|f_{\mathrm{Ok}}|}$$

Das Prinzip des Galilei'schen Fernrohres wird beim **Opernglas** verwendet. Das ist ein binokulares Fernglas mit geringer Vergrößerung. Bei Ferngläsern wird oft das Prinzip des Kepler'schen Fernrohres verwendet. Die Bildumkehr wird durch eine Prismenanordnung rückgängig gemacht, die noch zwei weitere Vorteile bietet: die Baulänge wird verkürzt. Außerdem wird durch den Versatz der optischen Achse nach außen bei binokularen Systemen der Augenabstand virtuell vergrößert. Das führt zu einer Verbesserung des räumlichen Sehens.

5.1.5 Auch Linsen können dick werden ...

... und damit sind die bei der dünnen Linse gemachten Näherungen nicht mehr statthaft. Die Eigendicke der Linse ist nicht mehr vernachlässigbar, sondern muss in den Rechnungen berücksichtigt werden. Weiterhin stellt sich die Frage, auf welchen Punkt der Linse die Gegenstands- und Bildweite zu beziehen ist. Bei der dünnen Linse war dies einfach, denn da sie keine Eigendicke besaß, war der Bezugspunkt eindeutig. Noch schwieriger als bei der **dicken Linse** ist die Frage nach dem Bezugspunkt bei ganzen Linsensystemen zu beantworten.

Die im letzten Kapitel gezeigten optischen Geräte sind in ihrem Funktionsprinzip auf das Mindestmaß an dünnen Linsen reduziert. In Wirklichkeit bestehen z. B. Objektive und Okulare jeweils aus einer ganzen Linsengruppe. Es ist zunächst zu befürchten, dass die einfache Abbildungsgleichung in diesen Fällen nicht mehr gilt.

Es kann aber nun gezeigt werden, dass man für jedes Linsensystem grundsätzlich zwei zur optischen Achse senkrechte Ebenen finden kann, mit deren Hilfe man die Wirkung des optischen Systems auf die einer dünnen Linse zurückführen kann. Bezieht man die Gegenstands- und Bildweite auf diese **Hauptebenen**, gilt die einfache Abbildungsgleichung einer dünnen Linse, sofern man die zugehörige **Brennweite f des Systems** kennt. Bei einer Linse an Luft mit nicht vernachlässigbarer Dicke d ist sie beim Einbettungsmedium Luft gegeben durch:

$$\boxed{\frac{1}{f} = (n-1)\left(\frac{1}{r_1} - \frac{1}{r_2} + \frac{d}{nr_1r_2}(n-1)\right)} \tag{5.36}$$

Die **Lage der Hauptebenen** bezüglich der Scheitelpunkte (Abb. 5.32) der Linse ist gegeben durch:

$$\boxed{h_g = (1-n)\cdot\frac{fd}{nr_2}} \qquad \text{(gegenstandsseitige Hauptebene)} \tag{5.37}$$

$$\boxed{h_b = (1-n)\cdot\frac{fd}{nr_1}} \qquad \text{(bildseitige Hauptebene)} \tag{5.38}$$

Bei $h_g > 0$ bzw. $h_b > 0$ liegt die Hauptebene rechts vom zugehörigen Scheitelpunkt, bei $h_g < 0$ bzw. $h_b < 0$ links vom zugehörigen Scheitelpunkt. Die Schnittpunkte der Hauptebenen mit der optischen Achse werden **Hauptpunkte** genannt. Neben der Gegenstands- und Bildweite werden bei optischen Systemen noch die Abstände von Gegenstand zum Eintrittsscheitelpunkt bzw. vom Austrittsscheitelpunkt zum Bild angegeben (Abb. 5.32). Diese **Objekt- bzw. Bildschnittweiten** sind leichter zu messen als die Gegenstands- und Bildweiten, da letztere innerhalb der dicken Linse bzw. des optischen Systems liegen.

Wie Abb. 5.32 zeigt, erfolgt die Bildkonstruktion wiederum wie bei der dünnen Linse mit dem Unterschied, dass der Streifen zwischen den beiden Hauptebenen als nicht vorhanden angesehen wird. Würde man den Streifen mit der Schere herausschneiden und die

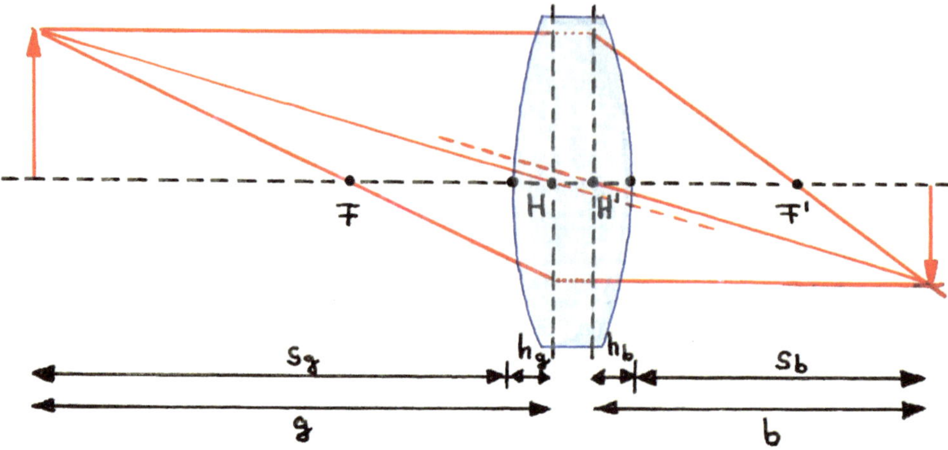

Abb. 5.32 Bei dicken Linsen werden die Gegenstands- und Bildweite auf die zugehörigen Hauptebenen bezogen. Der Abstand des Gegenstandes vom Eintrittsscheitel wird Objektschnittweite s_g, der Abstand des Bildes vom Austrittsscheitel wird Bildschnittweite s_b genannt. Die Bildkonstruktion erfolgt wie bei der dünnen Linse, wobei der Raum zwischen den Hauptebenen als nicht vorhanden angesehen wird

zwei Papierhälften an der Linie der Hauptebenen wieder zusammenkleben, bekäme man die Bildkonstruktion einer dünnen Linse. Die beiden durch die Hauptpunkte verlaufenden Strahlen sind im Falle eines einheitlichen Einbettungsmediums vor und nach der Linse parallel zueinander.

Beispiel

Das Glas SF6 hat bei der Wellenlänge $\lambda = 587{,}6\,\text{nm}$ die Brechzahl $n = 1{,}80518$. Eine Linse mit der Scheiteldicke $d = 1\,\text{cm}$ aus diesem Material hat die Krümmungsradien $r_1 = 18\,\text{cm}$ und $r_2 = -18\,\text{cm}$. Ein Gegenstand befindet sich $s_g = 4{,}8\,\text{m}$ vor dem Scheitelpunkt der Linse. Wie groß ist die Bildschnittweite s_b?

Lösung: Nach Gl. 5.36 bis 5.38 sind die Brennweite und die Hauptabstände gegeben durch:

$$\frac{1}{f} = (n-1)\left(\frac{1}{r_1} - \frac{1}{r_2} + \frac{d}{nr_1r_2}(n-1)\right) \quad \text{bzw.} \quad f = 11{,}32\,\text{cm}$$

sowie

$$h_g = (1-n)\frac{fd}{nr_2} = 0{,}280\,\text{cm} \quad \text{und} \quad h_b = (1-n)\frac{fd}{nr_1} = -0{,}280\,\text{cm}$$

Für die Gegenstandsweite gilt $g = s_g + h_g = 480{,}280\,\text{cm}$. Aus der Abbildungsgl. 5.19 folgt $b = \frac{fg}{g-f} = 8{,}627\,\text{cm}$. Die Bildschnittweite ist also $s_b = b + h_b = 8{,}907\,\text{cm}$.

5.2 ... und nun doch wieder zurück zur Welle

5.2.1 Licht + Licht = Dunkelheit?

Kann es geben, ja, aber nur unter ganz speziellen Bedingungen. Das Phänomen wurde bereits in der Akustik behandelt, heißt **Interferenz** und erfordert **kohärente Wellen**. Da dies beim Licht nur in kleinem Maßstab der Fall ist, kann man Interferenzen mit natürlichem Licht nur schwer beobachten. Besser geeignet sind hier Laserlichtquellen, bei denen die Kohärenz über längere Strecken gegeben ist. Eine Beschreibung des Phänomens ist im Rahmen der Strahlenoptik nicht möglich. Die geometrische Optik hat noch eine weitere Schwäche: Wird ein Parallelbündel durch eine scharfe Kante teilweise abgeschattet, dringt das Licht geringfügig in den geometrischen Schattenraum ein und weicht damit von der in der Strahloptik angenommenen geradlinigen Ausbreitung ab.

Diese **Beugung** genannte Erscheinung sowie die Interferenz erfordern die wellenoptische Betrachtung des Lichtes. Wir werden unten sehen, dass das eigentlich elementare Phänomen die Interferenz ist und dass sich die Beugung im Grunde durch Interferenzen einer großen Anzahl sogenannter **Elementarwellen** beschreiben lässt. Wir wollen also zunächst mit der Beschreibung der Interferenz beginnen.

Zerlegt man einen Laserstrahl mittels eines Strahlteilers in zwei Teilstrahlen, bleibt bei einer nicht allzu großen Wegdifferenz die Phasenbeziehung bei einer Überlagerung der Strahlen konstant. In diesem Fall spricht man auch beim Licht von kohärenten Wellen. Die zwei Teilstrahlen sollen gleiche Leistung besitzen und – nachdem einer der Strahlen eine Umwegstrecke der Länge Δx durchlaufen hat – an einem Punkt P zur Überlagerung gebracht werden. Bei einer elektromagnetischen Welle addieren sich in P die Feldstärken $E_1(x,t)$ und $E_2(x,t)$ der beiden Teilstrahlen. Allerdings haben die Wellen wegen der Wegdifferenz eine Phasenverschiebung zueinander:

$$E_1(x,t) = E_0 \sin(\omega t - kx) \qquad E_2(x,t) = E_0 \sin(\omega t - kx + \varphi) \qquad (5.39)$$

Die Addition liefert wegen

$$\sin \alpha + \sin \beta = 2 \sin\left(\frac{\alpha + \beta}{2}\right) \cdot \cos\left(\frac{\alpha - \beta}{2}\right)$$

am Punkt P die Feldstärke:

$$E(t) = E_1(x,t) + E_2(x,t) = 2E_0 \sin\frac{2(\omega t - kx) + \varphi}{2} \cdot \cos\left(\frac{-\varphi}{2}\right) \qquad (5.40)$$

Der Faktor $\cos(-\varphi/2) = \cos(\varphi/2)$ ist von der Zeit unabhängig. Nimmt er z. B. den Wert Null an, herrscht bei P **dauerhaft Dunkelheit**. Dies ist der Fall bei

$$\frac{\varphi}{2} = \pm\frac{\pi}{2}; \pm\frac{3\pi}{2}; \pm\frac{5\pi}{2}; \ldots \quad \text{oder allgemein:} \quad \frac{\varphi}{2} = \frac{2i+1}{2}\pi \quad \text{mit} \quad i \in \mathbb{Z} \qquad (5.41)$$

Die Phasenverschiebung φ hängt von der Wegdifferenz Δx ab. Sie ist gegeben durch

$$\varphi = \frac{\Delta x}{\lambda} 2\pi \tag{5.42}$$

Damit wird aus Gl. 5.41:

$$\boxed{\Delta x = \frac{\lambda}{2} (2i + 1) \quad \text{mit} \quad i \in \mathbb{Z}} \tag{5.43}$$

Auslöschung bzw. destruktive Interferenz der Wellen tritt also auf, wenn die Wegdifferenz ein ungeradzahliges Vielfaches von $\lambda/2$ ist. Dies entspricht Gl. 3.44.

Nimmt der Faktor $\cos(\varphi/2)$ den Wert $+1$ oder -1 an, herrscht im Punkt P **maximale Helligkeit**. Dies ist der Fall für

$$\frac{\varphi}{2} = 0; \pm\pi; \pm 2\pi; \pm 3\pi; \ldots \quad \text{oder allgemein: } \frac{\varphi}{2} = i\pi \quad \text{mit } i \in \mathbb{Z} \tag{5.44}$$

Mit Gl. 5.42 erhalten wir daraus:

$$\boxed{\Delta x = i\lambda \quad \text{mit } i \in \mathbb{Z}} \tag{5.45}$$

Konstruktive Interferenz im Punkt P tritt ein, wenn die Wegdifferenz Δx ein ganzzahliges Vielfaches der Wellenlänge λ ist. Dies entspricht Gl. 3.45. Wie aus Gl. 5.40 ersichtlich wird, ist im Falle konstruktiver Interferenz die Feldstärke doppelt so hoch wie bei der einzelnen Welle.

In der Regel erfolgen Strahlungsmessungen auf der energetischen Ebene. Wir müssen also die Feldstärke in Gl. 5.40 in eine Leistung oder Strahlungsflussdichte umwandeln. In Abschn. 4.3.9 wurden die Zusammenhänge

$$E = \sqrt{\frac{\mu_r \mu_0}{\varepsilon_r \varepsilon_0}} H \quad \text{und} \quad S(t) = E(t) \cdot H(t)$$

abgeleitet. $S(t)$ entspricht im optischen Fall der Strahlungsflussdichte ψ und es gilt:

$$\psi(t) = \sqrt{\frac{\varepsilon_r \varepsilon_0}{\mu_r \mu_0}} E^2(t)$$

Für Gl. 5.40 folgt also:

$$\psi(t) = 4E_0^2 \sqrt{\frac{\varepsilon_r \varepsilon_0}{\mu_r \mu_0}} \sin^2 \frac{2(\omega t - kx) + \varphi}{2} \cdot \cos^2\left(\frac{\varphi}{2}\right)$$

Da die Kreisfrequenz ω bei Lichtwellen so hoch ist, dass die Strahlungsflussdichte zeitlich mit keinem Detektor aufgelöst werden kann, spielt nur der energetische Mittelwert eine

Rolle. Er wird durch die Integration

$$\overline{\psi} = \frac{1}{T} \int_0^T \psi\,(t)\,dt \tag{5.46}$$

gebildet. Wir erhalten das Integral:

$$\overline{\psi} = \frac{4E_0^2}{T} \cos^2\left(\frac{\varphi}{2}\right) \sqrt{\frac{\varepsilon_r \varepsilon_0}{\mu_r \mu_0}} \int_0^T \sin^2 \frac{2\,(\omega t - kx) + \varphi}{2}\,dt$$

Mit $\sin^2 \alpha = (1 - \cos 2\alpha)/2$ erhalten wir:

$$\overline{\psi} = \frac{2E_0^2}{T} \cos^2\left(\frac{\varphi}{2}\right) \sqrt{\frac{\varepsilon_r \varepsilon_0}{\mu_r \mu_0}} \int_0^T 1 - \cos\left(2\,(\omega t - kx) + \varphi\right)\,dt$$

Durch die Substitution

$$\eta = 2\,(\omega t - kx) + \varphi \quad \text{mit} \quad \frac{d\eta}{dt} = 2\omega \quad \text{bzw.} \quad dt = \frac{d\eta}{2\omega}$$

ist das Integral elementar ausführbar:

$$\overline{\psi} = \frac{2E_0^2}{T} \cos^2\left(\frac{\varphi}{2}\right) \frac{1}{2\omega} \sqrt{\frac{\varepsilon_r \varepsilon_0}{\mu_r \mu_0}} \int_{\cdots}^{\cdots} 1 - \cos\eta\,d\eta = \frac{E_0^2}{T\omega} \cos^2\left(\frac{\varphi}{2}\right) \sqrt{\frac{\varepsilon_r \varepsilon_0}{\mu_r \mu_0}} \left[\eta - \sin\eta\right]_{\cdots}^{\cdots}$$

Rücksubstitution liefert mit $\omega = 2\pi/T$:

$$\overline{\psi} = \frac{E_0^2}{2\pi} \cos^2\left(\frac{\varphi}{2}\right) \sqrt{\frac{\varepsilon_r \varepsilon_0}{\mu_r \mu_0}} \left[2\,(\omega t - kx) + \varphi - \sin\left(2\,(\omega t - kx) + \varphi\right)\right]_0^T$$

$$\overline{\psi} = \frac{E_0^2}{2\pi} \cos^2\left(\frac{\varphi}{2}\right) \sqrt{\frac{\varepsilon_r \varepsilon_0}{\mu_r \mu_0}} [(2\,(\omega T - kx) + \varphi - \sin\left(2\,(\omega T - kx) + \varphi\right)) - (2\,(0 - kx)$$
$$- \varphi + \sin\left(2\,(0 - kx) + \varphi\right))]$$

Wegen $\omega T = 2\pi$ erhalten wir infolge der Periodizität des Sinus:

$$\blacktriangleright \qquad \overline{\psi} = \frac{E_0^2}{2\pi} \sqrt{\frac{\varepsilon_r \varepsilon_0}{\mu_r \mu_0}} \cos^2\left(\frac{\varphi}{2}\right) 2\omega T \quad \text{bzw.} \quad \boxed{\overline{\psi} = 2E_0^2 \sqrt{\frac{\varepsilon_r \varepsilon_0}{\mu_r \mu_0}} \cos^2\left(\frac{\varphi}{2}\right)} \tag{5.47}$$

Würde man statt der Überlagerung zweier Signale im Punkt P nur ein Signal, z. B. das erste in Gl. 5.39, beobachten, wäre sein Mittelwert:

$$\overline{\psi}_1 = \frac{1}{T} \sqrt{\frac{\varepsilon_r \varepsilon_0}{\mu_r \mu_0}} \int_0^T E_0^2 \sin^2(\omega t - k x)\, dt = \frac{E_0^2}{T} \sqrt{\frac{\varepsilon_r \varepsilon_0}{\mu_r \mu_0}} \int_0^T \frac{1}{2}\left(1 - \cos 2(\omega t - k x)\right) dt$$

Substitution wie oben mit anschließender Integration liefert:

$$\overline{\psi}_1 = \frac{E_0^2}{2} \sqrt{\frac{\varepsilon_r \varepsilon_0}{\mu_r \mu_0}} \tag{5.48}$$

Im Falle der konstruktiven Interferenz vervierfacht sich also nach Gl. 5.47 bei Überlagerung von Wellen gleicher Leistung die Strahlungsflussdichte im Vergleich zur einfachen Welle. Die mittlere Strahlungsflussdichte am Punkt P schwankt also je nach φ bzw. Δx zwischen Null und dem vierfachen Wert der einfachen Welle. Trotzdem kann durch Interferenz natürlich keine Energie gewonnen werden, sie wird lediglich anderen Bereichen des Raumes entzogen. Im Vergleich dazu würde die nicht kohärente Überlagerung zweier gleich starker Wellen nur den doppelten Wert der einzelnen Wellen ergeben. Dieser Wert würde aber dafür überall im Raum gemessen werden.

Es gibt auch im Alltag einige Interferenzen zu beobachten, allerdings nur bei sehr kleinen Wegdifferenzen zwischen den Strahlen. Etwa wenn – nicht ganz umweltschonend – Benzin in eine Pfütze gerät und im Sonnenlicht bunte Farberscheinungen hervorruft. Die Schichtdicke ist hierbei so dünn, dass sich trotz geringer Kohärenz des Sonnenlichts Interferenzen beobachten lassen. Wir wollen eine solche dünne Schicht näher untersuchen (Abb. 5.33). Allerdings soll sie sich in Form einer dünnen dielektrischen Schicht auf einer Glasoberfläche befinden. Das Licht soll unter einem Einfallswinkel α auf die Oberfläche treffen. Dort wird es zu einem kleinen Teil reflektiert, zu einem größeren Teil dringt es aber in die Schicht ein.

Es wird dabei gebrochen. Am Übergang Schicht-Glas wird das Licht wiederum zum Teil reflektiert, zum Teil auch gebrochen und dringt in das Wasser ein. Der reflektierte Anteil tritt an der Oberseite der Schicht wieder an Luft aus, ein kleiner Teil wird aber auch zurück in die Schicht reflektiert usf. Wie schon bei der Reflexion von Schallwellen tritt auch bei Lichtwellen eine Vorzeichenumkehr bei Reflexion am „harten" Medium auf. Dies bedeutet bei den Lichtwellen eine Reflexion an einem Medium mit einer höheren Brechzahl. Die Vorzeichenumkehr kann durch einen Phasensprung um $180°$ oder π ausgedrückt werden. Wir wollen annehmen, dass die Brechzahl der dünnen Schicht zwischen der des Außenraums (Luft) und der des Trägermaterials (Glas) liegt. Damit tritt bei der Reflexion des Lichtstrahls im Punkt P genauso ein Phasensprung auf wie bei der Reflexion des Strahls im Punkt Q. Für die Interferenz der zwei Strahlen 1 und 2 heben sich diese Phasenverschiebungen also auf.

Für die an der Oberfläche sichtbaren Interferenzen ist die Wegdifferenz zwischen dem direkt an der Oberfläche reflektierten Strahl und dem einmal durch die Schicht der Di-

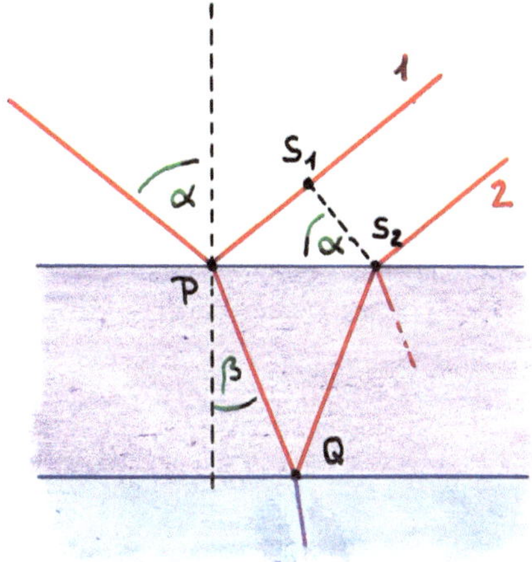

Abb. 5.33 Interferenz an einer dünnen Schicht der Dicke d

cke d gedrungenen Strahl entscheidend. Während der Strahl 1 die Strecke $\overline{PS_1}$ in Luft zurücklegt, durchläuft der Strahl 2 im Dielektrikum die Strecken $\overline{PQ}$ und $\overline{QS_2}$. Hier ist zu beachten, dass sich in der Schicht das Licht um den Faktor n langsamer ausbreitet. Gleichbedeutend damit ist eine Verlängerung der Wegstrecke um den Faktor n. Man spricht von der **optischen Weglänge**. Da $\overline{PS_2} = 2d \tan \beta$ ist, gilt $\overline{PS_1} = 2d \tan \beta \sin \alpha$. Mit $\overline{PQ} = \overline{QS_2} = d / \cos \beta$ ist der optische Wegunterschied also

$$\Delta = \frac{2dn}{\cos \beta} - 2d \tan \beta \sin \alpha = 2d \frac{n - \sin \beta \sin \alpha}{\cos \beta} = 2d \frac{n - \sin \beta \sin \alpha}{\sqrt{1 - \sin^2 \beta}}$$

Mit dem Brechungsgesetz $\sin \alpha / \sin \beta = n$ erhält man daraus:

$$\Delta = 2d \frac{n - \frac{1}{n} \sin^2 \alpha}{\sqrt{1 - \frac{1}{n^2} \sin^2 \alpha}} = 2d \frac{n^2 - \sin^2 \alpha}{\sqrt{n^2 - \sin^2 \alpha}} = 2d \sqrt{n^2 - \sin^2 \alpha}$$

Konstruktive Interferenz würde also eintreten, wenn Δ ein ganzzahliges Vielfaches der Wellenlänge λ ist:

$$\boxed{\Delta = 2d \sqrt{n^2 - \sin^2 \alpha} = i\lambda \quad \text{mit } i = 0; 1; 2; \dots} \tag{5.49}$$

Destruktive Interferenz tritt ein, wenn Δ ein ungeradzahliges Vielfaches der halben Wellenlänge λ ist:

$$\boxed{\Delta = 2d \sqrt{n^2 - \sin^2 \alpha} = (2i + 1)\frac{\lambda}{2} \quad \text{mit } i = 0; 1; 2; \dots} \tag{5.50}$$

Eine besondere Bedeutung hat die destruktive Interferenz bei der Vermeidung von Reflexionen an Grenzschichten. Fällt Licht von einem Medium mit der Brechzahlen n_1

kommend senkrecht auf ein transparentes Material mit der Brechzahl n_2, dann wird von der auftreffenden Strahlungsenergie der relative Anteil

$$\rho = \left(\frac{n_1 - n_2}{n_1 + n_2}\right)^2 \tag{5.51}$$

reflektiert. Der gleiche Anteil wird auch reflektiert, wenn der Strahl in umgekehrter Richtung verläuft. ρ wird **Reflexionsgrad** genannt. Bei Eintritt eines aus Luft kommenden Strahls in ein Glas mit der Brechzahl n würde also gelten:

$$\rho = \left(\frac{1 - n}{1 + n}\right)^2 \tag{5.52}$$

Bei einer Brechzahl $n = 1{,}5$ des Glases wird also 4 % der Strahlungsenergie pro Oberfläche reflektiert. In der Optik ist das sehr störend. Mit einer so genannten **Antireflexschicht** kann bis zu einem gewissen Grad Abhilfe geschaffen werden.

Beispiel

Man wählt eine Brechzahl der dünnen AR-Schicht, die niedriger ist als die des Glasmaterials. Dann kann destruktive Interferenz für den Fall $\alpha \approx 0$ erreicht werden, wenn in Gl. 5.50 z. B. $i = 0$ gewählt wird:

$$2dn = \frac{\lambda}{2} \quad \text{bzw.} \quad d = \frac{\lambda}{4n}$$

Natürlich wären auch Schichtdicken von $3\lambda/(4n)$, $5\lambda/(4n)$ etc. möglich. Man beachte, dass auch hier bei den Reflexionen am optisch dichteren Medium jeweils ein Phasensprung um $\lambda/2$ stattfindet. Da er auch bei der AR-Schicht an beiden Oberflächen erfolgt, kommt er nicht zum Tragen. Die Wellenlänge in der Schicht ist um den Faktor n verkürzt, beträgt also λ/n. Da die Dicke dem Viertel dieser Wellenlänge entspricht, nennt man die Schicht $\lambda/\mathbf{4}$-**Schicht**.

Würde man eine dünne Schicht ohne „Trägermedium" rechnen, würde der Phasensprung nur an der oberen Fläche stattfinden, so dass die beiden Gl. 5.49 und 5.50 in diesem Fall lauten würden:

$$\Delta = 2d\sqrt{n^2 - \sin^2\alpha} = \left(i + \frac{1}{2}\right)\lambda \quad \text{mit } i = 0; 1; 2; 3; \ldots$$

für konstruktive Interferenz und

$$\Delta = 2d\sqrt{n^2 - \sin^2\alpha} = i\lambda \quad \text{mit } i = 0; 1; 2; \ldots$$

für destruktive Interferenz.

Abb. 5.34 Beugung an einer
Kante

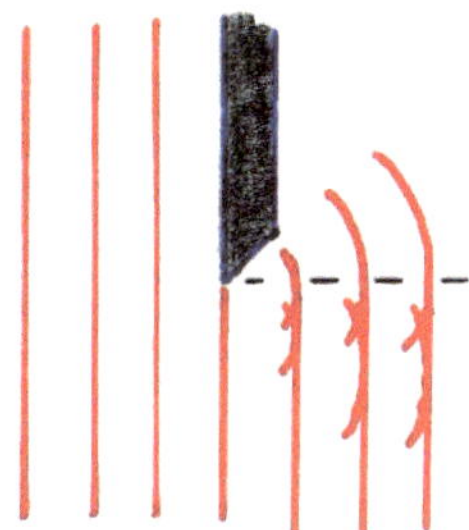

5.2.2 Wenn das Licht um die Ecke biegt

In einem homogenen Medium breitet sich das Licht geradlinig aus. Die einzige Möglichkeit, ein „Abbiegen" des Lichts zu erreichen, ist das Auftreten von Brechungsindexgradienten in einem Material. Es gibt aber noch eine Erscheinung, bei der Licht von der geradlinigen Ausbreitung abweicht: die oben schon erwähnte **Beugung**. Sie tritt bei verschiedenen Wellensystemen auf und sie lässt sich auch bei Oberflächenwellen auf Wasser oder bei Schallwellen beobachten. Verständlich wird das Phänomen durch das **Huygens-Fresnel'sche Prinzip**: es geht davon aus, dass von jedem Punkt im Raum, der von der Phasenfront einer Welle erreicht wird, wiederum eine Kugelwelle emittiert wird. Die **Interferenz** aller Kugelwellen ergibt die weiter fortschreitende Wellenfront. Insofern wird bei der Beschreibung der Beugungsphänomene immer auch von der Interferenz Gebrauch gemacht.

Die Anwendung dieses Prinzips ist für den freien Raum weniger interessant, spannender ist hier das Auftreten von Hindernissen. Trifft eine ebene Welle auf eine scharfe Kante (Abb. 5.34), dann kommt es zum Eindringen von Strahlung in den geometrischen Schattenraum. Gleichzeitig wird die Strahlung in den Randbereichen der Hellzone beeinflusst. Erklärbar ist das dadurch, dass die Elementarwellen in der Nähe der Randzone keine Interferenzpartner haben und dadurch als Kugelwellen übrig bleiben und in die Dunkelzone ausstrahlen. Es entsteht damit eine Unschärfe im Randbereich.

Wir wollen zur weiteren Untersuchung des Problems einen schmalen Spalt betrachten, der mit einfarbigem (monochromatischem) Licht einer Spektrallampe beleuchtet wird. Der Einfachheit halber soll sich die Spektrallampe in großem (idealerweise unendlichem) Abstand vom Spalt befinden und wir wollen das Licht hinter dem Spalt auch wieder in unendlicher Entfernung beobachten. Man nennt dies die Fraunhofer'sche Betrachtungsweise. Experimentell lässt sich das durch Sammellinsen vor und hinter dem Spalt simulieren. Wir betrachten das unter dem Winkel σ abgestrahlte Parallelbündel (Abb. 5.35). Dem **Huygens-Fresnel'schen Prinzip** folgend können wir das Licht aus dem Spalt durch Überlagerung von Kugelwellen beschreiben. Wir wählen eine große Anzahl n von Ausgangspunkten, die in der Spaltebene liegen und synchron schwingen. Da das Licht der unteren Quellen einen weiteren Weg zurücklegen muss als das Licht der oberen, erleiden

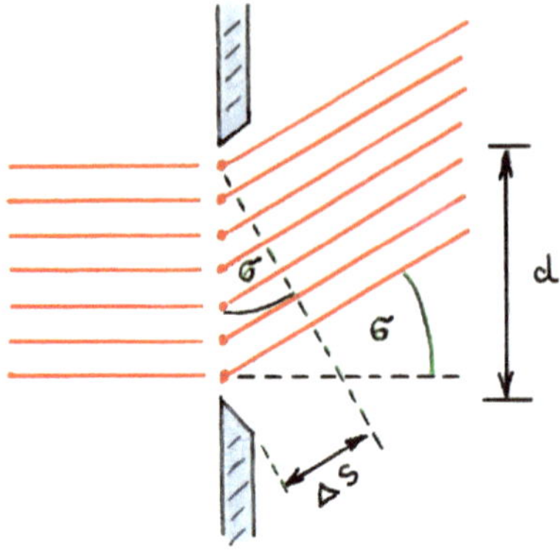

Abb. 5.35 Bei der Fraunhofer'schen Betrachtungsweise wird das Licht in unendlicher Entfernung unter dem Winkel σ beobachtet. Die Kugelwellen der einzelnen Quellen im Spalt sind dabei jeweils zueinander phasenverschoben

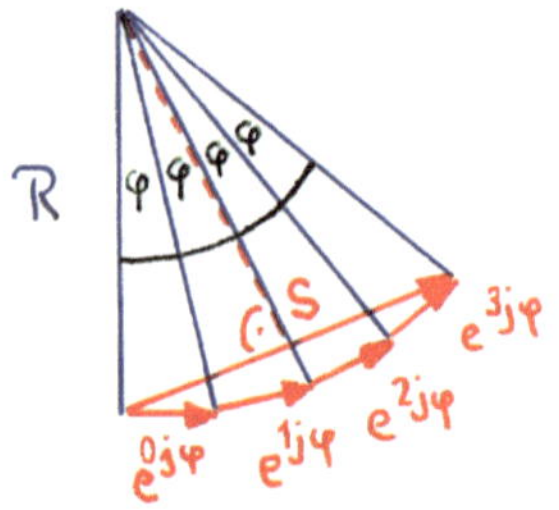

Abb. 5.36 Summenbildung in der komplexen Zahlenebene. Die einzelnen Zeiger haben alle die Länge 1

benachbarte Quellen jeweils eine Phasenverschiebung φ:

$$\varphi = \frac{\Delta s}{(n-1)\,\lambda}\,2\pi \tag{5.53}$$

$\Delta s/(n-1)$ ist die Wegdifferenz zwischen benachbarten Quellen. Entspricht sie genau der Wellenlänge λ, resultiert eine Phasenverschiebung von 2π. Schwingt die elektrische Feldstärke der obersten Quelle gemäß $E_0 e^{j\omega t}$, gilt für die benachbarte Welle auf der gestrichelten grünen Linie in Abb. 5.35 $E_0 e^{j(\omega t+\varphi)}$. Für die wiederum nächste Welle gilt $E_0 e^{j(\omega t+2\varphi)}$ usf. Die gesamte Feldstärke erhalten wir als Interferenz der von den Ausgangspunkten kommenden Wellen. Wir schreiben also:

$$E\,(t) = E_0 e^{j\omega t}\left(e^{0\cdot j\varphi} + e^{1\cdot j\varphi} + e^{2\cdot j\varphi} + \ldots + e^{(n-1)\cdot j\varphi}\right) \tag{5.54}$$

Jeder Summand in der Klammer von Gl. 5.54 stellt in der komplexen Zahlenebene einen Zeiger dar, so dass die Addition dieser Zeiger den Wert des Klammerausdrucks ergibt:

$$S = e^{0\cdot j\varphi} + e^{1\cdot j\varphi} + e^{2\cdot j\varphi} + \ldots + e^{(n-1)\cdot j\varphi}$$

Aus Abb. 5.36 erkennt man den folgenden Zusammenhang:

$$\sin\frac{n\varphi}{2} = \frac{S}{2R}$$

Wegen der Länge 1 der Zeiger folgt weiterhin:

$$\frac{1}{R} = \tan\varphi \approx \varphi$$

Durch Eliminieren von R erhält man:

$$\sin\frac{n\varphi}{2} = \frac{S\varphi}{2} \quad \text{bzw.} \quad S = \frac{\sin\frac{n\varphi}{2}}{\frac{\varphi}{2}} \tag{5.55}$$

Für den Beobachtungswinkel σ und die Spaltbreite d gilt der Zusammenhang $\Delta s = d \sin \sigma$. Damit erhält man aus Gl. 5.53:

$$\varphi = \frac{d \sin \sigma}{(n-1)\lambda} 2\pi \approx \frac{d \sin \sigma}{n\lambda} 2\pi \tag{5.56}$$

Es gilt $n - 1 \approx n$, wenn n hinreichend groß gewählt wird. Zusammen mit Gl. 5.55 ergibt das eingesetzt in Gl. 5.54:

$$E(t) = E_0 n e^{j\omega t} \frac{\sin\frac{d\pi\sin\sigma}{\lambda}}{\frac{d\pi\sin\sigma}{\lambda}} \tag{5.57}$$

Wegen ihres Auftretens bei der Beugung am Spalt wird eine Funktion der Form $\frac{\sin x}{x}$ Spaltfunktion genannt. Eine andere Bezeichnung ist Kardinalsinus.

Spaltfunktion oder Kardinalsinus

Es kommt bei Überlagerung der Elementarwellen zur Addition der Amplituden, daher der Faktor nE_0. Lässt man die Anzahl n der Elementarwellen gegen Unendlich gehen, würde der Ausdruck in Gl. 5.57 scheinbar ebenfalls gegen Unendlich gehen. Hier ist aber zu bedenken, dass die durch den Spalt tretende Energie einen konstanten endlichen Wert hat. Sie verteilt sich auf die n Elementarwellen. Die Amplitude E_0 der einzelnen Welle wird also umso kleiner, je mehr Quellen wir im Spalt annehmen. Der Faktor nE_0 hat also einen endlichen Wert. Die beobachtete Intensität ψ ist proportional zum Quadrat der Feldstärke. Wir erhalten daher nach zeitlicher Mittelung:

$$\psi = \psi_0 \frac{\sin^2\left(\frac{d\pi\sin\sigma}{\lambda}\right)}{\left(\frac{d\pi\sin\sigma}{\lambda}\right)^2} \tag{5.58}$$

Die Intensität ψ hat die Einheit $1\,\mathrm{W/m^2}$ und entspricht der elektromagnetischen Energiestromdichte in Abschn. 4.3.9. Abb. 5.37 zeigt den Verlauf der Funktion. Für die Nullstellen der Funktion 5.58 gilt:

$$\frac{d\pi\sin\sigma}{\lambda} = \pm i\pi \qquad i \in \mathbb{Z}$$

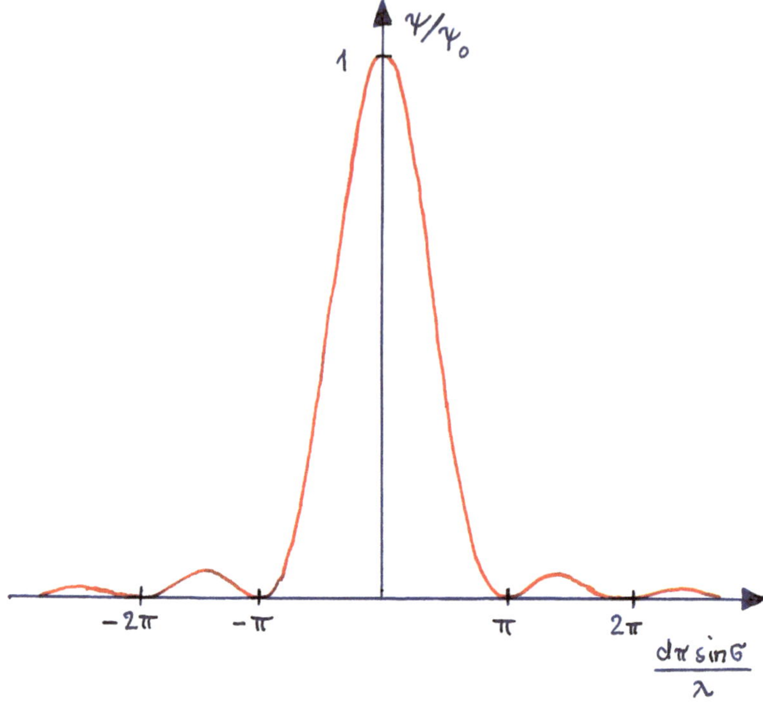

Abb. 5.37 Intensitätsverlauf als Funktion des Beobachtungswinkels σ für einen Spalt der Breite d

Auslöschung der Strahlung tritt also für die Winkel

$$\sin \sigma = \pm \frac{i\lambda}{d} \tag{5.59}$$

ein. Wegen $\Delta s = d \sin \sigma$ kann man dafür auch schreiben:

$$\Delta s = \pm i\lambda$$

Neben dem Hauptmaximum für $\sigma = 0$ treten Nebenmaxima auf, die ungefähr, aber nicht exakt mittig zwischen den Nullstellen liegen.

5.2.3   Könnte man mit einem Lichtmikroskop auch Atome sehen?

Ein Mikroskop besteht im Prinzip aus zwei Sammellinsen. Nun könnte man das Ganze auf drei Sammellinsen erweitern und damit die Vergrößerung des Systems steigern. Man hätte dann zwei Zwischenbilder. Auch spräche auf den ersten Blick nichts dagegen, auf vier oder fünf Linsen mit der entsprechenden Anzahl von Zwischenbildern zu gehen. Das könnte man solange weitertreiben, bis man schließlich Atome sehen kann. Das geht aber nicht. Abgesehen von den sich anhäufenden **Abbildungsfehlern** und abgesehen von der **Lichtschwäche** eines solchen Systems, macht es keinen Sinn, über zwei Linsen (Objektiv

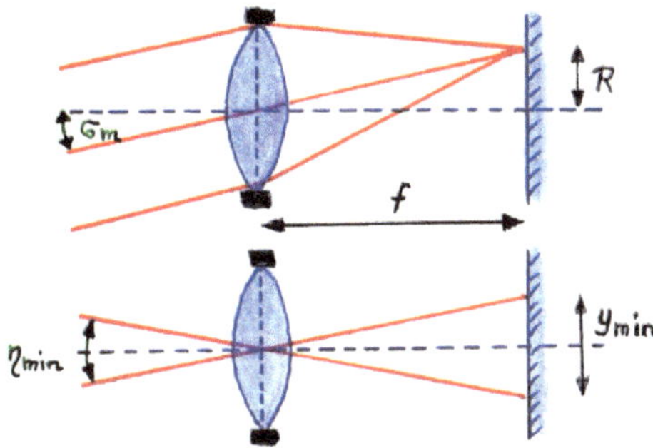

Abb. 5.38 Auflösungsvermögen optischer Instrumente

und Okular) hinauszugehen. Denn das **Auflösungsvermögen eines Systems wird durch Beugung begrenzt**.

Selbstverständlich tritt Beugung nicht nur an einem Spalt, sondern auch an rechteckigen oder kreisrunden Blenden auf. Die Berechnungen sind hier ungleich schwieriger. Natürlich hat das Auswirkungen auf eine Abbildung, denn jede Linse, jedes optische System ist durch (meist runde) Blenden seitlich begrenzt. Selbst wenn man bewusst auf eine **Blende** verzichtet, bildet der Rand der Linse(n) die Blende. Lässt man eine ebene, monochromatische Lichtwelle der Wellenlänge λ auf eine kreisrunde Blende mit Durchmesser D fallen, entsteht eine rotationssymmetrische Intensitätsverteilung, deren Winkelabhängigkeit qualitativ der in Abb. 5.37 gezeigten für den Spalt entspricht. Die exakte Funktion stellt allerdings eine **Besselfunktion erster Ordnung** dar, für deren innerstes Minimum die Beziehung gilt:

$$\sin \sigma_{\mathrm{m}} = 1{,}220 \frac{\lambda}{D} \tag{5.60}$$

Vergleicht man mit dem ersten Minimum ($i = 1$) der Spaltfunktion (Gl. 5.59), fällt zunächst als Unterschied der Faktor 1,220 anstelle der 1 auf. Natürlich ist die Spaltbreite d gegen den Blendendurchmesser D getauscht.

Die Intensitätsverteilung erscheint auf einem Schirm als Lichtfleck, dem **Airy'schen Beugungsscheibchen**. Setzt man nun unmittelbar hinter die Blende eine Linse, erscheint das Minimum in der Brennebene im Abstand R von der optischen Achse auf dem Schirm (Abb. 5.38). Wegen $R/f = \tan \sigma_{\mathrm{m}} \approx \sigma_{\mathrm{m}}$ und $\sin \sigma_{\mathrm{m}} \approx \sigma_{\mathrm{m}}$ gilt also:

$$1{,}220 \frac{\lambda}{D} = \frac{R}{f} \quad \text{bzw.} \quad R = 1{,}220 \frac{\lambda f}{D} \tag{5.61}$$

Beispiel

Hätte man also einen Fotoapparat mit einem Objektiv der Brennweite $f = 50\,\text{mm}$ und einem Blendendurchmesser von $D = 2\,\text{cm}$, so würde ein im Unendlichen gelegener Bildpunkt, der grünes Licht der Wellenlänge $\lambda = 555\,\text{nm}$ aussendet, in der Bildebene ein Airy'sches Beugungsscheibchen ergeben, das von einem dunklen Ring mit Radius $R = 1{,}69\,\mu\text{m}$ umgeben ist.

Die Beugung hat nun Auswirkungen auf das **Auflösungsvermögen optischer Instrumente**. Doch zunächst wäre zu definieren, was Auflösungsvermögen eigentlich bedeuten soll. Es hat sich in der Physik bewährt, das so genannte **Rayleigh-Kriterium** für die Auflösung zu verwenden: es besagt, dass zwei Punkte in der Bildebene genau dann gerade noch zu unterscheiden sind, wenn das Intensitätsmaximum des Airy'schen Beugungsscheibchens des einen Punktes in das erste Intensitätsminimum des anderen Beugungsflecks fällt. Natürlich ist das willkürlich gesetzt, jedoch hat sich dies als Grenze des Auflösungsvermögens bewährt. Das bedeutet, dass der in Gl. 5.61 angegebene Radius R auch gleichzeitig das Bild des kleinsten, mit der Linse der Brennweite f und Blendendurchmesser D aufzulösenden Abstandes ist. Gl. 5.60 gibt dann den kleinsten aufzulösenden Winkelabstand an.

Nun zurück zum Mikroskop. Beim Objektiv ist quasi die Situation umgekehrt zur oben behandelten Linse. Es wurde dort ein Gegenstand im Unendlichen in die Brennebene abgebildet. Beim Objektiv des Mikroskops ist es (näherungsweise) umgekehrt: ein ungefähr in der Brennebene liegender Gegenstand wird in den (langen) Tubus des Mikroskops abgebildet, was einer verglichen mit der kurzen Brennweite des Mikroskops sehr langen Bildweite entspricht. Der kleinste auflösbare Winkelabstand $\eta_{\min}$ führt hier nach Abb. 5.38 (das Licht verläuft jetzt von rechts nach links) zu **einem kleinsten auflösbaren Objektdetail** von $y_{\min}$, für das gilt:

$$\frac{y_{\min}}{2f} = \tan \frac{\eta_{\min}}{2} \approx \frac{\eta_{\min}}{2} \quad \text{bzw.} \quad \eta_{\min} = \frac{y_{\min}}{f} \tag{5.62}$$

Damit erhält man nach Gl. 5.60 $\sin \eta_{\min} \approx \eta_{\min} = 1{,}220 \frac{\lambda}{D} = \frac{y_{\min}}{f}$ und für das **kleinste auflösbare Objektdetail**:

$$\boxed{y_{\min} = 1{,}220 \frac{\lambda f}{D}} \tag{5.63}$$

Beim Mikroskop ist es üblich, einen **maximalen Öffnungswinkel** σ einzuführen; dies ist der halbe Öffnungswinkel des maximal möglichen Lichtbündels. Nach Abb. 5.39 gilt hierfür $\sin \sigma \approx D/(2f)$, so dass man schreiben kann:

$$\boxed{y_{\min} = 0{,}610 \cdot \frac{\lambda}{\sin \sigma}} \tag{5.64}$$

Gute Auflösung lässt sich also durch ein hohes σ erreichen oder durch eine kurze Wellenlänge λ. Der Öffnungswinkel kann aus Gründen der Abbildungsqualität nicht beliebig gesteigert werden. Die Wellenlänge kann durch einen Trick beeinflusst werden: man bringt zwischen Objektiv und Gegenstand ein hochbrechendes Immersionsöl mit Brechzahl n ein. Dieses verkürzt die Wellenlänge um den Faktor n, so dass gilt:

$$y_{\min} = 0{,}610 \cdot \frac{\lambda}{n \sin \sigma} = 0{,}610 \cdot \frac{\lambda}{A_N} \tag{5.65}$$

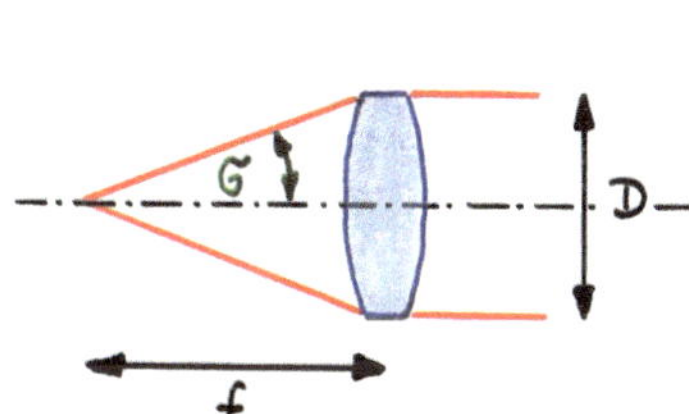

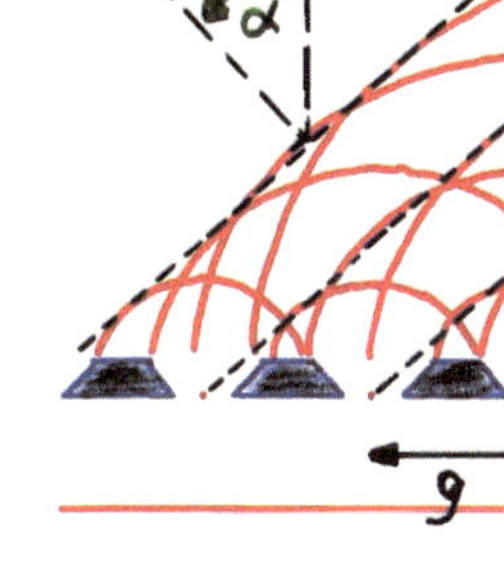

Abb. 5.39 Maximaler Öffnungswinkel eines auf der optischen Achse gelegenen Objektpunktes

Abb. 5.40 Durch Interferenz entsteht nach dem Beugungsgitter unter dem Winkel α eine neue, ebene Welle. Auch höhere Ordnungen sind möglich

Die Größe $A_N = n \sin \sigma$ wird **numerische Apertur** genannt. Liegt die numerische Apertur etwa bei 1, kann man mit dem Mikroskop Strukturen bis ca. in die Größe der halben Lichtwellenlänge auflösen.

Bei Fernrohren und Teleskopen ist die Sache etwas anders. Die Gesamtbrennweite eines Fernrohrs ist unendlich groß, denn parallel einfallendes Licht verlässt das Teleskop auch wieder parallel (Natürlich hat das Teleskop trotzdem eine Vergrößerung). Man gibt das Auflösungsvermögen daher als minimalsten aufzulösenden Winkelabstand an, der durch Gl. 5.60 gegeben ist:

$$\sigma_m = 1{,}220 \frac{\lambda}{D}$$

5.2.4 Ein Gitter, um Licht zu zerlegen

Das Phänomen der Beugung kann benutzt werden, um Licht in seine spektralen Bestandteile zu zerlegen. Wir stellen uns zunächst vor, das in Abb. 5.40 gezeigte **Beugungsgitter** mit der **Gitterkonstanten** (Gitterabstand) g wird von einer ebenen Welle erfasst und auf seiner gesamten Breite voll ausgeleuchtet. Dann werden nach dem **Huygens-Fresnel'schen Prinzip** in den Öffnungen kugelförmige Elementarwellen erzeugt, die im Querschnitt Kreise ergeben. Die Elementarwellen der einzelnen Spalte interferieren konstruktiv, wenn z. B. wie in Abb. 5.40 eingezeichnet zwischen benachbarten Wellen ein Gangunterschied von einer Wellenlänge λ besteht. Es gilt dann die Winkelbeziehung:

$$\sin \alpha = \frac{\lambda}{g}$$

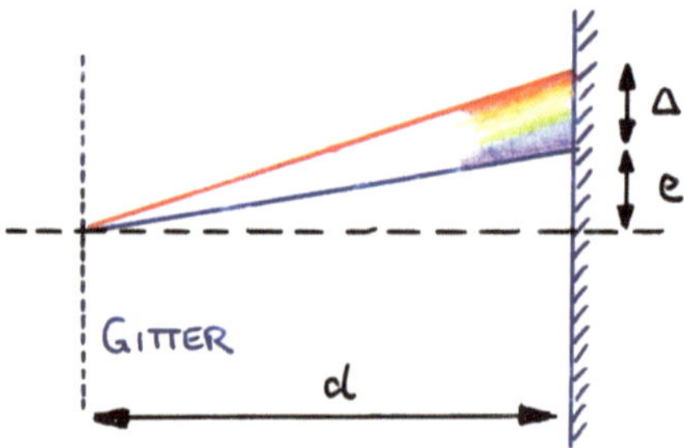

Abb. 5.41 Beim Beugungsgitter wird blaues Licht weniger stark abgelenkt als rotes

Unter dem Beobachtungswinkel α wird man also durch konstruktive Interferenz Helligkeit beobachten können. Auch ein ganzzahliges Vielfaches i der Wellenlänge λ würde zur konstruktiven Überlagerung führen, so dass wir schreiben können:

$$\sin\alpha_i = \frac{i\lambda}{g} \quad \text{mit} \quad i \in \mathbb{Z}$$

i wird **Beugungsordnung** genannt. Die Zusammenhänge der Beugung am Gitter sind in Wirklichkeit viel komplexer, insbesondere spielt bei der winkelabhängigen Verteilung der Strahlungsflussdichte die Breite der Gitteröffnung eine Rolle. Gitter werden in der Spektroskopie häufig benutzt, wobei das Auflösungsvermögen eine wichtige Rolle spielt. Hier spielt die Gesamtzahl N der ausgeleuchteten Gitteröffnungen eine entscheidende Rolle. Das **Auflösungsvermögen** A ist das Verhältnis aus der Wellenlänge und dem kleinsten auflösbaren Wellenlängenabstand $\Delta\lambda$, so dass gilt:

$$A = \frac{\lambda}{\Delta\lambda} = iN \tag{5.66}$$

Der kleinste auflösbare Wellenlängenabstand $\Delta\lambda$ ist also:

$$\Delta\lambda = \frac{\lambda}{iN}$$

Dabei ist i die Beugungsordnung, N die Gesamtzahl der ausgeleuchteten Spalte und λ die Wellenlänge des Lichtes.

Beispiel

Bei einem Vorlesungsversuch soll weißes Licht (Wellenlänge von $\lambda_\text{v} = 380\,\text{nm}$ bis $\lambda_\text{r} = 780\,\text{nm}$) mittels eines Beugungsgitters spektral zerlegt werden. Auf einer Leinwand soll in $d = 2\,\text{m}$ Entfernung violettes Licht im Abstand $e = 7{,}61\,\text{cm}$ von der Mittelachse (Abb. 5.41) beobachtet werden. Welche Gitterkonstante wird benötigt und welche Breite Δ hat das Spektrum?

Lösung: Für das violette Licht gilt in erster Ordnung:

$$\frac{\lambda_v}{g} = \sin \alpha_v$$

Aus der Zeichnung liest man $\tan \alpha_v = e/d$. Man erhält also:

$$\frac{e}{d} = \frac{\sin \alpha_v}{\cos \alpha_v} = \frac{\sin \alpha_v}{\sqrt{1 - \sin^2 \alpha_v}} = \frac{\lambda_v/g}{\sqrt{1 - (\lambda_v/g)^2}} = \frac{\lambda_v}{\sqrt{g^2 - \lambda_v^2}}$$

Bzw. nach g aufgelöst:

$$g = \sqrt{\left(\frac{\lambda_v d}{e}\right)^2 + \lambda_v^2} = \frac{\lambda_v}{e} \sqrt{d^2 + e^2} \quad \text{bzw.} \quad g = 10\,\mu\text{m}$$

Mit $\lambda_r/g = \sin \alpha_r$ und $(e + \Delta)/d = \tan \alpha_r$ folgt

$$\frac{e + \Delta}{d} = \frac{\lambda_r}{\sqrt{g^2 - \lambda_r^2}} \quad \text{und} \quad \Delta = \frac{d\lambda_r}{\sqrt{g^2 - \lambda_r^2}} - e \quad \text{bzw.} \quad \Delta = 8{,}04\,\text{cm}$$

Man beachte, dass die tatsächliche Verteilung der Strahlungsflussdichte auf dem Schirm etwas komplexer ist als dargestellt. Insbesondere bei einer geringen Zahl ausgeleuchteter Gitteröffnungen (Spalte) entstehen komplizierte Verteilungen mit nicht vernachlässigbaren Nebenmaxima und Nebenminima.

5.2.5   Licht kann auch einen Drehsinn haben

Bei der Behandlung der elektromagnetischen Wellen wurde angenommen, dass sowohl der Vektor der elektrischen als auch der magnetischen Feldstärke während der Ausbreitung seine Richtung beibehält. Wie schon in Abschn. 4.3.8 wollen wir eine Welle betrachten (Abb. 5.42), die sich in y-Richtung ausbreitet. Der Vektor $\vec{E}$ der elektrischen Feldstärke zeigt dabei immer in positive oder negative z-Richtung. Eine solche elektromagnetische Welle wird **linear polarisiert** genannt. Die durch die Ausbreitungsrichtung und den $\vec{E}$-Vektor aufgespannte Ebene wird **Schwingungsebene** genannt. Die durch die Ausbreitungsrichtung und den $\vec{H}$-Vektor aufgespannte und auf der Schwingungsebene senkrecht stehende Ebene ist die **Polarisationsebene**. Beim Licht ist diese Schwingungsform eher die Ausnahme und stellt einen Spezialfall dar. Da Licht aus einer Vielzahl von Photonen besteht, also einzelnen Wellenzügen, gibt es keine Vorzugsrichtung für den $\vec{E}$-Vektor. Die Richtungen der Feldstärke sind statistisch verteilt. Solches Licht wird unpolarisiert genannt. Man kann aber durch Anwendung eines **Polarisators** daraus linear

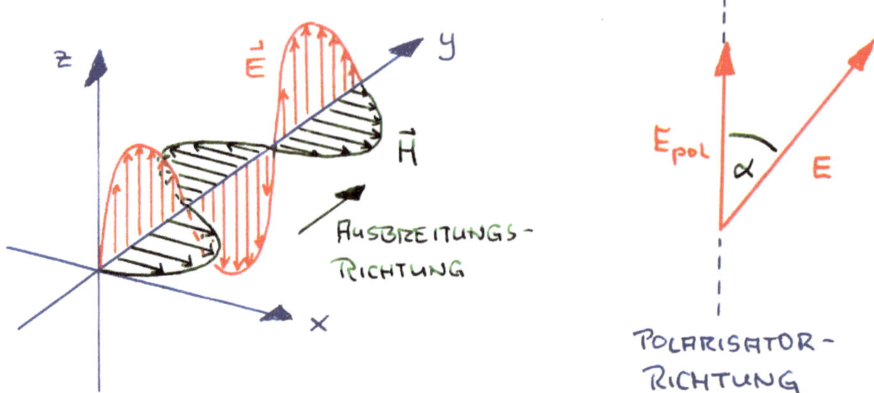

Abb. 5.42 Linear polarisierte elektromagnetische Welle

Abb. 5.43 Ein Polarisator lässt nur den Anteil der elektrischen Feldstärke durch, der in Richtung der Polarisatorachse zeigt

polarisiertes Licht herstellen. Hierbei wird der Anteil des elektrischen Feldstärkevektors $\vec{E}$ durchgelassen, der in Richtung der Polarisatorachse zeigt (Abb. 5.43):

$$E_{\mathrm{pol}} = E \cos\alpha$$

Da die Intensität der Lichtwelle proportional zum Quadrat der Feldstärke ist, erhält man daraus das **Gesetz von Malus**:

$$\boxed{\psi = \psi_0 \cos^2\alpha} \tag{5.67}$$

Steht die Polarisatorachse senkrecht zur Richtung der elektrischen Feldstärke, ist also $\alpha = 0°$, wird die Welle komplett ausgelöscht. Je nach Polarisatortyp wird der nicht durchgelassene Anteil des Lichts in Wärme verwandelt oder wird aus dem Strahlengang heraus in eine andere Richtung abgelenkt.

Neben der linearen Polarisation mit einer definierten Schwingungsebene des Feldstärkevektors gibt es noch weitere Spezialfälle. Wir nehmen hierzu an, wir hätten linear polarisiertes Licht mit einer Schwingungsebene, die im 45°-Winkel zur xy- und zur yz-Ebene steht und die y-Achse beinhaltet. Man könnte sich dann die Feldstärke vektoriell zerlegt denken in zwei Wellen, deren Schwingungsrichtung jeweils die xy- und yz-Ebene ist (Abb. 5.44a). Die Wellen schwingen dann natürlich ohne Phasenverschiebung. Es gibt nun spezielle Stoffe, bei denen aufgrund ihres kristallinen Aufbaus die Brechzahl und damit die Ausbreitungsgeschwindigkeit der Welle von der Richtung ihrer elektrischen Feldstärke abhängig ist. Aus diesen Kristallen kann man nun sogenannte $\lambda/4$-Plättchen herstellen, die eine der Feldstärkerichtungen gegen die andere um eine Viertelwellenlänge bzw. 90° verzögern (Abb. 5.44b). Addiert man nun die beiden Komponenten des

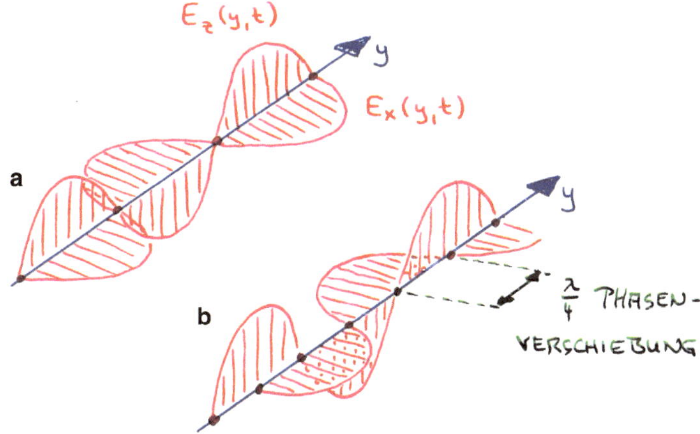

Abb. 5.44 Eine linear polarisierte Welle, deren Vektor der elektrischen Feldstärke in einer Ebene schwingt, die im 45°-Winkel zur xy- und zur yz-Ebene steht, kann man sich aus zwei wiederum linear polarisierten Wellen zusammengesetzt denken, die in der xy- und in der yz-Ebene schwingen (**a**). Beide Wellen schwingen phasengleich. Durch ein $\lambda/4$-Blättchen kann man erreichen, dass eine der beiden Wellen gegen die andere um 90° phasenverschoben wird (**b**). Addiert man jetzt die beiden Feldstärkevektoren, ändert sich je nach Position die Richtung des Feldstärkevektors. Er rotiert um die Ausbreitungsrichtung (y-Achse)

Feldstärkevektors wieder, stellt man fest, dass der resultierende $\vec{E}$-Vektor keine konstante Richtung mehr besitzt. Er rotiert vielmehr um die Ausbreitungsrichtung. Die Spitze des Vektors beschreibt dabei eine Spiralbahn. Solches Licht wird **zirkular polarisiertes Licht** genannt.

Rotiert das Licht dabei wie in Abb. 5.45 gezeigt, im Uhrzeigersinn, nennt man das Licht **rechtszirkular polarisiert**. Rotiert es gegen den Uhrzeigersinn, ist es **linkszirkular polarisiert**. Der Drehsinn wird durch das Vorzeichen der Phasenverschiebung bestimmt. Der betrachtete Fall ist allerdings auch noch speziell. Die Dicke des $\lambda/4$-Plättchens muss in diesem Fall exakt auf die Wellenlänge abgestimmt sein. Ist sie das nicht, nimmt die Phasenverschiebung zwischen den Teilwellen einen anderen Wert als 90° an, was dazu führt, dass der resultierende Feldstärkevektor während seiner Ausbreitung nicht mehr auf einer Kreisbahn, sondern einer Ellipse umläuft. Dieses Licht wird dann **elliptisch polarisiert** genannt. Auch hier kann – abhängig vom Vorzeichen der Phasenverschiebung – wieder zwischen **rechts- und linkselliptischer Polarisation** unterschieden werden.

5.3 Aufgaben (* = leicht; ** = mittel; *** = schwer)

1. * Ein Lichtstrahl wird wie in Abb. 5.46 skizziert an drei verspiegelten Flächen, die zueinander die Winkel 80° bzw. 120° einschließen, reflektiert. Angenommen, der Strahl fällt unter dem Einfallswinkel $\alpha = 30°$ auf die erste Fläche. Unter welchem Winkel β verlässt der Strahl die letzte Oberfläche?

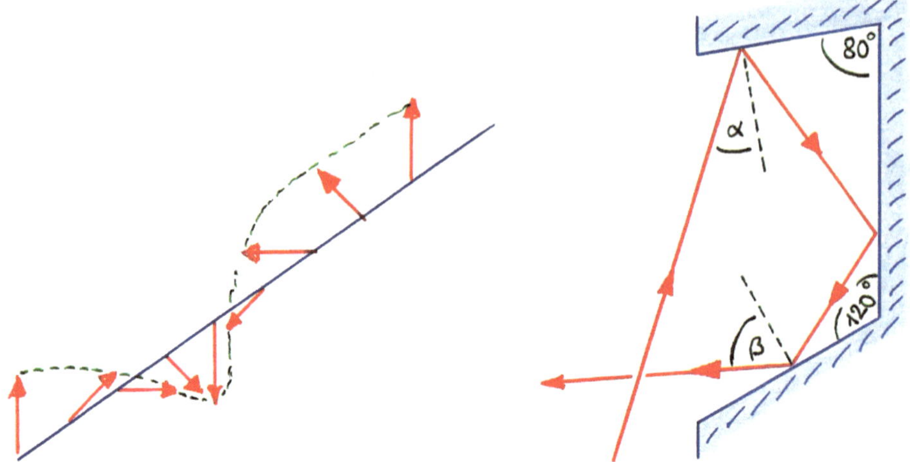

Abb. 5.45 Beim rechtszirkular polarisierten Licht rotiert die Spitze des Feldstärkevektors auf einer Spiralbahn um die Ausbreitungsrichtung

Abb. 5.46 Ein Lichtstrahl wird an drei verspiegelten Flächen reflektiert

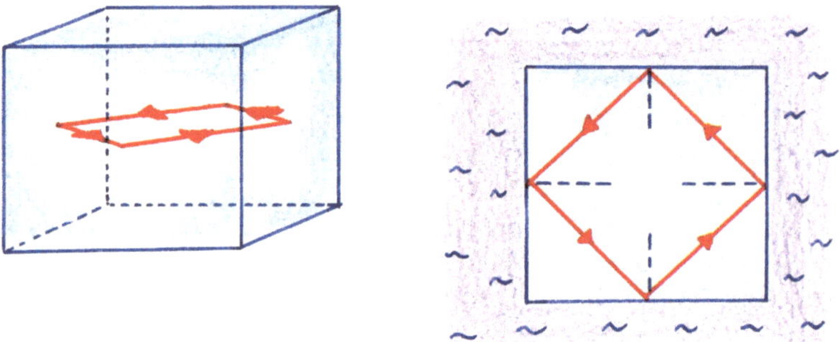

Abb. 5.47 In einem von einer Flüssigkeit umgebenen Glaswürfel soll sich ein Lichtstrahl durch Totalreflexion ausbreiten

2. * Ein Glaswürfel (Brechzahl $n_g = 1{,}9$) mit quadratischem Querschnitt und polierten Seitenflächen ist allseitig von einer Flüssigkeit (Brechzahl n_f) umgeben (Abb. 5.47). In ihm soll sich wie skizziert ein Lichtstrahl durch Totalreflexion auf den Seitenflächen im Kreis herum ausbreiten. Welche Brechzahl dürfte die umgebende Flüssigkeit höchstens haben, damit der Strahl nicht austritt?

3. * Gegeben sind zwei Glasplatten (Brechzahlen $n_1 = 1{,}5$ und $n_2 = 1{,}7647$) mit den Keilwinkeln $\alpha = 15°$ und γ. Die Platten sind in der skizzierten Weise (Abb. 5.48) so angeordnet, dass die Außenflächen zueinander parallel sind. Wie muss γ näherungsweise gewählt werden, damit ein von links senkrecht zu den parallelen Flächen

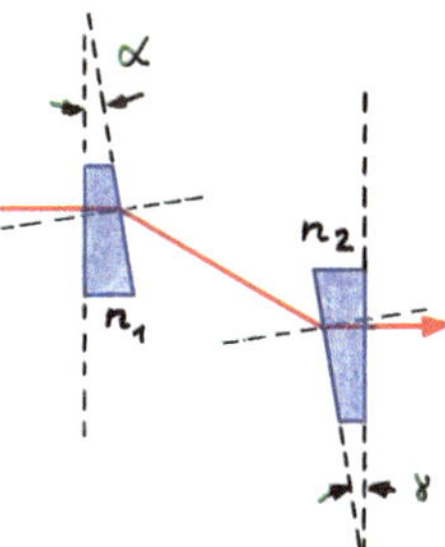

Abb. 5.48 Ein durch beide Glasplatten verlaufender Strahl soll parallel versetzt werden, aber keine Winkelablenkung erfahren

eintretender Lichtstrahl nur parallel versetzt, aber nicht aus seiner Richtung abgelenkt wird?

4. * Gegeben ist die in Abb. 5.49 gezeichnete Linsenkombination bestehend aus einer dünnen Sammel- und einer dünnen Zerstreuungslinse. Konstruieren Sie das Bild des eingezeichneten Pfeils!

5. * Gegeben ist die in Abb. 5.50 gezeichnete Kombination bestehend aus einer dünnen Sammellinse (Brennpunkte F_1 und F_1') und einem daran anschließenden Bereich mit einem Dielektrikum, das von einer konkaven, sphärischen Oberfläche begrenzt wird (gegenstandsseitiger Brennpunkt F_2, bildseitiger Brennpunkt F_2'). Konstruieren Sie das Bild des Pfeils!

6. * Mit einem Michelson-Interferometer soll der Längenausdehnungskoeffizient α eines Stabs der Länge $l = 45\,\text{cm}$ gefertigt aus einer speziellen Stahllegierung bestimmt werden. Dazu wird ein Laserstrahl der Wellenlänge $\lambda = 632{,}8\,\text{nm}$ mittels halbdurchlässigem Spiegel R50 in zwei senkrecht zueinander verlaufende Strahlen zer-

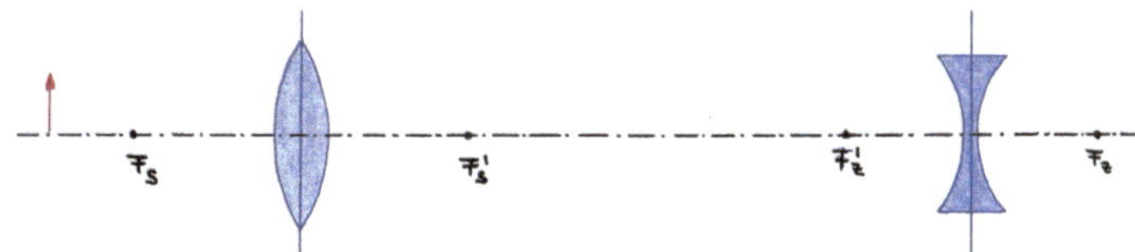

Abb. 5.49 Bildkonstruktion bei einer Kombination zweier dünner Linsen

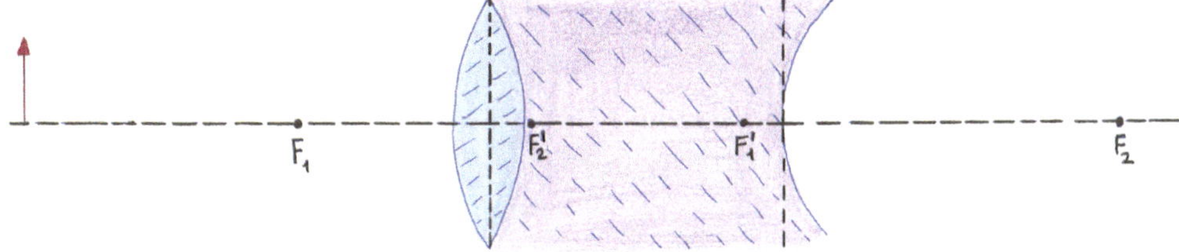

Abb. 5.50 Ein Pfeil wird durch eine dünne Sammellinse und einen anschließenden Bereich mit einem Dielektrikum, das von einer konkaven, sphärischen Oberfläche begrenzt wird, abgebildet

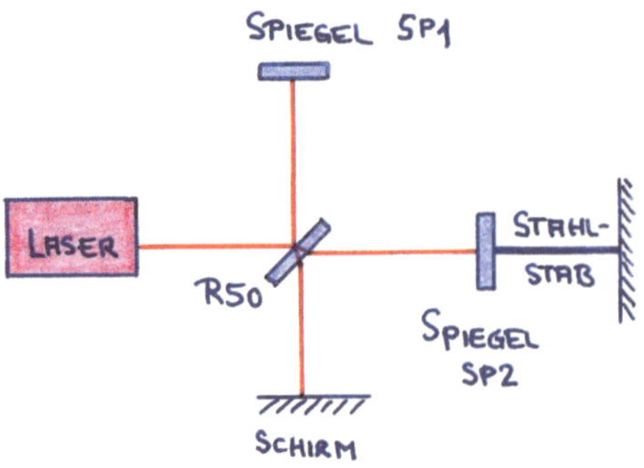

Abb. 5.51 Michelson-Interferometer

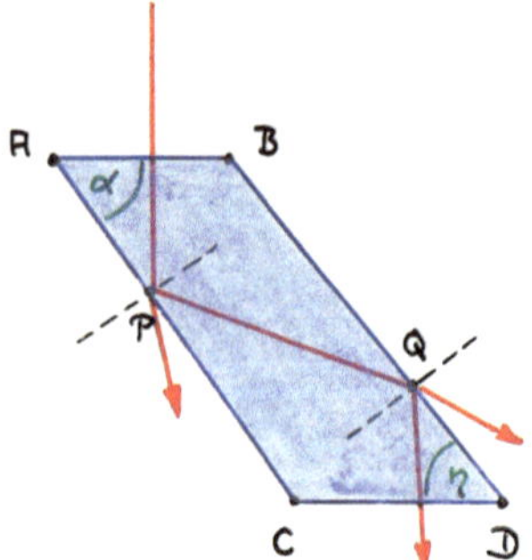

Abb. 5.52 Je nach Wellenlänge treten Strahlen bei Wahl bestimmter Winkel bei P oder Q aus

legt (Abb. 5.51). Der eine Strahl wird an einem feststehenden Spiegel SP1 reflektiert. Der andere Strahl wird an einem Spiegel SP2 reflektiert, der am Stahlstab befestigt ist. Durch den Spiegel R50 gelangen die beiden Strahlen auf einen Schirm und interferieren miteinander. Im Anfangszustand ist der Stab auf Raumtemperatur und auf dem Schirm wird Helligkeit beobachtet. Wird der Stab langsam erwärmt, dehnt er sich aus und verkürzt die Laufzeit des auf dem Spiegel SP2 reflektierten Laserstrahls und es kommt auf dem Schirm im Wechsel zu destruktiver und konstruktiver Interferenz. Wie groß ist der Längenausdehnungskoeffizient, wenn bei Erwärmung des Stabes um $\Delta T = 20\,\text{K}$ auf dem Schirm 327 Hell-Dunkel-Übergänge beobachtet werden?

7. ** Gegeben ist der in Abb. 5.52 skizzierte Körper aus der Glassorte SF6. Diese hat die Brechzahlen:

$$n_C = 1{,}79609 \quad \text{für} \quad \lambda = 656{,}3\,\text{nm, rotes Licht}$$
$$n_C = 1{,}81265 \quad \text{für} \quad \lambda = 546{,}1\,\text{nm, grünes Licht}$$
$$n_C = 1{,}84707 \quad \text{für} \quad \lambda = 435{,}8\,\text{nm, blaues Licht}$$

Die durch AB und DC dargestellten Flächen sind zueinander parallel. Ein Lichtstrahl, der aus Licht der oben genannten Wellenlängen besteht, trifft senkrecht auf die Fläche AB.

a) In welchem Bereich müsste der Winkel α liegen, damit am Punkt P nur der rote Strahl austritt?

b) Es wird nun $\alpha = 33{,}66°$ angenommen. In welchem Bereich müsste der Winkel η liegen, damit unten nur noch blaues Licht austritt?

8. ** Ein horizontal verlaufender Lichtstrahl falle auf die in Abb. 5.53 skizzierte, plan-parallele, schräg stehende ($\alpha = 45°$) Glasscheibe. Angenommen, auf der rechten Seite der Scheibe befinde sich Luft. Am Punkt A tritt der Strahl dann horizontal aus und trifft eine Mauer im Punkt P (Abstand $e = \overline{AP} = 1{,}00\,\text{m}$). Wird der Raum (wie skizziert) mit einer Flüssigkeit ausgefüllt, trifft der bei A austretende Strahl die Mauer im Punkt

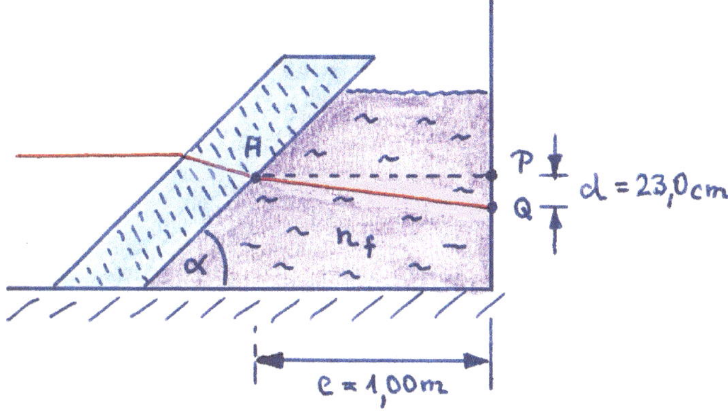

Abb. 5.53 Aus der Strahlablenkung in dieser Anordnung soll die Brechzahl der Flüssigkeit *rechts* bestimmt werden

Abb. 5.54 Linsenkombination aus eng benachbarter Sammel- und Zerstreuungslinse

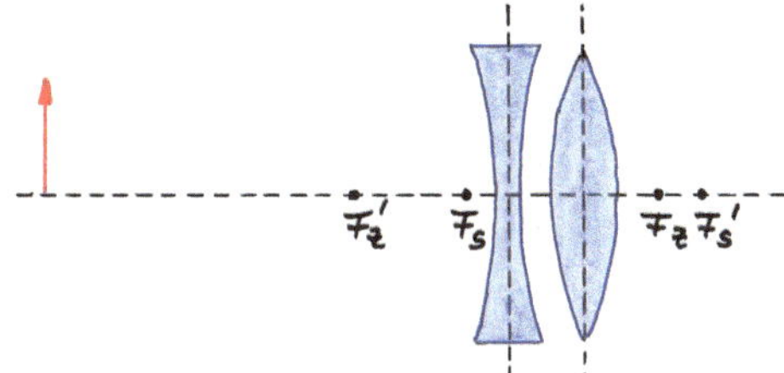

Q. Der Abstand d der Punkte P und Q sei 23,0 cm. Wie groß ist die Brechzahl n_f der Flüssigkeit?

9. ** Gegeben ist die in der Abb. 5.54 gezeichnete Linsenkombination bestehend aus einer dünnen Zerstreuungs- und einer dünnen Sammellinse mit den Brennweiten $f_Z = -4\,cm$ und $f_S = 3\,cm$ und dem Abstand $d = 2\,cm$. Ein Gegenstand befindet sich $g_Z = 12\,cm$ vor der Zerstreuungslinse. Wo liegt das Bild, das von der Kombination entworfen wird? Konstruieren Sie den Strahlengang im Orginalmaßstab (Querformat DIN A4)!

10. ** Eine achromatische Linsenkombination besteht wie in Abb. 5.55 skizziert aus einer Sammellinse (Brechzahl $n_1 = 1{,}51$) und einer Zerstreuungslinse (Brechzahl $n_2 = 1{,}8$) in vernachlässigbarem Abstand und mit den in der Abbildung angegebenen Krümmungsradien der Oberflächen. Wie groß müsste der Radius r_2 gewählt werden, damit ein im Abstand $g = 15\,cm$ vor der Linsenkombination befindlicher Gegenstand ins Unendliche abgebildet wird?

11. ** Eine dicke Linse hat auf der Eintrittsseite den Krümmungsradius $r_1 = +8\,cm$ und die Scheiteldicke von $d = 0{,}9\,cm$. Sie besteht aus einem Material mit Brechungsindex $n = 1{,}61279$ und befindet sich in Luft.

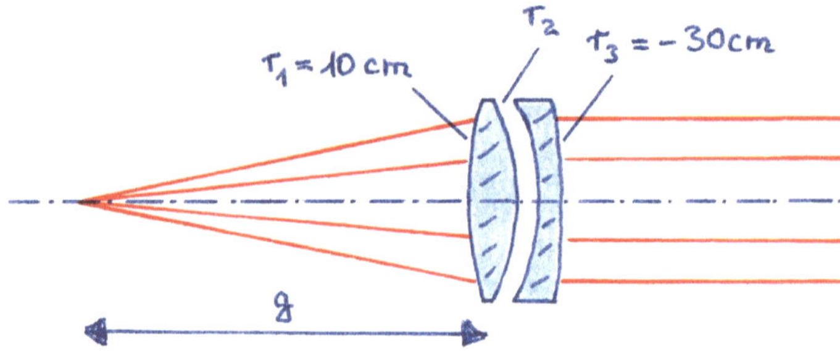

Abb. 5.55 Mit einer achromatischen Linsenkombination soll ein Gegenstand ins Unendliche abgebildet werden

a) Wie groß muss der Krümmungsradius r_2 auf der Austrittsseite gewählt werden, damit die Linse die Brennweite $f = +5{,}735\,\mathrm{cm}$ bekommt?

b) Berechnen Sie die Lage der Hauptebenen!

c) Wo liegt das Bild eines $g = 15\,\mathrm{cm}$ vor dem Scheitel der Eintrittsfläche gelegenen Gegenstandes bezogen auf den Scheitel der Austrittsfläche?

12.** Bei einem Beugungsgitter erscheint das Licht einer bestimmten Wellenlänge λ in erster Ordnung unter einem Winkel α. Taucht man die Anordnung in Wasser (Brechzahl $n = 1{,}333$), ändert sich der Winkel um $\Delta\alpha = 5°$ auf den Wert $\alpha_w = \alpha - \Delta\alpha$. Wie groß sind die Winkel α und α_w?

13.** Bei einem Beugungsgitter erscheint eine Wellenlänge $\lambda = 656\,\mathrm{nm}$ in erster Ordnung unter einem Winkel α. Eine um $\Delta\lambda = 31\,\mathrm{nm}$ erhöhte Wellenlänge erscheint – ebenfalls in erster Ordnung – unter einem um $\Delta\alpha = 0{,}178°$ erhöhten Winkel. Wie groß ist die Gitterkonstante g? Wie groß ist der Winkel α?

14.** Weißes Licht wird mit einem Beugungsgitter in seine spektralen Komponenten aufgespalten (Abb. 5.56). Licht der Wellenlänge $\lambda_g = 555\,\mathrm{nm}$ wird um den Winkel $\alpha_g = 10°$ abgelenkt. Wie groß ist der Abstand e zwischen dem blauen ($\lambda_b = 380\,\mathrm{nm}$) und dem roten ($\lambda_r = 780\,\mathrm{nm}$) Ende des Spektrums auf einem $a = 151{,}6\,\mathrm{cm}$ entfernten Schirm?

15.*** Das Auge eines Beobachters P ist $e = 48{,}9\,\mathrm{cm}$ von der $d = 2\,\mathrm{cm}$ dicken Scheibe (Brechzahl $n = 1{,}5$) eines kreisrunden (Radius r) Fensters eines Meeresaquariums (Brechzahl des Meerwassers: $n_\mathrm{W} = 1{,}3393$) entfernt (Abb. 5.57). Der Beobachter kann innerhalb des Aquariums nur einen geraden Kreiskegelstumpf mit dem Spitzenwinkel η einsehen. Der spitze Winkel α des entsprechenden Kreiskegels in Luft ist $45°$. Wie groß ist η? Wie groß ist der exakte innere Radius r des Fensters?

16.*** Ein Gegenstand befindet sich $g_1 = 16\,\mathrm{cm}$ vor einer Zerstreuungslinse mit der Brennweite $f_Z = -8\,\mathrm{cm}$. Wie in Abb. 5.58 skizziert, entsteht dabei ein virtuelles Bild links von der Linse. Es soll nun durch eine Sammellinse der Brennweite f_S ein reelles Bild auf einer Leinwand erzeugt werden, das dreimal so groß ist wie der ursprüngliche Gegenstand. Der Abstand der Leinwand von der Zerstreuungslinse ist $d = 320\,\mathrm{cm}$.

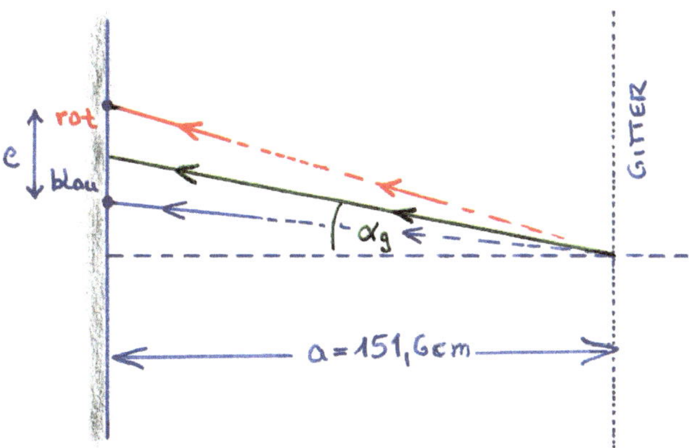

Abb. 5.56 Aufspaltung von weißem Licht durch ein Beugungsgitter

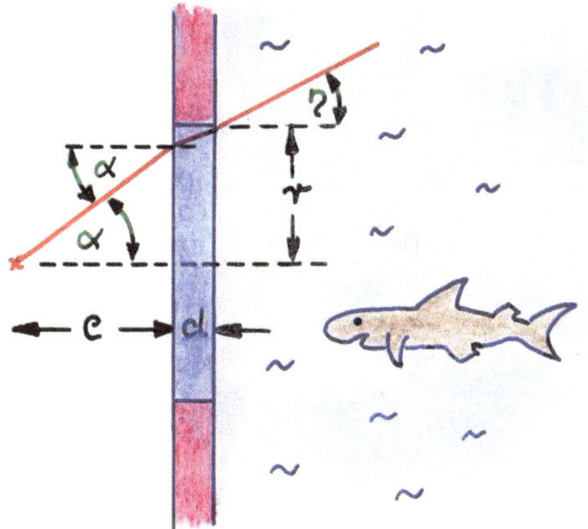

Abb. 5.57 Betrachtungswinkel in einem Meeresaquarium

Wie groß muss die Brennweite f_S sein und in welchem Abstand e von der Zerstreuungslinse muss die Linse eingesetzt werden?

17. *** Wiederholen Sie die Aufgabe 3 mit exakter Rechnung, also ohne die Näherung kleiner Winkel!

18. *** Gegeben sei das in Abb. 5.59 gezeichnete Linsensystem bestehend aus einer **dicken** Zerstreuungslinse und einer **dicken** Sammellinse mit Parametern:
Zerstreuungslinse: $r_1 = -5$ cm; $r_2 = +6$ cm; $d_1 = 0{,}8$ cm; Brechzahl: $n_1 = 1{,}61016$
Sammellinse: $r_1 = +4{,}5$ cm; $r_2 = -8$ cm; $d_1 = 1{,}6$ cm; Brechzahl: $n_1 = 1{,}51625$
Scheitelabstand der Linsen: $e = 9{,}34$ cm
Abstand vom Gegenstand zum Scheitel der Sammellinse: $c_1 = 2{,}78$ cm
a) Wie groß ist die Brennweite der Zerstreuungslinse f_1?
b) Wie groß ist die Brennweite der Sammellinse f_2?
c) Berechnen Sie die Lage der Hauptebenen h_{11} und h_{12} der Zerstreuungslinse und zeichnen Sie diese in die Zeichnung ein!
d) Berechnen Sie die Lage der Hauptebenen h_{21} und h_{22} der Sammellinse und zeichnen Sie diese in die Zeichnung ein!

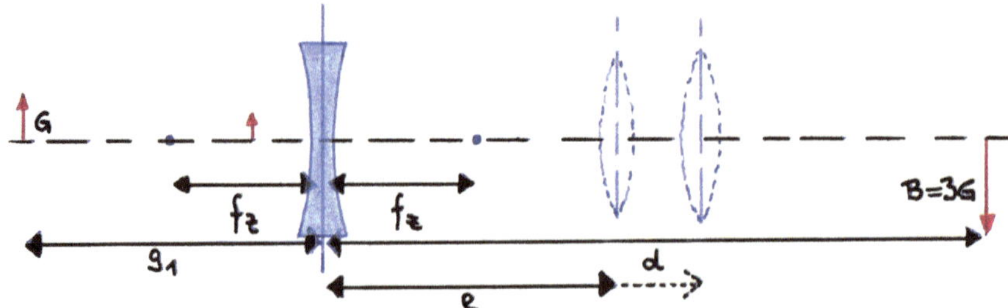

Abb. 5.58 Positionierung einer Sammellinse in einer Linsenkombination. Die Abbildung ist nicht maßstäblich

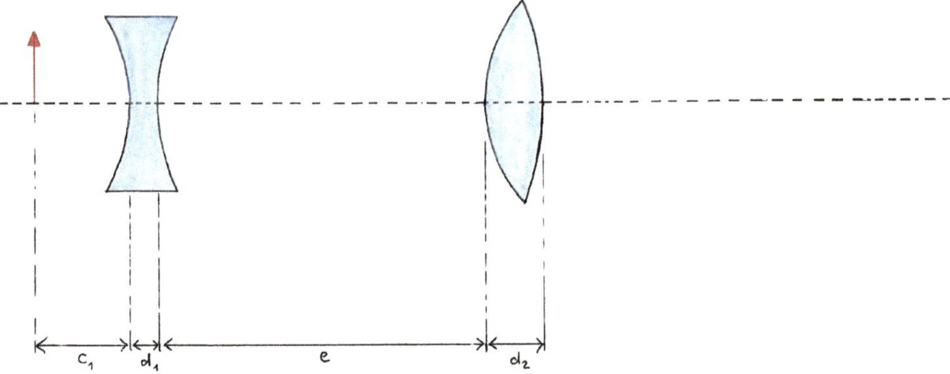

Abb. 5.59 Abbildung durch ein System zweier dicker Linsen

e) Tragen Sie die durch die beiden in a) und b) berechneten Brennweiten festgelegten Brennpunkte in die Zeichnung ein!

f) Der auf der Zeichnung dargestellte Pfeil der Größe $G = 2\,\text{cm}$ werde durch das System abgebildet. Berechnen Sie die Bildweiten der Zerstreuungslinse b_1 und der Sammellinse b_2 **bezogen auf die Hauptebenen**!

g) **Berechnen** Sie die Gesamtvergrößerung v und die Bildgröße B für den Pfeil!

h) **Konstruieren** Sie das Bild des Pfeils auf dem Extrablatt!

6.1 Lösungen zu den Aufgaben Abschn. 1.1 (Kinematik)

1. a)
$$v = \sqrt{2hg} = 20{,}82\,\frac{\text{m}}{\text{s}} = 75{,}0\,\frac{\text{km}}{\text{h}}$$

   b)
$$t_{\text{A}} = \sqrt{\frac{2h}{g}} + \frac{s}{c} = 2{,}18\,\text{s}$$

   Der zweite Summand entspricht der Laufzeit des Schalls.

2. a) Für das erste Auto gilt:
$$s_1\,(t) = \frac{1}{2}at^2$$

   und für das zweite:
$$s_2\,(t) = v_2 t$$

   Durch Gleichsetzen erhalten wir die gesuchte Zeit:
$$\frac{1}{2}at^2 = v_2 t \quad t = \frac{2v_2}{a} = 14{,}4\,\text{s}$$

   b)
$$s_1\,(t) = \frac{1}{2}at^2 = 480\,\text{m}$$

   c)
$$v_2\,(t) = at = 66{,}6\,\frac{\text{m}}{\text{s}} = 240\,\text{km/h}$$

3.
$$s_{\text{W}} = \frac{v_0^2}{g}\sin\,(2\alpha) = 63{,}7\,\text{m}$$

© Springer Fachmedien Wiesbaden GmbH, ein Teil von Springer Nature 2018
R. Dohlus, *Physik*, https://doi.org/10.1007/978-3-658-22779-1_6

4. Ist t_P der Zeitpunkt, bei dem der Wagen und die Kugel am Punkt P zusammentreffen, dann gilt $d = v_0 t_P$. Für die Falldauer Δt_F gilt:

$$h = \frac{1}{2} g \Delta t_F^2, \quad \text{also} \quad \Delta t_F = \sqrt{\frac{2h}{g}}, \quad \text{also} \quad t_K = t_P - \Delta t_F = \frac{d}{v_0} - \sqrt{\frac{2h}{g}} = 1{,}548 \,\text{s}.$$

5. a) Der Zug kommt nach $t_Z = \frac{s_Z}{v_Z}$ an; fürs Auto gilt

$$s_A = \frac{1}{2} a t_Z^2 \quad \text{und damit} \quad a = \frac{2 s_A v_Z^2}{s_Z^2} = 4 \,\frac{\text{m}}{\text{s}^2}.$$

  b)

$$v_A = a t_Z = a \frac{s_Z}{v_Z} = 30 \,\frac{\text{m}}{\text{s}} = 108 \,\frac{\text{km}}{\text{h}}$$

6. a) Erstes Schiff startet zur Zeit $t = 0$ bei $\vec{s}_{01}$, zweites Schiff zur Zeit $t = t_0$ bei $\vec{s}_{02}$:

$$\vec{s}_1(t) = \vec{v}_1 t + \vec{s}_{01} = \begin{pmatrix} 20 \,\frac{\text{km}}{\text{h}} \\ 10 \,\frac{\text{km}}{\text{h}} \end{pmatrix} \cdot t + \begin{pmatrix} 0 \,\text{km} \\ 40 \,\text{km} \end{pmatrix},$$

$$\vec{s}_2(t) = \vec{v}_2(t - t_0) + \vec{s}_{02} = \begin{pmatrix} 10 \,\frac{\text{km}}{\text{h}} \\ 30 \,\frac{\text{km}}{\text{h}} \end{pmatrix} \cdot (t - t_0) + \begin{pmatrix} 120 \,\text{km} \\ 0 \,\text{km} \end{pmatrix}.$$

Es gilt $\vec{s}_1 = \vec{s}_2$, die x- und y-Koordinaten ergeben zwei Gleichungen. Man eliminiert t und erhält $t_0 = 4\,\text{h}$.

  b) Die Gleichungen liefern weiterhin $t = 8\,\text{h}$ für den Zeitpunkt des Zusammentreffens. In $\vec{s}_1(t)$ oder $\vec{s}_2(t)$ eingesetzt, erhält man die Koordinaten des Treffpunktes P(160 km; 120 km).

7. Strömungsgeschwindigkeit des Flusses:

$$\vec{v}_F = \begin{pmatrix} v_F \\ 0 \end{pmatrix};$$

Geschwindigkeit der Fähre bezüglich Ufer ist

$$\vec{v}_{\text{Soll}} = \begin{pmatrix} -\dfrac{\sqrt{a^2 + b^2}}{t} \sin \alpha \\ +\dfrac{\sqrt{a^2 + b^2}}{t} \cos \alpha \end{pmatrix} \quad \text{mit } t = 610 \,\text{s}.$$

Ist die Geschwindigkeit der Fähre bzgl. Wasser $\vec{v}_W$, gilt $\vec{v}_{Soll} = \vec{v}_W + \vec{v}_F$ und damit:

$$\vec{v}_W = \begin{pmatrix} -\frac{\sqrt{a^2+b^2}}{t} \cdot \frac{b}{\sqrt{a^2+b^2}} \\ +\frac{\sqrt{a^2+b^2}}{t} \cdot \frac{a}{\sqrt{a^2+b^2}} \end{pmatrix} - \begin{pmatrix} v_F \\ 0 \end{pmatrix} = \begin{pmatrix} -\frac{b}{t} \\ +\frac{a}{t} \end{pmatrix} - \begin{pmatrix} v_F \\ 0 \end{pmatrix} \quad \text{bzw.}$$

$$\vec{v}_W = \begin{pmatrix} -0{,}631 \, \frac{m}{s} \\ +0{,}492 \, \frac{m}{s} \end{pmatrix} .$$

8. Position der Kugel 1:

$$s_1(t) = \frac{g}{2} t^2 \, ;$$

Position der Kugel 2:

$$s_2(t) = \frac{g}{2} (t - \Delta t)^2 \quad \text{mit } t \geq \Delta t \, .$$

Der Abstand der Kugeln ist:

$$\Delta s = s_1(t) - s_2(t) = \frac{g}{2} t^2 - \frac{g}{2} (t - \Delta t)^2 = g t \, \Delta t - \frac{g}{2} \Delta t^2 \, .$$

Es folgt:

$$t = \frac{\Delta s}{g \, \Delta t} + \frac{\Delta t}{2} = 3 \, \text{s} \, .$$

9. Position der ersten Masse:

$$s_1(t) = -\frac{g}{2} t^2 + v_0 t \, ;$$

Position der zweiten Masse:

$$s_2(t) = -\frac{g}{2} (t - \Delta t)^2 + v_0 (t - \Delta t) \, .$$

Es ist $s_1(t_K) = s_2(t_K)$, also:

$$-\frac{1}{2} g t_K^2 + v_0 t_K = -\frac{g}{2} (t_K - \Delta t)^2 + v_0 (t_K - \Delta t) \, .$$

Es folgt:

$$t_K = \frac{1}{2} \Delta t + \frac{v_0}{g} \, .$$

Damit erhält man die Stoßhöhe:

$$h = s_1(t_K) = -\frac{g}{2} \left(\frac{1}{2} \Delta t + \frac{v_0}{g} \right)^2 + v_0 \left(\frac{1}{2} \Delta t + \frac{v_0}{g} \right) = -\frac{1}{8} g \, \Delta t^2 + \frac{v_0^2}{2g} \, .$$

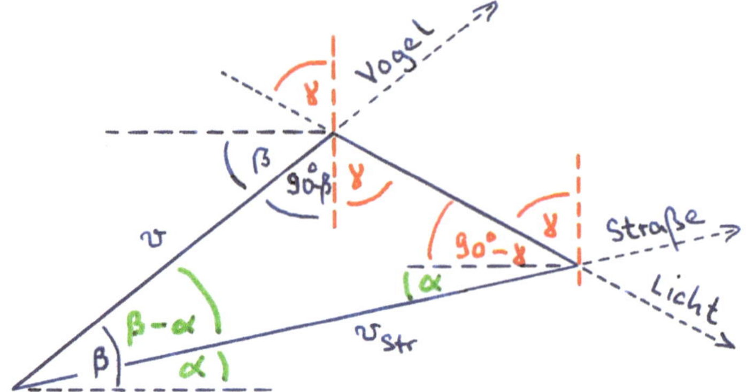

Abb. 6.1 Die Lösung erfolgt über den Sinussatz

10. Mit dem Sinussatz

$$\frac{a}{\sin\alpha} = \frac{b}{\sin\beta} = \frac{c}{\sin\gamma}$$

gilt nach Abb. 6.1 für die Geschwindigkeit des Schattens auf der Straße:

$$\frac{v_{Str}}{\sin(90° - \beta + \gamma)} = \frac{v}{\sin(90° - \gamma + \alpha)}$$

oder

$$v_{Str} = v\,\frac{\sin(90° - \beta + \gamma)}{\sin(90° - \gamma + \alpha)}$$

bzw.

$$v_{Str} = 7{,}0\,\frac{m}{s}$$

11. Für die fallende Kugel gilt:

$$s_1(t) = -\frac{g}{2}t^2 + s_{01} \quad \text{und} \quad v_1(t) = -gt\,.$$

Für die hochgeworfene Kugel gilt:

$$s_2(t) = -\frac{g}{2}t^2 + v_{02}t \quad \text{und} \quad v_2(t) = -gt + v_{02}\,.$$

Zum Stoßzeitpunkt t_S ist $v_2(t_S) = 0$, also $t_S = \frac{v_{02}}{g}$. Zum Stoßzeitpunkt ist $s_1(t_S) = s_2(t_S)$:

$$-\frac{g}{2}\left(\frac{v_{02}}{g}\right)^2 + s_{01} = -\frac{g}{2}\left(\frac{v_{02}}{g}\right)^2 + v_{02}\left(\frac{v_{02}}{g}\right)\,.$$

Man erhält:

$$v_{02} = \sqrt{s_{01}g} = 9{,}90\,\frac{m}{s}\,; \quad \text{damit:} \quad v_{S1} = v_1(t_S) = -gt_S = -v_{02} = -9{,}90\,\frac{m}{s}\,.$$

Der Stoßzeitpunkt ist

$$t_S = \frac{\sqrt{s_{01}g}}{g} = 1{,}01\,\text{s}\,.$$

Die Höhe des Stoßes ist

$$s_S = s_1\,(t_S) = -\frac{g}{2}\frac{s_{01}g}{g^2} + s_{01} = \frac{s_{01}}{2} = 5\,\text{m}\,.$$

12. Der Pfeil wird im Ursprung abgeschossen, der Hase sitzt auf der x-Achse. Der Wind weht in y-Richtung. Die Bahnkurve des Pfeils ist dann:

$$\vec{s}\,(t) = \begin{pmatrix} 0 \\ 0 \\ -\frac{1}{2}gt^2 \end{pmatrix} + \begin{pmatrix} v_{0x}t \\ \left(v_{0y} + v_W\right)t \\ v_{0z}t \end{pmatrix}\,.$$

Der Pfeil ist zur Zeit t_Z im Ziel:

$$\vec{s}_Z = \begin{pmatrix} s_{Z_x} \\ 0 \\ 0 \end{pmatrix} \quad \text{mit} \quad s_{Z_x} = 45\,\text{m}\,.$$

Es folgen die Gleichungen:

$$s_{Z_x} = v_{0x}t_Z\,, \qquad\qquad 0 = \left(v_{0y} + v_W\right)t_Z\,,$$
$$0 = -\frac{1}{2}gt_Z^2 + v_{0z}t_Z\,, \qquad\qquad v_0 = \sqrt{v_{0x}^2 + v_{0y}^2 + v_{0z}^2}\,.$$

Es folgt:

$$v_{0y} = -v_W = -50\,\frac{\text{km}}{\text{h}} = -13{,}89\,\text{m/s}\,.$$

Mit $t_Z = s_{Z_x}/v_{0x}$ folgt:

$$0 = -\frac{1}{2}g\left(\frac{s_{Z_x}}{v_{0x}}\right)^2 + v_{0z}\left(\frac{s_{Z_x}}{v_{0x}}\right) \quad \text{und} \quad v_{0z} = \frac{g\,s_{Z_x}}{2v_{0x}}\,.$$

In die vierte Gleichung eingesetzt, erhält man:

$$v_0^2 = v_{0x}^2 + v_W^2 + \left(\frac{g\,s_{Z_x}}{2v_{0x}}\right)^2 \quad \text{bzw.} \quad v_{0x}^4 + \left(v_W^2 - v_0^2\right)v_{0x}^2 + \left(\frac{g\,s_{Z_x}}{2}\right)^2 = 0\,.$$

Die Lösung erfolgt durch Substitution $\delta = v_{0x}^2$:

$$\delta^2 + \left(v_{\mathrm{W}}^2 - v_0^2\right)\delta + \left(\frac{g s_{Z_x}}{2}\right)^2 = 0\,,$$

$$\delta_{1/2} = \frac{v_0^2 - v_{\mathrm{W}}^2 \pm \sqrt{\left(v_{\mathrm{W}}^2 - v_0^2\right)^2 - g^2 s_{Z_x}^2}}{2}\,,$$

$$\delta_1 = 861{,}7\,\frac{\mathrm{m}^2}{\mathrm{s}^2}\,, \qquad \delta_2 = 56{,}54\,\frac{\mathrm{m}^2}{\mathrm{s}^2}\,.$$

Durch Rücksubstitution $v_{0x} = \pm\sqrt{\delta}$ erhalten wir:

$$v_{0x1} = \pm 29{,}35\,\mathrm{m/s} \quad \text{und} \quad v_{0x2} = \pm 7{,}52\,\mathrm{m/s}\,.$$

Für v_{0z} folgt mit den beiden sinnvollen positiven Lösungen

$$v_{0z1} = 7{,}52\,\mathrm{m/s} \quad \text{und} \quad v_{0z2} = 29{,}35\,\mathrm{m/s}\,.$$

Zusammenfassend erhalten wir:

$$\vec{v}_{01} = \begin{pmatrix} 29{,}35\,\frac{\mathrm{m}}{\mathrm{s}} \\ -13{,}89\,\frac{\mathrm{m}}{\mathrm{s}} \\ 7{,}52\,\frac{\mathrm{m}}{\mathrm{s}} \end{pmatrix} \quad \text{(Flachschuss)}$$

$$\text{und} \quad \vec{v}_{02} = \begin{pmatrix} 7{,}52\,\frac{\mathrm{m}}{\mathrm{s}} \\ -13{,}89\,\frac{\mathrm{m}}{\mathrm{s}} \\ 29{,}35\,\frac{\mathrm{m}}{\mathrm{s}} \end{pmatrix} \quad \text{(Steilschuss)}\,.$$

6.2 Lösungen zu den Aufgaben Abschn. 1.2 bis 1.3 (Kräfte, Energie, Impuls)

1. Es gilt für die x- und y-Komponente (Abb. 6.2):

$$F_1 \cos\alpha = F_2 \cos\beta \quad \text{und} \quad F_2 \sin\beta + F_1 \sin\alpha = mg\,.$$

Unbekannt sind F_1 und F_2, man erhält durch Auflösen und Einsetzen:

$$F_1 = mg\,\frac{\cos\beta}{\sin(\alpha+\beta)} \quad \text{bzw.} \quad F_1 = 13{,}9\,\mathrm{N}\,,$$

$$F_2 = mg\,\frac{\cos\alpha}{\sin(\alpha+\beta)} \quad \text{bzw.} \quad F_2 = 16{,}3\,\mathrm{N}\,.$$

Abb. 6.2 Kompensation der Gewichtskraft mg anteilig durch vertikale Komponenten von F_1 und F_2

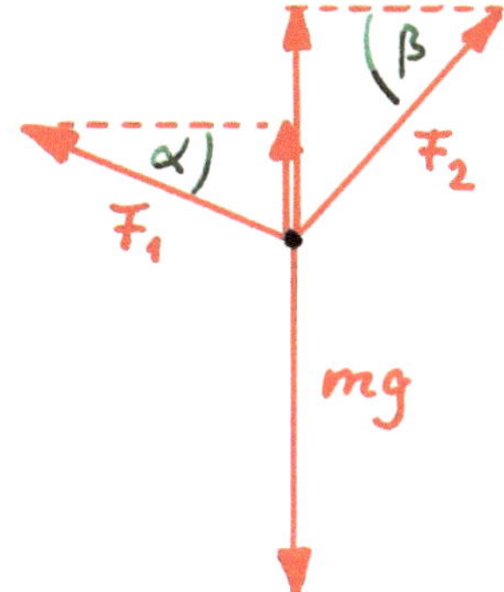

2. Beschleunigend wirkt auf die Masse m_1 wegen des Flaschenzugs nur die halbe Gewichtskraft von m_2. Für die Beschleunigungen der Massen m_1 und m_2 gilt $a_2 = a_1/2$. Bremsend wirkt die Reibungskraft $F_\mathrm{R} = \mu_\mathrm{G} m_1 g$. Nach dem zweiten Newtonschen Axiom gilt also:

$$m_1 a_1 + \frac{m_2}{2} \cdot \frac{a_1}{2} = \frac{m_2 g}{2} - \mu_\mathrm{G} m_1 g \,.$$

Es folgt für a_1 und a_2:

$$a_1 = \frac{2m_2 - 4\mu_\mathrm{G} m_1}{4m_1 + m_2} g \quad \text{bzw.} \quad a_1 = 2{,}18 \, \frac{\mathrm{m}}{\mathrm{s}^2} \quad \text{und}$$

$$a_2 = \frac{a_1}{2} \quad\qquad\qquad \text{bzw.} \quad a_2 = 1{,}09 \, \frac{\mathrm{m}}{\mathrm{s}^2} \,.$$

3. a) Haftreibungskraft:

$$F_\mathrm{H} = M \mu_\mathrm{H} g \cos \varphi$$

Hangabtriebskraft:

$$F_\mathrm{A} = mg \sin \varphi + M g \sin \varphi$$

Es gilt somit:

$$mg \sin \varphi + M g \sin \varphi = M \mu_\mathrm{H} g \cos \varphi \quad \text{bzw.} \quad \tan \varphi = \frac{M \mu_\mathrm{H}}{m + M}$$

$$\text{bzw.} \quad \varphi = 11{,}45°$$

b) 1. Möglichkeit:

Nach dem 2. Newton'schen Axiom gilt:

$$(m + M) a = mg \sin \varphi + M g \sin \varphi - M \mu_\mathrm{G} g \cos \varphi$$

$$a = g \sin \varphi - \frac{M \mu_\mathrm{G} g \cos \varphi}{m + M} \quad \text{bzw.} \quad a = 3{,}0 \, \mathrm{m/s}^2$$

2. Möglichkeit:
Energiesatz:

$$(m + M)\,gh - M\,sg\mu_G \cos \varphi = \frac{1}{2}\,(m + M)\,v^2$$

$$(m + M)\,gs \sin \varphi - M\,sg\mu_G \cos \varphi = \frac{1}{2}\,(m + M)\left(\sqrt{2as}\right)^2$$

$$a = g \sin \varphi - \frac{M\mu_G g \cos \varphi}{m + M} \quad \text{bzw.} \quad a = 3{,}0\,\text{m/s}^2$$

4. Hangabtriebskraft:

$$F = Mg \sin \alpha$$

Haftreibungskraft:

$$F_R = \mu_H F_N$$

Auflagekraft:

$$F_N = Mg \cos \alpha - mg$$

$$Mg \sin \alpha = \mu_H Mg \cos \alpha - \mu_H mg$$

$$m = \frac{M}{\mu_H}\,(\mu_H \cos \alpha - \sin \alpha) \quad \text{bzw.} \quad m = 200\,\text{g}$$

5. Für den unelastischen Stoß gilt:

$$\Delta E = \frac{m_1 m_2 v_1^2}{2\,(m_1 + m_2)} \quad \text{es folgt:}$$

$$v_1 = \sqrt{\frac{2\,(m_1 + m_2)\,\Delta E}{m_1 m_2}} \quad \text{bzw.} \quad v_1 = 12\,\frac{\text{m}}{\text{s}}.$$

Für die gemeinsame Geschwindigkeit gilt:

$$v = \frac{m_1 v_1}{m_1 + m_2} = \frac{m_1}{m_1 + m_2}\sqrt{\frac{2\,(m_1 + m_2)\,\Delta E}{m_1 m_2}}$$

$$= \sqrt{\frac{2\Delta E m_1}{m_2\,(m_1 + m_2)}} \quad \text{bzw.} \quad v = 4{,}8\,\frac{\text{m}}{\text{s}}.$$

6. a) Die Massen bleiben in Ruhe, solange die Differenz der Schwerkräfte $m_1 g$ und
     $m_2 g$ kleiner bleibt als die Haftreibungskraft:

$$m_1 g - m_3 g \leq \mu_G m_2 g \quad \text{bzw.} \quad \mu_G \geq \frac{m_1 - m_3}{m_2}.$$

Abb. 6.3 An der Masse m_1 angreifende Kräfte

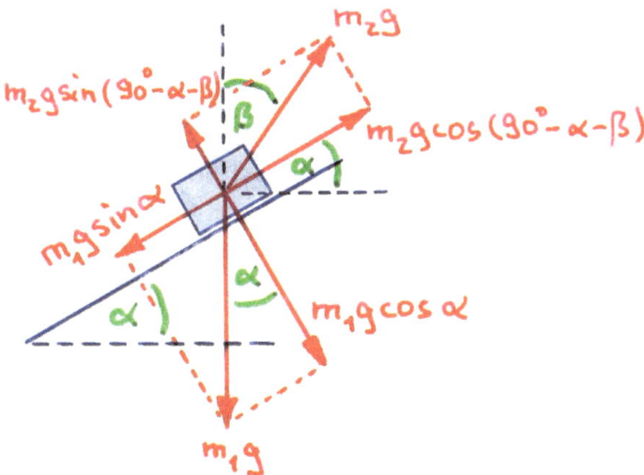

b) Die beschleunigende Kraft ist $F = m_1 g - m_3 g - \mu_{\mathrm{G}} m_2 g$. Es sind alle drei Massen zu beschleunigen, so dass nach dem zweiten Newtonschen Axiom $(m_1 + m_2 + m_3)\, a = m_1 g - m_3 g - \mu_{\mathrm{G}} m_2 g$ gilt:

$$a = \frac{m_1 - m_3 - \mu_{\mathrm{G}} m_2}{m_1 + m_2 + m_3} g \quad \text{mit } m_1 - m_3 > \mu_{\mathrm{G}} m_2.$$

c) Aus $v(h) = \sqrt{2ah}$ folgt:

$$v(h) = \sqrt{\frac{2gh(m_1 - m_3)}{m_1 + m_2 + m_3}}.$$

d) Nach dem d'Alembertschen Prinzip gilt:

$$F_{\mathrm{S}} - m_3 g - \frac{m_3 g (m_1 - m_3)}{m_1 + m_2 + m_3} = 0 \quad \text{Es folgt:} \quad F_{\mathrm{S}} = \frac{m_3 g (2m_1 + m_2)}{m_1 + m_2 + m_3}.$$

7. Wir nehmen an, dass die Masse m_2 so groß ist, dass eine Bewegung der Masse m_1 nach oben zur Diskussion steht. Nach Abb. 6.3 gilt für den Grenzfall beginnender Bewegung:

$$m_2 g \cos(90° - \alpha - \beta) - m_1 g \sin\alpha = \mu_{\mathrm{H}} (m_1 g \cos\alpha - m_2 g \sin(90° - \alpha - \beta))$$

$$m_2 = m_1 \frac{\mu_{\mathrm{H}} \cos\alpha + \sin\alpha}{\mu_{\mathrm{H}} \sin(90° - \alpha - \beta) + \cos(90° - \alpha - \beta)}$$

8. Ist s_{01} und s_{02} jeweils die Länge der entspannten Federn und Δs_1 bzw. Δs_2 ihre Dehnung, dann gilt $D_1 \Delta s_1 = D_2 \Delta s_2$, denn die Kräfte in den Federn sind gleich. Es gilt außerdem $s_{01} + \Delta s_1 = s_1$ und $s_{02} + \Delta s_2 = s_2$, so dass folgt:

$$\frac{\Delta s_1}{\Delta s_2} = \frac{D_2}{D_1} = \frac{s_1 - s_{01}}{s_2 - s_{02}}.$$

Mit $s_1 + s_2 = s$ bzw. $s_2 = s - s_1$ erhält man daraus:

$$s_1 = \frac{D_2 s + D_1 s_{01} - D_2 s_{02}}{D_1 + D_2} \quad \text{bzw.} \quad s_1 = 13{,}18\,\text{cm} \quad \text{und}$$

$$s_2 = \frac{D_1 s - D_1 s_{01} + D_2 s_{02}}{D_1 + D_2} \quad \text{bzw.} \quad s_2 = 16{,}82\,\text{cm}\,.$$

Die Kraft ist:

$$F = D_1\,(s_1 - s_{01}) \quad \text{bzw.} \quad F = 25{,}45\,\text{N}\,.$$

Unter Verwendung einer Zusatzmasse gilt:

$$F + mg = D_1 \Delta s_1\,, \qquad s_{01} + \Delta s_1 = s_1\,,$$
$$F - mg = D_2 \Delta s_2\,, \qquad s_{02} + \Delta s_2 = s_2\,,$$
$$s_1 + s_2 = s\,.$$

Es folgt:

$$s_1 = \frac{D_2 s + D_1 s_{01} - D_2 s_{02} + 2mg}{D_1 + D_2} \quad \text{bzw.} \quad s_1 = 16{,}75\,\text{cm}\,,$$

$$s_2 = \frac{D_1 s - D_1 s_{01} + D_2 s_{02} - 2mg}{D_1 + D_2} \quad \text{bzw.} \quad s_2 = 13{,}25\,\text{cm}\,.$$

9. a) Wir nehmen an, dass die in Abb. 6.4 eingezeichnete Richtung die positive Bewegungsrichtung ist. Die beschleunigende Kraft ist dann $F = m_1 g \sin\alpha - m_2 g \sin\beta$ und es gilt nach dem zweiten Newtonschen Axiom: $(m_1 + m_2)\,a = m_1 g \sin\alpha - m_2 g \sin\beta$. Daraus erhält man die Beschleunigung zu:

$$a = \frac{m_1 g \sin\alpha - m_2 g \sin\beta}{m_1 + m_2}\,.$$

Zur Berechnung der Seilkraft F_S setzen wir uns mit der Masse m_2 in einen gedachten Kasten, der am Seil befestigt ist. Nach dem d'Alembertschen Prinzip gilt im Kasten $F_S - m_2 g \sin\beta - m_2 a = 0$. Man erhält also:

$$F_S = \frac{m_1 m_2 g}{m_1 + m_2}\,(\sin\alpha + \sin\beta)\,.$$

Im Falle der Aufzugskabine von oben (Abb. 1.37) gilt $m_1 = m$, $m_2 = M$ und $\sin\alpha = 1$ und $\sin\beta = 1$, also

$$F_S = \frac{2mMg}{m + M}$$

in Übereinstimmung mit dem obigen Ergebnis.

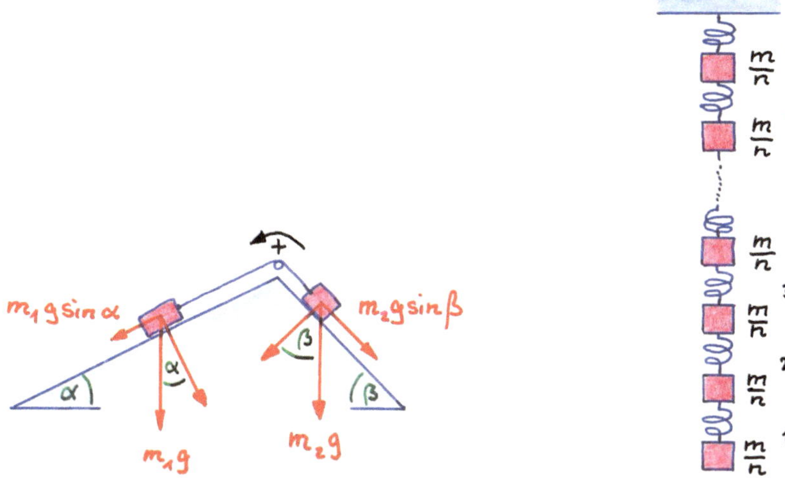

Abb. 6.4 Die eingezeichnete Bewegungsrichtung wird als positiv definiert

Abb. 6.5 Zerlegung einer massebehafteten Feder in lauter kleine Feder-Masse-Kombinationen

b) Unter Berücksichtigung von Gleitreibung wird die beschleunigende Kraft:

$$F = -m_2 g \sin\beta + m_1 g \sin\alpha - \mu_\mathrm{G} m_1 g \cos\alpha - \mu_\mathrm{G} m_2 g \cos\beta \,.$$

Damit erhalten wir für die Beschleunigung:

$$a = \frac{m_2 g \left(-\sin\beta - \mu_\mathrm{G}\cos\beta\right) + m_1 g \left(\sin\alpha - \mu_\mathrm{G}\cos\alpha\right)}{m_1 + m_2} \,.$$

Die Seilkraft wird dann:

$$F_\mathrm{S} - m_2 g \sin\beta - \mu_\mathrm{G} m_2 g \cos\beta - m_2 a = 0$$

oder

$$F_\mathrm{S} = m_1 m_2 g \frac{\sin\alpha + \sin\beta - \mu_\mathrm{G}\cos\alpha + \mu_\mathrm{G}\cos\beta}{m_1 + m_2} \,.$$

10. Anstelle einer langen, massebehafteten Feder zerlegen wir die Feder in n kleine masselose Federn mit jeweils einer kleinen Masse m/n dazwischen (Abb. 6.5). Es stellt sich die Frage nach der Federkonstanten: wir betrachten eine lange, näherungsweise massefreie Feder und zerlegen sie in n kleine Federn. Die Dehnung einer einzelnen kleinen Feder ist s_ein. Wenn für die ganze Feder $F = Ds$ gilt, dann gilt für die einzelnen kleinen Federn $F = D_\mathrm{ein} s_\mathrm{ein}$. Da $s = n s_\mathrm{ein}$ gilt, folgt $F = D n s_\mathrm{ein}$, also $D_\mathrm{ein} = nD$. Die einzelnen kleinen Federn sind also starrer als die gesamte Feder.

Übertragen auf unsere Aufgabe heißt das: die einzelnen Federn haben die Federkonstante nD. Betrachten wir nun die Dehnung der i-ten Feder: es wirkt auf die i-te Feder die Kraft F_i. Das ist die Gewichtskraft der Massen unterhalb der Feder:

$$F_i = \frac{m}{n} \cdot i \cdot g \,.$$

Es gilt also für die Dehnung Δs_i der i-ten Feder:

$$\frac{m}{n} \cdot i \cdot g = \Delta s_i \, (nD) \quad \text{oder:}$$

$$\Delta s_i = \frac{m i g}{n^2 D} \,.$$

Die Gesamtdehnung der Feder ist also:

$$\Delta s = \sum_{i=1}^{n} \frac{m i g}{n^2 D} = \frac{mg}{n^2 D} \sum_{i=1}^{n} i = \frac{mg}{n^2 D} \cdot \frac{n \, (n+1)}{2} \,.$$

Wir lassen die Zahl der Einzelfedern gegen unendlich gehen und erhalten:

$$\Delta s = \lim_{n \to \infty} \frac{mg}{2D} \cdot \frac{n^2 + n}{n^2} = \lim_{n \to \infty} \frac{mg}{2D} \cdot \left(1 + \frac{1}{n} \right) = \frac{mg}{2D} \,.$$

6.3 Lösungen zu den Aufgaben Abschn. 1.5 (Drehbewegungen)

1. Für die Kräfte gilt nach Abb. 6.6:

$$\tan \varphi = \frac{m \omega^2 R}{mg} \,.$$

Für den Winkel gilt $\sin \varphi = (R - r) / L$, so dass folgt:

$$\frac{\omega^2 R}{g} = \tan \varphi = \frac{\sin \varphi}{\sqrt{1 - \sin^2 \varphi}} = \frac{(R - r)}{\sqrt{L^2 - (R - r)^2}} \,.$$

Für ω bzw. T folgt:

$$\omega = \frac{2\pi}{T} = \sqrt{\frac{g}{R} \cdot \frac{(R - r)}{\sqrt{L^2 - (R - r)^2}}} \quad \text{bzw.}$$

$$T = 2\pi \sqrt{\frac{R}{g} \cdot \frac{\sqrt{L^2 - (R - r)^2}}{(R - r)}} \quad \text{bzw.} \quad T = 5{,}60 \,\text{s} \,.$$

2. a) Es gilt nach Abb. 6.6:

$$\frac{m\omega^2 R}{mg} = \tan\varphi$$

Mit $\frac{R}{l} = \sin\varphi$ erhalten wir $\omega^2 = \frac{g}{l\cos\varphi}$, und mit $v = \omega R = \sqrt{\frac{g}{l\cos\varphi}} \cdot l\sin\varphi$ folgt die Lösung:

$$v = \sqrt{lg\sin\varphi\tan\varphi} \quad \text{bzw.} \quad v = 1{,}0\,\frac{\text{m}}{\text{s}}$$

b) Für die Fallzeit gilt:

$$d = \frac{1}{2}gt^2 \qquad t = \sqrt{\frac{2d}{g}}$$

Während dieser Zeit legt die Masse horizontal die Strecke $\overline{QA} = vt$ zurück:

$$\overline{QA} = \sqrt{lg\sin\varphi\tan\varphi} \cdot \sqrt{\frac{2d}{g}} = \sqrt{2ld\sin\varphi\tan\varphi} \quad \text{bzw.} \quad \overline{QA} = 0{,}2\,\text{m}$$

3. a) Es gilt:

$$m\omega^2 R = m\left(\frac{2\pi}{T}\right)^2 R = mg$$

Damit folgt:

$$T = 2\pi\sqrt{\frac{R}{g}} \quad \text{bzw.} \quad T = 5{,}0\,\text{s}$$

b) Sind g_R und g_r die Schwerebeschleunigungen in der „unteren" und „oberen" Etage, gilt jeweils:

$$mg_R = m\left(\frac{2\pi}{T}\right)^2 R \quad \text{und} \quad mg_r = m\left(\frac{2\pi}{T}\right)^2 r$$

Und damit:

$$k = \frac{g_R}{g_r} = \frac{R}{r} = 1{,}5$$

Die Schwerkraft reduziert sich um den Faktor 1,5. Ein 100 kg schwerer Mann würde „oben" also nur 66,6 kg wiegen.

4. Zwischen Vorschubgeschwindigkeit v und Drehzahl n besteht der Zusammenhang $nd = v$, so dass wir mit $\omega = 2\pi n$ erhalten: $\omega = 2\pi v/d$. Nach dem Energiesatz können wir also schreiben:

$$mgh = \frac{1}{2}mv^2 + \frac{1}{2}J\omega^2 = \frac{1}{2}mv^2 + \frac{1}{2}\left(\frac{1}{2}mr^2\right)\left(2\pi\frac{v}{d}\right)^2 = mv^2\left(\frac{1}{2} + \frac{\pi^2 r^2}{d^2}\right).$$

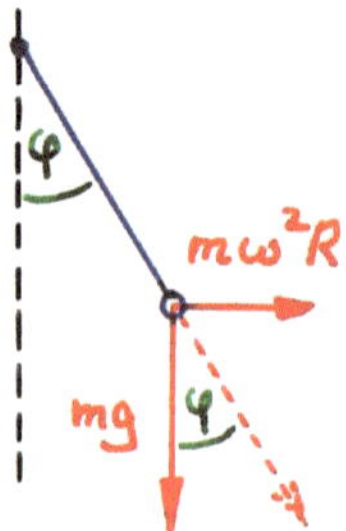

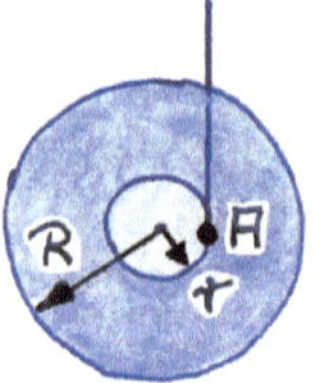

Abb. 6.6 An der Masse m angreifende Kräfte

Abb. 6.7 Die Achse A kann als Drehachse aufgefasst werden

Für die Geschwindigkeit v bzw. die Drehzahl n erhält man also:

$$v = \sqrt{\frac{2ghd^2}{d^2 + 2\pi^2 r^2}} \quad \text{bzw.} \quad n = \sqrt{\frac{2gh}{d^2 + 2\pi^2 r^2}}\,.$$

5. Das Problem lässt sich mittels Energiesatz lösen. Hier soll jedoch die Lösung über das Drehmoment gezeigt werden. Als Drehachse nehmen wir die durch den Punkt A gehende Achse in Abb. 6.7 an. Das Massenträgheitsmoment bei Drehung um diese Achse ist dann nach dem Steinerschen Satz:

$$J = 2 \cdot \left(\frac{1}{2}MR^2\right) + 2Mr^2 = M\left(R^2 + 2r^2\right)\,.$$

Das beschleunigende Drehmoment ist $2Mgr$, so dass mit $M = J\alpha$ gilt:

$$2Mgr = M\left(R^2 + 2r^2\right)\alpha\,.$$

Mit $\omega = \sqrt{2\alpha\varphi} = \sqrt{2\alpha h/r}$ gilt:

$$\omega = \sqrt{\frac{4gh}{R^2 + 2r^2}}\,.$$

6. Es gilt für das Drehmoment:

$$D\left(r\varphi\right)r = \frac{L}{2}m_1 g \sin\varphi + Lm_2 g \sin\varphi\,.$$

Nach m_2 aufgelöst, gilt:

$$m_2 = \frac{D\varphi r^2 - \frac{1}{2}Lm_1 g \sin\varphi}{Lg \sin\varphi} \quad \text{bzw.} \quad m_2 = 1{,}0\,\text{kg}\,.$$

7. a) Es gilt $\omega = 2\pi n$. Durch Eliminieren der Winkelbeschleunigung α aus den Gleichungen $\varphi = \alpha t^2/2$ und $\omega = \alpha t$ erhalten wir:

$$\varphi = \frac{1}{2}\omega t = \frac{1}{2}2\pi n t \,.$$

Ist k die Zahl der Umdrehungen, bis die Münze steht, dann gilt $\varphi = 2\pi k$. Mit $t = 5\,\mathrm{s}$ und $n = 10 s^{-1}$ erhält man $k = nt/2$ bzw. $k = 25$.

   b) Ist M das bremsende Moment, ist die bis zum Stillstand der Münze geleistete Arbeit $W = M\varphi$. Das Massenträgheitsmoment J bei Rotation um eine Schwerpunktsachse, die parallel zur Scheibenfläche ist, ist $J = mr^2/4$. Die insgesamt anfänglich vorhandene Energie ist

$$E_{\mathrm{rot}} = \frac{1}{2}J\omega^2 = \frac{1}{2}\left(\frac{1}{4}mr^2\right)\cdot(2\pi n)^2 = \frac{1}{2}m(r\pi n)^2 \,.$$

Mit $W = E_{\mathrm{rot}}$ folgt für M:

$$\frac{1}{2}m(r\pi n)^2 = M\cdot 2\pi k \quad\text{bzw.}\quad M = \frac{mr^2\pi n^2}{4k} \quad\text{bzw.}\quad M = 2{,}0\cdot 10^{-5}\,\mathrm{Nm} \,.$$

8. Die Anordnung wirkt als Drehmomentwandler. Ist F die Kraft im Riemen, gilt:

$$F = \frac{M_{\mathrm{B}}}{R} = \frac{M_{\mathrm{A}}}{r} \,.$$

Damit ist das in A nötige Drehmoment:

$$M_{\mathrm{A}} = \frac{r}{R}M_{\mathrm{B}} \,.$$

9. Die Zeit, die das Blech von S nach P benötigt, ist $t_{\mathrm{SP}} = d/v$. Die Winkelgeschwindigkeit ω, die die Walze haben muss, damit das Blech durch Abrollen weitertransportiert werden kann, ist $\omega = v/r$. Diese Winkelgeschwindigkeit muss in der Zeit t_{SP} erreicht werden: $\omega = \alpha t_{\mathrm{SP}}$. Die benötigte Beschleunigung ist also $\alpha = \omega/t_{\mathrm{SP}} = v^2/(rd)$. Mit dem Massenträgheitsmoment $J = mr^2/2$ der Walze gilt für das Drehmoment M:

$$M = J\alpha = \frac{1}{2}mr^2\cdot\frac{v^2}{rd} = \frac{mrv^2}{2d} = 10{,}0\,\mathrm{Nm} \,.$$

10. Alle Teile drehen mit der gleichen Winkelgeschwindigkeit.

   a) Es gilt dann mit $\omega = \alpha t$ und $\omega = 2\pi n$:

$$\alpha = \frac{\omega}{t} = \frac{2\pi n}{t} = 10\,\frac{1}{s^2} \,.$$

   b) Mit $M = J\alpha$ und $J = J_{\mathrm{M}} + J_{\mathrm{U}} + J_{\mathrm{L}} = 0{,}23\,\mathrm{kg\,m^2}$ folgt: $M - 2{,}3\,\mathrm{Nm}$.

   c) Es gilt: $P = M_{\mathrm{Br}}\omega = M_{\mathrm{Br}}\cdot 2\pi n = 100\,\mathrm{W}$.

11. Die Massenträgheitsmomente am Anfang (J_1) und am Ende (J_2) sind:

$$J_1 = \frac{M}{2}R^2 + 2mr_1^2 \quad \text{und} \quad J_2 = \frac{M}{2}R^2 + 2mr_2^2\,.$$

Aufgrund der Drehimpulserhaltung gilt:

$$J_1\omega_1 = J_2\omega_2 \quad \text{bzw.} \quad J_1\omega_1 = J_2\frac{2\pi}{T_2}\,.$$

Wir erhalten also für T_2:

$$T_2 = \frac{\left(MR^2 + 4mr_2^2\right)\cdot 2\pi}{\left(MR^2 + 4mr_1^2\right)\omega_1} \quad \text{bzw.} \quad T_2 = 4\,\text{s}\,.$$

12. a) Für die Beschleunigung des Sandes und für das Anheben des Sandes ist die Leistung:

$$P_{\mathrm{a}} = \frac{1}{2}\cdot\frac{m}{t}\cdot v^2 = 24\,\text{W} \quad \text{und} \quad P_{\mathrm{h}} = \frac{m}{t}gh = 589\,\text{W}\,.$$

Somit muss der Antrieb die Leistung $P = 613\,\text{W}$ liefern.

b) Mit $v = \omega r$ und $\omega/\omega' = r'/r$ gilt:

$$\omega' = \omega\frac{r}{r'} = \frac{vr}{rr'} = \frac{v}{r'} = 40s^{-1}\,.$$

c) Mit $P = Fv$ ist das benötigte Drehmoment an der Bandachse: $M = Fr = Pr/v$. Durch den Riemen findet eine Drehmomentwandlung gemäß $M'/M = r'/r$ statt, so dass für das benötigte Drehmoment gilt:

$$M' = M\frac{r'}{r} = \frac{Prr'}{vr} = \frac{Pr'}{v} = 15,3\,\text{Nm}\,.$$

Oder einfacher: mit $P = M\omega$ erhalten wir $M = P/\omega = 15,3\,\text{Nm}$.

13. Die Winkelkoordinaten der Läufer als Funktion der Zeit sind:

$$\varphi_{\mathrm{A}}(t) = \varphi_{\mathrm{A}0} + \frac{v_{\mathrm{A}0}}{r}t - \frac{a_{\mathrm{A}}}{2r}t^2 \quad \text{und} \quad \varphi_{\mathrm{B}}(t) = \varphi_{\mathrm{B}0} + \frac{v_{\mathrm{B}0}}{r}t - \frac{a_{\mathrm{B}}}{2r}t^2\,.$$

Die Winkelgeschwindigkeiten als Funktion der Zeiten lauten:

$$\omega_{\mathrm{A}} = \frac{v_{\mathrm{A}0}}{r} - \frac{a_{\mathrm{A}}}{r}t \quad \text{und} \quad \omega_{\mathrm{B}} = \frac{v_{\mathrm{B}0}}{r} - \frac{a_{\mathrm{B}}}{r}t\,.$$

a) Läufer A steht, wenn $\omega_{\mathrm{A}} = 0$ gilt. Das ist zum Zeitpunkt $t_{\mathrm{A}} = v_{\mathrm{A}0}/a_{\mathrm{A}}$ der Fall. Die zugehörige Winkelkoordinate ist:

$$\varphi_{\mathrm{A}}(t_{\mathrm{A}}) = \varphi_{\mathrm{A}0} + \frac{v_{\mathrm{A}0}}{r}\cdot\frac{v_{\mathrm{A}0}}{a_{\mathrm{A}}} - \frac{a_{\mathrm{A}}}{2r}\cdot\frac{v_{\mathrm{A}0}^2}{a_{\mathrm{A}}^2} = \varphi_{\mathrm{A}0} + \frac{v_{\mathrm{A}0}^2}{2ra_{\mathrm{A}}} = 453,7\,\text{rad} \equiv 72,2\,\text{Umläufe}\,.$$

Analog dazu für Läufer B: $\varphi_{\mathrm{B}}(t_{\mathrm{B}}) = \varphi_{\mathrm{B}0} + \frac{v_{\mathrm{B}0}^2}{2ra_{\mathrm{B}}} = 471,0\,\text{rad} \equiv 75,0\,\text{Umläufe}$.

b) Die Läufer begegnen sich erstmalig, wenn die Ortskoordinaten übereinstimmen:

$$\varphi_{0A} + \frac{v_{0A}}{r}t - \frac{a_A}{2r}t^2 = \varphi_{0B} + \frac{v_{0B}}{r}t - \frac{a_B}{2r}t^2 \,.$$

Nach t aufgelöst, erhält man den Zeitpunkt des erstmaligen Überholens:

$$t = \frac{v_{B0} - v_{A0} \pm \sqrt{(v_{A0} - v_{B0})^2 - 2r\,(a_B - a_A)\,(\varphi_{A0} - \varphi_{B0})}}{a_B - a_A} \,.$$

Die beiden Lösungen lauten: $t_1 = 144{,}8\,\mathrm{s}$ und $t_2 = 6028\,\mathrm{s}$, die einzig sinnvolle Lösung ist t_1. Man beachte, dass hier die Kreisbahn nicht berücksichtigt wurde. Es gibt weitere Zusammentreffen, die durch die obige Gleichung nicht beschrieben werden.

c) Winkelkoordinate der ersten Begegnung: $\varphi_A\,(t_1) = 26{,}16\,\mathrm{rad}$.

14. Platte ohne Bohrung:

Volumen:

$$V = l^2 d$$

Masse:

$$m = V\rho = l^2\rho d$$

MTM:

$$J_0 = \frac{m}{12}l^2 = \frac{l^4\rho d}{12}$$

Herausgebohrte Kreisplatte:

$$V_K = d\pi r^2$$

Masse:

$$m_K = V_K\rho = d\pi r^2\rho$$

MTM:

$$J_K = \frac{m}{4}r^2 = \frac{d\pi\rho r^4}{4}$$

MTM der Platte mit Bohrung:

$$J = J_0 - J_K = \frac{l^4\rho d}{12} - \frac{d\pi\rho r^4}{4}$$

Nach r aufgelöst, erhalten wir:

$$r = \sqrt[4]{\frac{l^4}{3\pi} - \frac{4J}{d\pi\rho}} \quad \text{bzw.} \quad r = 10\,\mathrm{cm}$$

15. Es steht am Anfangspunkt die gesamte Energie

$$E_{\text{ges}} = \frac{1}{2}mv_0^2 + \frac{1}{2}J\omega_0^2 = \frac{1}{2}mv_0^2 + \frac{1}{2}\left(\frac{1}{2}mr^2\right)\frac{v_0^2}{r^2} = \frac{3}{4}mv_0^2 \qquad (6.1)$$

zur Verfügung. Die Gesamtenergie wird umgewandelt in potentielle Energie und Reibungsarbeit:

$$E_{\text{ges}} = mgh + \mu_{\text{R}}mgs\cos\varphi = mgh + \mu_{\text{R}}mg\frac{h}{\sin\varphi}\cos\varphi\,. \qquad (6.2)$$

s ist der zurückgelegte Weg auf der Rampe, während h der dabei zurückgelegte Höhenunterschied ist. Es gilt der Zusammenhang $h = s \cdot \sin\varphi$. Gleichsetzen von Gl. 6.1 und 6.2 liefert:

$$\frac{3}{4}mv_0^2 = mgh + \mu_{\text{R}}mgh \cdot \cot\varphi\,.$$

Die erreichte Höhe h ist also:

$$h = \frac{3v_0^2}{4g\left(1 + \mu_{\text{R}}\cot\varphi\right)}\,. \qquad (6.3)$$

Bezüglich des Startpunktes ist die potentielle Energie mgh; sie kann wiederum beim Herabrollen in kinetische Energie und Rotationsenergie sowie in Reibungsarbeit umgewandelt werden:

$$mgh = \frac{3}{4}mv_{\text{e}}^2 + \mu_{\text{R}}mgh \cdot \cot\varphi\,.$$

Gl. 6.3 eingesetzt, erhält man einen Ausdruck für v_{e}:

$$v_{\text{e}} = v_0\sqrt{\frac{1 - \mu_{\text{R}} \cdot \cot\varphi}{1 + \mu_{\text{R}} \cdot \cot\varphi}}\,.$$

16. Nach dem Energiesatz $E_{\text{pot}} = E_{\text{rot}} + E_{\text{kin}}$ folgt für den Zylinder:

$$mgh = \frac{1}{2}\left(\frac{1}{2}mR^2\right)\left(\frac{v}{R}\right)^2 + \frac{1}{2}mv^2 \quad \text{bzw.} \quad gh = \frac{1}{4}v^2 + \frac{1}{2}v^2 = \frac{3}{4}v^2$$

Für die Kugel gilt:

$$mg\,(kh) = \frac{1}{2}\left(\frac{2}{5}mR^2\right)\left(\frac{v}{R}\right)^2 + \frac{1}{2}mv^2 \quad \text{bzw.} \quad gkh = \frac{1}{5}v^2 + \frac{1}{2}v^2 = \frac{7}{10}v^2$$

Es folgt:

$$k\left(\frac{3}{4}v^2\right) = \frac{7}{10}v^2 \quad \text{bzw.} \quad k = \frac{14}{15}$$

17. a) Die Reibungskraft $\mu_G m_2 g$ muss gleich der Gewichtskraft $m_1 g$ sein:

$$\mu_G = \frac{m_1}{m_2} \, .$$

b) Das gesamte Massenträgheitsmoment der Anordnung setzt sich zusammen aus dem Massenträgheitsmoment der Rolle ($m r^2/2$) und den Massenträgheitsmomenten $m_1 r^2$ und $m_2 r^2$ der Massen m_1 und m_2:

$$J = \frac{1}{2} m r^2 + m_1 r^2 + m_2 r^2 = \left(\frac{1}{2} m + m_1 + m_2 \right) r^2 \, .$$

Für das Drehmoment des Zylinders erhält man $M = (m_1 g - \mu_G m_2 g)\, r$, so dass mit $M = J\alpha$ gilt:

$$(m_1 g - \mu_G m_2 g)\, r = \left(\frac{1}{2} m + m_1 + m_2 \right) r^2 \alpha \, ; \tag{6.4}$$

oder mit $a = \alpha r$:

$$a = \frac{m_1 g - \mu_G m_2 g}{\frac{1}{2} m + m_1 + m_2} \, .$$

c) Der Energiesatz liefert:

$$\frac{m_1 + m_2}{2} v_0^2 + \frac{J}{2} \omega^2 + m_1 g s = \mu_G m_2 g s \, .$$

Mit $v_0 = \omega r$ und $J = m r^2/2$ folgt für die Wegstrecke:

$$s = \frac{v_0^2 \left(m_1 + m_2 + \frac{m}{2} \right)}{2 g \left(\mu_G m_2 - m_1 \right)} \, .$$

Die Massen kommen nicht zur Ruhe, wenn $\mu_G < m_1/m_2$ ist.

d) Wir subtrahieren auf der linken Seite von Gl. 6.4 das bremsende Moment:

$$(m_1 g - \mu_G m_2 g)\, r - M = \left(\frac{1}{2} m + m_1 + m_2 \right) r^2 \alpha \, .$$

Mit $a = \alpha r$ erhalten wir für die Beschleunigung:

$$a = \frac{m_1 g - \mu_G m_2 g - M/r}{\frac{1}{2} m + m_1 + m_2} \, .$$

Ist a negativ, handelt es sich um eine Bremsbeschleunigung. Ist $a \geq 0$, dann kommt die Masse nicht mehr zur Ruhe. Dies ist also der Fall wenn gilt: $m_1 g -$

$\mu_{\mathrm{G}} m_2 g - M/r \geq 0$. Für den Fall einer zur Ruhe kommenden Masse erhalten wir mit $s = -v_0^2/(2a)$ (beachte: $a < 0$!) für den Weg s:

$$s = -\frac{v_0^2}{2a} = -\frac{v_0^2 \left(m + 2m_1 + 2m_2\right)}{4 \left(\frac{M}{r} - m_1 g + \mu_{\mathrm{G}} m_2 g\right)} .$$

18. a) Nach Abb. 6.8 gilt folgende Drehmomentgleichung:

$$Lmg \cos\eta + \frac{L}{2} Mg \cos\eta = eF_{\mathrm{Zyl}} \cos\left(90° - \eta\right) .$$

Mit $m = 1000\,\mathrm{kg}$, $M = 800\,\mathrm{kg}$, $e = 1\,\mathrm{m}$, $\eta = 60°$ und $L = 15\,\mathrm{m}$ erhalten wir:

$$F_{\mathrm{Zyl}} = \frac{\left(2m + M\right) Lg \cos\eta}{2e \cdot \cos\left(90° - \eta\right)} = 119\,\mathrm{kN} .$$

b) Nach dem d'Alembertschen Prinzip gilt:

$$F_{\mathrm{Seil}} - mg - am = 0 \quad \text{damit:} \quad F_{\mathrm{Seil}} = m\left(g + a\right) = 9910\,\mathrm{N} .$$

c) Die Bedingung für das Gleichgewicht lautet nun:

$$Lm\left(g + a\right) \cos\eta + \frac{L}{2} Mg \cos\eta = eF_{\mathrm{Zyl}} \cos\left(90° - \eta\right) .$$

Die Zylinderkraft ist somit:

$$F_{\mathrm{Zyl}} = \frac{\left[2m\left(g + a\right) + Mg\right] L \cos\eta}{2e \cdot \cos\left(90° - \eta\right)} = 120\,\mathrm{kN} .$$

19. Nach Abb. 6.9 wirken an der Masse m drei Kräfte: die Schwerkraft mg, die Federkraft, deren Komponente in Richtung der Stange gleich $Ds/(2\cos\varphi)$ ist, und die Zugkraft F_{Z} in Richtung der oberen Stange. Diese Kräfte müssen vektoriell zusammen die Zentripetalkraft $m\omega^2 r$ ergeben. Es resultieren daraus zwei Gleichungen in x- bzw. z-Richtung:

$$m\omega^2 r = F_{\mathrm{Z}} \sin\varphi + \frac{Ds \cdot \sin\varphi}{2\cos\varphi} ,$$

$$F_{\mathrm{Z}} \cos\varphi = mg + \frac{Ds}{2} .$$

Löst man die zweite Gleichung nach F_{Z} auf und setzt das Ergebnis in die erste Gleichung ein, erhält man:

$$m\omega^2 r = \frac{mg + Ds/2}{\cos\varphi} \sin\varphi + \frac{Ds \cdot \sin\varphi}{2\cos\varphi} .$$

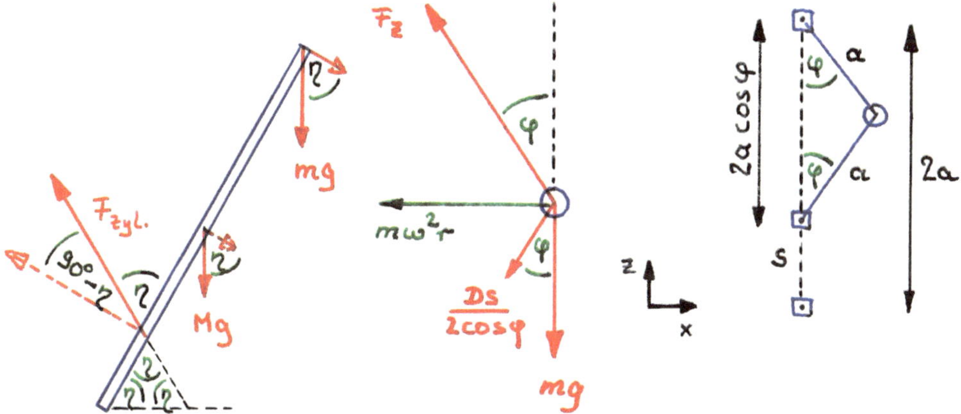

Abb. 6.8 Am Kranausleger an-greifende Kräfte

Abb. 6.9 Beim Fliehkraftregler auftretende Kräfte

Nach ω aufgelöst, folgt:

$$\omega = \sqrt{\frac{(mg + Ds)\tan\varphi}{mr}} \,.$$

Aus Abb. 6.9 erkennt man die Zusammenhänge:

$$s = 2a - 2\,(a \cdot \cos\varphi) \quad \text{und} \quad r = a \cdot \sin\varphi \,,$$

so dass man als Ergebnis erhält:

$$\omega = \sqrt{\frac{mg + 2Da\,(1 - \cos\varphi)}{ma \cdot \cos\varphi}} \,.$$

Interessant sind hier noch die Grenzfälle: für $\varphi \to 90°$ erhält man $\omega \to \infty$. Um den Auslenkwinkel von $90°$ zu erzielen, müsste man die Drehzahl unendlich hoch machen. Interessant ist auch der Fall $\varphi = 0°$, hier würde man $\omega = \sqrt{g/a}$ erhalten. Das bedeutet, dass bis zu dieser Winkelgeschwindigkeit keine Auslenkung erfolgt. Sie ist nötig, um die Schwerkraft zu überwinden.

20. a) Wir wählen ein mitrotierendes Koordinatensystem. Die Normalkraft beträgt nach Abb. 6.10: $F_N = mg \cdot \sin\varphi + m\omega^2 r \cos\varphi$. Damit ist die Haftreibungskraft: $F_H = \mu_H m\,(g \cdot \sin\varphi + \omega^2 r \cos\varphi)$. Das ist die Kraft, die in Richtung nach außen oder innen mindestens an der Masse angreifen müsste, damit sie in Bewegung gerät. Die Grenze zum Herausschleudern wird erreicht, wenn die parallel zur Trich-terfläche wirkende Komponente der Zentrifugalkraft ($m\omega^2 r \sin\varphi$, nach außen wirkend) abzüglich der Hangabtriebskraft ($mg \cos\varphi$, nach innen wirkend) gleich

Abb. 6.10 Die von der Masse auf die Wand ausgeübte Kraft setzt sich zusammen aus der Zentrifugalkraft und der Schwerkraft

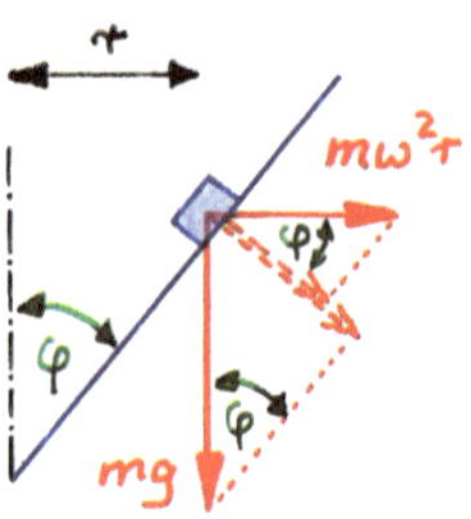

der Haftreibungskraft ist:

$$m\omega^2 r \sin\varphi - mg\cos\varphi = \mu_\mathrm{H} m\left(g\cdot\sin\varphi + \omega^2 r\cos\varphi\right)\ .$$

Man erhält also für ω:

$$\omega = \sqrt{\frac{\mu_\mathrm{H} g\cdot\sin\varphi + g\cos\varphi}{r\sin\varphi - \mu_\mathrm{H} r\cos\varphi}}\ .$$

Das Ergebnis gilt nur für den Fall $r\sin\varphi - \mu_\mathrm{H} r\cos\varphi > 0$ oder $\tan\varphi > \mu_\mathrm{H}$. Ist der Winkel kleiner, reicht selbst eine unendlich hohe Winkelgeschwindigkeit nicht mehr aus, die Masse herauszuschleudern.

b) Die Grenze des Hineinrutschens ist erreicht, wenn die parallel zur Trichterfläche wirkende Komponente der Hangabtriebskraft abzüglich der Zentrifugalkraft gleich ist der Haftreibungskraft aus Teil a):

$$mg\cos\varphi - m\omega^2 r\sin\varphi = \mu_\mathrm{H} m\left(g\cdot\sin\varphi + \omega^2 r\cos\varphi\right)\ .$$

Für ω erhält man also:

$$\omega = \sqrt{\frac{g\cos\varphi - \mu_\mathrm{H} g\cdot\sin\varphi}{r\sin\varphi + \mu_\mathrm{H} r\cos\varphi}}\ .$$

Ausgeschlossen ist hier der Fall $g\cos\varphi - \mu_\mathrm{H} g\cdot\sin\varphi < 0$ bzw. $\cot\varphi < \mu_\mathrm{H}$. In diesem Fall ist der Winkel φ bzw. die Reibung so groß, dass die Masse auch bei ruhendem Trichter nicht hineinrutscht.

c) In diesem Falle gilt nach dem zweiten Newtonschen Axiom:

$$ma = m\omega^2 r\sin\varphi - mg\cos\varphi - \mu_\mathrm{G} mg\sin\varphi - \mu_\mathrm{G} m\omega^2 r\cos\varphi \quad \text{bzw.}$$

$$a = \left(\omega^2 r - \mu_\mathrm{G} g\right)\sin\varphi - \left(g + \mu_\mathrm{G}\omega^2 r\right)\cos\varphi\ .$$

21. a) Die Masse besitzt unten die kinetische Energie $E_\mathrm{kin} = \frac{1}{2} m v_\mathrm{A}^2$ und oben sowohl potentielle Energie $E_\mathrm{pot} = 2mgr$ als auch kinetische Energie $E_\mathrm{kin} = \frac{1}{2} m v_\mathrm{B}^2$. Nach

dem Energiesatz gilt also:

$$\frac{1}{2}mv_A^2 = \frac{1}{2}mv_B^2 + 2mgr \,.$$

Man erhält für v_B:

$$v_B = \sqrt{v_A^2 - 4gr} \,.$$

Man beachte, dass $v_A \geq \sqrt{5gr}$ gelten muss (siehe c), damit der Faden gespannt bleibt.

b) Ist v die Momentangeschwindigkeit der Masse und $h = r - r \cdot \cos\varphi$ die momentane Höhe der Masse, erhält man nach dem Energiesatz:

$$\frac{1}{2}mv_A^2 = \frac{1}{2}mv^2 + mgr\,(1 - \cos\varphi) \,.$$

Die Geschwindigkeit als Funktion des Winkels ist also:

$$v = \sqrt{v_A^2 - 2r\,(1 - \cos\varphi)\,g} \,.$$

Die Seilkraft erhält man als Summe des Schwerkraftanteils, der längs dem Faden wirkt ($mg\cos\varphi$) und der Zentrifugalkraft mv^2/r:

$$F_S = mg \cdot \cos\varphi + m\frac{v^2}{r} = mg \cdot \cos\varphi + m\frac{v_A^2 - 2r\,(1 - \cos\varphi)\,g}{r}$$

$$= mg\,(3\cos\varphi - 2) + m\frac{v_A^2}{r} \,.$$

c) Bei $\varphi = 180°$ müsste die Seilkraft verschwinden, dann wäre das Seil noch gerade, aber unbelastet:

$$mg\,(3\cos(180°) - 2) + m\frac{v_0^2}{r} = 0 \,.$$

Nach v_0 aufgelöst, erhalten wir:

$$v_0 = \sqrt{5gr} \,.$$

22. a) Nach dem Energiesatz gilt:

$$MgL = \frac{M}{2}v^2 + \frac{J}{2}\omega^2 \,.$$

Das Zahnrad lässt sich als massiver Zylinder mit Massenträgheitsmoment $J = mR^2/2$ beschreiben. Mit $v = \omega R$ erhalten wir:

$$MgL = \frac{M}{2}v^2 + \frac{mR^2}{4}\frac{v^2}{R^2} = \left(\frac{M}{2} + \frac{m}{4}\right)v^2 \,.$$

Die gesuchte Geschwindigkeit ist also:

$$v = \sqrt{\frac{4MgL}{2M + m}}\,.$$

b) Wir fassen die Zahnstange hier als Teil des Rotators auf und berechnen ein gesamtes Massenträgheitsmoment J_{ges} von

$$J_{\text{ges}} = \frac{1}{2}mR^2 + MR^2\,. \tag{6.5}$$

Die Gleichung für das Drehmoment lautet:

$$J_{\text{ges}}\alpha = F_{\text{M}}R - MGR\,.$$

Mit $a = \alpha R$ ist die Motorkraft F_{M}:

$$F_{\text{M}} = \frac{J_{\text{ges}}}{R^2}a + MG\,.$$

Für die vom Motor aufzubringende Leistung erhalten wir also:

$$P = F_{\text{M}}v = F_{\text{M}}at = \left(\frac{1}{2}ma + Ma + MG\right)at\,.$$

c) Die Arbeit erhält man als zeitliches Integral über $P\,(t)$, wobei $\sqrt{2L/a}$ die Zeit ist, die benötigt wird, die Stange von unten nach oben zu bringen:

$$W = \int_0^{\sqrt{2L/a}} P\,\mathrm{d}t = \int_0^{\sqrt{2L/a}} \left(\frac{1}{2}ma + Ma + MG\right)at\,\mathrm{d}t$$

$$= \left[\left(\frac{1}{2}ma + Ma + MG\right)a\frac{t^2}{2}\right]_0^{\sqrt{2L/a}}\,.$$

Die Arbeit erhält man also zu:

$$W = \left(\frac{1}{2}ma + Ma + MG\right)L\,.$$

6.4 Lösungen zu den Aufgaben Abschn. 2.1 bis 2.2 (Thermodynamik)

1. L_0 und e_0 sind die Abmessungen bei $\vartheta_0 = 0°C$. Die resultierende Länge des Invardrahtes einschließlich Lot ist bei dieser Temperatur dann

$$h_0 = \sqrt{L_0^2 - e_0^2}\,.$$

Erwärmt man die ganze Anordnung um $\Delta T = 35\,\text{K}$, erhält man eine Höhe des Tetraeders von

$$h = \sqrt{L_0^2(1 + \alpha_S \Delta T)^2 - e_0^2(1 + \alpha_B \Delta T)^2}\,.$$

Die Länge des Invardrahtes h_I nach Erwärmung weicht davon ab, sie ist geringer: $h_I = h_0\,(1 + \alpha_I \Delta T)$. Das Lot hat also nach Erwärmen den Abstand

$$\Delta h = h - h_I = \sqrt{L_0^2(1 + \alpha_S \Delta T)^2 - e_0^2(1 + \alpha_B \Delta T)^2} - (1 + \alpha_I \Delta T)\sqrt{L_0^2 - e_0^2}$$

$$= 5{,}58\,\text{mm}\,.$$

von der Betonplatte.

2. Für den Wirkungsgrad gilt $\eta = 1 - T_n/T_h$. Daraus erhalten wir:

$$T_n = (1 - \eta)\,T_h = 693\,\text{K}\,.$$

Der Vorgang BC erfolgt adiabatisch, es gilt also

$$\frac{T_n}{T_h} = \left(\frac{V_A}{V_D}\right)^{\kappa - 1}\,.$$

Mit $c_{Vmol} = fR/2$, $c_{pmol} = c_{Vmol} + R$ und $\kappa = c_p/c_V$ erhalten wir:

$$\chi = \frac{c_{Vmol} + R}{c_{Vmol}} = \frac{\frac{fR}{2} + R}{\frac{fR}{2}} = \frac{f + 2}{f}\,.$$

Daraus stellen wir f frei:

$$f\kappa = f + 2 \quad \text{bzw. mit} \quad \kappa = 5/3 \quad \text{folgt:} \quad f = \frac{2}{\kappa - 1} = 3\,.$$

Wir erhalten für V_D:

$$\left(\frac{T_n}{T_h}\right)^{\frac{1}{\kappa - 1}} = \frac{V_A}{V_D} \quad \text{bzw.} \quad V_D = V_A\left(\frac{T_h}{T_n}\right)^{\frac{1}{\kappa - 1}} = V_A\left(\frac{1}{1 - \eta}\right)^{\frac{1}{\kappa - 1}} = 2{,}96\,\text{dm}^3\,.$$

Es gilt für die bei der Isotherme AB ausgetauschte Wärmemenge Q_{AB}:

$$Q_{AB} = \nu R T_{h} \cdot \ln\left(\frac{V_B}{V_A}\right).$$

Nach V_B aufgelöst, erhalten wir:

$$\frac{Q_{AB}}{\nu R T_h} = \ln\left(\frac{V_B}{V_A}\right) \quad \text{bzw.} \quad V_B = V_A e^{\frac{Q_{AB}}{\nu R T_h}} = 6{,}04\,\text{dm}^3.$$

Für die Adiabate BC gilt:

$$\frac{T_h}{T_n} = \left(\frac{V_C}{V_B}\right)^{\kappa-1} \quad \text{bzw.} \quad V_C = V_B\left(\frac{T_h}{T_n}\right)^{\frac{1}{\kappa-1}} = V_B\left(\frac{1}{1-\eta}\right)^{\frac{1}{\kappa-1}} = 8{,}95\,\text{dm}^3.$$

3.   a) Bei den adiabatischen Zustandsänderungen sind die ausgetauschten Wärmen Q_{AB} und Q_{CD} gleich Null. Bei den isobaren Zustandsänderungen BC und DA gilt:

$$Q_{BC} = mc_p\,(T_C - T_B) > 0 \quad \text{(zugeführt)} \quad \text{und}$$
$$Q_{DA} = mc_p\,(T_A - T_D) < 0 \quad \text{(abgeführt)}.$$

    b) Für die Adiabaten gilt:

$$\frac{T_A}{T_B} = \left(\frac{p_A}{p_B}\right)^{\frac{\kappa-1}{\kappa}} \quad \text{und} \quad \frac{T_D}{T_C} = \left(\frac{p_D}{p_C}\right)^{\frac{\kappa-1}{\kappa}}.$$

Da wegen der Isobaren $p_A = p_D$ und $p_B = p_C$ gilt, folgt:

$$\frac{p_A}{p_B} = \frac{p_D}{p_C} \quad \text{und damit:} \quad \frac{T_A}{T_B} = \frac{T_D}{T_C}.$$

    c) Die einzige Wärmezufuhr erfolgt beim Prozess BC. Die Summe $Q_{BC} + Q_{DA}$ (eigentlich eine Differenz, da $Q_{DA} < 0$) entspricht der geleisteten mechanischen Arbeit. Der Wirkungsgrad ist also:

$$\eta = \frac{mc_p\,(T_C - T_B) + mc_p\,(T_A - T_D)}{mc_p\,(T_C - T_B)} = 1 + \frac{T_A - T_D}{T_C - T_B}.$$

Unter Benutzung des Resultats von b) erhalten wir:

$$\eta = 1 + \frac{\left(1 - \frac{T_D}{T_A}\right)T_A}{\left(\frac{T_C}{T_B} - 1\right)T_B} = 1 - \frac{T_A}{T_B}.$$

4. Die für das Schmelzen des Eises nötige Schmelzwärme Q_S ist unter Benutzung der spezifischen Schmelzwärme $q = 333{,}7\,\text{kJ/kg}$ gegeben durch $Q_S = mq$. Da die Temperatur des Wassers während der Kompression bei $T = 273\,\text{K}$ bleibt, erfolgt der Vorgang isotherm. Für die ans Wasser abgegebenen Kompressionswärme Q gilt:

$$Q = \nu R T \cdot \ln \frac{V_2}{V_1} \,.$$

Da $V_1 > V_2$ bzw. nach Boyle-Mariotte $p_1/p_2 = V_2/V_1 = 1/2$ gilt, erhalten wir mit $\nu = m_{\text{He}}/m_{\text{molHe}}$:

$$Q = \nu R T \cdot \ln \frac{1}{2} = -\frac{m_{\text{He}} R T}{m_{\text{molHe}}} \cdot \ln 2 \,.$$

Mit $Q_S = -Q$ erhalten wir für m_{He} ($m_{\text{molHe}} = 4{,}0026\,\text{g/mol}$):

$$m_{\text{He}} = \frac{m q\, m_{\text{molHe}}}{R T \cdot \ln(2)} = 10\,\text{g} \,.$$

5. a) Mit $T_1 = 30\,\text{K}$, $V_1 = 3 \cdot 10^{-3}\,\text{m}^3$, $p_1 = 970\,\text{hPa}$ und $m_{\text{molHe}} = 4{,}0026\,\text{g/mol}$ gilt mit $p_1 V_1 = \nu R T_1 = m R T_1 / m_{\text{molHe}}$:

$$m = \frac{p_1 V_1 m_{\text{molHe}}}{R T_1} = 4{,}67\,\text{g} \,.$$

b) Der Ballon beginnt abzuheben, wenn $\varrho_{\text{He}} = \varrho_{\text{Luft}}$ gilt. Aus der Zustandsgleichung erhalten wir allgemein:

$$pV = \nu R T = \nu m_{\text{mol}} R_S T = \frac{m}{m_{\text{mol}}} m_{\text{mol}} R_S T = m R_S T \,;$$

oder, mit $\varrho = m/V$:

$$\varrho = \frac{p}{R_S T} \,.$$

Es gilt also mit $T_2 = 300\,\text{K}$, $R_{\text{SHe}} = 2078\,\text{J/(K\,kg)}$ und $R_{\text{SLuft}} = 287\,\text{J/(K\,kg)}$:

$$\frac{p}{R_{\text{SHe}} T} = \frac{p}{R_{\text{SLuft}} T_2} \quad \text{bzw.} \quad T = \frac{R_{\text{SLuft}}}{R_{\text{SHe}}} T_2 = 41{,}43\,\text{K} \,.$$

c) Für die isobare Zustandsänderung gilt $V/V_1 = T/T_1$:

$$V = V_1 \frac{T}{T_1} = 4{,}14 \cdot 10^{-3}\,\text{m}^3 \,.$$

d) Analog dazu:

$$V_2 = V_1 \frac{T_2}{T_1} = 30 \cdot 10^{-3}\,\text{m}^3 \,.$$

e) Es handelte sich um eine isobare Expansion mit $c_p = 5{,}23\,\text{kJ}/\,(\text{K\,kg})$:

$$Q = m c_p\,(T_2 - T_1) = 6{,}59\,\text{kJ}\,.$$

6. a) Nach der Zustandsgleichung gilt:

$$\nu_{\text{N2}} = \frac{p_0 V_{0\text{N2}}}{R T_0} = 0{,}0616\,\text{mol} \quad \text{und} \quad \nu_{\text{Ar}} = \frac{p_0 V_{0\text{Ar}}}{R T_0} = 0{,}0739\,\text{mol}\,.$$

b) Für die adiabatische Kompression ist pV^κ konstant, so dass gilt:

$$p_0 V_{0\text{N2}}^{\kappa_{\text{N2}}} = 2 p_0 V_{1\text{N2}}^{\kappa_{\text{N2}}} \quad \text{bzw.} \quad p_0 V_{0\text{Ar}}^{\kappa_{\text{Ar}}} = 2 p_0 V_{1\text{Ar}}^{\kappa_{\text{Ar}}}\,.$$

Es folgt für die beiden Gase:

$$V_{1\text{N2}} = V_{0\text{N2}} \left(\frac{1}{2}\right)^{1/\kappa_{\text{N2}}} = 0{,}9146\,\text{l} \quad \text{und} \quad V_{1\text{Ar}} = V_{0\text{Ar}} \left(\frac{1}{2}\right)^{1/\kappa_{\text{Ar}}} = 1{,}182\,\text{l}\,.$$

c) Mit der Zustandsgleichung des idealen Gases gilt:

$$T_{\text{N2}} = \frac{2 p_0 V_{1\text{N2}}}{\nu_{\text{N2}} R} = 357{,}3\,\text{K} \quad \text{und} \quad T_{\text{Ar}} = \frac{2 p_0 V_{1\text{Ar}}}{\nu_{\text{Ar}} R} = 384{,}8\,\text{K}\,.$$

d) Bei der adiabatischen Kompression entspricht die geleistete Kompressionsarbeit der Zunahme der inneren Energie des Gases. Es gilt

$$\Delta U = m c_V \Delta T\,.$$

Für die beiden Gase gilt also mit $m_{\text{N2}} = \nu_{\text{N2}} m_{\text{N2mol}}$ und $m_{\text{Ar}} = \nu_{\text{Ar}} m_{\text{Armol}}$:

$$\Delta U_{\text{N2}} = \nu_{\text{N2}} m_{\text{N2mol}} c_{V\text{N2}}\,(T_{\text{N2}} - T_0) = 82{,}2\,\text{J} \quad \text{und}$$

$$\Delta U_{\text{Ar}} = \nu_{\text{Ar}} m_{\text{Armol}} c_{V\text{Ar}}\,(T_{\text{Ar}} - T_0) = 85{,}9\,\text{J}\,.$$

Dabei wurden die molaren Massen

$$m_{\text{N2mol}} = 28{,}014\,\text{g/mol} \quad \text{und} \quad m_{\text{Armol}} = 39{,}948\,\text{g/mol}\,,$$

sowie die molaren Wärmekapazitäten

$$c_{V\text{N2}} = 741\,\text{J}/\,(\text{K} \cdot \text{kg}) \quad \text{und} \quad c_{V\text{Ar}} = 317\,\text{J}/\,(\text{K} \cdot \text{kg})$$

verwendet. Es ist also eine Kompressionsarbeit von $W = 168,1\,\text{J}$ nötig. Übrigens kämen wir auch mit dem theoretischen Zusammenhang

$$\Delta U = \nu c_{\text{Vmol}} \Delta T = \nu \frac{f}{2} R \Delta T$$

zum Ergebnis. Mit $f_{\text{N2}} = 5$ und $f_{\text{Ar}} = 3$ erhalten wir:

$$\Delta U_{\text{N2}} = \nu_{\text{N2}} \frac{f_{\text{N2}}}{2} R\,(T_{\text{N2}} - T_0) = 82,3\,\text{J} \quad \text{und}$$

$$\Delta U_{\text{Ar}} = \nu_{\text{Ar}} \frac{f_{\text{Ar}}}{2} R\,(T_{\text{Ar}} - T_0) = 84,6\,\text{J}\,.$$

Wir erhalten hier eine Kompressionsarbeit von $W = 166,9\,\text{J}$. Das Ergebnis weicht vom obigen Wert geringfügig ab, da wir oben mit experimentellen Werten der Wärmekapazitäten und molaren Massen gerechnet haben. Hier haben wir lediglich die theoretischen Werte der kinetischen Gastheorie verwendet, die ein ideales Gas voraussetzt. Dies ist aber nicht ganz erfüllt.

7. a) Nach der Zustandsgleichung gilt:

$$pV = \nu RT \quad \text{bzw.} \quad T_{\text{A}} = \frac{p_{\text{A}} V_{\text{A}}}{\nu R} = 2977\,\text{K}\,.$$

b) Für den adiabatischen Prozess gilt mit $\kappa = 1,63$:

$$p_{\text{A}} V_{\text{A}}^{\kappa} = p_{\text{B}} V_{\text{B}}^{\kappa} \quad \text{und daraus:} \quad V_{\text{B}} = \left(\frac{p_{\text{A}}}{p_{\text{B}}}\right)^{\frac{1}{\kappa}} V_{\text{A}} = 101,61\,.$$

c) Die Temperatur T_{B} erhalten wir aus der Beziehung

$$\frac{T_{\text{A}}}{T_{\text{B}}} = \left(\frac{p_{\text{A}}}{p_{\text{B}}}\right)^{\frac{\kappa-1}{\kappa}} . \quad \text{Daraus wird:} \quad T_{\text{B}} = \left(\frac{p_{\text{B}}}{p_{\text{A}}}\right)^{\frac{\kappa-1}{\kappa}} T_{\text{A}} = 1466,1\,\text{K}\,.$$

Für den isobaren Prozess BC gilt:

$$\frac{T_{\text{B}}}{T_{\text{C}}} = \frac{V_{\text{B}}}{V_{\text{C}}} \quad \text{bzw.} \quad T_{\text{C}} = \frac{T_{\text{B}} V_{\text{C}}}{V_{\text{B}}} = 476,2\,\text{K}\,.$$

d) Für die beim adiabatischen Prozess AB freiwerdende Arbeit gilt:

$$W_{\text{AB}} = m c_{\text{V}}\,(T_{\text{B}} - T_{\text{A}}) = -19,4\,\text{kJ}\,.$$

Dabei wurde die Masse $m = 4,0026\,\text{g}$ für 1 mol sowie die spezifische Wärme $c_{\text{V}} = 3,21\,\text{kJ}/\,(\text{K} \cdot \text{kg})$ für Helium verwendet. Weiterhin gilt:

$$W_{\text{BC}} = p_{\text{B}}\,(V_{\text{B}} - V_{\text{C}}) = 8,23\,\text{kJ}\,.$$

e) Für die beim isobaren Prozess BC abgeführte Wärmemenge Q_{BC} gilt:

$$Q_{BC} = mc_p \left(T_C - T_B\right) = -20{,}72 \,\text{kJ}\,.$$

Die spezifische Wärme bei konstantem Druck ist dabei $c_p = 5{,}23 \,\text{kJ}/\left(\text{K} \cdot \text{kg}\right)$. Für den isochoren Prozess gilt

$$Q_{CA} = mc_V \left(T_A - T_C\right) = 32{,}13 \,\text{kJ}\,.$$

f) Der Wirkungsgrad ist

$$\eta = \frac{\left|W_{AB} - W_{BC}\right|}{Q_{CA}} = 0{,}35\,.$$

8. a) Die Auftriebskräfte sind $F_{H2} = Vg\left(\varrho_{\text{Luft}} - \varrho_{H2}\right)$ und $F_{He} = Vg\left(\varrho_{\text{Luft}} - \varrho_{He}\right)$. Aus der Zustandsgleichung erhält man:

$$pV = vRT = \frac{m}{m_{\text{mol}}}RT \quad \text{bzw.} \quad \varrho = \frac{m}{V} = \frac{pm_{\text{mol}}}{RT}\,.$$

Die Waage ist im Gleichgewicht, wenn die beiden Drehmomente gleich sind:

$$rF_{H2} = xF_{He}\,.$$

Damit gilt mit $\varrho_{\text{Luft}} = 1{,}2046 \,\text{kg/m}^3$, $m_{\text{molH2}} = 2{,}016 \,\text{g/mol}$ und $m_{\text{molHe}} = 4{,}0026 \,\text{g/mol}$:

$$x = r\frac{F_{H2}}{F_{He}} = r\frac{Vg\left(\varrho_{\text{Luft}} - \varrho_{H2}\right)}{Vg\left(\varrho_{\text{Luft}} - \varrho_{He}\right)} = r\frac{\varrho_{\text{Luft}} - \frac{pm_{\text{molH2}}}{RT}}{\varrho_{\text{Luft}} - \frac{pm_{\text{molHe}}}{RT}}$$

$$= r\frac{RT\varrho_{\text{Luft}} - pm_{\text{molH2}}}{RT\varrho_{\text{Luft}} - pm_{\text{molHe}}} = 0{,}86 \,\text{m}\,.$$

b) Es müssten die Auftriebskräfte gleich sein:

$$Vg\left(\varrho_{\text{Luft}} - \varrho_{H2}\right) = V_{He}g\left(\varrho_{\text{Luft}} - \varrho_{He}\right)\,.$$

Da es sich bei der Erwärmung um einen isobaren Vorgang handelt, gilt mit $V_{He} = VT_x/T$:

$$V\left(\varrho_{\text{Luft}} - \varrho_{H2}\right) = V\frac{T_x}{T}\left(\varrho_{\text{Luft}} - \varrho_{He}\right) \quad \text{oder:}$$

$$\varrho_{\text{Luft}} - \frac{pm_{\text{molH2}}}{RT} = \frac{T_x}{T}\left(\varrho_{\text{Luft}} - \frac{pm_{\text{molHe}}}{RT_x}\right)\,.$$

Nach T_x aufgelöst, erhält man:

$$T_x = T + \frac{p}{R\varrho_{\text{Luft}}}\left(m_{\text{molHe}} - m_{\text{molH2}}\right) = 313{,}2 \,\text{K}\,.$$

9.   a) Für die Kräfte gilt $F_A - F_{\text{GewHe}} - mg = 0$. Dabei ist F_A die Auftriebskraft, F_{GewHe} die Gewichtskraft des Helium und m die Abflugmasse. Es gilt mit $\varrho_{\text{Luft}} = 1{,}2929\,\text{kg/m}^3$ und $\varrho_{\text{He}} = 0{,}1785\,\text{kg/m}^3$:

$$V\varrho_{\text{Luft}}g - V\varrho_{\text{He}}g = mg \quad \text{bzw.} \quad m = V\left(\varrho_{\text{Luft}} - \varrho_{\text{He}}\right) = 10{,}31 \cdot 10^3\,\text{kg}\,.$$

b) Im Falle der Wasserstofffüllung (die aus Gründen der Brandgefahr nicht realistisch ist) erhält man mit $\varrho_{\text{H2}} = 0{,}08988\,\text{kg/m}^3$ das Volumen:

$$V = \frac{m}{\varrho_{\text{Luft}} - \varrho_{\text{H2}}} = 8566\,\text{m}^3\,.$$

c) Ist T_1 die Temperatur, bei der der Ballon abhebt, und $T_0 = 273{,}15\,\text{K}$, dann erhält man:

$$m = V_0\frac{T_1}{T_0}\left(\varrho_{\text{Luft}} - \frac{pm_{\text{molHe}}}{RT_1}\right)\,.$$

Für die Temperatur T_1 erhalten wir also:

$$T_1 = \frac{1}{\varrho_{\text{Luft}}}\left(\frac{mT_0}{V_0} + \frac{pm_{\text{molHe}}}{R}\right) = 289\,\text{K}\,.$$

d) Nach der barometrischen Höhenformel gilt

$$p_1 = p_0 e^{-\frac{\varrho_{\text{Luft}}gh}{p_0}}\,,$$

wobei gleichzeitig die Zustandsgleichung des idealen Gases $p_0 V_0 = \nu R T_0$ und $p_1 V_1 = \nu R T_1$ gilt:

$$\frac{p_0 V_0}{V_1 p_0 e^{-\frac{\varrho_{\text{Luft}}gh}{p_0}}} = \frac{\nu R T_0}{\nu R T_1} \quad \text{bzw.} \quad \frac{V_0 T_1}{V_1 T_0} = e^{-\frac{\varrho_{\text{Luft}}gh}{p_0}}\,.$$

Nach h aufgelöst erhalten wir:

$$h = \frac{p_0}{\varrho_{\text{Luft}}g}\ln\left(\frac{V_1 T_0}{V_0 T_1}\right) = 4445\,\text{m}\,.$$

10. a) Der Druck p_0 des Gases setzt sich zusammen aus dem Außendruck p_A und dem durch die Gewichtskraft des Kolbens verursachten Druck mg/A. Damit gilt nach der Zustandsgleichung:

$$\nu - \frac{p_0 V_0}{RT_0} = \frac{\left(p_A + \frac{mg}{A}\right)V_0}{RT_0} = 0{,}039\,\text{mol}\,.$$

b) Befand sich der Kolben anfangs in der Höhe h_0 und nach Auflegen der Masse M in der Höhe $h_0 - \Delta s$, dann gilt $V_0 = Ah_0$ und $V_1 = A(h_0 - \Delta s)$. Isotherme Prozessführung bedeutet, dass das Gesetz von Boyle-Mariotte gilt:

$$p_0 V_0 = p_1 V_1 \quad \text{bzw.} \quad \left(p_\text{A} + \frac{mg}{A}\right) \cdot Ah_0 = \left(p_\text{A} + \frac{mg}{A} + \frac{Mg}{A}\right) \cdot A(h_0 - \Delta s) \, .$$

Nach M aufgelöst, erhalten wir:

$$M = \frac{\Delta s}{g}\left(\frac{p_\text{A}A + mg}{h_0 - \Delta s}\right) = 10\,\text{kg} \, .$$

c) Da der Vorgang isotherm ist, erfolgt keine Änderung der inneren Energie.

d) Es gilt nun der Zusammenhang

$$p_0 V_0^\kappa = p_1 V_1^\kappa \quad \text{bzw.} \quad \frac{p_0}{p_1} = \left(\frac{V_1}{V_0}\right)^\kappa \quad \text{bzw.} \quad \ln\left(\frac{p_0}{p_1}\right) = \kappa \cdot \ln\left(\frac{V_1}{V_0}\right) \, .$$

Für den Adiabatenexponenten erhalten wir also:

$$\kappa = \frac{\ln\left(\frac{p_0}{p_1}\right)}{\ln\left(\frac{V_1}{V_0}\right)} = \frac{\ln\left(\frac{p_\text{A} + \frac{mg}{A}}{p_\text{A} + \frac{mg}{A} + \frac{Mg}{A}}\right)}{\ln\left(\frac{A(h_0 - \Delta s)}{Ah_0}\right)} = 1{,}66 \, .$$

e) Mit $f = 2/(\kappa - 1)$ aus Aufgabe 2 folgt für die Zahl der Freiheitsgrade $f = 3$.

6.5　Lösungen zu den Aufgaben Abschn. 3.1 bis 3.2 (Schwingungen und Wellen)

1. a) Es gilt:

$$J\frac{\text{d}^2\varphi}{\text{d}t^2} = -\frac{1}{4}D\varphi\frac{l}{4} \quad \text{mit } J = ml^2$$

Die Differentialgleichung lautet damit:

$$m\frac{\text{d}^2\varphi}{\text{d}t^2} + \frac{D}{16}\varphi = 0$$

b) Mit der Lösung $\varphi(t) = \varphi_0 \sin \omega t$ erhält man:

$$\frac{\text{d}\varphi}{\text{d}t} = \omega\varphi_0\cos\omega t \quad \text{bzw.} \quad \frac{\text{d}^2\varphi}{\text{d}t^2} = -\omega^2\varphi_0\sin\omega t$$

Eingesetzt in die Differentialgleichung folgt:

$$-\omega^2 \varphi_0 m \sin \omega t + \frac{D}{16}\varphi_0 \sin \omega t = 0 \quad \text{bzw.} \quad \omega = \sqrt{\frac{D}{16m}} = 2\pi f$$

also

$$f = \frac{1}{8\pi}\sqrt{\frac{D}{m}}\,,$$

und damit

$$f = 1\,\mathrm{Hz}$$

2. Es gilt $F_1 = D_1 s$ und $F_2 = D_2 s$. Somit lautet die Differentialgleichung:

$$m\frac{\mathrm{d}^2 s}{\mathrm{d}t^2} + D_1 s + D_2 s = 0$$

Durch Einsetzen der Lösung $s\,(t) = s_0 \sin \omega t$ analog zur vorigen Aufgabe erhält man:

$$\omega = \sqrt{\frac{D_1 + D_2}{m}} = 2\pi f$$

Aufgelöst nach D_2 erhalten wir:

$$D_2 = 4\pi^2 f^2 m - D_1 \quad \text{bzw.} \quad D_2 = 200\,\frac{\mathrm{N}}{\mathrm{m}}$$

3. Das Massenträgheitsmoment der Anordnung setzt sich aus dem Massenträgheitsmoment der Masse m und dem Massenträgheitsmoment der Masse M des Zylinders zusammen. Die Masse m liefert das Massenträgheitsmoment einer Punktmasse, die den Abstand R von der Drehachse besitzt. Das gesamte Massenträgheitsmoment ist damit:

$$J = \frac{1}{2}MR^2 + mR^2\,.$$

Das rückstellende Moment der Feder ist

$$M_{\mathrm{F}} = -DRs\,.$$

Der Zusammenhang zwischen Bogenlänge s der Auslenkung und dem Auslenkwinkel ist $s = R\eta$. Wir formulieren die Differentialgleichung mit der Funktion $\eta\,(t)$:

$$J\ddot{\eta} = -DR^2\eta \quad \text{bzw.} \quad \left(\frac{1}{2}M + m\right)\ddot{\eta} + D\eta = 0\,,$$

$$\text{oder auch:} \quad \left(\frac{1}{2}M + m\right)\ddot{s} + Ds = 0\,.$$

Die Differentialgleichung kann mit der Funktion $s(t) = s_0 \sin(\omega t - \varphi)$ gelöst werden. Für die Periodendauer erhalten wir

$$T = 2\pi \sqrt{\frac{m + M/2}{D}}\,.$$

4. a) Bedingung für das vollständige Auslöschen ist, dass die Intensitäten beider Wellen gleich sind. Mit $I_1 = P_1 / \left(4\pi r_1^2\right)$ und $I_2 = P_2 / \left(4\pi r_2^2\right)$ folgt also:

$$\frac{P_1}{4\pi r_1^2} = \frac{P_2}{4\pi r_2^2} \quad \text{bzw.} \quad \frac{P_1}{P_2} = \frac{r_1^2}{r_2^2} = \frac{1}{2}\,.$$

b) Der Wegunterschied für die beiden Wellen ist $r_2 - r_1 = 0{,}66\,\mathrm{m}$. Die Wellenlänge erhält man aus $\lambda f = c$ zu $\lambda = 0{,}185\,\mathrm{m}$. Es folgt:

$$\frac{r_2 - r_1}{\lambda} = 3{,}56\,.$$

Das bedeutet, dass die Quelle Q_2 ein Signal liefern muss, das 3,56 Periodendauern vorauseilt. Wegen der Periodizität ist es gleichbedeutend, wenn das Signal 0,56 Periodendauern oder $0{,}56 \cdot 360° = 202°$ vorauseilt.

5. a) Aus dem Gesamtschallpegel L_ges erhalten wir die Gesamtintensität I_ges:

$$L_\text{ges} = 10\,\mathrm{dB} \cdot \lg\left(\frac{I_\text{ges}}{I_0}\right) \quad \text{bzw.} \quad I_\text{ges} = I_0 \cdot 10^{L_\text{ges}/10\,\mathrm{dB}}\,.$$

Die Leistung P_Qu einer einzelnen Quelle beträgt:

$$P_\text{Qu} = \frac{I_\text{ges} 4\pi r^2}{15} = \frac{4\pi r^2}{15} I_0 \cdot 10^{L_\text{ges}/10\,\mathrm{dB}} = 754\,\mu W\,.$$

b) Mit $P_0 = 10^{-12}\,W$ erhalten wir für den Leistungspegel:

$$L_\text{W} = 10\,\mathrm{dB} \cdot \lg\left(\frac{P_\text{Qu}}{P_0}\right) = 88\,\mathrm{dB}\,.$$

c) Bei inkohärenten Quellen gilt:

$$L_{I_\text{ges}} = L_{I_e} + 10\,\mathrm{dB} \cdot \lg(n) \quad \text{mit } L_{I_e} = 10\,\mathrm{dB} \cdot \lg\left(\frac{P_\text{Qu}}{4\pi r^2 I_0}\right) = 68{,}24\,\mathrm{dB}\,.$$

Nach n aufgelöst erhalten wir:

$$n = 10^{\left(L_{I_\text{ges}} - L_{I_e}\right)/10\,\mathrm{dB}} \approx 47\,.$$

6. a) Für die Intensität des Nebengeräusches erhalten wir:

$$I_\mathrm{n} = I_0 \cdot 10^{L_\mathrm{n}/10\,\mathrm{dB}} = 2{,}00\,\mu\mathrm{W/m^2}\,.$$

Analog dazu erhalten wir

$$I_1 = 6{,}31\,\mu\mathrm{W/m^2}\,,\quad I_2 = 25{,}12\,\mu\mathrm{W/m^2}\quad\text{und}\quad I_3 = 12{,}59\,\mu\mathrm{W/m^2}\,.$$

Der Intensitätspegel der ersten Maschine ohne Nebengeräusch ist also:

$$L_{1e} = 10\,\mathrm{dB}\cdot\lg\left(\frac{I_1 - I_\mathrm{n}}{I_0}\right) = 66\,\mathrm{dB}\,.$$

Auf die gleiche Weise erhält man $L_{2e} = 74\,\mathrm{dB}$ und $L_{3e} = 70\,\mathrm{dB}$.

b) Den Gesamtpegel erhalten wir durch Addition der Einzelintensitäten:

$$L = 10\,\mathrm{dB}\cdot\lg\left(\frac{I_1 + I_2 + I_3 + I_\mathrm{n}}{I_0}\right) = 76\,\mathrm{dB}\,.$$

7. Für konstruktive Überlagerung müssen die Wegdifferenzen ganzzahlige Vielfache der Wellenlänge λ sein:

$$\sqrt{x_1^2 + L^2} - L = \lambda;\quad \sqrt{x_2^2 + L^2} - L = 2\lambda;\quad \sqrt{x_3^2 + L^2} - L = 3\lambda;$$

$$\sqrt{x_4^2 + L^2} - L = 4\lambda;\quad \ldots;$$

allgemein:

$$\sqrt{x_i^2 + L^2} - L = i\lambda\quad\text{mit } i \in N\,.$$

Nach x aufgelöst erhalten wir:

$$x_i = \pm\sqrt{(i\lambda + 2L)\,i\lambda}\,.$$

8. a) Die Geschwindigkeit der Quelle als Funktion der Fallhöhe ist $v_\mathrm{Q} = \sqrt{2gs_1}$. Für die von A gehörte Frequenz gilt:

$$f_\mathrm{E} = f\,\frac{1}{1 + \frac{v_\mathrm{Q}}{c}} = f\,\frac{1}{1 + \frac{\sqrt{2gs_1}}{c}} = 960\,\mathrm{Hz}\,.$$

b) Die für den Empfänger relevante Geschwindigkeitskomponente ist $v_\mathrm{Q}^* = \sqrt{2gs_1}\cdot$ cos 45°, so dass der Empfänger die Frequenz

$$f_\mathrm{E} = f\,\frac{1}{1 - \frac{v_\mathrm{Q}^*}{c}} = f\,\frac{1}{1 - \frac{\sqrt{2gs_1}\cdot\cos 45°}{c}} = 1030{,}4\,\mathrm{Hz}$$

registriert.

9. Massenträgheitsmoment bei Drehung um A:

$$J = \frac{1}{2}mR^2 + ms^2$$

Die Schwingungsdifferentialgleichung lautet dann:

$$J\ddot{\varepsilon} = -mgs\sin\varepsilon \quad \text{bzw.} \quad \left(\frac{1}{2}mR^2 + ms^2\right)\ddot{\varepsilon} + mgs\varepsilon = 0$$

Mit dem Ansatz $\varepsilon(t) = \varepsilon_0 \sin\omega t$ erhalten wir:

$$\omega = \frac{2\pi}{T} = \sqrt{\frac{gs}{\frac{1}{2}R^2 + s^2}} \quad \text{bzw.} \quad 4\pi^2 s^2 - gT^2 s + 2\pi^2 R^2 = 0$$

Die Lösungen dieser quadratischen Gleichung lauten:

$$s_{1/2} = \frac{gT^2 \pm \sqrt{g^2 T^4 - 32\pi^4 R^2}}{8\pi^2} \quad \text{bzw.} \quad s_1 = 0{,}5\,\text{m} \quad s_2 = 0{,}25\,\text{m}$$

10. Ist die Winkelauslenkung des Stabes φ, wirkt bei Auslenkung des Pendels durch die Feder die Rückstellkraft $F_\text{F} \approx -DL\varphi/4$. Hier wurde die Näherung gemacht, dass der vom Stabende beschriebene Bogen $L\varphi/4$ der Dehnung bzw. Stauchung der Feder entspricht. Das von der Feder ausgeübte Drehmoment ist also:

$$M_\text{F} = -\frac{DL\varphi}{4} \cdot \frac{L}{4} = -\frac{D\varphi L^2}{16}.$$

Die schwerkraftbedingte Rückstellkraft ist $F_\text{S} = -mg\sin\varphi$, das daraus resultierende Drehmoment ist:

$$M_\text{G} = -\frac{mgL}{4}\sin\varphi \approx -\frac{mgL\varphi}{4}.$$

Das Massenträgheitsmoment des Pendels bezüglich der Drehachse muss durch den Steinerschen Satz berechnet werden, wobei die Verschiebung der Achse $L/4$ beträgt:

$$J = \frac{1}{12}mL^2 + m\left(\frac{L}{4}\right)^2 = \frac{7}{48}mL^2.$$

Mit $M = J\ddot{\varphi}$ erhalten wir die Schwingungsdifferentialgleichung:

$$J\ddot{\varphi} = M_\text{F} + M_\text{G} \quad \text{bzw.} \quad \frac{7}{48}mL^2\ddot{\varphi} = -\frac{D\varphi L^2}{16} - \frac{mgL\varphi}{4}$$

$$\text{bzw.} \quad 7mL^2\ddot{\varphi} + \left(3DL^2 + 12mgL\right)\varphi = 0.$$

Als Schwingungsfrequenz ω erhalten wir:

$$\omega = \sqrt{\frac{3DL + 12mg}{7mL}}.$$

11. a)

$$J = \left(\frac{2}{5}MR^2 + M\,(2R)^2\right) + \left(\frac{2}{5}mr^2 + m\,(2r)^2\right) = \frac{22}{5}\left(MR^2 + mr^2\right)$$

b) Rückstellendes Moment:

$$M_{\text{Rück}} = Mg\,(2R)\sin\varphi - mg\,(2r)\sin\varphi = 2g\sin\varphi\,(MR - mr)$$

Die Differentialgleichung lautet:

$$\left(\frac{22}{5}\left(MR^2 + mr^2\right)\right)\frac{\mathrm{d}^2\varphi}{\mathrm{d}t^2} + 2g\sin\varphi\,(MR - mr) = 0$$

Daraus folgt die Periodendauer:

$$T = 2\pi\sqrt{\frac{11\cdot(MR^2 + mr^2)}{5g\,(MR - mr)}}$$

12. a) Das Massenträgheitsmoment des Stabes bei Drehung um die Achse A ist unter Anwendung des Steinerschen Satzes:

$$J_{\text{S}} = \frac{1}{12}M\,(2R)^2 + MR^2 = \frac{4}{3}MR^2\,;$$

dergleichen für die Kugel:

$$J_{\text{K}} = \frac{2}{5}MR^2 + M\,(3R)^2 = \frac{47}{5}MR^2\,.$$

Die Massenträgheitsmomente sind additiv, so dass wir das Gesamtmoment erhalten zu:

$$J = J_{\text{S}} + J_{\text{K}} = \frac{4}{3}MR^2 + \frac{47}{5}MR^2 = \frac{161}{15}MR^2\,.$$

b) Der Schwerpunkt des gesamten Pendels liegt an der Kontaktstelle von Stab und Kugel. Hier greift die Rückstellkraft an, sie ist:

$$F_{\text{Rück}} = -2Mg\sin\eta \approx -2Mg\eta\,.$$

c) Die Differentialgleichung lautet mit $2R F_{\text{Rück}} = J\ddot{\eta}$:

$$\frac{161}{15}MR^2\ddot{\eta} + 4RMg\eta = 0\,.$$

d) Die Frequenz und die Periodendauer sind:

$$\omega = \sqrt{\frac{4RMg}{161MR^2/15}} \quad \text{bzw.} \quad T = \pi\sqrt{\frac{161R}{15g}}\,.$$

13. a) Es gilt $mg = Ds$ und daraus $m = Ds/g = 50\,\text{kg}$.

   b) Aus $q = e^{\delta T_\text{d}}$ und $\omega_\text{d} = \sqrt{\omega^2 - \delta^2} = 2\pi/T_\text{d}$ folgt durch Eliminieren von T_d:

$$\frac{1}{\delta}\ln(q) = \frac{2\pi}{\sqrt{\omega^2 - \delta^2}}\,.$$

Nach δ aufgelöst erhalten wir mit $\omega = \sqrt{D/(M+m)}$:

$$\delta = \sqrt{\frac{\frac{D}{M+m}\ln^2(q)}{4\pi^2 + \ln^2(q)}}\,.$$

Wegen $\delta = b/[2(M+m)]$ erhalten wir

$$b = \sqrt{\frac{4D(M+m)\cdot\ln^2(q)}{4\pi^2 + \ln^2(q)}} = 500\,\frac{\text{kg}}{\text{s}}\,.$$

   c) Für den aperiodischen Grenzfall erhalten wir wegen $\omega = \delta$:

$$\sqrt{\frac{D}{M+m}} = \frac{b}{2(M+m)} \quad \text{bzw.} \quad D = \frac{b^2}{4(M+m)} = 725{,}9\,\frac{\text{N}}{\text{m}}\,.$$

14. Mit $\rho = kx$ folgt:

$$c = \frac{\mathrm{d}x}{\mathrm{d}t} = \sqrt{\frac{F_0}{\rho A}} = \sqrt{\frac{F_0}{kxA}}\,.$$

Die Laufzeit T für den Hin- und Rückweg bzw. $T/2$ für den Hinweg erhalten wir durch Variablentrennung und Integration:

$$\int_0^{T/2} \mathrm{d}t = \int_0^L \sqrt{\frac{kxA}{F_0}}\,\mathrm{d}x\,, \quad \text{bzw.} \quad \frac{T}{2} = \sqrt{\frac{kA}{F_0}}\left[\frac{2x^{3/2}}{3}\right]_0^L,$$

$$\text{also:}\quad T = \frac{4}{3}L^{3/2}\sqrt{\frac{kA}{F_0}}\,.$$

15. a) Aus $L_\mathrm{W} = 10\,\mathrm{dB} \cdot \lg\left(\frac{P}{P_0}\right)$ folgt $P = P_0 \cdot 10^{L_\mathrm{W}/10\,\mathrm{dB}} = 9{,}55\,\mathrm{mW}$.

Daraus errechnet man die Intensität der direkten Beschallung zu $I_\mathrm{d} = P/\left(4\pi d^2\right) = 84{,}4\,\mu\mathrm{W/m^2}$ und die der indirekten Beschallung zu $I_\mathrm{i} = P/\left(4\pi\,(d+2e)^2\right) = 15{,}51\,\mu\mathrm{W/m^2}$. Der Schalldruckpegel im Punkt P ist also:

$$L_\mathrm{p} = 10\,\mathrm{dB} \cdot \lg\left(\frac{I_\mathrm{d} + I_\mathrm{i}}{I_0}\right) = 80\,\mathrm{dB}\,.$$

b) Die Bedingung für konstruktive Interferenz im Punkt P lautet:

$$i\lambda + \frac{\lambda}{2} = 2e \quad \text{mit } i \in N\,.$$

Da die Reflexion am harten Medium erfolgt, tritt ein Phasensprung um $180°$ oder $\lambda/2$ ein. Mit $c = \lambda f$ und $c \approx (331{,}5 + 0{,}6\vartheta/°\mathrm{C})\,\mathrm{m/s} = 343{,}5\,\mathrm{m/s}$ folgt:

$$f = \frac{c}{2e}\left(i + \frac{1}{2}\right)\,.$$

Man erhält also für konstruktive Interferenz die Frequenzen:

$$f = 42{,}94\,\mathrm{Hz};\ 128{,}81\,\mathrm{Hz};\ 214{,}69\,\mathrm{Hz};\ 300{,}56\,\mathrm{Hz};\ 386{,}44\,\mathrm{Hz};\ \dots\,.$$

16. Wir führen den in Abb. 6.11 gezeigten Winkel φ ein, für den gilt:

$$\sin\varphi = \frac{x}{\sqrt{x^2 + L^2}}\,.$$

Die relative Geschwindigkeit zwischen Empfänger und Sender ist $v_\mathrm{E} = v\sin\varphi$. Bewegt sich der Empfänger auf der negativen x-Achse, ist der Winkel φ negativ und es kommt zur Annäherung von Sender und Empfänger. Auf der positiven x-Achse ist der Winkel φ positiv und der Empfänger entfernt sich vom Sender. Somit gilt:

$$f_\mathrm{E} = f\left(1 - \frac{v_\mathrm{E}}{c}\right) = f\left(1 - \frac{v\sin\varphi}{c}\right) = f\left(1 - \frac{vx}{c\sqrt{x^2 + L^2}}\right)\,.$$

Wir lösen die Gleichung nach x auf:

$$\frac{vx}{c\sqrt{x^2 + L^2}} = 1 - \frac{f_\mathrm{E}}{f} \quad \text{bzw.} \quad \frac{vxf}{c\,(f - f_\mathrm{E})} = \sqrt{x^2 + L^2}$$

$$\text{bzw.} \quad \frac{v^2 x^2 f^2}{c^2(f - f_\mathrm{E})^2} - x^2 = L^2\,.$$

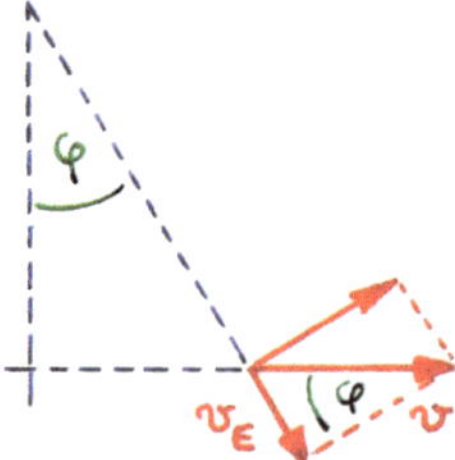

Abb. 6.11 Die für den Dopplereffekt relevante Geschwindigkeitskomponente ist v_E

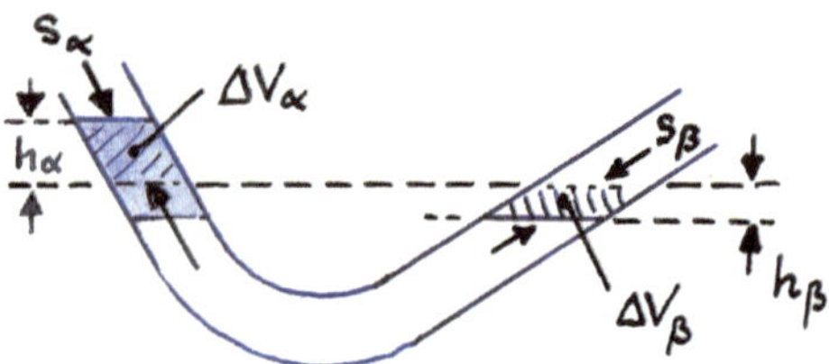

Abb. 6.12 Bei Auslenkung der Wassersäule ist das auf der einen Seite unter der Gleichgewichtslinie fehlende Volumen gleich dem auf der anderen Seite überstehenden Volumen

Schließlich erhalten wir:

$$x = \pm \sqrt{\frac{L^2 c^2 (f - f_E)^2}{v^2 f^2 - c^2 (f - f_E)^2}} = \pm 20\,\text{m}\,.$$

17. Die Schwingung wird beschrieben durch den Auslenkwinkel $\beta(t) = \beta_0 \sin \omega t$ mit $\omega = \sqrt{g/L}$. Die Winkelgeschwindigkeit ist dann $\dot\beta(t) = \beta_0 \omega \cos \omega t$, so dass der Maximalwert der Geschwindigkeit beim Nulldurchgang gegeben ist durch $v_{\max} = L\beta_0 \sqrt{g/L} = \beta_0 \sqrt{gL}$. Damit ist die am Ort B registrierte Frequenz gegeben durch:

$$f_E = f\,\frac{1}{1 - \frac{v_{\max}}{c}} = f\,\frac{1}{1 - \frac{\beta_0 \sqrt{gL}}{c}}\,.$$

Nach L aufgelöst erhalten wir mit $c = 343{,}6\,\text{m/s}$:

$$L = \frac{c^2}{\beta_0^2 g}\left(1 - \frac{f}{f_E}\right)^2 = 1{,}58\,\text{m}\,.$$

18. a) Aus Abb. 6.12 erkennt man, dass die jeweils über bzw. unter der Gleichgewichtslinie liegenden Auslenkungsvolumina ΔV_α und ΔV_β gleich sein müssen. Da die Volumina der schiefen Kreiszylinder gegeben sind durch $\Delta V_\alpha = A s_\alpha$ und $\Delta V_\beta = A s_\beta$, folgt $s_\alpha = s_\beta = s$. Für die entsprechenden Hubhöhen gilt somit $h_\alpha = s \sin \alpha$ und $h_\beta = s \sin \beta$. Man beachte, dass die Höhen h_α und h_β unterschiedlich groß sind! Die Gesamthöhe ergibt sich zu $h_\alpha + h_\beta = s \sin \alpha + s \sin \beta$ und damit das für die Rückstellkraft relevante Volumen zu:

$$\Delta V = (s \sin \alpha + s \sin \beta) \cdot \frac{A}{\cos(90° - \alpha)} = \frac{(s \sin \alpha + s \sin \beta)\,A}{\sin \alpha}\,.$$

Damit ist die Rückstellkraft:

$$F_{\text{Rück}} = \rho \Delta V g \sin \alpha = \frac{\rho\,(s \sin \alpha + s \sin \beta)\,A g}{\sin \alpha}\,\sin \alpha = \rho A s g\,(\sin \alpha + \sin \beta)\,.$$

b) Weil die Rückstellkraft proportional zur Auslenkung s ist.

c) Die Gesamtmasse der bewegten Wassersäule ist $m = \rho L A$ und damit erhalten wir mit $m\ddot{s} = -F_{\text{Rück}}$ die Differentialgleichung

$$\rho L A \ddot{s} = -\rho A s g \left(\sin\alpha + \sin\beta\right) \quad \text{bzw.} \quad L\ddot{s} + sg\left(\sin\alpha + \sin\beta\right) = 0.$$

Mit dem Lösungsansatz $s\,(t) = s_0 \sin\left(\omega t - \eta\right)$ erhalten wir für die Kreisfrequenz ω bzw. für die Periodendauer T:

$$\omega = \sqrt{\frac{g\left(\sin\alpha + \sin\beta\right)}{L}} \quad \text{bzw.} \quad T = 2\pi\sqrt{\frac{L}{g\left(\sin\alpha + \sin\beta\right)}}.$$

d) Gegenüber der Gleichgewichtslage wird das Volumen As um die Höhe $\left(h_\alpha + h_\beta\right)/2$ angehoben. Die potentielle Energie ist also

$$E_{\text{pot}} = \frac{mg\left(h_\alpha + h_\beta\right)}{2} = \frac{\rho A s g\left(h_\alpha + h_\beta\right)}{2} = \frac{\rho A s g\left(s\sin\alpha + s\sin\beta\right)}{2}$$
$$= \frac{\rho A s^2 g\left(\sin\alpha + \sin\beta\right)}{2}.$$

Die kinetische Energie der schwingenden Wassersäule ist:

$$E_{\text{kin}} = \frac{m}{2}\dot{s}^2 = \frac{\rho A L}{2}\dot{s}^2.$$

Die Gesamtenergie ist also:

$$E_{\text{ges}} = E_{\text{pot}} + E_{\text{kin}} = \frac{\rho A s^2 g\left(\sin\alpha + \sin\beta\right)}{2} + \frac{\rho A L}{2}\dot{s}^2.$$

Setzt man wieder den Lösungsansatz $s\,(t) = s_0 \sin\left(\omega t - \eta\right)$ ein, erhält man:

$$E_{\text{ges}} = \frac{\rho A g\left(\sin\alpha + \sin\beta\right)}{2}s_0^2 \sin^2\left(\omega t - \eta\right) + \frac{\rho A L}{2}s_0^2 \omega^2 \cos^2\left(\omega t - \eta\right).$$

Damit der Ausdruck auf der rechten Seite unabhängig von der Zeit konstant ist, müssen die konstanten Vorfaktoren der beiden Summanden gleich sein (und der Gesamtenergie E_{ges} entsprechen), damit der Ausdruck auf $\sin^2\left(\omega t - \eta\right) + \cos^2\left(\omega t - \eta\right) = 1$ zurückgeführt werden kann:

$$\frac{\rho A g\left(\sin\alpha + \sin\beta\right)}{2}s_0^2 = \frac{\rho A L}{2}s_0^2 \omega^2.$$

Man erhält daraus für ω und T wie oben:

$$\omega = \sqrt{\frac{g\left(\sin\alpha + \sin\beta\right)}{L}} \quad \text{bzw.} \quad T = 2\pi\sqrt{\frac{L}{g\left(\sin\alpha + \sin\beta\right)}}.$$

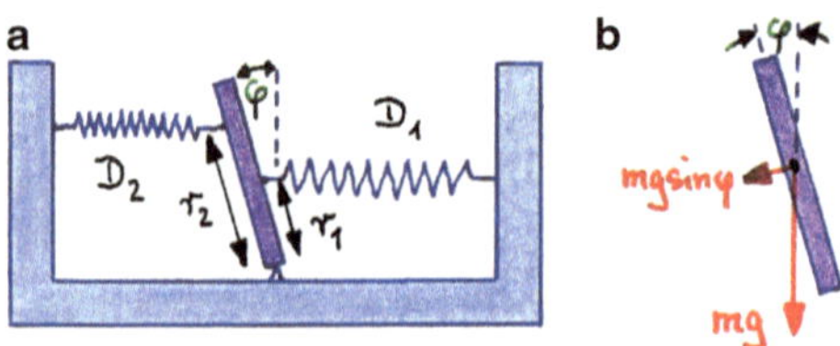

Abb. 6.13 **a** Die für die Rückstellkraft der Federn relevante Auslenkung ist näherungsweise $Dr\varphi$ **b** Zum rückstellenden Moment kommt ein schwerkraftbedingtes Kippmoment $Lmg\varphi/2$

19. a) Bei kleinen Auslenkungen werden die Federn näherungsweise um die Bogenlänge $r_1\varphi$ bzw. $r_2\varphi$ gedehnt bzw. gestaucht (Abb. 6.13). Die rückstellende Kraft für eine der oberen Federn ist also $F_{\text{Rück1}} = -D_1 r_1 \varphi$, das zugehörige Drehmoment ist $M_{\text{Rück1}} = -D_1 \varphi r_1^2$. Analog kann man die anderen Kräfte und Drehmomente berechnen. Nicht rückstellend, oder, anders ausgedrückt, auslenkend wirkt in diesem Fall die Schwerkraft. Kippt die Platte aus dem labilen Gleichgewicht, versucht das Moment $M_{\text{g}} = \frac{L}{2} mg \sin \varphi \approx \frac{L}{2} mg\varphi$ die Platte weiter zu kippen. Das gesamte rückstellende Moment ist also:

$$M_{\text{Rück}} = -2D_1 \varphi r_1^2 - 2D_2 \varphi r_2^2 + \frac{l}{2} mg\varphi \, .$$

Das Massenträgheitsmoment bezüglich der Drehachse A kann über den Steinerschen Satz aus dem Massenträgheitsmoment bei Drehung um die Schwerpunktsachse berechnet werden:

$$J = \frac{m}{12} l^2 + m \left(\frac{l}{2} \right)^2 = \frac{m}{3} l^2 \, .$$

Daraus kann mit $J\ddot{\varphi} = M_{\text{Rück}}$ die Differentialgleichung formuliert werden:

$$\frac{m}{3} l^2 \ddot{\varphi} + \left(2D_1 r_1^2 + 2D_2 r_2^2 - \frac{l}{2} mg \right) \varphi = 0 \, .$$

Die Schwingungsfrequenz errechnet man zu:

$$\omega = \sqrt{\frac{2D_1 r_1^2 + 2D_2 r_2^2 - \frac{l}{2} mg}{\frac{m}{3} l^2}} \quad \text{bzw.}$$

$$f = \sqrt{\frac{12 D_1 r_1^2 + 12 D_2 r_2^2 - 3mgl}{8\pi^2 m l^2}} = 0{,}37 \, \text{s} \, .$$

b) Die Drehmomentgleichung wird im Falle der Dämpfung zu:

$$\frac{m}{3} l^2 \ddot{\varphi} + b^* \dot{\varphi} + \left(2D_1 r_1^2 + 2D_2 r_2^2 - \frac{l}{2} mg \right) \varphi = 0 \, .$$

Analog zur Lösung der Differentialgleichung des gedämpften Oszillators (Abschn. 3.1.4) erhält man hier für den Abklingkoeffizienten:

$$\delta = \frac{b^*}{2J} = \frac{3b^*}{2ml^2}.$$

Für den aperiodischen Grenzfall gilt $\omega = \delta$:

$$\sqrt{\frac{6\left(D_1 r_1^2 + D_2 r_2^2 - \frac{l}{4}mg\right)}{ml^2}} = \frac{3b^*}{2ml^2}.$$

Wir erhalten eine quadratische Gleichung für m:

$$6l^3 g m^2 - 24l^2\left(D_1 r_1^2 + D_2 r_2^2\right) m + 9b^{*2} = 0,$$

$$m = \frac{4l\left(D_1 r_1^2 + D_2 r_2^2\right) \pm \sqrt{16l^2\left(D_1 r_1^2 + D_2 r_2^2\right)^2 - 6glb^{*2}}}{2l^2 g}.$$

Als Lösungen erhalten wir $m_1 = 15{,}01\,\text{kg}$ und $m_2 = 12{,}91\,\text{kg}$. Das System schwingt nur bei Massen, die zwischen diesen beiden Werten liegen. Der Grund für dieses Verhalten liegt darin, dass die Schwerkraft bei dieser Anordnung die Rückstellkraft verringert. Je größer also die Masse, desto geringer wird die Rückstellkraft.

6.6 Lösungen zu den Aufgaben Abschn. 4.1 (Elektrische Felder)

1. Die beiden Anziehungskräfte lassen sich wie in Abb. 6.14 skizziert in Vertikal- und Horizontalkomponenten zerlegen. Die Horizontalkomponenten heben sich gegenseitig auf. Die Vertikalkomponenten sind gleich groß und addieren sich. Es genügt also, eine zu berechnen. Es gilt:

$$F = \frac{1}{4\pi\epsilon_0}\frac{qQ}{r^2}.$$

Die Vertikalkomponente der Kraft ist $F\cos\varphi$, während $r = \sqrt{e^2 + L^2}$ und $\cos\varphi = L/\sqrt{e^2 + L^2}$ gilt. Für die an q angreifenden Kräfte erhalten wir:

$$mg = 2F\cos\varphi = 2\frac{1}{4\pi\epsilon_0}\frac{qQ}{r^2}\frac{L}{\sqrt{e^2 + L^2}}.$$

Für die Ladung Q gilt also:

$$Q = \frac{2\pi\epsilon_0 mg}{qL}\left(\sqrt{e^2 + L^2}\right)^3 = 1\,\mu\text{C}.$$

Abb. 6.14 Zerlegung der Coulombkräfte in eine horizontale und eine vertikale Komponente

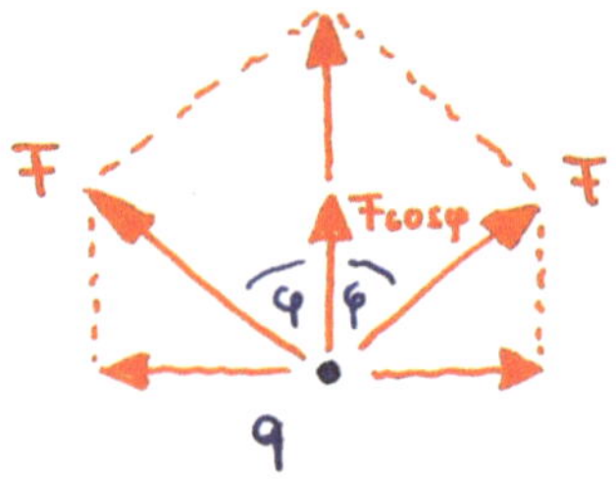

2.   a)   Die Kapazität des Kondensators verändert sich periodisch:

$$C = \frac{\epsilon_0 A}{d} = \frac{\epsilon_0 A}{d_0 + \hat{d}\sin(\omega t)} .$$

Die Ladungsmenge auf den Kondensatorplatten bleibt konstant. Wegen $Q = CU$ folgt dann für die Spannung:

$$U = \frac{Q\left(d_0 + \hat{d}\sin(\omega t)\right)}{\epsilon_0 A} .$$

b)   In diesem Fall ist U konstant. Für den Strom gilt also mit $Q = CU$:

$$I(t) = \frac{dQ}{dt} = U\frac{dC}{dt} = U\frac{d}{dt}\frac{\epsilon_0 A}{d_0 + \hat{d}\sin(\omega t)} = \frac{-U\epsilon_0 A\hat{d}\omega\cos(\omega t)}{\left(d_0 + \hat{d}\sin(\omega t)\right)^2} .$$

3.   Es ist das Linienintegral

$$W = -\int Q\vec{E}\,d\vec{s} = -\int Q\vec{E}\frac{d\vec{s}}{d\varphi}\,d\varphi \quad \text{mit}$$

$$\vec{E}(\varphi) = \begin{pmatrix} ar\cos\varphi \\ 2ar\sin\varphi \\ b \end{pmatrix} \quad \text{und} \quad \frac{d\vec{s}}{d\varphi} = \begin{pmatrix} -r\sin\varphi \\ r\cos\varphi \\ r/10 \end{pmatrix}$$

auszuführen:

$$W = -\int_0^{\frac{\pi}{2}} Q\cdot\begin{pmatrix} ar\cos\varphi \\ 2ar\sin\varphi \\ b \end{pmatrix}\cdot\begin{pmatrix} -r\sin\varphi \\ r\cos\varphi \\ \frac{r}{10} \end{pmatrix}d\varphi = -Q\int_0^{\frac{\pi}{2}}\left(ar^2\sin\varphi\cos\varphi + \frac{br}{10}\right)d\varphi$$

$$= -Q\left[ar^2\frac{1}{2}\sin^2\varphi + \frac{br\varphi}{10}\right]_0^{\frac{\pi}{2}} = -Qr\left(\frac{ar}{2} + \frac{b\pi}{20}\right)$$

bzw. $W = -3{,}0\cdot10^{-15}\,\text{J}$.

4.   Wir wählen als Weg die Gerade

$$\vec{r}\,(t) = \begin{pmatrix} t \\ t \\ t+1 \end{pmatrix}$$

in Parameterdarstellung. Die Ladung wird vom Parameterwert $t_1 = 0$ zum Parameterwert $t_2 = 1$ bewegt. Mit

$$\frac{\mathrm{d}\vec{r}}{\mathrm{d}t} = \begin{pmatrix} 1 \\ 1 \\ 1 \end{pmatrix}$$

erhalten wir:

$$W = -QC \int_0^1 \begin{pmatrix} -6 \cdot \frac{t}{t+1} \\ -4 \cdot \frac{t}{t+1} \\ \frac{3t^2 + 2t^2}{(t+1)^2} \end{pmatrix} \cdot \begin{pmatrix} 1 \\ 1 \\ 1 \end{pmatrix} \mathrm{d}t = QC \int_0^1 \frac{6t}{t+1} + \frac{4t}{t+1} - \frac{3t^2 + 2t^2}{(t+1)^2} \mathrm{d}t$$

$$W = 5QC \int_0^1 \frac{t}{t+1} + \frac{t}{(t+1)^2} \mathrm{d}t$$

Die Substitution $y = t + 1$ führt mit $\frac{\mathrm{d}y}{\mathrm{d}t} = 1$ bzw. $\mathrm{d}y = \mathrm{d}t$ zu:

$$W = 5QC \int_1^2 \frac{y-1}{y} + \frac{y-1}{y^2} \mathrm{d}y = 5QC \left[y + \frac{1}{y} \right]_1^2 = \frac{5}{2} QC$$

5.   Ohne Wasser gilt:

$$C = \frac{Q}{U} = \frac{\varepsilon_0 A}{d}$$

Mit Wasser gilt:

$$C_\mathrm{W} = \frac{Q_\mathrm{W}}{U} = \frac{\varepsilon_\mathrm{r} \varepsilon_0 A}{d}$$

Daraus erhält man:

$$Q = \frac{\varepsilon_0 A}{d} U \quad \text{und} \quad Q_\mathrm{W} = \frac{\varepsilon_\mathrm{r} \varepsilon_0 A}{d} U$$

Damit:

$$\Delta Q = Q_\mathrm{W} - Q = \frac{\varepsilon_0 A U}{d} (\varepsilon_\mathrm{r} - 1)$$

Für die Energie gilt:

$$E = \int P\,\mathrm{d}t = \int UI\,\mathrm{d}t = \int U\frac{\mathrm{d}Q}{\mathrm{d}t}\mathrm{d}t = \int U\,\mathrm{d}Q = U\int \mathrm{d}Q = U\Delta Q$$

$$= \frac{\varepsilon_0 A U^2}{d}(\varepsilon_r - 1)$$

6. Ohne Wasser gilt:

$$Q = U_1 C_1 = U_1 \varepsilon_0 \frac{Ht}{d}$$

Mit Wasser:

$$Q = U_2 C_2 = U_2\left(\varepsilon_0\varepsilon_r\frac{ht}{d} + \varepsilon_0\frac{(H-h)t}{d}\right)$$

Da der Kondensator nicht an einer Spannungsquelle hängt, bleibt die Ladung auf dem Kondensator gleich:

$$U_1\varepsilon_0\frac{Ht}{d} = U_2\left(\varepsilon_0\varepsilon_r\frac{ht}{d} + \varepsilon_0\frac{(H-h)t}{d}\right)$$

$$h = H\frac{U_1 - U_2}{U_2(\varepsilon_r - 1)} \quad \text{bzw.} \quad h = 10\,\text{cm}$$

7. Nach der Knotenregel folgt (es darf nur einer der zwei Knoten verwendet werden):

$$I_1 - I_2 + I_3 = 0, \quad (-I_1 + I_2 - I_3 = 0). \tag{6.6}$$

Die beiden Gleichungen unterscheiden sich nur durch das Vorzeichen, so dass wie erwartet nur eine Gleichung nützlich ist. Die Anwendung der Maschenregel ergibt hier drei Gleichungen, von denen eine überflüssig ist:

$$-U_2 + I_1 R_1 + I_2 R_2 = 0, \tag{6.7}$$

$$-U_1 + I_2 R_2 + I_3 R_3 = 0, \tag{6.8}$$

$$(-U_2 + I_1 R_1 + U_1 - I_3 R_3 = 0).$$

Aus den Gl. 6.7 und 6.8 erhalten wir:

$$I_1 = \frac{U_2 - R_2 I_2}{R_1} \quad \text{und} \quad I_3 = \frac{U_1 - R_2 I_2}{R_3}.$$

In Gl. 6.6 eingesetzt, kann I_2 gewonnen werden:

$$I_2 = \frac{R_1 U_1 + U_2 R_3}{R_2 R_3 + R_1 R_3 + R_1 R_2}, \quad \text{bzw.} \quad I_2 = 2\,\text{A}; \quad \text{daraus:} \quad I_1 = 1\,\text{A}$$

$$\text{und} \quad I_3 = 1\,\text{A}.$$

8. Es sind nur scheinbar vier Knoten, der Quersteg in der Mitte der Schaltung ist ein
    einziger Knoten. Somit werden von den drei Knoten zwei ausgewertet:

$$I_1 + I_2 - I_4 + I_5 = 0\,, \tag{6.9}$$

$$-I_1 - I_3 + I_4 = 0\,. \tag{6.10}$$

Die drei kleinstmöglichen Schleifen liefern:

$$R_1 I_1 = U_1 + U_3\,,$$
$$R_2 I_2 = U_2 + U_4\,,$$
$$R_3 I_3 = U_3 - U_4\,.$$

Aus den letzten drei Gleichungen erhält man:

$$I_1 = \frac{U_1 + U_3}{R_1} = 4\,\mathrm{A}\,; \qquad I_2 = \frac{U_2 + U_4}{R_2} = 1\,\mathrm{A}\,; \qquad I_3 = \frac{U_3 - U_4}{R_3} = 2\,\mathrm{A}\,.$$

Aus Gl. 6.9 und 6.10 folgt $I_4 = 6\,\mathrm{A}$ und $I_5 = 1\,\mathrm{A}$.

9. Die Widerstände R_1 und R_2 können vorab addiert werden. Von den drei Knoten wer-
    tet man zwei aus, z. B.:

$$I_2 - I_3 - I_4 = 0\,, \tag{6.11}$$

$$I_3 - I_5 - I_6 = 0\,. \tag{6.12}$$

Es müssen so viele Schleifen angegeben werden, dass jede Komponente mindestens
einmal durchlaufen wird. Die Gleichungen könnten also lauten:

$$-U_1 + (R_1 + R_2)\,I_2 + I_4 R_4 = 0\,, \tag{6.13}$$

$$R_3 I_3 + R_5 I_5 - R_4 I_4 = 0\,, \tag{6.14}$$

$$R_6 I_6 - U_2 - R_5 I_5 = 0\,. \tag{6.15}$$

Man setzt die Zahlenwerte der Widerstände und Spannungen (in den Einheiten Ω und
V) in die Gleichungen ein und eliminiert mittels Gl. 6.11 I_2 und dann mittels Gl. 6.12
I_3 und erhält damit die folgenden Gleichungen (SI-Einheiten sind weggelassen):

$$5 I_4 + 3 I_5 + 3 I_6 = 14\,, \tag{6.16}$$

$$-4 I_4 + 2 I_5 + I_6 = 0\,, \tag{6.17}$$

$$-I_5 + 4 I_6 = 7\,. \tag{6.18}$$

Eliminieren von I_5 mit Hilfe von Gl. 6.18 ergibt:

$$5 I_4 + 15 I_6 = 35\,,$$
$$-4 I_4 + 9 I_6 = 14\,.$$

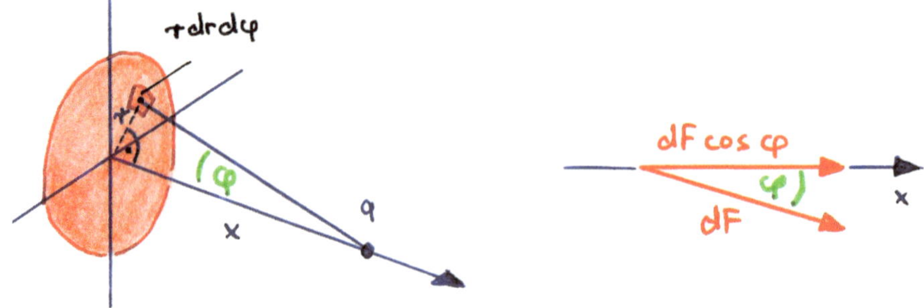

Abb. 6.15 Für die Kraftwirkung zwischen der Ladung des kleinen Flächenelementes $r\,dr\,d\varphi$ und der Ladung q gilt das Coulomb'sche Gesetz

Man erhält damit die Lösungen:

$$I_2 = 4\,\text{A}\,; \quad I_3 = 3\,\text{A}\,; \quad I_4 = 1\,\text{A}\,; \quad I_5 = 1\,\text{A}\,; \quad I_6 = 2\,\text{A}\,.$$

10. Bei der linearen Ladungsverteilung zerlegt man den Stab in kleine Stücke der Länge dx und fasst diese als Punktladung $\eta\,dx$ auf. Man kann dann die Coulombanziehung von Punktladungen anwenden:

$$dF = \frac{1}{4\pi\epsilon_0}\frac{Q\eta}{x^2}dx\,.$$

Die Gesamtkraft erhält man, indem man über alle Längenelemente integriert:

$$F = \int\limits_r^{r+L} \frac{1}{4\pi\epsilon_0}\frac{Q\eta}{x^2}dx = \frac{Q\eta}{4\pi\epsilon_0}\left[-\frac{1}{r+L}+\frac{1}{r}\right]_r^{r+L} = \frac{Q\eta}{4\pi\epsilon_0}\frac{L}{r\,(r+L)}\,.$$

11. a) Das in Abb. 6.15 skizzierte Flächenelemente $r\,dr\,d\varphi$ trägt die Ladung $\sigma\,r\,dr\,d\varphi$. Die Kraftwirkung zwischen dieser Ladung und q ist gegeben durch:

$$dF = \frac{1}{4\pi\varepsilon_0}\frac{q\sigma\,r\,dr\,d\varphi}{(r^2+x^2)}$$

Die senkrecht zur x-Achse gerichteten Kraftkomponenten heben sich infolge der Rotationssymmetrie paarweise gegenseitig auf. Daher gewinnt man die Gesamtkraft F mit $\cos\varphi = \frac{x}{\sqrt{r^2+x^2}}$ durch die folgende Integration:

$$F = \frac{1}{4\pi\varepsilon_0}q\sigma \int\limits_0^{2\pi}\int\limits_0^{R} \frac{r\cos\varphi\,dr\,d\varphi}{(r^2+x^2)} = \frac{1}{4\pi\varepsilon_0}q\sigma \int\limits_0^{2\pi}\int\limits_0^{R} \frac{rx\,dr\,d\varphi}{\sqrt{(r^2+x^2)^3}}$$

$$F = -\frac{q\sigma x}{4\pi\varepsilon_0}\int\limits_0^{2\pi}\frac{1}{\sqrt{R^2+x^2}} - \frac{1}{\sqrt{x^2}}d\varphi = \frac{q\sigma}{2\varepsilon_0}\left(1 - \frac{x}{\sqrt{R^2+x^2}}\right)$$

b) Grenzfall: Ladung vor unendlich großer Fläche

$$F = \lim_{R \to \infty} \frac{q\sigma}{2\varepsilon_0} \left(1 - \frac{x}{\sqrt{R^2 + x^2}} \right) = \frac{q\sigma}{2\varepsilon_0}$$

12. a) Die Anordnung ist eine Reihenschaltung der Kapazitäten

$$C_1 = \frac{\epsilon_0 \epsilon_{r1} A}{d_1} \quad \text{und} \quad C_2 = \frac{\epsilon_0 A}{d_2}.$$

Die Gesamtkapazität ist für die Reihenschaltung:

$$C = \left[\frac{d_1}{\epsilon_0 \epsilon_{r1} A} + \frac{d - d_1}{\epsilon_0 A} \right]^{-1} = \frac{\epsilon_0 \epsilon_{r1} A}{d_1 (1 - \epsilon_{r1}) + \epsilon_{r1} d}.$$

b) Da die Anordnung während des Einschiebens nicht an einer Spannungsquelle hing, ist die Gesamtladung auf den äußeren Platten gleich geblieben. Ist C_0 die Kapazität des Kondensators ohne Dielektrikum, dann gilt:

$$C_0 U_0 = C U \quad \text{bzw.} \quad U = \frac{C_0}{C} U_0.$$

Mit $C_0 = \epsilon_0 A / d$ und dem Resultat aus a) erhält man:

$$U = \frac{U_0}{d} \left(\frac{d_1}{\epsilon_{r1}} + d - d_1 \right).$$

c) Es gilt $C_1 = Q/U_1$ und $C_2 = Q/U_2$ sowie $C_0 = Q/U_0$. Es folgt also:

$$U_1 = \frac{C_0 U_0}{C_1} = \frac{U_0 d_1}{\epsilon_{r1} d} \quad \text{bzw.} \quad U_2 = \frac{C_0 U_0}{C_2} = \frac{U_0 (d - d_1)}{d}.$$

d) Es gilt:

$$W = \frac{1}{2} C_1 U_1^2 + \frac{1}{2} C_2 U_2^2 = \frac{1}{2} \left[\frac{\epsilon_0 \epsilon_{r1} A}{d_1} \left(\frac{U_0 d_1}{\epsilon_{r1} d} \right)^2 + \frac{\epsilon_0 A}{d - d_1} \left(\frac{U_0 (d - d_1)}{d} \right)^2 \right]$$

$$= \frac{\epsilon_0 A U_0^2}{2 d^2} \left(\frac{d_1}{\epsilon_{r1}} + d - d_1 \right).$$

6.7 Lösungen zu den Aufgaben Abschn. 4.2 (Magnetische Felder)

1. Die Kraft auf den stromdurchflossenen Leiter ist $\vec{F} = I \vec{L} \times \vec{B}$, hier also $F = I l B$. Nach Abb. 6.16 gilt für das Drehmoment im Gleichgewicht: $I l B \sin \alpha = mg \cos \alpha$:

$$\frac{\sin \alpha}{\cos \alpha} = \frac{mg}{I l B} \quad \text{bzw.} \quad \tan \alpha = \frac{mg}{I l B} \quad \text{also:} \quad \alpha = 30°.$$

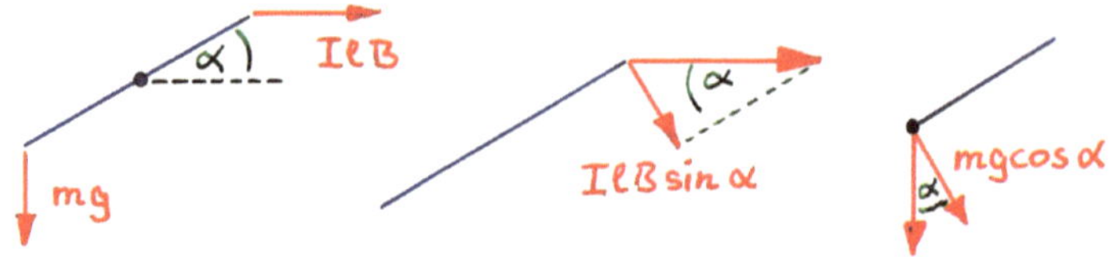

Abb. 6.16 Am Bügel wirkende Kräfte

Abb. 6.17 Bei geeigneter
Polarität der Ladung hebt die
Kugel ab einer bestimmten
Geschwindigkeit ab

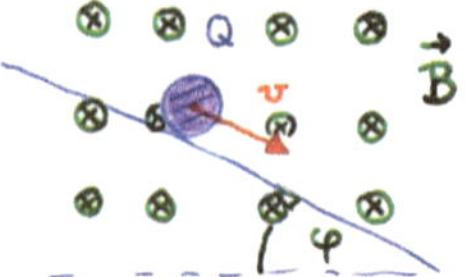

2. Nach Abb. 6.17 hebt die Kugel wegen $\vec{F} = Q\vec{v} \times \vec{B}$ ab, wenn die Ladung Q positiv ist. Der normal zur Oberfläche wirkende Anteil der Schwerkraft ist $mg\cos\varphi$. Da $\vec{v}$ und $\vec{B}$ senkrecht aufeinander stehen, zeigt die Lorentzkraft senkrecht von der schiefen Ebene weg. Es gilt also im Moment des Abhebens $QvB = mg\cos\varphi$. Die Beschleunigung der Kugel abwärts ist $a = g\sin\varphi$, ihre Anfangsgeschwindigkeit sei Null. Die Momentangeschwindigkeit der Kugel ist also $v(t) = gt\sin\varphi$, somit gilt:

$$QBgt\sin\varphi = mg\cos\varphi\,.$$

Der Zeitpunkt des Abhebens ist also:

$$t = \frac{m\cos\varphi}{QB\sin\varphi} = \frac{m}{QB}\cot\varphi\,.$$

3. Es gilt:
$$ILB = mg, \quad \text{also} \quad I = \frac{mg}{LB} \quad \text{bzw.} \quad I = 1{,}0\,\text{A}$$

4. Die Ladung Q benötigt für einen Umlauf die Zeit $T = 1/n$, so dass der Strom $I = Q/T = Qn$ ist. Im Zentrum eines Ringstroms ist das Magnetfeld $H = I/(2R)$, so dass sich die Drehzahl ergibt zu:

$$n = \frac{2RB}{\mu_0 Q} = 40\,\frac{1}{\text{s}}\,.$$

5. a) Lorentzkraft:
$$\vec{F}_{\mathrm{L}} = Q\vec{v} \times \vec{B}$$

Coulombanziehung:

$$F_{\mathrm{C}} = QE = Q\frac{U}{d}$$

$$Q\frac{U}{d} = QvB, \quad \text{also} \quad U = dvB \quad \text{bzw.} \quad U = 2000\,\text{V}$$

b) Zentrifugalkraft:

$$F_Z = \frac{mv^2}{R}$$

Lorentzkraft:

$$\vec{F}_L = Q\vec{v} \times \vec{B}$$

$$\frac{mv^2}{R} = QvB, \quad \text{also} \quad R = \frac{mv}{QB} \quad \text{bzw.} \quad R = 0{,}03\,\text{m}$$

6. a) Die Flussdichte in der Zylinderspule ist

$$B = \mu_0 \frac{IN}{L}\,.$$

Die Hallspannung ist:

$$U = -\frac{I_H B R_H}{d}\,.$$

Damit gilt:

$$U = -\frac{\mu_0 I_H R_H I N}{Ld} \quad \text{bzw.} \quad N = -\frac{ULd}{\mu_0 I_H R_H I} \quad \text{bzw.} \quad N = 499\,.$$

b) Für den Radius gilt:

$$r = \frac{mv}{eB} \quad \text{bzw.} \quad r = \frac{mvL}{e\mu_0 I N} \quad \text{bzw.} \quad r = 1{,}0 \cdot 10^{-10}\,\text{m}\,.$$

7. Nach dem Durchflutungsgesetz bildet das Feld um einen geraden, vom Strom I durchflossenen Leiter konzentrische Kreise. Das Feld hängt vom Abstand r gemäß $H = I / (2\pi r)$ ab. Hierbei steht rechts der Strom I, wobei es gleichgültig ist, wie dieses I innerhalb des Weges verteilt ist, Rotationssymmetrie vorausgesetzt. Es kommt also hier nur noch darauf an, den Gesamtstrom durch den Draht zu berechnen:

$$I = \int_0^{2\pi} \int_0^R (j_o r^2)\, r\,\mathrm{d}r\,\mathrm{d}\varphi = \int_0^{2\pi} \left[\frac{j_o r^4}{4}\right]_0^R \mathrm{d}\varphi = \left[\frac{\varphi j_o R^4}{4}\right]_0^{2\pi} = \frac{\pi j_o R^4}{2}\,.$$

Für das Magnetfeld gilt also:

$$H = \frac{I}{2\pi r} = \frac{j_o R^4}{4r}\,.$$

8. Feld im Inneren der langen, dünnen Zylinderspule:

$$H = \frac{I_{Sp} N}{L}$$

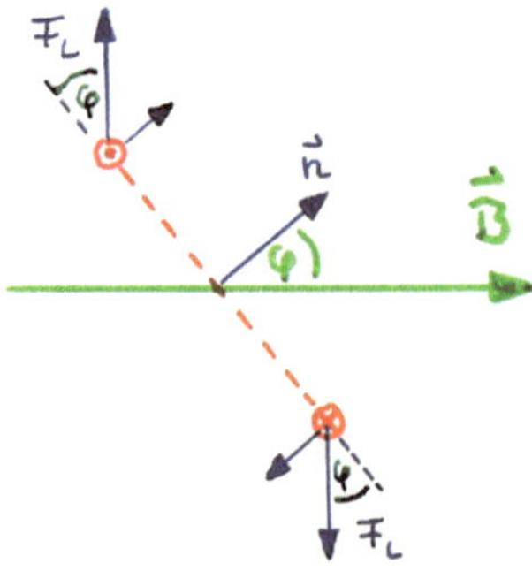

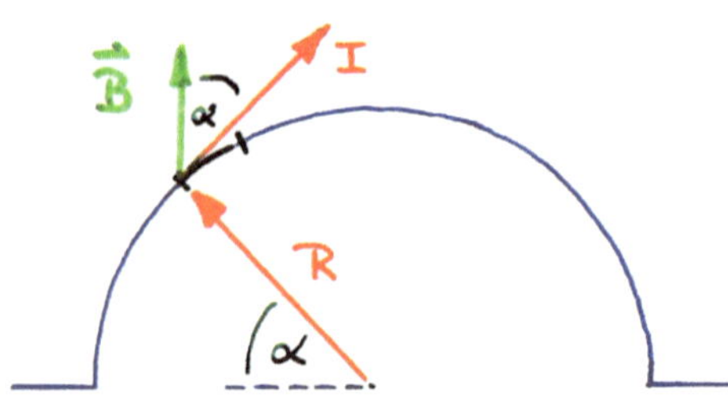

Abb. 6.18 Lorentzkraft F_L auf die Leiterstücke parallel zur Achse A. Relevant für das Drehmoment sind die Kraftkomponenten $F_\text{L} \sin\varphi$. Der Strom I_R fließt *links oben* aus der Zeichenebene heraus und *rechts unten* in die Zeichenebene hinein

Abb. 6.19 Die Kraft auf ein Bogensegment $\text{d}l$ zeigt aus der Zeichenebene heraus

Kraft auf einen stromdurchflossenen Leiter (Rahmen) im Feld H, wenn $\vec{H} \perp \vec{l}$ ist:

$$F_\text{L} = \mu_0 I_\text{R} l H$$

Für das Drehmoment ist nur die Kraft auf die Leiterstücke parallel zur Achse A relevant, die Kräfte auf die Seitenteile heben sich gegenseitig auf. Nach Abb. 6.18 ist das Drehmoment:

$$M = 2 \cdot \frac{l}{2} F_\text{L} \sin\varphi = l^2 \mu_0 I_\text{R} \frac{I_{Sp} N}{L} \sin\varphi \quad \text{bzw.} \quad M = 1{,}0 \cdot 10^{-4}\,\text{Nm}$$

9. 1. Möglichkeit:
Kraft auf ein Bogensegment $\text{d}l$ (Abb. 6.19):

$$\text{d}F = \text{d}l \cdot I \cdot B \sin\alpha \quad \text{mit} \quad dl = R d\alpha$$

Das zugehörige Drehmoment ist dann:

$$\text{d}M = \text{d}F \cdot R \sin\alpha = R^2 \cdot I \cdot B \sin^2\alpha\, d\alpha$$

Integration über den Halbkreis liefert:

$$M = \int_0^\pi R^2 \cdot I \cdot B \sin^2\alpha\, d\alpha = R^2 \cdot I \cdot B \left[\frac{1}{2}\alpha - \frac{1}{4}\sin 2\alpha \right]_0^\pi$$

$$M = \frac{\pi}{2} R^2 \cdot I \cdot B$$

Abb. 6.20 Den Strom in der Platte kann man sich zusammengesetzt denken aus lauter parallelen stromführenden Drähten. Das Wegintegral wird entlang des Weges a-b-c-d gewählt

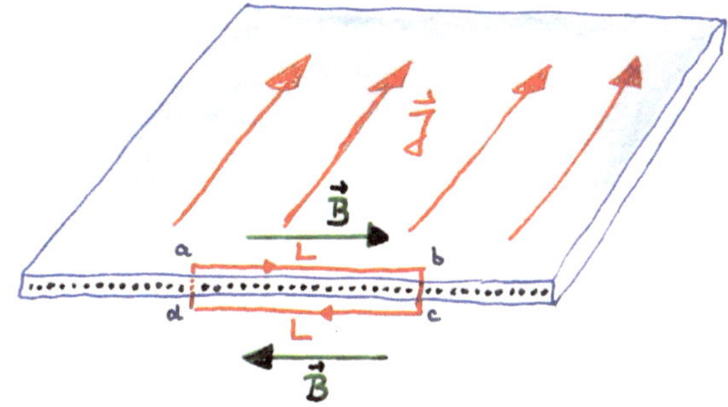

2. Möglichkeit:

Drehmoment des magnetischen Dipols im Feld:

$$\vec{M} = \vec{m} \times \vec{B} ,$$

wobei $\vec{m} = I\vec{n}A$ gilt. Hier ist $m = I\frac{\pi R^2}{2}$. Wegen $\vec{m} \perp \vec{B}$ gilt:

$$M = \frac{\pi}{2} R^2 \cdot I \cdot B$$

10. Man kann sich die Platte wie in Abb. 6.20 gezeigt aus lauter unendlich dünnen, parallelen Drähten zusammengesetzt denken. Jeder dieser Drähte erzeugt ein Feld, das aus konzentrischen Kreisen besteht. Hierbei überlagern benachbarte Felder, so dass sich die Feldanteile in den Zwischenräumen der Drähte gegenseitig auslöschen. Es bleibt ein Feld, dessen Feldlinien parallel zu den Platten und senkrecht zur Stromrichtung verlaufen. Dies folgt auch aus Symmetrieüberlegungen. Das Feld muss außerdem homogen sein. Wir wenden nun das Durchflutungsgesetz auf den in der Abb. 6.20 skizzierten Weg an. Der Strom fließt senkrecht zur Zeichenebene, und zwar in diese hinein. Hat der Weg die Länge L, ist der eingeschlossene Strom gegeben durch JLd. Für das Durchflutungsgesetz gilt also:

$$\oint_C \vec{H}\,\mathrm{d}\vec{r} = JLd \quad \text{bzw.} \quad \int_a^b \vec{H}\,\mathrm{d}\vec{l} + \int_b^c \vec{H}\,\mathrm{d}\vec{l} + \int_c^d \vec{H}\,\mathrm{d}\vec{l} + \int_d^a \vec{H}\,\mathrm{d}\vec{l} = JLd .$$

Die Wege von a nach b und von c nach d haben die Länge L. Auf diesen Wegen haben $\vec{H}$ und $\mathrm{d}\vec{l}$ die gleiche Richtung, die Integrale liefern also einfach HL. Auf den Wegen von b nach c und von d nach a gilt $\vec{H} \perp \mathrm{d}\vec{l}$ und die Integrale haben somit den Wert Null:

$$HL + HL = JLd \quad \text{bzw.} \quad H = \frac{Jd}{2} \quad \text{bzw.} \quad B = \frac{\mu_0 Jd}{2} .$$

11. Man wendet das Durchflutungsgesetz an und wählt einen kreisförmigen Weg mit Radius r. Aus Symmetriegründen ist das Feld auf diesem Weg betragsmäßig konstant. Die $\vec{H}$-Vektoren sind jeweils Tangente an den Kreis. $\vec{H}$ und $d\vec{l}$ sind also stets parallel zueinander. Es gilt:

$$\oint_C \vec{H}\,d\vec{r} = NI \quad \text{bzw.} \quad H \int_0^{2\pi r} dl = NI \quad \text{bzw.} \quad H \cdot 2\pi r = NI \quad \text{oder} \quad H = \frac{NI}{2\pi r}\,.$$

H verändert sich also innerhalb der Ringspule mit dem Radius r. Für die Berechnung des magnetischen Flusses zerlegt man den quadratischen Querschnitt in schmale Flächenelemente der Breite dr und der Höhe b:

$$\Phi = \int_A \vec{B}\vec{n}\,dA = \int_{r_i}^{r_a} Bb\,dr = \int_{r_i}^{r_a} \mu_r \mu_0 \frac{NI}{2\pi r} b\,dr$$

$$= \frac{\mu_r \mu_0 NIb}{2\pi} [\ln(r)]_{r_i}^{r_a} = \frac{\mu_r \mu_0 NIb}{2\pi} \ln\left(\frac{r_a}{r_i}\right)\,.$$

Es gilt $r_i = R - b/2 = 4\,\text{cm}$ und $r_a = R + b/2 = 8\,\text{cm}$. Man erhält also für den Spulenstrom I:

$$I = \frac{2\pi\Phi}{\mu_r \mu_0 Nb \cdot \ln\left(\frac{r_a}{r_i}\right)} \quad \text{bzw.} \quad I = 10\,\text{A}\,.$$

6.8 Lösungen zu den Aufgaben Abschn. 4.3 (Zeitabhängige Felder)

1. Der relative Anteil des Halbkreises, der sich im Feld befindet, ist $\frac{\omega t}{\pi}$. Damit ist der Fluss durch den Halbkreis:

$$\Phi = \frac{\omega t}{\pi} \cdot \frac{\pi r^2}{2} \cdot B = \frac{\omega r^2 B t}{2}$$

Die induzierte Spannung ist also:

$$U_{\text{ind}} = -\frac{d}{dt} \frac{\omega r^2 B t}{2} = -\frac{\omega r^2 B}{2}$$

Bei ansteigendem Fluss ist die induzierte Spannung negativ (Abb. 6.21). Nach einer halben Umdrehung sinkt der Fluss durch den Halbkreis, dann ist die induzierte Spannung positiv.

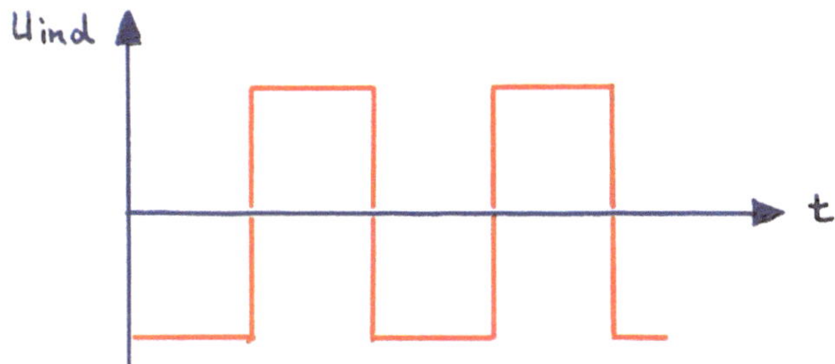

Abb. 6.21 Zeitlicher Verlauf der induzierten Spannung. Zum Zeitnullpunkt beginnt der Halbkreis in das Feld einzutauchen. Der ansteigende Fluss führt zu einer negativen induzierten Spannung. Nach einer halben Umdrehung ist der Fluss maximal und beginnt danach wieder zu sinken. Eine positive induzierte Spannung ist die Folge

2. Nach dem Induktionsgesetz gilt:

$$U\left(t\right) = -N\frac{\partial}{\partial t}\int \vec{B}\vec{n}\mathrm{d}A = -N\frac{\partial}{\partial t}BA\cos\omega_2 t = -B_0 AN\frac{\partial}{\partial t}\sin\omega_1 t\cos\omega_2 t$$

$$= -B_0 AN\left(\omega_1\cos\omega_1 t\cos\omega_2 t - \omega_2\sin\omega_1 t\sin\omega_2 t\right).$$

Für den Fall $\omega_1 = \omega_2 = \omega$ erhalten wir:

$$U\left(t\right) = -B_0 AN\omega\cos\left(2\omega t\right) = -B_0 AN\sin\left(2\omega t + 90°\right).$$

Die Spannung besitzt also weiterhin Sinusform. Die Frequenz verdoppelt sich.

3. Es gilt:

$$U\left(t\right) = -\frac{\partial}{\partial t}\int_0^a\int_0^{2\pi}B_0\left(1-br^2\right)\left(100-ct^2\right)r\,\mathrm{d}\varphi\mathrm{d}r$$

$$= -B_0\frac{\partial}{\partial t}\left(100-ct^2\right)2\pi\int_0^a\left(1-br^2\right)r\,\mathrm{d}r$$

$$= -B_0\frac{\partial}{\partial t}\left(100-ct^2\right)2\pi\left[\frac{r^2}{2}-b\frac{r^4}{4}\right]_0^a$$

$$= -2\pi B_0\left(\frac{a^2}{2}-b\frac{a^4}{4}\right)\frac{\partial}{\partial t}\left(100-ct^2\right)$$

$$= \pi B_0 ct\left(2a^2-ba^4\right).$$

Mit $U = RI$ folgt:

$$I\left(t\right) = \frac{\pi B_0 ct}{R}\left(2a^2-ba^4\right) = 2\,\mathrm{A}.$$

Der Strom fließt im Uhrzeigersinn.

4. Die Flussdichte B des langen, geraden Drahtes ist:

$$B\,(r) = \mu_0 \frac{I}{2\pi r}$$

Der Fluss des Feldes durch den Rahmen ist:

$$\Phi = \int B\,\mathrm{d}A = \int\limits_{r_\mathrm{i}}^{r_\mathrm{a}} \frac{\mu_0 I}{2\pi r} h\,\mathrm{d}r = \frac{\mu_0 I h}{2\pi} \left[\ln(r)\right]_{r_\mathrm{i}}^{r_\mathrm{a}} = \frac{\mu_0 I h}{2\pi} \ln\left(\frac{r_\mathrm{a}}{r_\mathrm{i}}\right)$$

Der Fluss ist wegen $I\,(t) = a + bt$ zeitabhängig:

$$\Phi = \frac{\mu_0\,(a + bt)\,h}{2\pi} \ln\left(\frac{r_\mathrm{a}}{r_\mathrm{i}}\right)$$

Mit dem Induktionsgesetz folgt:

$$U_\mathrm{ind} = -\frac{\mathrm{d}\Phi}{\mathrm{d}t} = -\frac{\mu_0 h b}{2\pi} \ln\left(\frac{r_\mathrm{a}}{r_\mathrm{i}}\right)$$

Für den Strom I_R folgt:

$$I_\mathrm{R} = \frac{U_\mathrm{ind}}{R} = -\frac{\mu_0 h b}{2\pi R} \ln\left(\frac{r_\mathrm{a}}{r_\mathrm{i}}\right)$$

$$b = \frac{2\pi R I_\mathrm{R}}{\mu_0 h \cdot \ln\left(\frac{r_\mathrm{i}}{r_\mathrm{a}}\right)} \quad \text{bzw.} \quad b = -2{,}0\,\frac{\mathrm{A}}{\mathrm{s}}$$

5. Es gilt:

$$I_0 = \frac{U_0}{\sqrt{R^2 + L^2\omega^2}} \quad \text{und} \quad \tan\varphi = \frac{\omega L}{R}\,.$$

Es folgt durch Eliminieren von R:

$$I_0 = \frac{U_0}{\sqrt{\left(\frac{\omega L}{\tan\varphi}\right)^2 + L^2\omega^2}}\,;$$

daraus:

$$L = \frac{U_0}{I_0\omega}\,\frac{1}{\sqrt{\frac{1}{\tan^2(\varphi)} + 1}} = \frac{U_0}{I_0\omega}\cdot\frac{\tan\varphi}{\sqrt{1 + \tan^2(\varphi)}} = \frac{U_0}{I_0\omega}\cdot\sin\varphi = 308\,\mathrm{mH}\,.$$

Für R erhalten wir:

$$R = \frac{U_0\sin\varphi\cdot\omega}{I_0\omega\tan\varphi} = \frac{U_0\cos\varphi}{I_0} = 394\,\Omega\,.$$

6. Es gilt für die induzierte Spannung:

$$U_{\text{ind}}(t) = -N\frac{\partial}{\partial t}\int \vec{B}\vec{n}\mathrm{d}A = -\frac{\partial}{\partial t}\int_0^{2\pi}\int_0^{r_0 t^{\frac{3}{2}}}\frac{B_0}{t}\,r\,\mathrm{d}r\,\mathrm{d}\varphi$$

$$= -\frac{\partial}{\partial t}\int_0^{2\pi}\left[\frac{B_0 r^2}{2t}\right]_0^{r_0 t^{\frac{3}{2}}}\mathrm{d}\varphi = -\frac{\partial}{\partial t}\int_0^{2\pi}\frac{B_0 r_0^2 t^3}{2t}\,\mathrm{d}\varphi$$

$$= -\frac{\partial}{\partial t}\pi B_0 r_0^2 t^2 = -2\pi B_0 r_0^2 t \ .$$

Es folgt:

$$\frac{I}{t} = \frac{U_{\text{ind}}}{Rt} = \frac{2\pi B_0 r_0^2}{R} = 1\,\frac{\text{mA}}{\text{s}}\ .$$

Daraus errechnen wir:

$$r_0 = \sqrt{\frac{RI}{2\pi B_0 t}} = 0{,}1\,\frac{\text{m}}{\text{s}^{\frac{3}{2}}}\ .$$

7. a) Der magnetische Fluss ist gegeben durch:

$$\Phi = \int \vec{B}\vec{n}\mathrm{d}A = \int_{x-s/2}^{x+s/2}\int_{-s/2}^{+s/2}\frac{B_0}{x}\mathrm{d}y\mathrm{d}x = \int_{x-s/2}^{x+s/2}\left[\frac{B_0 s}{x}\right]\mathrm{d}x$$

$$= B_0 s[\ln x]_{x-s/2}^{x+s/2} = B_0 s\cdot\ln\left(\frac{2x+s}{2x-s}\right)\ .$$

b) Für den Ort gilt der Zusammenhang $x = vt + x_0$. Also:

$$\Phi(t) = B_0\ln\left(\frac{2(vt+x_0)+s}{2(vt+x_0)-s}\right)\ .$$

c) Mit dem Induktionsgesetz erhalten wir:

$$U_{\text{ind}}(t) = -N\frac{\mathrm{d}\Phi}{\mathrm{d}t} = -\frac{\mathrm{d}}{\mathrm{d}t}B_0 s\cdot\ln\left(\frac{2(vt+x_0)+s}{2(vt+x_0)-s}\right)$$

$$= -B_0 s\cdot\frac{2(vt+x_0)-s}{2(vt+x_0)+s}\cdot\frac{2v[2(vt+x_0)-s]-2v[2(vt+x_0)+s]}{[2(vt+x_0)-s]^2}\ .$$

Für den Strom folgt:

$$I(t) = \frac{4B_0 v s^2}{R\left[4(vt+x_0)^2-s^2\right]}\ .$$

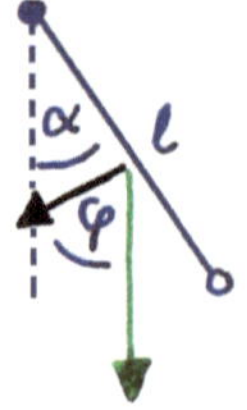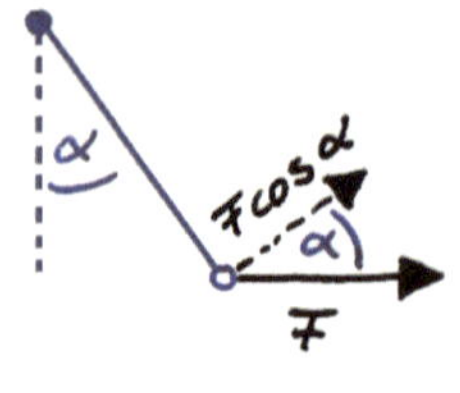

Abb. 6.22 Nur in der Ruhelage des Pendels verschwindet der magnetische Fluss

8.　Mit $\alpha = 90° - \varphi$ (Abb. 6.22) gilt:

$$U_{\text{ind}}(t) = -\frac{\partial}{\partial t} \int \vec{B}\vec{n}\,dA = -\frac{\partial}{\partial t}\left|\vec{B}\right| \cdot \left|\vec{n}\right| \cdot lb \cos\varphi$$

$$= -\frac{\partial}{\partial t} Blb \cos(90° - \alpha) = -\frac{\partial}{\partial t} Blb \sin(\alpha).$$

Mit der Näherung $\sin\alpha \approx \alpha$ folgt:

$$U_{\text{ind}}(t) \approx -\frac{\partial}{\partial t} Blb\alpha =\approx -Blb\dot{\alpha}.$$

Da der fließende Strom über $U_{\text{ind}} = IR$ gegeben ist, errechnet man wegen $\vec{F} = I\vec{b} \times \vec{B}$ die Bremskraft zu:

$$F = -\frac{Blb}{R}\dot{\alpha}bB = -\frac{b^2 B^2 l}{R}\dot{\alpha}.$$

Damit lautet die Drehmomentgleichung unter Verwendung der Rückstellkraft $mgl \sin\alpha$:

$$J\ddot{\alpha} = -\frac{b^2 B^2 l^2}{R}\dot{\alpha} - mgl \sin\alpha.$$

Die Näherung für kleine Winkel liefert schließlich die Differentialgleichung:

$$J\ddot{\alpha} + \frac{b^2 B^2 l^2}{R}\dot{\alpha} + mgl\alpha = 0.$$

Die Lösung hierfür lautet:

$$\alpha(t) = \alpha_0 exp\left[-\frac{b^2 B^2}{2Rm}t\right]\sin\left[\sqrt{\frac{g}{l} - \left(\frac{b^2 B^2}{2Rm}\right)^2}\,t + \eta\right].$$

η ist der Nullphasenwinkel. Die Frequenz ist

$$\omega_{\text{d}} = \sqrt{\frac{g}{l} - \left(\frac{b^2 B^2}{2Rm}\right)^2}.$$

9. Es gilt für die Induktivität $Z_L = j\omega L$ und für die Kapazität $Z_C = 1/j\omega C$. Der komplexe Widerstand der Parallelschaltung von R und C ist:

$$Z_{RC} = \left[\frac{1}{R} + \frac{1}{1/j\omega C}\right]^{-1} = \frac{R}{1 + j\omega RC}.$$

Der komplexe Widerstand der Gesamtschaltung ist also:

$$Z = j\omega L + \frac{R}{1 + j\omega RC} = \frac{j\omega L - \omega^2 LRC + R}{1 + j\omega RC} \cdot \frac{1 - j\omega RC}{1 - j\omega RC}$$

$$= \frac{R}{1 + \omega^2 R^2 C^2} + j\frac{\omega L + \omega^3 LR^2C^2 - \omega R^2 C}{1 + \omega^2 R^2 C^2}.$$

Die Phasenverschiebung erhalten wir durch:

$$\tan\varphi = \frac{\mathrm{Im}\,(Z)}{\mathrm{Re}\,(Z)} = \frac{\omega L + \omega^3 LR^2C^2 - \omega R^2 C}{R}.$$

Mit $\tan\varphi = \tan(-45°) = -1$ folgt:

$$\frac{\omega L + \omega^3 LR^2C^2 - \omega R^2 C}{R} = -1.$$

Die daraus folgende quadratische Gleichung für R

$$R^2\left(\omega^3 LC^2 - \omega C\right) + R + \omega L = 0$$

hat die Lösung:

$$R_{1/2} = \frac{-1 \pm \sqrt{1 - 4\left(\omega^3 LC^2 - \omega C\right)\omega L}}{2\left(\omega^3 LC^2 - \omega C\right)} = 100\,\Omega.$$

Die zweite Lösung ($R = -12{,}66\,\Omega$) ist nicht physikalisch sinnvoll.

10. Für die Spannungsteilerschaltung gilt:

$$\frac{U_a}{U_e} = \frac{Z_R + Z_C}{Z_L + Z_R + Z_C} = \frac{R - j/\omega C}{R + j\left(\omega L - 1/\omega C\right)}$$

$$= \frac{R^2 - L/C + 1/\left(\omega^2 C^2\right)}{R^2 + \left(\omega L - 1/\omega C\right)^2} - j\frac{\omega RL}{R^2 + \left(\omega L - 1/\omega C\right)^2}.$$

Mit $\tan(45°) = 1$ folgt:

$$\frac{-\omega RL}{R^2 - L/C + 1/\left(\omega^2 C^2\right)} = 1.$$

Nach L aufgelöst erhalten wir:

$$L = \frac{R^2\omega^2 C^2 + 1}{\omega^2 C - R\omega^3 C^2} = 449\,\text{mH}\,.$$

Betragsbildung liefert das Spannungsverhältnis:

$$\frac{U_{a0}^2}{U_{e0}^2} = \left[\frac{R^2 - L/C + 1/\left(\omega^2 C^2\right)}{R^2 + (\omega L - 1/\omega C)^2}\right]^2 + \left[\frac{-\omega R L}{R^2 + (\omega L - 1/\omega C)^2}\right]^2$$

$$\text{bzw.}\quad \frac{U_{a0}}{U_{e0}} = 0{,}23\,.$$

6.9 Lösungen zu den Aufgaben Abschn. 5.1 bis 5.2 (Optik)

1. Für die Winkelsumme ABC (Abb. 6.23) gilt:

$$80° + (90° - \alpha) + \eta = 180°\quad\text{bzw.}\quad \eta = 10° + \alpha$$

Für die Winkelsumme CDE gilt:

$$\eta + 120° + (90° - \beta) = 180°\quad\text{bzw.}\quad \beta = 30° + \eta$$

η eingesetzt:

$$\beta = 30° + 10° + \alpha = 40° + \alpha\quad\text{bzw.}\quad \beta = 70°$$

Abb. 6.23 Ein Lichtstrahl
wird in einem Spiegelsystem
drei Mal reflektiert

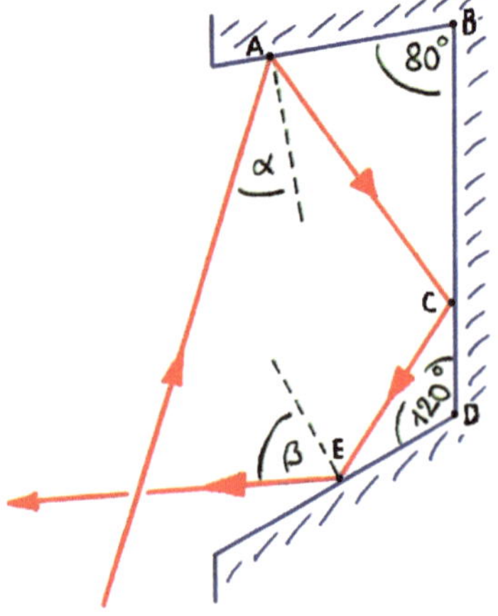

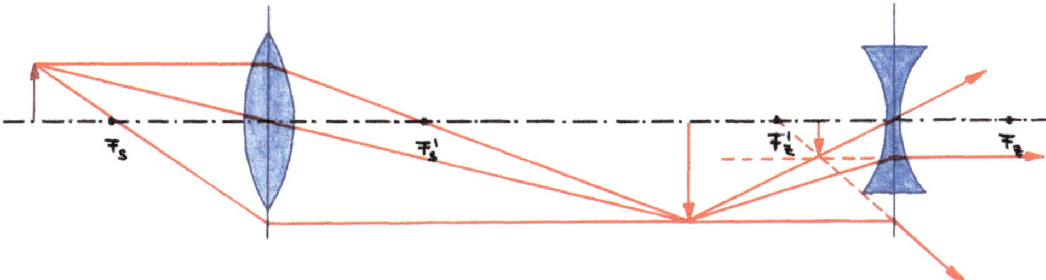

Abb. 6.24 Bildkonstruktion zu Aufgabe 2

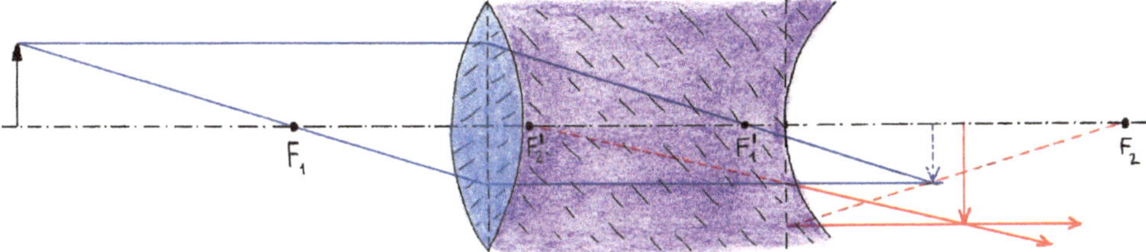

Abb. 6.25 Bildkonstruktion zu Aufgabe 5

2. Es gilt:

$$\sin \alpha_\mathrm{G} = \frac{n_\mathrm{f}}{n_\mathrm{g}} \quad \text{mit} \quad \alpha_\mathrm{G} = 45°.$$

Mit $n_\mathrm{g} = 1{,}9$ folgt $n_\mathrm{f} = 1{,}3435$. Die Brechzahl muss also kleiner sein als $1{,}3435$.

3. Der Ablenkwinkel der beiden Prismen ist bei kleinen Prismenwinkeln näherungsweise gegeben durch:

$$\sigma_1 \approx (n_1 - 1)\,\alpha \quad \text{und} \quad \sigma_2 \approx (n_2 - 1)\,\gamma.$$

Damit der Strahl insgesamt nicht abgelenkt wird, müssen sich beide Ablenkungen aufheben, also gleich sein. Damit erhalten wir:

$$(n_1 - 1)\,\alpha = (n_2 - 1)\,\gamma \quad \text{bzw.} \quad \gamma = \frac{(n_1 - 1)}{(n_2 - 1)}\alpha \quad \text{bzw.} \quad \gamma = 0{,}171\,\text{rad} = 9{,}81°.$$

4. Die Bildkonstruktion ergibt ein virtuelles Bild (Abb. 6.24).
5. Siehe Abb. 6.25.
6. Wenn sich der Stab um $\lambda/2$ ausdehnt, verkürzt sich der optische Weg über den Spiegel SP2 um λ (Hin- und Rückweg). Das entspricht einem Wechsel auf dem Schirm von Hell über Dunkel nach Hell. Bei $k = 327$ Wechseln gilt:

$$l\alpha\Delta T = \frac{k\lambda}{2} \quad \text{oder} \quad \alpha = \frac{k\lambda}{2l\,\Delta T} \quad \text{bzw.} \quad \alpha = 11{,}5 \cdot 10^{-6}\frac{1}{\text{K}}.$$

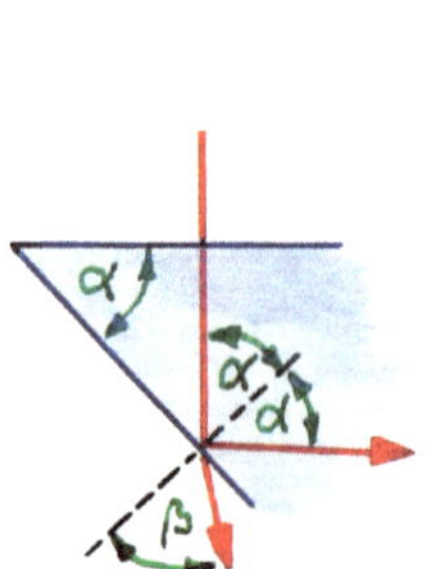

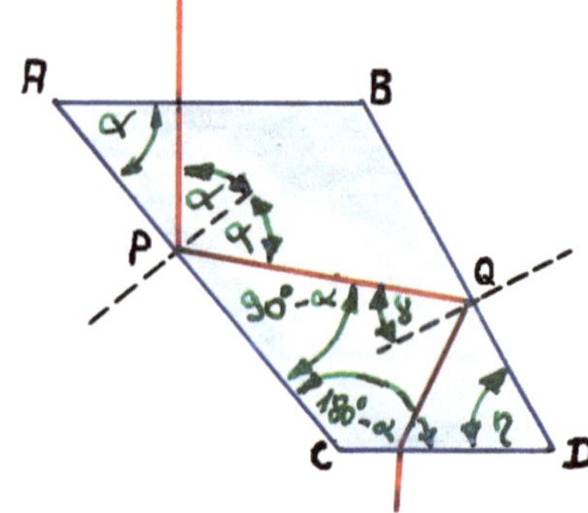

Abb. 6.26 An der Seitenfläche kommt es bei bestimmten Winkeln α zur Totalreflexion

Abb. 6.27 Strahlverlauf im Glaskörper

7. a) Es gilt $\sin\alpha/\sin\beta = n_2/n_1$ (Abb. 6.26), hier ist $n_1 = n$ und $n_2 = 1$. Für den Grenzwinkel der Totalreflexion gilt $\sin\alpha_{Gr} = 1/n$. Die Grenzwinkel der Totalreflexion sind damit für rot 33,832°, für grün 33,482° und für blau: 32,779°. Bei $\alpha < 32{,}779°$ treten also alle drei Strahlen aus. Bei $32{,}779° < \alpha < 33{,}832°$ treten der rote und grüne Strahl aus, der blaue wird totalreflektiert. Bei $33{,}482° < \alpha < 33{,}832°$ tritt nur noch der rote Strahl aus. Bei $\alpha > 33{,}832°$ tritt kein Strahl mehr aus.

   b) Die Winkelsumme im Viereck PCDQ (Abb. 6.27) beträgt $(90° - \alpha) + (180° - \alpha) + \eta + (90° + \gamma) = 360°$. Daraus erhalten wir $\gamma = 2\alpha - \eta$. Also gilt für den Grenzwinkel der Totalreflexion:

$$\sin\gamma_{Gr} = \sin(2\alpha - \eta) = \frac{1}{n}.$$

Damit gilt für η:

$$\eta = 2\alpha - \arcsin\frac{1}{n}.$$

Für $33{,}838° < \eta < 34{,}541°$ wird nur blaues Licht bei Q totalreflektiert und tritt somit unten (etwa senkrecht zur Oberfläche) aus. Für $\eta < 33{,}838°$ werden rot und grün totalreflektiert und treten somit beide unten aus. Bei $\eta > 34{,}541°$ treten beide Strahlen bei Q aus. Unten kommt dann nichts mehr an. Man beachte, dass γ umso kleiner ist, je größer η ist.

8. Es gelten folgende Zusammenhänge (Abb. 6.28):

$$\frac{\sin(90° - \alpha)}{\sin\beta} = \frac{\cos\alpha}{\sin\beta} = n$$

$$\frac{\sin\beta}{\sin(90° - \alpha - \gamma)} = \frac{\sin\beta}{\sin(90° - \alpha)\cos\gamma - \cos(90° - \alpha)\sin\gamma} = \frac{n_f}{n}$$

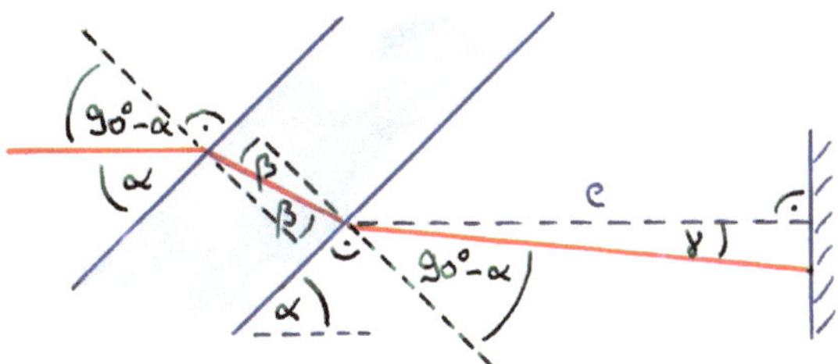

Abb. 6.28 An der Glasplatte wird der Strahl zwei Mal gebrochen

Wir eliminieren $\sin\beta$ aus den beiden Gleichungen:

$$\frac{\cos\alpha}{n} = \frac{n_{\mathrm{f}}}{n}\left(\sin(90° - \alpha)\cos\gamma - \cos(90° - \alpha)\sin\gamma\right)$$

$$= \frac{n_{\mathrm{f}}}{n}\left[\cos\alpha\cos\gamma - \sin\alpha\sin\gamma\right]$$

Wir wandeln $\sin\gamma$ und $\cos\gamma$ in Tangensfunktionen um:

$$\cos\alpha = n_{\mathrm{f}}\left[\cos\alpha\,\frac{1}{\sqrt{1 + \tan^2\gamma}} - \sin\alpha\,\frac{\tan\gamma}{\sqrt{1 + \tan^2\gamma}}\right]$$

$$n_{\mathrm{f}} = \frac{\cos\alpha\,\sqrt{1 + \tan^2\gamma}}{\cos\alpha - \sin\alpha\,\tan\gamma}$$

Wegen $\tan\gamma = \frac{d}{e}$ folgt:

$$n_{\mathrm{f}} = \frac{\cos\alpha\,\sqrt{1 + d^2/e^2}}{\cos\alpha - \sin\alpha\cdot(d/e)} \quad \text{bzw.} \quad n_{\mathrm{f}} = 1{,}333$$

9. Es gilt unter Anwendung der Abbildungsgleichung für die Bildweiten der beiden Linsen:

$$b_{\mathrm{Z}} = \frac{g_{\mathrm{Z}}f_{\mathrm{Z}}}{g_{\mathrm{Z}} - f_{\mathrm{Z}}} \quad \text{und} \quad b_{\mathrm{S}} = \frac{g_{\mathrm{S}}f_{\mathrm{S}}}{g_{\mathrm{S}} - f_{\mathrm{S}}}.$$

Der Zusammenhang zwischen der Bildweite der Zerstreuungslinse und der Gegenstandsweite der Sammellinse ist $g_{\mathrm{S}} = d - b_{\mathrm{Z}}$. Damit gilt:

$$b_{\mathrm{S}} = \frac{\left(d - \frac{g_{\mathrm{Z}}f_{\mathrm{Z}}}{g_{\mathrm{Z}} - f_{\mathrm{Z}}}\right)f_{\mathrm{S}}}{d - \frac{g_{\mathrm{Z}}f_{\mathrm{Z}}}{g_{\mathrm{Z}} - f_{\mathrm{Z}}} - f_{\mathrm{S}}} = \frac{d\,(g_{\mathrm{Z}} - f_{\mathrm{Z}}) - g_{\mathrm{Z}}f_{\mathrm{Z}}}{(d - f_{\mathrm{S}})\,(g_{\mathrm{Z}} - f_{\mathrm{Z}}) - g_{\mathrm{Z}}f_{\mathrm{Z}}}f_{\mathrm{S}} \quad \text{bzw.} \quad b_{\mathrm{S}} = 7{,}5\,\text{cm}\,.$$

Die Konstruktion des Strahlengangs zeigt Abb. 6.29.

10. Es gilt:

$$\frac{1}{f_1} = (n_1 - 1)\left(\frac{1}{r_1} - \frac{1}{r_2}\right) \quad \text{und} \quad \frac{1}{f_2} = (n_2 - 1)\left(\frac{1}{r_2} - \frac{1}{r_3}\right)$$

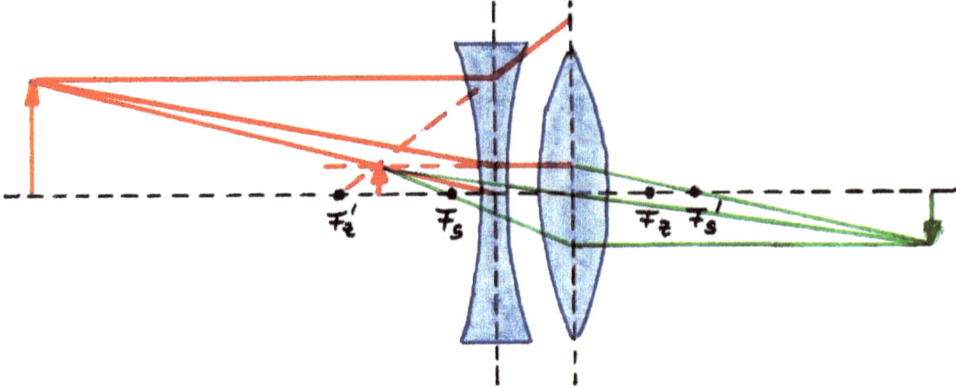

Abb. 6.29 Strahlverlauf der Linsenkombination

Weiterhin gilt:

$$\frac{1}{f_1} + \frac{1}{f_2} = \frac{1}{f} \quad \text{und} \quad \frac{1}{f} = \frac{1}{g} + \frac{1}{b}$$

hier also

$$\frac{1}{f} = \frac{1}{g}$$

Es folgt:

$$\frac{1}{g} = (n_1 - 1)\left(\frac{1}{r_1} - \frac{1}{r_2}\right) + (n_2 - 1)\left(\frac{1}{r_2} - \frac{1}{r_3}\right)$$

$$\frac{1}{g} + \frac{1}{r_3}(n_2 - 1) - \frac{1}{r_1}(n_1 - 1) = \frac{1}{r_2}\left[(n_2 - 1) - (n_1 - 1)\right]$$

$$
r_2 = \frac{n_2 - n_1}{\frac{1}{g} + \frac{1}{r_3}(n_2 - 1) - \frac{1}{r_1}(n_1 - 1)}
$$

$$
= \frac{(n_2 - n_1)\, g\, r_1 r_3}{r_1 r_3 + g r_1 (n_2 - 1) - g r_3 (n_1 - 1)}
\qquad \text{bzw.} \quad r_2 = -26{,}36\,\text{cm}
$$

11. a) Für die Brennweite gilt:

$$\frac{1}{f} = (n - 1)\left(\frac{1}{r_1} - \frac{1}{r_2} + \frac{d}{n r_1 r_2}(n - 1)\right)$$

Wir lösen nach r_2 auf:

$$\frac{1}{f(n-1)} - \frac{1}{r_1} = \frac{1}{r_2}\left(\frac{d}{n r_1}(n - 1) - 1\right)$$

$$
r_2 = \frac{\frac{d}{n r_1}(n - 1) - 1}{\frac{1}{f(n-1)} - \frac{1}{r_1}} = \frac{(d(n - 1) - n r_1)\, f\,(n - 1)}{n(r_1 - f(n - 1))}
\qquad \text{bzw.} \quad r_2 = -6{,}0\,\text{cm}
$$

b) Für die Hauptebenen gilt:

$$h_g = (1 - n)\,\frac{fd}{n\,r_2} \quad \text{bzw.} \quad h_g = 0{,}327\,\text{cm}$$

$$h_b = (1 - n)\,\frac{fd}{n\,r_1} \quad \text{bzw.} \quad h_b = -0{,}245\,\text{cm}$$

c) Wegen $s_g = 15\,\text{cm}$ folgt für die Gegenstandsweite $g = 15{,}327\,\text{cm}$. Mit der Abbildungsgleichung bekommen wir $b = \frac{fg}{g-f} = 9{,}164\,\text{cm}$. Damit ist die Bildschnittweite $s_b = 8{,}919\,\text{cm}$.

12. Durch das Eintauchen in Wasser verkürzt sich die Wellenlänge um den Faktor n. Es gilt also für die beiden Fälle:

$$\sin\alpha = \frac{\lambda}{g} \qquad \sin\alpha_W = \frac{\lambda}{ng}$$

und außerdem:

$$\alpha = \alpha_W + \Delta\alpha$$

Eliminieren der Wellenlänge λ aus den ersten beiden Gleichungen und Einsetzen der dritten liefert:

$$n\sin\alpha_W = \sin(\alpha_W + \Delta\alpha) = \sin\alpha_W \cdot \cos\Delta\alpha + \cos\alpha_W \cdot \sin\Delta\alpha$$

$$\frac{\sin\alpha_W}{\sqrt{1 - \sin^2\alpha_W}} = \frac{\sin\Delta\alpha}{n - \cos\Delta\alpha}$$

$$\tan\alpha_W = \frac{\sin\Delta\alpha}{n - \cos\Delta\alpha}$$

Damit:

$$\alpha_W = 14{,}508^\circ \quad \text{und} \quad \alpha = 19{,}508^\circ$$

13. Für die beiden Wellenlängen gilt:

$$\sin\alpha = \frac{\lambda}{g} \quad \text{und} \quad \sin(\alpha + \Delta\alpha) = \sin\alpha\cos\Delta\alpha + \sin\Delta\alpha\cos\alpha = \frac{\lambda + \Delta\lambda}{g}\,.$$

$$(6.19)$$

Wir setzen die erste in die zweite Gleichung ein:

$$\frac{\lambda}{g}\cos\Delta\alpha + \sin\Delta\alpha\,\sqrt{1 - \left(\frac{\lambda}{g}\right)^2} = \frac{\lambda + \Delta\lambda}{g}\,.$$

Nach g aufgelöst gilt:

$$\sin(\Delta\alpha)\,\sqrt{g^2 - \lambda^2} = \lambda + \Delta\lambda - \lambda\cos\Delta\alpha\,,$$

$$g = \sqrt{\left(\frac{\lambda + \Delta\lambda - \lambda\cos\Delta\alpha}{\sin\Delta\alpha}\right)^2 + \lambda^2}\,, \quad \text{bzw.} \quad g = 10{,}0\,\mu\text{m}\,.$$

Aus der ersten der Gl. 6.19 folgt:

$$\alpha = \arcsin \frac{\lambda}{g} = 3{,}761° \,.$$

14.

$$\sin \alpha_g = \frac{k \lambda_g}{g} \qquad \lambda_g = 555 \,\text{nm}$$

$$\sin \alpha_b = \frac{k \lambda_b}{g} \qquad \lambda_b = 380 \,\text{nm}$$

$$\sin \alpha_r = \frac{k \lambda_r}{g} \qquad \lambda_r = 780 \,\text{nm}$$

Aus der ersten und zweiten bzw. aus der ersten und dritten Gleichung wird k/g eliminiert:

$$\sin \alpha_b = \frac{\lambda_b}{\lambda_g} \sin \alpha_g$$

$$\sin \alpha_r = \frac{\lambda_r}{\lambda_g} \sin \alpha_g$$

Ist e_b bzw. e_r der Abstand des blauen bzw. roten Lichts von der Mittelachse, dann gilt $e = e_r - e_b$:

$$e = a \tan \alpha_r - a \tan \alpha_b$$

$$e = a \frac{\sin \alpha_r}{\sqrt{1 - \sin^2 \alpha_r}} - a \frac{\sin \alpha_b}{\sqrt{1 - \sin^2 \alpha_b}}$$

$$e = a \frac{\frac{\lambda_r}{\lambda_g} \sin \alpha_g}{\sqrt{1 - \left(\frac{\lambda_r}{\lambda_g} \sin \alpha_g\right)^2}} - a \frac{\frac{\lambda_b}{\lambda_g} \sin \alpha_g}{\sqrt{1 - \left(\frac{\lambda_b}{\lambda_g} \sin \alpha_g\right)^2}}$$

$$e = a \frac{\lambda_r \sin \alpha_g}{\sqrt{\lambda_g^2 - \left(\lambda_r \sin \alpha_g\right)^2}} - a \frac{\lambda_b \sin \alpha_g}{\sqrt{\lambda_g^2 - \left(\lambda_b \sin \alpha_g\right)^2}} \qquad \text{bzw.} \quad e = 20 \,\text{cm}$$

15. Nach Abb. 6.30 gilt:

$$\frac{\sin \alpha}{\sin \beta} = \frac{n}{1} \qquad \frac{\sin \eta}{\sin \beta} = \frac{n}{n_W} \,.$$

Aus der ersten Gleichung folgt:

$$\beta = \arcsin \left(\frac{\sin \alpha}{n} \right) \quad \text{bzw.} \quad \beta = 28{,}13° \,.$$

Für η folgt aus der zweiten Gleichung:

$$\sin \eta = \frac{n}{n_W} \sin \beta = \frac{n}{n_W} \frac{\sin \alpha}{n} = \frac{\sin \alpha}{n_W} \quad \text{bzw.} \quad \eta = 31{,}87° \,.$$

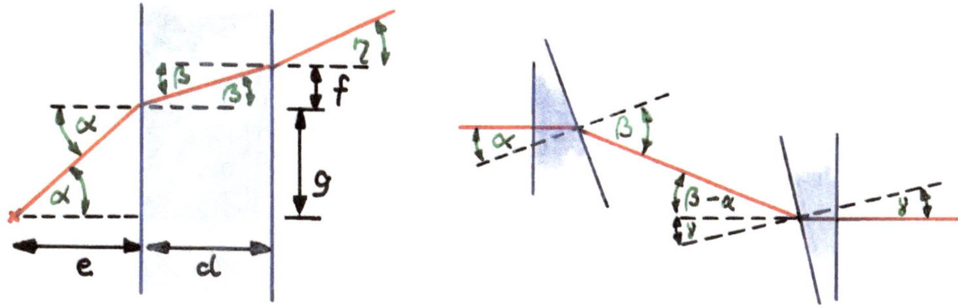

Abb. 6.30 Strahlengang durch die Scheibe   **Abb. 6.31** Strahlengang durch die Prismen

Mit $g = e \tan \alpha$ und $f = d \tan \beta$ gilt für den gesuchten Radius $r = g + f = e \tan \alpha + d \tan \beta$. Wir wandeln die Tangensfunktionen in Sinusfunktionen um:

$$r = e \frac{\sin \alpha}{\sqrt{1 - \sin^2 \alpha}} + d \frac{\sin \beta}{\sqrt{1 - \sin^2 \beta}} = e \frac{\sin \alpha}{\sqrt{1 - \sin^2 \alpha}} + d \frac{\sin \alpha}{n \sqrt{1 - \frac{\sin^2 \alpha}{n^2}}}.$$

Mit $\sin 45°$ erhalten wir $r = 50\,\text{cm}$.

16. Die Bildweite b_1 erhält man aus

$$\frac{1}{f_\text{Z}} = \frac{1}{g_1} + \frac{1}{b_1} \quad \text{bzw.} \quad b_1 = \frac{f_\text{Z} g_1}{g_1 - f_\text{Z}} \quad \text{bzw.} \quad b_1 = -5{,}333\,\text{cm}.$$

Mit $v = -3$ gilt:

$$v = \frac{b_1 b_2}{g_1 g_2} \quad \text{und} \quad b_2 + g_2 = d - b_1.$$

Es folgt:

$$\frac{v g_1 g_2}{b_1} + g_2 = d - b_1 \quad \text{bzw.} \quad g_2 = \frac{d - b_1}{\frac{v g_1}{b_1} + 1} = \frac{b_1 (d - b_1)}{v g_1 + b_1} \quad \text{bzw.}$$

$$g_2 = 32{,}533\,\text{cm} \quad \text{und} \quad b_2 = 292{,}8\,\text{cm}.$$

Für die Sammellinse erhalten wir:

$$\frac{1}{f_\text{S}} = \frac{1}{g_2} + \frac{1}{b_2} \quad \text{bzw.} \quad f_\text{S} = \frac{g_2 b_2}{b_2 + g_2} \qquad f_\text{S} = 29{,}28\,\text{cm}.$$

Für e erhalten wir $e = g_2 + b_1 = 27{,}2\,\text{cm}$.

17. Nach Abb. 6.31 gilt unter Benutzung des Einfallswinkels für das zweite Prisma:

$$\frac{\sin \alpha}{\sin \beta} = \frac{1}{n_1} \quad \text{und} \quad \frac{\sin (\beta - \alpha + \gamma)}{\sin \gamma} = \frac{n_2}{1}.$$

Unter Anwendung trigonometrischer Umformungen erhält man aus der zweiten Gleichung:

$$\frac{\sin(\beta - \alpha)\cos\gamma + \cos(\beta - \alpha)\sin\gamma}{\sin\gamma} = n_2,$$

$$n_2 = \frac{(\sin\beta\cos\alpha - \cos\beta\sin\alpha)\cos\gamma + (\cos\beta\cos\alpha + \sin\beta\sin\alpha)\sin\gamma}{\sin\gamma}.$$

Mit $\sin\beta = n_1\sin\alpha$, $\cos\beta = \sqrt{1 - \sin^2\beta} = \sqrt{1 - n_1^2\sin^2\alpha}$ erhalten wir:

$$\frac{n_1\sin\alpha\cos\alpha - \sin\alpha\sqrt{1 - n_1^2\sin^2\alpha}}{\tan\gamma} = n_2 - \cos\alpha\sqrt{1 - n_1^2\sin^2\alpha} + n_1\sin^2\alpha,$$

$$\tan\gamma = \frac{n_1\sin\alpha\cos\alpha - \sin\alpha\sqrt{1 - n_1^2\sin^2\alpha}}{n_2 - \cos\alpha\sqrt{1 - n_1^2\sin^2\alpha} + n_1\sin^2\alpha} \quad\text{bzw.}\quad \gamma = 10°.$$

Übrigens lässt sich das natürlich mit $\tan\gamma \approx \gamma$, $\sin\alpha \approx \alpha$ und $\cos\alpha \approx \alpha$ sowie $n_1\alpha^2 \ll 1$ umformen in das Ergebnis von Aufgabe 1:

$$\gamma \approx \frac{n_1\alpha - \alpha\sqrt{1 - n_1^2\alpha^2}}{n_2 - \sqrt{1 - n_1^2\alpha^2} - n_1\alpha^2} \approx \frac{\alpha(n_1 - 1)}{n_2 - 1}.$$

18. a) und b) Für die Brennweite gilt:

$$\frac{1}{f} = (n - 1)\left(\frac{1}{r_1} - \frac{1}{r_2} + \frac{d}{nr_1r_2}(n - 1)\right)$$

Damit:

$$f_1 = -4{,}35\,\text{cm} \quad\text{und}\quad f_2 = +5{,}83\,\text{cm}$$

c) und d) Für die Hauptebenen gilt:

$$h_\text{g} = (1 - n)\frac{fd}{nr_2} \quad\text{bzw.}\quad h_\text{b} = (1 - n)\frac{fd}{nr_1}$$

Damit:

$$h_{11} = 0{,}220\,\text{cm} \qquad h_{12} = -0{,}264\,\text{cm}$$
$$h_{21} = 0{,}397\,\text{cm} \qquad h_{22} = -0{,}706\,\text{cm}$$

e) Siehe Abb. 6.32.

f) Zerstreuungslinse:

$$\frac{1}{f_1} = \frac{1}{g_1} + \frac{1}{b_1} \quad b_1 = \frac{f_1 g_1}{g_1 - f_1} \qquad g_1 = c_1 + h_{11} = 3{,}0\,\text{cm} \quad b_1 = -1{,}775\,\text{cm}$$

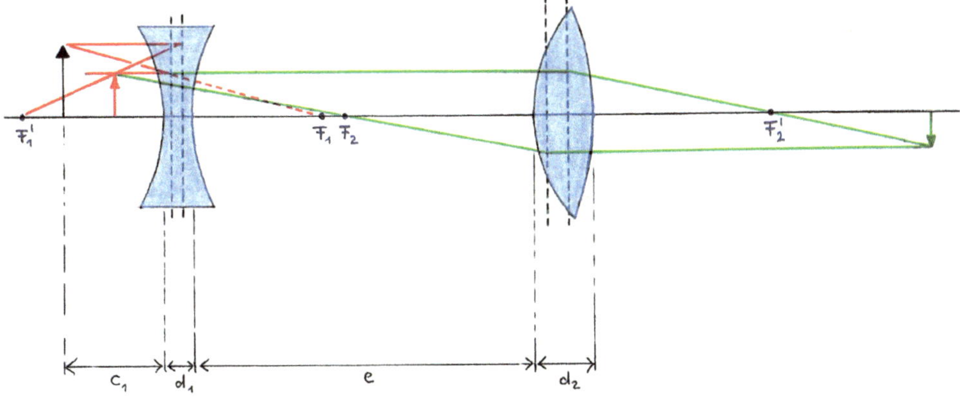

Abb. 6.32 Kombination aus zwei dicken Linsen. Die Bildkonstruktion für die Zerstreuungslinse ist in *roter Farbe gezeichnet*, die Abbildung durch die Sammellinse in *grüner Farbe*

Abstand der gegenstandsseitigen Hauptebene der Zerstreuungslinse von der bildseitigen Hauptebene der Sammellinse:

$$e_{\mathrm{H}} = e + |h_{12}| + h_{21} = 10{,}0\,\mathrm{cm}$$

Damit ist die Gegenstandsweite für die Sammellinse:

$$g_2 = |b_1| + e_{\mathrm{H}} = 11{,}775\,\mathrm{cm}$$

Und damit die Bildweite:

$$b_2 = \frac{f_2 g_2}{g_2 - f_2} \quad \text{bzw.} \quad b_2 = 11{,}559\,\mathrm{cm}$$

g)

$$v = \left(-\frac{b_1}{g_1}\right) \cdot \left(-\frac{b_2}{g_2}\right) = -0{,}58 \quad v = \frac{B}{G} \quad B = vG \quad \text{bzw.} \quad B = -1{,}162$$

h) Siehe Abb. 6.32.

Sachverzeichnis

© Springer Fachmedien Wiesbaden GmbH, ein Teil von Springer Nature 2018
R. Dohlus, *Physik*, https://doi.org/10.1007/978-3-658-22779-1